半导体与集成电路关键技术丛书
微电子与集成电路先进技术丛书

半导体工艺可靠性

[美] 甘正浩（Zhenghao Gan）
黄威森（Waisum Wong） 著
刘俊杰（Juin J. Liou）

杨 兵 译

机械工业出版社

半导体制造作为微电子与集成电路行业中非常重要的环节,其工艺可靠性是决定芯片性能的关键。本书详细描述和分析了半导体器件制造中的可靠性和认定,并讨论了基本的物理和理论。本书涵盖了初始规范定义、测试结构设计、测试结构数据分析,以及工艺的最终认定,是一本实用的、全面的指南,提供了验证前端器件和后端互连的测试结构设计的实际范例。

本书适合从事半导体制造及可靠性方面的工程师与研究人员阅读,也可作为高等院校微电子等相关专业高年级本科生和研究生的教材和参考书。

译者序

  微电子行业中的一个非常重要的环节是半导体制造，制造过程中包含了很多的工艺步骤，工艺的可靠性是决定芯片代工企业能否制造出性能优异的集成电路的关键。半导体工艺可靠性对于该领域研究的意义非常重大。本书的作者是三位来自先进芯片代工企业的一线工程师，对于工艺的可靠性给出了实用和全面的论述。

  本书分为12章，包括基本器件物理学、MOS制造工艺流程、用于器件可靠性表征的测量、热载流子注入、栅极氧化层完整性（GOI）和时间相关的介质击穿（TDDB）、负偏置温度不稳定性、等离子体诱导损伤、集成电路的静电放电保护、电迁移、应力迁移和金属间介质击穿。书中除了对工艺可靠性问题进行了理论的描述和分析外，同时还给出了相应测试的实际例子。本书的作者作为资深工程师，他们的丰富经验使得本书具有非常高的实用价值。因而本书对于工艺相关领域的工程师无疑是一本非常好的参考书。

  本书由北方工业大学杨兵老师完成翻译和整理工作。

  感谢机械工业出版社编辑江婧婧为原著版权和译著出版所做的大量工作。

  感谢家人一如既往的理解和支持，使我能静下心来完成翻译工作。

  书中翻译有不妥甚至错误之处，敬请读者不辞吝教。

杨兵

2024年5月

目 录

译者序

第 1 部分 概述

第 1 章 引言 ………………… 3
1.1 背景 ………………… 3
1.2 工艺可靠性项 ………………… 4
  1.2.1 FEOL ………………… 4
  1.2.2 BEOL ………………… 6
1.3 工艺相关的可靠性 ………… 8
1.4 可靠性评估方法 ………… 9
1.5 本书的组织结构 ………… 10
参考文献 ………………… 11

第 2 章 器件物理基础 ………… 14
2.1 基本材料特性介绍 ………… 14
  2.1.1 导体、半导体和绝缘体 ………… 14
  2.1.2 电子和空穴能量 ………… 16
  2.1.3 半导体中的碰撞与能量交换 ………… 17
2.2 PN 结 ………………… 18
  2.2.1 PN 结能带 ………… 18
  2.2.2 PN 结偏置 ………… 19
  2.2.3 结电容 ………… 20
2.3 金属-氧化物-半导体电容的物理基础 ………… 21
  2.3.1 金属-氧化物-半导体电容的能带 ………… 21
  2.3.2 金属-氧化物-半导体电容的电容-电压曲线 ………… 23
2.4 金属-氧化物-半导体场效应晶体管物理特性 ………… 24
  2.4.1 金属-氧化物-半导体场效应晶体管的电流-电压特性 ………… 24
  2.4.2 长沟道金属-氧化物-半导体场效应晶体管的 V_t ………… 27
  2.4.3 金属-氧化物-半导体场效应晶体管中的电容 ………… 27
2.5 金属-氧化物-半导体场效应晶体管的二阶效应 ………… 29
  2.5.1 短沟道效应 ………… 29
  2.5.2 宽度效应 ………… 30
  2.5.3 栅致漏极泄漏电流 ………… 31
  2.5.4 硼渗透 ………… 32

2.5.5 衬底偏置的影响 …… 33
2.6 界面陷阱和氧化层陷阱 … 33
参考文献 …… 36

第3章 金属-氧化物-半导体制造工艺流程 …… 37
3.1 前道工艺 …… 37
3.2 Cu 双大马士革后端工艺 …… 42
参考文献 …… 46

第4章 可用于器件可靠性表征的测量 …… 48
4.1 电容-电压测量 …… 48
4.2 直流电流-电压 …… 49
  4.2.1 从直流电流-电压测量中提取界面陷阱 …… 52
  4.2.2 从直流电流-电压测量中提取氧化层陷阱 … 54
4.3 栅控二极管方法 …… 55
4.4 电荷泵测量 …… 57
4.5 用于界面和氧化层陷阱分离的中间带隙测量 …… 60
4.6 载流子分离测量 …… 61
4.7 电流-电压特性 …… 62
参考文献 …… 63

第2部分 前道工艺（FEOL）

第5章 热载流子注入 …… 67
5.1 最大沟道电场 …… 69
5.2 HCI 的物理机制 …… 71
  5.2.1 电场驱动的 CHC 机制 …… 71
  5.2.2 能量驱动的沟道-热载流子机制：电子-电子散射 …… 73
  5.2.3 多重振动激发机制 … 74
  5.2.4 NMOS 热载流子注入机理/模型 …… 75
  5.2.5 PMOS 热载流子注入机理/模型 …… 76
5.3 热载流子注入表征方法 … 77
  5.3.1 监控的器件参数 …… 77
  5.3.2 热载流子注入退化模型 …… 78
  5.3.3 寿命外推 …… 80
5.4 对热载流子注入屏蔽效应的表征 …… 82
5.5 热载流子注入退化饱和 … 83
5.6 温度对热载流子注入的影响 …… 84
5.7 体偏置对热载流子注入的影响 …… 85
5.8 结构对热载流子注入的影响 …… 85
  5.8.1 沟道宽度对热载流子注入的影响 …… 85
  5.8.2 沟道长度对热载流子注入的影响 …… 89
  5.8.3 补偿侧墙对热载流子注入的影响 …… 91
  5.8.4 栅极边缘与浅沟槽隔离边缘间距的影响 …… 94
5.9 工艺对热载流子注入性能的影响 …… 95
  5.9.1 漏区工程 …… 95
  5.9.2 栅极氧化层的鲁棒性 …… 96
5.10 热载流子注入认定实践 …… 100

参考文献 ………………………… 101

第6章 栅极氧化层完整性和时间相关的介质击穿 ……… 108
6.1 金属-氧化物-半导体结构的隧穿 ………………… 108
6.1.1 栅极泄漏隧穿机制 ………… 108
6.1.2 依赖极性的 Q_{bd} 和 T_{bd} …………………… 114
6.1.3 栅极泄漏电流与 V_{bd}/T_{bd} 的关系 …… 117
6.2 栅极氧化层介质击穿机理 ……………………… 120
6.2.1 本征与非本征击穿 ……………… 120
6.2.2 随时间变化的介质击穿 ……… 122
6.2.3 V_{bd} 与 T_{bd} 的相关性 ………………… 123
6.2.4 缺陷产生模型 …… 124
6.2.5 软击穿 …………… 129
6.3 应力诱导的泄漏电流 …… 131
6.4 栅极氧化层完整性测试结构和失效分析 …………… 132
6.4.1 体结构 …………… 132
6.4.2 多晶硅边缘密集结构 ………………… 132
6.4.3 浅沟槽-隔离-边缘密集结构 ………………… 133
6.4.4 浅沟槽隔离拐角密集结构 ………………… 134
6.4.5 栅极氧化层完整性失效分析 ………………… 135
6.5 栅极氧化层时间相关介质击穿模型，寿命外推法 …… 135
6.5.1 Weibull 分布 ……… 135
6.5.2 活化能 ……………… 135
6.5.3 $1/E$ 模型、E 模型、V 模型和幂律模型 …… 136
6.5.4 面积按比例变化 …… 140
6.6 工艺对栅极氧化层完整性和时间变化的介质击穿改进的影响 ………… 140
6.6.1 氧化层厚度的影响 …………………… 140
6.6.2 氮化的影响 ………… 140
6.6.3 氢/D_2 的影响 …… 142
6.6.4 金属污染 …………… 143
6.6.5 多晶硅晶粒结构的影响 ……………………… 144
6.6.6 多晶硅剖面的影响（多晶硅基脚）…… 145
6.6.7 栅极氧化层预清洗和刻蚀的影响 ………… 145
6.6.8 牺牲氧化后退火环境的影响 ……………… 145
6.6.9 无牺牲氧化层效应 ………………… 148
6.6.10 光刻胶附着力的影响 ……………… 150
6.6.11 铟注入的影响 …… 151
6.6.12 幂律模型指数的工艺因子 ……………… 151
6.7 工艺认定实践 ……… 155
参考文献 ………………………… 156

第7章 负偏置温度不稳定性 … 162
7.1 负偏置温度不稳定性退化机制 …………………… 164
7.1.1 反应-扩散模型 …… 164
7.1.2 恢复 ………………… 167

7.1.3 退化饱和机理·········· 168
7.2 退化时间指数 n，活化能 E_a，
    电压/电场加速因子 γ ··· 171
  7.2.1 退化时间指数 n ····· 171
  7.2.2 活化能（E_a） ········ 172
  7.2.3 电压/电场加速
        因子 γ ············· 173
7.3 表征方法············· 174
  7.3.1 时延（恢复）对表征的
        影响··············· 175
  7.3.2 应力-电压和应力-
        时间影响············· 177
  7.3.3 不间断应力方法······ 179
  7.3.4 体偏置对负偏置温度不
        稳定性的影响········ 183
7.4 为什么反型的 PMOS
    最差·················· 186
7.5 结构对负偏置温度不稳定
    性的影响·············· 188
  7.5.1 沟道长度依赖性····· 189
  7.5.2 沟道宽度依赖性····· 191
  7.5.3 栅极氧化层厚度
        相关性·············· 192
7.6 工艺对负偏置温度不稳定
    性的影响·············· 194
  7.6.1 氮及其分布·········· 194
  7.6.2 氟掺入··············· 197
  7.6.3 栅极氧化层和 Si-SiO$_2$
        界面质量············ 198
  7.6.4 H$_2$/D$_2$ 退火········· 199
  7.6.5 后道工艺············· 199
  7.6.6 等离子体诱导损伤的
        影响················ 200
  7.6.7 硼渗透··············· 200
  7.6.8 接触刻蚀截止层的
        效果················ 200
  7.6.9 Si 衬底取向的
        影响················ 201
7.7 动态负偏置温度不稳
    定性·················· 202
7.8 工艺认定实践·········· 202
参考文献··················· 204

第8章 等离子体诱导损伤··· 212
8.1 引言·················· 212
8.2 等离子体诱导损伤
    机制·················· 214
  8.2.1 等离子体密度········ 214
  8.2.2 晶圆上等离子体的不均
        匀性················ 214
  8.2.3 电子屏蔽效应········ 215
  8.2.4 逆电子屏蔽效应······ 215
  8.2.5 紫外线辐射·········· 216
8.3 等离子体诱导损伤的
    表征方法·············· 217
8.4 等离子体特性·········· 219
  8.4.1 等离子体表征
        方法················ 219
  8.4.2 等离子体 I-V 特性和等
        离子体参数对等离子体 I-V
        及损伤的影响········ 220
8.5 衬底对等离子体损伤的
    影响·················· 222
  8.5.1 为什么 PMOS 比 NMOS
        更差················ 222
  8.5.2 保护器件的作用······ 224
  8.5.3 栅极氧化层厚度对等
        离子体损伤的影响··· 226
  8.5.4 对绝缘体上硅器件的
        影响················ 227
  8.5.5 连接到源极/漏极和

衬底的天线……………… 228
8.5.6 阱结构影响……………… 228
8.6 结构对等离子体损伤的影响…………………… 229
8.6.1 天线指密度的影响…………………… 230
8.6.2 通过桥接设计避免等离子体诱导损伤……… 230
8.6.3 潜在的天线效应…… 231
8.6.4 扩展的天线效应…… 232
8.6.5 作为检测器的电容与晶体管…………………… 233
8.7 工艺对等离子体诱导损伤的影响…………………… 233
8.7.1 退火对栅极氧化层工艺诱导损伤的影响…… 233
8.7.2 钝化刻蚀效应………… 235
8.7.3 SiN 帽层 NH_3 等离子体预处理工艺对等离子体诱导损伤的影响…… 235
8.7.4 等离子体参数对等离子体诱导损伤的影响…… 236
8.7.5 金属前介质沉积…… 236
8.7.6 金属间刻蚀和通孔刻蚀的影响…………… 238
8.7.7 工艺温度的影响……… 238
8.7.8 通过设备改造降低等离子体电荷损伤……… 239
8.7.9 等离子体诱导损伤的渐进退化特征…………… 240
8.7.10 栅极氧化层的鲁棒性…………………… 240
8.7.11 金属间介质沉积的影响…………………… 241
8.7.12 阻挡层/种子层沉积的影响…………………… 241
8.7.13 晶圆背面绝缘层…… 241
8.8 与等离子诱导体损伤相关的其他可靠性问题……… 241
8.8.1 热载流子注入……… 242
8.8.2 负偏置温度不稳定性…………………… 244
8.8.3 栅极氧化层完整性…………………… 244
8.9 工艺认定实践…………… 245
参考文献 …………………… 246

第9章 集成电路的静电放电保护 254
9.1 静电放电事件背景……… 254
9.2 静电放电保护器件的建模…………………… 258
9.2.1 包含寄生双极晶体管的 NMOS 器件的物理行为…………………… 259
9.2.2 静电放电紧凑模型的开发…………………… 261
9.2.3 在 SPICE 中的模型实现…………………… 265
9.2.4 结果与讨论………… 267
9.2.5 先进的金属–氧化物–半导体模型………… 270
9.3 静电放电测量和测试…… 285
9.3.1 基于输电线路脉冲技术的静电放电测量实验装置…………………… 286
9.3.2 负载匹配电路的开发…………………… 288
9.3.3 等效于人体模型的传输线脉冲宽度的确定 … 292
9.4 片上静电放电保护方案

设计 ································· 301
　9.4.1 基于晶闸管的静电
　　　　放电设计 ··············· 306
　9.4.2 基于二极管的静电放电
　　　　保护设计 ··············· 317
　9.4.3 射频优化 ··············· 327
参考文献 ································· 340

第3部分　后道工艺（BEOL）

第10章　电迁移 ····················· 347
10.1 电迁移物理 ······················ 347
10.2 电迁移表征 ······················ 349
　10.2.1 封装级可靠性与
　　　　 晶圆级可靠性 ········ 349
　10.2.2 金属线测试结构 ······ 349
　10.2.3 临界长度测试
　　　　 结构 ····················· 350
　10.2.4 漂移速度测试
　　　　 结构 ····················· 352
　10.2.5 热产生测试结构 ······ 352
　10.2.6 涉及两层通孔的
　　　　 测试结构 ··············· 354
10.3 电迁移失效时间 ················ 355
　10.3.1 Black方程（双参数对
　　　　 数正态分布）········· 355
　10.3.2 双峰对数正态
　　　　 分布 ····················· 357
　10.3.3 三参数对数正态
　　　　 分布 ····················· 359
10.4 电迁移失效模式 ················ 360
10.5 电迁移机制的理解 ············· 362
　10.5.1 接触点的电迁移 ······ 362
　10.5.2 Al和W通孔的电
　　　　 迁移 ····················· 362
　10.5.3 Cu互连的
　　　　 电迁移 ·················· 364
10.6 工艺对电迁移的影响 ·········· 366
　10.6.1 Cu/低k互连，Cu/
　　　　 低k界面控制 ········ 366
　10.6.2 Cu-互连微结构的
　　　　 控制 ····················· 369
　10.6.3 阻挡层/种子层
　　　　 效应 ····················· 369
　10.6.4 溶质/掺杂对电迁移的
　　　　 影响 ····················· 374
　10.6.5 双大马士革结构剖面的
　　　　 影响 ····················· 374
　10.6.6 含氧量对Cu互连的影
　　　　 响 ························ 375
　10.6.7 预先存在的孔洞对电迁
　　　　 移的影响 ··············· 377
10.7 结构对电迁移的影响 ······ 378
　10.7.1 通孔/线互连
　　　　 结构 ····················· 378
　10.7.2 储层效应（线延
　　　　 伸效应）··············· 382
　10.7.3 金属临界长度
　　　　 效应 ····················· 384
　10.7.4 金属厚度/宽度
　　　　 相关性 ·················· 385
10.8 交流条件下的电迁移 ······ 385
　10.8.1 峰值、平均和方均根
　　　　 电流密度的定义 ····· 386
　10.8.2 J_{rms}的表征 ············ 386
10.9 工艺认定实践 ·············· 389

参考文献 ………………………… 390
第11章 应力迁移 ……………… 400
11.1 引言 …………………… 400
11.2 应力迁移物理基础 …… 401
　　11.2.1 应力迁移机制的
　　　　　基本认识 ……… 401
　　11.2.2 活跃的扩散体积 … 403
　　11.2.3 孔洞成核 ………… 404
　　11.2.4 应力梯度 ………… 405
　　11.2.5 观察到应力迁移的
　　　　　新失效机制 …… 406
　　11.2.6 应力诱发孔洞化的
　　　　　数学模型 ……… 407
11.3 应力迁移表征 ………… 408
　　11.3.1 应力迁移测试
　　　　　结构 …………… 408
　　11.3.2 应力迁移表征
　　　　　方法 …………… 411
11.4 应力迁移失效模式 …… 411
11.5 应力迁移的有限元法 … 412
　　11.5.1 有限元方法模型
　　　　　描述 …………… 413
　　11.5.2 表征应力的有限元
　　　　　方法参数及实例 … 416
11.6 工艺对应力迁移的
　　　影响 …………………… 421
　　11.6.1 通孔凿蚀效应 …… 421
　　11.6.2 金属化层的
　　　　　相关性 ………… 421
　　11.6.3 阻挡层效应 ……… 423
　　11.6.4 Cu合金效应 ……… 424
　　11.6.5 介质依赖性 ……… 426
　　11.6.6 铜-微结构效应 … 427
　　11.6.7 淬火效应 ………… 428
　　11.6.8 镀Cu化学 ……… 428

11.6.9 Cu覆盖层效应 …… 428
11.6.10 其他效应 ………… 429
11.7 应力迁移的几何效应（通过
　　 设计改善应力迁移）… 429
　　11.7.1 金属板几何形状的
　　　　　影响 …………… 429
　　11.7.2 通孔错位的影响 … 432
　　11.7.3 介质槽的影响 …… 434
　　11.7.4 双（多）通孔
　　　　　效应 …………… 437
11.8 工艺认定实践 ………… 438
参考文献 ………………………… 438
第12章 金属间介质击穿 ……… 446
12.1 引言 …………………… 446
12.2 测试结构和方法 ……… 449
　　12.2.1 测试结构 ………… 449
　　12.2.2 测试方法 ………… 451
12.3 金属间介质击穿失效机
　　　制/模式 ………………… 454
　　12.3.1 失效机制 ………… 454
　　12.3.2 失效模式 ………… 456
12.4 寿命模型 ……………… 458
　　12.4.1 Weibull分布 …… 458
　　12.4.2 $1/E$模型、E模型和
　　　　　SQRT(E)模型 … 459
　　12.4.3 活化能 …………… 461
　　12.4.4 面积/长度按比例
　　　　　变化 …………… 463
　　12.4.5 缺陷密度（DD）… 463
12.5 影响IMD可靠性的
　　　因素 …………………… 464
　　12.5.1 材料相关性 ……… 464
　　12.5.2 水分的影响 ……… 466
　　12.5.3 临界尺寸控制 …… 467
　　12.5.4 Cu-帽层界面质量

控制 ……………… 469
12.5.5　新型帽层 ………… 470
12.5.6　阻挡层效应 ……… 470
12.5.7　自组装分子纳米层作为
　　　　扩散阻挡层 ……… 471
12.5.8　Cu CMP 效应 …… 471
12.6　电压斜坡（V_{bd}）与时间
　　　相关的介质击穿（T_{bd}）的
　　　关系 ………………… 472
12.7　与时间相关的堆叠通孔梳状
　　　结构的介质击穿特性 … 475
12.8　介质可靠性评估的有限元
建模 ……………… 476
12.8.1　电场仿真的有限元
　　　　建模 ……………… 476
12.8.2　提取低 k 介质材料 k
　　　　值的有限元模型 … 476
12.8.3　低 k 介质材料 k 值漂
　　　　移的有限元模型 … 477
12.8.4　工艺诱导损伤评价的
　　　　有限元模型 ……… 480
12.9　工艺认定实践 ………… 480
参考文献 …………………… 482

第1部分　概述

第 1 章

引 言

1.1 背 景

可靠性对所有集成电路（IC）用户来说都是非常重要的[1]。为提高性能和降低成本而进行的按比例缩小使得现有的互补金属－氧化物－半导体（CMOS）技术中所采用的材料更接近其本征的物理和可靠性极限[2]。随着持续按比例缩小至65nm及以下技术节点，由于引入了可靠性行为未知的新材料和器件结构，可靠性挑战越来越受到关注。例如，应力记忆技术（SMT）、前道工艺（FEOL）高 k/金属栅极和后道工艺（BEOL）超低 k 多孔介质对可靠性的性能产生了严重影响。

新开发的半导体技术节点必须经过严格的工艺和产品可靠性认证，才能向设计人员发布。开发节点的可靠性认证通常与工艺和器件开发的每个阶段同时开始，仅在工艺开发的完整节点完成时结束。换句话说，在开发过程中任何工艺和/或工具的变化都应确认，以满足可靠性要求。在发布批量生产工艺后，仍应定期监测可靠性，以确保没有工艺/工具变化。可靠性也细化了设计规则，例如，对于过驱动到3.3V的2.5V输入/输出（I/O）器件的最小沟道长度 L_{min} 被定义为满足热载流子可靠性要求的 L_{min}。

本书涵盖了深亚微米半导体工艺节点的工艺可靠性领域及其认证，对每个关注的可靠性领域从理论到非常实际的行业实践。从最初的标准定义开始，通过测试结构设计，分析从测试结构中获得的硅数据，并最终确认工艺。许多实际的例子，包括测试结构设计以验证前道工艺器件或后道工艺互连，包括强化读者对可靠性理论的理解，以及该理论如何用于解决标准实践中的问题。此外，本书还包括一些基本的工艺流程和器件物理知识，有助于解释工艺和器件可靠性问题。

1.2 工艺可靠性项

通常,工艺集成工程师(PIE)将半导体工艺分为 FEOL 和 BEOL 两部分。FEOL 包括多晶硅之前的工艺步骤,而 BEOL 包括多晶硅之后的工艺步骤。FEOL 定义了金属-氧化物-半导体(MOS)器件和其他常用的有源和无源器件,而 BEOL 定义了互连。

在 IC 技术中,FEOL 的 5 个主要的器件级失效项是热载流子注入(HCI)、栅极氧化层与时间相关的介质击穿(TDDB)、负偏置温度不稳定性(NBTI)、等离子体诱导损伤(PID)和静电放电(ESD)。BEOL 中最常见的 3 种主要互连失效模式是电迁移(EM)、应力迁移(SM)和金属间介质的 TDDB。注意,因为 FEOL 和 BEOL 工艺都可能导致 PID,因此 PID 越来越受到关注。还有另一种器件级失效模式 PID 也受到越来越多的关注,因为它同时影响 FEOL 和 BEOL 的可靠性。

1.2.1 FEOL ★★★

热载流子注入

热载流子注入(HCI)是短沟道器件中的一种现象,在靠近漏区的沟道中,高电场强度导致碰撞电离,随后向栅极介质注入高能载流子而导致 MOS 器件的 $I-V$ 特性退化和参数漂移。自 20 世纪 80 年代以来,因为晶体管尺寸的不断按比例缩小并不伴随电源电压 V_{dd}(维持在 5V)的按比例减小[3],N 沟道金属-氧化物-半导体(NMOS)节点中的 HCI 退化已经成为一个关键的问题。通过轻掺杂漏区(LDD)结构的新型漏区和栅极结构,实现了 1~0.5μm 节点按比例缩小器件的 HCI 抗扰性。在 $V_{gs} \cong V_{ds}/2$ 的最大 I_{sub} 条件下,NMOS 节点对应的最坏情况 HCI 退化与大量高能载流子相关,对应产生界面陷阱最大值[4]。

从 20 世纪 90 年代中期开始,随着沟道长度和氧化层厚度的按比例减小,考虑到可靠性要求和降低功耗,迫使 V_{dd} 降低。因此,对于低至 120nm 的 CMOS 节点,HCI 损伤变得不那么重要。

然而,随着 CMOS 节点不断按比例减小到 100nm 及以下,HCI 退化再次成为一个需要考虑的问题,因为 V_{dd} 的按比例减小逐渐减缓或停止,而栅极长度继续按比例减小到 40nm 及以下。此外,对 MOS 器件施加应力并通过 HCI 的要求从 $V_{gs} \approx V_{ds}/2$ 变为 $V_{gs} = V_{ds}$,这导致了更大的衬底电流和更差的 HCI,而 MOS 器件施加应力并通过 HCI 的温度也从室温转变为高温[5]。第 5 章详细介绍了 HCI 现象,重点是在 90nm 及以下的技术节点上,这里的温度/氧化层厚度依赖性和薄氧化层的退化机制与以前的技术有所不同。对通过设计和工艺优化的 HCI 改进方法将进行解释。

栅极氧化层完整性和时间相关的介质击穿

随着栅极氧化层物理厚度越来越薄（在65nm节点约为1.2nm，只有少量单层Si–O键），氧化层越来越容易受到栅极电流泄漏（1.0V时大约为100A/cm^2）[6]，缺陷产生的影响，最终导致介质击穿。随着氧化层变薄，栅极氧化层上的电场强度随着每个技术节点的进步而增加，并且在未来的技术中还会进一步增加，这给可靠性评估和控制带来了进一步的挑战。国际半导体技术路线图（ITRS）预测，正常工作下的氧化层上的电场强度可达10MV/cm[7]。栅极氧化层的与时间相关的介质击穿（TDDB）行为也发生了变化，并与硬击穿（HBD）、软击穿（SBD）和应力诱导泄漏电流（SILC）混合在一起，这导致对测试数据的解释和寿命推断更加困难。寿命外推方法和模型也从厚氧化层的$1/E$模型发展到中等厚度氧化层的E模型，再到薄氧化层的电流幂律模型。第6章将介绍栅极氧化层完整性（GOI）和TDDB现象、机理和模型，重点介绍目前最先进的技术，并阐述通过工艺优化进行改进的方法。

负偏置温度不稳定性

P沟道金属–氧化物–半导体（PMOS）节点上的负偏置温度不稳定性（NBTI）会导致阈值电压V_t的偏移和反型沟道迁移率的降低。基本的解释是，Si–SiO_2界面上界面态钝化所需的Si–H键在NBTI应力下会断裂。NBTI在今天变得越来越重要[2]，因为栅极氧化层中的电场强度更高，并且由于更高的功耗，使得器件在更高的温度下运行。此外，电压裕度（V_g和V_t之间的差值）变得比过去小得多，而较小的V_t偏移（ΔV_t）可以导致较大的I_{dsat}偏移（$\Delta I_{dsat}/I_{dsat}$）[详细情况在第2章，式（2.50）中给出]。在较低的工作电压下，NBTI对环形振荡器的影响较大[8]。因此，NBTI对V_{min}电路运行的影响是相当显著的，是一个重要的可靠性问题。第7章将全面总结负偏置温度不稳定现象，这种现象在较薄的氧化层中观察得更清楚。同时详细介绍相应的机制、模型和通过工艺优化的改进方法。

等离子体诱导损伤

对于现代工艺代的最先进的IC来说，等离子体诱导损伤（PID）是一个严重的可靠性问题。尽管近年来关于PID的出版物已经大大减少，但对于最先进的栅极氧化层，例如，厚度为1.6nm的氧化层，仍然可以检测到PID[9]。一般来说，专门设计的测试结构用于监控制造过程中PID的严重程度。然而，很难保证通过精心设计测试结构和相应的测量方法，能够正确检测PID效应。此外，在百万分率（10^{-6}）范围内评估失效率的测量是不可能的，因为在一个测试样品中使用的PID检测的测试结构的尺寸有限[10]。文献中的研究表明，较大厚度范围的介质会因为PID而退化，导致MOS晶体管参数发生显著的偏移，如阈值电压V_t、跨导G_m和栅极氧化层泄漏电流I_{g_leak}。不同的栅极氧化层厚度表现出不同的

PID 灵敏度。为了防止由于 PID 导致的 IC 失效，已制定了设计规则（DR）作为指导，以确保布图的鲁棒性，避免在工艺加工中通常出现的大量 PID。然而，即使有了 DR，PID 对栅极介质的损伤仍然是可能的，这归因于 PID DR 的一些隐藏的布图缺陷。保护二极管等保护方案被广泛用于减少 PID 的影响，但有时它们会没有被正确放置。第 8 章详细介绍了 PID 机制，天线比、测试结构、表征方法，以及通过设计和工艺变化实现 PID 控制/改进的方法。

静电放电

CMOS 器件的静电放电（ESD）保护变得越来越具有挑战性，因为随着尺寸的按比例缩小，ESD 鲁棒性总体呈下降趋势，包括硅化物的使用、沟道长度和栅极氧化层厚度的减小，使用鳍式场效应晶体管（FinFET）和绝缘体上的硅（SOI）等[2]。第 9 章概述了 ESD 现象和如何防止 ESD 引起的损伤。

1.2.2 BEOL ★★★

从铝基到铜基互连技术的转变是微/纳电子学持续按比例缩小的一个重要里程碑。集成 Cu 作为先进超大规模集成电路（ULSI）互连金属化的导体材料的技术优势包括降低电阻-电容（RC）延迟和提高 EM 电阻等，这些都被业界广泛接受。例如，由于 Cu 的扩散率比 Al 低，Cu 的 EM 寿命比 Al 大得多，超过 100 倍[11]。Cu 互连将继续用于 32nm 和 22nm 技术节点。

为了配合 Cu 互连的应用，开发了采用电解镀 Cu 和化学机械抛光（CMP）技术的双大马士革（DD）工艺流程。Cu 的主要问题是它在二氧化硅或聚合物介质中极高的扩散率，以及它的易腐蚀性。因此，提出了一种侧墙阻挡层，通常采用钽、钛或氮化钽的衍生物，可以有效地防止 Cu 在低于 873K 的温度下扩散[12]。所有这些方法都产生了复杂的电迁移、应力迁移和 Cu/低 k 介质击穿行为[13]。

电迁移

电迁移（EM）是导体中金属原子在电流作用下发生迁移，可导致互连中形成空洞，最终导致电路失效。Cu 线和通孔的急剧收缩，以及新技术中（超）低 k 介质材料的使用，加剧了 EM 所面临的挑战。通孔越小，导致电路失效的临界空洞尺寸也随之减小。互连失效也对空洞形状和位置变得更加敏感。因此，新技术的工艺变化将导致更广泛的 EM 失效时间分布，特别是对于没有足够的衬里/通孔冗余的互连[14]，将带来更大的 EM 挑战。

在 DD 互连中，高深宽比通孔被认为是最复杂的集成区域，也被报道为可靠性最薄弱的环节[15,16]。虽然很难，但在通孔中形成薄而保形的阻挡层是非常关键的。否则，如果通孔的阻挡层不均匀，且附着力/完整性/机械强度较差，则可能会导致严重的外在 EM 可靠性问题[17,18]。因此，与通孔相关的工艺，如通孔阻挡层覆盖、通孔阻挡层刻蚀和通孔清洗，肯定会对 EM 性能产生影响。

DD 互连的另一个关键方面是 Cu - 帽层界面，它被发现是 EM 应力期间最快的扩散路径。一般来说，Cu 互连的可靠性可以通过良好的衬里、帽层的黏附性和阻挡性能的集成，以及防止金属薄膜及其界面的污染或腐蚀而大大提高。

随着低 k 介电材料的 k 值不断降低，孔隙率也不断提高，从而进一步导致较差的热导率。低 k 介质的热导率与其 k 值的指数关系如式（1.1）所示[19]：

$$\lambda \propto \exp(1.05 * k) \tag{1.1}$$

其中，λ 为热导率，单位为 mW/(cm·K)；而 k 是介电常数。

相反，工作电流密度由于尺寸按比例缩小的趋势而不可避免地增大。电流密度的增加不仅会加速 EM 的退化，还会由于焦耳加热效应而导致温度升高。低 k 介质的应用使情况更糟。第 10 章详细介绍了 EM 现象，包括机理、寿命预测方法、工艺效应和测试结构效应。同时还将展示焦耳加热效应如何影响互连 EM 性能，以及如何从设计角度控制焦耳加热效应。

应力迁移

对于先进的互连系统，应力迁移（SM）可导致通孔下和/或通孔内的空洞形成，并可通过高温烘烤（150~200℃）而加速[20]。通常，当一个最小尺寸的通孔连接到宽的 Cu 引线时，就会出现这个问题。在这种情况下，Cu - 帽层界面处的高扩散率路径和通孔下的应力梯度使空洞在通孔下方成核并很容易生长到导致失效的尺寸，当通孔 - 底部 - Cu - 帽层交叉处没有电导分流层时，情况会变得更糟。另一方面，最近也有关于窄金属引线 SM 的报道[21]。随着通孔的持续按比例缩小，窄金属引线通孔的空洞化确实成为一个问题，因为形成突变电阻上升和失效的"杀手"空洞所需的空位更少。第 11 章将介绍 SM 机理，有限元分析作为理解 SM 的工具也进行了介绍，然后介绍如何通过工艺修改和优化互连设计来减少 SM 损伤。

金属间介质与时间相关的介质击穿

与 FEOL 栅极介质类似，BEOL 金属间介质（IMD）在持续施加高电场强度的情况下，会在 IMD 及其互连点与 IMD 之间的界面上引起损伤，从而形成传导路径并最终导致介质击穿，通常称为 TDDB。在以前的技术中，当金属互连之间的间距相对较大时，IMD TDDB 是一个不那么重要的可靠性问题，因为 BEOL 介质上的电场强度较低。然而，电流互连的低 k 介质最小间距可以是 70~80nm 或更小，这与 20 年前的栅极氧化层厚度相似。换句话说，IMD 上的电场强度随着尺度连续按比例缩小而增强，如图 1.1 所示。尽管对于 32nm 及以下技术节点，BEOL 介质上的电场强度仍然比栅极介质上的电场强度低一个量级，但 BEOL 介质的击穿强度要低得多，因为这些低 k 介质的本征质量在电学强度[22]和机械强度[23]方面都远不如栅极氧化层完美。BEOL 介质击穿强度低的原因有很多[13]。首先，在 IMD 中有更高的缺陷密度，特别是对于低 k 介质[22]。在 TDDB 应力作用过程中，这些预先存在的缺陷是陷阱的前兆。其次，在 CMP 等加工过程中可能会引起介质的损伤或污染。此外，如果在加工过程中不能很好地保证阻挡层的完整性，就会发生 Cu 向介质中的扩散[24]。最后但并非最不重要的是，如线宽粗糙度（LWR）或通孔未对齐之类的图形化问题可导致局部的高电场强度。因此，当器件尺寸按比例缩小以及高孔隙率的（超低）低 k 材料用作 BEOL 绝缘体时，IMD TDDB 成为越来越重要的可靠性问题。第 12 章总结了关于金属间介质击穿机制的最新知识和理解，以及如何通过设计和工艺优化来控制可靠性，特别是对于低 k 材料。

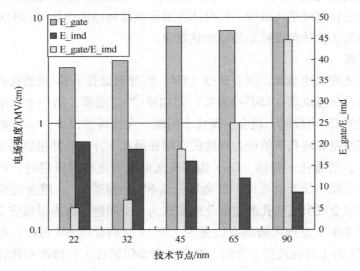

图 1.1 对于不同技术节点，在最小间距互连时 FEOL 栅极介质和 BEOL 介质上的电场强度

1.3 工艺相关的可靠性

可靠性肯定是与工艺相关的。不同的工艺步骤和条件可能会影响可靠性及其相关参数。工艺工程师必须了解工艺 – 可靠性之间的相关性，以便为可靠性的鲁棒性做出谨慎的工艺改变。工艺参数如何影响可靠性是本书的重点之一。氮氢混合气氛退火（FGA）中的氢相关工艺就是一个例子，这是钝化栅极 – 氧化层 – 沟道界面中悬挂键以修复等离子体诱导损伤的一种常用的方法[25]。对于 FGA，

关键参数是热预算，它可以通过退火温度和时间来表征，从而决定有多少氢将被掺入到器件中。一般来说，热预算越高，引入的氢就越多。当考虑减少热预算的影响（即，引入更少的氢）时，可以看到：

- 动态随机存取存储器（DRAM）的保持时间降低，这是不可取的。
- 另一方面，可以改善 NBTI 和 HCI 性能。

因此，必须（但非常棘手）优化未来几代高可靠性 ULSI 系统的工艺，以满足可靠性和器件特性方面的要求。注意，随着技术的进步，优化区域变得越来越小，这意味着可靠性越来越依赖于工艺。

1.4 可靠性评估方法

对于可靠性评估，一种常见且现实的做法是在比运行条件更"苛刻"的条件下进行加速测试，以在合理的测试时间内获得失效统计数据。加速试验中的所谓的苛刻条件，一般是指比工作条件高得多的应力温度或应力电流/电压或两者兼有。从加速试验中得到特殊设计的测试结构的失效时间（TTF）和失效分布后，通过相关物理/数学模型外推，实现对更大芯片面积在正常工作条件下的可靠性评估。从加速试验到正常工作有以下 3 种推断：

1. 面向较低的百分位数（通常为 0.1% 或 1×10^{-6}）。这种推断是基于假设的统计分布（Weibull 分布或对数正态分布等）进行的，因为我们只有有限数量的待测器件（DUT）。

2. 面向更大的芯片区域（有时称为面积按比例变化）。测试较小面积（A_1）DUT 的 TTF，并根据以下 Poisson 关系外推到更大的芯片面积（A_2）[26]：

$$\frac{TTF_1}{TTF_2} = \left(\frac{A_2}{A_1}\right)^{1/\beta} \tag{1.2}$$

其中，β 是面积按比例变化因子。

3. 面向工作条件。这种外推是基于从应力条件（即较高电压/电流和/或高温）到工作条件（即相对低的电压/电流和/或低温）的特定失效机制的加速模型进行的。表 1.1 显示了各种可靠性项的一些典型加速模型。因此，从加速应力数据到工作条件，加速模型对于准确预测寿命非常关键。实际上，这些模型连同其可靠性物理已经随着技术节点的改变而改变，因为这些模型应该正确地反映可靠性失效过程的物理机制。因此，每个可靠性项的模型改变是本书的重点之一。

图 1.2 提供了一个从应力条件（电压 32V，0.01m）到工作条件（电压 3.63V，100m）的 IMD TDDB 寿命预测示例。电压加速基于 E 模型，而面积/长

度预测基于式（1.2）中给出的面积按比例变化。在本书中，将在各个章节中阐述可靠性项的测试结构、加速测试和相应的物理/数学模型。

表1.1 各可靠性项的典型加速模型

可靠性项	加速模型
栅极氧化层 TDDB	$MTF = AV^{-n}\exp\left(\dfrac{E_a}{k_B T}\right)$
热载流子注入	$MTF = A(I_{sub})^{-m}\exp\left(\dfrac{E_a}{k_B T}\right)$
负偏置温度不稳定性	$MTF = A\exp(-B \cdot V_g)\exp\left(\dfrac{E_a}{k_B T}\right)$
电迁移	$MTF = Aj^{-n}\exp\left(\dfrac{E_a}{k_B T}\right)$
应力迁移	$MTF = A(T_0 - T)^{-n}\exp\left(\dfrac{E_a}{k_B T}\right)$
金属间介质 TDDB	$MTF = A\exp(-\gamma E)\exp\left(\dfrac{E_a}{k_B T}\right)$

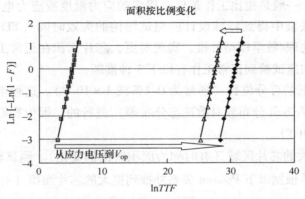

图1.2 从应力条件（电压32V，0.01m）到工作条件（电压3.63V，100m）的栅极氧化层 TDDB 寿命预测示例

1.5 本书的组织结构

本书由3部分组成，如图1.3所示。第1部分包括一些了解半导体工艺可靠性的背景知识。第1章介绍了半导体工艺可靠性及其重要性，可靠性项目以及本书的总体概述。第2章讨论了作为理解工艺可靠性机制基础的基本器件物理。第3章介绍了基本的半导体制造工艺流程，包括 FEOL 和 BEOL 流程，这些知识将有助于读者理解工艺对可靠性的影响。第4章介绍了识别栅极氧化层介质中由可靠性应力和退化引起的界面陷阱和氧化层陷阱的一些测量方法，这方面的知识是

理解可靠性机制的前提。

第2部分详细讨论了FEOL可靠性项目，包括热载流子注入（第5章），栅极氧化层完整性（GOI）和时间相关的介质击穿（TDDB）（第6章），负偏置温度不稳定性（NBTI）（第7章），等离子体诱导损伤（PID）（第8章）和集成电路的静电放电保护（第9章）。

第3部分介绍了BEOL可靠性项目，包括电迁移（第10章）、应力迁移（SM）（第11章）和金属间介质击穿和时间相关的介质击穿（TDDB）（第12章）。

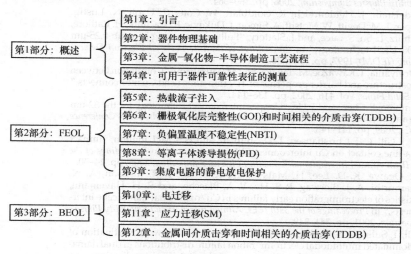

图1.3 本书的组织结构

参 考 文 献

1. "Process integration, devices, and structures," in *International Technology Roadmap for Semiconductors*, 2009 ed., p.19.
2. J. W. McPherson, "Reliability challenges for 45 nm and beyond," in *Proceedings of the IEEE 43rd Annual Design Automation Conference*, 2006, pp. 176–181.
3. C. Hu, S. C. Tam, F. C. Hsu, P.-K. Ko, T.-Y. Chan, and K. W. Terrill, "Hot-electron-induced MOSFET degradation-model, monitor and improvement," *IEEE Transactions on Electron Devices*, Vol. 48, No. 4, 1985, pp. 375–385.
4. P. Heremans, R. Bellens, G. Groeseneken, and H. E. Maes, "Consistent model for the hot-carrier degradation in *n*-channel and *p*-channel MOSFETs," *IEEE Transactions on Electron Devices*, Vol. 35, No. 12, 1988, pp. 2194–2209.
5. W. Wang, J. Tao, and P. Fang, "Dependence of HCI mechanism on temperature for 0.18-μm technology and beyond," *IEEE International Integrated Reliability Workshop Final Report*, 1999, pp. 66-68.
6. Y.-H. Lee, N. Mielke, M. Agostinelli, S. Gupta, R. Lu, and W. McMahon, "Prediction of logic product failure due to thin gate oxide breakdown," in *Proceedings of the 44th IEEE Annual International Reliability Physics Symposium*, 2006, pp. 18–28.

7. *International Technology Roadmap for Semiconductors*, 2006 ed.; available at http://public.itrs.net. Accessed January, 2011.
8. V. Reddy, A. T. Krishnan, A. Marshall, J. Rodriguez, S. Natarajan, T. Rost, and S. Krishnan, "Impact of negative bias temperature instability on digital circuit reliability," in *Proceedings of the 40th IEEE Annual International Reliability Physics Symposium*, 2002, pp. 248–254.
9. W. T. Weng, S. Oates, and T.-Y. Huang, "A comprehensive model for plasma damage enhanced transistor reliability degradation," in *Proceedings of the 45th IEEE Annual International Reliability Physics Symposium*, 2007, pp. 364–369.
10. K. P. Cheung, "Advanced plasma and advanced gate dielectric: A charging damage prospective," in *Proceedings of the 44th IEEE Annual International Reliability Physics Symposium*, 2006, pp. 360–364.
11. D. Edelstein, J. Heidenreich, R. Goldblatt, W. Cote, C. Uzoh, N. Lustig, P. Roper, T. McDevitt, W. Motsiff, A. Simon, J. Dukovic, R. Wachnik, H. Rathore, R. Schulz, L. Su, S. Luce, and J. Slattery, "Full copper wiring in a sub-0.25-μm CMOS ULSI technology," in *Proceedings of the International Electron Devices Meeting (IEDM)*, 1997, pp. 773–776.
12. M. Moriyama, T. Kawazoe, M. Tanaka, and M. Murakami, "Correlation between microstructure and barrier properties of TiN thin films used Cu interconnects," *Thin Solid Films*, Vol. 416, 2002, pp. 136–144.
13. J. Gambino, F. Chen, and J. He, "Copper interconnect technology for the 32-nm node and beyond," in *Proceedings of the IEEE Custom Intergrated Circuits Conference (CICC)*, 2009, pp. 141–148.
14. B. Li, J. Gill, C. J. Christiansen, T. D. Sullivan, and P. S. McLaughlin, "Impact of via-line contact on Cu interconnect EM performance," in *Proceedings of the 43rd IEEE Annual International Reliability Physics Symposium*, 2005, pp. 24–30.
15. E. T. Ogawa, K.-D. Lee, H. Matsuhashi, K.-S. Ko, P. R. Justison, A. N. Ramamurthi, A. J. Bierwag, P. S. Ho, V. A. Blasche, and R. H. Havemann, "Statistics of electromigration early failures in Cu/oxide dual-damascene interconnects," in *Proceedings of the 39th IEEE Annual International Reliability Physics Symposium*, 2001, pp. 341–349.
16. J. Gill, T. Sullivan, S. Yankee, H. Barth, and A. von Glasow, "Investigation of via-dominated multimodal electromigration failure distributions in dual damascene Cu interconnects with a discussion of the statistical implications," in *Proceedings of the 40th IEEE Annual International Reliability Physics Symposium*, 2002, pp. 298–304.
17. A. H. Fisher, A. von Glasow, S. Penka, and F. Ungar, "Process optimization: The key to obtain highly reliable Cu interconnects," in *Proceedings of the IEEE International Interconnect Technology Conference*, 2003, pp. 253–255.
18. J. W. Pyun, X. Lu, S. Yoon, N. Henis, K. Neuman, K. Pfeifer, and P.S. Ho, "Scaling effect on electromigration reliability for CU/low-*k* interconnects," in *Proceedings of the 43rd IEEE Annual International Reliability Physics Symposium*, 2005, pp. 191–194.
19. S. Yokogawa, Y. Kakuhara, and H. Tsuchiya, "Joule heating effects on electromigration in Cu/low-*k* interconnects," in *Proceedings of the 47th IEEE Annual International Reliability Physics Symposium*, 2009, pp. 837–843.
20. E. T. Ogawa, J. W. Mcpherson, J. A. Rosal, K.J. Dickerson, T.-C. Chiu, L. Y. Tsung, M. K. Jain, T. D. Bonifield, J. C. Ondrusek, and W. R. McKee, "Stress-induced voiding under vias connected to wide Cu metal leads," in *Proceedings of the 40th IEEE Annual International Reliability Physics Symposium*, 2002, pp. 312–321.
21. T. Kouno, I. T. Suzuki, S. Otsuka, T. Hosoda, I. T. Nakamura, I. Y. Mizushima, M. Shiozu, H. Matsuyama, K. Shono, H. Watatani, Y. Ohkura, M. Sato, S. Fukuyama, and M. Miyajima, "Stress-induced voiding under vias connected to "narrow" copper lines," in *Proceedings of the International Electron Devices Meeting (IEDM)*, 2005, pp. 187–190.
22. E. T. Ogawa, J. Kim, G. S. Haase, H. C. Mogul, and J. W. McPherson, "Leakage, breakdown, and TDDB characteristics of porous low-*k* silica-based interconnect dielectrics," in *Proceedings of the 41st IEEE Annual International Reliability Physics Symposium*, 2003, pp. 166–172.

第 1 章 引 言

23. Y. Zhou, G. Xu, T. Scherban, J. Leu, G. Kloster, and C.-I Wu, "Correlation of surface and film chemistry with mechanical properties," in *AIP Conference Proceedings of the International Conference on Characterization and Metrology for ULSI Technology*, Vol. 683, pp. 455–461.
24. F. Chen, O. Bravo, K. Chanda, P. McLaughlin, T. Sullivan, J. Gill, J. Lloyd, R. Kontra, and J. Aitken, "A comprehensive study of low-*k* SiCOH TDDB phenomena and its reliability lifetime model development," in *Proceedings of the 44th IEEE Annual International Reliability Physics Symposium*, 2006, pp. 46–53.
25. E. Morifuji, T. Kumamori, M. Muta, K. Suzuki, M. S. Krishnan, T. Brozek, X. Li, W. Asano, M. Nishigori, N. Yanagiya, S. Yamada, K. Miyamoto, T. Noguchi, and M. Kakumu, "New guideline for hydrogen treatment in advanced system LSI," *Symposium on VLSI Technology Digest of Technical Papers*, 2002, pp. 218–219.
26. T. Nigam, R. Degraeve, G. Groeseneken, M. M. Heyns, and H. E. Maes, "Constant current charge-to-breakdown: Still a valid tool to study the reliability of MOS structures?" in *Proceedings of the 36th IEEE Annual International Reliability Physics Symposium*, 1998, pp. 62–69.

第 2 章

器件物理基础

本章简要介绍金属 – 氧化物 – 半导体（MOS）的基本理论。从基本的半导体材料性质开始，涵盖结型二极管，这是 MOS 晶体管的一部分，并讨论 MOS 电容和金属 – 氧化物 – 半导体场效应晶体管（MOSFET）的物理特性。本章介绍了主要的物理效应，同时也鼓励读者参考其他教科书，以深入了解基本半导体材料特性，MOS 器件和 MOS 建模，以进一步理解本书的主题。

2.1 基本材料特性介绍

2.1.1 导体、半导体和绝缘体 ★★★

对于导体（见图 2.1a），部分导带被电子填充。当施加电场时，部分填充能带的电子会加速并获得具有传导电流能力的能量；另一方面，无论是半导体还是绝缘体，在导带（空的）和价带（满的）之间都存在带隙。在绝缘体中，带隙能量 E_g 大于 3eV（见图 2.1b）。价带中的电子很少有机会通过热激发跃迁到导带。相比之下，半导体的带隙能量较低（$E_g < 2\text{eV}$）（见图 2.1c），并且价带中数量有限的电子可以获得足够的能量，通过热激发（有时被称为本征过程）跃迁到导带。

在不添加杂质的本征半导体中，本征载流子浓度（n 为电子，p 为空穴）为

$$n = N_C \exp\left[-\frac{(E_C - E_F)}{k_B T}\right] \tag{2.1}$$

$$p = N_V \exp\left[-\frac{(E_F - E_V)}{k_B T}\right] \tag{2.2}$$

$$N_C = 2\left(\frac{2\pi m_n k_B T}{h^2}\right)^{\frac{3}{2}} \tag{2.3}$$

$$N_V = 2\left(\frac{2\pi m_p k_B T}{h^2}\right)^{\frac{3}{2}} \tag{2.4}$$

式中，N_C 和 N_V 分别为导带和价带的有效态密度。Si 在 300k 时，N_C 和 N_V 分别为 $2.9 \times 10^{19} \mathrm{cm}^{-3}$ 和 $2.7 \times 10^{19} \mathrm{cm}^{-3}$。$m_n$ 和 m_p 分别是电子和空穴的有效质量。

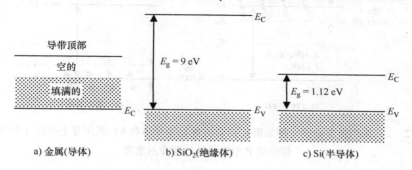

图 2.1 a) 导体（以金属为例），b) 绝缘体（以 SiO_2 为例）和 c) 半导体（以 Si 为例）中的能带示意图

考虑到本征半导体中 $n=p$，本征费米能级 E_i 表示为

$$E_i = E_F = \frac{E_C + E_V}{2} + \frac{k_B T}{2} \ln\left(\frac{N_V}{N_C}\right) \tag{2.5}$$

其中，式（2.5）中的第二项比第一项小得多，第一项被定义为带隙中心（E_{midgap}）。换句话说，在本征半导体中，E_F 接近带隙中心 [E_{midgap}，式（2.6）]：

$$E_i = E_F \approx E_{\mathrm{midgap}} \equiv \frac{E_C + E_V}{2} \tag{2.6}$$

当 n 和 p 相等时定义为本征载流子浓度 n_i，由式（2.1）和式（2.2）得到

$$n_i = n = p = \sqrt{N_C N_V} \exp\left(-\frac{E_g}{2k_B T}\right) \tag{2.7}$$

质量作用定律表明

$$np = n_i^2 \tag{2.8}$$

在 300K 温度下，Si 的本征载流子浓度 n_i 为 $9.65 \times 10^9 \mathrm{cm}^{-3}$[1]。由式（2.7）可知，本征载流子浓度与带隙能量 E_g 和温度呈指数关系。

半导体只有在加入特殊的杂质（掺杂剂）后才变得有用，这时它们被称为非本征半导体。非本征半导体有两种类型：

• N 型半导体（见图 2.2a）是在加入元素周期表 V 族元素（例如磷、砷和锑）时形成的。这些元素在最外层轨道上有 5 个价电子，被称为施主杂质，因为它们在形成共价键后可以提供一个电子。施主杂质的能量 E_D 位于 E_i 和 E_C 之间。

• P 型半导体（见图 2.2b）是在加入元素周期表第 III 族元素（例如，硼、镓和铟）时形成的。这些原子在最外层轨道上有 3 个电子，被称为受主杂质，

因为掺杂原子可以接受一个电子。受主杂质的能量 E_A 位于 E_i 和 E_V 之间。

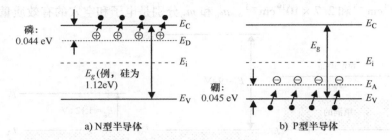

图 2.2　a) 采用施主杂质（例如磷）掺杂的 N 型半导体和 b) 采用受主杂质（例如硼）掺杂的 P 型半导体的能带示意图

对于非本征 N 型半导体，电子密度 n 为

$$n = N_C \exp\left[-\frac{(E_C - E_F)}{k_B T}\right] = N_C \exp\left[-\frac{(E_C - E_i)}{k_B T}\right] \exp\left[\frac{(E_F - E_i)}{k_B T}\right] \quad (2.9)$$

$$\Rightarrow n = n_i \exp\exp\left[\frac{(E_F - E_i)}{k_B T}\right] \quad (2.10)$$

类似地，对于非本征 P 型半导体，空穴密度 p 为

$$p = n_i \exp\left[\frac{(E_i - E_F)}{k_B T}\right] \quad (2.11)$$

注意，质量作用定律［式 (2.8)］适用于本征和非本征半导体。

N 型半导体中的费米能级（其中 $n \approx N_D$）可由式 (2.10) 导出，即

$$E_F \cong E_i + k_B T \ln\left(\frac{N_D}{n_i}\right) \quad (2.12)$$

同理，P 型半导体中的费米能级（其中 $p \approx N_A$）可由式 (2.11) 导出，即

$$E_F \cong E_i - k_B T \ln\left(\frac{N_A}{n_i}\right) \quad (2.13)$$

需要注意的是，本征载流子浓度 n_i 在 $1 \times 10^{10} \mathrm{cm}^{-3}$ 的量级，而在实际中，掺杂剂浓度 N_D 和 N_A 可以在 $1 \times 10^{13} \sim 1 \times 10^{16} \mathrm{cm}^{-3}$ 的量级。因此，N 型半导体中的费米能级高于 E_i，更接近导带，而 P 型半导体中的费米能级低于 E_i，更接近价带。

2.1.2　电子和空穴能量　★★★

例如，由于半导体中的热电子引起的碰撞电离（见第 5 章）可以产生一个电子-空穴对。在能带图中，产生的电子可能获得足够的能量（大于带隙 E_g），然后跃迁进入导带。因此，产生的电子与空穴被分离，如图 2.3a 所示。

电子（或空穴）的能量可分为两部分（即势能 E_{PE} 和动能 E_{KE}），如图 2.3b 所示。电子的 E_{PE} 是导带能量 E_C，而电子的 E_{KE} 是能量位置与 E_C 之间的差值。

第 2 章 器件物理基础

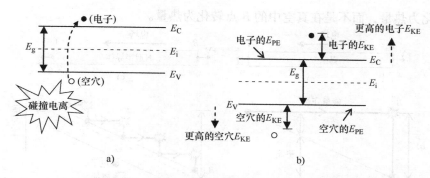

图 2.3 a）电子—空穴对产生后，高能电子很可能跃迁进入导带，b）电子和空穴的
动能 E_{KE} 和势能 E_{PE} 及其能量方向示意图

同样，空穴的 E_{PE} 是价带 E_V，空穴的 E_{KE} 是能量位置与 E_V 之间的差值。当电子向上移动时（如由电场引起），电子的 E_{KE} 增加，而在没有能带弯曲的情况下，电子的 E_{KE} 保持在 E_C。同样，当空穴向下移动时，空穴的 E_{KE} 增加，而在没有能带弯曲的情况下，空穴的 E_{PE} 则保持在 E_V 不变。如果发生能带弯曲，电子或空穴的 E_{PE} 随能带弯曲发生变化，如图 2.4 和图 5.1 所示。

2.1.3 半导体中的碰撞与能量交换 ★★★

图 2.4a、b 示意性地说明了长度为 L 的真空中的能量转换。由于施加了电场，位于 A 点的电子具有 qV 的势能（PE）。当这个电子被释放时，它将被电场加速，在此期间它将获得动能（KE）。由于电子是在真空中运动，所以在这一过程中没有发生碰撞，也就没有能量损失。根据能量守恒定律，在运动过程中，电子的势能减小，而其动能增大。换句话说，电子的势能在这一过程中转化为动能。当电子从 A 点移动到 B 点时，所有的势能都转化为动能。但是，在 B 点的电子将失去所有的动能，这些动能又转化为在这一端碰撞产生的热量。能量损失如图 2.4b 所示，其中能量从 B 点下降到 C 点。

与之相比，图 2.4c、d 示意性地显示了 N 型半导体的情况，将 +V 施加于 B 点而 A 点接地，其中 E_C、E_F 和 E_V 如图所示。在图 2.4d 中，E_C 的导带底部为动能为零的电子的势能能级。因此，与真空的情况类似，图 2.4d 中电子的半导体能带图显示了从 A 点到 B 点的势能下降，对应 E_C（以及 E_F 和 E_V）的能级下降。

然而，真空和半导体之间的区别很明显，半导体中加速的电子（例如，在 D 点）由于晶格碰撞可能会在一定的时候失去动能，因此电子在 E 点下降到相应的 E_C 能级。它再次被施加的电场加速，在点 F 与晶格发生碰撞，并在 G 点下降到较低的 E_C 能级。这个过程一直持续到电子到达 B 点，在那里它将失去在 A 点的所有 qV 势能。注意，在这种情况下（见图 2.4d），势能在沿移动线路的晶格中转化为热量,而不是在真空中的 B 点转化为热量。

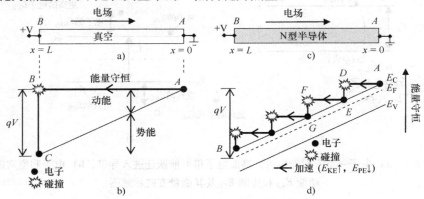

图 2.4 真空中传导示意图
a) 真空中施加电压 b) 在能带图内的电子运动和碰撞, N 型半导体中传导示意图
c) 施加电压的 N 型半导体 d) 在能带图内的电子运动和碰撞

2.2 PN 结

2.2.1 PN 结能带 ★★★

当 N 型和 P 型半导体相互连接形成 PN 结时, P 型半导体中的空穴和 N 型半导体中的电子相互扩散(见图2.5)。然后在连接的区域形成一个耗尽区,并形成一个内建的电场阻止空穴和电子的进一步相互扩散。注意,在平衡状态下没有电流流过 PN 结,费米能级在整个 PN 结必须是恒定的。因此,在 PN 结中能带(E_V 和 E_C)是弯曲的,以满足这一要求(见图2.5c)。

内建电压 V_{bi},也称为势垒电压,推导为

$$V_{bi} = \frac{k_B T}{q} \ln\left(\frac{N_A N_D}{n_i^2}\right) \qquad (2.14)$$

很明显, V_{bi} 取决于 P 型区和 N 型区(N_A 和 N_D)的掺杂,以及温度和带隙相关的 n_i^2 [式(2.7)]。例如,突变的硅 PN 结的势垒电压 V_{bi} 在 0.7~1.0V 变化。

平衡状态下耗尽宽度 W 为

$$W = \sqrt{\frac{2\varepsilon}{q}\left(\frac{1}{N_A} + \frac{1}{N_D}\right) V_{bi}} = \sqrt{\frac{2\varepsilon k_B T}{q^2}\left(\frac{1}{N_A} + \frac{1}{N_D}\right) \ln\left(\frac{N_A N_D}{N_C N_V \exp\left(-\frac{E_g}{k_B T}\right)}\right)} \qquad (2.15)$$

由于内建电压,平衡时的最大电场 E_{max}(见图2.5e)为

第 2 章 器件物理基础

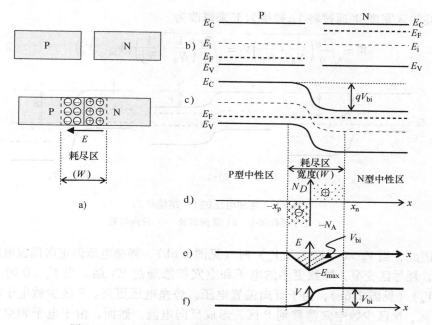

图 2.5 N 型和 P 型半导体相互连接形成 PN 结时的能带
a) 平衡条件下的连接示意图 b) 连接前能带 c) 连接后能带弯曲
d) 空间电荷 e) 电场分布 f) 电势的分布

$$E_{max} = \frac{2V_{bi}}{W} \tag{2.16}$$

对于单边突变结（例如，$N_A \gg N_D$ 的 p^+n 结），$x_p \ll x_n$，而式（2.15）中的 W 可以简化为

$$W \approx x_n = \sqrt{\frac{2\varepsilon}{q} \frac{V_{bi}}{N_D}} \tag{2.17}$$

单边突变结中对应的 E_{max} 表示为

$$E_{max} = \frac{qN_D W}{\varepsilon} \tag{2.18}$$

2.2.2 PN 结偏置 ★★★

图 2.6 是 PN 结在施加不同电压下的能带图。当 $V_p = V_n$（见图 2.6a）时，PN 结与耗尽区的 V_{bi} 平衡，无电流流过。然而，当外加电压 V_a（$= V_p - V_n$）时，耗尽区的电压 V_j 变为

$$V_j = V_{bi} - (V_p - V_n) = V_{bi} - V_a \tag{2.19}$$

注意，对于正向偏置 V_a 是正的，而对于反向偏置 V_a 是负的。因此，式（2.15）

— 19 —

中的耗尽区宽度 W 通过将 V_{bi} 替换为 V_j 来修改为

$$W = \sqrt{\frac{2\varepsilon}{q}\left(\frac{1}{N_A} + \frac{1}{N_D}\right)V_j} = \sqrt{\frac{2\varepsilon}{q^2}\left(\frac{1}{N_A} + \frac{1}{N_D}\right)(V_{bi} - V_a)} \quad (2.20)$$

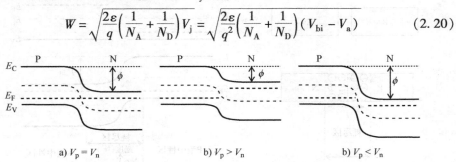

图 2.6　施加电压的 PN 结能带图
a）处于平衡状态　b）正向偏置　c）反向偏置

因此，当 $V_a > 0$（即 $V_p > V_n$）时（见图 2.6b），势垒电压因正向偏置电压而降低，耗尽区变窄，导致更多的电子和空穴扩散通过 PN 结。当 $V_a < 0$ 时（即 $V_p < V_n$）（见图 2.6c），由于反向偏置电压，势垒电压更高。P 区少数电子漂移到 N 区，N 区少数空穴漂移到 P 区，形成反向电流。然而，由于电子和空穴是少数载流子，反向电流很小。

2.2.3　结电容　★★★

对于 PN 结，P 区和 N 区的电荷[或式（2.20）中的耗尽区宽度 W]随偏置电压的变化而变化。因此 PN 结类似一个电容。电容定义为

$$C = \frac{dQ}{dV} \quad (2.21)$$

图 2.7 给出了考虑寄生电阻和电容的 PN 结小信号等效电路。对于反向偏置的结（$V_a < 0$）（见图 2.7a），Q 的变化来自耗尽区的变化，这就给出了结电容 C_j 或势垒电容。C_j 的物理特性与平板电容相似。因此，C_j 可以简单地表示为

$$C_j = \frac{\varepsilon A}{W} \quad (2.22)$$

其中，A 为结的截面积；C_j 与耗尽层宽度 W 呈反比；W 是 N 区和 P 区浓度的函数，如式（2.20）所示。因此，浓度越高，耗尽层宽度越窄，C_j 值越大。在图 2.7a 中，$R_{neutral}$ 为中性区域的体电阻。R_{diff} 是微分电阻（有时称为增量电阻或斜率电阻）。在反向偏置下，R_{diff} 非常大，通常可以假设为无穷大。然而，在正向偏置下 R_{diff}（见图 2.7b）是一个非常小的量。

另一方面，对于正向偏置的 PN 结（$V_a > 0$）（见图 2.7b），耗尽区略有变化，而 Q 的变化主要来自电子和空穴的扩散，从而产生所谓的扩散电容 C_{diff}，有时也称为存储电容。其原因是正向偏置，耗尽层宽度的减小导致多数载流子通过

耗尽区注入到相反的区域，在那里它们为存储的过量的少数载流子。过量存储的少数载流子密度随着正向偏置的增加而增加。扩散电容表示为

$$C_{\text{diff}} \propto \exp\left(\frac{qV_a}{k_BT}\right) \tag{2.23}$$

也就是说，C_{diff}随正向偏置呈指数增加。注意，在正向偏置情况下，C_{diff}明显大于C_j。

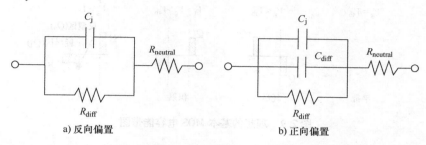

图 2.7　考虑 a）反向偏置和 b）正向偏置下寄生电阻和电容的 PN 结等效电路

2.3　金属 – 氧化物 – 半导体电容的物理基础

2.3.1　金属 – 氧化物 – 半导体电容的能带 ★★★

在深入研究复杂 MOS 晶体管之前，让我们首先介绍基本的 MOS 电容，如图 2.8 所示。基本 MOS 电容由夹在栅极（多晶硅或金属）和硅衬底之间的绝缘层（如 SiO_2）组成。

图 2.9 是一个理想的基本 MOS 电容的能带图。当对 MOS 电容施加电压时，由于在氧化层界面的半导体中施加电压的下降，能级 E_C、E_i 和 E_V 发生弯曲；另一方面，由于 MOS 电容中没有电流，所以费米能级在硅中的位置不会改变。

- 平带：当栅极电压 V_g 为平带电压 V_{fb} 时，能带保持不变。

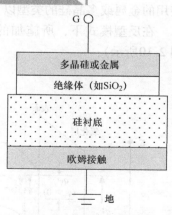

图 2.8　基本 MOS 电容原理图

- 积累：当 $V_g < V_{\text{fb}}$ 时，大部分空穴积累在氧化层与 Si 的界面上。
- 耗尽：当 $V_t > V_g > V_{\text{fb}}$ 时，大部分空穴被排斥到远离界面。在界面处形成耗尽层，界面处的 E_i 仍高于 E_F。
- 反型：当 $V_g > V_t$ 时，发生更大的能带弯曲，界面处的 E_i 低于 E_F。大多数

载流子都是电子。

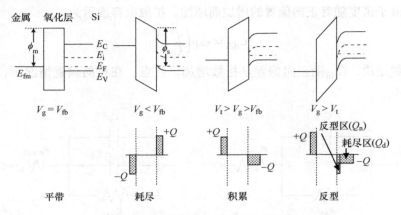

图 2.9 理想的基本 MOS 电容能带图

平带电压 V_{fb} 是施加在金属和硅之间的电压，用于实现能带的平直，以补偿功函数差 ϕ_{ms} 和氧化层电荷 Q_i：

$$V_{fb} = \phi_{ms} - \frac{Q_i}{C_{ox}} \tag{2.24}$$

其中，Q_i 为栅极氧化层中的捕获电荷（一个正数），包括固定电荷 Q_f、界面陷阱 Q_{it}、移动电荷 Q_m 和氧化层陷阱 Q_{ot}；ϕ_{ms}（$= \phi_m - \phi_s$）是功函数差，取决于所使用的金属或多晶硅的类型以及硅中掺杂原子的浓度/类型。

在反型模式下，所施加的栅极电压 V_g 可分为以下三个部分（V_{ox} 和 ψ_s 如图 2.10 所示）：

$$V_g = V_{ox} + \psi_s + V_{fb} \tag{2.25}$$

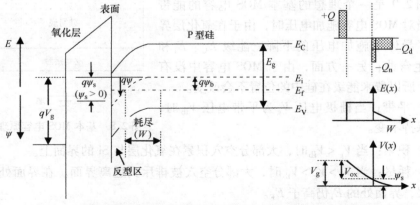

图 2.10 对栅极施加正向偏置时，氧化层和 P 型硅表面之间的能带图

阈值电压 V_t 定义为施加到栅极上引起强反型的开启电压,定义如下:

$$\psi_s = 2\psi_b \tag{2.26}$$

$$V_{ox} = \frac{-Q_s}{C_{ox}} = \frac{-Q_{dm} - Q_n}{C_{ox}} \approx \frac{-Q_{dm}}{C_{ox}} \tag{2.27}$$

$$Q_{dm} = -qN_A W_m = -\sqrt{2\varepsilon_{Si} q N_A (2\psi_b)} \tag{2.28}$$

其中,W_m 和 Q_{dm} 分别为强反型下 W(耗尽层宽度)和 Q_d(耗尽层电荷密度)的最大值;Q_n 为反型层的电荷密度,其值很小,假设为零。因此,V_t 是在没有衬底偏置的情况下根据式(2.25)~式(2.28)推导出来的:

$$V_t = V_{fb} + 2\psi_b + V_{ox} = \varphi_{ms} - \frac{Q_i}{C_{ox}} + 2\psi_b + \frac{\sqrt{2\varepsilon_{Si} q N_A (2\psi_b)}}{C_{ox}} \tag{2.29}$$

2.3.2 金属-氧化物-半导体电容的电容-电压曲线 ★★★

图 2.11 给出了 P 型衬底 MOS 电容的电容-电压 CV 特性。MOS 电容由式(2.30)表示:

$$C = \frac{dQ_m}{dV_g} \tag{2.30}$$

$$Q_m = -Q_s = -(Q_n + Q_d) \tag{2.31}$$

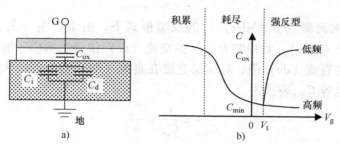

图 2.11 a) MOS 电容的电容分量;b) P 型衬底 MOS 电容的电容-电压特性

因此,结合式(2.30)、式(2.31)和式(2.25)得出:

$$C = \frac{dQ_m}{d(V_{ox} + \psi_s)} = \frac{1}{\dfrac{1}{\dfrac{dQ_m}{dV_{ox}}} + \dfrac{1}{\dfrac{dQ_m}{d\psi_s}}} = \frac{1}{\dfrac{1}{C_{ox}} + \dfrac{1}{C_s}} \tag{2.32}$$

$$C_s = \frac{dQ_n}{d\psi_s} + \frac{dQ_d}{d\psi_s} = C_i + C_d \tag{2.33}$$

其中,C_{ox} 和 C_s 分别是氧化层和半导体的电容。C_s 由耗尽层电容 C_d 和反型层电容 C_i 组成。当栅极电压 V_g 变化时,电容也会发生变化,如图 2.11b 所示。详情如下：
- 在积累模式下，界面 Q 上累积的空穴随着 V_s 的变化呈指数变化。由式 (2.32) 可知，对应的电容 C_s 很大。因此，总的 C 约等于 C_{ox}。
- 在耗尽模式下，耗尽层电荷的变化不同，因此相应的 C_s 起着重要的作用，如下所示：

$$Q_s = Q_d = -qN_AW = -\sqrt{2\varepsilon qN_A\psi_s} \qquad (2.34)$$

$$C_s = \frac{-dQ_s}{d\psi_s} = \sqrt{\frac{\varepsilon qN_A}{2\psi_s}} = \frac{\varepsilon}{W} \qquad (2.35)$$

$$\frac{1}{C} = \frac{1}{C_s} + \frac{1}{C_{ox}} = \frac{W}{\varepsilon} + \frac{1}{C_{ox}} \qquad (2.36)$$

其中，C 和 C_{ox} 的值是相当的。V_g 的增加会导致 V_s 增加，导致耗尽层变宽而耗尽电容变小。因此，在耗尽区总电容随着栅极电压的增加而减小（见图 2.11b）。
- 在施加低频（如 10Hz）V_g 的反型模式下，总电容由 C_{ox}、C_i 和 C_d 3 个部分组成。在此区域，耗尽层宽度达到最大 W_m，不随 V_g 变化。因此，这个区域的 C_d 是常数；另一方面，反型电子密度与 $\exp(K\cdot\psi_s)$ 成正比，导致一个非常大的 C_i（注意，这与积累模式中积累空穴的情况类似）。由于 C_i 和 C_d 是并联的，因此得到的 $C_s(=C_d+C_i)$ 与 C_{ox} 相比也非常大。因此，低频反型模式下的总 C 也近似为 C_{ox}。
- 在施加高频（如 1MHz）V_g 的反型模式下，由于产生 – 复合过程较慢（速率为 $10^{-5}\sim10^3$s），对周期为 1ms 的交流（ac）信号的响应不够快，反型电子密度固定在直流（dc）值，耗尽层宽度在直流（dc）值附近增大或减小。因此，高频总电容 C_{min} 表示为

$$\frac{1}{C_{min}} = \frac{1}{C_{ox}} + \frac{W_m}{\varepsilon} \qquad (2.37)$$

2.4 金属 – 氧化物 – 半导体场效应晶体管物理特性

2.4.1 金属 – 氧化物 – 半导体场效应晶体管的电流 – 电压特性 ★★★

对 MOSFET 的 $I_d - V_d$ 解析关系的推导可以让我们更好地理解 MOSFET 的物理特性。为简化起见，一般做如下假设：
- 源极和衬底接地（即 $V_s = V_b = 0$）。
- 沿沟道的表面迁移率为常数。
- V_t 定义为在 $V_d = 0$ 时形成反型层的栅极电压。
- 基于从漏区到源区的电势梯度远小于从栅极到沟道的电势梯度的假设，

沟道载流子浓度的缓变沟道近似（GCA）由栅极到沟道的电势决定。

图 2.12 示意说明了分析所用的栅极和漏极施加正偏置电压的理想 NMOSFET。根据式（2.25），所施加的栅极电压 V_g 可分为 3 个部分，分别为

$$V_g = V_{ox} + \psi_s(x) + V_{fb} \tag{2.38}$$

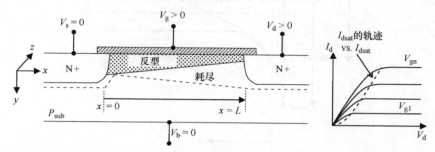

图 2.12 在栅极和漏极施加正偏置电压的理想 NMOSFET 示意图

其中，氧化层上电压 V_{ox} 为 $|Q_s|/C_{ox}$，而 $Q_s(= Q_n + Q_{dm})$ 是 NMOSFET 硅中的负电荷密度，是沟道中的电子表面电荷 Q_n 和负耗尽层电荷 Q_{dm} 之和，V_{fb} 是平带电压，而 $\psi_s(x)$ 是硅的表面电势，在强反型下的源端，其值为 $2\psi_b$（如图 2.10 所定义）。注意，这是基于体衬底的费米能级 E_F 和 $\psi_b = (E_i - E_F)/q$。然而，当沿着沟道从源区（$x=0$）移动到漏区（$x=L$）时，沟道中的 E_F 由于沟道电压 $V(x)$ 而向下移动，这表示从沟道到体（这里接地）的电压降 $V_{cb}(=V_{channel} - V_{bulk})$。强反型条件变为 $(2\psi_b + V_{cb})$，其中，$V_{cb} = V_{cs} + V_{sb} = V_{cs}$，因为 $V_{sb} = 0$。因此，如图 2.13 所示，我们得到

$$\psi_s(x) = 2\psi_b + V(x) \tag{2.39}$$

而式（2.38）变为

$$V_g = -\frac{Q_n(x) + Q_{dm}(x)}{C_{ox}} + V_{fb} + 2\psi_b + V(x) \tag{2.40}$$

而沟道中的电子表面电荷 Q_n 为

$$Q_n(x) = -C_{ox}[V_g - V(x) - V_{fb} - 2\psi_b] - Q_{dm}(x) \tag{2.41}$$

$$\Rightarrow Q_n(x) = -C_{ox}[V_g - V(x) - V_t] \tag{2.42}$$

由式（2.42）可知，$|V_t|$ 越大，反型沟道中的总载流子数（$|Q_n|$）越小。如在 $V_d = V_s = 0$ 的情况下 [例如，对于负偏置温度不稳定性（NBTI）应力条件]，$V(x)$ 因此为 0。因此，反型沟道中的总载流子数（$|Q_n|$）与 C_{ox} 和 $|V_g - V_t|$ 成正比：

$$Q_n = C_{ox} \cdot |V_g - V_t| \tag{2.43}$$

在特定 V_g 下，线性区的漏极电流 I_d 近似为

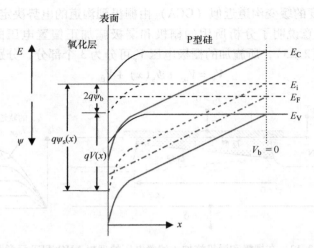

图2.13 在图2.12中氧化层与P型硅之间表面沟道体电压 $V(x)$ 的 x 位置处的能带图

$$I_d \approx \mu_{eff} C_{ox} \frac{Z}{L} \left[(V_g - V_t) V_d - \frac{V_d^2}{2} \right] \tag{2.44}$$

$$\approx \mu_{eff} C_{ox} \frac{Z}{L} \left[(V_g - V_t) V_d \right], V_d \ll (V_g - V_t) \tag{2.45}$$

其中，Z 为沟道宽度。有效表面迁移率（μ_{eff}）的经验方程为

$$\mu_{eff} = \frac{\mu_0}{1 + \theta(V_g - V_t)} \tag{2.46}$$

其中，μ_0 是体迁移率；θ 是常数。可见，较大的 V_g 和较小的 V_t 将导致较低的有效表面迁移率。

线性区的跨导 g_m 为

$$g_m \equiv \left. \frac{\partial I_d}{\partial V_g} \right|_{V_d = \text{constant}} \approx \mu_{eff} C_{ox} \frac{W}{L} V_d \tag{2.47}$$

在 $V_d = V_{dsat} = V_g - V_t$ 时给出饱和漏极电流 I_{dsat}，并表示为

$$I_{dsat} \approx \mu_{eff} C_{ox} \frac{Z}{2L} (V_g - V_t)^2 \tag{2.48}$$

将式（2.46）代入式（2.48），得到

$$I_{dsat} \approx \mu_0 C_{ox} \frac{Z}{2L} \frac{(V_g - V_t)^2}{1 + \theta(V_g - V_t)} \tag{2.49}$$

$$\frac{\Delta I_{dsat}}{I_{dsat}} = \left[1 + \frac{1}{1 + \theta(V_g - V_t)} \right] \frac{\Delta V_t}{V_g - V_t} \tag{2.50}$$

可以看出，当电压裕度（定义为 V_g 和 V_t 之间的差值）较小时[3]，较小的 V_t 偏移（ΔV_t）会导致较大的 I_{dsat} 偏移（$\Delta I_{dsat}/I_{dsat}$）。对于先进的技术节点，当器

件的工作电压不断按比例减小时,这是非常关键的。

在晶圆验收测试(WAT)表征方面,下面列出了一些常见的做法。I_{dsat}是在源极和体接地情况下,$V_d = V_g = V_{op}$(即工作电压)下测量的漏极电流。对于恒定电流下测量的V_t,V_{t_lin}(或V_{thi})是在$V_d = 0.1V$(或$0.05V$),而$I_d = 0.1W/L$ μA时的栅极电压,而V_{t_sat}是在$V_d = V_{op}$而$I_d = 0.1W/L$ μA时的栅极电压。关断态电流I_{off}是在$V_g = V_s = V_b = 0$和$V_d = V_{op}$(或$1.1V_{op}$)下测量的I_d。

2.4.2 长沟道金属-氧化物-半导体场效应晶体管的V_t ★★★

式(2.29)是无衬底偏置的长沟道MOSFET V_t的表达式(即$V_b = 0V$),因此,以下因素会影响V_t:

- 调整沟道注入,提供形成反型层所需的额外电荷[式(2.51)]。注入剂量Q_{imp}越高,V_t越高。

$$V_t = V_{fb} + 2\psi_b + \frac{\sqrt{2\varepsilon_{Si}qN_A(2\psi_b)}}{C_{ox}} + \frac{Q_{imp}}{C_{ox}} \quad (2.51)$$

- 通过栅极氧化层厚度和k值调节C_{ox}。
- 通过多晶硅预掺杂调节ϕ_{ms}来调节V_{fb}。多晶硅预掺杂还可以调节C_{ox}。预掺杂剂量越大,V_t越低。

表2.1给出了双掺杂多晶硅栅工艺的定性比较,忽略了氧化层电荷Q_f和沟道注入Q_{imp}引起的电荷。

表2.1 双掺杂多晶硅栅工艺的定性比较

	ϕ_{ms}	$2\psi_b$	$-Q_{dm}/C_{ox}$	V_t
NMOS(N^+多晶硅/P型Si衬底)	−	+	+	+
PMOS(P^+多晶硅/N型Si衬底)	+	−	−	−

2.4.3 金属-氧化物-半导体场效应晶体管中的电容 ★★★

与MOS晶体管相关的电容可以分为本征电容和非本征电容,如图2.14所示。这些电容降低了高频电压增益,因此应充分理解和评估对器件性能的控制。一个简单的MOSFET模型包括栅源C_{gs}、栅漏C_{gd}、栅体本征电容C_{gb},漏体C_{db}、源体非本征电容C_{sb},以及C_{gdo}、C_{gso}和C_{gbo}交叠电容。

非本征电容的定义,以及如何表述相对容易理解。然而,要深入了解本征电容的物理特性及其建模,可能还需要更多的步骤。

一个MOSFET的电容是本征电容和非本征电容的总和。

非本征电容及其建模

如前所述,非本征电容由漏/源区域的栅极交叠电容和漏/源区结电容组成。

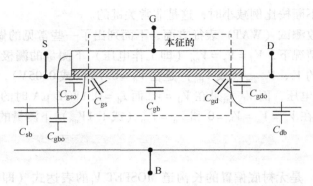

图2.14 MOS晶体管的本征电容和非本征电容示意图

通常,交叠电容定义为

$$C_{ov} = \frac{\varepsilon \cdot d}{t_{ox}} \tag{2.52}$$

其中,t_{ox}是氧化层的厚度;d是交叠区域的宽度。由于对于每种特定的技术,d是一个固定的值,因此我们可以将公式简化为

$$C_{ov,gd} = \frac{\varepsilon \cdot d}{t_{ox}} = C_{gdo} \cdot W \quad C_{ov,gs} = \frac{\varepsilon \cdot d}{t_{ox}} = C_{gso} \cdot W \tag{2.53}$$

在MOSFET中还有一个额外的但较小的寄生电容分量,即栅-体电容,这是由MOSFET端覆盖区域与栅极延伸到体的交叠引起的,定义方法与上述相同:

$$C_{ov,gb} = C_{gbo} \cdot L \tag{2.54}$$

随着工艺特征尺寸的缩小,还有另外两个不可忽略的非本征寄生电容。这些是①栅区与漏区和源区之间侧墙的内部边缘电容和②栅区与漏/源区域之间的外部边缘电容(不包括栅区-接触耦合电容)。这些电容的公式定义如下:

$$C_{fo} = \frac{\varepsilon}{\alpha} \ln\left(1 + \frac{X_p}{t_{ox}}\right) \tag{2.55}$$

$$C_{fi} = \frac{\varepsilon}{\beta} \ln\left(1 + \frac{X_j \sin\beta}{t_{ox}}\right) \tag{2.56}$$

其中,X_p为多晶硅厚度;X_j为结深;α为栅极倾斜角。

在MOSFET中的其他非本征元件是漏体和漏源结电容,这些电容的详细公式可参阅PN结部分(2.2.3节)。

本征电容及其建模

本征电容C_{gd}和C_{gs}是栅极-漏区和栅极-源区电容,C_{gb}是栅极-体电容。电容在本质上是分布式的。由于本征电容的详细描述超出了本书的范围,因此建议读者参考一些教科书,如伯克利短沟道绝缘栅场效应晶体管模型(BSIM)用

户指南,以获得进一步的信息。

2.5 金属-氧化物-半导体场效应晶体管的二阶效应

2.5.1 短沟道效应 ★★★

电荷共享和漏导致的势垒降低

图 2.15a 显示了短沟道器件的电荷共享模型。点状三角形耗尽区域不是由 V_g(由阴影梯形区域表示)引起的,而是由源/漏(S/D)结耗尽引起的。对于长沟道器件,这些部分可以忽略不计。然而,对于短沟道器件,它们与由 V_g 引起的梯形面积相当。因此,对于短沟道器件,随着沟道长度的缩短,V_t 会越来越低,这就是通常所说的 V_t 下降。图 2.15b 显示了线性($V_d = 0.1V$)和饱和($V_d = 1.1V_{op}$)区域的 V_t 下降。很明显,饱和区 V_t 下降要大得多。注意,V_t 下降也会增加短沟道器件的关断态泄漏电流(或待机电流)。

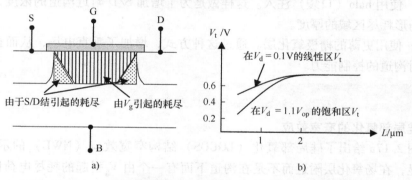

图 2.15 a) 短沟道器件的电荷共享模型;b) 短沟道阈值电压下降

如图 2.16 所示,较大的饱和 V_t 下降是由漏导致的势垒降低(DIBL)引起的。当 V_d 较高且沟道长度足够短(例如 L_2)时,较高的漏电场 E_{db} 可以补偿源电场 E_{sb},从而减小源/体(S/B)势垒。因此,更多的载流子从源端注入,导致在相同 V_g 下随着 V_d 的增加而产生更大的 I_d。DIBL 会增大亚阈值斜率和亚阈值泄漏电流。当漏侧耗尽区与源侧耗尽区接触时,可能会引起穿通,而栅极会完全失去对沟道的控制。在 WAT 中,DIBL 的定量表征为

$$\Delta V_t = V_t(线性区) - V_t(饱和区) \tag{2.57}$$

短沟道效应的控制

由于短沟道效应主要是由电荷共享和 DIBL 引起的,可以通过一些方法减小它:

- 使用较浅的 S/D 结(即减小 x_j)。图 2.15a 中三角形部分的耗尽电荷较

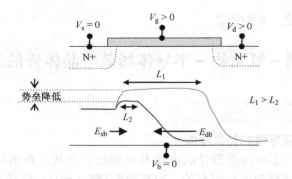

图 2.16 漏导致的势垒降低（DIBL）示意图

少，因此 V_t 下降较小。

- 增加沟道掺杂。这样做是为了增加图 2.15a 梯形部分的耗尽电荷，从而导致较小的 V_t 降低。
- 使用 halo（口袋）注入。这样做是为了增加 S/D 附近沟道的浓度，并减少三角形耗尽区域的厚度。
- 使用更薄的栅极氧化层。通过这种方式，增加了垂直电场，从而提高了栅极对沟道的控制能力。

2.5.2 宽度效应 ★★★

硅局部氧化的窄宽效应

图 2.17a 给出了硅局部氧化（LOCOS）结构窄宽效应（NWE）的示意图。很明显，在场氧化层附近而不是在沟道下面有一个由 V_g 引起的耗尽电荷区，这也会对 V_t 有影响。换句话说，V_g 不仅会导致沟道区耗尽，还会导致除沟道外的其他区域的耗尽。如果沟道足够宽，这些额外的耗尽电荷 $Q_{additional}$ 可以忽略不计。然而，当沟道变窄时，这部分（$Q_{additional}$）与沟道下的耗尽电荷相当。如式（2.58）[为式（2.29）的改写形式]所示，沟道宽度越小，V_t 越高（见图 2.17b）：

$$V_t = V_{fb} + 2\psi_b + \frac{\sqrt{2\varepsilon_{Si}qN_A(2\psi_b)}}{C_{ox}} + \frac{Q_{additional}}{C_{ox}} \tag{2.58}$$

逆窄宽效应：浅沟槽隔离

对于浅沟槽隔离（STI）结构，多晶硅外有一个可以忽略不计的 Si 平行沟道，因此 V_g 只对沟道耗尽电荷有贡献。然而，在 STI 拐角处的电场比沟道下的电场强度高很多（见图 2.18a）。因此，当 W 变窄时，V_t 会变低（见图 2.18b）。参考文献 [6] 给出了 STI 隔离技术的逆窄宽效应（INWE）的一个例子。

第 2 章 器件物理基础

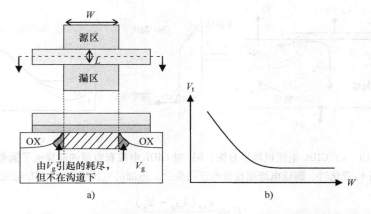

图 2.17 a) LOCOS 的窄宽效应示意图；b) 窄宽效应下 V_t 与沟道宽度的关系曲线

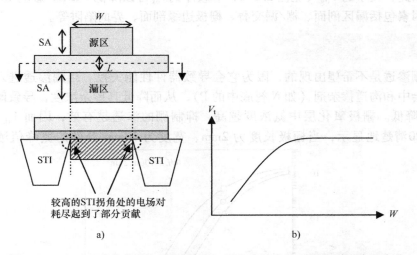

图 2.18 a) STI 逆窄宽效应示意图；b) 逆窄宽效应的 V_t 随沟道宽度的变化

2.5.3 栅致漏极泄漏电流 ★★★

图 2.19a 以 NMOS 为例，给出了栅致漏极泄漏（GIDL）电流机理的示意图。当栅极接地而漏极偏置在高电压时，栅-漏区交叠区域会出现以空穴为少数载流子的反型层。然而，由于衬底也是接地的，空穴将横向流向衬底。因此，没有形成反型层。同时，有带间隧穿电子流进漏区，如图 2.19b 所示。图 2.19a 偏置条件下的漏极电流 I_d 可表示为

$$I_d = AE_s e^{-B/E_s} \tag{2.59}$$

其中，$B = 21.3 \text{MV/cm}$；E_s 为 Si 中的法向电场。

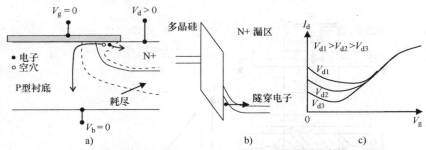

图2.19 a) GIDL 电流机理示意图; b) 对 GIDL 电流有贡献的隧穿电子能带图;
c) 当 V_d 变化时,漏极电流随栅极电压的变化。施加的电压越高,GIDL 电流越大

$$E_s \approx \frac{\varepsilon_{ox}(V_{dg} - E_g)}{\varepsilon_{Si} t_{ox}} \quad (2.60)$$

因此,较小的 V_{dg}（见图 2.19c）和较厚的 t_{ox} 可以降低 GIDL。影响 GIDL 的其他因素包括漏区剖面、栅/漏交叠、栅极边缘剖面、界面陷阱等。

2.5.4 硼渗透 ★★★

硼渗透是不希望出现的,因为它会导致器件性能失控。当硼渗透进入沟道时,会中和沟道掺杂剂（如 N 衬底中的 P）,从而降低其掺杂浓度,导致阈值电压 V_{th} 降低。栅极氧化层中氮浓度越高,抑制硼的渗透越有效,因而 V_{th} 越高。图2.20清楚地显示,当栅极长度为 2mm、宽度为 10mm 器件的氮峰值浓度从

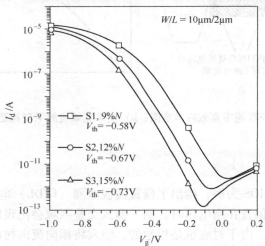

图2.20 氮峰值浓度为 9（S1）、12（S2）和 15（S3）的等离子体氮化 SiON 栅极介质的 PMOS 室温下漏极电流 - 栅极电压（I_d - V_g）曲线,其 I_d - V_g 曲线是在 $V_d = -0.1V$ 时测量的（经美国物理学会许可使用）[7]

9（S1）增加到 15（S3）时，V_t 从 0.58V 增加到 0.73V[7]。然而，应该非常小心地控制栅极介质中氮的浓度，以达到理想的 NBTI 性能，这将在第 7 章中进行详细阐述。

2.5.5 衬底偏置的影响 ★★★

可以通过对衬底施加电压来调制 V_t。对于有衬底偏置的 MOSFET（即 $V_{bs} \neq 0$），V_t 表达式为

$$V_t = V_{fb} + 2\psi_b + \frac{\sqrt{2\varepsilon_{Si}qN_A(2\psi_b - V_{bs})}}{C_{ox}} \quad (2.61)$$

$$\Rightarrow V_t = V_{t0} + \gamma(\sqrt{2\psi_b - V_{bs}} - \sqrt{2\psi_b}) \quad (2.62)$$

其中，V_{t0} 在式（2.29）中给出，体效应 γ 被定义为

$$\gamma = \frac{\sqrt{2\varepsilon_{Si}qN_A}}{C_{ox}} \quad (2.63)$$

根据式（2.61），正 V_{bs} 将分别降低和增加 N 沟道和 P 沟道金属－氧化物－半导体（NMOS 和 PMOS）的 $|V_t|$，如图 2.21 所示。

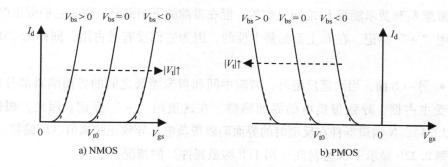

图 2.21 衬底偏置对 a）NMOS 和 b）PMOS 的 V_t 调制的影响

从式（2.63）可以看出，最小化体效应 γ 的方法是减小栅极氧化层厚度（即增大 C_{ox}）和减小 N_A。

2.6 界面陷阱和氧化层陷阱

器件可靠性包括热载流子注入（HCI）、栅极氧化层完整性（GOI）、NBTI 和等离子体诱导损伤（PID），它们都涉及氧化层陷阱 Q_{ot} 和界面陷阱 Q_{it} 的产生，从而导致迁移率的降低和 V_t 的偏移，以及 I_{dsat} 的降低。因此，由于对互连或负载

电容的充电时间更长，电路的开关速度变慢。捕获的电荷还改变了亚阈值栅极电压，并降低了 $I_d - V_g$ 曲线的亚阈值斜率，这意味着晶体管关断态泄漏电流和待机功耗会增加，而信号/噪声裕度会减小。

测量的界面陷阱的极性和数量取决于器件类型和测量过程中施加的电压。通常认为，在带隙上半部分的界面陷阱类似受主，而在带隙的下半部分类似施主[8]。当带隙的上半部分完全为空，下半部分被完全占据时，界面陷阱为中性。一个特定情况是，当 Si 面费米能级 E_{Fs} 处于中间能量 E_i[9]，即 $V_g = V_{mg}$ 时，界面陷阱是中性的。在 E_{Fs}（或 E_F）$\neq E_i$ 的情况下，如果带隙的上半部分被占据（全部或部分），则带负电。相反，如果带隙的下半部分是空的（全部或部分），则带正电。与之相反，如图 2.2 所示，对于掺杂原子，施主杂质在带隙的上半部分，受主杂质在带隙的下半部分。下面给出了 N 沟道和 P 沟道器件的界面陷阱的详细描述[9]。

图 2.22a 显示了 P 型衬底（用于 N 沟道器件）的情况：

• 在平带时，电子占据费米能级 E_F 以下的所有界面态。在费米能级下充满电子的界面态位于带隙的下半部分，所以它们是中性的，这里用"0"标记。在中间带隙 E_i 和费米能级 E_F 之间是空的，但在带隙的下半部分，因为它们带正电，这里用"+"标记。在 E_i 上面的是中性的，因为它们没有被占用，同样用"0"标记。

• 另一方面，当沟道反型时，带隙中间和费米能级之间的界面陷阱部分现在被受主占据，导致带负电的界面陷阱，在这里用"−"标记。因此，根据式（2.24），N 沟道器件在反型时的界面陷阱带负电，导致正的阈值电压偏移。

图 2.22b 显示了 N 型衬底（用于 P 沟道器件）的情况：

• 在平带时，电子占据费米能量 E_F 以下的所有界面态。带隙下半部分的界面态完全被施主态占据，所以它们是中性的，这里用"0"标记。在中间带隙 E_i 和费米能级 E_F 之间被受主态占据，所以它们带负电，在这里用"−"标记。在 E_F 以上的是中性的，因为它们没有被占用，同样标记为 0。

• 另一方面，当沟道反型时，中间带隙和费米能级之间的界面陷阱部分现在未被施主占据，导致带正电的界面陷阱，用"+"标记。因此，根据式（2.24），P 沟道器件反型时的界面陷阱带正电，导致负的阈值电压偏移。

相反，氧化层陷阱总是正的。然而，它们对平带和 V_t 偏移的影响取决于电荷在介质薄膜（栅极氧化层）中的位置。对于氧化层陷阱的随机分布 $[\rho(x)]$，

相应的平带变化可以表示为

$$\Delta V_{\text{fb}} = -\frac{\int_{x=0}^{x=t_{\text{ox}}} x \cdot \rho(x) \, \mathrm{d}x}{t_{\text{ox}} \cdot C_{\text{ox}}} \tag{2.64}$$

其中，t_{ox}和C_{ox}分别为栅极氧化层厚度和电容。由式（2.64）可知，Si/SiO_2界面附近的氧化层陷阱会导致较大的平带变化，从而产生较大的V_t偏移，如图2.23所示。多晶硅-SiO_2界面附近的氧化层陷阱对平带的影响可以忽略不计。

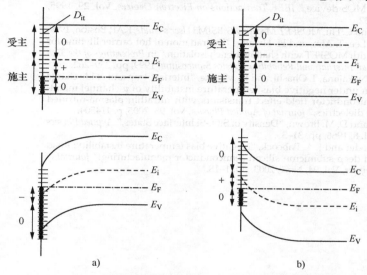

图2.22 Si衬底的能带图显示了界面陷阱的占据和不同的电荷极性

a）P型衬底（N沟道）在平带时具有正界面陷阱电荷，在反型时具有负界面陷阱电荷　b）N型衬底（P沟道）在平带时带负电荷，在反型时带正电荷（经美国物理学会许可使用[9]）

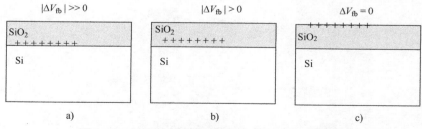

图2.23 氧化层陷阱位置对平带变化的影响示意图

a）氧化层陷阱靠近Si-SiO_2界面，对平带变化的影响最大

b）氧化层陷阱位于氧化层中部，对平带变化有一定影响　c）氧化层陷阱位于多晶硅-SiO_2界面附近，其对平带变化的影响可以忽略不计

参 考 文 献

1. S. M. Sze, *Semiconductor Devices Physics and Technology*, 2nd ed., Chap. 2, Hoboken, NJ: Wiley, 2002.
2. http://en.wikipedia.org/wiki/Electrical_resistance_and_conductance. Accessed January, 2011.
3. J. W. McPherson, "Reliability challenges for 45 nm and beyond," in *Proceedings of the 43rd annual IEEE Design Automation Conference*, 2006, pp. 176–81.
4. R. Shrivasrava and K. Fitzpatrick, "A simple mothod for the overlap capacitance of a VLSI MOS device," *IEEE Transactions on Electron Devices*, Vol. 29, 1995, pp. 229–232.
5. Y. Cheng and C. Hu, *MOSFET Modeling & BSIM3 User's Guide*, KAP, Boston, 1999.
6. W. Lee, S. Lee, T. Ahn, and H. Hwang, "Degradation of hot carrier lifetime for narrow width MOSFET with shallow trench isolation," in *Proceedings of the 37th IEEE Annual International Reliability Physics Symposium*, 1999, pp. 259–262.
7. S. Zhu, A. Nakajima, T. Ohashi, and H. Miyake, "Interface trap and oxide charge generation under negative bias temperature instability of *p*-channel metal-oxide-semiconductor field-effect transistors with ultrathin plasma-nitrided SiON gate dielectrics," *Journal of Applied Physics*, Vol. 98, 2005, p. 114504.
8. P. V. Gray and D. M. Brown, "Density of SiO_2-Si Interface States," *Applied Physics Letters*, Vol. 8, 1966, pp. 31–33.
9. D. K. Schroder and J. A. Babcock, "Negative bias temperature instability: Road to cross in deep submicron silicon semiconductor manufacturing," *Journal of Applied Physics*, Vol. 94, No.1, 2003, pp. 1–18.

第 3 章

金属-氧化物-半导体制造工艺流程

本章介绍了基本的半导体制造工艺流程，包括前道工艺（FEOL）和后道工艺（BEOL）流程。这些知识有助于读者理解工艺对可靠性性能的影响。

3.1 前道工艺

常用的初始材料/晶圆是（100）表面晶向掺杂硼的 P 型硅衬底。（100）晶向提供了比其他晶向更好的 $Si-SiO_2$ 界面。对于先进工艺，有一种选择是使用（110）晶向衬底来提高 PMOSFET 的性能，可以实现翻倍的迁移率[1]。然而，应注意可靠性的退化。图 3.1 给出了现代互补金属-氧化物-半导体（CMOS）工艺的 FEOL 分步工艺流程示意图，具体如下：

1. 生长了衬垫氧化层和沉积了氮化层的 P 型衬底晶圆。这是形成器件有源区（AA）的准备步骤。氮化硅（Si_3N_4）通常在 800℃ 左右通过低压化学气相沉积（LPCVD）形成。氮化层（厚约 1000Å）作为一个硬掩模来定义器件图形。在氮化层和衬底之间的衬垫氧化层（厚约 100Å）是在约 1000℃ 的 O_2 中生长的热氧化层。由于沉积在硅表面的热氧化层承受着压应力，氮化层下衬垫氧化层的主要作用是补偿其较高的压应力。

2. 用于浅沟槽隔离（STI）刻蚀的衬垫氧化层和氮化层去除。通过使用氟等离子体刻蚀掉相关衬底氧化层和氮化层而暴露出硅衬底的 AA 部分。

3. STI 刻蚀。STI（大约为 0.5μm 深）用于器件隔离。氮化层作为后续刻蚀的硬掩模，在硅中形成沟槽，其侧墙通常是锥形的，以避免完全垂直侧墙的潜在问题。为了提高集成电路的封装密度，有必要按比例缩小隔离区域。通常 STI 用来避免硅局部氧化（LOCOS）中亚阈峰值、鸟喙和场氧化层减薄效应。与 LOCOS 隔离相比，STI 具有完美的表面平整度、可伸缩性和抗闩锁等多种额外优势，已成为先进工艺节点中应用最广泛的隔离方案。

4. 高密度等离子体氧化层沉积。然后通过高密度等离子体（HDP）CVD 用 SiO_2 填充沟槽。在此之前，热生长的"衬里"氧化层（厚约 100Å）覆盖在沟槽

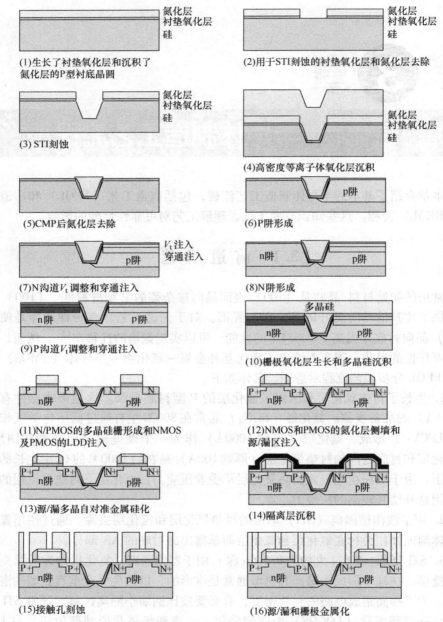

图 3.1 现代 CMOS 技术（FEOL）的分步工艺流程示意图

侧墙和底部以改善拐角的圆角，并提供更好的 Si – SiO_2 界面。

5. 化学机械抛光（CMP）平面化和氮化层去除。通过 CMP 去除晶圆顶部表面多余的 SiO_2 来使晶圆表面平整。氮化层作为抛光的终止层。一旦 CMP 完成，通过热磷酸化学去除氮化层,热磷酸在 SiN 和 SiO$_2$ 之间具有很高的选择性。

6. P 阱形成。N 沟道金属-氧化物-半导体(NMOS)器件的 P 阱首先通过离子注入形成,例如,通常为能量 150~200keV 的硼离子,剂量为 10^{13} cm^{-2}。注入能量足够大,使得离子不仅能穿透薄的栅极氧化层,还能穿透 STI 氧化层,从而避免了 STI 氧化层下面 Si 中任何潜在的寄生反型层。然后采用炉管退火来恢复离子注入造成的损伤。

7. N 沟道 V_t 调整和穿通注入。如第 2 章所述,最重要的器件参数之一是阈值电压 V_t。一种典型的 V_t 调整方法是通过沟道注入来达到设计目标。注入的离子越多,V_t 就越高。在现代 CMOS 电路中,NMOS 和 P 沟道金属-氧化物-半导体(PMOS)的目标 V_t 通常为 0.5~0.8V。例如,注入剂量约为 1×10^{13} cm^{-2},能量为 10~30keV 的硼可用于 N 沟道 V_t 调整。为了防止在先进 CMOS 器件中由于短沟道效应而出现的所谓穿通现象,采用类似剂量以更高的能量进行注入。

8. N 阱形成。类似地,通过离子注入形成 N 阱以构造 PMOS 器件,例如磷离子注入。磷离子的注入能量为 300~400keV,比硼离子的注入能量大得多,这是由于 B$^+$ 比 P$^+$ 轻得多。

9. P 沟道 V_t 调整和穿通注入。这是与 P 沟道相同的工艺。离子种类仍然是注入能量较高磷离子。

10. 栅极氧化层生长和多晶硅沉积。在生长栅极氧化层之前,首先在稀 HF 溶液中剥离先前存在的氧化层。注意,HF 刻蚀 SiO$_2$ 具有很高的选择性,可以有效地在 Si 表面终止。这种剥离的原因是为了很好地控制最终的氧化层厚度,并改善氧化层和 Si – SiO$_2$ 界面的质量,因为如前所述,先前存在的氧化层已经经历了多次离子注入步骤。氧化层既可以在干燥的 O$_2$ 环境中形成(例如,在 800℃下 2h),也可以在 H$_2$O 原位蒸汽生成(ISSG)室中形成(例如,在 800℃下 25min)。然后采用 LPCVD 技术,在 600℃ 左右通过硅烷(SiH$_4$)的热分解沉积多晶硅栅电极。对于先进的 CMOS,多晶硅厚度为 1000Å,更薄。多晶硅然后根据需要预掺杂成所需的类型。预掺杂的目的是减少使器件性能下降的多晶硅耗尽。

11. N/PMOS 的多晶硅栅极形成和 NMOS 和 PMOS 轻掺杂漏区的注入。多晶硅栅极是通过刻蚀掉不需要的部分而形成的。通常使用氯或溴基等离子体化学方法实现对 SiO$_2$ 的良好选择性。然后在 1000℃ 左右退火,称为快速热氧化(RTO)。退火的目的是修复因刻蚀造成的栅极氧化层损伤。然后采用轻掺杂漏区(LDD)注入来实现沟道和高掺杂漏区之间的梯度掺杂区域。LDD 的目的是减小漏区和沟道之间的电场,从而解决热载流子注入(HCI)问题,如第 5 章所述。在尺寸越来越小的先进器件中,HCI 被认为是关键的可靠性问题之一。因此,LDD 对 HCI 问题的控制至关重要。LDD 有时被称为源/漏的扩展区域。

12. NMOS 和 PMOS 的氮化物侧墙和源/漏区注入。采用 LPCVD 技术沉积由

SiO_2 和 Si_3N_4 层组成的共形介质侧墙。注意，该侧墙的层厚度决定了扩展区域的尺寸，因此对器件特性和可靠性控制至关重要。然后通过相应类型的离子注入形成源/漏区，例如 NMOS 的源/漏区为 P 或 As 或两者均有，PMOS 的源/漏区为 B。源/漏注入后进行快速热退火（RTA）。在超过 1000℃ 的温度下对掺杂进行激活，持续时间约 1min。RTA 还可以修复由于注入造成的损伤，并将结推进到所需的深度。

13. 源/漏多晶自对准金属硅化。这一步的目的是在连接到接触孔时降低栅极和源/漏极的方块电阻。Salicide 是自对准金属硅化物的缩写形式。在 250nm 工艺节点使用 $TiSi_2$，在 180nm 和 130nm 工艺节点使用 $CoSi_2$，在 90nm 及以下节点使用 NiSi[2]。像 NiSi 这样的单金属硅化物在浅结中消耗较少的硅，因此结泄漏电流也较小。这些步骤包括用富硅氧化物（SRO）组成的自对准金属硅化物阻挡层（SAB）沉积，SAB 刻蚀，自对准 Co（或 Ni）硅化物沉积，以及在约 300℃ 下 RTA 退火 30min，使 NiSi 形成自对准金属硅化物。

14. 隔离层沉积。接下来的步骤包括下一节中对 BEOL 的描述，是为了提供一种将有源器件连接起来形成电路的方法，以及一种与输入/输出（I/O）压焊点连接的方法。ILD 用于隔离 FEOL 器件和 BEOL 互连。首先，沉积了一层约 150Å 的氮氧化硅（SiON）层，然后通过 PECVD 技术沉积一层约 300Å 的高强度氮化硅（SiN）层。高强度氮化层作为接触孔刻蚀终止层（CESL）。它还有助于提高载流子的迁移率，从而提高器件的驱动电流。然后通过高密度等离子体 CVD 技术沉积了一层较厚的 SiO_2 层。这一层被称为磷硅酸盐玻璃（PSG），因为它通常掺杂磷，这提供了一些保护，防止来自 BEOL 工艺的可动离子（如 Na^+）。可动离子会在栅极氧化层中导致额外的固定电荷，从而对器件性能产生不利影响。因此，利用 CMP 对 ILD 平坦化。注意，PSG 层大约 1μm 厚，其厚度足以在 CMP 之后将金属互连层直接沉积在高度平坦化的平面上。在这些步骤中，由于高强度氮化物和 PSG 层的沉积都涉及等离子体工艺，因此它们对于控制等离子体诱导损伤（PID）至关重要，详见第 8 章。

15. 接触孔刻蚀。这一步是定义金属层 1 与下面的结构（例如，源/漏）之间的接触区域。接触孔是通过等离子体刻蚀掉 ILD/PSG 层获得的。

16. 源/漏和栅极的金属化。这一步是形成接触。首先通过溅射或 CVD 技术沉积一个薄胶层，如 TiN 层或 Ti/TiN 双层。这一层通常只有几纳米厚。下一步是使用 WF_6 作为前驱体[6]，通过 CVD 沉积 W 层，然后再次进行 CMP 平坦化。这里描述的接触孔刻蚀、填充和平坦化步骤，被称为大马士革工艺。

这里重点介绍对器件可靠性有重要影响的一些关键步骤：

- 一个关键步骤是栅极氧化层氮化，用 SiO_xN_y 取代栅极氧化层，这在先进器件中很常见，可以减少硼的渗透，增加栅极氧化层介电常数，从而降低等效氧化层厚度（EOT）和栅极氧化层泄漏电流。氮化可以将泄漏电流减少大约一个数量级[2]。氮化是在上述步骤 10 中在栅极氧化层生长和多晶硅沉积之间进行的。表 3.1 和表 3.2 比较了不同的栅极氧化层氮化工艺，这些工艺同时关注栅极氧化层中氮的浓度和分布。注意，氮浓度和分布强烈地影响负偏置温度不稳定性（NBTI），这将在第 7 章中详细阐述。在氮化工艺中，解耦等离子体氮化（DPN）接着进行氮化后退火（PNA）已成为当今先进器件最理想的工艺。

表 3.1 不同栅极氧化层氮化工艺的比较

氮化方法	特点	优点及缺点
快速热氮化（RTN）	使用 NH_3、N_2O 或 NO 气体在 1000℃ 左右退火进行氮化	SiO_2 中氮的浓度相对较低，约为 $10^{15}\ cm^{-2}$ [3,4]。SiO_2 – Si 界面附近的富氮区域会使 NBTI 性能恶化[5]
远程等离子体氮化（RPN）	氮可以通过 RPN 掺入薄 SiO_2 栅极介质中[6,7]，其中等离子体是在远离晶圆或腔室的地方产生的	与 RTN 相比，可以掺入更高的氮原子浓度。等离子体氮化工艺将在二氧化硅栅介质的顶部产生富氮层，该富氮层在防止硼渗透方面比在 SiO_2 – Si 界面附近的富氮层更有效，并且有利于提高抗 NBTI 性能
解耦等离子体氮化（DPN）	DPN 系统不是完全远程的，实际上是准远程的，因为等离子体是在远离晶圆片的穹顶位置的腔室中使用感应射频（RF）耦合系统产生的。DPN 之后是 PNA	与 RPN 相比，DPN 可以实现更高的等离子体密度，因为活性氮不需要长距离传播，因此它们复合的可能性要小得多。然而，在高密度等离子体系统中，等离子体引起对栅极介质的充电损伤的潜在风险可能会增加

表 3.2 热退火与等离子体氮化的比较

氮化方法	氮剖面		优点	缺点
	示意图	描述		
NO/O_2 混合生长	多晶硅 SiO_2 Si	N 分布在整个栅极氧化层中	N 浓度高；对硼有良好的阻挡	均匀性难以控制；糟糕的 NBTI
N_2O 退火	多晶硅 SiO_2 Si	靠近 SiO_2/Si 界面的 N	释放应力；有更好的电学性能	N 浓度过低；高热预算
NO 退火	多晶硅 SiO_2 Si	在 SiO_2/Si 界面处出现 N 峰值	N 浓度高；对硼有良好的阻挡	在 SiO_2 中捕获硼；Si/SiO_2 界面性能差；糟糕的 NBTI
等离子体氮化	多晶硅 SiO_2 Si	在多晶硅/SiO_2 表面的 N 峰值	N 浓度高；对硼有良好的阻挡；理想的	不适用

- 目前广泛采用双栅极氧化层（DGO）或三栅极氧化层（TGO）技术，可

以在一个工艺流程中制造高压 I/O 驱动器和高性能核心电路模块[11]。例如,在 2.5V I/O 和 1.2V 核心器件的典型 65nm DGO 工艺流程中,首先生长用于 I/O 器件的厚栅极氧化层。然后,核心薄氧化层对应的区域被浓 HF 溶液或稀释 HF 溶液腐蚀掉,接着在该区域生长薄氧化层(见图 3.2)。HF 刻蚀步骤可能会影响核心器件的性能和可靠性,如第 6 章所述的栅极氧化层完整性(GOI)和第 7 章所述的 NBTI。在典型的 TGO 技术中,2.5V I/O,1.8V I/O 和 1.2V 核心器件可以在一个工艺流程中制造。

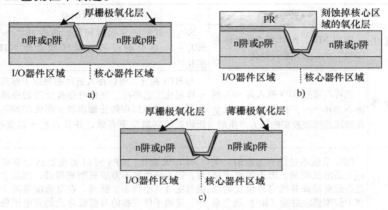

图 3.2 DGO 制造的典型工艺流程
a) I/O 器件的厚氧化层沉积 b) 刻蚀掉核心区域的氧化层,
例如被 HF 溶液腐蚀掉 c) 核心器件的薄氧化层沉积

- 阱注入前牺牲氧化层。在图 3.1 的步骤 5 中,在 CMP 和氮化层去除后,通常在此时将衬垫氧化层剥离[12]。然后生长约 20nm 厚的牺牲氧化层,以保护 AA 暴露的 Si 表面在随后的注入工艺中不受污染。衬垫氧化层的剥离和牺牲氧化层的生长也有效地降低了 Kooi 效应,该效应会导致 STI 结构中 AA 边缘附近的栅极氧化层变薄[13],这将使 GOI 性能变差,详见第 6 章。Kooi 效应是由下面解释的一系列反应引起的。当 STI 氧化层在 O_2 环境中退火时,O_2 将与 STI 中残留的 H_2 反应生成 H_2O,如果存在 SiN,则 H_2O 将与 SiN 反应生成 NH_3。NH_3 和 Si 将发生反应,并导致 Si 的氮化,以及在随后的步骤中生长出更薄的栅极氧化层。这就是为什么较薄的栅极氧化层位于靠近 STI 的 AA 角落的原因。注意,牺牲氧化层在阱注入后和栅极氧化层生长之前被刻蚀掉。这就是它被称为牺牲氧化层的原因。

3.2 Cu 双大马士革后端工艺

随着超大规模集成(ULSI)器件尺寸的缩小和多层集成的必要性,在先进互连中 Cu 已经成功地取代了 Al,以持续提高集成电路(IC)的性能。但是,由于氯化铜和氟化铜的挥发性较低，Cu 不能很容易地通过反应离子刻蚀（RIE）形成图形。双大马士革工艺（见图 3.3）目前被公认是标准的 Cu 互连制造技术[14]。该技术的一般顺序详述如下：

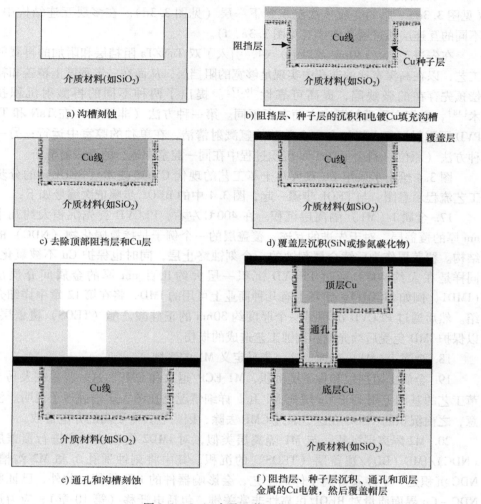

图 3.3 Cu 双大马士革工艺示意图

- 先刻蚀通孔和沟槽（见图 3.3a），然后在物理气相沉积（PVD）工艺中通过溅射，在通孔和沟槽壁上沉积阻挡层（例如 TaN/Ta）和 Cu 种子层（见图 3.3b）。阻挡层可以有效地防止 Cu 扩散到周围的介质中。在通孔/沟槽刻蚀后，Cu 表面暴露在洁净室环境中，形成含 Cu_2O、CuO、$Cu(OH)_2$ 和 $CuCO_3$ 的表面层[15]。在阻挡层沉积之前，通常使用电离氩（Ar^+）等离子体通过物理轰击来清洗通孔底部的 Cu 表面，以降低通孔电阻并提高附着力和可靠性。

● 然后使用电化学沉积方法（ECD）或电化学电镀方法（ECP）将 Cu 互连填充到通孔和沟槽中（见图 3.3b）。

● 然后使用 CMP 去除多余的 Cu 和金属阻挡层，从而实现平坦化的形貌（见图 3.3c）。厚的介质依次沉积到下一层（见图 3.3d）。在多层互连结构中，不同的互连层通过通孔连接（见图 3.3e、f）。

在先进工艺（130nm 及以上）中，引入了双 TaN/Ta 阻挡层和附加的再溅射工艺，以在高深宽比的通孔中实现足够宽的阻挡层，从而在一定程度上覆盖和补偿预先存在的微缺陷，提高可靠性[16,17]。提出了两种不同的再溅射沉积技术[18]，它们在再溅射顺序方面有所不同。第一种方法（非原位）在 TaN 和 Ta PVD 再溅射沉积之间包含一个单独的氩溅射清洁，在单独的腔室中运行；另一种方法（原位）利用了在 TaN 沉积过程中在同一腔室中运行的氩溅射清洁。

图 3.4 给出了采用 Cu 双大马士革工艺的现代 CMOS 技术（BEOL）的分步工艺流程示意图。与 FEOL 步骤一起，图 3.4 中的 BEOL 步骤依次编号如下：

17. 金属 1（M1）隔离层沉积。在 400℃ 左右，PECVD 首先沉积大约几十 nm 厚的覆盖层。对于先进的互连，覆盖层的一个例子是掺氮碳化物（NDC）的结构。覆盖层作为后续金属刻蚀的一个刻蚀终止层，同时也保护 Cu 不被氧化。同样是在大约 400℃ 通过 PECVD 沉积一层大约几百 nm 厚的金属间介质层（IMD1，例如 SiCOH）。市场上有几种商业上可用的 IMD，将在第 12 章中详细介绍。然后通过 PECVD 沉积另一个厚度约 30nm 的正硅酸乙酯（TEOS）覆盖层，以保护 IMD 免受后续光刻和刻蚀工艺造成的损伤。

18. 金属 1（M1）刻蚀。这一步是定义 M1 的区域。

19. 金属 1 阻挡层和种子层沉积，M1 ECP/退火和 CMP。这一步是在大马士革工艺的基础上用 ECP Cu 填充 M1 孔。详细情况已在图 3.3 中进行了说明。注意，之前沉积的 TEOS 在这里通过 CMP 去除，因为它具有更高的介电常数。

20. M2 隔离层沉积。与 M1 隔离层类似，对 IMD2 再次按顺序进行覆盖层（NDC）/IMD（BD）/覆盖层（TEOS）的沉积，其中将刻蚀通孔 1 和 M2 沟槽。NDC 沉积是一个涉及等离子体的工艺，会影响器件的 PID 性能。此外，已证明 NDC-Cu 界面质量对 BEOL 可靠性非常关键，包括电迁移（第 10 章）、应力迁移（第 11 章）和金属间介质击穿（第 12 章）。

21. 通孔 1 刻蚀。这一步是定义 V1 的区域。

22. 通孔 1 底部防反射涂层（BARC）填充。在这一步中，BARC 通过旋涂技术填充到 V1 孔中。BARC 是后续 M2 沟槽刻蚀的牺牲材料。

23. M2 沟槽刻蚀，去除 BARC 并对 IMD2 覆盖层开孔。然后对 M2 沟槽区域进行刻蚀，接着去除 BARC 材料。然后对 M1 顶部的 IMD2 覆盖层开孔，以便露

第3章 金属-氧化物-半导体制造工艺流程

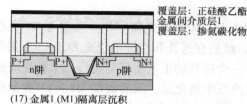
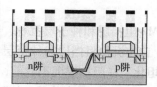

(17) 金属1(M1)隔离层沉积

(18) 金属1刻蚀

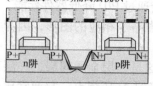
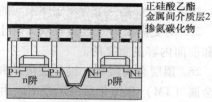

(19) 金属1阻挡层和种子层沉积，M1 ECP/退火和CMP

(20) M2隔离层沉积

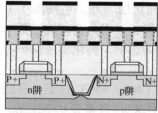
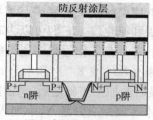

(21) 通孔1刻蚀

(22) 通孔1底部防反射涂层填充

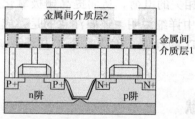
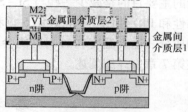

(23) M2沟槽刻蚀，去除BARC并对IMD2覆盖层开孔

(24) V1/M2阻挡层和种子层沉积，V1/M2 ECP/退火并进行CMP

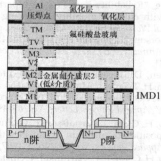

(25) 对更高层的互连重复双大马士革工艺。这里省略了相应的图形

(26) 顶层金属沉积、钝化层沉积和压焊点开孔

图3.4 采用Cu双大马士革工艺的现代CMOS技术（BEOL）的分步工艺流程示意图

— 45 —

出 Cu 互连。

24. V1/M2 阻挡层和种子层沉积，V1/M2 ECP/退火和 CMP。采用与 M1 沉积相同的工艺，首先沉积阻挡层和种子层，然后在通孔和沟槽中填充 ECP Cu，接着进行 CMP 平坦化。在阻挡层沉积之前，一个额外的工艺步骤是进行几十秒反应的等离子体清洁（RPC），以去除 Cu 表面的原生氧化层，从而提高 M1 - V1 界面质量。注意，RPC 是一个等离子体参与的工艺，这可能会通过 PID 降低器件性能。

25. 对更高层的互连重复双大马士革工艺。这里省略了相应的图形，因为它们和前面内容是重复的。

26. 顶层金属沉积、钝化层沉积和压焊点开孔。这是三层金属间层，一层顶层金属（TM）和钝化层的示意图。由于顶层金属连接到 Al 压焊点，它通常比金属间层更厚更宽。此外，顶层介质不是低 k 材料，而是由刚性更好的普通氧化层取代。使用的典型材料是氟硅酸盐玻璃（FSG）。与钝化层一起，包括图 3.4 中所示的氧化层和氮化层，它们可以为芯片提供更好的保护，因为在封装过程中会有机械处理。芯片在工作过程中还可能受到机械应力的影响。钝化层还保护芯片免受环境污染（Na^+ 或 K^+）和水分的吸附。

27. 在最后的加工步骤之后，在相对较低的温度（400~450℃）下，晶圆在传统成型气体（典型成分是 N_2 中加入 10% 的 H_2）中退火/合金化约 30min。这一步骤的主要目的是减少一些与 $Si - SiO_2$ 界面相关的电荷，从而提高栅极氧化层的可靠性和 PID 性能。这将在第 6 章和第 8 章中详细说明。还要注意的是，成型气体的成分、退火温度和时间可能会影响 NBTI 的性能，因为这个工艺涉及氢。这将在第 7 章中详细阐述。

参 考 文 献

1. S. S. Chung, "Reliability issues for high-performance nanoscale CMOS technologies with channel mobility enhancing schemes," in *Proceedings of the International Workshop on Nano CMOS*, 2006, pp. 128–131.
2. J. W. McPherson, "Reliability challenges for 45 nm and beyond," in *Proceedings of the 43rd Annual IEEE Design Automation Conference*, San Francisco, CA, 2006, pp. 176–181.
3. M. L. Green, D. Brasen, K. W. Evans-Lutterodt, L. C. Feldman, K. Krish, W. Lennard, H. T. Tang, L. Manchanda and M. T. Tang, "Rapid thermal oxidation of silicon in N_2O between 800 and 1200°C: Incorporated nitrogen and interfacial roughness," *Applied Physics Letters*, Vol. 65, 1994, pp. 848–850.
4. E. P. Gusev, H. C. Lu, T. Gustafsson, E. Galfunkel, M. L. Green, and D. Brasen, "The composition of ultrathin oxynitrides thermally grown in nitric oxide," *Journal of Applied Physics*, Vol. 82, No. 2, 1997, pp. 896–898.
5. E. P. Gusev, H. C. Lu, E. L. Garfunkel, T. Gustafsson, and M. L. Green, "Growth and characterization of ultrathin nitrided silicon oxide films," *IBM Journal of Research and Development*, Vol. 43, 1999, pp. 265–286.
6. D. Kapila, S. Hattangady, M. Douglas, R. Kraft, and M. Gribelyuk, "Modeling and optimization of oxynitride gate dielectrics formation by remote plasma

nitridation of silicon dioxide," *Journal of the Electrochemical Society*, Vol. 146, 1999, pp. 1111–1116.
7. S. V. Hattangady, R. Kraft, D. T. Grider, M. A. Douglas, G. A. Brown, P. A. Tiner, J. W. Kuehne, P. E. Nicollian, and M. F. Pas, "Ultrathin nitrogen-profile engineered gate dielectric films," in *Proceedings of the International Electron Devices Meeting (IEDM)*, 1996, pp. 495–498.
8. E. Cartier, D. A. Buchanan, and G. I. Dunn, "Atomic hydrogen-induced interface degradation of reoxidised nitrided silicon dioxide on silicon," *Applied Physics Letters*, Vol. 64, 1994, pp. 901–903.
9. P. C. Chen, K. Y. J. Hsu, J. Y. Lin, and H. L. Hwang," *Characterization of ultrathin dielectrics grown by microwave afterglow oxygen, and* N_2O *plasma,"* *Japanese Journal of Applied Physics*, Vol. 34, 1995, pp. 973–977.
10. Y. Wu, G. Lucovsky, and H. Z. Massoud, "Improvement of gate dielectric reliability for $p+$ poly MOS devices using remote PECVD top nitride deposition on thin gate oxides," in *Proceedings of the 36th Annual IEEE International Reliability Physics Symposium*, 1998, pp. 70–75.
11. N. Bhat, P. Chen, P. Tsui, A. Das, M. Foisy, Y. Shiho, J. Higman, J.-Y. Nguyen, S. Gonzales, S. Collins, and D. Workman, "Hot carrier reliability considerations in the integration of dual gate oxide transistor process on a sub-0.25-pm CMOS technology for embedded applications," in *Proceedings of the International Electron Devices Meeting (IEDM)*, 1998, pp. 931–934.
12. S. Wolf, Deep-Submicron Process Technology, Vol. 4: *Silicon Processing for the VLSI Era*, Lattice Press, Sunset Beach, CA, 2002.
13. N. Balasubramanian, "Gate oxide thinning in MOS structures with shallow trench isolation," in *Meeting Abstract of Electrochemistry Society*, 2000, Abstract 454.
14. M. Quirk, and J. Serda, *Semiconductor Manufacturing Technology*, Prentice-Hall, Upper Saddle River, NJ, 2001.
15. M. R. Baklanov, D. G. Shamiryan, Z. Tökei, G. P. Beyer, T. Conard, S. Vanhaelemeersch, and K. Maex, "Characterization of Cu surface cleaning by hydrogen plasma," *Journal of Vacuum Science and Technology B*, Vol. 19, No. 4, 2001, pp. 1201–1211.
16. G. B. Alers, R.T. Rozbicki, G. J. Harm, S. K. Kailasam, G.W. Ray, and M. Danek, "Barrier first integration for improved reliability in copper dual damascene interconnects," in *Proceedings of the IEEE International Interconnect Technology Conference*, 2003, pp. 27–29.
17. K. D. Lee, Y. J. Park, T. Kim, and W. R. Hunter, "Via processing effects on electromigration in 65 nm technology," in *Proceedings of the 44th IEEE Annual International Reliability Physics Symposium*, 2006, pp. 103–106.
18. A. H. Fischer, O. Aubel, J. Gill, T. C. Lee, B. Li, C. Christiansen, F. Chen, M. Angyal, T. Bolom, and E. Kaltalioglu, "Reliability challenges in copper metallizations arising with the PVD resputter liner engineering for 65 nm and beyond," in *Proceedings of the 45th IEEE Annual International Physics Reliability Symposium*, 2007, pp. 511–515.

第4章

可用于器件可靠性表征的测量

如2.6节所述,在描述前道工艺(FEOL)器件可靠性时,正是界面陷阱和/或氧化层陷阱导致器件的V_t/I_{dsat}偏移。例如,ΔV_t变为负值表明栅极介质中有正电荷聚积,其中正电荷可能来自介质中的空穴捕获或在介质界面上产生带正电荷的界面态。本章总结了用于区分体和界面陷阱的表征方法,尽管在超薄介质的情况下很难做到这一点[1]。

4.1 电容-电压测量

从高频(例如,1MHz)电容-电压($C-V$)曲线观察,在应力前后之间的平带电压偏移ΔV_{fb}表示的是应力引起的氧化层陷阱,如图4.1所示。由氧化层陷阱电荷Q_{ot}引起的ΔV_{fb}可表示为[2]

$$\Delta V_{fb} = -\frac{\alpha Q_{ot}}{C_{ox}} \tag{4.1}$$

式中,C_{ox}是氧化层电容;α是整个氧化层电荷分布的一个因子。为了简化分析,假设所有电荷都位于$Si-SiO_2$界面,即使用$\alpha=1$,得到

$$Q_{ot} = -\Delta V_{fb} C_{ox} \tag{4.2}$$

界面陷阱密度D_{it}可以在足够的高频下通过$C-V$测量进行估算,即使用Terman方法假设界面陷阱没有响应[2]。在该方法中,首先构建表面电势ψ_s与栅极电压V_g的关系曲线,如下所示:

步骤1:从理想的高频(HF)$C-V$曲线中,找到高频(C_{HF})下给定电容的ψ_s。

步骤2:在相同C_{HF}实验曲线上找到V_g,给出ψ_s-V_g曲线的一点。

步骤3:对其他点重复此操作,得到完整的ψ_s-V_g曲线。

实验中的ψ_s-V_g曲线是理论曲线的延伸版本,界面陷阱密度由以下公式确定:

$$D_{it} = \frac{C_{ox}}{q} \frac{d(\Delta V_g)}{d(\psi_s)} \tag{4.3}$$

其中，$\Delta V_g = V_g - V_g$（理想）是实验曲线与理想曲线的电压偏移；V_g是栅极电压；ψ_s是特定栅极电压下 Si 的表面电动势。

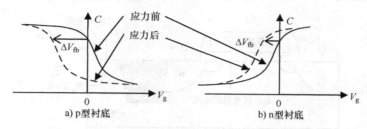

图 4.1 正氧化层电荷引起的 $C-V$ 曲线沿电压轴偏移的示意图，由 V_{fb} 偏移（ΔV_{fb}）表示

4.2 直流电流-电压

直流电流-电压（DCIV）[3,4,5]测量基于 DCIV 峰值高度和峰值位置偏移给出了界面陷阱信息和氧化层陷阱信息。然而，对于超薄的栅极介质，有必要对该方法进行修改，以减少栅极隧穿效应，详情如下。

图 4.2a 是 DCIV 方法的示意图，通过该方法测量源/漏阱结正向偏置时（$V_e = V_s = V_d > 0$，$V_{well} = 0$）阱电流 I_{well} 与 V_g 的函数关系。理论上，器件的 DCIV 曲线有 3 个峰值，如图 4.2b 所示。如图 4.2c 所示，第 1 个峰值出现在沟道区（I 区）；第 2 个峰值出现在源-衬底或漏-衬底结附近（II 区）；第 3 个峰值出现在源/漏扩展区内（III 区）。从测量的阱电流的峰值和偏移，可以检测到各自区域的氧化层损伤。

但实际上，对于超薄（如 20Å⊖ 厚）栅极氧化层，由于超薄栅极介质中存在较大的栅极泄漏电流 I_G，DCIV 曲线上没有峰值，这使得阱电流 I_{well} 的峰值难以进行观测，如图 4.2d 所示。文献中至少提供了两种解决方案，如下：

- Chung 等人[5]提出通过测量栅极泄漏电流并使用 $I_{well} - I_G$ 作为指标而不是仅仅使用 I_{well} 值来消除由于非常薄的栅极氧化层而产生的泄漏电流，如图 4.2e 所示。在较大的 V_{pn} 偏置下（其中 $V_{pn} = V_D - V_{well}$，$V_{well} = 0V$），可以清楚地识别出峰值。用 V_G 表示的 $I_{well} - I_G$ 曲线可用于获得正向偏置的低泄漏 DCIV 测量值（$V_D = 0.3 \sim 0.4V$）。
- Zhu 等人[6]改进了传统的 DCIV 方法，通过测量 $V_e > 0$ 和随后在零偏置

⊖ $1\text{Å} = 0.1\text{nm} = 10^{-10}\text{m}$。

（$V_e = 0$）时的阱电流与 V_G 的函数关系。改进后的 DCIV 电流 I_{DCIV} 被定义为 $I_{DCIV} = I_{well}(V_e > 0) - I_{well}(V_e = 0)$，以减小超薄栅极介质的直接电流隧穿效应。图 4.3 显示了一个样品在负偏置温度不稳定性（NBTI）应力之前和 10～31200s 应力之后的修正 DCIV 曲线，在特定 V_G 处（表示为 V_{peak}）有一个明显的峰值。

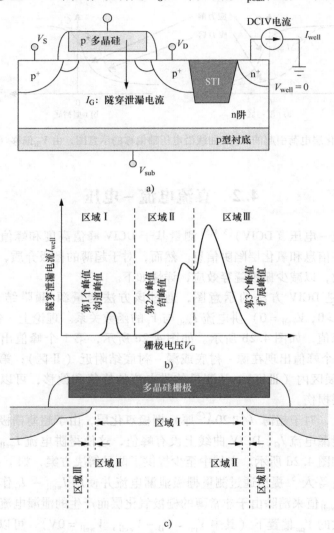

图 4.2　a) 用于界面陷阱/氧化层陷阱测量技术的 DCIV 方法示意图；b) 作为测量 N_{it} 或 Q_{ot} 的 DCIV 电流的 3 个峰值示意图；c) 对应的 3 个峰值区域；d) 超薄栅极氧化层的 DCIV 测量结果。注意，在 20Å 栅极氧化层中，直接隧穿泄漏电流 I_G 覆盖了 DCIV 电流 I_{well}，因此无法观察到第 1 个峰值；e) 在不同 V_{pn} 偏置（$V_{pn} = V_D - V_{well}$，而 $V_{well} = 0V$）下，通过消除超薄栅极氧化层器件的直接隧穿泄漏电流来改进 DCIV[5]（经 IEEE 许可使用）

第 4 章 可用于器件可靠性表征的测量

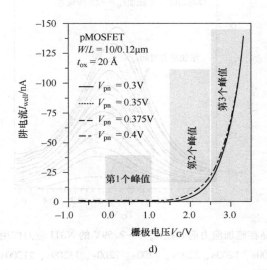

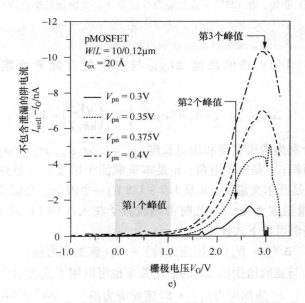

图 4.2 a) 用于界面陷阱/氧化层陷阱测量技术的 DCIV 方法示意图；b) 作为测量 N_{it} 或 Q_{ot} 的 DCIV 电流的 3 个峰值示意图；c) 对应的 3 个峰值区域；d) 超薄栅极氧化层的 DCIV 测量结果。注意，在 20Å 栅极氧化层中，直接隧穿泄漏电流 I_G 覆盖了 DCIV 电流 I_{well}，因此无法观察到第 1 个峰值；e) 在不同 V_{pn} 偏置（$V_{pn} = V_D - V_{well}$，而 $V_{well} = 0V$）下，通过消除超薄栅极氧化层器件的直接隧穿泄漏电流来改进 DCIV[5]（经 IEEE 许可使用）（续）

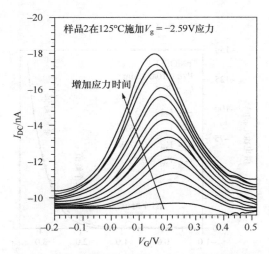

图4.3 样品在施加应力前和在 $V_g = -2.59V$ 的 NBTI 应力作用 10s、30s、100s、200s、400s、700s、1200s、2200s、4200s、7200s、13200s、21200s 和 31200s 之后得到的修正 DCIV 曲线，在 125℃ 下加应力并测量（经美国物理学会许可使用[6]）

4.2.1 从直流电流－电压测量中提取界面陷阱 ★★★

基线以上的 DCIV 峰值高度 ΔI_{DCIV} 与产生的有效界面陷阱 N_{it} 近似成正比[3,6]：

$$\Delta I_{DCIV} = \frac{1}{2}qN_{it}WLn_i\sigma v_{th}\left[\exp\left(\frac{qV_e}{nk_BT}\right) - 1\right] \tag{4.4}$$

其中，W 和 L 分别为沟道宽度和沟道长度；$\sigma = \sqrt{\sigma_n\sigma_p}$，$\sigma_n$ 和 σ_p 是电子和空穴捕获截面的截面积；q 是电子电荷；n_i 是本征载流子浓度；v_{th} 是热速度；k_B 是玻尔兹曼常数；T 是开尔文温度；n 是 1.7~1.8 的一个因子。经证实，由上述公式提取的 N_{it} 与测量温度无关[7]。此时由热载流子注入（HCI）或 NBTI 应力作用下产生的界面陷阱可按下式计算：

$$\Delta N_{it} = N_{it}(\text{施加应力后}) - N_{it}(\text{施加应力前}) \tag{4.5}$$

应力诱导的 ΔN_{it} 与亚阈值摆幅 ΔS 的变化关系也可以用下式表示[8,6]：

$$\frac{\Delta S}{S_0} = \frac{S(\text{施加应力后}) - S(\text{施加应力前})}{S(\text{施加应力前})} = \frac{q\Delta N_{it}/\Delta E_{it}}{C_{ox} + C_D} \tag{4.6}$$

其中，$S_0 = S$（施加应力前）为应力前的亚阈值摆幅；C_{ox} 为栅极氧化层电容；C_D 为耗尽电容（见图 2.11a）；ΔE_{it} 为界面陷阱分布的能量宽度。图 4.4b 显示了 ΔN_{it} 与 $\Delta S/S_0$ 之间存在较强的线性相关性，且与应力电压无关。例如，I_d 在 $2\times 10^{-9} \sim 2\times 10^{-8}$ Å 的范围内，通过线性拟合 $I_d - V_g$ 曲线（见图4.4a），提取出应力前和 NBTI 应力后 10~31200s 的 S 值[6]。

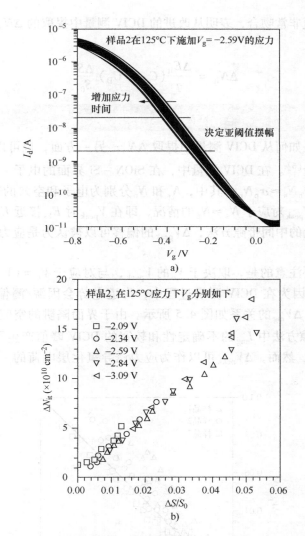

图 4.4 a) 样品在施加应力之前和 NBTI 应力之后的 I_d - V_g 曲线示例在 $2\times10^{-9}\sim2\times10^{-8}$ Å 区间的线性拟合中提取亚阈值摆幅；b) 对在 125℃，-2.09V 和 -3.09V 电压之间下的样品，采用 DCIV 方法提取的亚阈值摆幅变化 $\Delta S/S_0$ 与 ΔN_{it} 之间的相互关系（经美国物理学会许可使用[6]）

式（4.6）可改写为式（4.7），其中，ΔN_{it} 与 $\Delta S/S_0$ 的相关性斜率 [（见图 4.4b）为 $(\Delta E_{it}/q)(C_{ox}+C_D)$]。因此，$C_{ox}$ 可以根据以下假设由式（4.7）计算：ΔE_{it} 可以简单地假设为 $E_g/2$（其中 E_g 为 Si 的带隙）；而 C_D 与应力无关。有趣的是，等效氧化层厚度（EOT）可以通过 C_{ox} 进一步估计。这个方法与从 $C-V$

测量中提取的值非常吻合，表明从改进的 DCIV 测量中提取的 ΔN_{it} 值具有相对较高的准确度[6]：

$$\Delta N_{it} = \frac{\Delta E_{it}}{q}(C_{ox} + C_D)\frac{\Delta S}{S_0} \tag{4.7}$$

4.2.2 从直流电流 – 电压测量中提取氧化层陷阱 ★★★

前面讲的是如何从 DCIV 测量中提取 ΔN_{it}；另一方面，也可以估算出 ΔN_{ot}，这将在下面讨论[6]。在 DCIV 测量中，在 SiON – Si 界面的电子 – 空穴复合达到最大值，此时 $\sigma_n N_s \approx \sigma_p N_p$，其中，$N_s$ 和 N_p 分别为电子和空穴的表面浓度[4,9]。由于 $\sigma_n \approx \sigma_p$，$V_{peak}$ 对应于 $N_s \approx N_p$ 的情况，即在 V_{peak} 时 E_{Fs} 接近 E_i。因此，类似于 4.5 节中讨论的中间带隙方法，ΔV_{peak} 的偏移可以被认为是应力诱导氧化层电荷的指标。

然而，需要注意的是，取决于 V_e 的 V_{peak}，与对应于 $V_e = (V_s = V_d) = 0V$ 情况的 V_{mg} 不同，因为在 DCIV 测量过程中，沟道电势会因源/漏偏置 V_e 而改变。例如，ΔV_{peak} 与 ΔV_{mg} 的关系如图 4.5 所示。由于界面陷阱的空间分布和能级分布[4]，中间带隙方法中 I_{mg} 的不确定性和较宽的 DCIV 峰值产生了较大的偏差，如图 4.4b 所示。然而，ΔV_{peak} 可以作为应力诱导氧化层电荷的一个粗略、简单和直接的指标[6]。

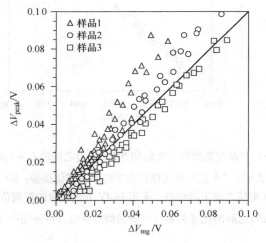

图 4.5 从 I_d – V_g 曲线提取的不同样品在 125℃ 不同电压 NBTI 应力下中间带隙电压偏移 ΔV_{mg} 与不同样品 DCIV 峰值位置偏移 ΔV_{peak} 的相互关系（经美国物理学会许可使用[6]）

4.3 栅控二极管方法

栅控二极管（GD）方法如图 4.6 所示[5,10,11]。DCIV 方法和 GD 方法之间有一些相似之处。这两种方法的不同之处在于：①DCIV 方法测量的是阱电流（见图 4.3a），而 GD 方法测量的是漏极电流（I_D，见图 4.6）；②DCIV 方法需要 4 个端，而 GD 只需要 3 个端。

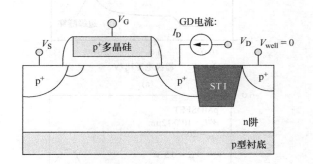

图 4.6 用于界面陷阱/氧化层陷阱测量技术的栅控二极管（GD）方法示意图[5]（经 IEEE 授权使用）

与 DCIV 方法类似，常规 GD 方法在薄栅极氧化层（$T_{ox} < 30Å$）的器件中也存在较大的栅极隧穿泄漏电流。因此提出了低栅极泄漏电流二极管（L^2 - GD）方法[5]。从图 4.7a 可以看出，在超薄栅极氧化层器件的常规 GD 测量中，隧穿泄漏电流覆盖了 GD 电流，尤其是 $V_g > 2V$ 时；另一方面，在 L^2 - GD 测量中，对于相同的超薄栅极氧化层器件，在高 V_{pn} 偏置（$V_{pn} = V_D - V_{well}$，$V_{well} = 0V$）时出现第 2/3 个峰值，如图 4.7b 所示。

表 4.1 比较了 DCIV、常规 GD 和新的 L^2 - GD 方法[5]。简而言之，①DCIV 利用双极型结构，测量需要 4 个端，②常规 GD 方法在漏极/衬底结处使用较小的反向偏置，通常只能检测到 1 个峰值，③L^2 - GD 方法综合了其他两种方法的优点，提供 2 个/3 个峰值。

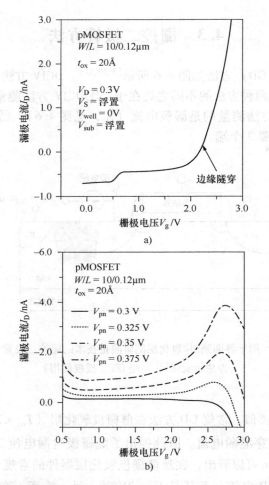

图 4.7 a) 超薄栅极氧化层器件的常规 GD 测量。在 $V_g > 2V$ 时隧穿泄漏电流覆盖了 GD 电流;b) L^2 – GD 测量在不同 V_{pn} 偏置下,超薄栅极氧化层器件的 GD 电流。第 2 个或第 3 个峰值出现在较高的 V_{pn} 偏置[5] (经 IEEE 授权使用)

表 4.1 不同 DCIV 方法、栅控二极管 (GD) 方法和 L^2 – GD 方法之间的比较[5] (经 IEEE 授权使用)

DCIV 方法	栅控二极管(GD)方法	L^2 – GD 方法
4 个端:栅极、漏极、阱、衬底	3 个端:栅极、漏极、阱	3 个端:栅极、漏极、阱
$V_d = 0 \sim 0.7V$	$V_d < 0.3V$ 或反向偏置	$V_d = 0 \sim 0.7V$
2 个或 3 个峰值	1 个峰值	2 个或 3 个峰值
$I_{well} - V_g$ 曲线	$I_d - V_g$ 曲线	$I_d - V_g$ 曲线

4.4 电荷泵测量

电荷泵 (CP)[12]测量(通常在 0.01~1MHz)可用于表征小尺寸金属-氧化物-半导体场效应晶体管 (MOSFET) 而不是大尺寸 MOS 电容[2]上的界面陷阱 (N_{it})。图 4.8 给出了 N 沟道金属-氧化物-半导体 (NMOS) 的测量结构,MOS 的源/漏极一起连接到反向偏置电压 V_r,栅极连接脉冲偏置电压。反向偏置电压的幅值一般较小,如 0.1V。脉冲的幅值应该足够大,以驱动栅极交替进入反型和积累状态。施加在栅极的脉冲波形可以是方波、三角波或梯形波。

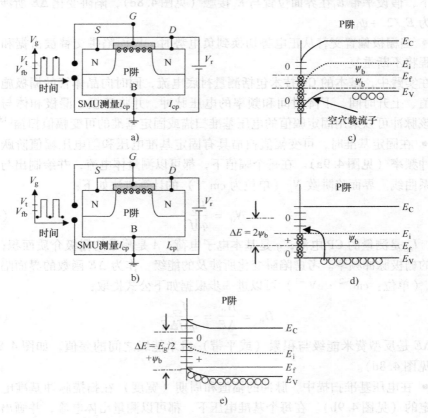

图 4.8 电荷泵测量的测量装置和能带图
a) 反型下的栅极脉冲(更多界面陷阱填充) b) 积累下的栅极脉冲(较少界面陷阱填充)
c) 反型下界面负捕获反型能带图 d) 平带下界面正捕获能带图 e) 强积累下界面正捕获能带图
(假设 E_f 与 E_v 在界面处接触)

理论上，对 CP 方法的解释如下：
- 在图 4.8a 中，栅极脉冲是正向偏置，NMOS 处于强反型状态。对应的能带图如图 4.8c 所示，其中更多的界面陷阱被占据，用⊗表示。根据图 2.24 的分析，对应的捕获状态为负。
- 当栅极脉冲从正值下降到负值（见图 4.8b）时，NMOS 先处于平带状态（见图 4.8d），然后出现强积累（见图 4.8e）。在此瞬态时间内，反型层中的电子漂移到源/漏区，界面捕获较少，则相应的捕获状态是正的。
- 在沟道从反型（见图 4.8c）向平带（见图 4.8d）转变的情况下，陷阱变化 ΔE 所涉及的能级为 $2\psi_b$。在沟道从反型（见图 4.8c）到进一步强积累转变的情况下，假设平带 E_f 在界面位置与 E_v 接触（见图 4.8e），陷阱变化 ΔE 所涉及的能级为 $E_g/2 + \psi_b$。
- 当栅极偏置交替从正电势切换到负电势时，界面陷阱交替被占据和清空的过程将不断重复。

在实践中，基本的 CP 技术包括测量衬底电流，同时向晶体管的栅极施加固定幅值、上升时间、下降时间和频率的电压脉冲，并将源极、漏极和体与地相连。该脉冲可以采用固定幅值的电压基准扫描或固定基准的可变幅值扫描[13]。
- 在固定基准时，可变幅值扫描具有固定基准电压和随电压幅值阶跃变化的脉冲频率（见图 4.9a）。在每个幅值下，都可以测量体电流，并绘制出与幅值的关系曲线。界面陷阱数 N_{it}（单位为 cm^{-2}）的计算方法如下：

$$N_{it} = \frac{I_{cp}}{qAf} \tag{4.8}$$

其中，I_{cp} 是测量的 CP 电流；q 是基本电子电荷；A 是测量的栅极介质面积；f 是施加的栅极脉冲频率。考虑陷阱变化所涉及的能级，作为 ΔE 函数的界面陷阱密度 D_{it}（单位：$cm^{-2} \cdot eV^{-1}$）可以进一步根据如下公式提取：

$$D_{it} = \frac{N_{it}}{\Delta E} = \frac{I_{cp}}{qAf\Delta E} \tag{4.9}$$

ΔE 是反型费米能级与积累（或平带）费米能级之间的差值，如图 4.8e 所示（见图 4.8d）。
- 在电压基准扫描中，脉冲的幅值和周期（宽度）在扫描脉冲基准电压时是固定的（见图 4.9b）。在每个基准电压下，都可以测量出体电流，并画出与基准电压的关系曲线。所获得的信息类似于从幅值扫描中提取的信息。CP 随基准电压变化的典型曲线如图 4.10 所示。

同样，对于超薄栅极介质，CP 方法也会因直接通过栅极的隧穿而产生较大的泄漏电流。因此，传统的 CP 技术由于 CP 电流被泄漏电流所覆盖而受到限制。因此提出了一个增量-频率电荷泵（IFCP）方法[14,15]，即改进的 CP 方法，用

第 4 章 可用于器件可靠性表征的测量

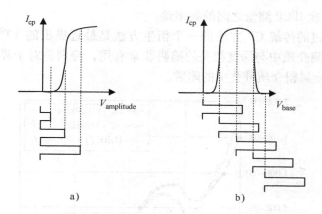

图 4.9 CP 测量中施加的脉冲波形和对应的 CP 电流 I_{cp} 的例子
a）幅值扫描时，基准电压恒定　b）基准电压扫描时，脉冲幅值恒定

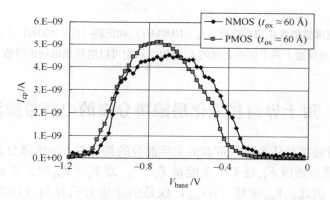

图 4.10 使用电压基准扫描法绘制典型 CP 电流 I_{cp} 与基准电压的
关系曲线。所用脉冲频率为 0.5MHz

于在直接隧穿状态下测量超薄栅极氧化层的超短栅长 CMOS 器件的界面陷阱。对一个具有超薄栅极介质的 MOSFET，栅极的 CP 电流 I_{cp} 由界面陷阱电流和隧穿电流组成。界面陷阱电流取决于栅极偏置脉冲的频率，而隧穿电流则不受此影响。因此，在两个不同的频率下测量 I_{cp} 并将结果相减，可以消除隧穿电子产生的电流。图 4.11 给出了栅极脉冲频率为 10kHz 和 1000kHz 时 IFCP 测量的 CP 电流示例。界面陷阱密度是在 1000kHz 测量的 I_{cp} 减去 10kHz 测量的 I_{cp} 后计算出来的。

与 ΔN_{it} 相关的 IFCP 电流 ΔI_{peak} 峰值由式（4.10）表示，这与式（4.8）很相似。

$$N_{it} = \frac{\Delta I_{ICFP}^{peak}}{qA\Delta f} \tag{4.10}$$

其中，Δf 是两次 IFCP 测量之间的频率差。

之前讨论过的传统 CP 方法的一个衍生方法是最近提出的 VT^2CP 方法[16]，该方法对于探测介质中与深度相关的陷阱非常有用，特别是对于界面层（SiO_2）/高 k（HfO_2）/金属栅介质堆叠中的陷阱。

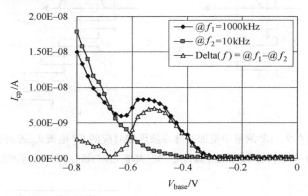

图 4.11　超薄栅极氧化层在高频（$f_1 = 1000kHz$）和低频（$f_2 = 10kHz$）下的典型 I_{cp}。还绘制了两个频率之间的 I_{cp} 差值，从中可以清楚地识别出峰值

4.5　用于界面和氧化层陷阱分离的中间带隙测量

界面陷阱通常被认为是在带隙的上半部分的类受主，下半部分是类施主，所以当 Si 表面费米能级 E_{Fs} 处于中间能量 E_i[17]，即 $V_g = V_{mg}$ 时，所有的界面陷阱都是中性的。因此，V_{mg} 偏移（ΔV_{mg}）仅是由于应力诱导的（HCI、NBTI 或其他）氧化层电荷（ΔN_{ot}）引起的，为

$$\Delta N_{ot} = C_{ox} \Delta V_{mg} / q \tag{4.11}$$

其中，中间带隙电压偏移 ΔV_{mg} 被定义为

$$\Delta V_{mg} = (V_{mg})_{poststress} - (V_{mg})_{prestress} \tag{4.12}$$

可以从 $I-V$[18] 或 $C-V$[19] 测量中提取。采用 $C-V$ 测量需要一个比较大的测量面积，并且受到超薄栅极介质较大的栅极泄漏电流的不利影响，导致较大的实验误差，特别是对于超薄栅极介质[6]；另一方面，$I-V$ 测量和数据解释可以更容易地进行。在这种方法中，首先测量 $I_d - V_g$ 曲线，然后将表面电势 $\psi_s = (k_B T/q)\ln(N_D n_i)$ 代入亚阈电流公式[6,20]，计算出中间带隙时的电流 I_{mg}：

$$I_{mg} = \mu_{eff}\left(\frac{W}{L}\right)\frac{aC_{ox}}{2(q/k_BT)^2}\left(\frac{n_i}{N_D}\right)(1 - e^{-V_D q/k_BT})\left(\ln\frac{N_D}{n_i}\right)^{-1/2} \tag{4.13}$$

其中，μ_{eff} 为有效空穴迁移率；a 为参数；N_D 为沟道掺杂浓度。当计算 I_{mg} 时，可

以从 $\log(I_d)$ 与 V_g 的关系曲线的线性拟合的外推中提取 V_{mg} 值（例如，图 4.4a）。一个需要注意的事项是，μ_{eff} 值取决于界面陷阱密度 N_{it}，这使得定量分析变得困难。然而，对于一阶估计，可以忽略 N_{it} 效应而使用理想的 μ 值（例如，$400\mathrm{cm}^2/\mathrm{V}\cdot\mathrm{s}$）[6]。

为了从中间带隙测量得到界面陷阱，将扩展电压 V_{so} 定义为中间带隙与阈值之间的电压差，如下所示[20]：

$$V_{so} = V_t - V_{mg} \tag{4.14}$$

因此，由于界面陷阱而产生的 V_t 偏移是不同亚阈值电流曲线上扩展电压的差值，如下所示：

$$\Delta V_{Nit} = (V_{so})_{poststress} - (V_{so})_{prestress} \tag{4.15}$$

因此，界面陷阱（ΔN_{it}）由下式决定

$$\Delta N_{it} = C_{ox} \cdot \Delta V_{Nit}/q \tag{4.16}$$

4.6 载流子分离测量

对于在电应力作用下 MOS 中的栅极氧化层，总的栅极泄漏电流 I_g 基本上可以被分为电子 I_e 和空穴 I_h 两部分。这种分离可以通过载流子分离测量技术来实现[21]。将电子和空穴部分分开的目的是找出在不同极性的应力条件下造成泄漏电流的主要因素。有了这些信息，就可以表征衬底和栅极注入电子或空穴对栅极堆叠和器件的击穿和电学退化的影响。

图 4.12 分别给出了 NMOS 和 P 沟道金属 - 氧化物 - 半导体（PMOS）器件的载流子分离测量示意图[22]。对于这两种情况，都达到了反型条件。也就是

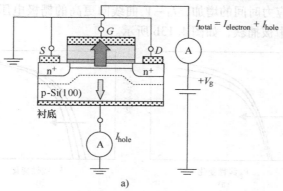

图 4.12　a) NMOS 和 b) PMOS 器件的载流子分离测量示意图
（经电子、信息和通信工程师协会授权使用[22]）

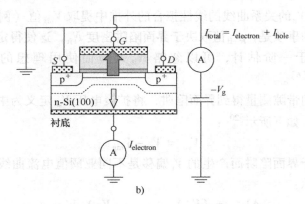

图 4.12 a) NMOS 和 b) PMOS 器件的载流子分离测量示意图
（由电子、信息和通信工程师协会授权使用[22]）（续）

说，将正电压施加到 NMOS 的栅极，通过衬底注入电子；而将负电压施加到 PMOS 的栅极，通过栅极注入电子。对于图 4.12a 中的 NMOS，衬底电流是空穴分量，而对于图 4.12b 中的 PMOS，衬底电流是电子分量。因此，通过这样的实验设置，可以正确地分离电子和空穴分量对栅极泄漏电流的贡献。

4.7 电流－电压特性

电流－电压（$I-V$）测量是表征器件性能的最基本方法。通过合理的解释，I_d-V_g 测量可以提供界面陷阱和氧化层陷阱信息。为了表征 HCI 或 NBTI 的退化，亚阈值斜率随着应力时间的增加逐渐退化表明存在界面陷阱，如图 4.13a 所示；另一方面，随着应力时间的增加，I_d-V_g 曲线向更高的栅极电压平行偏移，这表明电子在氧化层中被捕获，如图 4.13b 所示。

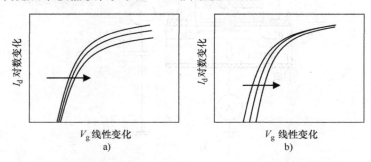

图 4.13 可靠性应力期间两种类型的 I_d-V_g 偏移示意图

参 考 文 献

1. I. Polishchuk, Y. C. Yeo, Q. Lu, T. J. King, and C. Hu, "Hot carrier reliability of P-MOSFET with ultrathin silicon nitride gate dielectric," in *Proceedings of the 39th Annual International Reliability Physics Symposium*, 2001, pp. 425–430.
2. D. K. Schroder, "Oxide and interface trapped charge," in *Semiconductor Material and Device Characterization*, Wiley, New York, 1990, p. 278.
3. A. Neugroschel, C. T, Sah, K. M. Han, M. S. Caroll, T. Nishida, I. T. Kavalieros and Y. Yu, "Direct-current measurements of oxide and interface traps on oxidized silicon," *IEEE Transactions on Electron Devices*, Vol. 42, 1995, pp. 1657–1662.
4. B. B. Jie, W. K. Chim, M. F. Li, and K. F. Lo, "Analysis of the DCIV peaks in electrically stressed pMOSFETs," *IEEE Transactions on Electron Devices*, Vol. 48, No. 5, 2001, pp. 913–920.
5. S. S. Chung, D. K. Lo, J. J. Yang, and T. C. Lin, "Localization of NBTI-induced oxide damage in direct tunneling regime gate oxide pMOSFET using a novel low gate-leakage gated-diode (L^2-GD) method," in *Proceedings of the International Electron Devices Meeting (IEDM)*, 2002, pp. 513–516.
6. S. Zhu, A. Nakajima, T. Ohashi, and H. Miyake, "Interface trap and oxide charge generation under negative bias temperature instability of p-channel metal-oxide-semiconductor field-effect transistors with ultrathin plasma-nitrided SiON gate dielectrics," *Journal of Applied Physics*, Vol. 98, 2005, p. 114504.
7. S. Y. Zhu, A. Nakajima, T. Ohashi, and H. Miyake, "Modified direct-current current-voltage method for interface trap density extraction in metal-oxide-semiconductor field-effect-transistor with tunneling gate dielectrics at high temperature," *Japanese Journal of Applied Physics*, Vol. 44, 2005, pp. L60–L62.
8. S. M. Sze, *Physics of Semiconductor Devices*, 2nd ed., Wiley, New York, 1981, Chap. 8.
9. J. Cai and C. T. Sah, "Monitoring interface traps by DCIV method," *IEEE Electron Device Letters*, Vol. 20, No. 1, 1999, pp. 60–63.
10. P. Seckbacher, J. Berger, A. Asenov, F. Koch, and W. Weber, "The 'gated-diode' configuration in MOSFET's, a sensitive tool for characterizing hot-carrier degradation," *IEEE Transactions on Electron Devices*, Vol. 42, No. 7, 1995, pp. 1287–1296.
11. S. S. Chung, C. M. Yih, S. M. Cheng, and M. S. Liang, "A new oxide damage characterization technique for evaluating hot carrier reliability of flash memory cell after P/E cycles," in *Proceedings of the Symposium on VLSI Technology Digest of Technical Papers*, 1997, pp. 111–112.
12. G. Groeseneken, H. E. Maes, N. Beltran, and R. F. De Keersmaecker, "A reliable approach to charge-pumping measurements in MOS transistors," *IEEE Translations on Electron Devices*, Vol. 31, No. 1, 1984, pp. 42–53.
13. Keithley Application Note Series, Number 2457, "Making charge-pumping measurements with the Model 4200-SCS semiconductor characterization system," www.keithley.com, Access date: December 2010.
14. S. S. Chung, S. J. Chen, C. K. Yang, S. M. Cheng, S. H. Lin, Y. C. Sheng, H. S. Lin, K. T. Hung, D. Y. Wu, T. R. Yew, S. C. Chien, F. T. Liou, and F. Wen, "A novel and direct determination of the interface traps in sub-100-nm CMOS devices with direct tunneling regime (12 to16 Å) gate oxide," *VLSI Technical Digest*, 2002, pp. 74–75.
15. S. U. Han, H. S. Kang, and B. K. Kang, "Time-dependent degradation due to negative bias temperature instability of p-MOSFET with an ultrathin SiON gate dielectric," *Microelectronic Engineering*, Vol. 83, 2006, pp. 520–527.
16. M. B. Zahid, R. Degraeve, L. Pantisano, J. F. Zhang, and G. Groeseneken, "Defects generation in SiO_2/HfO_2 studied with variable T_{charge}-$T_{discharge}$ charge pumping (VT^2CP)," in *Proceedings of the 45th Annual International Reliability Physics Symposium*, 2007, pp. 55–60.

17. D. K. Schroder and J. A. Babcock, "Negative bias temperature instability: Road to cross in deep submicron silicon semiconductor manufacturing," *Journal of Applied Physics*, Vol. 94, 2003, pp. 1–18.
18. S. S. Tan, T. P. Chen, C. H. Ang, and L. Chan, "Mechanism of nitrogen-enhanced negative bias temperature instability in pMOSFET," *Microelectronics Reliability*, Vol. 45, No. 1, 2005, pp. 19–30.
19. S. Tsujikawa and J. Yugami, "Positive charge generation due to species of hydrogen during NBTI phenomenon in pMOSFETs with ultra-thin SiON gate dielectrics," *Microelectronics Reliability*, Vol. 45, 2005, pp. 65–69.
20. P. J. McWhorter and P. S. Winokur, "Simple technique for separating the effects of interface traps and trapped-oxide charge in metal-oxide-semiconductor transistors," *Applied Physics Letters*, Vol. 48, 1996, pp. 133–135.
21. C. Chang, C. Hu, and R. W. Brodersen, "Quantum yield of electron impact ionization in silicon," *Journal of Applied Physics*, Vol. 57, No. 2, 1985, pp. 302–309.
22. J. Molina, K. Kakushima, P. Ahmet, K. Tsutsui, N. Sugii, T. Hattori, and H. Iwai, "Carrier separation and V_{th} measurements of W-La2O3-gated MOSFET structures after electrical stress," *IEICE Electronics Express*, Vol. 4, No. 6, 2007, pp. 185–191.

第 2 部分　前道工艺（FEOL）

第5章

热载流子注入

在金属-氧化物-半导体场效应晶体管(MOSFET)器件中,随着栅极尺寸缩小到微米和亚微米范围,热载流子注入(HCI)成为最重要的可靠性问题之一。这种效应主要源自漏区附近沟道中的高电场强度导致反型层电子[N沟道的金属-氧化物-半导体(NMOS)]加速,从而获得足够的能量来克服Si-SiO_2势垒,导致栅极氧化层的损伤,从而导致MOS电流-电压($I-V$)特性退化和参数偏移(例如,驱动电流I_{dsat}、阈值电压V_t、跨导G_m等的偏移)。HCI是短沟道器件的一个常见的现象。然而,在90nm及以下工艺节点中,薄氧化层的温度/氧化层厚度依赖性和退化机制与之前的技术节点有所不同。

已经提出了几种导致热载流子退化的陷阱产生机制,如下所示:

- 氧化层陷阱Q_{ot}[1],其中,电子空穴缺陷复合和相应的能量释放可能是根本原因。栅极介质中的陷阱会导致$V_t/I_{dsat}/G_m$[2]的偏移,并由于陷阱辅助隧穿而导致的栅极泄漏电流增加。栅极泄漏电流的增加会导致功耗的增加,从而成为超薄栅极介质的逻辑晶体管的可靠性问题。
- Si-SiO_2界面上的界面陷阱Q_{it}[3]。
- 在SiO_2-多晶硅界面[4]的界面陷阱Q_{it}。在这两种界面陷阱的情况下,氢的释放和悬挂键的产生被认为是根本原因[4,5]。

热载流子引起MOS的$I-V$特性退化和参数偏移可以用以下两种方式解释。一方面,热载流子会导致受损区域下方沟道载流子的迁移率降低,从而增加沟道电阻,进而降低驱动电流;另一方面,根据式(5.1),热载流子也导致阈值电压V_t增加,因为热载流子应力会使Q_i(包括氧化层陷阱和界面陷阱)增加。V_t增加意味着在施加固定的栅极电压下,反型层的载流子密度会降低[式(2.43)]。注意,使用MOS电容结构,V_t可以表示为[式(2.29)]

$$V_t = V_{fb} + 2\psi_b + V_{ox} = \phi_{ms} - \frac{Q_i}{C_{ox}} + 2\psi_b + \frac{\sqrt{2\varepsilon_{Si}qN_A(2\psi_b)}}{C_{ox}} \quad (5.1)$$

其中,$\psi_b = V_{thermal} \ln(N_A/N_i)$,$N_i$是本征电子浓度,$V_{thermal}$($=k_BT/q$)是热电

压，N_A是体掺杂浓度；q是电子电荷；ε_{Si}是硅介电常数；C_{ox}是单位面积的栅极氧化层电容；ϕ_{ms}是金属 – Si 功函数差；Q_i包括Q_{ot}和Q_{it}，分别为氧化层陷阱和界面陷阱。

在 20 世纪 80 年代，当器件沟道从微米缩短到 0.5 ~ 0.4μm 节点时，晶体管变得越来越小，但电源电压 V_{dd} 一直保持不变（大约 5V）[6,3]，因此 NMOS 器件的 HCI 退化成为一个关键的问题。当时，热载流子引起的可靠性问题是通过新的漏和栅结构得以解决的，例如，双扩散漏（DDD）[7]结构，轻掺杂漏（LDD）结构，例如反向 – TLDD（ITLDD）[8]，栅 – 漏交叠器件（GOLD）[9]，以及大角度倾斜注入漏（LATID）[10]结构。在 $V_{gs} \approx V_{ds}/2$ 的最大衬底电流（I_{submax}）条件下，清楚地识别出 NMOS 退化的最坏情况，因为在这种条件下，热（高能）载流子诱导出了最大数量的界面陷阱（ΔN_{it}）[11]。相应地，沟道热载流子（CHC）的产生率与衬底 – 漏极电流比（即 I_{sub}/I_d）密切相关。

从 20 世纪 90 年代中期开始，考虑到可靠性的提高和功耗的降低，不仅沟道长度 L_g 和栅极氧化层厚度 t_{ox} 按比例缩小，而且电源电压 V_{dd} 也开始下降。因此，由于横向电场和 HCI 产生率（$\propto I_{sub}/I_d$）的降低[12]，对于低至 120nm 的 CMOS 节点，HCI 损伤变得不那么严重。在此期间，最坏情况下热载流子诱导损伤仍对应 I_{submax} 条件。

随着 V_{dd} 和 t_{ox}，以及栅极长度 L_g 持续按比例缩小，人们可以预期传统的 HCI 效应将大大降低，这是由于沟道电场强度的大幅度减小，从而降低了热载流子产生率。此外，沟道载流子可能无法获得足够的能量来越过 SiO_2 – Si 界面的电子（空穴）势垒高度。在 0.13μm 工艺中观察到，当厚度 18Å 和 22Å 栅极氧化层进行比较时[13]，对于更薄的氧化层 NMOS 的 HCI 性能更好。然而，当栅极氧化层变得越来越薄时，情况就不同了。随着 CMOS 持续按比例缩小到 100nm 及以下时，由于亚阈值斜率无法按比例变化的特性，V_{dd} 按比例减小变缓或停止，而 L_g 继续按比例缩小到 40nm 及以下，CHC 退化再次成为人们关注的问题。这导致横向电场强度的再次增大。其他亮点包括，最坏情况下的应力条件已经从输入 – 输出（I/O）器件（对应于厚氧化层）的 $V_g \approx V_d/2$ 变为核心器件（对应于薄氧化层）[14,15,16]的 $V_g = V_d$。最坏的温度条件也由室温变为高温[17]。所有这些问题都将在本章中讨论。

本章首先对 HCI 进行了介绍。然后比较了老的工艺节点（0.13μm 及以上）和先进节点（90nm 及以下）的 HCI 物理机制。然后详细介绍了 HCI 表征方法。此外，还着重讨论了其他 HCI 现象，如屏蔽效应、退化饱和效应、温度效应和体偏置效应。随后，通过结构设计和工艺优化详细解释了 HCI 改进方法。最后，给出了 HCI 的认证要求和实际应用。

5.1 最大沟道电场

本节描述最大沟道电场 E_{max}，即最大的碰撞电离所在的位置。图 5.1 是以 NMOS 器件为例的 CHC 现象示意图。在 $V_g = 0V$ 的关断状态下（见图 5.1b），由于源区一侧存在势垒，电子无法从源区流向漏区。然而，当施加更高的 V_g 时（例如，对于导通态，$V_g = V_d$）（见图 5.1c），源区一侧的势垒被"拉低"，电子可以从源区流向漏区。在夹断区，沟道电子受到电场的加速，电场就是电势对 x 的导数，如图 5.1d 所示。对于长沟道器件，最大电场 E_{max} 位于漏区附近。

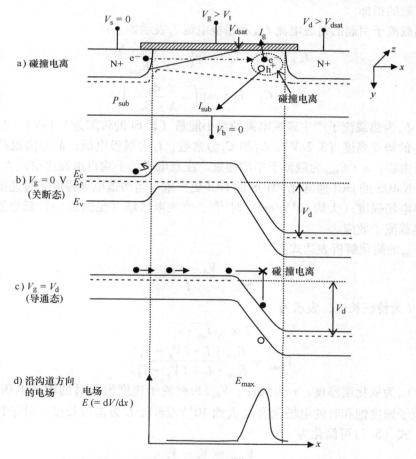

图 5.1 a) 沟道热载流子（CHC）碰撞电离示意图；b) $V_g = 0V$（关断态）时沿沟道方向的能带图；c) $V_g = V_d$（导通态）时沿沟道方向的能带图；d) 沿沟道方向的电场

加速的沟道电子获得的动能大于周围晶格的热能。参考图 2.3b，电子动能 E_{KE} 表示如下：

$$E_{KE} = E_{total} - E_c = k_B T_e > k_B T_{Si} \tag{5.2}$$

其中，T_e 是电子温度；T_{Si} 是晶格温度。随着动能的获得，载流子变"热"，因为它们的温度 T_e 远远高于周围的晶格温度 T_{Si}。因此，在 Si 中发生碰撞电离，然后产生电子-空穴对（见图 5.1a）。由于局部电场，产生的电子可能注入到栅极氧化层中，以氧化层电荷捕获和/或界面陷阱的形式产生损伤，这反过来导致晶体管的 $I-V$ 特性退化（例如，V_t、I_{dlin}、I_{dsat}、G_m 等）。同时可以观察到通过衬底的空穴电流。注意，I_{sub} 本身不会造成损伤，但它被认为是表征热电子数量的一个非常有效的指标。

热载流子引起的衬底电流 I_{sub} 和栅极电流 I_g 表示如下：

$$I_{sub} = C_1 \cdot I_d \cdot \exp\left(-\frac{\phi_{ii}}{\lambda \cdot E_{max}}\right) \tag{5.3}$$

$$I_g = C_2 \cdot I_d \cdot \exp\left(-\frac{\phi_b}{\lambda \cdot E_{max}}\right) \tag{5.4}$$

其中，ϕ_{ii} 为热载流子产生碰撞电离的最小能量（即 Si 的带隙为 1.1eV）；ϕ_b 为 Si 到 SiO_2 的势垒高度（3.2eV）；C_1 和 C_2 为常数；I_d 为漏极电流；λ 为沟道载流子平均自由程；$\lambda \cdot E_{max}$ 为载流子平均能量。注意电子的平均自由程比空穴大得多。因此，NMOS 的 HCI 通常比 PMOS 的 HCI 更严重。当沟道电场强度超过速度饱和的临界电场强度（大约 10^4V/cm）时[18]，在夹断区域（见图 5.1a）就会发生显著的热载流子效应。

E_{max} 的简化解析表达式为

$$E_{max} \approx \frac{V_d - V_{dsat}}{l} \tag{5.5}$$

其中，l 为特征长度，表示为

$$l \propto \sqrt{t_{ox} \cdot x_j} \tag{5.6}$$

$$V_{dsat} = \frac{E_{sat} \cdot L \cdot (V_g - V_t)}{E_{sat} \cdot L + (V_g - V_t)} \tag{5.7}$$

其中，t_{ox} 为氧化层厚度；x_j 为结深；V_{dsat} 为载流子速度饱和时的沟道电压；E_{sat} 为载流子速度饱和时的电场强度（大约 10^4V/cm）；L 为沟道长度。对于较长的沟道，式（5.7）可简化为

$$V_{dsat} \approx V_g - V_t \tag{5.8}$$

对于长沟道器件，式（5.5）可以通过代入式（5.8）和式（5.6）改写为

$$E_{max} \approx \frac{V_d - V_g + V_t}{\sqrt{t_{ox} \cdot x_j}} \tag{5.9}$$

由式（5.9）可知，E_{max} 随沟道长度的增加而减小。

众所周知，I_{sub} 随 V_g 变化呈钟形特征，如图 5.2 所示。根据式（5.3）可以解释如下。根据第 2 章中的式（2.45），在低 V_g 区域，I_d 较小，并随着 V_g 的增加而线性增加。因此，I_{sub} 也随着 V_g 的增加而增加。然而，在高 V_g 区域，I_d 趋于饱和，而 E_{max} 大大降低，因为根据式（5.9），E_{max} 随着 V_g 的增大而减小。因此，通常可以观察到 I_{sub} 在 $V_g = V_d/2$ 附近达到峰值。

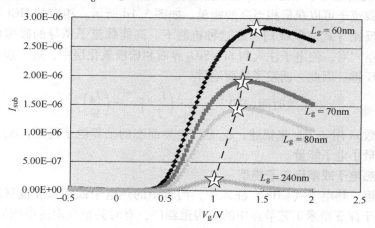

图 5.2 对于不同的沟道长度，NMOS 衬底电流 I_{sub} 随 V_g 的变化曲线，V_g 在 I_{sub} 处随沟道长度的增加而减小

5.2 HCI 的物理机制

5.2.1 电场驱动的 CHC 机制 ★★★

在这种 CHC 模式下，沟道横向电场改变了载流子的有效温度并且是热载流子注入损伤的驱动力，包括广泛接受的漏区 – 雪崩热载流子（DAHC）注入模型和幸运电子模型（LEM）。本节详细介绍的模型很好地解释了直到 20 世纪 90 年代中期，长沟道和高能量（低栅极电压和高漏极电压）的 120nm 以下 CMOS 节点中的 CHC 行为。

漏区 – 雪崩热载流子注入

DAHC 注入详见图 5.1。DAHC 注入是由漏区的碰撞电离和雪崩倍增产生的热电子和空穴引起的。DAHC 注入发生在 V_g 约为 $V_d/2$ 的最大沟道电场 E_{max}。众所周知，导致这种 HCI 退化的机制是界面态的产生。在 DAHC 应力条件下（$V_g = V_d/2$），出现衬底电流的峰值 I_{sub}，其位置与界面陷阱 N_{it} 和 G_m 退化时相同[19]。观察到产生的 N_{it} 随应力时间呈幂律关系增加，并建模如下：

$$\Delta N_{it} = \left[t \cdot \frac{I_d}{W} \cdot \exp\left(-\frac{\phi_{it}}{q\lambda E_{max}}\right) \right] \quad (5.10)$$

其中，t 为应力时间；I_d 为漏极电流；W 为栅极宽度；ϕ_{it} 为热载流子产生界面陷阱的最小能量；q 为电子电荷；λ 为载流子的平均自由程。

CHC 机制适用于低漏极电流。在这种情况下，沟道较长，由于局部的高电场强度，载流子可以获得相当高的能量，如图 5.1d 所示。相应的 HCI 寿命与漏极电流成反比 [式 (5.11)]。在这种机制下，高能载流子诱导的碰撞电离产生了电子-空穴对，使电子注入到 Si – SiO₂ 界面和栅极氧化层中，进一步破坏界面上的 Si – H 键。因此，诱发了界面陷阱。

$$\text{失效时间 (TTF)} = A \cdot \left(\frac{I_{sub}}{I_d}\right)^{-m} \cdot \left(\frac{I_d}{W}\right)^{-1} \quad (5.11)$$

其中，指数 m 用 ϕ_{it}/ϕ_{ii} 来描述；ϕ_{it} 是产生界面态的临界电子能量；ϕ_{ii} 是产生碰撞电离的最小电子能量。

沟道热电子或幸运电子模型

在沟道-热电子（CHE）注入中，沟道中的热电子或空穴在漏区附近发生碰撞（对于深亚微米工艺节点中的短沟道器件，有时甚至在沟道中间），并在氧化层厚度方向获得动量。其中一些是"幸运电子"或"幸运空穴"，它们没有发生能量损失的碰撞，因此由于其有利的动量和方向而越过 Si – SiO₂ 势垒是注入到氧化层导带（见图 5.3）。

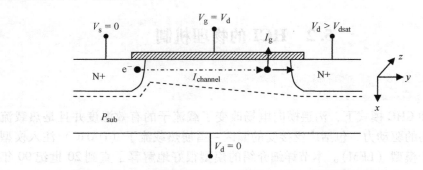

图 5.3 幸运电子模型（LEM）示意图，有时这被称为 CHC 注入

CHE 通常发生在 $V_g = V_d$ 时，此时沟道热电子以最大数量注入到栅极氧化层中，从而使栅极电流达到峰值（见图 5.4）[20]。这主要是氧化层中电子捕获的结果。产生这个 I_g 峰值的原因可以解释如下：

● 当 V_g 很小且小于 V_d 时，漏区附近存在最大沟道电场 E_{max}。然而，当 $V_g < V_d$ 时，垂直氧化层电场会排斥注入的热电子。

- 随着 V_g 的增加，有两个相互竞争的趋势：

(1) 首先，漏区的垂直氧化层电场更有利于吸引注入的热电子，也就是说，由于垂直氧化层电场的存在，在漏区端排斥电子的能力降低，当 $V_g > V_d$ 时，实际上变得具有吸引力。这种趋势导致栅极电流增大。

(2) 其次，最大沟道电场 E_{max} 随着 V_g 的增大而减小 [式 (5.9)]。这具有降低热载流子能量和减小栅极电流的效果。

- 总体效应是栅极电流随着 V_g 的增大而增大，当 $V_g = V_d$ 时达到峰值，然后随着 V_g 超过 V_d 的进一步增大而减小，如图 5.4 所示。

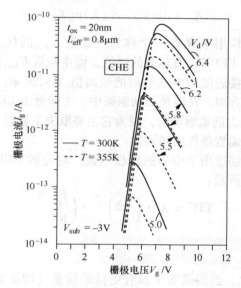

图 5.4 因注入 CHE 而产生的典型栅极电流，$t_{ox} = 20\text{nm}$；$L_{eff} = 0.8\mu\text{m}$（由 Elsevier 授权使用[20]）

5.2.2 能量驱动的沟道-热载流子机制：电子-电子散射 ★★★

随着沟道长度的不断减小，深亚微米技术节点的电源电压（或工作电压）并没有相应地降低，但由于采用更薄的栅极氧化层（以实现更大的驱动电流），栅极氧化层电场强度继续增加。对于给定的 V_d，漏极电流随 V_g 的增大而增大[式 (2.49)]，而能量随 V_g 的增大而减小，因为 E_{max} 随 V_g 的增大而减小[式 (5.9)]。E_{max} 的减小降低了碰撞电离的可能性。因此，载流子可能无法获得足够的能量使形成陷阱的键断开。结果表明，上述机制（DAHC 或 LEM）在此范围内均不成立[21,22]。

最近提出的一种机制是电子-电子散射（EES）模型[23-25]。通过载流子-

载流子的相互作用，一些低能载流子可以获得足够的能量使化学键断开。因此，在这种情况下器件退化是能量驱动的，载流子之间的相互作用在电子能量的获取和分布函数中起着关键作用。下面将详细介绍其基本原理。

如 5.2.1 节所述，热载流子碰撞通常被描述为高能沟道载流子与硅衬底的相互作用［导致碰撞电离（ii）］或界面缺陷［产生界面态（it）］。相互作用的概率主要取决于载流子的能量，并由散射率函数 $S_i(E)$ 描述。热载流子的能量分布取决于电子－能量分布函数（EEDF）$f(E)$。因此，相互作用的总概率被描述为[21]

$$R_i = \int f(E) \cdot S_i(E) \mathrm{d}(E) \tag{5.12}$$

研究发现，相互作用率 R_i 在一个称为主能量 E_{dom} 的优先能量处达到峰值。在经典的 LEM 图中，EEDF 没有显著的峰值，而主能量 E_{dom} 由散射率函数 $S_i(E)$ 的峰值决定，该峰值接近散射率函数的能量阈值（ϕ_{it} 或 ϕ_{ii}），并且对偏置条件的依赖性较小；另一方面，在能量驱动框架中，主能量由 EEDF 峰值决定。相互作用率 R_i 可以被描述为能量驱动的，因为它主要取决于散射率函数 $S_i(E)$ 的能量相关性，而主能量是偏置条件的强函数。

基本上，EES 机制适用于中等的漏极电流。对应的 HCI 寿命是漏极电流倒数的二次函数，如下所示：

$$\mathrm{TTF} = A' \cdot \left(\frac{I_{\mathrm{sub}}}{I_{\mathrm{d}}}\right)^{-m} \cdot \left(\frac{I_{\mathrm{d}}}{W}\right)^{-2} \tag{5.13}$$

5.2.3 多重振动激发机制 ★★★

与 EES 模型相比，当沟道电子具有更低的能量（即更大的漏极电流和 V_g）时，提出了另一种机制——多重振动激发（MVE）模型[26,27]，并被认为是热载流子退化的主要原因。在这个低能量沟道载流子区域，损伤完全取决于漏极电流（即每秒"击中"化学键的电子数量），而不再取决于器件的几何形状。改变栅极电压和/或沟道长度就相当于改变漏极电流；也就是说，单个寿命周期对应于单个漏极电流值。在这种情况下，引起热载流子退化的不是能量而是热电子的数量。注入到氧化层中的电子可能没有足够的能量使界面上的 Si–H 键断开，而使 Si–H 键断开的是留在沟道中的电子（没有越过氧化层–Si 势垒）。因此，即使漏极电压按比例减小到 1V 以下[27]，热电子退化仍然是一个重要的可靠性问题，因为随着沟道长度的不断减小，驱动电流已经变得越来越大。国际半导体技术路线图（ITRS）[29]显示，饱和驱动电流值持续以每年 17% 的速度增加，以保持器件性能按比例提升的趋势。

对这种机制的基本理解是热电子诱导的氢的振动激发，使界面的硅（或多晶硅）钝化。这些振动以及与具有几个电子伏特能量的电子的碰撞可以导致氢的解吸，产生原子氢和悬挂键——从而产生界面态，并使栅极介质退化[30]。MVE 模型的主要作用可能是降低单个载流子产生界面态所需的能量。这是通过扫描隧道显微镜（STM）在超高真空（UHV）[31]中处理硅表面钝化和去钝化的实验，以及有意地将空穴和电子注入到氧化层深处并使它们只存在于界面上的特定实验来证明的[28]。

MVE 机制解释了用 D_2 退火代替传统的 H_2 退火引起的热载流子性能的改善。在这种情况下，由于多重振动-激发-加热效应的独特性质，低能电子能够使 MOS 器件中的 Si – H/D 键断开。基于 STM 实验，Si – H/D 的解吸发生在大约 $10^5 A/cm^2$ 的 STM 电流密度范围内，这一数值与 MOS 中 Si – SiO_2 界面可能的电流密度相当[30]。在能量大于 5eV 时，氘从 Si（100）中的解吸效率大约是氢解吸效率的 1/100 ~ 1/50。这种巨大的同位素效应可以用电子激发和振动加热机制来解释[30]。

MVE 机制适用于较大漏极电流（即低能量和高 V_g）。HCI 寿命是漏极电流倒数的三次函数。由于驱动电流越来越大，这种 HCI 机制在先进技术中变得越来越重要。然而，这一机制还没有得到很好地理解，还需要付出更多的努力；另一方面，HCI 寿命也可以按照经验描述为关于 I_d 和 V_d 的函数。这是有理由的，因为对于相同的 I_d，单个载流子能量越高（即更高的 V_d），产生界面态的概率越大，因此具有更短的寿命。

$$\text{TTF} = A'' \cdot V_d^{-\gamma} \cdot \left(\frac{I_d}{W}\right)^{-\alpha} \quad (5.14)$$

其中，α 是 I_d 指数。$\alpha = 6.7$，$\gamma = 15.5$ [21]。

5.2.4 NMOS 热载流子注入机理/模型 ★★★

表 5.1 总结了 NMOS HCI 注入和退化机制，其中最差的应力条件为 $V_g = V_d/2$，界面陷阱（ΔN_{it}）是 CHC 退化的主要机制[12]。

表 5.1 NMOS 注入和退化机制总结

应力条件	注入机制	退化机制	注
$V_t \leq V_g \leq V_d/4$	热空穴注入（DAHC）	正电荷捕获	
$V_g \approx V_d/2$	热电子注入（CHE）+ 一些热空穴注入（DAHC）	• 负电荷补偿和正电荷捕获 • 类受主界面陷阱（负电荷）占主导地位	用于长沟道和/或厚氧化层器件（例如，I/O 器件）模式而较低的温度情况下退化更严重。使用 I_{sub} 模型进行寿命预测
$V_g \approx V_d$	热电子注入（CHE）	负电荷捕获	用于短沟道和/或薄氧化层器件（例如，核心器件）模式而更高的温度情况下退化更严重；$1/V_d$ 模型用于寿命预测

另一方面，对于较低的 V_g 区域（$V_t \leq V_g \leq V_d/4$），HCI 主要是由空穴注入的氧化层电荷捕获引起的，而在较高的 V_g 区域（约为 V_d），HCI 的主要机制是电子注入。两种机制都可以通过注入的栅极电流 I_g 来监测。

5.2.5 PMOS 热载流子注入机理/模型 ★★★

表 5.2 总结了 PMOS HCI 注入和退化机制。长期以来，人们一直认为 PMOS 器件的热载流子可靠性问题没有 NMOS 器件严重，原因如下：

- 硅中空穴的平均自由程约为电子的一半[32]。因此，空穴散射更频繁，能够获得足够高的能量（约3.7eV）以产生界面态的空穴也更少[33]。

表 5.2 PMOS 注入和退化机制总结

应力条件	注入机制	退化机制
$V_t \leq V_g \leq V_d/2$	热空穴注入（DAHC）	• 负电荷捕获 • $I_{g,max}$ 模型
$V_g \approx V_d/2$	热空穴注入（CHH）+ 一些热空穴注入（DAHC）（特别是靠近漏区）	• 正电荷捕获 • 产生界面陷阱 • I_{sub} 模型
$V_g \approx V_d$	热空穴注入（CHH）	• 正电荷捕获；产生类施主的界面陷阱 • $1/V_d$ 模型 • $V_g = V_d$ 时的最差应力条件

- Si 和 SiO_2 的价带边缘之间的势垒高度（即，热空穴注入势垒）为 4.7eV，而 Si 和 SiO_2 的导带边缘之间的势垒高度（即，热电子注入势垒）仅为 3.2eV。

然而，随着晶体管沟道长度按比例减小到深亚微米，热载流子诱导的 PMOS 器件的退化已经接近 NMOS 器件[34]。目前已确定了 PMOS 器件中的三种热载流子退化机制[35,36]：

- 负氧化层电荷捕获。漏区附近的电子捕获导致阈值电压的降低和有效沟道长度的减小。因此，PMOS 驱动电流增加。这种机制有时被称为热电子诱导穿通（HEIP）。这种机制在长沟道 PMOS 器件中是最重要的，栅极电流 I_g 已被用作器件寿命的预测参数。在这种情况下，V_g 在 $I_{g,max}$ 点受到应力，通常为 $1/5V_d$。Li 等人[37]报道，对于氧化层厚度约为 6.4nm、栅极长度为 0.27nm 的 PMOS 器件，在 $I_{g,max}$ 时施加的 V_g 应力下，I_{dsat} 向正方向移动，表明电子捕获是主要的退化机制。然而，当沟道长度小于 0.25nm 时，这种机制变得不那么显著并且难以观察到[35,36,38]。

- 热空穴产生界面态。在这种情况下，沟道迁移率将降低。与 NMOS 类似，衬底电流 I_{sub} 通常用于预测器件寿命。在这种情况下，V_g 在 I_{sub} 点受到应力，一

般在 $1/3V_d \sim 1/2V_d$（见表 5.2）。这种机制已被证明是 0.25nm 表面沟道 PMOS 器件[35]的主要退化机制，对于 100nm 器件也是如此[2]。在这种情况下，热载流子引起的 V_t 偏移成为时间的幂律函数[35]。

- 正氧化层电荷捕获。在这种情况下，V_g 受到的应力在 $2/3V_d \sim V_d$（见表 5.2）。然而，应该注意 $V_g = V_d$ 时的应力可能会导致在 Fowler – Nordheim 应力（而不是热载流子）下器件的快速退化，因为施加了如此高的栅极电压 V_g，特别是在高温下。研究发现，对于 PMOS 器件，Fowler – Nordheim (FN) 应力引起的 I_{dsat} 退化程度与热载流子应力引起的相同，尽管在热载流子应力下 I_{dsat} 退化比 FN 应力下更严重[13]。较高的 FN 应力温度将导致较大的 V_t 偏移，而较薄的氧化层对应于较大的退化程度。换句话说，这种应力条件类似于 HCI 和负偏置温度不稳定性（NBTI）之间的耦合。这种机制对于氮化的栅极氧化层很重要。

图 5.5 说明了在 65nm 工艺节点的三种测试条件下 PMOS 热载流子应力引起的 I_{dsat} 退化情况，包括栅极峰值电流条件（$I_{g,max}$ 时的 V_g）、衬底峰值电流条件（$I_{sub,max}$ 时的 V_g）和 $V_g = V_d$。可以看到，在所有三种应力条件下，I_{dsat} 都向负方向偏移，表明在栅极氧化层中存在空穴捕获。尽管在 $I_{g,max}$ 的 V_g 应力下，I_{dsat} 不再向正方向偏移，但 I_{dsat} 偏移值远低于其他两种应力条件。很明显，当 V_g 应力在接近 V_d 的较高值时，I_{dsat} 退化更加严重。

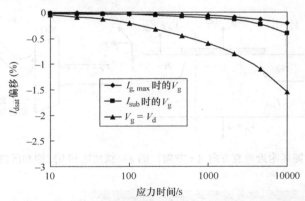

图 5.5　在 65nm 工艺节点三种应力条件下 PMOS 热载流子应力引起的饱和漏极电流退化

5.3　热载流子注入表征方法

5.3.1　监控的器件参数 ★★★

一般来说，热载流子退化被描述为宏观晶体管参数的退化，如饱和漏极电流 I_{dsat}、线性区漏极电流 I_{dlin}、阈值电压 V_t、峰值跨导 G_m 和亚阈值摆幅 S。当热载流子应力以所需的预设间隔周期性中断时,对这些参数进行监控。

在HCI表征中,I_{dlin}退化遵循与G_m退化完全相同的时间相关性,而I_{dsat}的变化仅为G_m变化的一半或更少。这是意料之中的,因为I_{dlin}和G_m都与载流子(电子或空穴)沟道迁移率成正比,而I_{dsat}取决于载流子饱和速度以及迁移率。比I_{dsat}退化更大的I_{dlin}退化也可以使用如下所示能带图进行更明确的解释。图5.6给出了漏区附近垂直方向(x方向)线性区和饱和区的能带图。I_{dlin}是在受主型界面陷阱都被填充的线性区测量的。根据图5.6a,这意味着检测到负电荷,对应于V_t的正偏移[式(5.1)]。另一方面,I_{dsat}是在饱和区域测量得到的(见图5.6b)。可以看到,受主型的界面陷阱是空的,这表明电荷是中性的。因此,漏区附近的界面陷阱对饱和区测量到的I_{dsat}偏移没有影响。

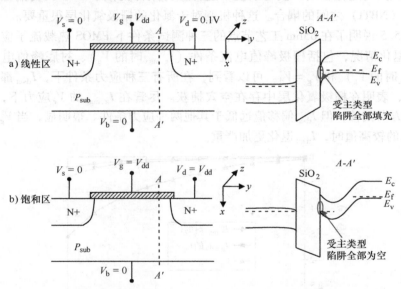

图5.6 漏区附近垂直方向(x方向)的a)线性区和b)饱和区的能带图

5.3.2 热载流子注入退化模型 ★★★

时间幂律相关性

通常,HCI引起的时间相关性退化可以用幂律相关性很好地描述如下[39]:

$$\Delta P \left(\text{或} \frac{\Delta P}{P_0} \times 100\% \right) = A \cdot t^n \tag{5.15}$$

其中,ΔP是所关注器件参数(V_t、G_m、I_{dsat}等)的偏移;P_0是器件参数的初值;A是与材料相关的参数;t是应力时间;n是根据经验确定的时间幂律指数,是关于应力电压、温度和有效晶体管沟道长度的函数。A与n之间的简单指数关系

推导如下[40]:

$$A = a \cdot \exp(-b \cdot n) \qquad (5.16)$$

发现这与加工技术无关（例如，掩埋沟道还是表面沟道，非自对准金属硅化物还是自对准金属硅化物）。

当栅极电压对应 I_{sub}（即 $V_g \approx V_d/2$）时，时间幂律指数 n 一般为 0.5~0.6。另一方面，当 $V_g = V_d$ 时，n 值为 0.2~0.3[41,42]。如前所述，不同的幂律指数一般是由于在 HCI 应力期间发生的不同损伤造成的。当应力为 $V_g \approx V_d/2$ 时，主要损伤与界面陷阱（N_{it}）有关。然而，当产生氧化层陷阱（N_{ot}）时，$V_g = V_d$ 时的损伤是由热电子/空穴注入到氧化层中引起的。这一点已通过栅极电流随着应力时间的增加显著减小得到证明，因为电子以与 PMOS 情况相同的方式在氧化层中被捕获[43]。在后一种情况下，指数 n 较低（$V_g = V_d$）是由于被捕获的电荷，这些电荷对电子进一步注入氧化层起到了阻碍作用。换句话说，被捕获的电荷导致靠近界面的氧化层中垂直电场更具排斥性。Sinha 等人[44]也报道了仅电子或仅空穴注入导致 $n = 0.25$ 的幂律，而电子和空穴注入的组合导致界面态产生时的 $n = 0.5$。

温度相关性

HCI 的温度相关性失效时间（TTF）由 Arrhenius 模型表示：

$$TTF = B \cdot \exp[E_a/(k_B T)] \qquad (5.17)$$

其中，k_B 为玻尔兹曼常数；T 为温度，单位为 K；B 为拟合常数；E_a 为表观活化能，与器件有关，详见表 5.3。

表 5.3 不同类型器件的表观活化能 E_a

MOS 类型		E_a/eV	注
NMOS		-0.2 ~ +0.4eV	表观活化能可以是负的或正的，这取决于沟道长度和电压[17,45,46]。对于 I/O 器件，E_a 为负，而对于核心器件，特别是在 65nm 及以下技术节点，E_a 为正
PMOS[47]	$L < 0.25 \mu m$	+0.1 ~ +0.4eV	温度越高，TTF 越低
	$L > 0.25 \mu m$	-0.2 ~ -0.1eV	温度越高，TTF 越高

电压和/或电流模型

衬底/漏极电流比 I_{sub}/I_d 模型

广泛使用的 NMOS HCI 寿命（TTF）I_{sub}/I_d 模型与碰撞电离率 r_{ii}（以 I_{sub}/I_d 表征）有关，如式（5.11）[3]所示，将其改写为

$$TTF \cdot \left(\frac{I_d}{W}\right) = C \cdot \left(\frac{I_{sub}}{I_d}\right)^{-m} \qquad (5.18)$$

$$m = \frac{\phi_{it}}{\phi_{ii}} \tag{5.19}$$

其中，C 是一个任意拟合的比例因子（与掺杂分布、侧墙间距尺寸等特定参数密切相关）；I_d 是漏极电流；W 是器件栅极宽度；I_{sub} 是应力期间峰值衬底电流；m 是取决于 ϕ_{it} 和 ϕ_{ii} 的加速指数；ϕ_{it} 是产生界面陷阱（约为 3.7eV）的最低能量；而 ϕ_{ii} 是产生碰撞电离（从 1.12 到 3eV）的最低能量[3]。因此，简单计算得到 $m \approx 1.12 \sim 3.3$。

衬底电流 I_{sub} 模型

由于 I_d 与 W 成正比且变化不大，式（5.18）有时被简化为如下近似形式：

$$\text{TTF} = C \cdot (I_{sub})^{-m} \tag{5.20}$$

I_{sub} 模型既适用于 NMOS 器件也适用于 PMOS 器件。对于 NMOS 器件，m 约为 3。然而，对于 PMOS HCI 而言，在 I_{sub} 应力下，V_g 的幂律相关斜率要低得多（例如，约为 1.5，如 Polishchuk 等人文章所示）[2]。

漏源电压 V_d 模型

也可以绘制热载流子寿命（TTF）与施加的漏极电压应力的倒数（$1/V_d$）的关系，这就是所谓的 $1/V_d$ 模型：

$$\text{TTF} = C \cdot e^{\beta/V_d} \tag{5.21}$$

其中，β 是拟合因子。观察到 $\ln(\text{TTF})$ 和 $1/V_d$ 之间存在线性关系，因为最大横向电场 E_{max} 是漏极电压的近似线性函数 [式（5.9）]，而 I_{sub} 和 I_g 是取决于 $1/E_{max}$ 的指数 [式（5.3）和式（5.4）]。$1/V_d$ 模型目前广泛应用于 PMOS 核心和 I/O 器件以及 NMOS 核心器件的 HCI 寿命外推。

栅极电流 I_g 模型

I_g 模型一般适用于沟道长度 $L \geq 0.25\mu m$ 的 PMOS 器件[47]：

$$\text{TTF} = C \cdot (I_g)^{-m} \tag{5.22}$$

其中，C 同样是一个任意的比例因子（与掺杂分布、侧墙间距尺寸等特定参数密切相关）；I_g 是应力期间的峰值栅极电流，并且 $m = 2 \sim 4$[47]。然而，也有报道 $m = 1.5$[48]。对于深亚微米器件的薄栅极氧化层来说，栅极电流可能不是一个很好的建模变量，因为增加的直接隧穿泄漏电流可能会误导对数据的解释。

5.3.3 寿命外推 ★★★

联合电子器件工程委员会（JEDEC）标准 28A（JESD28A）提供了热载流子应力测试步骤[49]。第一步是选择想要测试的器件，然后对它们的初始无应力参数值（例如，I_{dsat}、V_t、G_m 等）进行表征。在获得初始器件参数后，我们需要决定它们是否适合进一步的热载流子应力测试。如果认为器件是"好的"，则应力

第 5 章 热载流子注入

循环开始。在应力循环期间,器件使用选定的应力偏置条件进行偏置(例如,$V_g = V_d$ 或 I_{sub} 的 V_g)。由于参数退化通常与应力时间呈幂律关系,如式(5.15)所示,因此建议的应力间隔为 1/3(或 1/4 或 1/5)个 10 年时间步长。在每个应力间隔期间,对器件参数进行表征、记录,并与初始值进行比较。如果参数退化超过终止标准(例如,10%偏移)或满足总应力时间(例如,10000s),则测试结束。否则,将启动另一个应力循环。

图 5.7a 提供了在三种不同应力条件 A、B 和 C 下器件参数 $\Delta P/P_0$ 随应力时间的退化的示意图。作为通常的做法,特定应力条件下的 TTF 定义为饱和漏电流 I_{dsat} 下降 10%。根据式(5.15),应力时间和参数偏移均用对数刻度表示。然后,根据前面讨论的适用模型,即 I_{sub}/I_d 模型(见图 5.7b)、I_{sub} 模型(见图 5.7c)和 $1/V_d$ 模型(见图 5.7d),将 HCI 寿命外推到工作电压(例如,$1.1V_{dd}$ 以确保 10%的安全裕度)。要想对工作器件寿命的估计有较高的置信度,R^2 至少为 0.98 是必要的[50]。

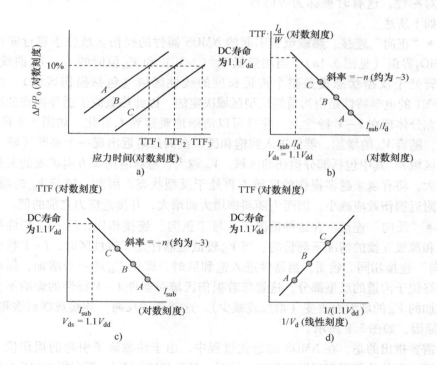

图 5.7 在 A、B、C 三种不同应力条件下 a)器件参数(如 I_{dsat})随应力时间的退化示意图;使用 b)I_{sub}/I_d 模型将寿命外推到工作电压($1.1V_{dd}$);
c)I_{sub} 模型;d)$1/V_d$ 模型

5.4 对热载流子注入屏蔽效应的表征

图 5.8 给出了 HCI 应力前后漏极电流 I_d 与漏极 - 源极电压 V_{ds} 特性的关系曲线。由于 HCI 效应,预计应力后 I_d 会减小。一个有趣的现象是,当测量 $I_d - V_{ds}$ 时,如果漏极和源极对调("正向"连接与"反向"连接),晶体管在施加应力后的 $I - V$ 特性是完全不同的。在 NMOS HCI 的 $I - V$ 特性中,总是会观察到"正向"和"反向"连接始终存在强烈的不对称性,这有时被称为屏蔽效应,如下所述。

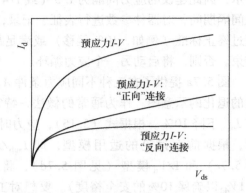

图 5.8 热载流子应力前后的 $I - V$ 特性比较

- "正向"连接。热载流子引起的 NMOS 器件的损伤区域位于靠近漏区的 Si - SiO$_2$ 界面(见图 5.1a)。当测量低 V_g ($> V_t$) 和 V_{ds} 值时的 $I_d - V_{ds}$ 曲线时,晶体管处于反型状态覆盖整个沟道长度的线性区域(包括损伤区域)。由于 MOSFET 的电学特性是由沟道的反型区域决定的,因此热载流子诱导损伤的影响可以充分体现在 $I - V$ 特性上,并且可以清晰地观察到 I_d 退化,如图 5.8 所示。然而,随着 V_{ds} 的增加,器件进入到饱和区,在漏区附近出现一个夹断区域(非反型区域),其中包括部分损伤的区域。V_{ds} 越大,意味着向源方向扩展的夹断区域越大,将有越来越多损伤的区域不再处于反型状态。因此,随着 V_{ds} 的增大,漏区附近损伤效应减小,因而 I_d 随斜率增大而增大,并接近应力之前的值。

- "反向"连接。在这种情况下,与"正向"连接相比,$I_d - V_{ds}$ 特性是在漏极和源极互换的情况下测量的。当 V_{ds} 较低且器件处于线性区时,$I - V$ 特性与"正向"连接相同。然而,当器件进入饱和区时,即使 V_{ds} 进一步增加,损伤区域始终位于沟道的反型部分,这意味着损伤区域对器件 $I - V$ 特性的影响不会随着施加的 V_{ds} 的增大而改变(增加或减少)。这就是"反向"连接观察到饱和 $I - V$ 的原因,如图 5.8 所示。

需要指出的是,在 NMOS 的退化过程中,由于热载流子引起的损伤位于漏区附近,因此总能观察到屏蔽效应。然而,对于 PMOS HCI,正向模式和反向模式之间的 I_{dsat} 退化差异要小得多[13],表明损伤区域比 NMOS 器件中的损伤区域更小,并且在沟道中分布更均匀。因此,屏蔽效应在 PMOS 器件中不如在 NMOS 器件中重要。换句话说,该屏蔽效应也可用于定性地定位器件中 HCI 诱导的损伤。

如图 5.8 所示，对比应力前后正向连接的 $I-V$ 特性时，I_{dsat} 减小，而饱和区的曲线斜率大幅度增大。斜率是晶体管的小信号模型中晶体管的输出电导 g_{ds}。g_{ds} 的增加意味着由 MOSFET 构成的模拟电路性能的退化。

5.5 热载流子注入退化饱和

有时在超过某一阈值后观察到 HCI 退化饱和，导致式 (5.15) 中的时间指数斜率 n 变小[51-56]。指数 n 变化的情况如图 5.9 所示。图 5.9b 显示，随着应力的持续，退化时间指数 n 值逐渐减小。为了解释 HCI 退化的饱和行为，提出了几种模型，总结如下：

- 降低势垒高度[51]。在该模型中，退化饱和与势垒高度的增加有关，这是由于热载流子诱导的氧化层捕获电荷和栅极边缘区域的界面电荷的积累，从而阻止后续的热载流子而造成进一步的损伤。

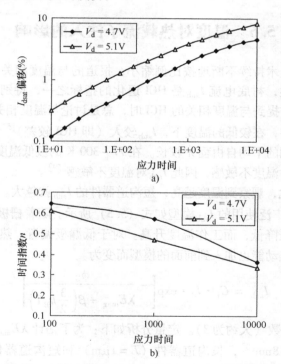

图 5.9 a) NMOS 器件中典型的热载流子退化；b) a 部分的退化时间指数 n，表现为初始退化的高 n 值以及较长应力时间后的低 n 值

- 改变横向最大电场最大值 E_{max}。栅极边缘区域界面电荷的积累会使 E_{max} 降

低，从而导致退化饱和[52]。此外，峰值电场的位置也可能向侧墙区域偏移，从而降低沟道和栅极 LDD 交叠区域的退化率[53]。

● 迁移率变化[54]。在这种情况下，观察到的退化时间依赖性的饱和归因于 LDD 区域串联电阻的增加以及沟道和次扩散区域载流子迁移率的降低。

● 陷阱的对数增长[55]。假设 PMOS 晶体管的饱和退化行为是由于从漏结向源端方向填充陷阱区域的对数增长。

● 缺陷扩展长度饱和[56]。在该模型中，由于热载流子应力作用，认为缺陷首先在侧墙 - LDD 界面区域产生。这些缺陷带负电荷，基本上对应于最大横向电场 E_{max} 的位置。缺陷位置电子可能达到饱和。然而，横向电场的分布应该不会有太大的变化。也就是说，E_{max} 附近位置的横向电场变化不大。随着热载流子应力进一步的增加，饱和位置旁边也将填满电子。然而，因为其下面的电场强度较低，这需要更长的时间。因此，随着时间的推移，退化区域的扩展速度越来越慢。因此，观察到退化区域随时间的饱和增长。

5.6 温度对热载流子注入的影响

随着半导体技术持续不断地按比例缩小，报道的与温度相关的 HCI 行为也大不相同。如前所述，衬底电流 I_{sub} 是 HCI 退化的指标之一，特别是对于 NMOS 器件。因此，人们在提到与温度相关的 HCI 时，总是讨论与温度相关的 I_{sub}。对于早期的厚栅极氧化层，在较低的温度下，I_{sub} 较大（即 HCI 较差）[57,58]，这归因于低温下散射事件之间的平均自由程 λ 较长。在 77~300 K 的极低温度范围内，由于载流子平均自由程对温度不敏感，因此 I_{sub} 对温度不敏感[59]。

随着技术变化，观察到温度越高，短沟道器件的 I_{sub} 就越大。下面给出了一个详细的解释[17]。广泛使用的 I_{sub} 模型如式（5.3）所示。随着栅极长度的按比例减小，器件工作电压降低，而工作温度升高。对于低漏极偏置，热动能变得更加重要，因此可以将热动能也加入到前面的模型而变为

$$I_{sub} = C_1 \cdot I_d \cdot \exp\left[-\frac{\phi_{ii}}{\lambda E_{max} + \beta\left(\frac{3}{2}k_B T\right)}\right] \quad (5.23)$$

其中，β 为拟合系数（大约为 3）。定量分析如下：为了估计 λE_{max} 的大小，可以使用以下值：$\lambda = 7.8\text{nm}^{[3]}$，长沟道器件（$L = 1\mu m$）和短沟道器件（$L = 0.07\mu m$）的 E_{max} 分别为 $1.6 \times 10^6 \text{V/cm}$ 和 $1 \times 10^6 \text{V/cm}$（见图 5.12）。因此，长、短沟道器件的 λE_{max} 分别为 1.25eV 和 0.78eV。另一方面，当 $T = 300$K 时，$\beta\left(\frac{3}{2}k_B T\right)$ 为 0.12eV。换句话说，长沟道器件的热动能 $\beta\left(\frac{3}{2}k_B T\right)$ 比 λE_{max} 低一个数量级，而短

沟道器件的热动能 $\beta\left(\dfrac{3}{2}k_B T\right)$ 与 λE_{max} 在同一个数量级。因此，在考虑薄栅极氧化层器件热载流子诱导损伤时，不能忽略热动能。

Bravaix 等人[12]也报道了与室温（RT）和 125℃ 情况下相比，CHC 数随着温度的升高而增加；另一方面，在高温下，横向电场峰值没有发生变化。这可以用式（5.23）中所示的热动能的贡献来解释。

5.7 体偏置对热载流子注入的影响

已提出使用体偏置 V_{bs} 进行低功耗（LP）管理[60,61]，以扩展体 MOSFET 的可扩展性。然而，使用反向 V_{bs} 显然会加剧热载流子诱导的损伤，这是由于所谓的二次碰撞电离（2I）导致从沟道到栅极的载流子注入更强，正如在较小 V_g 时与电子捕获相关的栅极泄漏电流的增加所表明的那样[62-64]。2I 现象诱导的界面陷阱和电子陷阱最有可能发生在较厚的栅极氧化层（$T_{ox} > 3.2$nm）中。

简而言之，I/O 器件对 2I 效应的敏感度远高于 $L_G = 45 \sim 60$nm 的核心器件。在线性模式下，当 V_{bs} 从 0 变为 $-V_{dd}$ 时，I/O 器件的寿命可能会相差 4 个数量级以上。数据表明，要满足基于线性参数降低 10% 的 10 年寿命规范 [ΔI_{ds} 或 $\Delta(1/G_m)$]，DC 反向衬底偏置 V_{bs} 不应超过 $-V_{dd}/2$[12]。

更有趣的是，在 I/O 器件中，虽然反向 V_{bs} 会加剧 HCI 退化，但高温（HT）可以在一定程度上缓解 CHC。然而，反向 V_{bs} 效应大于 HT 效应。因此，$V_{bs} = -V_{dd}$ 给出了 I/O 器件中 RT 时器件寿命的最坏情况。相比之下，核心器件（例如，沟道长度为 40nm）的温度效应与 V_{bs} 的关系则比较复杂，其中两个加速因子往往会相互补偿，而正向 V_{bs} 并不能提高寿命性能。

5.8 结构对热载流子注入的影响

5.8.1 沟道宽度对热载流子注入的影响 ★★★

通常，热载流子可靠性是在宽器件上进行评估的，以避免未知的边缘效应。热载流子退化与沟道宽度的相关性已经引起了 SRAM 研究者的关注。相互矛盾的报告显示，与宽 NMOS 器件相比，窄器件表现出更大的[65-71]或更小的[72,73]退化。一些研究报告指出，硅局部氧化（LOCOS）和浅沟槽隔离（STI）器件对器件性能的影响相反[74]，而另一些研究[75]表明，在对热载流子可靠性的沟道宽度相关特性的影响方面，LOCOS 和 STI 器件之间没有明显的差别。本节对沟道宽度相关的 HCI 特性进行了总结。

LOCOS 隔离技术

对于早期的 LOCOS 隔离技术，退化的增强归因于 LOCOS 区域附近由于沟道截止注入[76]的扩散而形成更高的电场强度，或由于接近鸟喙结构而产生的机械约束而导致栅极氧化层中的电子捕获[66]。采用分隔阱推进技术可以抑制窄宽效应[72]。采用 0.25μm 技术的嵌入式 LOCOS 的 NMOS 在窄器件上没有表现出退化的增强[73]。

对于 LOCOS 隔离技术，发现窄器件（$W=1.4\mu m$）退化主要是由于氧化层电荷捕获，而宽器件（$W=49\mu m$）退化主要是由于界面态的产生[66]，通过以下方式证明：首先，在 $V_g = V_d/2$ 条件下对宽器件和窄器件施加一定时间的应力，这对应于最大的 HCI 损伤。然后在高 V_d 和 $V_g = 1V$ 的条件下对两个器件施加应力，以便向栅极介质注入空穴。这种条件离最大损伤点足够远，以避免可能的额外损伤。假设在 HCI 应力作用下产生电子陷阱，注入的空穴可以中和捕获的电子。如图 5.10 所示，对于窄器件，在空穴注入阶段 V_t 退化减小，说明 HCI 诱导的电子陷阱被注入的空穴中和了。另一方面，宽器件在空穴注入阶段的 V_t 偏移变化不大，表明 HCI 应力引起的 V_t 偏移与界面态有关，其占有率仅取决于硅的费米能级。

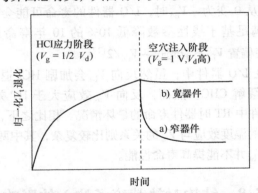

图 5.10　窄器件和宽器件的 V_t 退化随时间变化的示意图。器件初始应力为 $V_g = V_d/2$，然后经过空穴注入阶段（V_d 高，$V_g = 1V$）

浅沟槽隔离技术：NMOS

STI 目前用于超大规模集成电路（ULSI），以满足场隔离的高密度要求。STI 引起的机械应力会对器件性能产生明显的影响，这归因于所谓的压阻效应[77,78]。也就是说，当沿电流方向的纵向应力和压应力增大时，NMOS 和 PMOS 器件的饱和电流 I_{dsat} 将分别减小和增大。相反，增大的拉伸应力会增大 NMOS 器件的 I_{dsat}，同时降低 PMOS 器件的 I_{dsat}。也有许多关于不同工艺步骤产生的机械应力对器件可靠性和栅极氧化层完整性影响的报告[79,80]。然而，这些报告的结论却截然相反。有学者认为压应力对 SiO_2 中的电子捕获有严重影响[79]。然而，其他人指出，外部施加的机械应力对载流子捕获没有影响，只将其归因于压阻效应[80]。

Nishigohri 等人[68]研究表明，在 STI 结构中，随着沟道宽度变窄，当沟道宽度小于 0.5μm 时，热载流子退化随时间变化的斜率［即式（5.15）中的 n 值］急剧增大。当沟道宽度为 1~10μm 时，n 值约为 0.2，而当沟道宽度为 0.28μm 时，n 值约为 0.45。结果表明，在窄沟道区域，漏极电流退化的加速与 STI 结构密切相关。直观地说，人们可以将碰撞电离率的增加归因于漏极电流退化的加速。然而，与之相反，Nishigohri 等人[68]报道，在 STI 结构中[81]由于 STI 边缘显示出较厚的栅极氧化层，场边缘的电场调制降低了窄器件的碰撞电离率（以 I_{sub}/I_d 表征）[71]。

在窄器件中，通过电荷泵方法测量，已证明较大的 HCI 诱导的 I_{dsat} 偏移与较大的界面态（N_{it}）密切相关[71]。器件的退化不仅取决于热载流子的数量（以碰撞电离率为指标），而且还取决于它们的流动方向。只有轰击 Si - SiO$_2$ 界面的高能载流子才会导致器件退化。因此，在较窄 NMOS 器件中，较大的退化归因于在 STI 边缘由界面陷阱引起的电场调制[68]；另一方面，其他一些研究则将其归因于 STI 边缘附近的机械应力和隔离边缘附近沟道区域较大的退化率[69-71]。总结如下。

横向电场的影响

宽度对 HCI 的影响可以用 STI 结构中横向电场与沟道电流路径之间的相互作用来解释，沟道隔离边缘和沟道中心可能有很大的不同。对于这两种情况，Nishigohri 等人[68]的仿真表明，与 HCI 应力前相比，在 HCI 应力后漏区一侧的电流路径进入衬底更深（即远离界面）。这是由于漏区一侧的电子陷阱引起的。然而，隔离边缘情况下的最大电场比中心沟道情况下的最大电场更靠近界面。也就是说，在隔离边缘，电流路径在 HCI 应力后进入最大的电场位置，使得 HCI 性能比沟道中心差。具体描述见表 5.4。

表 5.4 电流路径与最大电场的相互作用及其对 HCI 性能的影响

位置	示意图	电流路径	最大电场	注
隔离边缘		HCI 应力后，电流路径更深	远离界面	电流路径在 HCI 应力后进入最大电场位置，使 HCI 更严重
沟道中心		远离界面	更靠近界面	在 HCI 应力之后，电流路径远离最大电场位置

垂直电场的影响

Si – SiO$_2$ 界面处的垂直电场会影响热电子注入率,因为这种垂直电场总是将电流推离界面。仿真结果表明,垂直沟道的电场在隔离边缘处比在沟道中心处要小[73,82]。

因此,提出了两个相互竞争的因素,即热载流子的数量(以碰撞电离率 I_{sub}/I_d 为指标)和垂直电场,解释了窄宽度器件上退化的增强[75]。

- 在 I_{sub} 下施加应力时,I_{sub}/I_d 值会随着器件宽度的减小而减小,从而提高 HCI 性能。然而,隔离边缘较低的垂直沟道电场的影响是主要因素,它可以补偿较少的高能载流子,并导致窄宽度器件的退化增强。因此,窄宽度器件的 HCI 得到了增强。

- 在 $V_g = V_d$ 下施加应力时,I_{sub}/I_d 值随着器件宽度的减小而增大。与 I_{sub} 下施加应力的情况不同,垂直电场较小(比 I_{sub} 小一个数量级),不会对 HCI 性能产生太大影响。因此,HCI 的退化也遵循 I_{sub}/I_d 的趋势,即窄宽度器件的 HCI 也有增强。

机械应力的影响

在这种情况下,是在 HCI 应力期间界面陷阱(N_{it})的产生导致了退化。对于热电子(I_{sub})应力后的器件,由于 STI 边缘附近的机械应力,边缘区域产生的 N_{it} 大于中心区域[71]。让我们考虑如下一个简单的线性相关模型:

$$\frac{N_{it}}{W} = \alpha \cdot \left(1 - \frac{\Delta W}{W}\right) + \beta \cdot \left(\frac{\Delta W}{W}\right) \tag{5.24}$$

其中,α 和 β 分别为中心和边缘区域每单位宽度的 N_{it} 常数;ΔW 为具有 STI 边缘效应的沟道宽度区域;N_{it}/W 为单位宽度的 N_{it}。根据这种机制,$\alpha < \beta$。因此,窄宽度器件的单位宽度的有效 N_{it} 比宽器件大。由于窄宽度器件在沟槽工艺中产生的缺陷,单位宽度的有效 N_{it} 也可以更快地产生。这些界面陷阱是 NMOS 漏极电流退化的主要因素。

浅沟槽隔离技术:PMOS

对于 $I_{g,max}$ 应力条件下 PMOS 器件的 HCI,电子捕获是晶体管退化的主要原因(见图 5.5)。窄 PMOS 器件更严重的退化归因于 STI 边缘的机械应力增强了电子捕获效率[70,83]。

然而,Chung 等人[71]通过边缘 FN 实验报道了电子捕获效率不是 PMOS HCI 漏极电流 I_d 退化的主要机制。窄器件中的短沟道效应[84,85]才导致了更严重的退化。在这个二维短沟道模型中,PMOS 器件中的沟道热电子注入集中在漏结边缘附近的沟道中,反向 S/D 测量显示出比正向 S/D 测量更严重的退化就证明了这一点[82]。当电子注入氧化层时,它们被捕获,然后这些负电荷的捕获导致沟道注入部分的阈值电压 V_t 为绝对值更小的负值(即,PMOS 的 $|V_t|$ 更低)。换句话说,当电压刚好低于沟道未损伤部分的阈值电压时,损伤部分已经处于反型状

态。因此,与绘制的沟道长度(L_{drawn})相比,有效沟道长度L_{eff}会因损伤区域的L_{damage}的增大而减小,如下所示:

$$L_{eff} = L_{drawn} - L_{damage} \quad (5.25)$$

与表 5.4 所示情况类似,在热载流子应力作用后,器件可分为两个并联器件,即一个位于中心,另一个位于隔离边缘。由于在隔离边缘 STI 增强的垂直电场,中心器件L_{damage_center}的损伤区域小于隔离边缘器件的损伤区域L_{damage_edge}。换句话说,中心器件的有效沟道长度(L_{eff_center})大于隔离边缘器件的有效沟道长度(L_{eff_edge})。因此,对于窄宽度器件,单位宽度的有效沟道缩短长度较大,从而导致漏极电流退化的加剧[71]。

另一方面,Lee 等人[82]报道了 STI 边缘和沟道区域之间的电场差异(而不是机械应力)是导致 PMOSFET 器件随沟道宽度退化的原因。研究发现,电子捕获在窄器件中占主导地位,而空穴捕获在宽器件中占主导地位。

5.8.2 沟道长度对热载流子注入的影响 ★★★

如前所述,对于长沟道 NMOS 器件,最大的I_{dsat}退化发生在标称沟道长度在$V_g = V_d/2$附近的I_{sub}。然而,对于短沟道晶体管($L < 0.15\mu m$),最具破坏性的应力条件已从I_{sub}转换到$V_g = V_d$。图 5.11 给出了一个示例。损伤模型随沟道长度的这种转变同时应用于SiO_2和高k晶体管[13,14,16]。用高k材料作为介质的短沟道($L = 70nm$)和长沟道($L = 1\mu m$)器件的 MEDICI 仿真显示了电场和沿沟道的碰撞电离之间的差异,如图 5.12 所示[16]。对于长沟道器件,碰撞电离峰值主要在漏区一侧(见图 5.12a),而在短沟道器件中,几乎沿整个沟道都发生大

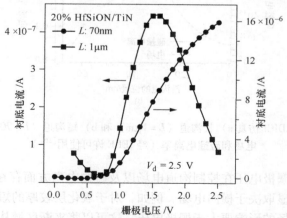

图 5.11 衬底电流I_{sub}是根据不同沟道长度的栅极电压绘制的,沟道长度越短,I_{sub}峰值处的栅极电压越大(经 IEEE 许可使用)[16]

的碰撞电离（见图 5.12b）。注意，在短沟道器件中最大碰撞电离率更大，而在长沟道器件中最大电场更大。另一方面，所分析的两个长度沿沟道的总电场（垂直加水平）也不相同。在短沟道的晶体管中，电场峰值出现在沟道中心，而在长沟道器件中，这个峰值则位于漏区一侧。

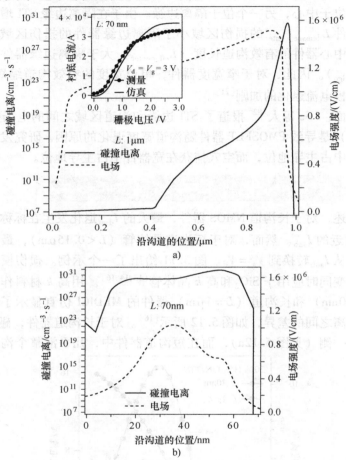

图 5.12 MEDICI 仿真 a) 长沟道（$L=1\mu m$）和 b) 短沟道（$L=70nm$）器件的电场和碰撞电离率（经 IEEE 许可使用）[16]

栅极电压和漏极电压在控制沟道电场以及碰撞电离方面存在"竞争"关系，因为碰撞电离明显取决于横向电场。例如，对于氧化层较厚的短沟道晶体管，漏极电压对沟道电场的影响要大于栅极电压，这可以将夹断区域从漏区一侧扩展到源区一侧，几乎扩展到整个沟道。在这种情况下，几乎沿整个沟道都会发生大的碰撞电离（见图 5.12b），并且"经典" I_{sub}（衬底电流峰值）会消失。然而，当任何横向电场相关参数（如介质厚度或 S/D 深度）减小时，栅极重新获得一种更大的影响，导致夹断区域减小，这时 I_{sub} 可能会再次出现。

另一方面，与 NMOS 器件不同，PMOS 器件的最大 I_{dsat} 退化总是发生在 $V_g = V_d$，这与沟道长度无关[13]。

5.8.3 补偿侧墙对热载流子注入的影响 ★★★

Feng 等人[86]报道了补偿侧墙对 NMOS HCI 的影响。在多晶硅再氧化后，采用化学气相沉积法（CVD）制备了由氧化硅组成的补偿侧墙，然后进行了 N 型轻掺杂漏区（N-LDD）的砷/磷注入。在这个工艺中，发现补偿侧墙可以降低栅极到漏极的交叠电容（C_{gd0}）以及短沟道效应（SCE）。如图 5.13 所示，与没有补偿侧墙的器件相比，有补偿侧墙器件的 C_{gd0} 降低了约 8%。图 5.14 是 NMOS 器件在应力条件下，热电子与漏区附近局部电场相互作用的示意图。V_d 为施加的漏极电压，而 V_g 为最大衬底电流时的栅极电压，一般约为 V_d 的一半，如图 5.2 所示。位于栅区-漏区交叠处的反向垂直电场可以"排斥"热电子，使其无法接近 Si-SiO$_2$ 界面而造成损伤。因此，直观地看，带补偿侧墙器件上 C_{gd0} 的减小会使热载流子性能恶化。

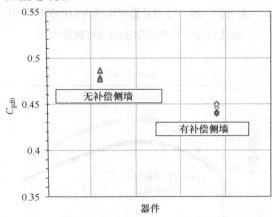

图 5.13 NMOS 器件上的 C_{gd0} 图（经电化学学会许可转载[86]）

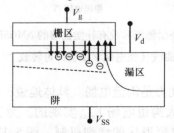

图 5.14 垂直电场对热载流子的影响（经电化学学会许可转载[86]）

然而，如图 5.15 所示，在 I/O NMOSFET 中，带有补偿侧墙的器件比没有补偿侧墙的器件的热载流子寿命提高了约 4 倍。如图 5.16 所示，在采用补偿侧墙的工艺中，衬底电流大大降低，这表明有补偿侧墙的 NMOS 器件的最大衬底电流比没有补偿侧墙的 NMOS 器件低约 20%。因此，可以认为一个额外的补偿侧墙可以减少热电子的数量，从而降低 HCI 效应。

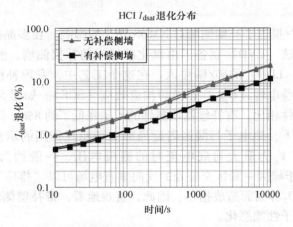

图 5.15 有补偿侧墙和没有补偿侧墙的 NMOSFET 的 HCI I_{dsat} 退化分布（经电化学学会许可转载[86]）

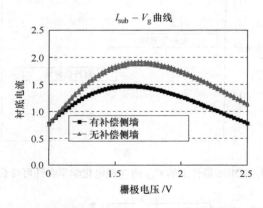

图 5.16 有补偿侧墙和没有补偿侧墙的 NMOSFET 的 $I_{sub} - V_g$ 曲线（经电化学学会许可转载[86]）

通常，HCI 现象的驱动力是沟道电场。具体地说，热电子效应的控制是通过沟道的漏端附近产生的最大沟道电场 E_{max} 实现的。为了进一步解释有补偿侧墙器件的低 I_{dsat} 退化和衬底电流退化的详细机制，图 5.17 分别给出了有补偿侧墙

第 5 章　热载流子注入

器件和没有补偿侧墙器件基于工艺的计算机辅助设计（TCAD）仿真的碰撞电离等值线图。热点表示在应力条件下发生最强碰撞电离的位置。可以清楚地看到，与 LDD 效应类似，图 5.17b 中有补偿侧墙的器件的强碰撞电离对应的热点大小比图 5.17a 中没有补偿侧墙的器件要小得多。这一观察结果表明，补偿侧墙的存在可以有效地减少碰撞电离产生的热电子数量，这些热电子可能会注入到栅极氧化层中而降低器件性能。相应地，衬底电流减小，如图 5.16 所示。

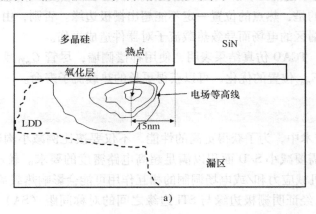

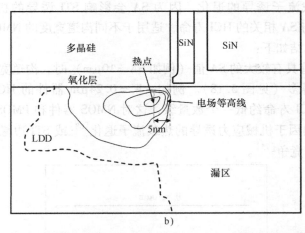

图 5.17　a）没有补偿侧墙的器件和 b）有补偿侧墙的器件上的碰撞电离分布
（经电化学学会许可转载[86]）

此外，当存在补偿侧墙时，表明强碰撞电离的热点位置会发生偏移。在有补偿侧墙的器件上，热点中心（即最大碰撞电离）到栅极边缘的距离约为 5nm，仅为没有补偿侧墙器件（即 15nm）的 1/3。从图 5.14 可以看出，对于远离漏区的热电子，强电场（从栅极氧化层指向沟道）可以驱动电子越过界面势垒进入栅极氧化层中，这种影响会加剧 HCI。然而，对于靠近漏区的电子（即栅极与漏区交叠区域）来说，情况就不同了，其中局部垂直电场从沟道指向氧化层，因为此处漏极电压效应占主导地位，$V_d > V_g$。因此，在该区域形成了一个局部的反向电场，对电子注入栅极氧化层具有排斥作用。由此产生的热电子注入栅极氧化层的概率远远低于注入沟道中心的概率。在这种情况下，大部分热电子在漏极电压的作用下流入漏区，而不是流入栅极。因此，如果产生热载流子的强碰撞电离（热点）位置更靠近漏区，那么注入栅极的热载流子就会更少，这是合理的。然而，应该注意的是，热点的位置一定不能超出栅极边缘。否则，由于漏端耗尽区上缺少栅极到漏区的电场而导致热载流子对器件造成损伤。

简而言之，TCAD 仿真结果表明，使用补偿侧墙，尽管 C_{gd0} 减小了，但由于 E_{max} 的减小和 E_{max} 位置的优化，可以获得更长的热载流子寿命。

5.8.4 栅极边缘与浅沟槽隔离边缘间距的影响 ★★★

在 ULSI 技术中，为了获得更高的性能，不仅要按比例减小沟道长度和栅极介质厚度，还需要减小 S/D 面积以满足超高电路密度的要求。较小的 S/D 面积与 STI 引起的机械应力和/或电场调制的相互作用可能会影响热载流子的可靠性。Shih 等人[87]已经证明栅极边缘与 STI 边缘之间的对称间距（SA）（见图 2.18）可能会影响热载流子诱导的退化，因为 SA 会影响 STI 诱导的机械应力强度。图 5.18 显示了与 SA 相关的 HCI 寿命，适用于不同沟道宽度的 NMOS 和 PMOS 器件。观察结果总结如下：

- 当晶体管具有较大的 SA 值（例如 SA = 10μm）时，沟道宽度较小的晶体管的寿命要差得多（见图 5.18）。例如，$W = 0.24\mu m$ 器件的 HCI 寿命比 $W = 10\mu m$ 器件的 HCI 寿命约低一个数量级，这对 NMOS 器件和 PMOS 器件都适用。这一观察结果归因于机械应力诱导的热载流子退化[68]或 STI 边缘的碰撞电离与垂直电场之间的竞争[75]。

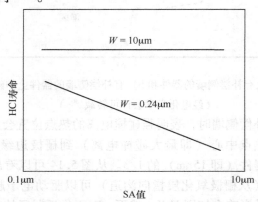

图 5.18 依赖 SA 的 HCI 寿命示意图，适用于不同沟道宽度的 NMOS 和 PMOS 器件

- 当 SA 值减小时，HCI 寿命增加，尤其是对于窄器件（$W < 10\mu m$）。此外，当 SA 值趋于 0 时，窄器件的 HCI 寿命接近 $W = 10\mu m$ 的器件。换句话说，如果 SA 值减小，由于沟道宽度减小造成的寿命退化似乎在一定程度上得到缓解。

Shih 等人[87]报道，上述有趣的结果不能用沟道宽度及 SA 值较小的晶体管中可能的掺杂分布变化来解释，因为对于不同沟道宽度及 SA 值的 NMOS 和 PMOS 器件，相关的碰撞电离率并没有变化。相反，提出了一种合理的机制，并将观测结果归因于应力分量垂直于沟槽一侧的张应力区域，其强度随着尺寸的减小而增加。由于 STI 形成过程中的 Si 凹槽，以及衬垫氧化层和牺牲氧化层去除后的凹陷，较小的晶体管中栅极氧化层的形貌在边角区域并不完全一致，因此这个张应力区域的退化将发挥更重要的作用。当 SA 值降低时，由于沟道宽度减小而增加的压应力对 HCI 退化的影响将通过张应力区域所缓解。因此，可以预期较小的热载流子寿命退化。

5.9 工艺对热载流子注入性能的影响

为了最大限度地减少和控制 HCI 引起的退化，有两种方法被广泛采用，这两种方法将在本节中详细阐述，即漏区工程和栅极氧化层鲁棒性。

5.9.1 漏区工程 ★★★

减少 HCI 损伤的第一种方法是漏区工程，通过减小漏区附近的最大沟道电场 E_{max} 来减少热载流子的数量/能量，这是通过在漏结边缘附近制造一个空间电荷过渡区来实现的，从而提供一定的 $I \times R$ 降幅并减小有效漏极偏置。漏区工程结构包括 DDD、LDD[88]、GOLD[89] 和 LATID。Izawa 等人[89]比较了单个漏区、DDD、LDD 和 GOLD 的电场，发现最大电场强度可以有效地从单个漏区的 0.48MV/cm 降低到 DDD 的 0.28MV/cm，LDD 的 0.24MV/cm，GOLD 的 0.18MV/cm。此外，GOLD 可以比其他漏区工程技术使得电场分布更广。然而，这种漏区工程方法的负面影响是器件性能（例如，驱动电流 I_{dsat}）将由于有效漏极偏置的减小而降低。在器件性能和可靠性之间总是存在折中。

大角度倾斜注入的漏区

众所周知，大倾斜角的 LDD 注入使掺杂剂的分布梯度更大。因此，LATID（例如，45°角）[10]可以有效地降低最大横向电场 E_{max}，从而减小衬底电流。相应的，具有 LATID 器件的 HCI 也能得到改善，以满足要求。然而，应该注意的是，随着技术节点不断地按比例减小，降低多晶线硅间距的要求限制了 LDD 注入的可用倾斜角度，通常应该小于30°。

As/P NLDD 共注入

为了获得更好的性能和热载流子可靠性,在 I/O 晶体管[90]中采用了混合砷/磷(As/P)LDD 结。混合掺杂中的磷有助于优化 NLDD 掺杂分布梯度,从而降低沟道中的最大电场。对于常规工艺顺序,在 I/O 器件的 As/P LDD 注入后采用快速热退火(RTA)。为了进一步提高 I/O 器件的热载流子可靠性,采用磷瞬态增强扩散(TED)技术来实现更大的 NLDD 掺杂分布梯度[91]。磷的 TED 是通过相反工艺顺序来实现的,即将 RTA 置于 As/P 注入之前。因此,由于 NLDD 掺杂分布更大的梯度,I/O 器件的衬底电流显著降低而热载流子寿命显著提高。

5.9.2 栅极氧化层的鲁棒性 ★★★

改善 HCI 的第二种方法是通过改变制造工艺来提高栅极-氧化层和界面的"鲁棒性"。热载流子损伤通常是由于界面陷阱造成的,即 $Si-SiO_2$ 界面上的悬挂键。悬挂键可以用多种物质钝化,例如 H、F、Cl 和 N。Si 与后三种物质间形成的键比 Si-H 键强得多。进行高温退火也有助于提高界面的鲁棒性,但不利于大量 SiO_2 捕获。等离子体诱导损伤(PID)也应该减少,因为它会破坏栅极氧化层的完整性。应避免通过栅极氧化层的注入,因为高剂量注入会产生氧化层陷阱。

氮对热载流子注入的影响

可以通过栅极氧化层退火或离子注入将氮掺入栅极介质。对于 PMOS 器件,氮的掺入可以防止硼(B)的渗透[92],对于 NMOS 器件,氮的掺入还可以提高热载流子性能[93]。详情如下:

通过栅极氧化层退火的氮化

已证明氮化可以提高 NMOS 器件的热载流子性能,只要主要的退化机制是界面陷阱的产生[94-96]。由于氮化的栅极氧化层表现出高密度的陷阱,在 O_2 环境中适当的额外退火步骤是必要的。基于 NO(或 NO_2)氮化的栅极处理比 NH_3 更常见,因为后者中含有 H[97]。在 $V_g = V_d$ 的 HCI 应力下,经过 NO 退火的 PMOS 器件也比没有经过 NO 退火的 PMOS 器件(即在 O_2 环境下退火)表现出更小的退化[37]。

在氮化工艺改善 NMOS HCI 的机制方面,发现氮的掺入可以显著减小注入空穴电流。它还可以减小注入的电子电流,尽管这并不明显[96]。因此,与未氮化的常规栅极氧化层相比,氮化的栅极氧化层在界面陷阱产生和空穴效率方面均有净减少[12]。

Lin 等人[13]证明,NMOS 器件的热载流子可靠性可以在较高的氮剂量下得到提高,而 PMOS 器件则会随着氮剂量的增加而退化,其中 NMOS 器件在 V_g 下受到 I_{sub} 的应力,PMOS 器件在 $V_g = V_d$ 下受到应力。采用 0.13μm 工艺制造了一个 $W/L = 10μm/0.12μm$,而栅极氧化层厚度为 22Å 的器件。与未掺杂氮的样品相比,如果引入中等剂量的氮,NMOS V_t 偏移可以减半,而 PMOS V_t 偏移可以翻倍。

氮化有助于降低 NMOS HCI 的退化是被广泛认可的。然而,在文献中,氮化如何影响 PMOS HCI 性能是有争议的。氮化被认为可以改善[37]退化[13],或不影响 PMOS 的 HCI[2,98]。NO 退火有助于 PMOS HCI,而喷射气相沉积(JVD)氮化则对 HCI 没有影响[98]。这些现象应该与氮在栅极介质中的位置有关。当氮靠近 Si – SiON 界面时,有利于界面的强化,从而减少在 HCI 应力期间界面态的产生,NO 退火即是如此。然而对于 JVD 氮化,氮看起来更接近于多晶硅,这对 HCI 应力期间界面态的产生影响较小。由此,可以得出结论,氮化对 HCI 的影响在很大程度上取决于工艺。相比之下,注意到与未进行 NO 退火的 PMOS 器件相比,经过 NO 退火的 PMOS 器件表现出更严重的 NBTI 损伤[99]。这主要归因于栅极氧化层中的氮辅助氧化层陷阱,特别是当氮浓度峰值更接近沟道时,这将在第 7 章中进行详细阐述。换句话说,对 PMOS 器件进行氮化时,需要在 HCI 和 NBTI 之间进行折中。

通过注入引入氮

氮也可以通过离子注入引入栅极介质或源/漏区。Kuroi 等人[100]给出了一个例子,在进行栅极定义后,将氮离子注入源/漏区(剂量为 4×10^{15} 离子/cm^2),HCI 退化被显著抑制。在 LDD 结构中,热电子主要注入到侧墙。HCI 退化的显著改善是由于在温度相对低的热处理过程中,氮在衬底和侧墙 SiO$_2$ 之间的界面处堆积/分离,这进一步减少了漏区边缘界面状态的产生。

作为另一个例子,磷(P_{31})和氮(N_{14})LDD 通过正硅酸四乙酯(TEOS)衬里共同注入,然后形成 Si$_3$N$_4$(SiN)/TEOS 复合侧墙,并建议采用 As S/D 注入来提高 HCI 性能[101]。在本例中,N_{14} 注入的剂量在 1E14 ~ 5E14 原子/cm^2。通过这种共同注入,在相同的漏极电流 I_{dsat} 下,衬底电流 I_{sub} 可以降低到原来的 1/2 或更小。HCI 加速指数 m 值从未注入 N_{14} 时的 2.31 增加到注入 N_{14} 后的 2.58,这也有助于延长 HCI 寿命。然而,N_{14} 注入并没有表现出更少的界面态(N_{it})产生,这表明该方法并没有改善氧化层 – 硅界面。另一方面,I_{sub} 的减少归因于 N_{14} 注入对 LDD 区域 B_{11} 和 P_{31} 掺杂分布的调制,这增强了 TED 效应。结果表明,N_{14} 注入能获得更小的横向电场 E_{max}。

H$_2$/D$_2$ 的退火对热载流子的影响

在氢环境气氛中进行低温金属后退火(350 ~ 450℃)通常被称为形成气体(FG)退火,已成功应用于 MOS 制造技术,以钝化硅悬挂键,从而降低 Si – SiO$_2$ 界面陷阱电荷密度[102-104]。钝化工艺可由下式描述:

$$P_b + H_2 \rightarrow P_bH + H \qquad (5.26)$$

其中,P_bH 是钝化的悬挂键[105]。

FG 退火也被认为可以钝化由等离子体损伤引起的栅极氧化层中的悬挂键。Morifuji 等人[106]研究表明，通过缩短 FG 退火时间，PMOS 器件的热载流子寿命（在 $V_g = V_d$ 的最差应力条件下）得到了显著提高。PMOS 器件在 $V_g = V_d$ 时的热载流子退化主要是由空穴注入和在前体位点如氧化层 – Si 界面中的 Si – H 捕获[107]引起的，因此表现出与 NBTI 类似的对 H 的依赖性（第 7 章）。

当在氘（D_2）环境中而不是在氢（H_2）环境中进行 FG 退火时，发现 CMOS 晶体管 HCI 寿命可以延长 10～50 倍，这被称为较大的 H/D 同位素效应[108,109]。如前所述，对于长沟道器件，界面退化主要是由于高能电子通过直接电子解吸机制对 Si – H/D 的解吸，而对于深亚微米器件中的短沟道器件，MVE 机制对于 H/D 电子激发解吸变得非常重要，如 5.2.3 节所述[110]。因此，热电子较大的 H/D 同位素效应很大程度上取决于界面上存在的归因于 MVE 的热电子密度。此外，Hof 等人[111]的报告中说明，只有在工艺结束时掺入氘时，界面氧化层质量才受益于氘同位素效应。这是为了避免在随后的高温加工步骤中氘的任何可能的解吸。只有在金属后退火（PMA）中引入氘，氧化层界面才更加稳定。换句话说，在栅极氧化层生长和氧化后退火阶段掺入氘没有太大影响。

即使对张应力下的 NMOS 器件[112]，D_2 退火可以改善 HCI 性能。在寿命与 $1/V_d$ 的关系曲线中（即，$1/V_d$ 模型，见图 5.7d），张应力下的 NMOS 器件比无应力的常规 NMOS 器件具有更大的寿命外推斜率。这可以归因于应变 Si 器件中电子 Si – SiO_2 势垒高度的增加，这是由于应变 Si 的导带的降低引起的[113]。D_2 退火可以使张应力和非应力下器件的斜率更高，从而确保在工作条件下更好的 HCI 寿命。窄沟道器件表现出比宽沟道器件更显著的影响[114]。

Cheng 等人[115]报道了器件 HCI 可靠性与氘退火压力和温度的关系。以下列出了一些发现：

- 氘压力效应。HCI 的可靠性最初随着氘压力的增加而提高。然而，这种优势达到最大值后，随着氘压力的进一步增加，HCI 性能开始下降（见图 5.19a）。高压氘加工对器件可靠性的好处是改善了氘的掺入，而退火引起的界面陷阱的产生会在极大的压力下使这种优势无法作用。这两种效应的相互竞争表明，要最大限度提高器件的可靠性，必须对氘退火压力进行工艺优化。

- 加工温度效应。在保持氘化优势的同时，可以在高压下降低温度。

- 氢压力效应。随着氢压力的增大，器件可靠性不断降低（见图 5.19b），这是由于退火引起的界面陷阱的产生引起的。

F 或 Cl 掺入对热载流子注入的影响

为了制造含 F 的栅极氧化层，晶圆可以通过美国无线电（Radio Corporation of America，RCA）公司的清洗工艺进行清洗，然后在 HF 水溶液中浸泡约 5min（例如，≤3% 的浓度），然后在 N_2 中干燥并装入干式氧化炉（例如，设置在

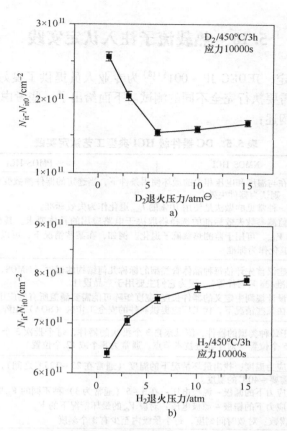

图 5.19　a) 氘和 b) 氢对热载流子诱导界面陷阱产生的压力依赖关系。退火条件：450℃/3h，应力条件：$V_{ds}=3.8V$，$V_{gs}=1.4V$ 持续 10000s（经 Elsevier 授权使用[115]）

1000℃）[116]。Cl 在干燥的 O_2 +三氯乙烷（TCA）环境中，通过 1000℃ 热氧化引入 SiO_2[116]。在栅极氧化层中掺入 F 和 Cl 可以有效地抑制热电子诱导的界面陷阱，特别是对于长沟道器件。潜在的机制是 $Si-SiO_2$ 界面附近的键应变分布可能因 SiO_2 中 F 或 Cl 的存在而改变。不过，TCA 的量应该得到很好的控制。否则，氧化过程中过量的 TCA 可能会导致氧化层更容易受到热电子损伤，这可能是由于氧化层中掺入了氢。

F 也可以通过 F 离子注入（例如，25keV，剂量 $2\times10^{15}cm^{-2}$）到多晶硅栅极表面区域，然后通过退火（例如，950℃，10min）将部分 F 原子推进到栅极 SiO_2 中，使其靠近 SiO_2-Si 界面[67,117]。

⊖　1atm = 101325Pa。

5.10 热载流子注入认定实践

对于 HCI 认定，JEDEC JP-001[118] 为专业人员提供了良好的指导。然而，不同的应用可能需要执行完全不同的测试。下面给出了一些考虑因素，表 5.5 中对此做了进一步阐述：

表 5.5 DC 器件级 HCI 典型工艺认定实践

	NMOS HCI	PMOS HCI
失效标准	• 在与温度和电压相关的最坏使用条件下，当选定的器件参数变化超过指定的失效标准时，则认为器件失效。 • 一种常见的做法是使用 10% 的 I_{dsat} 退化作为失效标准。 • 监测参数失效标准的选择将取决于电路应用的具体要求。其他器件参数，如 G_m、I_{dlin} 和 V_{tlin}，可用于监测热载流子退化。例如，在某些情况下，可以使用 50mV 或 100mV 的 V_t 退化作为标准	
测试结构	• 建议首先评估每种晶体管类型的标称几何结构的器件（NMOS、PMOS、原生器件或低/标准/高 V_t 器件等），因为它们主要用于产品设计。 • 设计规则中定义的器件长度/宽度矩阵可能需要涵盖所有的应用情况。 • 在某些情况下，代工厂应提供器件的安全工作区（SOA）矩阵，供 IC 设计师参考	
样品尺寸	对于每种类型的器件，测试来自 3 个批次的器件，每个批次 3 个晶圆，每个偏置条件至少 5 个位置（对于先进技术节点，通常为 8 个或 12 个位置）	
应力条件	• 应力温度：找出最坏情况下的温度（通常在 25～125℃ 之间），对于某些特殊应用，可能需要 -40℃ 的温度。 • 应力下的漏极-源极电压：在 3～5（通常为 3）种不同的 V_{ds} 应力条件下进行测试。 • 应力下的栅极-源极电压：对应 V_{ds} 的最坏情况下的 V_{gs} • 读数：对数时间刻度，每个量级内至少有 3 个刻度	
晶圆/封装级	晶圆级或封装级	
验收标准	TTF≥10 年，考虑最坏温度/V_{ddmax} = 1.1V_{dd} 下 2% 的占空比。根据具体应用情况，也可以考虑其他占空比（如 1%）	
模型	• 衬底/漏极电流比模型：式（5.18）。 • 衬底电流模型：式（5.20）。 • 漏极-源极电压（1/V_d）模型：式（5.21）	• 漏极-源极电压（1/V_d）模型：式（5.21）。 • 栅极电流模型：式（5.22）
参数	TTF（在 1.1V_{dd}）、n 或 β	TTF（在 1.1V_{dd}）、m 或 β

• 应很好地评估和理解 HCI 退化的最坏偏置条件。例如，有必要证明较低或较高的温度是否会导致更高的 HCI 退化。栅极偏置条件也应慎重选择。此外，HCI 的最坏偏置条件可能因不同的晶体管类型而有所不同。

• 通常在 DC 偏置下确定器件级 HCI。然而，在实际应用中，它是 AC 的。强烈建议进行电路级 AC 应力测试和/或 HCI 仿真。因此，挑战在于如何在器件级 DC 寿命和产品级 AC 寿命之间建立寿命的相关性，从而在工艺开发初期确保产品的可靠性。

参 考 文 献

1. T H. Ning, "Hot-electron emission from silicon into silicon dioxide," *Solid-State Electronics*, Vol. 21, 1973, pp. 273–282.
2. I. Polishchuk, Y. C. Yeo, Q. Lu, T. J. King, and C. Hu, "Hot carrier reliability of P-MOSFET with ultrathin silicon nitride gate dielectric," in *Proceedings of the 39th IEEE International Annual Reliability Physics Symposium*, 2001, pp. 425–430.
3. C. Hu, S. C. Tam, F. C Hsu, P. K. Ko, T. Y. Chan, and K.W. Terrill, "Hot electron induced MOSFET degradation: Model, monitor, and improvement," *IEEE Transactions on Electron Devices*, Vol. 48, No. 4, 1985, pp. 375–385.
4. D. J. DiMaria, E. Cartier, and D. Arnold, "Impact ionization, trap creation, degradation and breakdown in silicon dioxide films in silicon," *Journal of Applied Physics*, Vol. 73, 1993, pp. 3367–3384.
5. T. Matsuoka, S. Taguchi, H. Ohtsuka, K. Taniguchi, C. Hamaguchi, S. Kakimoto, and K. Uda, "Hot-carrier-induced degradation of N_2O oxynitrided gate oxide N-MOSFETs," *IEEE Transactions on Electron Devices*, Vol. 43, 1996, pp. 1364–1373.
6. E. Takeda, "Hot-carrier effects in submicrometre MOS VLSIs," *IEEE Proceedings: Solid-State and Electron Devices*, Vol. 131, No. 5, 1984, pp. 153–162.
7. T. I. Liou and C. S. Teng, "Double-diffused drain CMOS process using a conterdoping technique," U. S. Patent No. 4956311, 1990.
8. T. Y Huang, W. W. Yao, R. A. Martin, A. G. Lewis, M. Koyanagi, and J. Y. Chen, "A novel submicron LDD transistor with inverse-T gate structure," in *Proceedings of the International Electron Devices Meeting (IEDM)*, 1986, pp. 742–745.
9. T. Buti, S. Ogura, N. Rovedo, and K. Tobimatsu,"A new asymmetrical halo source GOLD drain (HS-GOLD) deep sub-half micrometer *n*-MOSFET design for reliability and performance," *IEEE Transactions on Electron Devices*, Vol. 38, No. 8, 1991, pp. 1757–1763.
10. T. Hori, J. Hirase, Y. Odake, and T. Yasui, "Deep-submicrometer large-angle-tilt implanted drain (LATID) technology," *IEEE Transactions on Electron Devices*, Vol. 39, No. 10, 1992, pp. 2312–2324.
11. P. Heremans, R. Bellens, G. Groeseneken, and H. E. Maes, "Consistent model for the hot-carrier degradation in *n*-channel and *p*-channel MOSFETs," *IEEE Transactions on Electron Devices*, Vol. 35, No. 12, 1988, pp. 2194–2209.
12. A. Bravaix, C. Guerin, V. Huard, D. Roy, J. M. Roux, and E. Vincent, "Hot-carrier acceleration factors for low power management in dc-ac stressed 40-nm NMOS node at high temperature,"in *Proceedings of the 47th IEEE International Annual Reliability Physics Symposium*, 2009, pp. 531–548.
13. C. Lin, S. Biesemans, L. K. Han, K. Houlihan, T. Schiml, K. Schruefer, C. Wann, J. Chen, and R. Mahnkopf, "Hot carrier reliability for 0.13-µm CMOS technology with dual gate oxide thickness," in *Proceedings of the International Electron Devices Meeting (IEDM)*, 2000, pp. 135–138.
14. J. H. Sim, L. Byoung Hun, C. Rino, S. Seung-Chul, and G. Bersuker, "Hot-carrier degradation of HfSiON gate dielectrics with TiN electrode," *IEEE Transactions on Device and Materials Reliability*, Vol. 5, 2005, pp. 177–182.
15. E. Amat, T. Kauerauf, R. Degraeve, R. Rodríguez, M. Nafría, X. Aymerich, and G. Groeseneken, "Competing degradation mechanisms in short-channel transistors under channel hot-carrier stress at elevated temperatures," *IEEE Transactions on Devices and Materials Reliability*, Vol. 9, No. 3, 2009, pp. 454–458.
16. E. Amat, T. Kauerauf, R. Degraeve, A. De Keersgieter, R. Rodriguez, M. Nafria, X. Aymerich, and G. Groeseneken, "Channel hot-carrier degradation under static stress in short channel transistors with high-k/metal gate stacks," in *Proceedings of the 9th International Conference on Ultimate Integration of Silicon*, 2008, pp. 103–106.
17. W. Wang, J. Tao, and P. Fang, "Dependence of HCI mechanism on temperature for 0.18-µm technology and beyond," in *IEEE International Integrated Reliability Workshop Final Report*, 1999, pp. 66–68.
18. S. M. Sze, *Semiconductor Devices: Physics and Technology*, Wiley, New York. 1985.

19. E. Takeda, A. Shimizu, and T. Hagiwara, "Role of hot-hole injection in hot-carrier effects and the small degraded channel region in MOSFETs," *IEEE Electron Device Letters*, Vol. 4, 1983, pp. 329–331.
20. E. Takeda, C. Y. Yang, and A. Miura-Hamada, *Hot-Carrier Effects in MOS Devices*, Academic Press, New York, 1995, p. 50.
21. C. Guerin, V. Huard, and A. Bravaix, "The energy-driven hot-carrier degradation modes of nMOSFETs," *IEEE Transactions on Device and Materials Reliability*, Vol. 7, 2007, pp. 225–235.
22. C. Guerin, V. Huard, and A. Bravaix, "The energy-driven hot carrier degradation modes," in *Proceedings of the 45th Annual International Reliability Physics Symposium*, 2007, pp. 692–693.
23. S. E. Rauch III, G. La Rosa, and F. J. Guarin, "Role of E-E scattering in the enhancement of channel hot carrier degradation of deep-submicron NMOSFETs at high V_{GS} conditions," *IEEE Transactions on Device and Materials Reliability*, Vol. 1, 2001, pp. 113–119.
24. S. E. Rauch and G. La Rosa, "The energy-driven paradigm of NMOSFET hot-carrier effects," in *Proceedings of the 43rd Annual International Reliability Physics Symposium*, 2005, pp. 708–709.
25. S. E. Rauch and G. La Rosa, "The energy-driven paradigm of NFET hot carrier effects," *IEEE Transactions on Devices and Materials Reliability*, Vol. 5, No. 4, 2005, pp. 701–705.
26. K. Hess, B. Tuttle, F. Register, and D. K. Ferry, "Magnitude of the threshold energy for hot electron damage in metal-oxide-semiconductor field-effect transistors by hydrogen desorption," *Applied Physics Letters*, 1999, pp. 3147–3149.
27. Z. Chen, P. Ong, A. K. Mylin, V. Singh, and S. Chetlur, "Direct evidence of multiple vibrational excitation for the Si-H/D bond breaking in metal-oxide-semiconductor transistors," *Applied Physics Letters*, Vol. 81, No. 17, 2002, pp. 3278–3280.
28. Z. Chen, K. Hess, J. Lee, J. W. Lyding, E. Rosenbaum, I. Kizilyalli, S. Chetlur, and R. Huang, "On the mechanism for interface trap generation in MOS transistors due to channel hot carrier stressing," *IEEE Electron Device Letters*, Vol. 21, 2000, pp. 24–26.
29. "Process integration, devices, and structures," in *International Technology Roadmap for Semiconductors*, 2005, p. 15.
30. K. Hess, I. C. Kizilyalli, and J. W. Lyding, "Giant isotope effect in hot electron degradation of metal oxide silicon devices," *IEEE Transactions on Electron Devices*, Vol. 45, No. 2, 1998, pp. 406–416.
31. J. W. Lyding, T.-C. Shen, J. S. Hubacek, J. R. Tucker, and G. C. Abeln, "Nanoscale patterning and oxidation of H-passivated Si(100)-2X1 surfaces with an ultra-high vacuum scanning tunneling microscope," *Applied Physics Letters*, Vol. 64, 1994, pp. 2010–2012.
32. T. C. Ong, P. K. Ko, and C. Hu, "Modeling of substrate current in p-MOSFETs," *IEEE Electron Device Letters*, Vol. 8, 1987, pp. 413–415.
33. T. C. Ong, P. K. Ko, and C. Hu, "Hot-carrier current modeling and device degradation in surface-channel p-MOSFET's," *IEEE Transactions on Electron Devices*, Vol. 37, 1990, pp. 1658–1666.
34. T. Tsuchiya, Y. Okazaki, M. Miyake, and T. Kobayashi, "New hot carrier degradation mode and lifetime prediction method in quarter-micrometer PMOSFET," *IEEE Transactions on Electron Devices*, Vol. 39, 1992, p. 404.
35. R. Woltjer, G. M. Paulzen, H. G. Pomp, H. Lifka, and P.H. Woerlee, "Three hot carrier degradation mechanisms in deep submicron PMOSFETs," *IEEE Transactions on Electron Devices*, Vol. 42, 1995, p. 109.
36. A. Bravaix, "Hot carrier degradation evolution in deep submicrometer CMOS technologies," in *IEEE International Integrated Reliability Workshop, Final Report*, 1999, pp. 174–183.
37. E. Li, S. Prasad, and L. Duong, "Process dependence of hot carrier degradation in PMOSFETS," in *IEEE International Integrated Reliability Workshop Final Report*, 2004, pp. 166–168.

38. A. Bravaix, D. Vuillaume, D. Goguenheim, V. Lasserre, and M. Haond, "Competing ac hot-carrier degradation mechanisms in surface-channel p-MOSFET's during pass transistor operation," in *Proceedings of the International Electron Devices Meeting (IEDM)*, 1996, pp. 873–876.
39. E. Takeda and N. Suzuki, "An empirical model for device degradation due to hot-carrier injection," *IEEE Electron Device Letters*, Vol. 4, 1983, pp. 111–113.
40. S. W. Sun, M. Orlowski, and K. Y. Fu, "Parameter correlation and modeling of the power-law relationship in MOSFET hot-carrier degradation," *IEEE Electron Device Letters*, Vol. 11, No. 7, 1990, pp. 297–299.
41. B. Doyle, M. Bourcerie, J.-C. Marchetaux, and A. Boudou, "Interface state creation and charge trapping in the medium-to-high gate voltage range ($V_d \geq V_g \geq V_d/2$) during hot-carrier stressing of n-MOS transistors," *IEEE Transactions on Electron Devices*, Vol. 37, 1990, pp. 744–754.
42. B. S. Doyle, K. R. Mistry, and J. Faricelli, "Examination of the time power law dependencies in hot carrier stressing of n-MOS transistors," *IEEE Electron Device Letters*, Vol. 18, No. 2, 1997, pp. 51–53.
43. B. S. Doyle and K. R. Mistry, "A lifetime predition method for hot-carrier degradation in surface channel p-MOS devices," *IEEE Transactions on Electron Devices*, Vol. 37, 1990, pp. 301–307.
44. S. P. Sinha, F. L. Duan, and D. E. Ioannou, "Time dependence power laws of hot-carrier degradation in SOI MOSFETs," in *Proceedings of the 1996 IEEE International SOI Conference*, 1996, pp. 18–19.
45. P. Aminzadeh, M. Alavi, and D. Scharfetter, "Temperature dependence of substrate current and hot carrier-induced degradation at low drain bias," in *Symposium on VLSI Technology Digest of Technical Papers*, 1998, pp. 178–179.
46. P. Su, K. Goto, T. Sugii, and C. Hu, "A thermal activation view of low voltage impact ionization in MOSFETs," *IEEE Electron Device Letters*, Vol. 23, No. 9, 2002, pp. 550–552.
47. JEP122E, "Failure Mechanisms and Models for Semiconductor Devices," *JEDEC Solid State Technology Association, Arlington*, VA, March 2009.
48. Y.-H. Lee, L. D. Yau, E. Hansen, R. Chau, S. Sabi, S. Hossaini, and B. Asakawa, "Hot-carrier degradation of submicrometer p-MOSFETs with thermal/LPCVD composite oxide," *IEEE Transactions on Electron Devices*, Vol. 40, No. 1, 1993, pp. 163–168.
49. JESD28A, "A procedure for measuring N-channel MOSFET hot-carrier-induced degradation under dc stress," *JEDEC Solid State Technology Association*, Arlington, VA, December 2001.
50. S. Rangan, S. Krishnan, A. Amerasckara, S. Aur, and S. Ashok, "A model for channel hot carrier reliability degradation due to plasma damage in MOS devices," in *Proceedings of the 37th IEEE International Annual Reliability Physics Symposium*, 1999, pp. 370–374.
51. C. Liang, H. Gaw, and P. Cheng, "An analytical model for self-limiting behavior of hot-carrier degradation in 0.25-μm n-MOSFETs," *IEEE Electron Device Letters*, Vol. 13, 1992, pp. 569–571.
52. K. M. Cham, J. Hui, P. V. Voorde, and H. S. Fu, "Self-limiting behavior of hot-carrier degradation and its implication on the validity of lifetime extraction by accelerated stress," in *Proceeding of the 25th IEEE International Annual Reliability Physics Symposium*, 1987, pp. 191–194.
53. Q. Wang, W. H. Krautschneider, M. Brox, and W. Weber, "Time dependence of hot-carrier degradation in LDD nMOSFETs," *Microelectronic Engineering*, Vol. 15, 1991, pp. 441–444.
54. V. H. Chan and J. E. Chung, "Two-stage hot-carrier degradation and its impact on submicrometer LDD NMOSFET lifetime prediction," *IEEE Transactions on Electron Devices*, Vol. 42, 1995, pp. 957–962.
55. Q. Wang, M. Brox, W. H. Krautschneider, and W. Weber, "Explanation and model for the logarithmic time dependence of P-MOSFET degradation," *IEEE Electron Device Letters*, Vol. 12, 1991, pp. 218–220.
56. A. Raychaudhuri, M. J. Deen, M. I. H. King, and W. Kwan, "Features and mechanisms of the saturating hot carrier degradation in LDD MOSFETs," *IEEE Transactions on Electron Devices*, Vol. 43, No. 7, 1996, pp. 1114–1122.

57. F.-C. Hsu, and K.-Y. Chiu, "Temperature dependence of hot-electron-induced degradation in MOSFETs," *IEEE Electron Device Letters*, Vol. 5, No. 5, 1984, pp. 148–150.
58. P. Heremans, G.V.D. Bosch, R. Bellens, G. Groeseneken, and H.E. Maes, "Temperature dependence of the channel hot-carrier degradation of n-channel MOSFETs," *IEEE Transactions on Electron Devices*, Vol. 37, No. 4, 1990, pp. 980–993.
59. J. H. Huang, G. B. Zhang, Z. H. Liu, J. Duster, S. J. Wann, P. Ko, and C. Hu, "Temperature dependence of MOSFET substrate current," *IEEE Electron Device Letters*, Vol. 14, No. 5, 1993, pp. 268–271.
60. T. Skotnicki, C. Fenouillet-Beranger, C. Gallon, F. Boeuf, S. Monfray, F. Payet, A. Pouydebasque, M. Szczap, A. Farcy, F. Arnaud, S. Clerc, M. Sellier, A. Cathignol, J.-P. Schoellkopf, E. Perea, R. Ferrant, and H. Mingam, "Innovative materials, devices, and CMOS technologies for low-power mobile multimedia," *IEEE Transactions on Electron Devices*, Vol. 55, No. 1, 2008, pp. 96–130.
61. A. Hokazono, S. Balasubramanian, K. Ishimaru, H. Ishiuchi, C. Hu, and T.-J. King Liu, "MOSFET hot-carrier reliability improvement by forward-body bias," *IEEE Electron Device Letters*, Vol. 27, No. 7, 2006, pp. 605–608.
62. D. Esseni, L. Selmi, A. Ghetti, and E. Sangiorgi, "Injection efficiency of CHISEL gate currents in short MOS devices: Physical mechanisms, device implications and sensitivity to technological parameters," *IEEE Transactions on Electron Devices*, Vol. 47, No. 11, 2000, pp. 2194–2199.
63. A. Bravaix, D. Goguenheim, N. Revil, and E. Vincent, "Injection mechanisms and lifetime prediction with the substrate voltage in 0.15-µm channel-length N-MOSFETs," *Microelectronics Reliability*, Vol. 41, 2001, pp. 1313–1318.
64. F. Driussi, D. Esseni, and L. Selmi, "Performance, degradation monitors, and reliability of the CHISEL injection regime," *IEEE Transactions on Electron Devices*, Vol. 4, No. 3, 2004, pp. 327–334.
65. V. Srinivasan and J. J. Barnes, "Small width effects on MOSFET hot electron reliability," in *Proceedings of the International Electron Devices Meeting (IEDM)*, 1980, pp. 740–743.
66. M. Bourcherie, B. S. Doyle, J. C. Marchetaux, A. Boudou, and H. Mingam, "Hot-carrier stressing damage in wide and narrow LDD NMOS transistors," *IEEE Electron Device Letters*, Vol. 10, 1989, pp. 132–134.
67. Y. Nishioka, K. Ohyu, Y. Ohji, and T.-P. Ma, "Channel length and width dependence of hot carrier hardness in fluorinated MOSFETs," *IEEE Electron Device Letters*, Vol. 10, 1989, pp. 540–542.
68. M. Nishigohri, K. Ishimaru, M. Takahashi, Y. Unno, Y. Okayama, F. Matsuoka, and M. Kinugawa, "Anomalous hot-carrier induced degradation in very narrow channel, nMOSFETs with STI structure," in *Proceedings of the International Electron Devices Meeting (IEDM)*, 1996, pp. 881–884.
69. H. Hwang, J. Lee, P. Fazan, and C. Dennison, "Hot-carrier reliability characteristics of narrow-width MOSFETs," *Solid-State Electronics*, Vol. 36, 1993, pp. 665–666.
70. W. Lee, S. Lee, T. Ahn, and H. Hwang, "Degradation of hot carrier lifetime for narrow width MOSFET with shallow trench isolation," in *Proceedings of the 37th IEEE International Annual Reliability Physics Symposium*, 1999, pp. 259–262.
71. S. S. Chung, S.-J. Chen, W.-J. Yang, and J.-J. Yang, "A new physical and quantitative width dependent hot carrier behavior for shallow-trench-isolated CMOS devices," in *Proceedings of the 39th IEEE International Annual Reliability Physics Symposium*, 2001, pp. 419–424.
72. C. Mazure, A. Lili, and C. Zeller, "Width-independent narrow nMOSFET reliability by split-well drive-in," *IEEE Electron Device Letters*, Vol. 11, 1990, pp. 224–226.
73. J. M. P. Yue, W. K. Chim, B. J. Cho, D. S. H. Chan, W. H. Qin, Y.-B. Kim, S.-A. Jang, and I.-S. Yeo, "Hot-carrier degradation mechanism in narrow- and wide-channel n-MOSFETs with recessed LOCOS isolation structure," *IEEE Electron Device Letters*, Vol. 21, 2000, pp. 130–132.
74. T. Oishi, K. Shiozawa, A. Furukawa, Y. Abe, and Y. Tokuda, "Isolation edge effect depending on gate length of MOSFETs with various isolation structures," *IEEE Transactions on Electron Devices*, Vol. 47, 2000, pp. 822–827.

第 5 章　热载流子注入

75. E. Li and S. Prasad, "Channel width dependence of NMOSFET hot carrier degradation," *IEEE Transactions on Electron Devices*, Vol. 50, No. 6, 2003, pp. 1545–1548.
76. S. Sawada, Y. Matsumoto, S. Shinozaki, and O. Ozawa, "Effect of field boron dose on substrate current in narrow channel LDD MOSFETs" in *Proceedings of the International Electron Devices Meeting (IEDM)*, 1984, pp. 778–781.
77. G. Scott, J. Lutze, M. Rubin, F. Nouri, and M. Manley, "NMOS drive current reduction caused by transistor layout and trench isolation induced stress," in *Proceedings of the International Electron Devices Meeting (IEDM)*, 1999, pp. 827–830.
78. G. Dorda, " Piezoresistance in quantized conduction bands in silicon inversion layers," *Journal of Applied Physics*, Vol. 42, No. 5, 1971, pp. 2053–2060.
79. A. Hamada, T. Furusawa, N. Saito, and E. Takeda, "A new aspect of mechanical stress effects in scaled MOS devices," *IEEE Transactions on Electron Devices*, Vol. 38, No. 4, 1991, pp. 895–900.
80. R. Degraeve, G. Groeseneken, I. De Wolf, and H. E. Maes, "The effect of externally imposed mechanical stress on the hot-carrier-induced degradation of deep-sub micron nMOSFETs," *IEEE Transactions on Electron Devices*, Vol. 44, No. 6, 1997, pp. 943–950.
81. K. Hieda, F. Horiguchi, H. Watanabe, K. Sunouchi, I. Inoue, and T. Hamamoto, "New effects of bench isolated transistor using sidewall gates", in *Proceedings of the International Electron Devices Meeting (IEDM)*, 1987, pp. 736–739.
82. Y. H. Lee, K. Wu, T. Linton, N. Miekle, S. Hu, and B. Wallace, "Channel width dependent hot-carrier degradation of thin-gate pMOSFETs," in *Proceedings of the 38th IEEE International Annual Reliability Physics Symposium*, 2000, pp. 77–82.
83. J. F. Chen, K. Ishimaru, and C. Hu, "Enhanced hot carrier induced degradation in shallow trench isolation narrow channel PMOSFETs" *IEEE Electron Device Letters*, Vol. 19, 1998, p. 332.
84. R. Woltjer, G. M. Paulzen, H. Lijka, and P. Woerlee, "Positive oxide-charge generation during 0.25-μm PMOSFET hot-carrier degradation," *IEEE Electron Device Letters*, Vol. 15, 1994, pp. 427–429.
85. B. S. Doyle, K. R. Mistry, and D. B. Jackson, "Examination of gradual-junction p-MOS structure for hot carrier control using a new lifetime extraction method," *IEEE Transactions on Electron Devices*, Vol. 39, 1992, pp. 2290–2297.
86. J. Feng, Z. Gan, L. Zhang, L. Chang, Z. Pan, X. Shi, H. Wu, B. Ye, and T. Yu, "The effects of offset spacer on nMOSFET hot-carrier lifetime," *ECS Transactions*, Vol. 44, No. 1, 2012, pp. 135–139.
87. J. R. Shih, R. Wang, Y. M. Sheu, H. C. Lin, J. J. Wang, and K. Wu, "Pattern density effect of trench isolation-induced mechanical stress on device reliability in sub-0.1μm technology," in *Proceedings of the 42nd IEEE International Annual Reliability Physics Symposium*, 2004, pp. 489–492.
88. S. Ogura, P. J. Tsang, W. W. Walker, D. L. Critchlow, and J. F. Shepard, "Design and characteristics of the lightly doped drain-source (LDD) insulated gate field-effect transistor," *IEEE Transactions on Electron Devices*, Vol. 27, No. 8, 1980, pp. 1359–1367.
89. R. Izawa, T. Kure, and E. Takeda, "Impact of the gate-drain overlapped device (GOLD) for deep submicrometer VLSI," *IEEE Transactions on Electron Devices*, Vol. 35, No. 12, 1988, pp. 2088–2093.
90. D. K. Nayak, M. Y. Hao, J. Umali, and R. Rakkhit, "A comprehensive study of performance and reliability of P, As, and hybrid As/P nLDD junctions for deep-submicron CMOS logic technology," *IEEE Electron Device Letters*, Vol. 18, 1997, pp. 281–283.
91. H. C. H. Wang, C. H. Diaz, B. K. Liew, J. Y. C. Sun, and T. Wang, "Hot carrier reliability improvement by utilizing phosphorus transient enhanced diffusion for input/output devices of deep submicron CMOS technology," *IEEE Electron Device Letters*, Vol. 21, No. 12, 2000, pp. 598–600.
92. C. T. Liu, Y. Ma, K. P. Cheung, C. P. Chang, L. Fritzinger, J. Becerro, H. Luftman, H. M. Vaidya, J. I. Colonell, A. Kamgar, J. F. Minor, R.G. Murray, W. Y. C. Lai, C. S. Pai, and S. J. Hillenius, "25-Å gate oxide without boron penetration for

0.25- and 0.3-pm PMOSFETs," *Symposium on VLSI Technology Digest of Technical Papers*, 1996, pp. 18–19.
93. C. T. Liu, E. J. Lloyd, Yi Ma, M. Du, R. L. Opila, and S. J. Hillenius, "High-performance 0.2-μm CMOS with 25-Å gate oxide grown on nitrogen implanted Si substrates," in *Proceedings of the International Electron Devices Meeting (IEDM)*, 1996, pp. 499–502.
94. B. J. Aniruddha and D. L. Kwong, "Hot carrier effects on analog performance of N- and P-MOSFETs with oxynitride gate dielectrics," *IEEE Transactions on Electron Devices*, Vol. 41, No. 8, 1994, pp. 1465–1467.
95. Y. Y. Chen, I. M. Liu, M. Gardner, J. Fulford, and D. L. Kwong, "Performance and reliability assessment of dual-gate CMOS devices with gate oxide grown on nitrogen implanted Si substrates," in *Proceedings of the International Electron Devices Meeting (IEDM)*, 1997, pp. 639–642.
96. T. Kaga and T. Hagiwara, "Short- and long-term reliability of nitrided oxide MOSFETs," *IEEE Transactions on Electron Devices*, Vol. 35, No. 3, 1988, pp. 929–934.
97. T. Hori, T. Yasui, and S. Akamatsu, "Hot-carrier effects in MOSFETs with nitrided-oxide gate dielectrics prepared by rapid thermal processing", *IEEE Transactions on Electron Devices*, Vol. 39, No. 1, 1992, pp. 134–147.
98. J. F. Zhang, H. K, Sii, G. Groeseneken, and R. Degraeve, "Degradation of oxides and oxynitrides under hot hole stress," *IEEE Transactions on Electron Devices*, Vol. 47, 2000, p. 378.
99. N. Kimizuka, K. Yamaguchi, K. Imai, T. Iizuka, C. T. Liu, R. C. Keller, and T. Horiuchi,"NBTI enhancement by nitrogen incorporation into ultrathin gate oxide for 0.10-μm gate CMOS generation," in *Symposium on VLSI Technology Digest of Technical Papers*, 2000, pp. 92–93.
100. T. Kuroi, S. Shimizu, A. Furukawa, S. Komori, Y. Kawasaki, S. Kusunoki, Y. Okumura, M. Inuishi, N. Tsubouchi, and K. Horie, "Highly reliable 0.15-μm MOSFETs with surface proximity gettering (SPG) and nitrided oxide spacer using nitrogen implantation," in *Symposium on VLSI Technology Digest of Technical Papers*, 1995, pp. 19–20.
101. J. R. Shih, M. C. Chiang, H. C. Lin, R. Y. Shiue, Y. Peng, and J. T. Yue, "N-FET HCI reliability improvement by nitrogen interstitialization and its mechanism," *40th Annual International Reliability Physics Symposium*, 2002, pp. 272–277.
102. G. Cheroff, F. Fang, and H. Hochberg, "Effect of low temperature annealing on the surface conductivity of Si in the Si-SiO2-Al system," *IBM Journal*, Vol. 8, 1964, pp. 416–421.
103. P. Balk, "Effects of hydrogen annealing on silicon surfaces," in *Proceedings of the Electrochemical Societies Spring Meeting*, Abstract No. 109, 1965, pp. 237–240.
104. N. M. Johnson, D. K. Biegelsen, and M. D. Moyer, "Low-temperature annealing and hydrogenation of defects at the Si-SiO2 interface," *Journal of Vacuum Science and Technology*, Vol. 19, 1981, pp. 390–394.
105. E. Cartier, J. H. Stathis, and D. A. Buchanan, "Passivation and depassivation of silicon dangling bonds at the Si–SiO$_2$ interface by atomic hydrogen," *Applied Physics Letters*, Vol. 63, 1993 pp. 1510–1512.
106. E. Morifuji, T. Kumamori, M. Muta, K. Suzuki, M. S. Krishnan, T. Brozek, X. Li, W. Asano, M. Nishigori, N. Yanagiya, S. Yamada, K. Miyamoto, T. Noguchi, and M. Kakumu, "New guideline for hydrogen treatment in advanced system LSI," in *Symposium on VLSI Technology Digest of Technical Papers*, 2002, pp. 218–219.
107. A. Hamada, T. Furusawa, N. Saito, and E. Takeda, "A new aspect of mechanical stress effects in scaled MOS devices," *IEEE Transactions on Electron Devices*, Vol. 38, No. 4, 1991, pp. 895–900.
108. J. W. Lyding, K. Hess, and I. C. Kizilyalli, "Reduction of hot electron degradation in MOS transistors by deuterium processing," *Applied Physics Letters*, Vol. 68, 1996, pp. 2526–2528.
109. I. C. Kizilyalli, J. W. Lyding and K. Hess, "Deuterium post-metal annealing of MOSFETs for improved hot carrier reliability," *IEEE Electron Device Letters*, Vol. 18, 1997, pp. 81–83.

第 5 章 热载流子注入

110. K. Cheng, J. Lee, Z. Chen, S. A. Shah, K. Hess, J. P. Leburton, and J. W. Lyding, "Fundamental connection between hydrogen/deuterium desorption at silicon surfaces in ultrahigh vacuum and at oxide/silicon interfaces in metal-oxide-semiconductor devices," *Journal of Vacuum Science and Technology B*, Vol. 19, No. 4, 2001, pp. 1119–1123.
111. A. J. Hof, E. Hoekstra, A. Y. Kovalgin, R. van Schaijk, W. M. Baks, and J. Schmitz, "The impact of deuterated CMOS processing on gate oxide reliability," *IEEE Transactions on Electron Devices*, Vol. 52, No. 9, 2005, pp. 2111–2115.
112. S. M. Cho, J. H. Lee, M. Chang, M. S. Jo, H. S. Hwang, J. K. Lee, S. B. Hwang, and J. H. Lee, "High-pressure deuterium annealing effect on nanoscale strained CMOS devices," *IEEE Transactions on Device and Materials Reliability*, Vol. 8, No. 1, 2008, pp. 153–159.
113. D. Q. Kelly, D. Onsongo, S. Dey, R. Wise, R. Cleavelin, and S. K. Banerjee, "Enhanced hot-electron performance of strained Si NMOS over unstrained Si," in *Proceedings of the 42th Annual International Reliability Physics Symposium*, 2004, pp. 455–462.
114. S. M. Cho, J. H. Lee, M. Chang, M. S. Jo, H.S. Hwang, J. K. Lee, S. B. Hwang, and J. H. Lee, "High pressure deuterium annealing effect on nano-scale CMOS devices with different channel width," in *Proceedings of the Nanotechnology Materials and Devices Conference (NMDC)*, 2006, pp. 98–99.
115. K. Cheng, J. Lee, Z. Chen, S. Shah, K. Hess, J. W. Lyding, Y. K. Kim, Y. W. Kim, and K. P. Suh, "Deuterium pressure dependence of characteristics and hot-carrier reliability of CMOS devices," *Microelectronic Engineering*, Vol. 56, 2001, pp. 353–358.
116. Y. Nishioka, E. F. Da Silva, Y. Wang, and T. P, Ma, "Dramatic improvement of hot-electron-induced interface degradation in MOS structures containing F or Cl in SiO_2," *IEEE Electron Device Letters*, Vol. 9, No. 1, 1988, pp. 38–40.
117. Y. Nishioka, K. Ohyu, Y. Ohji, N. Natuaki, K. Mukai, and T. P. Ma, "Hot-electron hardened Si-gate MOSFET utilizing F implantation," *IEEE Electron Device Letters*, Vol. 10, 1989, p. 141.
118. JP001.01, "Foundry process qualification guidelines (Wafer fabrication manufacturing sites)," JEDEC Solid State Technology Association and Fabless Semiconductor Association, May 2004.

第 6 章

栅极氧化层完整性和时间相关的介质击穿

6.1 金属-氧化物-半导体结构的隧穿

6.1.1 栅极泄漏隧穿机制 ★★★◀

直接隧穿与 Fowler – Nordheim 隧穿

图 6.1 给出了通过氧化层梯形势垒的直接隧穿（DT）和通过三角形势垒的 Fowler – Nordheim（FN）隧穿进入绝缘体导带的示意图。对于厚氧化层，当栅极氧化层电压 V_{ox} 小于界面势垒 φ_b 时，在施加低电压（V_{g1}）时 DT 占主导地位（见图 6.1a），而当 $V_{ox} > \varphi_b$ 时（见图 6.1b），在施加高电压（V_{g2}）时发生 FN 隧穿。另一方面，对于薄氧化层，DT 是主要的隧穿机制（见图 6.1c）。在 DT 占主导地位的低电压（V_{g1}）下，对于相同的电压，直接隧穿比 FN 隧穿有更大的电流。换句话说，对于相同的电流，DT 产生更低的电压（和电场）。隧穿机制通常是互斥的，只有一种隧穿机制会发生[1]。作为一个粗略的参考，当电场强度大于 6MV/cm 时有显著的 FN 电流流动，而当电场强度小于 5MV/cm 时会出现显著的 DT。

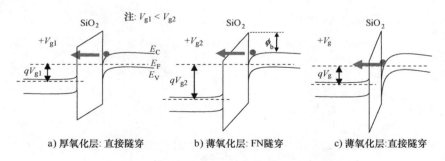

a) 厚氧化层: 直接隧穿   b) 薄氧化层: FN隧穿   c) 薄氧化层:直接隧穿

图 6.1 DT 和 FN 隧穿示意图

作为氧化层外加电场函数的 FN 隧穿电流 J_{FN} 的推导如下[2]：

$$J_{FN} = AE_{ox}^2 \exp\left(-\frac{B}{E_{ox}}\right) \tag{6.1}$$

其中

$$A = \frac{q^3}{8\pi h \phi_b} \tag{6.2}$$

$$B = \frac{8\pi}{3} \frac{\sqrt{2m_{eff}} \phi_b^{3/2}}{qh} \tag{6.3}$$

其中，q 是电子电荷；h 是普朗克常数；m_{eff} 是绝缘体中的电子有效质量；ϕ_b 是半导体-氧化层界面处的势垒高度（见图 6.1b）；E_{ox} 是氧化层上的电场。很明显，J_{FN}/E_{ox}^2 与 $1/E_{ox}$ 的对数曲线（称为 Fowler-Nordheim 曲线）得到一条斜率为 B 的直线。因此，可以计算出势垒高度 ϕ_b。对于具有相对较厚的氧化层和金属栅极的金属-氧化物-半导体（MOS）结构，该模型在施加较宽电压范围内能很好地拟合实验数据[3]。需要指出的是，该模型没有考虑多晶硅栅极的耗尽效应。A 和 B 的典型值为 $A = 1.6 MA/(MV)^2$ 和 $B = 222 MV/cm$。当电流密度与 FN 方程有较大偏差时，可能表明氧化层存在缺陷。对于厚度在 1nm 或 2nm 量级的薄氧化层，低电场强度下的 DT 电流不可以再被忽略。在这种情况下，势垒近似为梯形（见图 6.1c）。DT 电流密度 J_{DT} 表示为[4]

$$J_{DT} = \left(\frac{e}{2\pi h d^2}\right)\left\{\left(\phi_b - E_0 - \frac{eV}{2}\right)\exp\left[-\frac{4\pi(2m_{eff})^{1/2}}{h}\alpha\left(\phi_b - E_0 - \frac{eV}{2}\right)^{1/2}d\right] - \right.$$
$$\left.\left(\phi_b - E_0 - \frac{eV}{2}\right)\exp\left[-\frac{4\pi(2m_{eff})^{1/2}}{h}\alpha\left(\phi_b - E_0 - \frac{eV}{2}\right)^{1/2}d\right]\right\} \tag{6.4}$$

其中，d 为势垒宽度；E_0 为基态能量；V 为施加的偏置；α 为无单位的可调参数。

式（6.1）和式（6.4）分别是栅极电流 FN 和 DT 分量建模的基本方程。结果表明，30~50Å 的 DT 电流在低于 3V 时占主导地位，FN 隧穿电流在高于 4V 时占主导地位[5]。

在本章中，首先介绍了 MOS 结构中的隧穿机制，然后描述了栅极氧化层完整性（GOI）和时间相关的介质击穿（TDDB）现象和机制。然后阐述了从应力条件到工作条件寿命外推的栅极氧化层 TDDB 模型的演变，对最先进的技术进行了重点介绍。测试结构和工艺对栅极氧化层 TDDB 性能都有很大的影响，接下来详细讨论如何优化工艺以满足工艺确认要求。

金属-氧化物-半导体的隧穿电流分量

在双栅极 CMOS 器件中，出于简化考虑，可以假设 n^+ 栅极/NMOS 器件和 p^+ 栅极/PMOS 器件中的功函数差 $|\varphi_{ms}|$ 是对称的。因此，NMOS 器件和 PMOS 器件的平带电压和阈值电压绝对值是相同的[6]。可以看出，除了符号差异外，PMOS 和 NMOS 器件的栅极电压 V_g 和氧化层电压 V_{ox} 之间的关系是相同的。

$|V_{ox}|$ 与 $|V_g|$ 的关系由下式表示：

- p^+/PMOS 或 n^+/NMOS 器件在强积累条件下，

$$|V_g| = |V_{ox}|_{acc} + E_g/q \tag{6.5}$$

其中，$|V_{ox}|_{acc}$ 为积累条件下的氧化层上的电压；E_g/q 为硅的带隙，单位为伏特。

- p^+/PMOS 或 n^+/NMOS 器件在强反型条件下，

$$|V_g| = |V_{ox}|_{inv} + |V_{poly}| \tag{6.6}$$

其中，$|V_{ox}|_{inv}$ 为反型条件下的氧化层上的电压；$|V_{poly}|$ 为多晶硅能带弯曲。

因此，式（6.5）和式（6.6）定义了施加到栅极氧化层上的电压 $|V_{ox}|$，它同样适用于具有相同 $|V_g|$ 的 p^+/PMOS 和 n^+/NMOS 器件。然而，这并不意味着这两个器件在相同的极性条件下（强积累或强反型）应该具有相似的隧穿电流特性（$I_g \sim V_g$）。其他因素，如隧穿类型（电子和/或空穴）确实会产生影响，如下所述。

对于相同的 $|V_g|$，只需简单地将式（6.6）减去式（6.5），就可以得到施加在栅极氧化层上强积累和强反型之间的电压差 $|V_{ox}|$：

$$|V_{ox}|_{inv} - |V_{ox}|_{acc} = E_g/q - |V_{poly}| > 0 \tag{6.7}$$

由式（6.7）可知，当施加相同 $|V_g|$ 时，强反型下栅极氧化层上的电压 $|V_{ox}|$ 一般要大于强积累下的电压。

施加在栅极氧化层上的电压 $|V_{ox}|$ 会导致栅极氧化层隧穿电流。Si（多晶硅）- SiO_2 - Si（衬底）结构中显著的 DT 电流分量（见图 6.2）包括势垒高度为 3.1eV 导带电子隧穿（ECB），势垒高度为 4.2eV 价带电子隧穿（EVB），以及势垒高度为 4.5eV 价带空穴隧穿（HVB）。

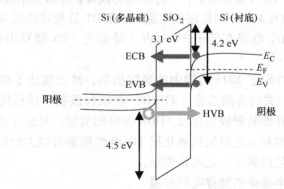

图 6.2 Si（多晶硅）- SiO_2 - Si（衬底）正偏置系统的隧穿分量的能带示意图，包括导带电子隧穿（ECB）、价带电子隧穿（EVB）和价带空穴隧穿（HVB）

图 6.3 展示了带有源/漏/栅/体的 MOS 系统的栅极泄漏电流分量示意图。

表 6.1 总结了相应的隧穿机制。NMOS 和 PMOS 器件在反型模式和积累模式下隧穿电流分量的能带图如图 6.4 所示。在反型模式下，EVB 会在 NMOS 和 PMOS 器件中产生衬底电流。但是，由于带隙中没有相应能级的能态可以接收隧穿电子，因此在积累状态下没有 EVB 分量。ECB 在 NMOS 器件的两种偏置极性和 PMOS 器件的积累区中均占主导地位。在所有这些 ECB 情况下，注入电极表面都有充足的导带电子。这些导带电子可以隧穿通过 3.1eV 相对较小的势垒。在低偏置范围内，HVB 在反型 PMOS 器件的栅极泄漏电流中占主导地位。

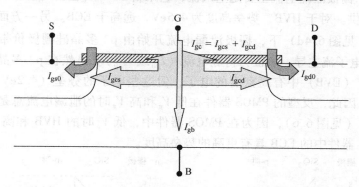

图 6.3 隧穿电流分量。I_{gb} 是在栅极和衬底之间的电流。I_{gs0} 和 I_{gd0} 是通过栅-源/栅-漏交叠区域的隧穿电流。I_{gc} 是栅极到沟道的隧穿电流，它分为 I_{gcs}（流向源极）和 I_{gcd}（流向漏极）[7]

表 6.1 图 6.4 所示的每个分量中占主导地位的栅极泄漏电流机制

	反型（NMOS 的 $V_g>0$, PMOS 的 $V_g<0$）			积累（NMOS 的 $V_g<0$, PMOS 的 $V_g>0$）	
	I_{gc} ($I_{s/d}$)	I_{gb} (I_{sub})	I_{gs0}/I_{gd0}	I_{gb} (I_{sub})	I_{gs0}/I_{gd0}
NMOS	ECB（在所有电压下占主导地位）	EVB	ECB	ECB	ECB
PMOS	HVB（在低 V_g 下占主导地位）	EVB（在高 V_g 下占主导地位）	HVB	ECB	HVB

不同极性偏置和 MOS 类型的详细比较如下：

- 强反型下 n^+/NMOS 与 p^+/PMOS：由于反型模式下的两个器件都遵循式（6.6），因此对于 NMOS 和 PMOS 器件，取决于 $C_{ox} \cdot |V_{ox}|$ 的载流子浓度应该是相同的。图 6.5 显示了在反型条件下具有 2nm 厚栅极氧化层的 NMOS 和 PMOS 器件的载流子分离结果（方法见图 4.12）。PMOS 器件的栅极泄漏电流机制与 NMOS 器件有很大不同；

- 参考图 6.4b 和图 6.5a，对于 NMOS 器件，主要栅极泄漏电流来自源/漏区提供的 ECB（表示为 I_{gc} 或 $I_{s/d}$）；次要的栅极泄漏电流是来自 EVB 的衬底电流（I_{gb} 或 I_{sub}）。图 6.5a 显示，无论施加的栅极电压如何，$I_{s/d}$ 总是大于 I_{sub}。原因是 EVB 的势垒高度为 4.2eV，比 ECB 的势垒高度（3.1V）大得多。此外，EVB 分量仅在相对较高的电压下才重要，因为在低电压下，接收态需要位于半导体的能隙中，这是不可接受的。

- 参考图 6.4d 和图 6.5b，对于 PMOS 器件，在较低的栅极电压（$|V_g| <$ 2.1V）下，栅极泄漏电流主要是空穴流，它来自 HVB 并由源/漏区（表示为 I_{gc} 或 $I_{s/d}$）提供。对于 HVB，势垒高度为 4.5eV，远高于 ECB。另一方面，在高的栅极电压（见图 6.4d）下，栅极泄漏电流开始由 p$^+$ 多晶硅栅极价带电子隧穿（EVB）的电子流主导，表征为衬底电流（I_{gb} 或 I_{sub}）。虽然在 p$^+$ 多晶硅栅极价带电子隧穿（EVB）中有高密度的电子，但这些电子的势垒（4.2eV）比 HVB 的势垒低。因此，反型的 PMOS 器件在低 V_g 和高 V_g 时的泄漏电流总是大大低于 NMOS 器件（见图 6.6），因为在 PMOS 器件中，低 V_g 时的 HVB 和高 V_g 的 EVB 都比 NMOS 器件中的 ECB 具有更高的势垒高度。

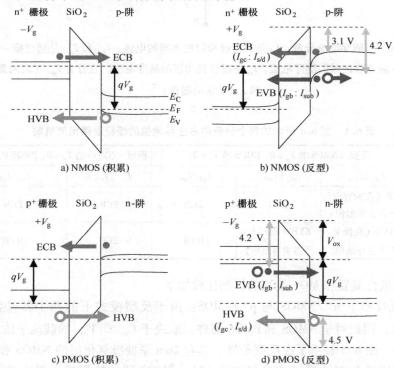

图 6.4 NMOS 和 PMOS 器件在反型和积累模式下的能带图，以及在表 6.1 中相应的栅极泄漏电流分量

• 对于 PMOS 器件，应该指出，来自负偏置的 p^+ 多晶硅栅极导带的电子隧穿（即 ECB）的贡献非常有限，因为 p^+ 多晶硅不是反型的。因此 ECB 分量没有在图 6.4d 中显示。

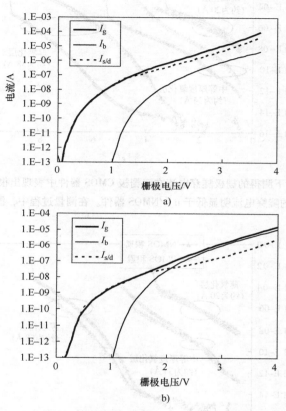

图 6.5 反型条件下具有 2nm 厚氧化层的 NMOS 和 PMOS 器件的载流子分离测量。在 NMOS 器件中，无论栅极电压大小如何，主要栅极泄漏电流都来自于源/漏区。在 PMOS 器件中，低栅极电压（$|V_g|<2.1V$）时，栅极泄漏电流由空穴电流决定

• 积累条件下的 n^+/NMOS 与 p^+/PMOS：图 6.7 显示积累条件下的 NMOS 和 PMOS 电容中的栅极隧穿电流与极性无关，这确实与式（6.5）相吻合。参考图 6.4a 和 c，对于积累条件下的 NMOS 和 PMOS 器件，主要的载流子都是 ECB。

• n^+/NMOS 中的反型与积累：如式（6.7）所述，在积累模式下施加在栅极氧化层上的电压更小。因此，积累模式下的栅极泄漏电流比反型模式下的要小，如图 6.8 所示。

• p^+/PMOS 中的反型与积累：类似地，对于 PMOS 器件，在积累模式下施加在栅极氧化层上的电压更小。然而，积累条件下的隧穿电流机制主要是势垒高

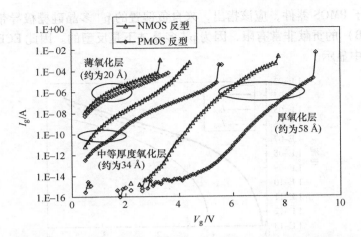

图 6.6 反型条件下测得的栅极隧穿电流在双栅极 CMOS 器件中表现出很强的极性依赖性。p^+/PMOS 器件的隧穿电流明显低于 n^+/NMOS 器件。在测量过程中,源/漏与衬底接地

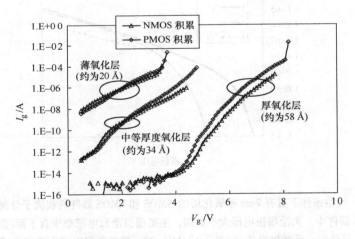

图 6.7 积累条件下 NMOS 和 PMOS 器件中栅极隧穿电流的极性依赖性比反型时要小得多

度为 3.1eV 的 ECB,势垒高度低于反型条件下的 HVB(4.5eV)和 EVB(4.2eV)。因此,积累条件下 PMOS 器件比反型条件下 PMOS 器件的性能差得多。这对于如图 6.9 所示的厚氧化层尤其如此。

6.1.2 依赖极性的 Q_{bd} 和 T_{bd} ★★★

击穿电荷 Q_{bd} 和击穿时间 T_{bd} 是表征栅极氧化层可靠性的两个关键参数。Q_{bd} 和 T_{bd} 之间的关系将在本节中详细阐述。

第6章 栅极氧化层完整性和时间相关的介质击穿

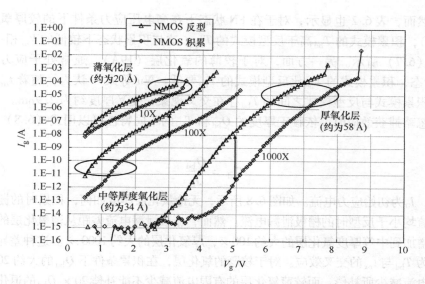

图6.8 对不同氧化层厚度下反型和积累条件下的NMOS依赖极性的隧穿电流

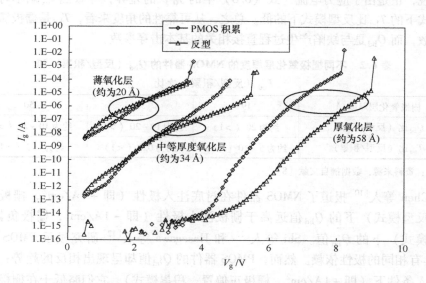

图6.9 对不同氧化层厚度的PMOS反型和积累条件下依赖极性的隧穿电流

在NMOS器件中，在不同栅极氧化层厚度下，在 $-V$（即栅极注入，积累模式）下的 Q_{bd} 始终比 $+V$（即衬底注入，反型模式）下的 Q_{bd} 低约20倍（见表6.2）。数据摘自参考文献 [8]。Q_{bd} 具有较强的极性依赖性，主要是由于位于 SiO_2 – Si 界面的结构过渡层（STL）的缺陷[9]。注入的高能电子可能会在STL界面释放能量而导致化学键断裂，即栅极注入下介质击穿的前兆。

然而，表 6.2 也显示，对于在 FN 状态下在高电压应力条件下的较厚氧化层（50Å），积累模式的 T_{bd} 高于反型模式的 T_{bd}，这与积累状态下较低的 V_{ox} 相一致，如式（6.7）所示。另一方面，对于较薄的氧化层（19Å），通常处于应力下的 DT 状态，积累模式的 T_{bd} 比反型模式的 T_{bd} 要低。Wu 等人[8]认为，随着 t_{ox} 的变化，积累模式与反型模式之间的 T_{bd} 存在交叉现象，交叉厚度约为 2.9nm。

忽略捕获效应时，依赖于厚度的 Q_{bd} 和 T_{bd} 的不同特性可以用式（6.8）定性解释：

$$T_{bd} = \frac{Q_{bd}}{J_0} \tag{6.8}$$

其中，J_0 为初始应力电流。如图 6.8 所示，无论氧化层厚度如何，积累时的栅极泄漏电流均小于反型时的栅极泄漏电流。然而，栅极泄漏电流差距从薄氧化层的大约 10× 增加到中等厚度氧化层的大约 100×，厚氧化层的大约 1000×。这种差异可以解释为 T_{bd} 与 t_{ox} 的交叉效应。对于较厚的氧化层，在积累条件下 Q_{bd} 的大约 20× 退化被电流减少所补偿，而较薄氧化层的有限电流减少不能补偿 20× Q_{bd} 的退化。换句话说，正是由于应力电流［式（6.8）中的 J_0］的差异，导致当 t_{ox} 减小时，积累模式下的 T_{bd} 比反型模式下的低。总之，从可靠性的角度来看，T_{bd} 是栅极氧化层的参数，而 Q_{bd} 是与缺陷产生过程直接相关的基本击穿参数。

表 6.2 不同栅极氧化层厚度的 NMOS 器件的 Q_{bd}（反型/积累）和 T_{bd}（反型/积累）之比

栅极氧化层厚度/Å	19	35	50
Q_{bd} 比（反型/积累）	约为 20（>1）	约为 10~20（>1）	约为 10~20（>1）
T_{bd} 比（反型/积累）	约为 5~10（>1）	约为 0.1（<1）	约为 0.3（<1）

注：资料来源：数据摘自文献 [8]。

Chen 等人[10]报道了 NMOS 器件在衬底注入极性（即 +1A/cm^2，栅极正偏置，反型模式）下的 Q_{bd} 值远高于栅极注入极性（即 -1A/cm^2，栅极负偏置，积累模式）下的 Q_{bd} 值。Shi 等人[11]和 Hasegawa 等人[12]研究显示 PMOS 器件 Q_{bd} 具有相同的极性依赖。然而，PMOS 器件的 Q_{bd} 值却呈现出相反的趋势：在衬底注入条件下（即 +1A/cm^2，栅极正偏置，积累模式），它们略低于在栅极注入条件下（即 -1A/cm^2，栅极负偏置，反型模式）的情况。这很可能是由在介质中的氮位置引起的，因为氮确实在 PMOS 栅极氧化层可靠性中起着关键作用，稍后将详细介绍。在衬底注入情况下，多晶硅栅极晶界的硼偏析也会使 Q_{bd} 退化[12]。

图 6.10 显示了具有 5nm 厚氧化层的 NMOS 和 PMOS 器件的反型模式和积累模式之间 TDDB 寿命与应力电压的比较[13]。反型模式下的 T_{bd} 比积累模式下的

第 6 章 栅极氧化层完整性和时间相关的介质击穿

T_{bd} 差。事实上,从图 6.10 可以看出,对于 NMOS 器件,积累模式的幂律电压 – 加速指数 n 值要比反型模式的好得多。相比之下,对于 PMOS 器件,反型模式的寿命和 n 值都更好。注意,n 值是氧化层 – 界面质量的指标,对于 50Å 厚的氧化层,其预测值为 35 ~ 40[14]。从图 6.10 的结果可以看出,就 n 值而言,栅极注入电子优于衬底注入电子。注意,对于 $|V_g|$ > 5V,电子流在栅极泄漏电流中占主导地位[6]。

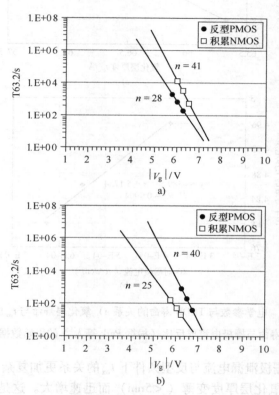

图 6.10 TDDB 寿命 a) NMOS 的反型与积累,以及 b) PMOS 的反型与积累
(经 IEEE 授权使用[13])

6.1.3 栅极泄漏电流与 V_{bd}/T_{bd} 的关系 ★★★

有趣的是,栅极电流是检测 TDDB 寿命特性的敏感参数(见图 6.11)[5]。可以根据栅极电流以及 FN 和 DT 电流建模提取栅极氧化层厚度。图 6.11 显示,氧化层寿命与 t_{ox} 成正比,与栅极电流成反比。

其他独立的研究显示击穿电压 V_{bd}(和 T_{bd})与栅极泄漏电流之间有很强的幂律关系(见图 6.12)[13,15]。如图 6.12b 所示,当本征减薄部分和有效减薄部

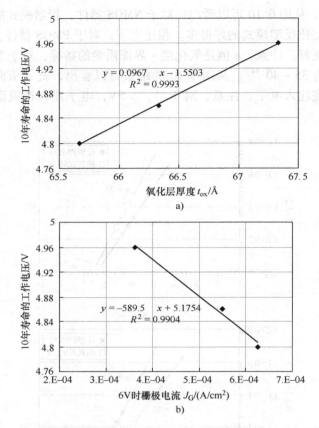

图 6.11 电学参数与 TDDB 寿命的关系 a) 氧化层寿命与 t_{ox} 成正比；
b) 氧化层寿命与栅极电流成反比（根据 Park 等人[5]的原始数据重新绘制）

分同时存在时，栅极泄漏电流与反型条件下 t_{ox} 的关系更加复杂。图 6.12c 显示，幂律指数 m 随着氧化层厚度变薄（<5nm）而迅速增大。这是由于在超薄栅极氧化层中电导击穿路径所需的陷阱较少。此外，如图 6.5 所示，当栅极偏置大于 2V 时，薄氧化层中的栅极泄漏电流主要由 [即主要的源漏极（$J_{s/d}$）和次要的衬底载流子隧穿（J_{sub}）] 两部分决定，而非仅由厚氧化层中多数载流子隧穿（$J_{s/d}$）决定。在超薄氧化层中，衬底电流 J_{sub} 对 T_{bd} 的贡献不可忽视，导致更高的 DT 电流，更大的 m 值和更短的 T_{bd} 寿命。

图 6.13 将不同物理氧化层厚度和氮浓度的 1.2nm 氮化的氧化层源/漏区电流（$J_{s/d}$）和衬底电流（J_{sub}）分量的指数 m 分开。其中 $J_{s/d}$ 为源/漏区在恒定 J_{sub} 下的电流密度；J_{sub} 为衬底区在恒定 $J_{s/d}$ 下的电流密度。值得注意的是，加速指数 $m1$、$m2$、$m3$ 和 $m4$ 都是通用的，与物理氧化层厚度和氮化工艺无关。此

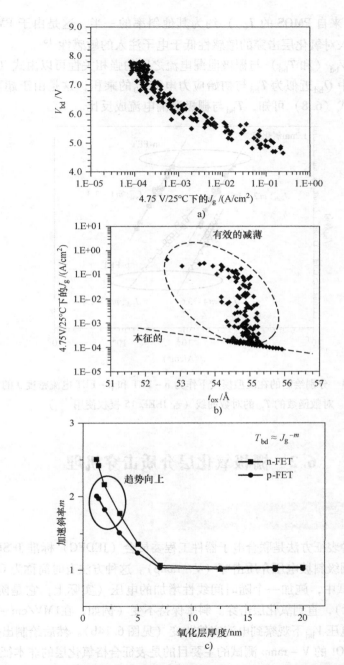

图 6.12 a) NMOS 击穿电压 V_{bd} 随栅极泄漏电流变化的关系；b) NMOS 栅极泄漏电流与反型 t_{ox} 关系；c) 加速指数 m，在反型模式下，$\lg(T_{bd})$ 与 $\lg(J_g)$ 与氧化层厚度的比值（经 IEEE 授权使用[15]）

外,斜率 $m3$ (来自 PMOS 的 $J_{s/d}$) 约为其他斜率的一半,这是由于 PMOS 反型层的冷空穴注入对氧化层击穿的敏感性低于电子注入的敏感性[16]。

击穿电压 V_{bd} (和 T_{bd}) 与栅极泄漏电流之间的强相关性可以由式 (6.8) 来定性解释,其中 Q_{bd} 近似为 T_{bd} 与初始应力电流 J_0 的乘积,这是由于超薄氧化层缺乏捕获。由式 (6.8) 可知,T_{bd} 与栅极泄漏电流成反比。

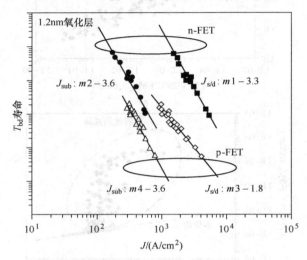

图 6.13 分别绘制的在反型模式下作为 n - FET 和 p - FET 电流密度 J 的对数函数的 T_{bd} 的对数曲线(经 IEEE. 15 授权使用[15])

6.2 栅极氧化层介质击穿机理

6.2.1 本征与非本征击穿 ★★★

GOI 的一种表征方法是联合电子器件工程委员会 (JEDEC) 标准 JESD35[17] 中详细描述的晶圆级斜坡电压介质击穿 (V - ramp)。这种方法有时简称为 GOI 测试。在 V - ramp 测试中,施加一个随时间线性增加的电压(实际上,它是阶梯式的,如图 6.14a 所示),直到氧化层击穿。斜率保持不变(例如,在 1MV/cm - s 的值)。击穿定义为在电压 V_{bd} 下观察到电流突然跳变(见图 6.14b)。然后绘制出介电强度的统计分布。GOI 的 V - ramp 测试的主要目的是表征合格氧化层的非本征行为。

击穿数据分为三种模式:模式 A、模式 B 和模式 C。栅极氧化层击穿的三种模式分布示例如图 6.15 所示。模式 A 和模式 B 失效都被称为非本征击穿,是由缺陷引起的,而模式 C 失效称为本征击穿。这样的氧化层是没有缺陷的,并在长时间的恒定电压（或电流）应力下表现出磨损过程，后面的章节将详细介绍。

- 模式 A 是小于 V_{use}（或 V_{dd}）电压下的失效数量。这些是早期的击穿或最初的失效。根本原因可能是由针孔或微粒、非常高密度的永久性电子/空穴陷阱或严重的重金属污染引起的物理短路。因此，在超薄氧化层区域下改善氧化环境和优化氧化方法是很有必要的。

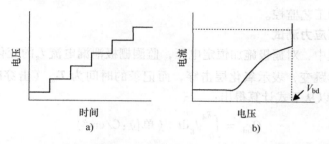

图 6.14 a）电压随时间斜坡上升的示意图；b）表征击穿电压 V_{bd} 所记录的相应电流 - 电压（$I-V$）曲线

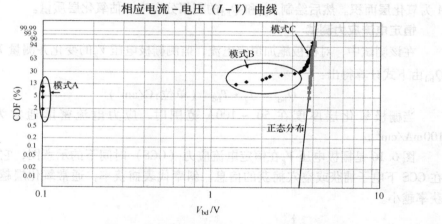

图 6.15 栅极氧化层击穿的模式 A、模式 B 和模式 C 分布示例

- 模式 B 是在大于 V_{dd} 但小于 $2V_{dd}$ 的电压下失效的数量，这代表了产品寿命期间潜在的可靠性风险。根本原因可能是氧化层中的缺陷点、局部变薄、硅衬底中的晶体缺陷和氧沉淀、电子/空穴陷阱、金属污染、硅表面粗糙度、LOCOS/STI 边缘的电场强度等。

- 模式 C 为 $2V_{dd}$ 以上电压下失效的数量。在这种情况下，器件可以承受氧化层击穿前的最高电场强度（>8 ~ 12MV/cm）。要提高模式 C 的击穿电场，应检查氧化工艺本身。提高固有介电强度的一种可能方法是使用氮化的氧化层，它具有更大的键强度。

6.2.2 随时间变化的介质击穿 ★★★

薄介质的击穿会导致电路在一定时间内，在恒定电压应力和给定温度下的栅极或电容失效。TDDB 测试旨在评估本征氧化层击穿行为，不包括与工艺相关的缺陷（由前面讨论的 GOI 的 V – ramp 测试表征）。注意，TDDB 测试非常耗时，不适合快速的工艺监控。

恒定电压应力测试

在该测试中，对栅极施加恒定电压，监测栅极泄漏电流 I_g 的变化，直到栅极泄漏电流突然跳变，表示氧化层击穿，而记录的时间为 T_{bd}（击穿时间）。击穿电荷 Q_{bd} 也可以从下式计算得出：

$$Q_{bd} = \int_0^{T_{bd}} J_g dt \quad （单位:C/cm^2） \tag{6.9}$$

其中，J_g 为恒定电流应力密度，单位为安培每平方厘米（A/cm^2），定义为 I_g/A，A 为氧化层面积。然后绘制 T_{bd} 和 Q_{bd} 的积累分布来评估氧化层质量。

恒定电流应力测试

在该测试中，对栅极施加恒定电流，监测栅极电压 V_g 的变化并测量 T_{bd}[18]。Q_{bd} 由下式计算得出：

$$Q_{bd} = J_g \cdot T_{bd} \quad （单位:C/cm^2） \tag{6.10}$$

当栅极氧化层厚度在 50 ~ 100Å 范围时，应力电流密度通常为 50 ~ 100mA/cm^2。

图 6.16 是栅极电压 V_g 在恒定电流应力（CCS）时间下的示意图，它提供了在 CCS 下电子捕获或空穴捕获的信息。斜率代表捕获率，通常氧化层越薄，捕获率越小。

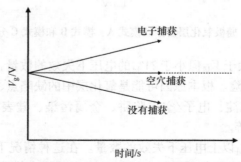

图 6.16 栅极电压 V_g 随 CCS 时间变化的示意图

栅极氧化层击穿过程的两个阶段

栅极氧化层击穿过程与体缺陷的产生和积累有关，可分为两个阶段：
- 积累阶段：在此阶段，由于氧化层中的电流流动而形成电荷捕获（缺陷产生），从而形成局部的高电场强度和高电流密度区域。这可以用阳极空穴注入（AHI）模型[19]、阳极氢释放（AHR）模型[20]或热力学模型[21]来解释。一些研究表明，AHI 率可能太小，无法在击穿的时间尺度上造成相应的损伤[22]。另一方面，AHR 模型只是在定性的条件下提出的。因此，报道了对 AHI 模型的改进[23]。另外还报道了超薄氧化层击穿的定量氢基模型[24]。缺陷的产生和积累过程一直持续到局部电流密度、电场或陷阱（缺陷）密度达到临界值。注意，热化学模型是电场驱动的，而 AHI 和 AHR 模型都是电流驱动的。

- 失控阶段：在此阶段，局部电流密度、电场或缺陷密度在氧化层的某些部分（或缺陷）已达到临界值。发生电学和热学失控，导致氧化层在很短的时间内被破坏。这可以用渗流模型来解释[25]。

前面的缺陷生成模型将在第 6.2.4 节中详细阐述。

氧化层损伤的微观模型

二氧化硅（SiO_2）结构主要由硅原子组成的六元四面体环构成，Si – O – Si 桥键角为 144°。然而，由于非晶态结构的偏差，也存在高阶环和低阶环。因此，键角范围从四元环的 120° 到八元环的 180°。键角的偏差导致了应变键（见图 6.17）[21]。注意，120° 键的密度向氧化层 – 硅界面方向增加。SiO_2 结构中应变键的解理，通过电应力或辐射效应，将导致形成三价硅（空穴陷阱$\equiv Si \bullet$）和非桥接氧缺陷（中性电子陷阱$\equiv Si – O^\bullet$），如式（6.11）所示。

$$\equiv Si – O – Si \equiv \rightarrow \equiv Si – O^* + \equiv Si^* \tag{6.11}$$

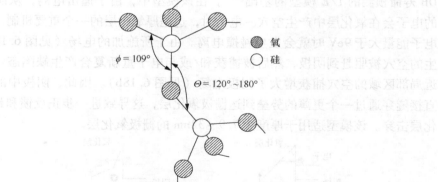

图 6.17　SiO_2 结构示意图（经美国物理学会许可使用[21]）

6.2.3　V_{bd} 与 T_{bd} 的相关性　★★★

有些研究将 V_{bd} 与栅极氧化层厚度（t_{ox}，单位为埃）、温度（T，单位开尔文）和 V – ramp 测试的斜坡斜率（R，单位为 V/s）的关系作为基础。根据在积累模式下对 NMOS 和 PMOS 电容进行的 GOI 的 V – ramp 测试，栅极氧化层

($20Å < t_{ox} < 32Å$) 的经验模型如下[26]:

$$V_{bd} = V_0 + a \cdot t_{ox} + \frac{E_a}{k_B T} + b \cdot \ln(R) \tag{6.12}$$

其中, a 为氧化层厚度加速因子（典型值为 $15.5 \pm 0.4 MV/cm$); E_a 为活化能（典型值为 $46 \pm 4meV$）; b 为斜坡斜率加速因子（典型值为 $82 \pm 14mV$); V_0 为截距。

同样地，根据经验建模的击穿时间 T_{bd} 如下[26]:

$$T_{bd} = T_0 \cdot \left[\frac{1}{b} \cdot \left(a \cdot t_{ox} + \frac{E_a}{k_B T} - V_g\right)\right] \tag{6.13}$$

因此，根据式（6.12）及式（6.13）, V_{bd} 与 T_{bd} 之间存在指数关系:

$$T_{bd} = T_0 \cdot \exp\left[\frac{1}{b} \cdot (V_{bd} - V_0 - V_g) - \ln(R)\right] \tag{6.14}$$

V_{bd} 可以通过快速晶圆级 V – ramp 测试获得，而 T_{bd} 是通过扩展应力表征的。因此, V_{bd} 与 T_{bd} 的相关性为快速获取栅极氧化层 T_{bd} 提供了一种定性的方法。这对生产中的在线监控也提供了极大的便利。关于 V_{bd} 和 T_{bd} 之间相关性的理论分析在第 12.6 节中给出。

6.2.4 缺陷产生模型 ★★★

空穴捕获模型（空穴诱导击穿模型）

图 6.18 给出了空穴捕获模型的示意图，该模型是早期使用的厚氧化层 TDDB 寿命预测的 $1/E$ 模型的基础[27]。在该模型中，由于撞击电离，从阴极注入的电子会在氧化层中产生空穴 – 电子对，这是厚氧化层的一个重要机制。当隧穿电子能量大于 9eV 时就会发生碰撞电离。由于所施加的电场（见图 6.18a), 产生的空穴被驱赶到阴极，然后被捕获和/或与电子重新复合产生缺陷态。阴极附近局部区域的空穴捕获增大了阴极电场（见图 6.18b）。因此，阴极中的电子将直接隧穿通过一个更薄的势垒到达栅极氧化层，这导致进一步正反馈和最终的氧化层击穿。该模型适用于厚度为 7.9~32nm 的栅极氧化层。

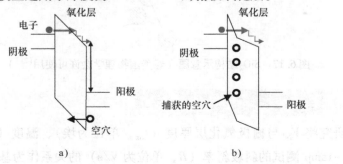

图 6.18 空穴捕获模型示意图

阳极空穴注入模型

AHI 模型[19]是空穴诱导击穿模型在薄氧化层情况下的扩展，适用于 2.5~13nm 厚度范围的氧化层。在较厚的氧化层中，空穴主要是由氧化层内部的碰撞电离产生的。另一方面，在薄氧化层中，空穴来自阳极的注入。电子通过 FN 隧穿从阴极隧穿到阳极。在阳极，隧穿电子将能量传递给一个深价带的电子。产生一个热空穴并注入到氧化层中，在氧化层中它可能被捕获。

阳极氢释放模型

对于纯氧化层，由于在 SiO_2 - Si 界面的结构过渡区存在氧空位，因此空穴捕获现象很常见。然而，一些研究指出，热空穴的捕获并不是 SiO_2 击穿的原因[28]。SiO_2 击穿更可能的机制是氢释放产生陷阱——AHR 模型[20,29,30]。

在 AHR 模型中（见图 6.19）[20]，能量大于 2eV 的隧穿电子从阳极附近的缺陷位置转移能量并释放出氢。可移动的氢移动到阴极附近的区域，在那里它可以与例如氧空位（$O_3 \equiv Si - Si \equiv O_3$）发生反应，从而产生缺陷态。通过产生的缺陷态有效地软化界面会导致氧化层磨损和击穿。AHR 模型是幂律模型的基础，幂律模型是目前先进技术中广泛采用的超薄栅极氧化层寿命的外推模型（第 6.5.3 节）。

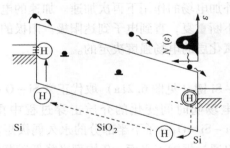

图 6.19 阳极空穴释放（AHR）模型示意图（经美国物理学会许可使用[20]）

通过 STM 实验的进一步研究表明，在高栅极偏压（6.5~8V）下，单电子激发（EE）导致氢释放（HR），而在极低能量（<2.5eV）下，HR 由振动激发（VE）控制，并报道了从单电子到多电子机制的转变[14,31]。图 6.20 示意性地显示了 HR 的多重激发机制，这种机制在电压低于 2.5V 时占主导地位，在电压高达 6.5~8V 时仍然存在[14]。

在 AHI 和 AHR 模型中，都假定在阳极产生的正离子是导致击穿的氧化层退化的原因。因此，正离子的产生速率是由阳极的电子能量决定的。

然而，对于厚度超过 50Å 的最厚的氧化层，电子捕获是可能的（见图 6.20）。在这个氧化层厚度范围，发生非弹性输运。当 $V_{ox} > 3.2eV$ 时，FN 隧

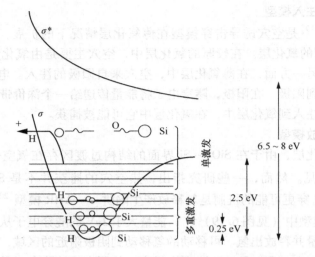

图 6.20 预计在电压小于 2.5V 时，通过多重激发机制的氢释放占主导地位而在电压高达 6.5~8V 时仍然存在（经 Elsevier 许可使用[14]）

穿电子在栅极氧化层中受到散射而失去动能。在失去动能后，一些电子可能会被捕获，其中一些会在外加电场的作用下再次加速。加速的电子将发生另一次非弹性散射。这个过程会不断重复，直到电子到达阳极。阳极的电子能量以及由此产生的氧化层退化是由氧化层的电场强度决定的。

热化学击穿模型

氧空位导致弱 Si – Si 键（见图 6.21a）取代正常 Si – O – Si 键（见图 6.17a）被认为是一个主导低电场随时间变化的介质击穿过程中重要的本征缺陷。如图 6.21a 所示，$O_3 \equiv Si - Si \equiv O_3$ 分子下半部分的永久偶极矩方向与局部电场方向相反。这种偶极能可以通过坍缩到平面 sp2 构型来降低键断裂的活化能。这种偶极 – 场耦合用于产生降低热键断裂所需的活化能，并加速了介质退化过程。因此，在该模型中，外加电场（而不是电流或隧穿电子）将导致热键断裂所需活化能的降低（见图 6.21b），从而导致厚度大于 4nm 的栅极氧化层在低电场强度条件（<10MV/cm）下发生氧化层击穿[21]。因此，失效反应速率的指数依赖性如下所示：

$$\ln(T_{BD}) \propto \frac{\Delta E_a}{k_B T} - \gamma E \quad (6.15)$$

其中，ΔE_a 为活化焓（或活化能）；γ 为与温度成反比的电场加速参数；E 为电场强度；T 为温度；k_B 为玻尔兹曼常数。热化学模型是 E 模型的基础。

发现氧化层中的应变可以降低活化能，其表达式如下[32]：

$$\Delta E_a = \Delta E_a(\text{热化学}) - G \cdot \Delta E(\text{应变}) \quad (6.16)$$

第6章 栅极氧化层完整性和时间相关的介质击穿

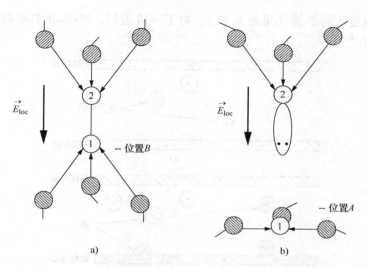

图6.21 a) 分解的分子前体：氧空位；b) Si – Si 键坍缩到 sp2 杂化态时可能形成的空穴陷阱的示意图（经美国物理学会许可使用[21]）

$$\Delta E(\text{应变}) = \frac{\iint E(\theta) f(\theta) \mathrm{d}\theta \mathrm{d}t_{\text{ox}}}{t_{\text{ox}}} \tag{6.17}$$

其中，ΔE_a（热化学）为式（6.15）中的活化能；ΔE（应变）为键角（90°~180°）的结构能 $E(\theta)$ 的积分；t_{ox} 为氧化层厚度；G 是一个增强因子；SiO_2 内建的压应变改变了 Si – O – Si 角的统计分布，降低了活化能，导致 T_{bd} 的减小和分布的扩展。

渗流模型

氧化层击穿的渗流模型是在20世纪90年代被提出的[25]，后来又进行了进一步的阐述[33,34]。渗流模型如图6.22所示。假设在氧化层内部空间的随机位置产生电子陷阱。在这些陷阱周围，定义一个固定半径为 r 的球体，这是模型的唯一参数（见图6.22a）。如果两个相邻陷阱的球体交叠，陷阱之间就可能发生传导。这两个界面被建模为一组无限的陷阱（见图6.22b）。这种陷阱产生机制一直持续到从一个界面到另一个界面形成传导路径，这定义了击穿条件（见图6.22c）。当在氧化层应力期间产生的缺陷达到临界缺陷密度时，就会形成这种传导路径。

氧化层击穿的渗流模型成功地解释了两个重要的与厚度相关的观测结果：
- 随着氧化层厚度的减小，触发击穿所需的氧化层陷阱密度也会随之减小。也就是说，临界缺陷密度 N_{bd} 随着氧化层厚度的减小而减小。
- 随着氧化层厚度的减小，失效时间分布的 Weibull 斜率 β 也随之减小，即

TTF 值存在更大的扩展（见图 6.23）。对于一阶近似，Weibull 斜率基本上与注入极性无关[8]。

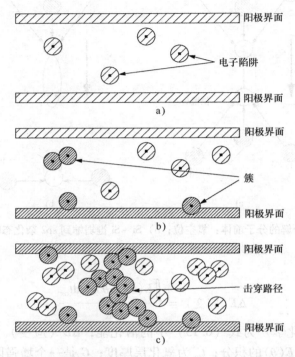

图 6.22 氧化层击穿渗流模型的分步解释。随着中性电子陷阱密度的增加，形成了传导陷阱簇，最终导致从阳极到阴极的传导击穿路径的形成（经 Elsevier 授权使用[33]）

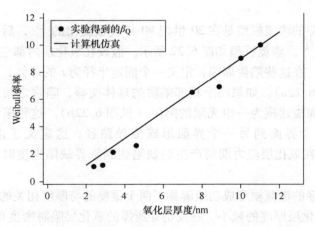

图 6.23 仿真和实测 Q_{BD} 分布的 Weibull 斜率与氧化层厚度的函数关系（经 Elsevier 授权使用[33]）

对于较薄的氧化层，Weibull 斜率较小的解释如下：在最薄的氧化层中，形成传导击穿路径只需要少量的陷阱，因此，要形成如此短的路径，在平均密度上有很大的统计扩展。

在较厚的氧化层中，击穿路径由更多数量的陷阱组成，而产生如此大的路径所需的陷阱密度的扩展较小。这意味着 Weibull 斜率随氧化层厚度的变化是击穿机制的固有统计特性。

6.2.5 软击穿 ★★★

软击穿（SBD）可以定义为在 TDDB 应力作用期间，与应力诱导的泄漏电流异常增大和电流波动所对应的氧化层击穿。文献中提出了几个 SBD 机制的模型：

- **热效应模型**：SBD 与超薄氧化层击穿过程中的热效应相关[35]。SBD 后的栅极电流是栅极电压的唯一函数，与面积无关，这证明它是一个局部的效应[36]。

- **Si–H 断裂模型**：由于氧化层中的电场，SBD 被认为是由 Si–H 和 O–H 键断裂引起的，而不是热化学 E 模型中提出的 Si–Si 键断裂引起的[37]。SBD 路径的形成受氧化层中氢扩散的影响。如图 6.24 所示，当考虑 SBD 时，失效时间（TTF）总是较短，这导致栅极氧化层可靠性在满足规范要求方面受到了相当大的挑战。

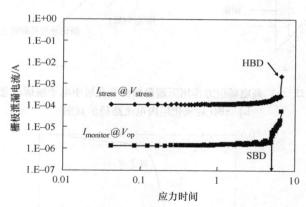

图 6.24 恒定电压应力过程中测量的电流。I_{stress} 是在 V_{stress} 下测量的栅极泄漏电流，而 $I_{monitor}$ 是在工作电压 V_{op} 下测量的栅极泄漏电流。$I_{monitor}$ 显示的是 SBD，而 I_{stress} 显示的是硬击穿（HBD）

- **界面损伤模型**：当氧化层足够薄和/或外加电场强度较低时，FN 隧穿后氧化层导带内电子的移动距离小于电子平均自由程[38]（见图 6.25a）。在这种情况下，电子以弹性方式在氧化层导带中移动，从而仅在阳极区域释放大部分能量。阳极能量的持续积累可能导致 Si-SiO$_2$ 界面附近以断裂键的形式发生物理损伤。当 SBD 发生时，总泄漏电流是通过未损伤区域（具有较高隧穿电流密度）的隧穿电流和通过损伤区域的隧穿电流的叠加（见图 6.25b）。

● 渗流模型：在高电场应力下，在整个氧化层中会随机地产生电子或空穴陷阱。如果陷阱在两个界面之间形成链，则会产生一个局部传导路径（见图 6.22）。然后就会发生 SBD。该模型可以很容易地解释 SBD 后的随机噪声信号和相反极性应力对 SBD 电学恢复的影响。

由于 SBD 是阳极界面的局部过程，使用低缺陷衬底和/或阳极界面加固可以抑制软（准）击穿的发生。据报道，正常晶圆（纯氧化层或 N$_2$O 氧化层）上氧化层的应力诱导泄漏电流（SILC）要高于 H$_2$ 退火晶圆上的氧化层[38]。

由于单位面积 MOS 电容中储存能量的减少，SBD 概率随着 t_{ox} 的减小而增加。如图 6.26 所示，对于厚度大于 5nm 的氧化层，未观察到 SBD 现象[35]。对于偏置较高的厚栅极氧化层，施加更大的功率，从而产生较大热效应的硬击穿。

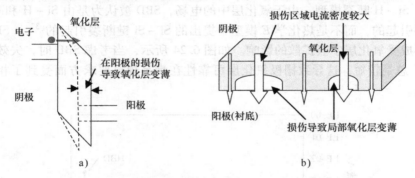

图 6.25 a）高电场应力作用下超薄栅极氧化层中电子输运示意图；
b）SBD 后氧化层内电流路径示意图

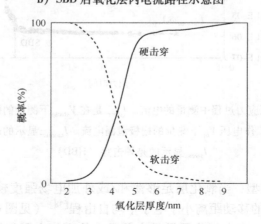

图 6.26 击穿类型和概率

6.3 应力诱导的泄漏电流

应力诱导的泄漏电流（SILC）首次报道于 1988 年[39]，是一种在高电场预应力样品上观察到的低电场栅极漏电流高于新样品的现象[40,41]。图 6.27 给出了 SILC 的示意图。Ricco 等人[41]报道，由于 DT 电流较大，3.2nm 厚的氧化层中没有观察到 SILC。当氧化层厚度增加到 5.0nm 时，SILC 现象越来越明显。然而，在 6.8nm 厚的氧化层中，SILC 似乎不那么明显。换句话说，SILC 可能是 5~6nm 厚度的栅极氧化层的可靠性问题，这对应于目前业界中使用的 2.5V I/O 氧化层。Moazzami 和 Hu[40]的报告中也观察到了类似的趋势，当栅极氧化层厚度大于 6.5nm 时，SILC 会降低。

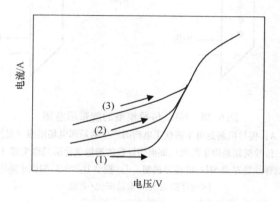

图 6.27 应力诱导泄漏电流示意图

文献中已提出了各种 SILC 的传导模型。图 6.28 给出了四种传导模型的能带图。模型 A 假设由于空穴捕获而增强的局域电场有助于 SILC（见图 6.18）[39]。SILC 可能与导致氧化层击穿的缺陷没有直接关联。然而，捕获的空穴会对缺陷产生率产生影响，进而影响击穿的产生[42]。模型 B 将 SILC 归因于阳极局部损伤导致的氧化层局部变薄，以解释厚度小于 5nm 的氧化层的软（准）击穿（见图 6.25）[38]。更薄的氧化层将导致更大的电子隧穿电流。在模型 C 中，是陷阱辅助的弹性隧穿导致了 SILC[40]。另一方面，模型 D 提出了 SILC 中的电子由非弹性隧穿机制主导，并伴随着约 1.5eV 的较大的能量损失[43]。

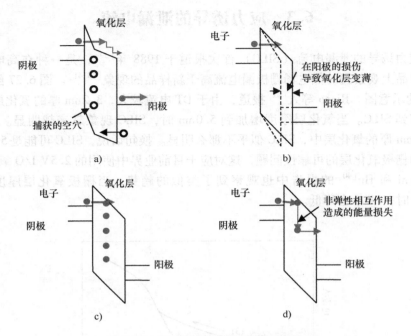

图 6.28 SILC 传导模型的能带示意图
a) 模型 A: 传导机制是由于捕获正电荷而产生的局部电场增强（见图 6.18）
b) 模型 B: 传导机制是由于阳极局部损伤导致的栅极氧化层局部变薄（见图 6.25）
c) 模型 C: 陷阱辅助弹性隧穿是 SILC 的传导机制　d) 模型 D: SILC 归因于陷阱辅助的非弹性隧穿，同时伴随着大的能量损失/弛豫

6.4　栅极氧化层完整性测试结构和失效分析

6.4.1　体结构　★★★

两种类型的体（或面板）电容被广泛使用[33]。一种是小面积电容，用于测量氧化层的本征击穿特性。小通常是指 $10^{-6} \sim 10^{-4}$ cm² 的范围。另一种是面积约 10^{-2} cm² 的大面积电容，用于测量氧化层的非本征击穿特性，并确定工艺诱导的缺陷密度（见图 6.29）。

6.4.2　多晶硅边缘密集结构　★★★

采用多晶硅边缘密集结构表征栅极边缘质量对介质击穿的影响（见图 6.30）。

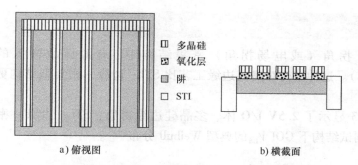

图 6.29 体栅极 – 氧化层完整性（GOI）测试结构示意图

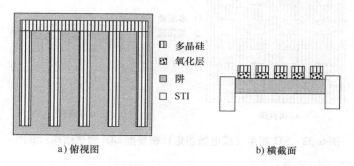

图 6.30 多晶硅边缘密集的栅极 – 氧化层完整性（GOI）测试结构示意图

6.4.3 浅沟槽 – 隔离 – 边缘密集结构 ★★★

使用浅沟槽隔离（STI）边缘（或电场边缘）密集结构来表征隔离边缘质量/形态对介质的影响（见图 6.31）。在未优化的工艺中，栅极氧化层变薄通常发生在有源区拐角附近[44,45]。使用有源区域 – 边缘 – 密集 GOI 结构可以很容易地描述这种类型的失效。图 6.15 所示 V_{bd} 的 Weibull 分布是 STI – 边缘 – 密集 GOI 结构严重拖尾的一个例子。

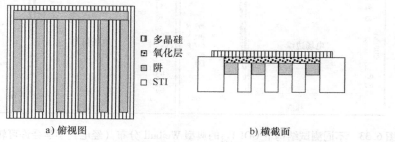

图 6.31 STI – 边缘（或电场边缘）– 密集 GOI 测试结构示意图

6.4.4 浅沟槽隔离拐角密集结构 ★★★

在 STI 拐角（或电场拐角）密集结构中，有源区域嵌入的一组 STI（见图 6.32）。这种结构对隔离边缘工艺比 STI-边缘-密集型结构更敏感（见图 6.31）。

图 6.33 显示了 2.5V I/O 体、多晶硅边缘密集、STI-边缘-密集和场拐角-密集测试结构下 GOI V_{bd} 的典型 Weibull 分布[45]。

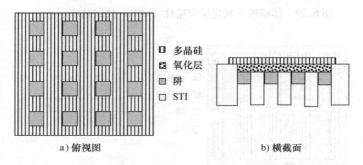

图 6.32 STI 拐角（或电场拐角）密集型 GOI 测试结构示意图

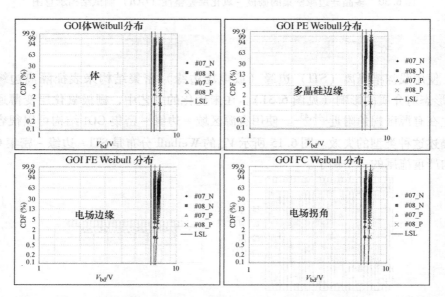

图 6.33 不同测试结构下 GOI V_{bd} 的典型 Weibull 分布（经电化学学会许可转载[45]）

第6章 栅极氧化层完整性和时间相关的介质击穿

6.4.5 栅极氧化层完整性失效分析 ★★★

观察 GOI 缺陷的一种常用方法是使用发射显微镜（EMMi）[33]，它提供了一种方法来可视化在氧化层退化期间和击穿后流经氧化层的电流。在氧化层退化过程中，当注入的电子到达阳极时就产生了光，而它们的能量通过光子的发射释放出来，可以观察到来自电容的均匀发光。在氧化层击穿后，在局部发生击穿的地方观察到一个明显的热点，导致整个电容中非常大的 FN 隧穿电流流过这个小的击穿点。当 GOI N-体电容结构的 EMMi 热点不在结构中心时[46]，GOI 失效的原因不是由于多晶硅/侧墙刻蚀、边缘的栅极氧化层变薄或 STI 拐角的栅极氧化层变薄造成的。

有时需要透射电镜（TEM）截面来表征 GOI 失效，特别是对于边缘密集的结构。图6.41 为未优化工艺的 STI-边缘-密集结构的 STI 拐角剖面 TEM 图像。

6.5 栅极氧化层时间相关介质击穿模型，寿命外推法

6.5.1 Weibull 分布 ★★★

通常假设栅极氧化层 TDDB 的 TTF 是根据 Weibull 统计分布的[33]，通常适用于最薄弱链接工艺。Weibull 的累积分布函数（CDF）表示如下：

$$F(t) = 1 - \exp\left[-\left(\frac{t}{\eta}\right)^{\beta}\right] \tag{6.18}$$

其中，t 为 TTF；β 为分布的形状因子（有时也称为 Weibull 斜率）；η 为比例因子或分布的 63.2% 值。式（6.18）可以改写为

$$\ln\{-\ln[1-F(t)]\} = \beta\ln(t) - \beta\ln(\eta) \tag{6.19}$$

根据这个公式，$\ln[-\ln(1-F)]$ 对 $\ln(t)$ 的关系曲线得到一条斜率为 β 的直线。

6.5.2 活化能 ★★★

以考虑 HBD 的 3.9nm 厚的氧化层为例，发现栅极氧化层 TDDB 活化能与氧化层电场强度呈线性关系[47]。E_a 随氧化层电场强度的增大而减小，其经验表达式为

$$E_a(\text{eV}) = -0.1197 E_{ox} + 1.9535 \tag{6.20}$$

其中，E_{ox} 为氧化层电场强度，单位为 MV/cm。Kimura[48] 给出了厚度 9.9nm 的氧化层 HBD 类似的依赖关系：

$$E_a(\text{eV}) = -0.07 E_{ox} + 1.15 \tag{6.21}$$

类似地，Pompl 等人[37] 报道了 3.4nm 厚氧化层软击穿（SBD）的 E_a 随氧化层电场强度的变化如下：

$$E_a(\text{eV}) = -0.07E_{ox} + 0.98 \tag{6.22}$$

换句话说,虽然斜率相同,但当施加相同的氧化层电场强度时,SBD 的 E_a 比 HBD 低。Pompl 等人[37]指出,在导致 SBD 的过程中,是 Si-H 键断裂而不是热力学 E 模型中提出的 Si-Si 键断裂导致 HBD。SBD 在低氧化层电场强度的活化能由氢扩散(H_2 或 H)决定。

氮浓度对活化能也有影响。较高的解耦等离子体氮化(DPN)压力(较低的氮掺入到栅极氧化层中)导致较大的活化能 E_a,并且在三种不同温度下有较长的击穿时间[49](见图 6.34)。

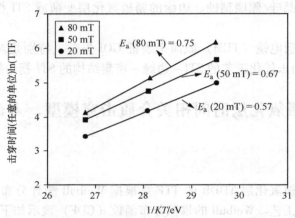

图 6.34 不同 DPN 压力下,63.2% 失效时间数据(TTF)的 Arrhenius 图(经 IEEE 许可使用[49])

6.5.3 $1/E$ 模型、E 模型、V 模型和幂律模型 ★★★

到目前为止,对栅极氧化层主要有四种与电场相关的 TDDB 模型得到了广泛讨论,即 $1/E$ 模型、E 模型、V 模型和幂律模型。由于集成电路(IC)的工作电压远低于应力电压,半导体行业对工作条件外推的寿命很感兴趣。然而,基于四种 TDDB 模型的寿命会相差几个数量级。

$1/E$ 模型的推导中假设击穿过程是取决于 FN 传导的电流驱动过程[式(6.1)][50,51,19]。$1/E$ 模型表示为

$$\text{TTF} = C\exp\left(\frac{G}{E}\right)\exp\left(\frac{E_a}{k_BT}\right) \tag{6.23}$$

其中,C 为拟合常数(1×10^{-11} s)[52];G 为电场加速因子(典型值为 350MV/cm),随氧化层变薄而增大[19]。基于 $1/E$ 模型,TDDB 数据可以在非常高的电场中收集,这里 FN 传导非常高,然后可以外推到没有 FN 传导的低强度电场,而栅极氧化层失效的物理机制没有任何变化。当电场强度大于 7.2MV/cm 时,超薄氧化层的 TDDB 遵循 $1/E$ 模型[47]。

E 模型根据热化学基础[53],假设击穿过程是电场驱动过程,并表示为

$$\text{TTF} = C\exp(-\gamma E)\exp\left(\frac{E_a}{k_B T}\right) \tag{6.24}$$

其中,TTF 为失效时间;C 为拟合常数;γ 为电场加速参数;E 为氧化层电场强度;E_a 为热活化能;k_B 为玻尔兹曼常数;T 为绝对温度。超薄氧化层的 TDDB 遵循 E 模型,可降至 4.6MV/cm[47]。注意,电场加速参数 γ(cm/MV)与环境温度(T,单位开尔文)的倒数呈线性相关,如下式所示:

$$\gamma = 1549/T - 0.486$$

对于小于 4nm 的栅极氧化层厚度,提出了 V 模型,该模型与电压呈指数关系,而与电场强度无关[23,54]。因此,TTF 表示为

$$\text{TTF} = C\exp(-\gamma_V \cdot V)\exp\left(\frac{E_a}{k_B T}\right) \tag{6.25}$$

其中,γ_V 为电压 - 加速因子;V 为施加的电压。

目前,基于电流驱动击穿的幂律模型在栅极氧化层厚度小于 2nm 的低压区被广泛采用[55,56]:

$$\text{TTF} = AV^{-n}\exp\left(\frac{E_a}{k_B T}\right) \tag{6.26}$$

幂律模型最初是基于 5nm 降到 1nm 超薄氧化层的实验工作提出的[55]。幂律模型保留了重要的击穿特性,包括普遍接受的泊松随机统计和最弱链接的特性。STM 实验表明,在多重局部激发下,低栅极偏压(即 < 2.5V)时,氢释放速率具有符合幂律的隧穿电流(见图 6.20)[14]。幂律模型可以扩展到描述最高可达 10nm 的大范围的氧化层厚度,以及可达 12V 的应力电压[31]。该模型也与电流驱动的击穿特性一致,使用衬底 - 载流子注入技术的独立实验也证明了这一点[57]。

Hiraiwa 等人[56]比较了不同类型 MOS 晶体管的栅极氧化层的中位寿命(MTTF)与栅极电压(绝对值)的函数关系。无论 MOS 晶体管的类型和栅极电压的极性如何,TDDB 的寿命都能很好地通过低电压区的幂律函数来近似得到。图 6.35 显示了该方法得出的指数与计算指数时所低于的最大电压(绝对值)的函数关系。当幂律适用时,指数与最大电压无关。图 6.35 明确支持低电压的幂律模型。Hiraiwa 等人[56]发现,在较高的电压下,寿命遵循 $1/E$ 模型。在反型的 NMOS 器件中,从 $1/E$ 模型到幂律模型的转变发生在 3.5 ~ 5V,在其他三种情况发生在 4 ~ 5.5V(绝对值)。转换电压大致对应于栅极电流的主要分量从 DT 变为 FN 隧穿的位置。因此,Hiraiwa 等人[56]提出击穿是由电流引起的。

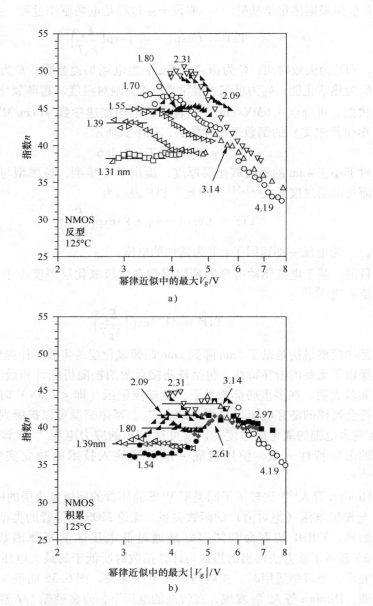

图 6.35 基于栅极氧化层的中位寿命（MTTF）作为栅极电压函数的幂律近似中的指数与最大栅极电压（绝对值）的关系。封闭和开放符号分别代表氧化层和 NO 氧化层的结果。括号外和括号内的数字分别是等效氧化层厚度（EOT）和指数（经 IEEE 授权使用）
a）NMOS 反型 b）NMOS 积累

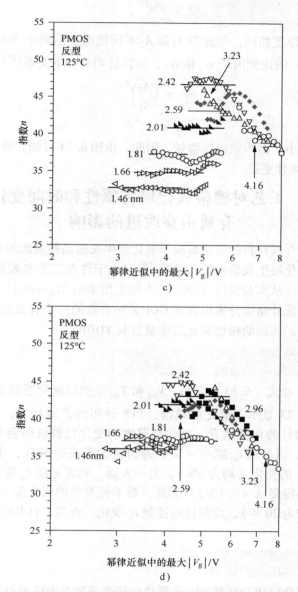

图 6.35 基于栅极氧化层的中位寿命（MTTF）作为栅极电压函数的幂律近似中的指数与最大栅极电压（绝对值）的关系。封闭和开放符号分别代表氧化层和 NO 氧化层的结果。括号外和括号内的数字分别是等效氧化层厚度（EOT）和指数（经 IEEE 授权使用）（续）
c）PMOS 反型 d）PMOS 积累[56]

6.5.4 面积按比例变化 ★★★

对于氧化层厚度相同,但面积 A_1 和 A_2 不同的电容的两个 Weibull 分布(T_{bd} 分布或 Q_{bd} 分布)的比例因子 η_1 和 η_2,可以证明有如下关系[18]:

$$\frac{\eta_1}{\eta_2} = \left(\frac{A_2}{A_1}\right)^{1/\beta} \tag{6.27}$$

$$\eta \approx A^{-1/\beta} \tag{6.28}$$

随着 β 的减小,面积依赖性增强。因此,由图 6.23 可知,较薄的氧化层 T_{bd} 或 Q_{bd} 的面积依赖性更强。

6.6 工艺对栅极氧化层完整性和时间变化的介质击穿改进的影响

栅极氧化层介质材料的质量取决于氧化层生长前晶圆表面的质量、氧化层生长周期,以及氧化层生长后的加工过程[58]。由于许多工艺参数都会对栅极氧化层质量产生影响,从实验设计(DOE)中衍生出来的 Taguchi 方法是在样品量有限的情况下,从统计角度分离出改善 GOI 关键参数的一个有效的方法[59]。本节将说明工艺参数如何影响栅极氧化层质量及其 TDDB。

6.6.1 氧化层厚度的影响 ★★★

式(6.12)和式(6.13)表明,V_{bd} 和 T_{bd} 分别与氧化层厚度呈线性和指数依赖关系。图 6.23 显示,氧化层越薄,TTF 分布的扩展越大,即 Weibull 斜率(β)越小。从统计的角度来看,氧化层厚度的变化已被证明会导致 TDDB 寿命的显著变化[60]。当晶圆 t_{ox} 减小 -3σ,寿命减少可高达 50%,主要是通过电场加速参数(γ)的变化(约为 6%)。另一方面,响应晶圆 t_{ox} 变化的形状因子 β 的相应偏移要小得多(<0.4%)。因此,对于低寿命的氧化层(例如,与 10 年的规范相比,约为 20 年),应很好地控制 t_{ox} 变化。否则,TDDB 可能会是一个严重的问题。

6.6.2 氮化的影响 ★★★

栅极介质氮化已成为降低 PMOS 器件中硼渗透和 NMOS 器件中泄漏电流的一个有效方法。对于给定的等效氧化层厚度(EOT),氮化的栅极氧化层将具有更高的介电常数,从而可以在保持相同的栅极电容的情况下增加物理厚度。因此,栅极泄漏电流的降低与氮化程度成正比。值得注意的是,PMOS 器件的栅极泄漏电流的降低比 NMOS 器件小,这是由于氮化的氧化层中价带空穴的隧穿势垒更高。电子从导带隧穿的概率仍然非常大,因此 NMOS 器件中的栅极泄漏电流比

第6章 栅极氧化层完整性和时间相关的介质击穿

PMOS 器件中的大。氮化的一个副作用是由额外的氧化层固定电荷和/或类施主界面态产生引起的载流子迁移率退化（即 I_{dsat} 退化）。氮掺入对氧化层和界面的影响将在本节中详细介绍。

Si – SiO$_2$ 界面上的氮

1999 年对在 N$_2$O 环境中退火的湿热解氧化层（厚度范围为 40～100Å）的早期研究[61]表明，在一定的退火时间和温度下，N 浓度（%）随着湿氧化层厚度的减小而增加，并且观察到 N 的峰值位置在 Si – SiO$_2$ 界面附近。恒定电流应力实验表明，在较薄的栅极氧化层中，高场强电荷捕获将导致空穴陷阱的减少。在 N$_2$O[32] 中退火的氧化层也能观察到更长的 TDDB T_{bd}。由于界面氮的掺入，氮化的栅极介质的器件表现出更强的抗应力退化能力。注意，氮的掺入在界面中引入了 Si – N 键（Si – N 4.6eV）[62]，并使界面应变的 Si – O 键松弛[63]。也有人认为氮既可以是替代性的（取代 Si – H，较好的情形），也可以是间隙性的（靠近 Si – H，较差的情形）[13]。

N$_2$O – ISSG ［原位蒸汽产生（ISSG）］氮氧化层 ［在 1000℃ 的 99% N$_2$O/1% H$_2$ 环境中通过快速热处理（RTP）生长］与快速热氮化氧化层（RTNO）干氧化层（通过 RTP 在 750℃ 的 NO 环境中生长，然后在 1000℃ 的 O$_2$ 环境中生长）和 N$_2$O 干氧化层（在 1000℃ 的 N$_2$O 环境中通过 RTP 生长）相比，表现出更好的界面质量、更高的迁移率和优异的可靠性[64]。在 Si – SiO$_2$ 界面存在的氮浓度较低，这导致热载流子注入（HCI）较差，但 NBTI 性能更好。

在氮化方法中，等离子体氮化因其能够在栅极氧化层中对氮化分布进行设计而备受关注。然而，Chen 等人[65]观察到通过等离子体氮化的氧化层在 Si – SiO$_2$ 界面处的氧化层再生长，这可以从横截面的 TEM 图像中看到，这表明通过远程等离子体氮化（RPN）的氧化层的物理厚度为 24Å，比基底氧化层的 15Å 有所增加。据推测，来自等离子体的高能氮自由基可能渗透到 Si – SiO$_2$ 界面，然后破坏 Si – O 键。释放的氧将向 Si 衬底移动，导致亚氧化物生长，有时称为自由基诱导的再氧化[65]。

在多晶硅 – SiO$_2$ 界面的氮

等离子体氮化工艺，特别是重等离子体氮化，可以导致在多晶硅 – SiO$_2$ 界面上产生过多的电子陷阱，因为等离子体氮化产生的氮更靠近该界面[65]。氮自由基诱导的断裂键在多晶硅 – SiO$_2$ 界面上比 Si – SiO$_2$ 界面上更为严重。在 MOS 器件的衬底注入极性反转模式下，这种现象更加明显。因此，应仔细优化等离子体氮化工艺，因为位于多晶硅 – SiO$_2$ 界面的氮会使反型模式下 NMOS 器件的 TDDB 性能严重退化。这种不利影响也在图 6.10 中得到了验证，其中反型模式（衬底注入）下的 NMOS 器件的幂律指数比积累模式（栅极注入）下的 NMOS 器件要小得多。类似地，在积累模式（衬底注入）下的 PMOS 器件给出的幂律指数要比在反型模式（栅极注入）下的 PMOS 器件小得多。

此外，多晶硅-SiO_2 界面比 Si-SiO_2 界面更粗糙[66]，这可能会对传导产生一些影响，因为更粗糙的界面意味着更低的注入势垒或等效的氧化层厚度减小。

不过，还有另一种情况。对于 PMOS 器件，在 SiNO 薄膜中，高浓度的氮原子堆积在多晶硅-介质界面附近，可以有效地阻止硼的扩散，从而改善 Q_{bd} 特性[12]。研究发现，在总氮含量相同的情况下，SiNO 薄膜（多晶硅-介质界面处的高密度氮）的 Q_{bd} 值比 SiON 薄膜（介质-衬底界面处的高密度氮）的 Q_{bd} 值大 4 倍。Si-SiO_2 界面附近氮浓度较高的 SiON 薄膜可以阻止硼渗透到沟道中，但不能有效阻止硼扩散到介质薄膜中。因此，位于多晶硅-氧化层界面的氮是否有利于击穿特性尚不确定。这应该根据具体情况来处理。

氮注入到沟道

在栅极氧化形成 NMOS 低阈值薄氧化层器件前将氮注入沟道中，可产生不同厚度的栅极氧化层[67]。氮注入可改善氧化层击穿电场[68]，抑制 SiO_2 缺陷密度，降低栅极泄漏电流，但氮注入量大于 $5 \times 10^{14} \text{ cm}^{-2}$ 时，则会诱发位错环。

6.6.3 氢/D_2 的影响 ★★★

ISSG 工艺是一种湿法氧化工艺，其中蒸汽是在靠近晶圆表面附近产生的。从 SILC 和电荷击穿（Q_{bd}）的角度来看，随着 H_2 百分比的增加，ISSG 氧化层的可靠性大大提高。氧化过程中氢的存在可以通过产生高活性氧原子减少 STL 中 SiO_2 结构中的缺陷，如 Si 悬挂键和弱 Si-Si 和应变 Si-O 键，假设这些氧原子由于氢的存在而与分子氧解离[69]（见图 6.36）。

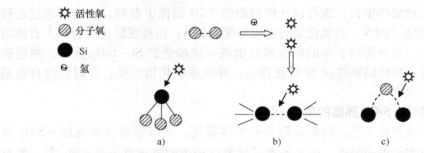

图 6.36 假定的 SiO 界面区氢氧相互作用。氢的存在加速了分子氧分解为活性原子氧，从而通过修复结构过渡层中的 Si 悬挂键、Si-Si 键和应变 Si-O 键来减少固有的氧化层缺陷
a) Si 悬挂键　b) 弱 Si-Si 键　c) 应变的 Si-O 键

使用氢的成型气体退火（FGA）是钝化由等离子体损伤引起的栅极氧化层中悬挂键的一种常用方法。研究发现，FGA 会影响 TDDB 的性能，特别是对于小尺寸器件，这是由于较大的机械应力和过量氢（如果有的话）的相互作用[70]。随着静态随机存取存储器（SRAM）和逻辑电路的不断缩小，有源区面

积越来越小。因此，FGA 在可靠性控制中变得越来越重要。

Morifuji 等人[70]仿真了窄有源区的静应力。结果表明，压应力从 STI 边缘向沟道扩展约 2μm。换句话说，在窄有源区器件中，沟道中心受到相当大的压应力。这些研究人员进一步报道了在小尺寸 NMOS 器件中 TDDB 的退化，这归因于 STI 引起的机械应力会使 TDDB 显著退化。在 FGA 较小热预算（370℃/60min）下的 TDDB 测试对器件尺寸的敏感性低于在 400℃下持续 80min 的 FGA 测试。在较小的栅电容中，过量的 FGA 加速 TDDB 的退化，这一观察结果归因于机械应力和氢的相互作用。在工艺步骤中，引入系统的 H 量和热预算会影响应力、缺陷形成和缺陷聚集。

如第 5 章（HCI）所述，用氘退火取代氢退火来钝化 Si - SiO$_2$ 界面态可以提高 HCI 性能。然而，就 Q_{bd} 和 SILC 而言，在 CMOS 加工中加入氘对 GOI 的影响是有争议的[71]。Kim 和 Hwang[72]报道了通过在 D$_2$ 环境中干氧化层退火或使用 D$_2$O 生长栅极氧化层过程中将氘掺入 MOS 电容时，SILC 和 Q_{bd} 特性得到了改善。Mitani 等人[73,74]证实了用 D$_2$ 和 O$_2$ 进行高温热氧化生长栅极氧化层对 SILC 特性的改善。然而，Wu 等人[75]报道称，在 FGA 之后进行 H$_2$ 或 D$_2$ 退火的 CMOS 器件并没有表现出改善的 SILC 或 Q_{bd} 特性。Esseni 等人[76]在 FGA 中再次使用氢或氘，但如果掺入氘，则没有显示出改善。Hof 等人[71]认为，为了使氘有利于提高体氧化层的质量，就必须在加工的早期阶段掺入氘，最好是在栅极氧化层生长期间或之后直接掺入。

6.6.4 金属污染 ★★★

金属污染，特别是过渡金属污染，可能是导致致命 GOI 问题的因素之一。例如铁（Fe）[77,78]、铜（Cu）[77,79-81]、钙（Ca）[77]、镍（Ni）[79]、钼（Mo）[46]、铪（Hf）[82]、锆（Zr）[82]和钨（W）[83]，都是工艺要求或工艺设备中的常见材料。这些材料在硅中扩散得很快[84]。栅极氧化层中的金属污染会导致较大的泄漏电流，降低少数载流子寿命，甚至栅极氧化层击穿。一般认为较厚的氧化层（即 5nm 厚或更厚的氧化层）对金属污染更敏感。本节总结了金属污染对栅极氧化层完整性的影响。

Burte 和 Aderhold[77]报道称，如果表面污染水平超过 $10^9 \sim 10^{10}$ 个原子/cm^2，铁、铜和钙污染会影响介质击穿场强和电荷击穿值。Choi 和 Schroder[78]研究了铁污染对栅极氧化层完整性的影响，氧化层厚度范围为 3~5nm，铁密度范围为 $4 \times 10^{10} \sim 1.4 \times 10^{12}$ cm^{-3}。他们发现 5nm 氧化层的退化最严重，而较薄的氧化层仍然表现出一些退化，即使是 3nm 氧化层。

在超薄的 3nm 厚的氧化层中[80]，Cu 污染（低至 10×10^{-6}）会导致更大的泄漏电流,更低的击穿有效电场,更差的电荷击穿,以及更差的应力诱导泄漏电流。超薄栅极氧化层完整性的严重退化可以解释为由于 Cu 的存在而降低了隧穿势垒,以及由于氧化层中和氧化层 - Si 界面上增加的界面陷阱隧穿。Cu 污染也会使 Si 上 Al_2O_3 介质退化[85]。

据报道,在预氧化硅表面存在低水平的铜污染,不仅会严重影响栅极氧化层区域,还会影响场交叠缺陷密度。Cu 和 Ni 污染对 5~17nm 氧化层影响的详细研究表明,较厚的氧化层($t_{ox} \geqslant 7.5nm$)比较薄的氧化层($t_{ox} < 7.5nm$)退化更严重[79]。Cu 污染对 GOI 的影响大于 Ni 污染。GOI 还受到衬底类型的影响,即衬底是体 Si 晶圆还是 p/p+ 或 p/p++ 外延晶圆。这种衬底效应与衬底的吸杂能力有关。

在 NMOS 器件的栅极氧化层中观察到 Mo 污染[46],主要以($^{98}Mo^{12}C^{19}F_2$)++ 的形式引入到锗(Ge)预非晶注入(PAI)工艺中,其标称质量电荷比与 $^{74}Ge^{+46}$ 相同。在 Ge PAI 工艺中,Ge 源为 GeF_4,源弧室由 Mo 制成。在 PAI 工艺中,Mo 意外地进入栅极氧化层与电弧电流有关。电弧电流越大,产生的 F 自由基越多,对 Mo 弧腔的侵蚀越强。因此,减小电弧电流是解决 Mo 污染问题的方法之一。其他解决途径包括用 W 腔代替 Mo 腔,注入类型从 ^{74}Ge 改为 ^{72}Ge 以避免含 Mo 簇的质量干扰,以及将 GeF_4 气源改为固体 Ge 源以避免 F 影响[46]。

然而,有趣的是,PMOS 栅极氧化层没有受到 Mo 污染,这归因于 PMOS 和 NMOS 器件中多晶硅的不同特性。在 NMOS 器件中,Ge PAI 是在 N 型轻掺杂漏区(NLDD)退火之前进行的,而在 PMOS 器件中,Ge PAI 是在 P 型轻掺杂漏区(PLDD)退火之后进行的。众所周知,退火可以导致多晶硅晶粒尺寸的增大。因此,在 Ge PAI 之前,NMOS 器件中的多晶硅晶粒尺寸比 PMOS 器件中的小。据信,NMOS 器件中未退火的多晶硅更有利于 Mo 在后续热处理工艺中的扩散,并且由于晶界提供了快速扩散的路径,Mo 会在栅极氧化层偏析。此外,硼在 P 型多晶硅中的吸杂效应有助于阻止 Mo 向栅极氧化层区域偏析。

6.6.5 多晶硅晶粒结构的影响 ★★★

多晶硅晶粒结构对其与栅极氧化层之间的界面粗糙度有很大的影响,从而影响 GOI[86]。多晶硅晶粒尺寸和结构可以根据沉积条件进行调整,包括温度和厚度,以及源 - 漏(S/D)快速热退火(RTA)条件。多晶硅沉积温度越低,多晶硅越致密,晶粒尺寸越小,这将最大限度地减少氢氟酸(HF)穿过多晶硅,从而获得更好的 GOI。同样,较厚的多晶硅能降低 HF 渗透的可能性。因此,实验结果表明,当多晶硅沉积温度从 550℃ 降低到 530℃ 而当非晶态多晶硅厚度从 600Å 增加到 650Å 时,栅极介质缺陷会大大降低[58]。

Kamgar 等人[86] 报道了不同栅极氧化层厚度下 N+ S/D RTA 温度对 TDDB 的影响。结果表明,RTA 温度对 TDDB 平均失效时间(MTTF)的影响取决于栅极氧化层厚度。对于厚的氧化层（50Å 和 26Å），当 RTA 温度从 950℃ 增加到 1050℃ 时，TDDB MTTF 增加了大约 25%，这归因于氧化层中电子陷阱的减少[87]。然而，随着栅极氧化层越来越薄，较高的 RTA 温度会降低氧化层的 TDDB 性能。对于 15Å 厚的氧化层，当 RTA 温度从 1000℃ 增加到 1100℃ 时，TDDB MTTF 减半。这是由于多晶硅突起进入到栅极氧化层中，导致氧化层和覆盖栅极氧化层之间的界面更加粗糙[86]。对于薄的氧化层，粗糙度在氧化层厚度中所占的比例更大，因此对栅极氧化层击穿产生的影响更大。注意，在器件加工的各个热循环过程中，多晶硅晶粒会继续生长。然而，在 S/D 激活步骤，当温度超过 SiO_2 的粘弹性点时，根据氧化层的组成，粘弹性点在 950～1000℃[88]，氧化层会变得粘稠，多晶硅晶粒突起可能进入到栅极氧化层中。

6.6.6 多晶硅剖面的影响（多晶硅基脚） ★★★

在源/漏区边缘附近有基脚的未优化多晶硅剖面显示出氧化层 TDDB 性能下降，尤其是多晶硅边缘结构[89]。图 6.37 显示了不同剖面的多晶硅的截面，分别是带基脚的多晶硅、直壁多晶硅和带凹槽多晶硅。图 6.38a 清楚地表明，较窄的多晶硅底部可以显著降低源漏交叠电容 C_{ov} – 多晶硅基脚具有最大的 C_{ov}，而带凹槽多晶硅具有最小的 C_{ov}。图 6.38b 和 c 比较了面（$30\mu m \times 15\mu m$）和 S/D 边缘（$2000\mu m \times 60nm$）结构的 NMOS TDDB 随多晶硅剖面的函数关系。很明显，三种剖面的面结构的 TTF 分布没有差异，而边缘结构显示，MTTF 在多晶硅基脚的剖面比凹槽和直壁剖面减少为原来的 1/2.5。多晶硅凹槽的边缘结构 MTTF 略高于直壁剖面。多晶硅基脚剖面允许高能注入杂质穿透栅极氧化层的边缘，同时也对应着更高的 E 电场应力，这会导致氧化层损伤和最差的 TDDB 性能，从而导致产品老化过程中的失效。该问题在 NMOS 器件中更为明显，因为与 PMOS 器件相比，NMOS 器件对电压应力和特定注入类型的敏感性更强。

6.6.7 栅极氧化层预清洗和刻蚀的影响 ★★★

在典型的双栅极氧化层（DGO）工艺流程中，I/O 器件的厚极氧化层首先生长。然后，核心薄氧化层对应的区域被浓 HF 溶液或稀释 HF 溶液腐蚀掉，接着在该区域生长薄氧化层。使用浓 HF 溶液的刻蚀步骤已被证明有利于核心器件的可靠性，如 GOI 和 NBTI，因为实现了更好的氧化层 – 沟道界面质量[90]。使用高浓度的 HF 刻蚀液，在界面处引入了更多的 F，这被认为是可靠性提高的原因。

6.6.8 牺牲氧化后退火环境的影响 ★★★

牺牲氧化后的高温退火是 STI 顶部拐角变圆的必要条件[91]。退火气体可以是 N_2 或 Ar。当牺牲氧化后不进行退火时，STI 边缘的截面 TEM 图像中可以看到

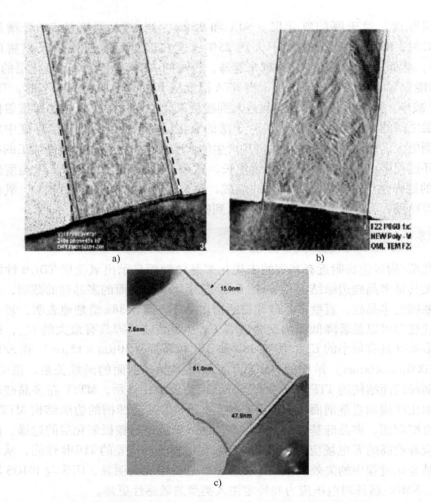

图6.37 多晶硅的横截面显示了栅极氧化层和硅界面附近多晶硅底部剖面的差异，多晶硅的临界尺寸（横截面宽度）约为60nm[89]（经IEEE许可使用）
a）带基脚的多晶硅 b）直壁多晶硅 c）带凹槽的多晶硅

Si的尖角。这主要是由于MOSFET平面区域和STI侧壁区域的晶体取向分别为（101）和（110），因此在晶体平面的不同方向上的氧化速率不同。如第3章所述，沟槽刻蚀后的衬里氧化层用于STI拐角变圆。然而，有时仅靠衬里氧化层可能不足以使STI边缘变圆。相比之下，牺牲氧化后的N_2或Ar退火是拐角变圆的一个有效方法。换句话说，即使牺牲氧化层覆盖了Si表面，Si原子仍可以在退火期间迁移到STI拐角区域。据信，一个圆形STI拐角将为更均匀的氧化速率提供一个平台。因此，与在N_2或Ar环境中退火的样品相比，未经退火的样品在

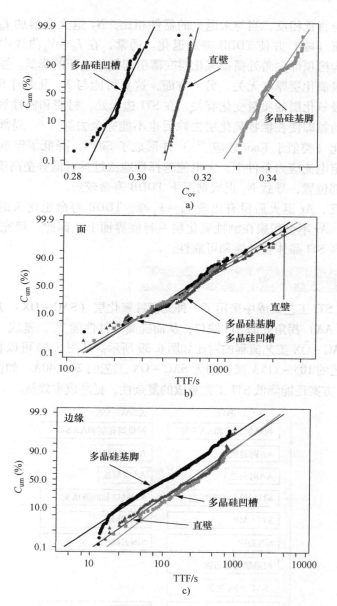

图 6.38 a) NMOS 源/漏交叠电容 C_{ov} 随多晶硅剖面的变化。比较 b) 面积 [$(30 \times 15) \mu m^2$] 和 c) S/D 边缘（$2000 \mu m \times 60 nm$）结构的 NMOS TDDB 随多晶硅剖面的变化（经 IEEE 授权使用）[89]

STI 拐角处的栅极氧化层更薄。简言之，牺牲氧化后在惰性气体环境中进行高温退火可有效地使 STI 拐角变圆，并使拐角处的栅极氧化层厚度更加均匀。

然而，与直觉相反，当与未退火的器件相比，N_2 退火会增加 $I_d - V_g$ 曲线上的亚阈值电流（峰）并使 TDDB 寿命退化。通常，在 $I_d - V_g$ 曲线中增加的峰被认为是由于沟槽顶部尖角处栅极氧化层变薄引起阈值电压的降低。换句话说，增加的峰与栅极氧化层厚度无关。另一方面，这更可能与 N_2 退火时 STI 边缘区域局部位置栅极氧化层的质量变化有关。在 STI 边缘处，衬底和牺牲氧化层之间的界面上积累的氮即使在牺牲氧化层去除后也不能完全去除[91]。局部残余的氮抑制了栅极氧化（类似于 Kooi 效应[92]）并形成了 SiON，降低了泄漏电流的势垒高度。在恒定电流应力条件下，大电流选择性地流过具有低势垒高度的较薄的栅极介质的局部位置，导致 N_2 退火情况下 TDDB 寿命较短。

与此相反，Ar 退火后没有出现 $I_d - V_g$ 峰，TDDB 寿命也比未退火时有所改善。据推测，Ar 不会积聚在牺牲氧化层 - 衬底界面上。因此，填充间隙后的 Ar 退火有望提高 STI 晶体管性能和可靠性。

6.6.9 无牺牲氧化层效应 ★★★

在 65nm STI 工艺集成中采用了一种无牺牲氧化层（SAC - OX）方案，以减少 STI 有源区（AA）拐角处的 STI 缺口，从而提高器件性能[45]。基线（使用 SAC - OX）和无 SAC - OX 工艺流程的对比如图 6.39 所示。从图 6.40 可以看出，缺口可以从基线工艺的 105~115Å 减少到无 SAC - OX 工艺的 20~40Å。如图 6.39 所示，无 SAC - OX 方案还能降低 STI 工艺集成的复杂性，提高成本效益。

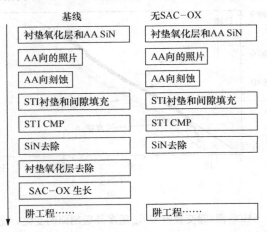

图 6.39 基线（使用 SAC - OX）和无 SAC - OX 工艺流程的比较（经电化学学会许可转载[45]）

然而，未经优化的无 SAC - OX 工艺流程显示 GOI 性能的退化（见图 6.41），其中位于晶圆中心的 I/O 器件受到影响。失效分析表明，失效器件的 AA 拐角损伤，变得异常薄。损伤 AA 表面的栅极氧化层厚度约为 37Å，而未损伤 AA 表面

第 6 章 栅极氧化层完整性和时间相关的介质击穿

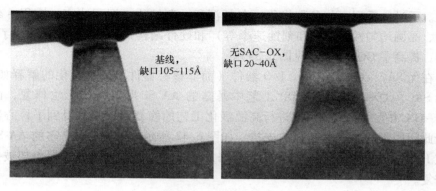

图 6.40 基线（带 SAC-OX）和无 SAC-OX 工艺缺口对比（经电化学学会许可转载[45]）的栅极氧化层厚度约为 57Å。

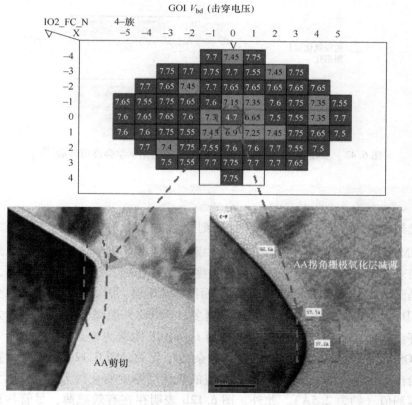

图 6.41 AA 剪切和 AA 拐角栅极氧化层减薄（经电化学学会许可转载[45]）

无 SAC-OX 方案中的 AA 损伤主要是由于 STI HDP 间隙填充工艺中的 AA 剪切造成的[93]，由于 HDP 工艺的等离子体分布特性，AA 剪切通常出现在晶圆中心。通过一系列工艺参数优化（包括沉积－刻蚀比、沉积速率、沉积－刻蚀周期、晶圆均匀性内沉积和刻蚀速率等）和硬件结构优化[94]，有效减少了 AA 剪切，提高了 GOI 性能（见图 6.33）。

在无 SAC - OX 流程中，I/O 器件（而非核心器件）GOI 退化的解释如下：在无 SAC - OX 方案中，HDP 工艺中暴露的 AA Si 拐角损伤无法修复，而在 SAC - OX 方案中，它们可以进行高温氧化工艺的修复。该模型得到了核心器件不受此问题影响的观察结果的支持。如图 6.42 所示，I/O 区域暴露的 AA Si 拐角在 HDP 工艺中损伤后没有被去除和修复，而核心区域的 AA Si 拐角却被去除和修复。

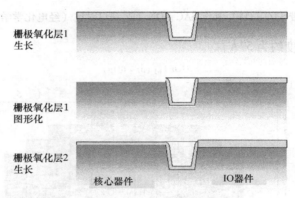

图 6.42 双栅极氧化工艺流程示意图（经电化学学会许可转载[45]）

6.6.10 光刻胶附着力的影响 ★★★

光刻胶的附着力，由氧化和涂抹光刻胶之间的时间间隔 t_{int} [六甲基二硅氮烷（HMDS）+ UV46] 控制，在 GOI 中起着重要作用[13]。t_{int} 越短，光刻胶与氧化层表面的附着力越差，这是由于湿度增加造成的。其机理解释如下，氧化后，晶圆的 STI 区和有源区的氧化层表面都非常干燥。因此，几乎没有水分可以使 HMDS 开裂。t_{int} 越长，吸附的水分越多，HMDS 开裂概率越高，附着力和钻蚀越好。例如，t_{int} < 1h 附着力较差，而 t_{int} > 10h 附着力较好。这适用于 NMOS 和 PMOS 器件，表明这种现象确实与掺杂类型无关。图 6.12a 为附着力差的情况，给出了一个宽的 $V_{bd} - J_g$ 分布，对应的氧化层厚度变化约为 20Å，远大于相应的实测值（约为 2.5Å）。此外，图 6.12b 表明存在有效减薄，尽管物理上在 TEM 中没有发现明显的全局减薄和拐角减薄[13]。另一方面，因为栅极氧化层局部有效减薄的影响也包括在内，栅极泄漏电流可以作为栅极氧化层击穿和 TDDB 性能的快速检查指标（见图 6.12a）。Liu 等人[13]报道称，对于 50Å 厚的氧化层，具有良好光刻胶附着力的器件表现出约为 2.5 的合理 β 值（见图 6.23）和紧密的随机 $V_{bd} - I_g$ 分布，而光刻胶附着力差的器件（空）表现出分散的 Weibull 分布，而 $\beta \approx 0.7$。

6.6.11 铟注入的影响 ★★★

在先进的动态随机存取存储器（DRAM）技术中，铟经常被用来取代硼，以形成 NMOSFET 的逆掺杂分布。阈值调整剂量范围为 $(3 \sim 8) \times 10^{12} cm^{-2}$。对于口袋式（halo）注入，铟注入的剂量为 $(1 \sim 3) \times 10^{13} cm^{-2}$[67]。高能量和/或高剂量铟注入，无论是用于 NMOS 器件的阱注入还是口袋式（halo）注入，都可能导致 GOI 问题[67]。对于阱注入，可能会导致体测试结构失效，而对于口袋式注入，可能会损伤多晶硅边缘密集的测试结构。当同时注入铟和氮时，GOI 的退化会更严重[67]。

6.6.12 幂律模型指数的工艺因子 ★★★

幂律模型指数 [在式（6.26）中的 n] 值不一定是常数，而是受到某些因素的影响。一些研究表明，n 值是氧化层界面质量的一个指标[14,95]。当栅极氧化层厚度减小时，指数会减小[56,96]。此外，还发现反型的 PMOS 栅极绝缘体的指数比其他情况要小[49,97]。等离子体氮化会改变指数[49]。详细内容将在本节中给出。

栅极氧化层厚度依赖性

图 6.43 显示了栅极介质（范围为 $1.3 \sim 3.0nm$）在有或无 NO 退火情况下的指数与 EOT 的函数关系[56]。当绝缘体厚度增加到 2nm 左右时，所有情况下的指数都会先增加，然后达到饱和。Liao 等人[15]发现 PMOS 器件也表现出类似的趋势，当氧化层厚度为 1.6nm 时 $n = 31$，当氧化层厚度为 5.0nm 时 n 增加到 35。

然而，Ohgata 等人[97]报道称，指数与氧化层厚度无关（范围为 $1.6 \sim 3.0nm$），氧化层是在 NO 气体环境中退火或通过 N_2 等离子体氮化的。它们在反型和积累模式下绘制了 NMOS 和 PMOS 器件中 T_{bd} 在对数 - 对数刻度上的归一化 V_g 依赖关系。利用 Weibull 斜率和厚度系数对参考区域大小和厚度进行归一化。反型时 NMOS 幂律指数 n 为 45，积累时 NMOS 幂律指数 n 为 40，积累时 PMOS 的幂律指数 n 为 44，与厚度无关。PMOS 器件在反型模式下的电压加速取决于栅极电压，而与厚度无关（$|V_g| > 3.8V$ 时 $n \approx 45$ 而 $|V_g| < 3.8V$ 时 $n = 33$）。

MOS 类型和极性依赖

Ohgata 等人的研究[97]表明，不同极性的 PMOS 器件的指数差异不大。然而，反型 NMOS 器件的指数要比积累 NMOS 器件的指数大得多，特别是当氧化层厚度大于阈值厚度（约为 2nm）时。

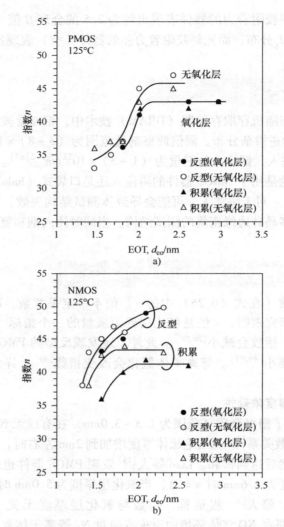

图 6.43 指数 n 与 EOT 的关系曲线。添加的线条是为了方便查看（经 IEEE 授权使用[56]）

有一些观察结果可以联系起来：
- 反型 NMOS 器件的指数比 Ohgate 等人[97]报道的值大得多。
- 只有反型的 NMOS 器件缺乏空穴价带隧穿（见图 6.4）。
- PMOS 器件的极性差异很小，尽管大部分电流分别来自于反型时的价带隧穿和积累时的导带隧穿（见图 6.4）。

这些观察结果可能暗示，在低应力电压（$|V_g|<5V$）下，空穴在击穿事件中起着重要作用。

氮的依赖

从图 6.43 显示，NMOS 和 PMOS 器件在相同 EOT 条件下进行比较时，经过 NO 退火的氧化层的指数要大于未经退火的氧化层的指数。注意，为了保持相同的 EOT，氮化的氧化层的物理厚度比非氮化的氧化层要大。这可能是导致 NO 退火的氧化层指数增大的原因。另外注意到，NO 退火的氧化层中的氮主要位于 $Si-SiO_2$ 界面，如第 3 章所示。

在等离子体氮化的情况下，氮主要位于多晶硅 – SiO_2 界面，如第 3 章所示。结果发现，较高的 DPN 压力和氧化层中掺入较低的氮增加了 PMOS 器件中的幂律指数（见图 6.44）。DPN 功率也影响了指数，指数与产生的界面缺陷密度相关[95]。这可以用氮增强 AHR 模型来解释（见图 6.19）。对于氮氧化层，类施主界面态是由氮掺入而产生的[98]。由于较高浓度的氮掺入会导致界面态过剩，这些能级可能会降低 AHR 行为中的质子隧穿势垒，从而进一步增强 AHR 效应，降低氧化层击穿强度[95]。该模型基于与涉及质子的化学反应相关的两个步骤[24,49]：①电子在阳极界面耗散能量并从界面亚氧化键释放质子（H^+），②释放的质子与氧空位（Si–Si）反应。通常情况下，退化速率受最慢过程（即步骤①）的限制。随着 DPN 压力的减小，更多的氮被掺入氧化层中，质子释放的总势垒高度也随之降低。因此，指数和击穿时间都会减小。

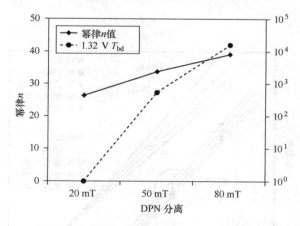

图 6.44 对于在 1.32V 工作的超薄氧化层 PMOS 器件，DPN 压力越大，幂律 n 值越陡，预测的 TDDB 寿命越长（经 IEEE.49 许可使用[49]）

硼渗透效应

硼的渗透会降低 TDDB，并导致幂律指数 n 变小。图 6.45a 显示，硼剂量越大，V_t 电压偏移为正，电压加速斜率越小。

图 6.45b 显示了不同氮浓度的氮化的氧化层的 T_{bd}，但 EOT 均为 1.2nm。NMOS 的 n 值保持在大约 41。然而，随着氮浓度的增加，PMOS 的 n 值从 33 增

加到40。这与Ohgata等人[97]提出的无论氮化工艺如何，幂律电压依赖性的普遍性以及Kang等人[49]提出的氮浓度越低n值越高（见图6.44）的观点相矛盾。对于PMOS器件，样品的氮浓度越高n值越大，这是因为需要较大的氧化层厚度以保持相同的EOT。较高的氮浓度能更有效地减少硼的渗透，导致空穴和电子隧穿电流越小。因此，预计斜率会更大。因此，在研究幂律模型指数时，应将所有这些工艺因素作为一个整体来考虑。

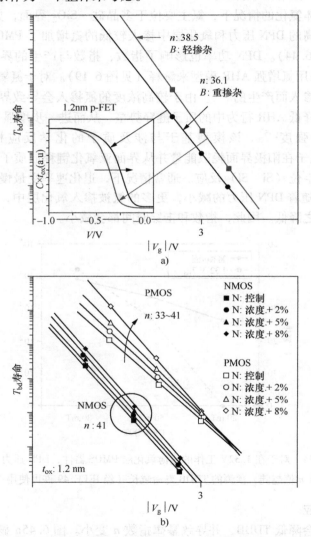

图6.45 a) 对于不同硼掺杂，在反型模式下，T_{bd}的对数与V_g对数的函数关系。图中是对应的$C-V$；b) 对于不同氮浓度，在反型模式下，T_{bd}的对数与V_g对数的函数关系，EOT均为1.2nm（经IEEE授权使用[15]）

第6章 栅极氧化层完整性和时间相关的介质击穿

6.7 工艺认定实践

典型的 GOI V – ramp 测试过程可以在 JEDEC STD 35[17]中找到。一种常见的氧化层寿命测量是 TDDB 方法[99],该方法对栅极施加偏置,并在栅极电流达到临界极限时测量击穿时间。JEDEC JP – 001[100]对代工厂工艺认定的 GOI V – ramp 方法和 TDDB 方法进行了总结。表 6.3 对 GOI V – ramp 方法和 TDDB 方法的典型工艺认定实践进行了总结。

表 6.3 GOI V – ramp 和 TDDB 方法的典型工艺认定实践

	V – ramp	TDDB
失效标准	使用以下一个或多个标准来表示失效点:电流增加 10 倍,斜率变化,低压电流大,噪声水平增加	• 对于较厚的氧化层($>4nm$),电流通常会增加 2 倍 ~ 10 倍; • 对于较薄的氧化层,第一次准击穿(即软击穿)被认为是失效点或取决于特定的应用
测试结构	N/PMOS 大面积电容(块状、AA 叉指、多晶硅叉指)	不同面积的 N/PMOS 晶体管阵列(用于面积按比例变化目的)
样品尺寸	对于每种氧化层类型: • 至少三个批次; • NMOS 和 PMOS 电容测试结构; • 最小 $10cm^2$ 的总面积	每个应力条件下 ≥15 个位置: • 最少三个批次; • NMOS 和 PMOS 晶体管阵列
应力条件	1. 从 V_{use} 到击穿的线性电压斜坡。 2. 斜坡变化率:$1MV/cm \cdot s$;步长:$0.1s$。 3. 在积累模式下。 4. 温度在 $25℃$	1. 在栅极和温度(通常为 3 个)(例如,$85 \sim 150℃$)(用于活化能评估)下施加不同应力电压(通常为 3 个)(用于电压加速)的恒定电压应力(CVS)。 2. 反型模式下应力最小;积累模式下的应力优先考虑。 3. 施加应力直到至少 63% 的样品失效为止
晶圆/封装级	晶圆级	晶圆级或封装级
验收标准	1. 模式 A ($V_{bd} < V_{use}$):$D_0 < 5/cm^2$; 2. 模式 B ($V_{use} \leq V_{bd} \leq 2 * V_{use}$):$D_0 < 1/cm^2$	在 $125℃/V_{use}$ 下 TTF (0.1%) > 10 年,并外推到大面积(例如,$1cm^2$ 或 $0.1cm^2$)。
模型	Weibull 分布	幂律模型:$TTF = CV^{-n}$ TTF 遵循 Weibull 分布
参数	V_{bd}	TTF (V_{use} 时)、活化能 E_a、幂律指数 n、面积按比例变化因子 β

参考文献

1. B. P. Linder and N. W. Cheung, "Calculating plasma damage as a function of gate oxide thickness," in *Proceedings of the 3rd International Symposium on Plasma Process-Induced Damage*, 1998, pp. 42–45.
2. M. Lezlinger and E. H. Snow, "Fowler-Nordheim tunneling into thermally grown SiO_2," *Journal of Applied Physics*, Vol. 40, No. 1, 1969, pp. 278–283.
3. J. C. Ranuarez, M. J. Deen, and C. H. Chen, "A review of gate tunneling current in MOS devices," *Microelectronics Reliability*, Vol. 46, 2006, pp. 1939–1956.
4. G. Chakraborty, S. Chattopadhyay, C. K. Sarkar, and C. Pramanik "Tunneling current at the interface of silicon and silicon dioxide partly embedded with silicon nanocrystals in metal oxide semiconductor structures," *Journal of Applied Physics*, Vol. 101, No. 1, 2007, pp. 024315-1–024315-6.
5. S. Park, J. Kang, B. So, and D. Baek, "Gate oxide integrity by initial gate current," *IEEE International Integrated Reliability Workshop (IRW) Final Report*, 2009, pp. 113–116.
6. Y. Shi, T. P. Ma, and S. Prasad, "Polarity dependent gate tunneling currents in dual-gate CMOSFETs," *IEEE Transactions on Electron Devices*, Vol. 45, No. 11, 1998, pp. 2355–2360.
7. W.-C. Lee, T.-J. King, and C. Hu, "Evidence of hole direct tunneling through ultrathin gate oxide using P poly-SiGe gate," *IEEE Electron Device Letters*, Vol. 20, No. 6, 1999, pp. 268–270.
8. E. Wu, W. Lai, M. Khare, J. Sune, L.-K. Han, J. McKenna, R. Bolam, D. Haimon, and A. Strong, "Polarity-dependent oxide breakdown of NFET devices for ultra-thin gate oxide," in *Proceedings of the 40th IEEE International Annual Reliability Physics Symposium*, 2002, pp. 60–72.
9. L. K. Han, M. Bhat, D. Wristers, J. Fulford, and D. L. Kwong, "Polarity dependence of dielectric breakdown in scaled SiO_2," in *Proceedings of the International Electron Devices Meeting (IEDM)*, 1994, pp. 617–620.
10. C. C. Chen, H. C. Lin, C. Y. Chang, M. S. Liang, C. H. Chien, S. K. Hsien, and T. Y. Huang, "Improved immunity to plasma damage in ultrathin nitrided oxides," *IEEE Electron Device Letters*, Vol. 21, No. 1, 2000, pp. 15–17.
11. Y. Shi, T. P. Ma, S. Prasad, and S. Dhanda, "Polarity-dependent tunneling current and oxide breakdown in dual-gate CMOSFETs," *IEEE Electron Device Letters*, Vol. 19, No. 10, 1998, pp. 391–393.
12. E. Hasegawa, M. Kawata, K. Ando, M. Makabe, M. Kitakata, A. Ishitani, L. Manchanda, M. L. Green, K. S. Krisch, and L. C. Feldman, "The impact of nitrogen profile engineering on ultra-thin nitrided oxide films for dual-gate CMOS ULSI," in *Proceedings of the International Electron Devices Meeting (IEDM)*, 1995, pp. 327–330.
13. N. Liu, A. Haggag, J. Peschke, M. Moosa, C. Weintraub, H. Lazar, G. Campbell, A. Srivastava, J. Liu, J. Porter, K. Picone, J. Parrish, and J. Jiang, "Impacts of process induced interfacial defects on gate oxide integrity," in *Proceedings of the 46th IEEE International Annual Reliability Physics Symposium*, 2008, pp. 725–726.
14. A. Haggag, N. Liu, D. Menke, and M. Moosa, "Physical model for the power-law voltage and current acceleration of TDDB," *Microelectronics Reliability*, Vol. 45, 2005, pp. 1855–1860.
15. P. J. Liao, C. L. Chen, C. J. Wang, and K. Wu, "A new multi-step power-law TDDB lifetime model and boron penetration effect on TDDB of ultra thin oxide," in *Proceedings of the 45th IEEE International Annual Reliability Physics Symposium*, 2007, pp. 574–575.
16. K. Deguchi, S. Uno, A. Ishida, T. Hirose, Y. Kamakura, and K. Taniguchi, "Degradation of ultrathin gate oxides accompanied by hole direct tunneling: Can we keep long-term reliability of p-MOSFETs?" in *Proceedings of the IEEE International Electron Devices Meeting (IEDM)*, 2000, pp. 327–330.
17. JESD35-A, *Procedure for the Wafer-Level Testing of Thin Dielectric*, Electronics Industries Association, Washington, D C, 2001.

第6章 栅极氧化层完整性和时间相关的介质击穿

18. T. Nigam, R. Degraeve, G. Groeseneken, M. M. Heyns, and H. E. Maes, "Constant current charge-to-breakdown: Still a valid tool to study the reliability of MOS structures?" in *Proceedings of the 36th IEEE International Annual Reliability Physics Symposium*, 1998, pp. 62–69.
19. K. F. Schuegraf and C. Hu, "Hole injection SiO_2 breakdown model for very low voltage lifetime extrapolation," *IEEE Transactions on Electron Devices*, Vol. 41, No. 5, 1994, pp. 761–767.
20. D. J. DiMaria, E. Cartier, and D. Arnold, "Impact ionization, trap creation, degradation and breakdown in silicon dioxide films on silicon," *Journal of Applied Physics*, Vol. 73, 1993, pp. 3367–3384.
21. J. W. Mcpherson and H. Mogul, "Underlying physics of the thermochemical E model in describing low-field time-dependent dielectric breakdown in SiO_2 thin films," *Journal of Applied Physics*, Vol. 84, No. 3, 1998, pp. 1513–1523.
22. D. J. DiMaria, "Defect generation in ultrathin silicon dioxide films produced by anode hole injection," *Applied Physics Letters*, Vol. 77, No. 17, 2000, pp. 2716–2718.
23. M. A. Alam, J. Bude, and A. Ghetti, "Field acceleration for oxide breakdown: Can an accurate anode hole injection model resolve the E vs. 1/E controversy?" in *Proceedings of the 38th IEEE International Annual Reliability Physics Symposium*, 2000, pp. 21–26.
24. J. Sune and E. Wu, "A new quantitative hydrogen-based model for ultra-thin oxide breakdown," in *Symposium on VLSI Technology Digest of Technical Papers*, 2001, pp. 97–98.
25. H. Z. Massoud and R. Deaton, "Percolation model for the extreme-value statistics of dielectric breakdown in rapid thermal oxides," in *Proceedings of the Third Symposium on Silicon Nitride and Silicon Dioxide Thin Insulating Films*, San Francisco, California, ECS Spring Meeting, 1994, pp. 583–589.
26. F. Monsieur, E. Vincent, D. Roy, S. Bruyere, G. Pananakakis, and G. Ghibaudo, "Time to breakdown and voltage to breakdown modeling for ultra-thin oxides ($T_{ox} < 32$ A)," in *IEEE International Integrated Reliability Workshop (IRW) Final Report*, 2001, pp. 20–25.
27. I. C. Chen, S. E. Holland, and C. Hu, "Electrical breakdown in thin gate and tunneling oxides," *IEEE Transactions on Electron Devices*, Vol. 32, No. 2, 1985, pp. 413–422.
28. E. M. Vogel, D. W. Heh, J. B. Bernstein, and J. S. Suehle, "Impact of the trapping of anode hot holes on silicon dioxide breakdown," *IEEE Electron Device Letters*, Vol. 23, No. 11, 2002, pp. 667–669.
29. D. A. Buchanan, A. D. Marwick, D. J. DiMaria, and L. Dori, "Hot-electron-induced hydrogen redistribution and defect generation in metal-oxide-semiconductor capacitors," *Journal of Applied Physics*, Vol. 76, 1994, pp. 3595–3608.
30. P. E. Blochl and J. H. Stathis, "Hydrogen electrochemistry and stressinduced leakage current in silica," *Physical Review Letters*, Vol. 83, 1999, pp. 372–375.
31. J. Suñé and E. Wu, "Mechanisms of hydrogen release in the breakdown of SiO_2-based gate oxides," in *Proceedings of the IEEE International Electron Devices Meeting*, 2005, pp. 388–391.
32. Y. Harada, K. Eriguchi, M. Niwa, T. Watanabe, and I. Ohdomari, "Impacts of strained SiO_2 on TDDB lifetime projection," in *Symposium on VLSI Technology Digest of Technical Papers*, 2000, pp. 216–217.
33. R. Degraeve, B. Kaczer, and G. Groeseneken, "Degradation and breakdown in thin oxide layers: Mechanisms, models and reliability prediction," *Microelectronics Reliability*, Vol. 39, 1999, pp. 1445–1460.
34. R. Degraeve, G. Groeseneken, R. Bellens, M. Depas, and H. E. Maes, "A consistent model for the thickness dependence of intrinsic breakdown in ultrathin oxides," in *Proceedings of the International Electron Devices Meeting (IEDM)*, 1995, pp. 863–866.
35. M. Depas, T. Nigam, and M. Heyns, "Soft breakdown of ultra-thin gate oxide layers," *IEEE Transactions on Electron Devices*, Vol. 43, No. 9, 1996, pp. 1499–1504.
36. F. Crupi, R. Degraeve, G. Groeseneken, T. Nigam, and H. E. Maes, "On the properties of the gate and substrate current after soft breakdown in ultra-thin oxide layers," *IEEE Transactions on Electron Devices*, Vol. 45, No. 11, 1998,

pp. 2329–2334.
37. T. Pompl, H. Wurzer, M. Kerber, and I. Eisele, "Investigation of ultrathin gate oxide reliability behavior by separate characterization of soft breakdown and hard breakdown," in *Proceedings of the 38th IEEE International Annual Reliability Physics Symposium*, 2000, pp. 40–47.
38. S. H. Lee, B. J. Cho, J. C. Kim, and S. H. Choi, "Quasi-breakdown of ultrathin gate oxide under high field stress," in *Proceedings of the International Electron Devices Meeting (IEDM)*, 1994, pp. 605–608.
39. P. Olivo, T. Nguyen, and B. Ricco, "High field induced degradation in ultrathin SiO_2 films," *IEEE Transactions on Electron Devices*, Vol. 35, No. 12, 1988, pp. 2259–2267.
40. R. Moazzami and C. Hu, "Stress-induced current in thin silicon dioxide films," in *Proceedings of the International Electron Devices Meeting (IEDM)*, 1992, pp. 139–142.
41. B. Ricco, G. Gozzi, and M. Lanzoni, "Modeling and simulation of stress-induced leakage current in ultrathin SiO_2 films," *IEEE Transactions on Electron Devices*, Vol. 45, No. 7, 1998, pp. 1554–1560.
42. P. Riess, G. Ghibaudo, and G. Pananakakis, "Stress-induced leakage current generation kinetics based on anode hole injection and hole dispersive transport," *Journal of Applied Physics*, Vol. 87, No. 9, 2000, pp. 4626–4628.
43. S. Takagi, N. Yasuda, and A. Toriumi, "Experimental evidence of inelastic tunneling and new I-V model for stress-induced leakage current," in *Proceedings of the International Electron Devices Meeting (IEDM)*, 1996, pp. 323–326.
44. Y. M. Chan, C. B. Moey, and H. P. Kuan, "Localized TDDB failures related to STI corner profile in advanced embedded high voltage CMOS technologies for power management units," in *Proceedings of the International Symposium on Semiconductor Manufacturing (ISSM)*, 2007, pp. 1–4.
45. Y. P. Deng, H. R. Ren, Q. Fan, H. M. Ho, Q. Xu, Z. Y. Zhang, K. Zheng, Y. J. Wu, Z. H. Gan, and X. J. Nin, "GOI improvement in 65nm sacrificial oxide free process integration," *Electrochemical Society Transactions*, Vol. 27, No. 1, 2010, pp. 383–387.
46. D. Gui, Y. H. Huang, G. B. Ang, Z. X. Xing, Z. Q. Mo, Y. N. Hua, and J. Teong, "Gate oxide integrity failure caused by molybdenum contamination introduced in the ion implantation," in *Proceedings of the IEEE International Symposium on the Physical and Failure Analysis of Integrated Circuits (IFPA)*, 2008, pp. 1–4.
47. A. Yassine, H. E. Nariman, and K. Olasupo, "Field and temperature dependence of TDDB of ultrathin gate oxide," *IEEE Electron Device Letters*, Vol. 20, No. 8, 1999, pp. 390–392.
48. M. Kimura, "Field and temperature acceleration model for time-dependent dielectric breakdown," *IEEE Transactions on Electron Devices*, Vol. 46, No. 1, 1999, pp. 220–229.
49. T. K. Kang, J. Shieh, O. Lo, J. P. Chen, C. L. Lin and K. C. Su, "A comprehensive solution for ultrathin oxide reliability issue including a novel explanation of power-law exponent variations," in *Proceedings of the 43rd IEEE International Annual Reliability Physics Symposium,* 2005, pp. 596–597.
50. I. C. Chen, S. Holland, and C. Hu, "A quantitave physical model for time-dependent breakdown in SiO_2," in *Proceedings of the 23rd IEEE International Annual Reliability Physics Symposium*, 1985, pp. 24–31.
51. J. Lee, I. C. Chen, and C. Hu, "Statistical modeling of silicon dioxide reliability," in *Proceedings of the 26th IEEE International Annual Reliability Physics Symposium*, 1988, pp. 131–138.
52. R. Moazzami, J. Lee, I. C. Chen, and C. Hu, "Projecting the minimum acceptable oxide thickness for time-dependent dielectric breakdown," in *Proceedings of the International Electron Devices Meeting (IEDM)*, 1988, pp. 710–713.
53. J. W. McPherson and D. A. Baglee, "Acceleration parameters for thin gate oxide stressing," in *Proceedings of the 23rd IEEE International Annual Reliability Physics Symposium*, 1985, pp. 1–5.
54. P. E. Nicollian, W. R. Hunter, and J. C. Hu, "Experimental evidence for voltage driven breakdown models in ultrathin gate oxide," in *Proceedings of the 38th IEEE International Reliability Physics Symposium*, 2000, pp. 7–15.

第 6 章 栅极氧化层完整性和时间相关的介质击穿

55. E. Y. Wu, A. Vayshenker, E. Nowak, J. Suñé, R.-P. Vollertsen, W. Lai, and D. Harmon, "Experimental evidence of TBD power-law for voltage dependence of oxide breakdown in ultrathin gate oxides," *IEEE Transactions on Electron Devices*, Vol. 49, No. 12, 2002, pp. 2244–2253.
56. A. Hiraiwa and D. Ishikawa, "Comprehensive thickness-dependent power-law of breakdown in CMOS gate oxides," in *Proceedings of the 44th Annual International Reliability Physics Symposium*, San Jose, 2006, pp. 617–618.
57. E. M. Vogel, J. S. Suehle, M. D. Edelstein, B. Wang, Y. Chen, and J. B. Bernstein, "Reliability of ultrathin silicon dioxide under combined substrate hot-electron and constant voltage tunneling stress," *IEEE Transactions on Electron Devices*, Vol. 47, 2000, pp. 1183–1191.
58. T. K. Ng, A. Yap, K. F. Lo, and P. C. Ang, "Gate oxide integrity improvement by optimizing poly deposition process," in *IEEE International Integrated Reliability Workshop (IRW) Final Report*, 2004, pp. 148–150.
59. T. Cahyadi, P. Y. Tan, M. T. Ng, T. Yeo, J. J. Boh, and B. Fun, "The use of Taguchi method for process design of experiment to resolve gate oxide integrity issue," in *IEEE International Integrated Reliability Workshop (IRW) Final Report*, 2009, pp. 128–132.
60. A. A. Keshavarz and L. F. Dion, "Effects of statistical thin-oxide thickness variations on the time-dependent dielectric breakdown (TDDB) parameters for wafer level reliability," in *IEEE International Integrated Reliability Workshop (IRW) Final Report*, 2009, pp. 155–158.
61. M. K. Mazumder, A. Teramoto, J. Komori, M. Sekine, S. Kawazu, and Y. Mashiko, "Effects of N distribution on charge trapping and TDDB characteristics of N_2O annealed wet oxide," *IEEE Transactions on Electron Devices*, Vol. 46, No. 6, June 1999, pp. 1121–1126.
62. T. Hori, H. Iwasaki, and K. Tsuji, "Electrical and physical properties of ultrathin reoxidized nitrided oxides prepared by rapid thermal Proceedings," *IEEE Transactions on Electron Devices*, Vol. 36, 1989, pp. 340–350.
63. R. P. Vasquez and A. Madhukar, "Strain-dependent defect formation kinetics and a correlation between flatband voltage and nitrogen distribution in thermally nitrided SiO_xN_y/Si structures," *Applied Physics Letters*, Vol. 47, 1985, pp. 998–1000.
64. T. M. Pan, H. S. Lin, M. G. Chen, C. H. Liu and Y. J. Chang, "Comparison of electrical and reliability characteristics of different 14-A oxynitride gate dielectrics," *IEEE Electron Device Letters*, Vol. 23, No. 7, 2002, pp. 416–418.
65. C. C. Chen, M. C. Yu, J. Y. , Cheng, M. F. Wang, T. L. Lee, S. C. Chen, C. H. Yu, M. S. Liang, C. H. Chen, C. W. Yang, and Y. K. Fang, "Characterization of plasma damage in plasma nitrided gate dielectrics for advanced CMOS dual gate oxide process," in *Proceedings of the 7th International Symposium on Plasma and Process-Induced Damage*, 2002, pp. 41–44.
66. S. S. Gong, M. E. Bumhani, N. D. Theodore, and D. K. Schroder, "Evaluation of QBD for electron tunneling from the Si/SiO_2 interface compared to electron tunneling from the Poly-Si/SiO_2 interface," *IEEE Transactions on Electron Devices*, Vol. 40, No. 7, 1993, pp. 1251–1257.
67. J. S. Wang, N. C. Wu, T. Wang, J. Hsieh, J. Chen, H. K. Hsu, D. Chen, and T. Fong, "Characterization of indium and nitrogen co-implant of NMOSFET for advanced DRAM technologies with dual-gate oxide," in *Proceedings of the IEEE International Conference on Semiconductor Electronics (ICSE)*, 2004, pp. 48–51.
68. I. H. Nam, J. S. Sim, S. I. Hong, B. G. Park, J. D. Lee, S. W. Lee, M. S. Kang, Y. W. Kim, K. P. Suh, and W. S. Lee, "Ultrathin gate oxide grown on nitrogen-implanted silicon for deep submicron CMOS transistors," *IEEE Transactions on Electron Devices*, Vol. 48, No. 10, 2001, pp. 2310–2316.
69. T. Y. Luo, M. Laughery, G. A. Brown, H. N. Al-Shareef, V. H. C. Watt, A. Karamcheti, M. D. Jackson, and H. R. Huff, "Effect of H2 content on reliability of ultrathin in situ steam generated (ISSG) SiO_2," *IEEE Electron Device Letters*, Vol. 21, 2000, pp. 430–432.

70. E. Morifuji, T. Kumamori, M. Muta, K. Suzuki, M. S. Krishnan, T. Brozek, X. Li, W. Asano, M. Nishigori, N. Yanagiya, S. Yamada, K. Miyamoto, T. Noguchi, and M. Kakumu, "New guideline for hydrogen treatment in advanced system LSI," in *Symposium on VLSI Technology Digest of Technical Papers*, 2002, pp. 218–219.
71. A. J. Hof, E. Hoekstra, A. Y. Kovalgin, R. van Schaijk, W. M. Baks, and J. Schmitz, "The impact of deuterated CMOS Proceedings on gate oxide reliability," *IEEE Transactions on Electron Devices*, Vol. 52, No. 9, 2005, pp. 2111–2115.
72. H. Kim and H. Hwang, "High-quality ultrathin gate oxide prepared by oxidation in D_2O," *Applied Physics Letters*, Vol. 74, 1999, pp. 709–710.
73. Y. Mitani, H. Satake, H. Itoh, and A. Toriumi, "Highly reliable gate oxide under Fowler-Nordheim electron injection by deuterium pyrogenic oxidation and deuterated poly-Si deposition," in *Proceedings of the International Electron Devices Meeting (IEDM)*, 2000, pp. 343–346.
74. Y. Mitani, H. Satake, H. Itoh, and A. Toriumi, "Suppression of stress-induced leakage current after Fowler-Nordheim stressing by deuterium pyrogenic oxidation and deuterated poly-Si deposition," *IEEE Transactions on Electron Devices*, Vol. 49, No. 7, 2002, pp. 1192–1197.
75. J. Wu, E. Rosenbaum, B. MacDonald, E. Li, J. Tao, B. Tracy, and P. Fang, "Anode hole injection versus hydrogen release: the mechanism for gate oxide breakdown," in *Proceedings of the 38th IEEE International Annual Reliability Physics Symposium*, 2000, pp. 27–32.
76. D. Esseni, J. D. Bude, and L. Selmi, "Deuterium effect on interface states and SILC generation in CHE stress conditions: A comparative study," in *Proceedings of the International Electron Devices Meeting (IEDM)*, 2000, pp. 339–342.
77. E. P. Burte and W. Aderhold, "The impact of iron, copper, and calcium contamination of silicon surfaces on the yield of a MOS DRAM test process," *Solid-State Electronics*, Vol. 41, No. 7, 1997, pp. 1021–1025.
78. B. D. Choi and D. K. Schroder, "Degradation of ultrathin oxides by iron contamination," *Applied Physics Letters*, Vol. 79, No. 16, 2001, pp. 2645–2647.
79. R. Holzl, A. Huber, L. Fabry, K.-J. Range, and M. Blietz, "Integrity of ultrathin gate oxides with different oxide thickness, substrate wafers and metallic contaminations," *Applied Physics A Materials Science and Proceedings*, Vol. 72, No. 3, 2001, pp. 351–356.
80. Y. H. Lin, Y. C. Chen, K. T. Chan, F. M. Pan, I. J. Hsieh, and A. Chin, "The strong degradation of 30 Å gate oxide integrity contaminated by copper," *Journal of the Electrochemical Society*, Vol. 148, No. 4, 2001, pp. F73–F76.
81. B. Vermeire and H. G. Parks, "The influence of copper contamination on gate oxide integrity," *IEEE/SEMI Advanced Semiconductor Manufacturing Conference and Workshop*, 1997, pp. 30–32.
82. B. Vermeire, K. Delbridge, V. Pandit, H. G. Parks, S. Raghavan, K. Ramkumar, S. Geha, and J. Jeon, "The effect of hafnium or zirconium contamination on MOS processes," in *Proceedings of the IEEE/SEMI Advanced Semiconductor Manufacturing Conference and Workshop*, 2002, pp. 299–303.
83. D. Gui, Z. X. Xing, Z. Q. Mo, Y. N. Hua, and S. P. Zhao, "SIMS analysis of gate oxide breakdown due to tungsten contamination," in *Proceedings of the IEEE International Conference on Semiconductor Electronics (ICSE)*, 2006, pp. 477–480.
84. D. L. Kwong, "Si device Proceedings," in R. W. Cahn (ed.) *Materials Scinece and Technology: A Comprehensive Treatment*, Vol. 16, *Proceedings of Semiconductors*: Vol. ed.: K. A. Jackson, VCH Verlagsgesellschaft, Weinheim, 1996.
85. C. C. Liao, C. F. Cheng, D. S. Yu, and A. Chin, "The copper contamination effect of Al_2O_3 gate dielectric on Si," *Journal of the Electrochemical Society*, Vol. 151, No. 10, 2004, pp. G693–G696.
86. A. Kamgar, H. M. Vaidya, F. H. Baumann, and S. Nakahara, "Impact of gate-poly grain structure on the gate-oxide reliability (CMOS)," *IEEE Electron Device Letters*, Vol. 23, No. 1, 2002, pp. 22–24.
87. L. Fonseca and F. Campabadal, "Electrical characteristics of postoxidation annealed very thin SiO_2 films," *Journal of the Electrochemical Society*, Vol. 143, 1996, pp. 356–360.

第6章 栅极氧化层完整性和时间相关的介质击穿

88. E. P. EerNisse, "Stress in thermal SiO$_2$ during growth," *Applied Physics Letters*, Vol. 35, No. 1, 1979, pp. 8–10.
89. Y.-H. Lee, R. Nachman, S. Hu, N. Mielke, and J. Liu, "Implant damage and gate-oxide-edge effects on product reliability," in *Proceedings of the International Electron Devices Meeting (IEDM)*, 2004, pp. 481–484.
90. D. Y. Lee, H. C. Lin, C. L. Chen, T. Y. Huang, T. Wang, T. L. Lee, S. C. Chen, and M. S. Liang, "Impacts of HF etching on ultra-thin core gate oxide integrity in dual gate oxide CMOS technology," in *Proceedings of the 8th International Symposium on Plasma- and Process-Induced Damage*, 2003, pp. 77–80.
91. T. Ohashi, T. Kubota, and A. Nakajima, "Ar annealing for suppression of gate oxide thinning at shallow trench isolation edge," *IEEE Electron Device Letters*, Vol. 28, No. 7, 2007, pp. 562–564.
92. S. Wolf, Deep-Submicron Process Technology, Vol. 4: *Silicon Proceedings for the VLSI Era*, Lattice Press, Sunset Beach, CA, 2002, p. 454.
93. S. Chen, C. Y. Fu, S. M. Jang, C. H. Yu, and M. S. Liang, "Plasma damage reduction for high density plasma CVD phosphosilicate glass process," in *Proceedings of the 7th International Symposium on Plasma- and Process-Induced Damage*, 2002, pp. 76–79.
94. Y. Chen, H. Yuan, Z. Zhang, N. Li, D. Chan, J. C. Chen, X. Li, and G. Zhao, "Advanced HDP STI gap-fill development in 65-nm logic device," *Electrochemical Society Transactions*, Vol. 27, No. 1, 2010, pp. 679–683.
95. J. Y. C. Yang, C.-L. Lin, C.-Y. Hu, J.-P. Chen, C.-J. N. Kao, and K. C. Su, "The correlation of interface defect density and power-law exponent factor on ultra-thin gate dielectric reliability," in *IEEE International Integrated Reliability Workshop (IRW) Final Report*, 2006, pp. 179–181.
96. A. Hiraiwa, and D. Ishikawa, "Thickness-dependent power-law of dielectric breakdown in ultrathin NMOS gate oxides," *Microelectronics Engineering*, Vol. 80, 2005, pp. 374–377.
97. K. Ohgata, M. Ogasawara, K. Shiga, S. Tsujikawa, E. Murakami, H. Kato, H. Umeda, and K. Kubota, "Universality of power-law voltage dependence for TDDB lifetime in thin gate oxide PMOSFETs," in *Proceedings of the IEEE 43th Annual International Reliability Physics Symposium*, San Jose, 2005, pp. 372–376.
98. T. Ohguro, T. Nagano, M. Fujiwara, M. Takayanagi, T. Shimizu, H. S. Momose, S. Nakamura and Y. Toyoshima, "A study of analog characteristics of CMOS with heavily nitrided NO oxynitrides," in *Symposium on VLSI Technology Digest of Technical Papers*, 2001, pp. 91–92.
99. JEP122E, *Failure Mechanisms and Models for Semiconductor Devices*, JEDEC Publication, March 2009, pp. 7–12.
100. JP-001, *Gate Oxide Integrity (GOI), Foundry Process Qualification Guidelines* (Wafer Fabrication Manufacturing Sites), JEDEC/FSA Joint Publication, September 2002, pp. 16–21.

第 7 章

负偏置温度不稳定性

双多晶硅栅极[即，用于N沟道金属-氧化物-半导体器件（NMOS）的N+多晶硅和P沟道金属-氧化物-半导体（PMOS）的P+多晶硅]在如今的先进技术中得到了广泛的应用。在PMOS器件中，P+多晶硅栅极中的硼会在高温退火过程中渗透到栅极氧化层中，产生正的氧化层电荷，并导致氧化层可靠性退化和器件参数偏移[1]。为了克服硼的渗透，通常对氧化层进行氮化[2-5]。20世纪90年代提出了一种具有两个富氮层的氮氧化层薄膜，其中一层位于多晶硅-SiO_2界面以抑制硼扩散；另一层位于SiO_2-Si衬底界面以提高NMOS热载流子抗扰特性[6,7]。然而，SiO_2-Si衬底界面附近的富氮层已证明会降低沟道迁移率和跨导[8]，并使PMOS的负偏置温度不稳定性（NBTI）性能严重退化[9]。单个PMOS中NBTI引起的退化将进一步影响电路的老化性能，例如，数字互补金属-氧化物-半导体（CMOS）电路的最大工作频率f_{max}和总待机泄漏电流I_{DDQ}[10]，射频（RF）性能[11]（例如闪烁噪声[12]和线性度[13]）、静态随机存取存储器（SRAM）高温工作寿命（HTOL）[14]，以及由于存储结构位的SRAM单元的恒定应力而导致的现场可编程门阵列（FPGA）的稳定性等[15]，目前常见的做法是使氮远离SiO_2-Si衬底界面，在本章稍后将进行详述。

目前，PMOS器件的NBTI是一个重要的可靠性问题，原因如下：①引入表面沟道PMOS器件的双多晶硅工艺；②增加的氧化层有效电场强度；③更薄的氧化层，使多晶硅栅极更接近Si-SiO_2界面；④引入氮以减少栅极泄漏电流并抑制硼的渗透；⑤提高金属-氧化物-半导体场效应晶体管（MOSFET）的工作温度。NBTI会导致器件参数如阈值电压V_t、饱和漏极电流I_{dsat}等器件参数随时间的幂律退化。退化通常被认为是由氧化层电场E_{ox}驱动的，而不是由栅极电压V_g驱动的[16-18]。在更高的温度T下，退化会加剧。尽管器件参数在短时间内变化很小，但经过几年的逐步变化会导致器件/电路失效。

近年来，NBTI已成为半导体工艺可靠性研究的热点之一。图7.1显示了每年发表的有关NBTI的论文数量。这些论文由IEEE/IEE电子图书馆（IEL）、美国物理学会（AIP）、工程与技术学会（IET）、美国真空学会（AVS）和 IBM 期刊统计。可以看出，自 2001~2002 年以来，论文发表量急剧增加，而且近年来一直持续增加。值得注意的是，学术界和产业界都在努力了解 NBTI 和 NBTI 抗扰性改善的潜在机制。有一些关于 NBTI 很好的总结报告，提供了对 NBTI 现象的全面理解[18-23]。

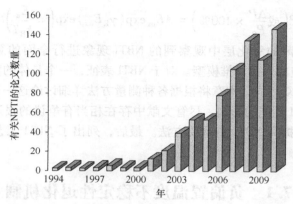

图 7.1　1994~2010 年，每年发表的有关 NBTI 的论文数量。论文由 IEEE/ IEEE 电子图书馆（IEL）、AIP、IET、AVS 和 IBM 期刊统计。可以看出，2001~2002 年以来，论文发表量急剧增加，并且近年来一直持续增加

通常情况下，NBTI 引起的器件参数退化（如 ΔI_{dsat}、ΔV_t）取决于栅极电压 V_g、温度 T 和应力时间 t，由指数模型描述如下 [式 (7.1)][24,25]：

$$\Delta P\left(\text{或}\frac{\Delta P}{P_0}\times 100\%\right) = A\exp(\gamma_V V_g)\exp\left(-\frac{E_a}{k_B T}\right)t^n \quad (7.1)$$

或幂律模型 [式 (7.2)][24,25]

$$\Delta P\left(\text{或}\frac{\Delta P}{P_0}\times 100\%\right) = A\exp(V_g)^m \exp\left(-\frac{E_a}{k_B T}\right)t^n \quad (7.2)$$

其中，A 为常数；γ_V 为栅极电压加速因子（单位为电压的倒数）；m 为栅极电压指数（实测值范围在 3~4）；k_B 为玻尔兹曼常数；E_a 为活化能（实验测量值范围在 -0.01~+0.15eV）；n 为退化时间指数（对于大多数已发表的实验数据，该指数通常等于 0.25，范围在 0.2~0.3）。

在某些情况下，栅极电压 V_g 被氧化层电场 E_{ox} 取代，从而得到指数模型 [式 (7.3)][26]

$$\Delta P\left(\text{或}\frac{\Delta P}{P_0}\times 100\%\right) = A\exp(\gamma_E E_{ox})\exp\left(-\frac{E_a}{k_B T}\right)t^n \quad (7.3)$$

和幂律模型 [式 (7.4)][27,26]

$$\Delta P\left(\vec{\boxtimes}\frac{\Delta P}{P_0}\times 100\%\right) = AE_{ox}^m \exp\left(-\frac{E_a}{k_B T}\right)t^n \tag{7.4}$$

其中，E_{ox}为氧化层电场强度；γ_E为氧化层电场加速因子（单位为cm/MV）；m为氧化层电场指数。

提出的混合模型如下[18,28,29]：

$$\Delta P\left(\vec{\boxtimes}\frac{\Delta P}{P_0}\times 100\%\right) = AE_{ox} \exp(\gamma_E E_{ox}) \exp\left(-\frac{E_a}{k_B T}\right)t^n \tag{7.5}$$

本章将对较薄的氧化层中观察到的NBTI现象进行全面的总结。然后介绍NBTI机制和相应的寿命外推模型。对于NBTI表征，一个具体的观察是去除应力电压后的所谓恢复效应，本章将根据各种测量方法详细讨论这一效应。此外，总结了结构对NBTI性能的影响，尽管文献中存在相当有争议的报道。还详细介绍了通过工艺优化提高NBTI的重要方法。最后，列出了NBTI工艺认定要求作为参考。

7.1 负偏置温度不稳定性退化机制

NBTI与沟道中的低能空穴层相关，导致Si – H键在Si – SiO$_2$界面断裂[17]。相反，Fowler – Nordheim（FN）电流注入过程中的栅极 – 氧化层损伤[（详见第6章）通常用阳极空穴注入（AHI）][30]、阳极氢释放（AHR）[31]或热化学击穿来建模[32]。

一般认为NBTI在SiON – Si衬底界面上产生陷阱和/或在SiON体中产生固定电荷。前者的缺陷以P_b型中心为主，后者的缺陷多与SiON中的含氢物质、E'型中心或两者有关。NBTI诱导的V_t偏移表示为

$$\Delta V_t = -\frac{\Delta Q_{ot}}{C_{ox}} - \frac{\Delta Q_{it}}{C_{ox}} = -\frac{q\Delta N_{ot}}{C_{ox}} - \frac{q\Delta N_{it}}{C_{ox}} = \Delta V_{ot} + \Delta V_{it} \tag{7.6}$$

其中，Q_{ot}和Q_{it}分别为氧化层电荷和界面陷阱；ΔN_{ot}和ΔN_{it}分别为氧化层电荷和界面陷阱；C_{ox}为氧化层电容；ΔV_{ot}和ΔV_{it}分别为氧化层陷阱分量和界面陷阱分量诱导的V_t偏移。

7.1.1 反应 – 扩散模型 ★★★

对于SiO$_2$栅极介质薄膜，NBTI主要是由于Si – SiO$_2$界面上产生了界面陷阱（N_{it}）。已经提出了几种现象学模型来解释与NBTI退火相关的界面陷阱的形成，其中包括Jeppson等人（扩散控制机制）[16]、Blat等人（基于中性羟基物释放的扩散机制）[33]、Ogawa等人（基于扩散物H^0、H$^+$的机制）[34]和Chakravarthi等人提出的模型[35]［基于反应 – 扩散框架的定量模型（R – D模型）来预测NBTI

应力期间界面态的生成]。

在这些解释 NBTI 现象的各种模型中[16,33-35]，R-D 模型[35]是最有前途的物理模型之一，本节将详细进行介绍。简而言之，根据 R-D 模型，Si-SiO₂ 界面上的 ≡Si-H 键被反型层空穴断开（反应），随后释放的 H 离子远离界面（扩散）并生成 N_{it}（≡Si-）。图 7.2 显示了二维 Si-SiO₂ 界面，包括图 7.2a 中的 ≡SiH 缺陷，图 7.2b 中的该缺陷在 NBTI 过程中如何被电激活以形成界面陷阱、固定氧化层电荷和羟基，以及图 7.2c 中的 OH 通过氧化层的扩散。

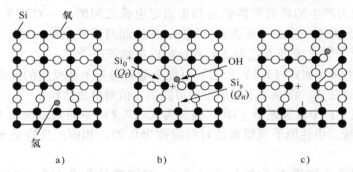

图 7.2　Si-SiO₂ 界面的二维示意图，显示 a）≡SiH 缺陷，b）该缺陷在 NBTI 过程中如何通过电激活以形成界面陷阱、固定氧化层电荷和羟基，以及 c）OH 通过氧化层扩散（经美国物理学会许可使用[22]）

在提出的 R-D 系统中[35]，界面处钝化的 $Si_3 \equiv Si-H$（有时表示为 SiX）键分离形成悬挂硅键 $Si_3 \equiv Si \cdot$（有时表示为 Si^+）和一个未知的可移动物质（X），它可能是氢原子（H）、氢分子（H_2）或带正电的氢离子（H^+）。R-D 模型表示如下[16]：

- 反应（情形 A）：

$$Si_3 \equiv Si - H + h^+ \Leftrightarrow Si_3 \equiv Si \cdot + X_{interface} \quad (7.7)$$

- 反应（情形 B）：

$$O_3 \equiv Si - H + h^+ \Leftrightarrow O_3 \equiv Si \cdot + X_{interface} \quad (7.8)$$

- 扩散：

$$X_{interface} \Leftrightarrow X^+_{bulk} \quad (7.9)$$

式（7.7）和式（7.8）中的反应会在界面产生带正电荷的缺陷（Si^+），称为施主界面陷阱态 ΔN_{it}[36]。施主界面陷阱在 PMOS 器件应力期间为正（偏置到反型）。$Si_3 \equiv Si \cdot$ 和 $O_3 \equiv Si \cdot$ 分别被称为快态和慢态界面陷阱[37]。根据式（7.9），物质 X 扩散到栅极介质中并产生正的固定电荷（ΔN_{ot}）。式（7.9）可以用 SiO_2［式（7.10）］和氮氧化层［式（7.11）］进一步表示为

$$H^+ + O - Si \equiv \Leftrightarrow HO^+ - Si \equiv \qquad (7.10)$$
$$H^+ + N - Si \equiv \Leftrightarrow HN^+ - Si \equiv \qquad (7.11)$$

由于式 (7.11) 中氮氧化层的活化能较式 (7.10) 的低，因此更容易产生正氧化层陷阱[38]。

有趣的是，Blat 等人[33]报道，对于厚度为 56nm 的 SiO_2 栅极介质，由负偏置温度（NBT）应力产生的界面陷阱（ΔN_{it}）和正固定电荷（ΔN_{ot}）的数量几乎相等。Tan 等人[39]在超薄 SiO_2 和 SiON 栅介质中也观察到了类似的结果，证明了 NBT 应力产生的界面陷阱数量和正固定电荷之间的一一对应关系。然而，这一观察结果并不一定总是正确的。例如，对于超薄栅极介质，ΔN_{ot} 与 ΔN_{it} 之间没有相关性[18,40]，或者 ΔN_{ot} 与 ΔN_{it} 相比可以忽略不计[36]。

时间指数 n［如式 (7.1) 所示］可能会随着参与上述反应的反应物的变化而变化。通过仿真，将基于不同模型的可能的 n 值简单总结如下[56]：

- 模型 I：中性氢原子（H^0）假设为式 (7.7) 中的未知物质 X。对于扩散受限的系统，中性原子氢模型的时间指数为 0.25。相应的反应是 $SiH + h^+ \Leftrightarrow Si^+ + H^0$

- 模型 II：物质 X 为氢分子（H_2），时间指数为 0.165。相应的反应是 $SiH + h^+ \Leftrightarrow Si^+ + 0.5H_2^0$

- 模型 III：这是模型 I 和模型 II 的组合，其中假设原子氢和分子氢都起作用。因此，根据叠加效应，反应的最终斜率范围为 0.165~0.25。

- 模型 IV：假设物质 X 是质子氢（H^+）。由于附加漂移项，H^+ 系统的斜率大于 0.25。相应的反应是 $SiH + 2h^+ \Leftrightarrow Si^+ + H^+$。当存在 H^+ 和 H^0 物质的组合时，时间指数的范围为 0.25~0.5。

- 模型 V：将模型 I、II、IV 组合起来，会得到以下两个连续的反应：$SiH + 2h^+ \Leftrightarrow Si^+ + H^+$ 和 $SiH + H^+ \Leftrightarrow Si^+ + H_2^0$。这是因为 H^+ 与 SiH 进一步反应形成分子氢，如果分子氢是比原子 H^+ 更稳定的缺陷。在这种情况下，时间指数的范围为 0.165~0.5。

- 模型 VI：如果一个空陷阱（T）与捕获的一个可动氢（H^0）形成一个固定的氢陷阱复合物（TH），就有可能出现这种情况。相应的时间指数将大于 0.25。一个例子是氢吸收位点（陷阱）的存在显著改变了 NBTI 的退化。另一个例子是在等离子体损伤后观察到的 NBTI 斜率的增加[41]，这可以解释为多晶硅或氧化层（空陷阱）中不饱和键的增加，可以捕获扩散的氢原子。

- 模型 VII：与模型 VI 相反，由于 H 的释放，氢源或更高的背景氢浓度的存在降低了 NBTI 斜率（<0.25）。

- 模型 VIII 和 IX：这些分别类似于捕获和释放分子氢的模型 VI 和 VII。对于捕获分子氢，时间指数大于 0.165，而对于释放分子氢，时间指数小于 0.165。

事实上，一个系统很可能混合了所有物质（原子 H^0、H^+ 和 H_2^0）和氢陷阱；因此，预计时间指数的范围会很大（0.165~0.5）。然而，大多数文献数据显示，时间指数为 0.2-0.3，说明 NBTI 退化反应以中性氢相关物质（如 H^0）为主，其他物质（如分子氢、原子正氢或氢陷阱）的贡献很小。

虽然通过 R-D 模型对 NBTI 诱导的界面陷阱产生达成了很多共识，但文献中关于氧化层陷阱产生的争论较多。

7.1.2 恢复 ★★★

当应力电压去除时，恢复是 NBTI 退化中一个常见的现象，特别是对氮氧化层来说。恢复使准确测量退化变得困难。恢复（或钝化）率取决于电场强度；也就是说，在恢复阶段施加更大的正偏置将导致更快的恢复[19,42]。图 7.3 显示了应力-恢复（钝化）-应力序列下的 ΔI_{dlin}，其中应力条件保持不变，而钝化栅极电压发生改变。数据表明，较高的电场强度有利于钝化工艺。即使在室温下也能清楚地观察到恢复效应[42]，表明钝化（恢复）不是由于热激活效应引起的。

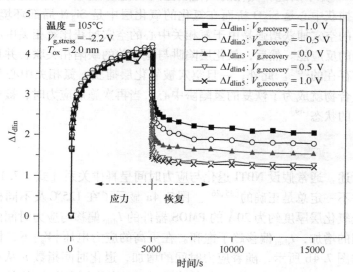

图 7.3 应力-恢复-应力下 ΔI_{dlin} 的变化。恢复速率随栅极电压恢复的增加而增加（Lei Jin 博士提供）

基本上，文献中提出了两种不同的恢复机制，具体如下：

- 第一种恢复机制是界面陷阱（ΔN_{it}）的恢复，这归因于悬挂 Si 键和释放的氢物质之间的逆反应对 Si-SiO_2 界面的再钝化[42-44]。这是基于 7.1.1 节讨论的 R-D 模型。一般认为在应力过程中，氢物质会扩散到多晶硅-氧化层界面，并从多晶硅-氧化层界面反射回来实现恢复。如果氢完全从多晶硅-氧化层界面反射,由于氢的反向扩散(扩散受限),恢复率应更接近退化率[35,45]。Tsujikawa 等人[45]研究表明在 NBTI 退化的应力和恢复阶段确实表现出相同的时间依赖性指数。然而,这一观察结果并不总是正确的。一项研究发现,当退化曲线上未出现饱和现象时,恢复斜率远小于退化斜率(例如,斜率从 0.221 变到 0.157)[25],这意味着氢物质通过氧化层扩散到多晶硅栅电极,但并未完全扩散回来。

然而,已经观察到界面陷阱[例如广泛采用的通过电荷泵(CP)电流 I_{cp} 直接探测]一旦产生,就会一直存在,无论如何都会监测到退化的情况[19]。正是界面陷阱的形成导致了 NBTI 退化的永久性部分。例如,在测量中断期间不会引起明显的 ΔN_{it} 松弛(例如,用于 V_t 表征的 $I_d - V_g$ 扫描或用于 N_{it} 表征的直流电流-电压(DCIV)和 CP)[46]。

- 第二种机制认为捕获的空穴部分(ΔN_{ot})是造成恢复的瞬态效应的原因[47,48]。氧化层陷阱(捕获的空穴和/或带正电的慢态)的恢复与它们的中和过程有关[19]。如下所述,氮化的氧化层比纯氧化层有更大的恢复效应。在纯氧化层中空穴捕获中心是 Si_2O 桥而在氮化的氧化层中是 Si_3N 局部环境[47]。氮化的氧化层中的空穴捕获增强是由于氮相关中心的空穴捕获比氧相关中心的空穴捕获具有更低的反应能。然后,氧化层陷阱与氮相关的缺陷相关联,并且大多数是在应力之前存在的[19]。此外,一旦空穴被氧化层捕获,氮相关中心与捕获的空穴形成的复合物就成为了恢复的氢陷阱中心。当再次施加应力时,被中和位点可以恢复到正的状态[49]。

7.1.3 退化饱和机理 ★★★

如前所述,通常假设 NBTI 退化与应力时间呈幂律关系[式(7.1)]。然而,这一假设并不一定总是正确的[35,26]。图 7.4a 显示了在 125℃ 及不同栅极应力电压下,栅极氧化层厚度约为 20Å 的 PMOS 器件的 I_{dsat} 偏移与应力时间的关系。随着应力时间的增加,I_{dsat} 偏移趋于饱和。在更高的应力电压 $|V_g|$ 下,饱和值会变得更大。如图 7.4b 所示,随着应力时间的增加,退化时间指数 n 从 0.4 减小到 0.25,最终达到约 0.16。在不同应力时间下 I_{dsat} 偏移与应力 V_g 的关系可以很好地通过对 V_g 的指数依赖性来拟合[式(7.1)]。值得注意的是,无论栅极氧化层厚度如何,都能观察到类似的 NBTI 退化饱和现象,说明退化饱和是普遍存在的,对此文献给出了如下几种解释:

- 一种机制认为退化饱和是基于 R-D 模型的最大可用自由 SiH 位点引起的反应限制[式(7.7)][35]。Si^+ 的生成随着可用 Si-H 键的数量随时间的减少而减少。基于该模型,饱和时产生的 N_{it} 收敛,因为可用位点的总数与电压无关。

第 7 章 负偏置温度不稳定性

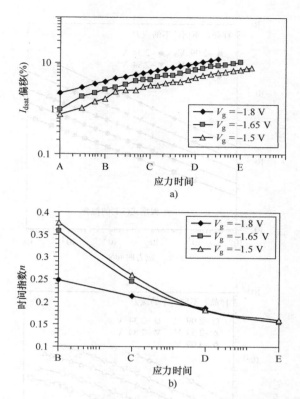

图 7.4 a) 125℃下不同应力 V_g 下 I_{dsat} 偏移随应力时间的变化，退化随着应力时间的增加而饱和；b) 退化时间指数 n 值与应力时间的幂律关系，n 值随应力时间的增加而减小

不同电压下 ΔV_t 随应力时间变化的例子如图 7.5a 所示。相应的 ΔN_{it} 时间变化如图 7.5b 所示。较长应力时间下的饱和趋势可以用 SiO–Si 界面上有限的 Si–H 键数和 Si–H 键能的分布来很好地解释，其中界面陷阱的产生可以近似地表示为[47]

$$\Delta N_{it} = N_{it,max}\left(1 - \frac{1}{1 + \left(\dfrac{t}{\tau}\right)^{\alpha}}\right) \tag{7.12}$$

其中，$N_{it,max}$、τ 和 α 是拟合参数，都取决于 V_g（或氧化层电场强度 E_{ox}）。利用式 (7.12) 可以很好地拟合整个应力区域的实验数据，如图 7.5b 所示。

- 饱和的另一个机制是，当遇到一个新的界面时，扩散物质可能会被反射，而这个界面扩散物质在能量上不利于转移[35]。例如，这个界面可以是氮化物–多晶硅界面。由于密度较高，氮化物充当氢的阻挡层[50]，从而减少了氢从多晶硅向氮化物的转移。

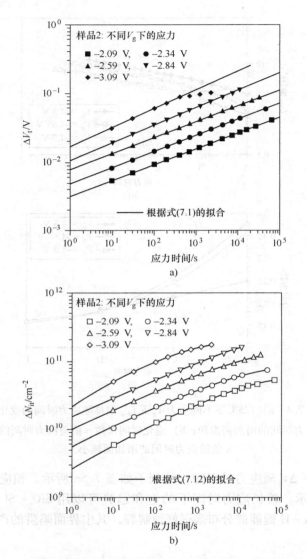

图7.5 a) 样品在125℃及不同电压下阈值电压偏移 ΔV_t 的应力 – 时间变化和基于幂律相关性假设的线性拟合 [式 (7.1)]; b) 上述样品界面陷阱生成 ΔN_{it} 的应力 – 时间变化, 拟合曲线基于式 (7.12)(经美国物理学会许可使用[37])

- 饱和效应也可以归因于氧化层中正电荷的积聚导致氧化层 – Si 界面电场强度的逐渐减小,以及由于 ΔN_{it} 的增加导致反向反应的有利程度逐渐增加 [式 (7.7)][51]。增大 $|V_g|$ 可以提高 Si – H 键的消耗速率,使 ΔN_{it} 饱和出现的应力时间提前。

第 7 章 负偏置温度不稳定性

- 另一方面，Zhu 等人[37]强调，在 NBTI 应力早期阶段，ΔN_{it} 遵循幂律依赖关系，而 ΔN_{ot} 可以忽略不计，并且在式（7.7）和式（7.8）的反应过程中，似乎并非所有释放的物质 X 都在反应中形成正电荷。随着应力时间的增加，ΔN_{it} 的产生速率不断下降，在较长的应力时间内呈现饱和趋势（见图 7.5b），而 ΔN_{ot} 仍然遵循幂律依赖关系，因此 ΔN_{ot} 对 ΔV_t 的相对贡献增加。与 ΔN_{it} 相比，ΔN_{ot} 饱和的延迟可能是由于氧化层中 $O_3\equiv Si-H$ 键在远离界面的地方持续解离，甚至在界面 Si-H 键已经被大量消耗之后也是如此。由于这些 $O_3\equiv Si\bullet$ 缺陷可以通过捕获空穴或 H^+ 而带正电荷，而被捕获的电荷不能通过隧穿与 Si 表面载流子关联，这些缺陷表现为固定氧化层电荷，而不是慢态界面陷阱。当 SiO_2 层中的 $O_3\equiv Si-H$ 键大部分被消耗时，ΔN_{ot} 就会饱和。

7.2 退化时间指数 n，活化能 E_a，电压/电场加速因子 γ

7.2.1 退化时间指数 n ★★★

如 7.2.1 节所述的基于 R-D 模型和氢释放模型，器件参数的幂律时间相关退化的指数值 [式（7.1）中的 n] 范围在 0.165~0.5。实验发现，n 值在 0.15~0.35[52-55]。事实上，一些因素，如栅极长度、氧化层厚度、氮化、氟化，以及测试方法都会影响 n 值。现总结如下。

一个值得注意的观察结果是，n 值随着栅极长度的按比例减小而持续增加，如图 7.6[57]所示。与几何相关的 R-D 模型表明，在 Si-H 键密集分布的漏端和源端，相对较高的时间指数（$n\approx 0.35$）可能来自二维的氢释放和扩散。

退化时间指数 n 取决于测试方法[62]：不间断应力（UIS）方法（7.4.3 节）表明 n 值不随工艺变化而变化，而当用传统的应力-测量-应力（SMS）技术测量时，n 值明显与工艺有关，这归因于应力去除后的恢复。

- 对于恢复效应可以忽略不计的 UIS，I_{dlin} 退化的时间指数 n 大致在 0.16~0.20，对氮、氟、应力电压或温度的依赖性不明显。n 的相似性说明退化机理是相同的。
- 对于 SMS，通过周期性的应力中断来检测退化，恢复会不可避免地发生。指数 n 取决于工艺/EOT[62]。
- 等离子体氮化的氧化层（PNO）（0.15~0.25）的时间指数 n 低于 SiO_2（0.25~0.3）。
- n 值随着氧化层厚度的减小而减小（无论是 SiO_2 还是氮化的氧化层）。在 1nm、3nm 和 6.5nm 的等效氧化层厚度（EOT），n 值分别约为 0.16、0.27 和 0.30。
- 氟的掺入增加了 n（约为 0.30）值，也延长了寿命。
- 不同工艺的时间斜率 n 的趋势是 n（氮化）< n（SiO_2）< n（氟化）。

— 171 —

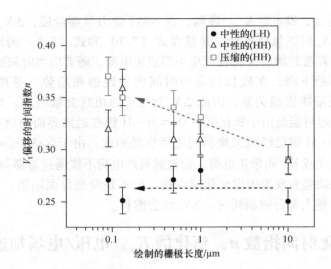

图7.6 基于NBTI应力下V_t偏移的拟合时间指数n与栅极长度的关系。"中性的LH"和"中性的HH"分别表示低和高氢浓度接触刻蚀截止层（CESL）的低应力（约为200MPa）。"压缩的HH"是指含有高浓度氢的高压缩氮化层薄膜（>1GPa）（经IEEE授权使用[57]）

7.2.2 活化能（E_a）★★★

温度越高，NBTI越严重。活化能与沟道长度无关[56]，但与界面/氧化层陷阱、氮化和栅极电压有关，具体如下所示。

- E_a取决于NBTI应力诱导的氧化层陷阱和界面陷阱。在不同的恢复阶段测量的V_t偏移将给出完全不同的活化能，如下所示。

换句话说，文献中列出的各种E_a可能源于有争议的测量方法。表7.1显示，NBTI应力结束时（图7.7中A点）ΔV_t的活化能等于0.06eV，而恢复后（图7.7中B点）ΔV_t的活化能等于0.154eV，与界面陷阱产生的活化能相似[19]。与Zhu等人报道的结果类似[37]。在A点，界面陷阱和氧化层陷阱都对V_t偏移有贡献，对应的V_t偏移比B点大。然而，在恢复后的B点，氧化层陷阱被恢复，而界面陷阱仍然存在。因此，在B点，V_t偏移的活化能是由界面陷阱决定的。

表7.1 文献[19]中给出的氧化层陷阱和界面陷阱对V_t偏移的贡献及相应的活化能

	A点	B点
对V_t偏移的主要贡献	氧化层陷阱 + 界面陷阱	界面陷阱
活化能	0.06eV	0.154eV
	氧化层陷阱	界面陷阱
活化能	0.02eV	0.154eV
对V_t偏移的贡献	A点	A点和B点

- 氧化层陷阱的活化能远低于界面陷阱。从图 7.7b 中提取的氧化层陷阱的活化能为 $E_{(A-B)} = 0.02\text{eV}$，表明氧化层陷阱引起的 V_t 偏移几乎与温度无关。研究表明，与空穴捕获相关的缺陷产生几乎与温度无关[19]，这是由 NBTI 应力诱导的氧化层陷阱的情况。实验观察到的这种较小的温度依赖性只能用有效空穴捕获截面随温度的变化来解释。

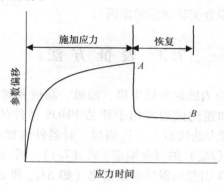

图 7.7 应力周期和恢复周期示意图。A 点和 B 点分别表示应力周期和恢复周期的结束

- 氮化的氧化层的活化能 E_a 低于 SiO_2。E_a 一般为 $0.1 \sim 0.2\text{eV}$[18,45,54]，SiON 为 0.1eV 而 SiO_2 为 0.2eV[9,52]。Kimizuka 等人[38]报道了重氮化的 NO 氮氧化层的 NBTI 活化能比纯 SiO_2 要小得多。众所周知，氮化会导致栅极氧化层中的氧化层陷阱增加并使 NBTI 性能变差。因此，氮化引起的更多氧化层陷阱（空穴捕获）与氮化的氧化层更低的活化能有关。类似地，Tsujikawa 等人[45]报道了 NBTI 增强的非优化的氮氧化层（0.12eV）的 E_a 低于优化的氮氧化层（0.14eV），这可以归因于非优化氮化层中更多数量的氮氧化层陷阱。

- 另一方面，在接触孔刻蚀截止层（CESL）SiN 中[57]，V_t 偏移的活化能似乎不受氢浓度和应力的影响。在 CESL 中不同氢浓度和应力的三种情况下，E_a 值均约为 0.1eV。因此，可以推断，不同类型氮化物 CESL 的界面氢扩散系数是相同的。

- E_a 随着应力 V_g 的增大而减小。Aono 等人[26]报道，当 6.7nm 厚栅极氧化层的 PMOS 器件的应力电压从 4V 增加到 6.5V 时，E_a 从 0.25eV 下降到 0.16eV。

7.2.3 电压/电场加速因子 γ ★★★

电压加速因子 [式（7.1）中的 γ_V] 取决于栅极氧化层厚度。γ_V 仍然与 $1/\text{EOT}$ 成正比——氧化层越厚，对应的电压加速因子越小[58]。γ_V 值可以根据经验进行拟合，并通过下式与 EOT 相关联：

$$\gamma_V = 84.6 \frac{1}{\text{EOT}} \tag{7.13}$$

另一方面，有趣的是，当 EOT 从 10A 变化到 50A 时，氧化层电场加速因子[式（7.5）中的γ_E]几乎保持不变（约为 0.6 ± 0.05cm/MV）。

电压加速因子也与应力电压有关。基于指数模型的加速因子[式（7.1）和式（7.3）]随应力电压的降低而增加[59]。如果采用指数模型，对于工作电压的寿命预测，较低的应力电压则更为理想。这也是提出幂律模型[式（7.2）和式（7.4）]以更好地拟合实验数据的原因。

7.3 表征方法

在高温下，NBTI 应力施加在栅电极，源极、漏极和衬底接地（典型温度为125℃以模拟工作）。加速测试通常用于评估 PMOS 器件的 NBTI 寿命。典型的 NBTI 测量包括 NBTI 应力迭代和 I_d-V_g 测量。对器件施加高栅极电压 V_g 以测量寿命，一些依赖于 V_g（E_{ox}）的寿命模型[式（7.1）~式（7.4）]用来预测在工作电压下的寿命。NBTI 引起的器件参数退化（如 ΔI_{dsat} 和 ΔV_t）通常可以用应力时间的幂律关系来描述[16,34,56]。

对于技术认定，通常使用三个或更多不同的加速栅极电压来外推工作电压的寿命。图 7.8 简要地描述了该方法。对于三个或三个以上不同的栅极应力电压，测量达到给定参数漂移标准的应力时间（见图 7.8a）。为了评估统计寿命，测量了多个晶体管/芯片。每个器件应力测试都会产生一对值，也就是说，对于给定的标准，栅极应力电压与失效时间（典型值是 10% 的 I_{dsat} 偏移）。图 7.8b 所示的这些数值对决定了寿命外推的函数。外推曲线的斜率定义了电压加速。通过这种方式，可以计算出在工作条件下的寿命（对于 10% 的裕度为 $1.1V_{dd}$）。

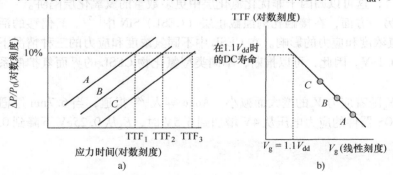

图 7.8 a）在 A、B、C 三种不同应力条件下，器件参数（如 I_{dsat}）随应力时间退化的示意图；b）使用 V_g 模型对工作电压（$1.1V_{dd}$）进行寿命外推的示意图

注意，图 7.8 中寿命外推的例子是传统的 E 模型，如式（7.1）所述。其他

类型的模型 [例如,幂律模型式 (7.2)] 也是可能的。根据 E_{ox} 加速的不同模型,预测寿命可能会有几个数量级的变化。随着工作和加速测试之间的 E_{ox} 差异的增加,这种预测寿命的不确定性变得显著。因此,寿命与 V_g (或 E_{ox}) 模型是在高应力电压(或电场强度)下通过短期应力正确评估工作条件下较长的器件寿命的关键。

7.3.1 时延(恢复)对表征的影响 ★★★

如 7.1.2 节所述,去除应力后 NBTI 退化会在很大程度上恢复。因此,当电路在开关 (AC) 工作下运行时,器件寿命将有望增加[28,43,60-62]。研究发现由于恢复,在常规应力 - 测量 - 应力(SMS)测量顺序下,去除应力后 NBTI 诱导的退化幅度减小,而幂律时间指数 n 更大,如 7.2.1 节所示[28,43,61-64]。因此,恢复确实会影响 NBTI 的表征及其寿命外推。

已经证明,应力消除后不到 $1\mu s$ 就会发生恢复[20,60]。在应力结束和表征之间不到 1s 的延迟时间内,可以看到高达 50% 的参数退化[67]。由于在硅悬挂键的捕获横截面内氢原子的快速捕获(反应受限的)引起了快速恢复。在该区域的所有原子被捕获后,由于氢原子再次扩散到界面(扩散受限的),发生进一步的恢复[35]。

在 NBTI 表征过程中如此短的恢复时间使得在没有任何恢复的情况下很难(或不切实际)对应力后的晶体管进行测量,特别是当必须测量多个器件参数时(例如,由于设计人员的要求)。然而,在某些情况下,产品电路中的晶体管可能没有机会在连续工作条件下恢复(例如,DC 应力)。因此,很容易推测,基于已经恢复的状态对器件参数的苛求将导致对产品寿命的高估。换句话说,当基于已经恢复的测量值时,NBTI 恢复现象使得寿命预测变得不可靠。因此,对器件可靠性改进的需求导致了对精确可靠性评估方法的强烈需求。已经提出了一些快速测量技术(7.3.3 节)来尝试克服恢复效应,例如,即时技术或使用专用运放进行快速 V_t 测量[67]。

然而,幸运的是,一项关于测量延迟引起的 NBTI 寿命预测恢复的调查显示,与预期相反,并没有出现不希望出现的严重高估[64]。如果使用较长的应力时间,即使延迟 60s,高估的结果也可以忽略不计。相反,太短的应力 - 时间实验可能导致寿命低估。短延迟和长应力时间是提高 NBTI 寿命预测精度的有效途径。

图 7.9 显示了在 65nm 技术中,测量延迟为 100ms 和 20s 时,I_D 退化随应力时间的函数关系。可以看出,随着应力时间的延长,不同延迟后的 I_D 偏移之间的相对偏差越来越小,这意味着随着应力时间的延长,由恢复引起的参数退化的差异越来越小。

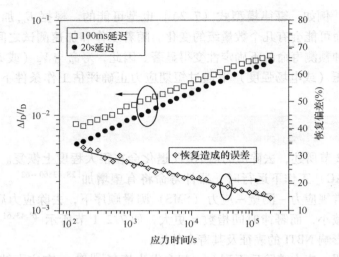

图 7.9 对于 65nm 技术，测量延迟为 100ms 和 20s 时，I_D 随应力时间的变化

（经 IEEE 授权使用[64]）

图 7.10 显示了基于 10% ΔI_{dsat} 失效标准（方法见图 7.8）对两个不同实验应力组（短应力组和长应力组）的失效时间（TTF）预测，在五种不同的应力电压（V_G = -1.9V、-2.0V、-2.2V、-2.4V 和 -2.6V）下分别进行 100ms 和 60s 的延迟测量。图 7.10 还给出了四个不同测量组外推到工作电压的寿命。以

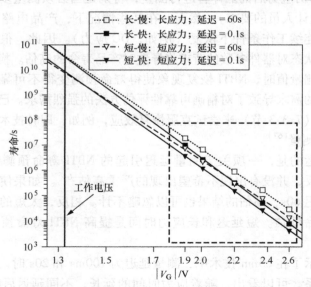

图 7.10 65nm 技术中四个不同测量组外推到工作电压的寿命。应力时间和测量延迟是不同的（经 IEEE 授权使用[64]）

下是若干突出要点[64]：

● 在长应力组或短应力组中，在不同单应力电压下，较长的延迟（60s）会比 0.1s 的延迟导致更高的恢复，因此 TTF 也更高。

● 无论延迟时间（慢或快）如何，对于长应力时间组，外推至工作电压的寿命几乎是相同的。这种趋势也适用于短应力时间组。

● 对于长应力时间组，外推得到工作电压的寿命大于短应力时间组，这意味着基于短应力时间（短-快组和短-慢组）的外推甚至低估了晶体管寿命。根本原因是在短应力时间组中，每个单一应力测试的退化曲线都没有达到退化趋于饱和的状态。因此，退化斜率较高，从而低估了每次应力测试预测/外推至 10% I_{dsat} 偏移的 TTF 值（如图 7.10 所示，用三角形标记的 TTF 值低于用正方形标记的 TTF 值）。

● 在不同应力电压下，除了 TTF 值较高外，恢复现象也会导致电压加速的变化。图 7.10 可以看出，在较低的应力电压下，60s 延迟与 0.1s 延迟的 TTF 差值较小，导致 60s 延迟的电压加速斜率较小。因此，在工作电压下，外推的寿命接近。

简而言之，更长的延迟会带来更多的恢复，但电压加速斜率更小。在总应力时间相同的情况下，基于不同延迟测量外推至工作电压下的寿命应该更接近。更长的应力时间在工作电压下提供更长的预期寿命是更可取的，因为它们更接近实际情况。

7.3.2 应力-电压和应力-时间影响 ★★★

对于 1.2nm 厚的超薄氧化层 NBTI 寿命外推，发现 E 模型是低电场强度（<10MV/cm）应力的更好选择，而高电场强度区域（>10MV/cm）的应力最好采用幂律模型[25]；另一方面，有人认为，当出现退化饱和时，无论栅极氧化物厚度和应力电压如何，幂律模型都是适用的[26]。

图 7.11a 显示了 1.2nm NBTI I_d 的退化特性，其中未观察到退化饱和[25]。可以看出，退化曲线随应力时间呈幂律关系。图 7.11b 显示了加速退化斜率 n 随应力电压的变化。在低电场强度区域（1.2~1.9V），n 值基本保持在 0.16~0.17，但在高电场强度区域（1.9~2.7V），随着应力电压的增加，n 值从 0.17 增加到 0.24。这表明，分子氢扩散主导了低电场强度区域的退化（$t^{0.165}$），而根据 R-D 模型（第 7.1.1 节），额外的原子氢扩散增强了高电场强度区域（$t^{0.25}$）的退化斜率。

图 7.12a 显示了在 1.2~1.95V 的应力范围内，1.2nm NBTI 在长期应力（>1000h）下的退化特性。同样，在退化曲线上没有发现饱和特性。退化斜率随应力时间的变化如图 7.12b 所示。可以看出，退化斜率并没有随着应力时间的增加而减小，而是保持在 0.16~0.17。因此，在 1.2~1.95V 的应力范围内，

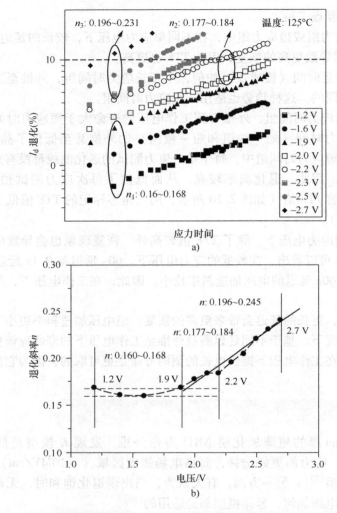

图 7.11 a) I_d 退化的对数与应力时间的对数关系。退化与应力时间呈线性相关。
b) 退化斜率 n 随应力电压的变化。n 在应力电压为 $1.2 \sim 1.9V$ 时保持在 $0.16 \sim 0.17$，但随着应力电压从 1.9 到 2.7V 的增加而增加（经 IEEE 许可使用[25]）

NBTI 寿命的首选模型应该是 E 模型而不是幂律模型，以预测 1.0V 时的实际应用。为了进一步确定寿命的 E 模型或幂律模型，在图 7.13 中绘制了不同应力时间退化对应力电压的依赖关系。因此，Chen 等人[25]提出应将退化分为两个区域：如图 7.13a 所示，在低电场强度区域应力电压（$1.2 \sim 1.9V$）的 E 场相关性（E 模型）[式 (7.1)]；如图 7.13b 所示，在高电场强度区域（$1.9 \sim 2.7V$）的幂律相关性[式 (7.2)]。更具体地说，E 模型适用于应力范围小于 10MV/cm 的 1.2nm 氮化的氧化层。

第 7 章 负偏置温度不稳定性

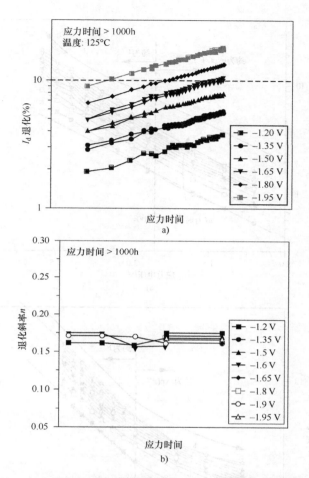

图 7.12 a) I_d 退化特性。退化的对数与应力时间的对数呈线性关系，即使在高达 1000h 的应力下也是如此；b) 退化斜率 n 与应力时间的关系。n 不随应力时间的增加而减少（经 IEEE 许可使用[25]）

下面给出了一个合理的解释[25]。一般来说，原子氢扩散的反应能量要高于分子氢扩散的反应能量[35]。在低电场强度区域，由于提供的能量较低，更容易形成稳定的分子氢。当应力电压增加时，它提供更高的能量形成原子氢。原子氢扩散百分比随应力电压的增加而增加，从而导致在高电场强度区的幂律特征。

7.3.3 不间断应力方法 ★★★

由于存在恢复效应，很多研究都在努力使用无延迟即时（OTF）I_{dlin}[28,60,65]或最小延迟快速 $I-V$ 技术[66,67]来测量 NBTI 退化，以准确确定器件退化。本节

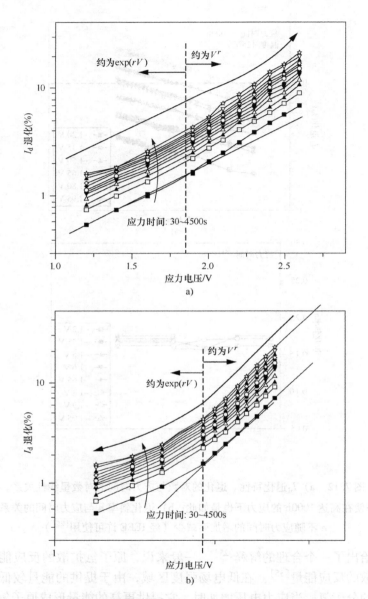

图 7.13 a) 不同应力时间下的退化与应力电压的关系。在低电场强度区域（1.2~1.9V），
退化显示出与应力电压的 E 场关系；b) 不同应力时间下退化与应力电压的关系，
在高电场强度区域（1.9~2.7V），退化表现出与应力电压的幂律关系
（经 IEEE 许可使用[25]）

对这些技术进行了总结。

一级即时方法

在一级即时（OTF）方法（见图 7.14）中，在 $V_g = V_{g,\text{stress}}$ 和低偏置 V_d（例如，典型的 $V_d = 50\text{mV}$）下监测预设时间间隔内线性漏极电流 I_{dlin}。对应的 V_t 偏移可以从 $V_{g,\text{stress}}$ 测试的 I_{dlin} 偏移中提取出来，如下所述。起始点是特定 V_g 的线性漏极电流，如式（2.45）所述，在这里改写为

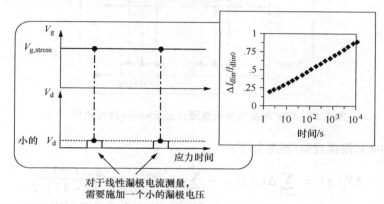

图 7.14 一级 OTF 测量方法示意图。如图所示，可监测线性漏极电流偏移的典型演变过程（经 Elsevier 许可使用）[19]

$$I_{\text{dlin}} \approx \frac{Z}{L} \cdot \frac{\mu_0 C_{\text{ox}}}{1 + \theta(V_{g,\text{stress}} - V_t)} [(V_{g,\text{stress}} - V_t) V_d], \quad V_d \ll (V_{g,\text{stress}} - V_t) \tag{7.14}$$

其中，Z 为沟道宽度；μ_0 为体迁移率；θ 为常数。对公式两边求导，得到

$$\frac{\Delta I_{\text{dlin}}}{I_{\text{dlin}}} = \frac{-\Delta V_t}{V_{g,\text{stress}} - V_t} + \frac{\Delta \mu_0}{\mu_0} + \frac{V_{g,\text{stress}} - V_t}{[1 + \theta(V_{g,\text{stress}} - V_t)]} \Delta \theta \tag{7.15}$$

忽略式（7.15）中的第二项和第三项，得到 ΔV_t 与 ΔI_{dlin} 的线性关系：

$$\Delta V_t = \left| \frac{\Delta I_{\text{dlin}}}{I_{\text{dlin}}} \right| (V_{g,\text{stress}} - V_t) \tag{7.16}$$

二级即时方法

在二级即时（OTF）方法（见图 7.15）中，不仅要在 $V_g = V_{g,\text{stress}}$ 和低偏置 V_d 下的预设时间间隔内监测线性漏极电流 I_{dlin}，还要在 $V_{g,\text{stress}} + \Delta V$ 和 $V_{g,\text{stress}} - \Delta V$ 处监测，其中，ΔV 是对 $V_{g,\text{stress}}$ 的少量扰动。第 i 时间点的 G_m 可如下估算：

$$G_m(i) = \left. \frac{\partial I_{\text{dlin}}}{\partial V_g} \right|_i = \left. \frac{\Delta I_{\text{dlin}}}{\Delta V_g} \right|_i \approx \left. \frac{I_{\text{dlin}}(V_{g,\text{stress}} + \Delta V) - I_{\text{dlin}}(V_{g,\text{stress}} - \Delta V)}{2\Delta V} \right|_i \tag{7.17}$$

一般来说，用于设计目的的是 V_t 偏移而不是 I_{dlin} 偏移。恒定栅极应力电压下

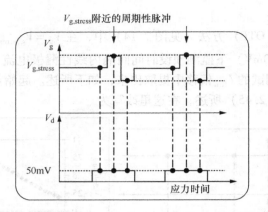

图 7.15 OTF 测量方法示意图（经 Elsevier 许可使用[19]）

时间点 n 的 V_t 偏移近似/推导如下：

$$\Delta V_t(n) = \sum_{i=1}^{n} \Delta V_t(i) = -\sum_{i=1}^{n} \frac{I_{\text{dlin}}(i) - I_{\text{dlin}}(i-1)}{[G_m(i) + G_m(i-1)]/2} \quad (7.18)$$

结果表明，当 ΔV 从 50mV 增大到 250mV 时，脉冲高度对观测到的 V_t 偏移没有明显影响[19]。

OTF 方法在 NBTI 表征中排除了恢复效应，因而备受关注。这种方法很容易使用常用的参数分析仪实现。一些主要设备制造商已提供 OTF 测量功能[68,69]。然而，这种方法还存在一些缺点，限制了它的实际应用。

- OTF 方法在应力水平 $V_{g,\text{stress}}$ 或非常接近应力水平 $V_{g,\text{stress}}$ 时确定电学参数，这比传统方法中检测到的 V_g 大得多。在传统的方法中，在 $V_g = V_{op}$（工作电压）时测量 I_{dlin}，并且 V_t 是通过检测 V_g 接近 V_t 时通过 $I_d - V_g$ 外推来测量的。检测的 V_g 对相对恢复的影响很小[70]。然而，更大 $|V_{g,\text{stress}}|$ 的检测将导致测量的 $|\Delta I_{\text{dlin}}|$ [71] 和 $|\Delta V_t|$ 更大[70]，这可以解释为在更高的 $|V_g|$ [式（7.6）] 时检测到更高的电荷陷阱 Q，如图 7.16 所示。

- 在高 V_g 状态下（由于 $V_{g,\text{stress}}$），MOSFET 对参数变化相当不敏感。以 2.5V 左右的应力栅极电压为例，1mV 栅极电压变化导致的 $\Delta I_{\text{dlin}}/I_{\text{dlin}}$ 仅为 1×10^{-4}。换句话说，这意味着测量的 I_{dlin} 的不确定性为 1%，对应 ΔV_t 的误差为 100mV[71]。

- 另一个问题是，由于商用准 DC 参数分析仪的测量时间相对较慢（通常为 20~150ms）[70]，第一次测量 I_{dlin}（假定为无应力）是在应力水平（即 $V_{g,\text{stress}}$）下经过 20~150ms 完成的。因此，测量的 G_m [式（7.17）] 和 ΔV_t [式（7.18）] 也会被低估。

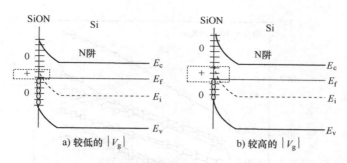

图 7.16 形成检测 V_g 效应的缺陷示意图。在 a) 中低 $|V_g|$ 处的正电荷小于 b) 中高 $|V_g|$ 处的正电荷

快速 V_t 方法

快速 V_t 方法可中断应力，然后快速测量和记录 V_t 与恢复时间的关系（在给定的漏极电流和电压下）。Shen 等人[66]给出了快速 V_t 方法的详细测量设置，其中使用脉冲的下降沿或上升沿测量 V_t。在该方法中，在脉冲边沿测量 $I_d - V_g$，因此，边沿时间是微秒范围内的测量时间。测量延迟达到 0.5μs。Shen 等人[66]观察到，当测量时间增加到 100μs 以上时，由于测量过程中出现了明显的去捕获现象，HfO_2 栅介质 NMOS 器件在 PBTI 应力作用后测量的 V_t 偏移开始下降。也就是说，恢复效应在 100μs 左右生效。当常规准 DC 技术的测量时间增加到几秒时，ΔV_t 减小为原来的 1/5。然而，这种方法的缺点是不能用常规的设备进行测量，需要专门的测量设备[72]。

7.3.4 体偏置对负偏置温度不稳定性的影响 ★★★

在前面关于 NBTI 应力的讨论中，体是接地的。然而，研究发现，在 NBTI 应力期间，体偏置 V_b 确实会影响退化。然而，文献中报道的 V_b 对 NBTI 退化的影响存在争议[74]：

- Mitani 等人[52]和 Hurad 等人[47]发现，在相同 V_g 应力下，NBTI 与高达 3V 或 4V 的正体偏置无关。
- Kimizuka 等人[38]观察到 NBTI 寿命在 V_b > 约 1.5V 时开始显著下降。
- Mahapatra 等人[54]报道称，在较高的 V_b（≥4V）下，NBTI 在较短的应力时间内表现出相同的退化率，而在较长的应力时间内退化率急剧增加。
- Zhu 等人[74]发现，通过施加正的体偏置可以显著增强 NBTI，这取决于 V_g 和 V_b；也就是说，较高的 $|V_g|$ 需要较低的 V_b 来触发增强（见图 7.17）。在较低的 $|V_g|$（即 1.5V）时，器件的退化几乎与 V_b 无关（高达 2V），在较高的 $|V_g|$（≥2.0V）时，器件的退化明显增强，且退化率较大。

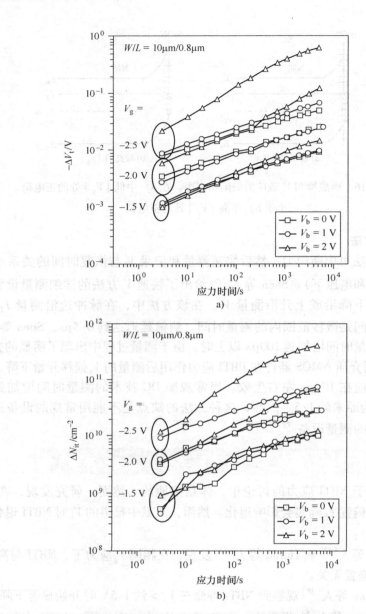

图 7.17 在不同 V_g 和 V_b 值的静态应力下，a) 从 $I_d - V_g$ 曲线中提取的阈值电压偏移 ΔV_t 和 b) 从修正的 DCIV 曲线中推导出的对应的界面陷阱产生（ΔN_{it}）随应力时间的函数关系。$W/L = 10 \mu m/0.8 \mu m$ 的 PMOS 器件在 125℃下施加应力并进行测量（经美国物理学会授权使用[74]）

V_b 对 NBTI 退化的影响通常归因于反型下 V_b 引起的沟道空穴（所谓的冷空穴）

数量的改变[38,47,52,54,73,74],这进一步与 NBTI 应力下 Si – Si 界面 Si – H 键的分离有关[18,33,34]。注意,即使 V_b 变化,氧化层电场强度(E_{ox})也保持不变(假设 V_g 相同),因为在 NBTI 应力期间,反型沟道与接地的源/漏电极具有相同的电位。然而,反型沟道中的冷空穴数量与 $|V_g - V_t|$ 成正比 [见第2章式 (2.43)]:

$$|Q_n| = C_{ox}|V_g - V_t| \tag{7.19}$$

其中,$|Q_n|$ 为反型沟道载流子数量;C_{ox} 为氧化层电容。通过施加正的体偏置 V_b,初始阈值电压由于体效应而改变 [见第2章中的式 (2.62)]。例如,一个 $W/L = 10\mu m/0.32\mu m$ 的器件在 $V_b = 0$、$1V$ 和 $2V$ 时的 V_t 分别为 $-0.365V$、$-0.597V$ 和 $-0.726V$[74]。因此,在相同 V_g 应力下,沟道内的冷空穴数量随 V_b 的增大而减小。因此,如果只考虑这种冷空穴,则较大的 V_b 将导致较小的 NBTI 退化。

另一方面,V_b 诱导的 NBTI 退化增强也归因于衬底热空穴注入[54,73,74]。PMOS 器件在 $V_b = 0$ 和 $V_b > 0$ 的 NBT 应力作用下的能带示意图如图 7.18 所示。沟道与体之间诱导的耗尽区宽度 W 和该区域的最大电场强度 E_{max} 均与 $\sqrt{V_b}$ 近似成正比[75]。当电场"热"时,从体到沟道的空穴会被加速。因此,虽然冷的反型空穴的数量减少了,但沟道中热空穴的数量及其动能会随着 V_b 的增加而增加。可以合理地假设,只有能够隧穿通过 $1 \sim 2 Å$ 的界面层的空穴才能被 Si – H 键捕获,促进 Si – H 键的分离[18]。通过这种方式,热空穴被认为比正常的冷沟道空穴更有效地诱导退化,因为热空穴在垂直于栅极氧化层的方向有更高的动量。

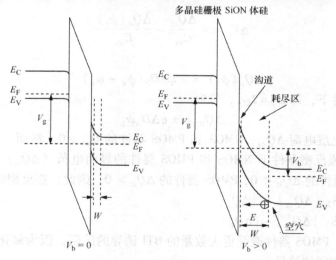

图 7.18 在 $V_b = 0$(左)和 $V_b > 0$(右)的 NBT 应力下 p + 多晶硅栅 PMOS 能带图。沟道层以下的耗尽层宽度 W 和内建电场 E 都随着 V_b 的增加而增加
(经美国物理学会授权使用[74])

简而言之，随着 V_b 的增加，由于沟道空穴密度的减小，法向冷空穴诱导的退化减小，而热空穴注入诱导的额外退化增加。这与 $V_b=2V$ 时非常小的活化能 E_a（0.009eV）和 $V_b=0V$ 时的活化能 $E_a=0.197eV$ 是一致的，因为电场激活的热空穴导致隧穿效应对温度的依赖较弱[74]。

- 在较低 V_b 时，冷空穴和热空穴的两个相反的效应使得器件的退化几乎与 V_b 无关。
- 在较高 V_b 时，热空穴的影响增加得更快，并且超过冷空穴，导致在较高 V_b 时退化的显著增强。此外，正如 Varghese 等人[73]所指出的，注入热空穴除了破坏 Si–H 键外，还会破坏 SiO_2–Si 界面处或附近的 Si–O 键。
- 从沟道到界面层的空穴隧穿系数几乎与界面处的局部电场强度呈指数关系。换句话说，键解离的势垒高度随着 E_{ox}（即 V_g）[18]的增大而减小。因此，在较高 $|V_g|$ 时对 V_b 的影响比较低 $|V_g|$ 时更为显著，触发退化增强的最小 V_b 值随着 $|V_g|$ 的增加而降低。

7.4 为什么反型的 PMOS 最差

在 PMOS 和 NMOS 器件中都观察到 NBTI，但对 PMOS 器件的影响要更严重，如图 7.19 所示。有几个模型解释了这一观察结果，其中一个模型很容易理解，并在下面详细说明[23]。在强反型条件下，V_t 偏移取决于氧化层陷阱和界面陷阱，具体如下：

$$\Delta V_t = -\frac{\Delta Q_{ot}}{C_{ox}} - \frac{\Delta Q_{it}(\psi_s)}{C_{ox}} \tag{7.20}$$

其中

$$\Delta Q_{it}(\psi_s) = \pm q\Delta D_{it}(\psi_s - \psi_b) \tag{7.21}$$

在强反型条件下，即 $\psi_s = 2\psi_b$，得到

$$\Delta Q_{it} = \pm q\Delta D_{it}\psi_b \tag{7.22}$$

对于氧化层电荷 ΔQ_{ox}，NMOS 和 PMOS 器件的 $Q_{ox}>0$。然而，根据第 2 章图 2.22，在强反型条件下 NMOS 和 PMOS 器件的界面电荷（ΔQ_{it}）情况有所不同：NMOS 器件的 $\Delta Q_{it}<0$，PMOS 器件的 $\Delta Q_{it}>0$。因此，在反型时，

- PMOS：$|\Delta Q_{ox}| + |\Delta Q_{it}|$
- NMOS：$|\Delta Q_{ox}| - |\Delta Q_{it}|$

很明显，PMOS 器件遭受更大数量的 BTI 诱导的陷阱，因为氧化层陷阱和界面陷阱具有相同的符号。

Denais 等人报道了 NMOS NBTI/PBTI 和 PMOS NBTI/PBTI 就应力时间而言实验的界面陷阱（ΔD_{it}）和氧化层陷阱（ΔN_{ot}）[76]。观察结果可以总结如下：

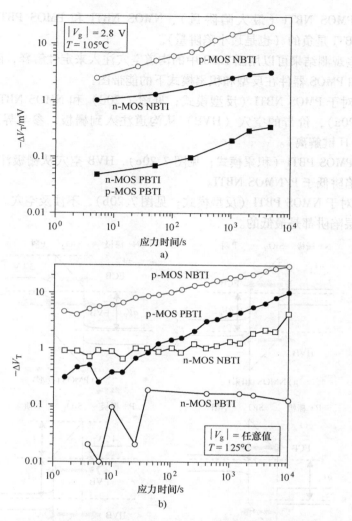

图 7.19 当 PMOS 和 NMOS 器件偏置在 ±V_g 时,两个不同研究团队给出的 BTI 诱导的 V_t 偏移。显然,负栅极偏置下的 PMOS 器件受到的影响最为严重

(经 Elsevier 许可使用[23])

- 界面陷阱:
- PMOS NBTI、NMOS NBTI 和 PMOS PBTI 的数量几乎相同,但 NMOS PBTI 的数量要少得多。
- 与 Si-SiO$_2$ 界面空穴和 Si-H 键的相互作用有关。注意,对 PMOS 和 NMOS 器件,它们分别是正的和负的。
- 氧化层陷阱(与空穴捕获相关):

- PMOS NBTI（最大陷阱量）、NMOS NBTI 和 PMOS PBTI 是正的，但 NMOS PBTI 是负的（也是最小陷阱量）。

这些观测结果可以用图 7.20 中的沟道空穴注入来定性解释，图 7.20 给出了 NMOS 和 PMOS 器件在反型和积累模式下的能带图：

- 对于 PMOS NBTI（反型模式；见图 7.20d）和 NMOS NBTI（积累模式；见图 7.20a），价带的空穴（HVB）从沟道注入到栅极，参与界面陷阱的产生（即 Si–H 键解离）。
- PMOS PBTI（积累模式；见图 7.20c），HVB 空穴从栅极注入到沟道，因此界面陷阱低于 P/NMOS NBTI。
- 对于 NMOS PBTI（反型模式；见图 7.20b），不涉及空穴。所以界面陷阱和氧化层陷阱都是最低的。

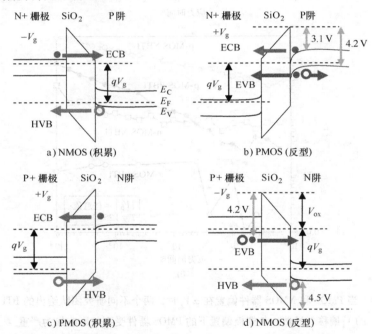

图 7.20　NMOS 和 PMOS 器件在反型和积累模式下的能带图（重绘图 6.4）

7.5　结构对负偏置温度不稳定性的影响

每种 VLSI 产品都有一些与 MOSFET 设计有关的沟道长度和宽度范围。在可靠性评估中，选择最脆弱的设计。因此，有必要研究 PMOS 器件 NBTI 的布图依赖性。然而，文献中报道的长度和宽度的依赖性趋势存在很大争议，这表明 NB-

TI 的这种结构既依赖于布图,也依赖于工艺。如果制造和布图环境不同,则无法实现统一的趋势,因此在建模时应非常小心地处理这一问题。

7.5.1 沟道长度依赖性 ★★★

NBTI 退化对沟道长度的依赖性较弱[77]。然而,一些研究表明,极短的沟道器件对 NBTI 更为敏感[56,78-80]。NBTI 源于沟道中的正电荷捕获和漏源交叠区域的界面陷阱[81],这是 NBTI 对沟道长度敏感的原因。下面给出了有争议的依赖沟道长度的 NBTI。

- Terai 等人[105]报道,对于无 F 注入的情况,当栅极长度从 $0.2\mu m$ 增加到 $1\mu m$ 时,V_t 偏移减小。然而,对于 F 注入的情况(剂量:$1\times 10^{15} cm^{-2}$),V_t 偏移与栅极长度关系不大,如图 7.21 所示。这些结果表明,注入源/漏区(见图 7.26)的氟原子充分扩散到长栅电极的中心(例如,$1\mu m$)。此外,还表明 F 注入的样品的 V_t 偏移比无 F 注入的样品的 V_t 偏移小(至少小 50%)。

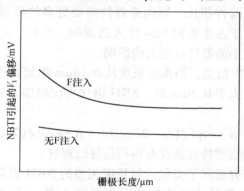

图 7.21 F 注入和无 F 注入样品 ΔV_t 与栅极长度的关系示意图

图 7.21 中无 F 注入的情况下,V_t 偏移与栅极长度的线性关系可以用一个模型来解释,该模型考虑两个因素,包括栅极下漏/源扩展区中的界面态(N_{it})和沟道区域中的正电荷捕获(N_{ot})[56]。N_{it} 取决于 $2L_{S/D}$,其中,$L_{S/D}$ 是源/漏扩展区的尺寸;而 N_{ot} 取决于 $(L-2L_{S/D})$。$L_{S/D}$ 不应取决于 L,因为所有器件都具有完全相同的漏源工程。因此,提出一个线性相关的模型,如下所示[56]:

$$\Delta V_t = \alpha(L - 2L_{S/D}) + \beta(2L_{S/D}) \tag{7.23}$$

其中,α 和 β 是常数,取决于应力条件、器件技术等。

- Math 等人[82]也还报道了 2.3nm 厚栅极氧化层 NBTI 的 V_t 偏移与长度无关,但他们没有提到是否注入 F。研究的 4 个器件具有 $10\mu m$ 的相同沟道宽度,但沟道长度各不相同:0.09、0.12、0.15 和 $10\mu m$。然而,较长的晶体管在 I_{dsat}

偏移方面退化得更快,这意味着基于I_{dsat}偏移的寿命将随着栅极长度的增加而减少。作者将这一观察结果与饱和时活跃的缺陷部分联系起来。在测量过程中,只有位于沟道反型区域的缺陷才会对I_{dsat}产生影响。作者认为晶体管越长,晶体管在饱和时会呈现更突出的反型区,因此有更多活跃的缺陷,因而退化得更快[82]。更直接的解释如下:众所周知,由于短沟道效应,短沟道器件的V_t较小(见图2.15)。根据再次采用的第2章的式(2.50),短沟道器件的V_t越小,将导致I_{dsat}偏移越小(即$\Delta I_{dsat}/I_{dsat}$):

$$\frac{\Delta I_{dsat}}{I_{dsat}} = \left[1 + \frac{1}{1+\theta(V_g - V_t)}\right]\frac{\Delta V_t}{V_g - V_t} \tag{7.24}$$

- 与Math等人的研究类似[82],Mooraka等人[83]的研究也表明,对低压65nm技术中的PMOS器件,当栅极长度减小时,其寿命(基于10% I_{dsat}偏移)也会增加。所比较的器件都具有相同10μm的沟道宽度。然而,当沟道长度小于0.1μm时,作者报道了寿命的突然增加。这种严重的沟道长度依赖归因于这样一个事实:与长沟道器件相比,短沟道器件需要更多的界面电荷才能使V_t发生相同的偏移,这是由于占主要的halo注入造成的。此外,还假定F对界面陷阱的钝化对沟道长度减小的器件有更大的影响。

- Cellere等人[56]报道,当沟道长度从0.16μm增加到约0.5μm时,V_t偏移减小。但当沟道长度大于0.5μm时,NBTI退化再次增加,从而得到如下经验的双指数关系:

$$\Delta V_t = \alpha \cdot \exp[\xi(L - 2L_{S/D})] + \beta \cdot \exp[\zeta(2L_{S/D})] \tag{7.25}$$

然而,双指数关系的物理特性还没有得到很好的理解。

另一项独立的研究显示了类似的与长度相关的NBTI退化:最小和最大晶体管的退化程度大而中等尺寸晶体管的退化程度小[84]。作者报告称,$W/L = 9/9\mu m$的最大晶体管退化最为严重。对于具有0.4μm相同沟道长度,不同沟道宽度的系列晶体管,$W/L = 4/0.4\mu m$器件的退化程度最小,$W/L = 9/0.4\mu m$器件次之,$W/L = 0.42/0.4\mu m$的最小器件的退化程度最大。

- 与沟道长度相关的NBTI性能与氢类型有关,这是基于H对界面质量的负面影响(即,制造过程中界面上的高H含量是不可取的)[116]。如图7.22所示,Rhee等人[57]报道了在使用高氢(HH)含量的SiN CESL时,V_t偏移在很大程度上取决于栅极长度的按比例减小,并且使用压缩HH CESL时,在高比例减小的栅极长度下观察到进一步的退化。

- 另一方面,Ho等人[85]观察到,当$L_g < 100nm$时,栅极重氮化的PMOS器件的$|\Delta V_t|$显著增加。如图7.23所示,在轻氮化栅极器件中$|\Delta V_t|$"上卷"减少,而在SiO_2栅极器件中不存在,这表明它与栅极介质中氮的存在有关。此外,作者还表明,高N含量样品的V_t偏移比低N含量样品的V_t偏移大(至少高

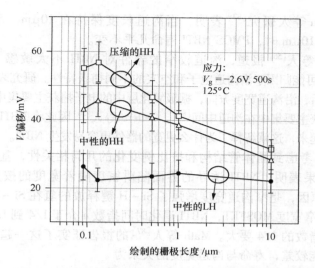

图 7.22 NBTI 应力下不同 CESL 的 V_t 偏移与栅极长度有关。"中性的 LH"和"中性的 HH"分别表示低氢浓度和高氢浓度时 CESL 的低应力（约为 200MPa）。"压缩的 HH"是指含有高氢浓度的高压缩氮化膜（>1GPa）（经 IEEE 授权使用）[57]

出 50%）。栅极介质的电子能量损失谱（EELS）显示，与沟道中部相比，在源和漏的扩展区（SDE）有较强的氮 K 边缘信号（约为 401eV）。EELS 数据表明，按比例减小的氮化的栅极 PMOS 器件中的 $|\Delta V_t|$ "上卷"是 SDE 附近局部氮浓度较高的结果。当栅极长度减小时，这些局部氮浓度高的区域交叠，从而增加了栅极氧化层中总的氮浓度。

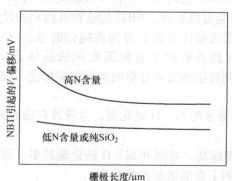

图 7.23 高 N 含量和低 N 含量样品的 ΔV_t 与栅极长度关系的示意图

7.5.2 沟道宽度依赖性 ★★★

文献中还报道了与沟道宽度相关的相互矛盾的 NBTI 行为，具体如下：

- Mooraka 等人研究[83]表明,当沟道长度保持在 10μm,而沟道宽度从 0.2μm 变化到 10μm 时,PMOS NBTI 寿命几乎不变。
- Cellere 等人[56]报道,沟道较窄的器件对 NBTI 不太敏感(宽度范围为 1~30μm),这可能归因于沿沟道电子和空穴的不同捕获特性。研究表明,在沟道热电子应力作用后,沿沟道宽度方向,栅极氧化层中的电子捕获主要集中在 STI 边缘附近,而空穴捕获主要集中在沟道中间[86]。Cellere 等人[56]因此将 NBTI 与空穴而不是电子捕获联系起来,这就解释了为什么更宽的器件更容易发生 NBTI。
- 相反,考虑到晶体管结构和按比例变化的几何相关性,基于 R-D 框架的数值仿真结果表明,NBTI 诱导的界面陷阱密度随着宽度的按比例减小而增加[87]。究其原因,是窄沟道宽度增强了 Si-H 键释放的氢在 Si-氧化层界面上的扩散。对于窄宽度 MOSFET,NBTI 退化时间指数 n 介于 1/4 到 1/2 之间,这比传统的 NBTI 指数的 1/4 要大。Math 等人[82]的报告证实了这一趋势,即较窄器件的 NBTI 性能较差,寿命与沟道宽度的关系为

$$TTF = 40650\ln(W) + 113768 \qquad (7.26)$$

其中,TTF 是 V_t 偏移 = 100mV 时以秒为单位的寿命;W 是以 μm 为单位的沟道宽度。该关系是基于沟道宽度范围为 0.2~10μm 的实验数据推导出来的。据信,窄器件被认为在有源区域周边具有更高的应力,从而导致更严重的 NBTI 退化。这一观察结果也可以用 STI 拐角处更强的电场来解释,如图 2.18(第 2 章)所示。

氢含量高的氮化物层与栅极宽度有很强的相关性(见图 7.24a)(宽度范围为 0.1~10μm)[57],但与图 7.22 所示的栅极长度的相关性不同,看不到中性机械应力和压机械应力之间的任何差异。在有源区宽度方向,由于栅极屏蔽了沟道区域,CESL 的应力影响可以忽略。NBTI 的这种几何相关性似乎表明,在给定偏置条件下,栅极氧化层边缘区域附近界面态钝化的增加(更多 Si-H 键)是增强 N_{it} 生成的原因,导致具有较小有源区面积的晶体管 V_t 发生显著偏移,如图 7.24b 所示。栅极侧墙层和层间介质的边缘效应加速了栅极-氧化层完整性的恶化[88]。

- 边缘效应导致更多的 Si-H 钝化键,这导致在随后的 NBTI 应力过程中产生更多的界面态。
- CESL 中氢浓度越高,界面处 Si-H 钝化键越多,那么在较窄的栅极宽度下,与栅极宽度相关的上卷的敏感性就越高。
- 增加的机械应力[57]和二维氢扩散[55]使按比例减小的 PMOS 器件的 NBTI 可靠性进一步退化。

7.5.3 栅极氧化层厚度相关性 ★★★

通过乘以栅极介质电容($C_{ox} = \varepsilon_{ox}/EOT$)将 V_t 偏移进行归一化,并绘制与

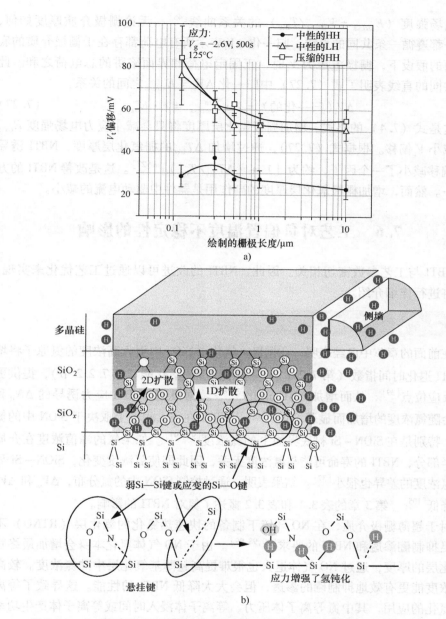

图7.24 a) NBTI 应力下不同 CESL 的栅极宽度相关的 V_t 偏移。"中性 LH"和"中性 HH"分别表示低氢浓度和高氢浓度时 CESL 的低应力（约为 200MPa）。"压缩 HH"是指含有高氢浓度的高压缩氮化薄膜（> 1GPa）；b) 高氢含量机械应力 CESL 的几何结构对 NBTI 影响的示意图（经 IEEE 授权使用）[57]

应力电场强度（$E_{stress} = V_{stress}/T_{inv}$）的关系曲线[45]，无论栅极介质厚度如何，它似乎都遵循一条共同的直线。归一化 ΔV_t 表示所有电荷都存在于栅极介质的底部界面的假设下，栅极电压为 V_t 时，正固定电荷和界面陷阱的总电荷之和。此外，共同的直线表明了式（7.27）中归一化 ΔV_t 与 E_{stress} 之间的关系：

$$\Delta V_t（归一化的）= c \cdot E_{stress}^m = c \cdot E_{ox}^m \tag{7.27}$$

这是式（7.4）的格式。增加栅极氧化层厚度将只会减小应力电场强度 E_{ox}，从而减小 V_t 偏移。根据式（7.27），通过增加 ΔT_{inv} 的栅氧化层厚度，NBTI 诱导的 V_t 偏移减小了一个因子，约为 $[1 + (\Delta T_{inv}/T_{inv})]^{m}$[27]。这是改善 NBTI 的方法之一。然而，增加栅极氧化层厚度的副作用是器件中驱动电流的减小。

7.6 工艺对负偏置温度不稳定性的影响

NBTI 与工艺参数密切相关。因此，NBTI 的改进可以通过工艺优化来实现，本节将进行详细介绍。

7.6.1 氮及其分布 ★★★

在前面的章节中已经表明，在栅极-氧化层 SiO_2 中引入高浓度的氮原子将增加 NBTI 退化时间指数（第 7.2.1 节），降低 NBTI 活化能（第 7.2.2 节），提供更多的反应位点[39]，从而增加 NBTI 退化[38,89]。据报道，NBTI 应力诱导的 ΔN_{it} 和 ΔN_{ot} 会随氮浓度的增加而显著增加[90,91]。NBTI 在很大程度上取决于 SiON 中的氮分布，特别是在 SiON-Si 衬底界面上的氮浓度[92-97]。如果氮的峰值浓度在介质的上半部分，NBTI 的寿命可能与氮浓度无关，因此即使氮浓度变化，SiON-Si 界面上氮浓度的差异也很小[37]。结果表明，通过控制 SiON 中的氮分布，ΔV_{ot} 和 ΔV_{it} 都会降低[105]。第 3 章的表 3.1 和表 3.2 概述了氮对 NBTI 的影响。

对于超薄栅极介质，在 NO 环境下制备的快速热氮化的氧化层（RTNO）不能满足抑制硼渗透和 NBTI 的要求[90,98,99]。由于 NO 气体氮化本身会增加最终物理氧化层的厚度，通过 NO 气体退火也很难提高超薄基氧化层中的氮浓度。较高的氮浓度能更有效地抑制硼的渗透，但会大大降低 NBTI 的性能。这导致了等离子体氮化的应用，其中氮等离子体压力、等离子体浸入时间或等离子体产生功率是需要优化的参数，以获得对硼渗透和 NBTI 足够的抗扰性[98]。

研究发现，N 分布和注入 Si 沟道的 N 注入量都取决于离子动能[100]。与连续波（非脉冲）等离子体相比[91]，使用脉冲氮等离子体（以千赫兹频率开启和关断源电源）能更好地形成突变的 N 分布，从而提高 NMOS 和 PMOS 器件的性能和可靠性。撞击晶圆表面的离子具有与电子温度（$k_B T_e$）成正比的动能，这描述了等离子体中电子能量的 Maxwellian 分布[101]。$k_B T_e$ 的降低将导致撞击晶圆表面的氮离子平均能量降低。已经证明，相对于连续波等离子体，脉冲等离子体的时间平均的 $k_g T_e$ 会减小[102]。研究发现，降低等离子体中高能电子的密度可使电子和空穴低场迁移率提高 5%，NBTI 可靠性提高 100%[100]。

如热解吸光谱（TDS）测量所证明的那样[45]，将氮掺入栅极介质来增强 NBTI 的一个可能来源是 H_2O 或 OH 的吸引力，这归因于由不期望的氮诱导的正固定电荷的存在。H_2O 分子和 OH 离子会促进 NBTI[103,104]。Tsujikawa 等人[45]进一步的研究表明，高度氮化的 NO – 氮氧化物和未优化的 OI – SiN（富氧界面的氮化硅栅极介质）即使在形成气退火（FGA）后仍具有许多正固定电荷，并作为吸引 H_2O 或 OH 的源，从而使 NBTI 恶化。另一方面，纯 SiO_2 在 FGA 前也带有许多正固定电荷，但这些电荷可以被 FGA 退火去除，因此 NBTI 性能比氮氧化物更好。

远程等离子体氮化

远程等离子体氮化（RPN）[105]是将氮掺入到栅极氧化层中的技术之一。对使用 RF 等离子体源和电子回旋共振等离子体源的氮化进行了比较。研究结果如下：

- 就 NBTI 寿命而言，ECR 等离子体源的氮化优于 RF 等离子体源。与使用 ECR 等离子体源相比，使用 RF 等离子体源的 SiON 介质更厚，氮浓度更低。然而，RF 等离子体氮化的 NBTI 寿命要低得多。作者将 RF 等离子体源的性能较差归因于等离子体诱导的损伤，这与 RF 氮化物样品中较高的原始界面陷阱密度有关。与 ECR 等离子体源相比，RF 等离子体源造成的更大等离子体损伤也导致氧化层陷阱（ΔV_{ot}）与界面陷阱（ΔV_{it}）的比率更高。

- 在 SiON – Si – 衬底界面较低的 N 浓度使 NBTI 退化最低，这表明控制 SiON – Si – 衬底界面的 N 浓度对改善 SiON 栅极介质 NBTI 性能至关重要。在 NBTI 应力期间，SiON – Si – 衬底界面更高的 N 浓度将导致更多的界面陷阱。

Terai 等人[105]研究表明，体 SiON 薄膜中氮的峰值浓度会在自由基再氧化后发生改变。在中度和高度再氧化条件下，由于再氧化使体离子表面附近的氮原子主要被氧取代，氮浓度分别从 17.5% 降低到 9.5% 和 4%。然而，由于 O 自由基再氧化温度较低，SiON – Si – 衬底界面的氮浓度没有发生明显变化。因此，即使样品中的氮浓度有几倍的变化，但经过再氧化和未经过再氧化的样品的 NBTI 寿命并无明显的差异。可以肯定的是，再氧化过程中氮含量越少，制备样品的 V_t 会随着再氧化引入的氮的减少而增加，而众所周知，随氮浓度的增加，p^+ 多晶硅/SiON 栅堆叠的 V_t 会变得更负[106]。这表明，靠近顶部界面的氮原子在制备的样品中产生了正电荷，但不会导致 NBTI。

去耦等离子体氮化

目前，通过去耦等离子体氮化（DPN）将氮引入栅极氧化层中是一种常见的做法。等离子体可以用连续波（CW）模式或脉冲模式维持[91]。图 7.25a 显示了 CW 和脉冲的 DPN 在 $V_g = -2V$ 和 125℃ 的 NBTI 应力条件下 10ks 后的 I_{dsat} 偏移比较。很明显，脉冲 DPN 给出比 CW DPN 更小的 I_{dsat} 偏移。通常，这被认为与栅极氧化层中的氮峰值浓度有关。利用脉冲等离子体将注入的氮保持在 SiON 表面的原理可以解释如下[107]：在 CW 等离子体氮化工艺中，由于高能等离子体束轰击引起的表面活化（表面温度升高），氮被连续注入到 SiO_2 薄膜中，并同时扩散到栅极氧化层中。相比之下，在 DPN 氮化工艺中，由于电离的氮能量较高，只能在脉冲开启时注入 SiO_2 薄膜。在脉冲关断时间内，注入到 SiO_2 薄膜中的 N_2 的随后扩散可以被抑制，因为此时薄膜表面没有被激活。周期性地插入几十微秒的脉冲关断时间可以有效地阻止扩散，从而在远离 $SiO_2 - Si$ 界面的栅极氧化层中实现理想的氮分布。图 7.25b 提供了 CW 和脉冲 DPN 之间的 SiON 氧化层中氮分布比较的示意图。为了改善 NBTI 寿命，在靠近多晶硅 – SiON 界面的 SiON 薄膜中需要较浅的氮分布。

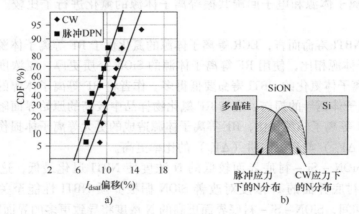

图 7.25　a) 在 125℃ 和 $V_g = -2V$ 条件下，在 10ks 的 NBTI 应力后，CW 和脉冲 DPN 之间的 I_{dsat} 偏移比较；b) CW 和脉冲的 DPN 之间的 SiON 氧化层中氮分布比较的示意图

富氧界面氮化硅栅极介质（OI – SiN）

OI – SiN 栅极介质是一种既能抑制栅极泄漏电流和硼渗透，又能保持高载流子迁移率的技术[108]。这种高迁移率是通过消除正固定电荷而获得的。由 Tsujikawa 等人[108]提出的形成 OI – SiN 栅极介质的过程描述如下：①在 Si 衬底上形成 SiN 层，②通过 N_2O 退火将氧引入 SiN 层。研究发现，这种减少正固定电荷的趋势也能有效实现 NBTI 抗扰性[45]。虽然这种方法在工业上没有被采用，但它清楚地表明，界面中较低的氮浓度和较高的氧浓度将有利于 NBTI 性能改善。

第 7 章 负偏置温度不稳定性

源/漏区氮注入

Lee 等人[109]报道，氮注入沟道或源/漏区扩展可导致严重的 NBTI 退化。在他们的研究中，氮注入能量为 10keV，注入剂量不同（5×10^{13} 与 5×10^{14} cm^{-2}）。氮注入剂量越大，NBTI 退化越严重。这可以归因于源/漏（S/D）区附近的空穴与氧化层之间的局部增强的退化反应，氮可能在随后的快速热退火（RTA）工艺或离子注入的横向散射后扩散到界面。

7.6.2 氟掺入 ★★★

氟掺入氧化层可降低 NBTI[27,52,110,111]。氟可通过使用 BF_2 或 F_2 作为 PMOS 多晶硅预掺杂、源/漏区注入或 P 型轻掺杂漏区（PLDD）的掺杂剂[27,91,112]。较高能量但较低剂量氟注入与较低能量但较高剂量氟注入的 NBTI 寿命相当。氟注入对 NBTI 改善的有效性可以归因于在 SiON – Si 衬底界面形成的 Si – F 键的结合能（540kJ/mol）比传统 Si – H 键的结合能（298kJ/mol）更强[113]。较高能量和较低剂量相结合可以有效改善 NBTI 性能，因为较高能量的氟原子有更大的机会穿透多晶硅栅极并到达栅极氧化层。随着进一步的激活退火，氟原子将更有可能靠近 Si – 氧化层界面，以更强的 Si – F 键钝化界面。

图 7.26 显示了氟掺入的三种工艺流程[112]，包括 PMOS 预掺杂后的氟注入（见图 7.26a）、SDE 后的氟注入（见图 7.26b）和源/漏（S/D）工艺后的氟注入（见图 7.26c）。在步骤 a) 中，氟原子在注入后分布在多晶硅薄膜内。大部分氟原子将在激活退火后扩散到栅氧化层和体硅界面。因此，步骤 a) 在三个步骤中氟扩散的热预算最大。对于步骤 b)，氟原子直接注入到有源区，因此掺杂物在沟道中最靠近栅 – 氧化层界面。步骤 c) 中的氟原子也与步骤 b) 中的相似，被直接掺入到有源区。然而，由于侧墙的隔离，氟原子被注入到距离沟道稍远的地方。表 7.2 显示了不同氟注入条件和没有氟注入的对照情况的 NBTI 寿命比较。结果表明，对更高能量和更低剂量氟注入的样品 4，与较低能量和更高剂量氟注入的样品 3 的 NBTI 寿命相当。这表明 NBTI 寿命对氟注入能量比对氟剂量更敏感。可以理解的是，具有更高能量的氟原子将有更大的机会穿透多晶硅栅极并到达栅极氧化层。在激活退火过程中，更高的能量注入也会使氟原子更有可能通过扩散更靠近栅极氧化层。更高能量和更低剂量的组合由于更短的工艺时间而更受青睐。

已证明，氟掺入可降低等离子体氮化的 SiON 的 NBTI。根据 Terai 等人对氟注入 RF 氮化的 SiON 的 ΔV_t 研究，5×10^{14} cm^{-2} 和 1×10^{15} cm^{-2} 的氟注入分别使 ΔV_t 降低了 22% 和 36%。ΔV_t 分为 ΔV_{it} 和 ΔV_{ot} 两部分。与未注入氟的样品相比，引入氟原子后 ΔV_t 部分减少了一半。然而，ΔV_t 部分并没有因氟的掺入而减小，这表明氟原子显然不会影响氮化的氧化层中预先存在的空穴陷阱，而是有效地减少了界面陷阱。

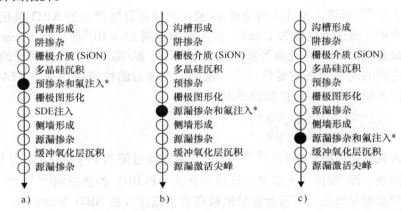

图 7.26 氟掺入的三个工艺流程（经电化学学会许可转载[112]）

表 7.2 氟注入组与对照组（无氟注入组）NBTI 寿命比较

项目	样品 1	样品 2	样品 3	样品 4
氟注入能量	无	低	低	高
氟注入剂量	无	低	高	低
NBTI 寿命	2.7 年	3 年	21 年	20 年

来源：经电化学学会许可转载[112]。

7.6.3 栅极氧化层和 Si – SiO$_2$ 界面质量 ★★★

在传统的等离子体氮化氧化层（PNO）工艺中，氧化层是由基底氧化层生长、等离子体氮化、后退火和多晶硅沉积步骤在不同的器具中产生的。当这些步骤之间存在水分时，很可能会发生氮外扩散和氧化层再生长，这进一步对栅极氧化层和界面质量，以及 EOT 按比例减小产生不利影响。Chang 等人[114] 开发了一种簇 PNO 工艺，该工艺将基底氧化层、等离子体氮化、后退火和多晶硅沉积结合在一起（见图 7.27）。结果发现，与常规 PNO 工艺相比，簇 PNO 工艺不仅降低了氧化层厚度（t_{ox}），而且 NBTI 抗扰能力提高了 2 倍，尽管簇 PNO 工艺在 Si – SiO$_2$ 界面产生了 3.5 倍的氮浓度。作者将 NBTI 的改进归因于氧化层中更为突变的氮分布和更好的 Si – SiO$_2$ 界面质量。

下面给出了另一个由界面质量改善带来的更好 NBTI 抗扰性的例子。在典型的双栅极氧化层（DGO）工艺流程中，首先生长 I/O 器件的厚栅极氧化层。然后，薄的核心氧化层对应的区域被浓的或稀释的 HF 溶液刻蚀掉，接着根据所需的厚度在该区域以生长薄的氧化层。Lee 等人[115] 报道，使用浓 HF 溶液的刻蚀

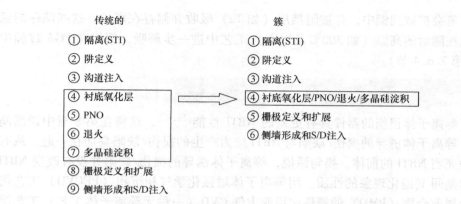

图 7.27 器件制造关键工艺步骤中簇技术与传统技术的比较
（经日本应用物理学会许可使用[114]）

步骤将导致在界面有更高的氟掺入，从而提高核心器件的可靠性，如 GOI 和 NBTI，因为这样可以获得更好的氧化层 – 沟道界面质量。

7.6.4 H_2/D_2 退火 ★★★

使用氢进行 FGA 是钝化 Si – SiO_2 界面上悬挂键（例如，由等离子体损伤引起）的一种常用的方法[111]。然而，在制造过程中，界面上的高 H 含量（或界面上的高密度氢硅键）是不可取的[38,84]。优化的 FGA 工艺可以改善 NBTI 性能。如果用氘（D_2）代替氢，NBTI 的退化可以进一步被抑制[38]。Morifuji 等人[116]报道，在薄氧化区和厚 I/O 栅极 – 氧化层区域，通过降低 FGA 热预算，NBTI 寿命显著改善。这表明 FGA 引入的氢在 NBTI 退化过程中的化学反应中起着关键作用。正如前面章节讨论的，空穴撞击 Si – H 键并释放氢原子。这个反应是可逆的，因为氢原子可以重新激活那些断裂的 Si^+ 键。然而，过量的氢可能会导致分子 H_2 的形成，从而减缓再钝化的逆反应。因此，过量的氢（对应较大的 FGA 热预算）会使 NBTI 性能恶化。

7.6.5 后道工艺 ★★★

采用铜 – 低 k 互连器件的 NBTI 比铝 – SiO_2 互连器件的 NBTI 差[117]。NBTI 在很大程度上取决于铜 – 低 k 层上的帽层和金属间介质（IMD）薄膜。因为水分的渗透和吸附会使 NBTI 恶化，帽层 – IMD 薄膜含水量越高，NBTI 性能越差[33,103]。一旦水分渗透到栅极 – 氮氧化层薄膜中，就会在氮氧化层中产生正固定电荷。就 NBTI 抗扰性而言，SiC 帽层优于 SiN 帽层[117]。NBTI 的性能还取决于阻挡层金属薄膜，这与阻挡层金属中氢储存有关。在帽层（如 SiN）沉积过程中，氢会扩散到铜中，并被阻挡层（如 Ta）吸收并储存在那里。这些储存的氢可以在随后的高温（如 300℃ 及以上）工艺中进一步解吸，例如在 FGA 过程中（见第 7.6.4 节）。

7.6.6 等离子体诱导损伤的影响 ★★★

等离子体损伤的器件具有更差的 NBTI 性能[56,41]，这将在第 8 章中详细阐述。等离子体诱导的损伤/缺陷与 NBTI 应力产生的损伤/缺陷叠加在一起，或有效地充当 NBTI 的前体。换句话说，等离子体诱导的损伤/缺陷并没有改变 NBTI 应力期间 V_t 退化现象的性质。用等离子体增强化学气相沉积（PECVD）工艺沉积金属前介质（PMD）的器件比用亚大气 CVD（一种无等离子体工艺）工艺沉积金属前介质（PMD）的器件差得多[27]；另一方面，NBTI 应力可以替代复杂的解决方案，作为潜在等离子体诱导损伤的有效和可靠的一个监测手段[118]，特别是对于超薄栅极氧化层。

7.6.7 硼渗透 ★★★

当硼渗透发生在 p^+ 多晶硅栅极氧化层界面时，它不会改变新器件的特性，但会导致栅极氧化层的可靠性严重退化[1]，例如更差的 NBTI 性能[78]。随着栅极长度的减小，硼的渗透引起的退化变得更加严重。这种退化增强是由于空穴和氧化层缺陷之间的电化学反应，导致在栅极边缘附近栅极氧化层的局部退化，而硼从 p^+ 栅极渗透通过栅极氧化层又增强了这种退化。掺入 F 或 BF_2 或两者都是减少硼渗透负面影响的选择，详见第 7.6.2 节。

7.6.8 接触刻蚀截止层的效果 ★★★

氮化硅（SiN）衬里通常用于 PMD 薄膜和栅电极之间的 CESL（参见第 3 章）。SiN 沉积工艺包括在氢气氛中高温退火 1～2h。CESL 对 NBTI 的重要性在于其氢含量，在沉积步骤中[27]，通过多晶硅和/或侧墙扩散到 $Si-SiO_2$ 界面，作用与 $Si-SiO_2$ 界面和栅极氧化层中的氢原子相同。换句话说，按比例减小的 PMOS 需要低氢含量的 SiN 来改善 NBTI 性能[57,119]。事实上，当 PMOS 没有接触刻蚀氮化层时，NBTI 会有很大的改善。然而，这种层不能大规模生产，只能通过实验来演示。另一方面，在后端引入另一氮化层来取代金属上方的氧化层衬里，会使 NBTI 更差，这进一步证实了优化 CESL 工艺以实现可接受的 NBTI 性能的必要性[27]。

研究表明，$Si-H$ 键的数量与 NBTI 的寿命有很强的相关性，而 $N-H$ 键的数量对 NBTI 的寿命影响不大[119]。这些结果表明，$N-H$ 键比 $Si-H$ 键更稳定，在 NBTI 应力下 $N-H$ 键释放的氢比 $Si-H$ 键释放的氢要少得多。通过 CVD 后退火可以减少 Si-H 键的数量,通过 TDS 分析,500℃和800℃退火分别是有效减少 Si-H 和 N-H 键的必要条件。但是,由于500℃的退火温度太高,不适用于 NiSi 形成的器件。对于 NiSi 集成,工艺温度最好低于450℃。

因此,建议采用催化 CVD SiN 作为衬里薄膜和侧墙,以实现具有更长 NBTI 寿命的低氢浓度的 SiN 薄膜[119]。催化 CVD 是基于 SiH_4 和 NH_3 的裂解,通过将钨丝加热到 1700~2000℃ 进行催化反应。催化 CVD 工艺中 SiH_3、NH 和 NH_2 的自由基数量比等离子体 CVD 多[120],从而使得低温沉积成为可能。通过使用 2000℃ 的 T_{cat},无须沉积后退火,Si-H 键的数量减少到足够的程度($<10^{21} cm^{-3}$),寿命可达到10年。由于氢从侧墙扩散到沟道的长度比从衬里薄膜扩散的长度要短,因此应用在侧墙的催化 CVD SiN 对 NBTI 寿命的改善要比在衬里薄膜上的改善要大得多。

正如 Rhee 等人[57]所报道的那样,在 NBTI 应力下,较厚的 CESL 会导致更大的 V_t 偏移,研究了 $W/L = 10\mu m/0.09\mu m$ 的器件在 V_g 应力为 -2.6V 时 NBTI 诱导的 V_t 偏移。100nm 厚的 CESL 比 50nm 厚的 CESL 性能退化更严重。

另一方面,在栅电极上具有一定厚度和/或覆盖的 SiN 薄膜被认为能够有效地阻止水分的扩散,从而改善 NBTI 性能[103]。在 0.4~20 μm 的沟道长度范围内,研究了三种类型的 SiN 薄膜对 NBTI 的影响。在 A 型中,SiN 薄膜沉积在整个晶圆上。在 B 型中,沉积的 SiN 薄膜只覆盖有源区。在 C 型中,SiN 薄膜仅覆盖栅极区。结果表明,NBTI 应力后 V_t 偏移大小顺序为:无 SiN 薄膜 > C 型 SiN 薄膜 > B 型和 C 型 SiN 薄膜。这种趋势在较短的栅极长度时观察得更清楚。在沟道长度为 0.4μm 时,不含 SiN 的 V_t 偏移比 B 型和 C 型 SiN 薄膜高一个数量级以上,而沟道长度为 20μm 时,V_t 偏移几乎相当。C 型中较大的 V_t 偏移是由于水分从 SiN 边缘向栅极氧化层扩散,导致栅极边缘区域栅极氧化层内部产生正电荷。A 型和 B 型 SiN 在栅电极上具有足够的覆盖,因此可以有效地防止水分扩散到栅极氧化层中。但是,SiN 的厚度不能小于 6nm。

7.6.9 Si 衬底取向的影响 ★★★

第3章提到了常用的起始材料/晶圆是具有(100)表面取向的 P 型衬底,因为(100)取向比其他取向提供了更好的 $Si-SiO_2$ 界面。可以选择使用(110)衬底来提高先进技术的 PMOS 性能,因为可以实现双倍的迁移率[121]。然而,研究发现,(110)衬底上的 PMOS 器件的 NBTI 比(100)衬底上的 NBTI 差,这是因为(110)衬底上 SiO_2 薄膜或界面质量较差而导致了界面态密度增加[122]。因此有必要改善(110)衬底上 SiO_2 薄膜的质量。

7.7 动态负偏置温度不稳定性

电路很少持续承受 DC 应力。传统的基于 DC 应力数据的 NBTI 高估了数字 CMOS 电路中 PMOS 器件的退化,忽略了数字电路正常工作时的电钝化效应,因为去除施加的应力可以恢复 NBTI 退化[16,42,45,123]。在 CMOS 反相器中 PMOS 器件的工作期间,施加的栅极偏置(输入信号)在高电压和低电压之间切换,而漏极偏置(输出信号)相应地在低电压和高电压之间交替。在反相器的低(低输出)阶段,恢复效应有效地减少在高(高输出)阶段产生的界面陷阱,从而在一定程度上恢复了器件参数的退化[42]。因此了解 NBTI 对 AC 应力的响应是很重要的。与静态应力(DC)相比,动态应力(AC)导致 NBTI 退化显著减少(约一半)[42,124]。

对于 AC NBTI,实验研究表明其与频率无关或关系不大[42,124]。例如,Fernández 等人[124]研究了基于专用片上 CMOS 电路的 1Hz~2GHz 范围内的 AC NBTI,结果表明 AC NBTI 与频率无关,详情如下。这一观察结果既适用于传统的应力-测量-应力(SMS),也适用于 OTF 测量。用于 DC 和 AC NBTI 片上研究的电路包括一个 41 级环形振荡器、一个分频器、一个缓冲器、一个基于传输门的多路复用器和被测器件(DUT)————一个 PMOS。当 $V_{select} = 0V$ 时,V_g 连接到 DUT,允许直接施加应力和表征。当 $V_{select} = V_{cc}$ 时,DUT 连接到振荡器,从而产生占空比为 50% 的高频 AC 应力。在 1Hz~2GHz 的整个频率范围内,单个 PMOS 器件中由 AC NBTI 应力引起的 V_t 偏移与频率无关。在相同的器件上获得的相应的 DC NBTI 应力结果约为 AC 应力的 2 倍。在 $f = 10kHz$ 时,占空比的影响表明 ΔV_t 呈单调增加,在 50% 占空比左右有一个明显的平台。

此外,还对 AC NBTI 频率独立性进行了仿真,并从较低频率[35,43]的 R-D 模型[16]中导出。从仿真中可以观察到 AC 响应的一些关键特征[35]:

- 在任何给定的工作时间内,AC 退化都小于 DC 退化。
- 对于中频,退化与频率无关。例如,1Hz 和 10Hz 的 N_{it} 值相似。
- 随着频率的进一步增加,在千赫兹[35]和百万赫兹[43]范围内,退化随频率的增加而减小。这一结论是根据界面反应的特征时间超过 AC 扰动的特征时间得出的。这一点看起来与 Fernández 等人[124]的实验观察相矛盾,其完全没有显示出频率的相关性。

7.8 工艺认定实践

根据联合电子器件工程委员会(JEDEC)JP-001[77],NBTI 测试旨在确定高温下由于栅极偏置而导致的阈值电压退化。由于硼扩散,这种退化是双多晶硅工艺中 PMOS 器件尤其需要关注的问题。对于 NBTI 认定，JEDEC JP-001[77]为从业人员提供了良好的指导。同样，我们通常在 DC 偏压下获得器件级 NBTI。但在实际应用中，偏置为 AC。在确定实际寿命时，应考虑 AC 条件下的恢复效应。因此，强烈建议进行电路级 AC 应力测试和/或 NBTI 仿真。此外，在器件级 DC 寿命和产品级 AC 寿命之间建立寿命相关性，以确保工艺开发早期阶段的产品可靠性，也是一项相当具有挑战性的工作。表 7.3 简要介绍了 NBTI 认定实践。

表 7.3 DC 器件级 NBTI 的典型工艺认定实践

	PMOS NBTI
失效标准	• 在最差使用条件下，当选定的器件参数变化超过指定的失效标准时，认为器件失效。 • 通常的做法是使用 10% 的 I_{dsat} 退化作为失效标准。 • 监测参数的失效标准将取决于电路应用的具体要求。其他器件参数，如 G_m、I_{dlin} 和 V_{tlin}，可以用来监测 NBTI 的退化。例如，在某些情况下，可以使用 50mV 或 10mV 的 V_t 退化作为标准
测试结构	• 建议首先评估每种晶体管类型（核心、I/O、低/标准/高 V_t 器件等）的标称尺寸器件，因为它们主要用于产品设计。 • 设计规则中定义的器件长度/宽度矩阵可能需要涵盖所有应用情况。 • 在某些情况下，晶圆代工厂应提供器件的安全工作区域（SOA）矩阵，以供 IC 设计人员参考
样品尺寸	对于每种类型的器件，测试器件来自 3 个批次，每个批次 3 个晶圆，每个偏置条件至少 5 个位置（对于先进技术节点，通常为 8 或 12 个位置）
应力条件	• 应力温度：在最高工作温度下（通常为 125℃）。如果测量活化能，可以使用更高和更低的应力温度。 • 应力下的栅极电压：源极/漏极/体接地。 • 读数：每 10 年至少 3 个点的对数时间刻度。应力循环和中间测量之间的时间必须保持在最小值
晶圆/封装级	晶圆级或封装级
验收标准	在最差温度/$V_g = 1.1V_{dd}$ 下，考虑 50% 的占空比，TTF ≥ 10 年
模型	V_g 模型：式（7.1）或幂律模型：式（7.2）
参数	TTF（在 1.1 V_{dd} 时）、n、E_a 和 γ 或 m

参 考 文 献

1. M. Y. Hao, D. Nayak, and R. Rakkhit, "Impact of boron penetration at P^+-poly/gate oxide interface on deep-submicron device reliability for dual-gate CMOS technologies," *IEEE Electron Device Letters*, Vol. 18, No. 5, 1997, pp. 215–217.
2. A. Uchiyama, H. Fukuda, T. Hayashi, T. Iwabuchi, and S. Ohno, "High-performance dual-gate sub-halfmicron CMOSFETs with 6-nm-thick nitrided Si% films in an N_2O ambient," in *Proceedings of the International Electron Devices Meeting (IEDM)*, 1990, pp. 425–428.
3. Y. Okada, P. J. Tobin, K. G. Reid, R. I. Hegde, B. Maiti, and S. A. Ajuria, "Gate oxynitride grown in nitric oxide (NO)," in *Symposium on VLSI Technology Digest of Technical Papers*, 1994, pp. 105–106.
4. C. T. Liu, E. J. Lloyd, Y. Ma, M. Du, R. L. Opila, and S. J. Hillenius, "High performance 0.2-μm CMOS with 25-Å gate oxide grown on nitrogen implanted Si substrates," in *Proceedings of the International Electron Devices Meeting (IEDM)*, 1996, pp. 499–503.
5. T. Morimoto, H. S. Mornose, Y. Ozawa, K. Yamabe, and H. Iwai, "Effects of boron penetration and resultant limitations in ultra thin pure-oxide and nitrided-oxide gate-films," in *Proceedings of the International Electron Devices Meeting (IEDM)*, 1990, pp. 429–432.
6. M. L. Green, D. Brasen, K. W. Evans-Lutterodt, L. C. Feldman, K. Krisch, W. Lennard, H. T. Tang, L. Manchanda, and M. T. Tang, "Rapid thermal oxidation of silicon in N_2O between 800 and 1200°C: Incorporated nitrogen and interfacial roughness," *Applied Physics Letters*, Vol. 65, No. 7, 1994, pp. 848–850.
7. E. P. Gusev, H. C. Lu, E. Garfunkel, T. Fustafsson, M. L. Green, D. Brasen, and W. N. Lennard, "Nitrogen engineering of ultrathin oxynitrides by a thermal $NO/O_2/NO$ process," *Journal of Applied Physics*, Vol. 84, No. 5, 1998, pp. 2980–2982.
8. T. Hori, "Inversion layer mobility under high normal field in nitrided-oxide MOSFETs," *IEEE Transactions on Electron Devices*, Vol. 37, No. 9, 1990, pp. 2058–2069.
9. N. Kimizuka, T. Yamamoto, T. Mogami, K. Yamaguchi, K. Imai, and T. Horiuchi, "The impact of bias temperature instability for direct-tunneling ultrathin gate oxide on MOSFET scaling," in *Symposium on VLSI Technology Digest of Technical Papers*, 1999, pp. 73–74.
10. K. Kang, M. A. Alam, and K. Roy, "Estimation of NBTI degradation using IDDQ measurement," in *Proceedings of the 45th Annual International Reliability Physics Symposium*, 2007, pp. 10–16.
11. M. Ruberto, T. Maimon, M. Shemesh, A. B. Desomeaux, W. Zhang, and C. -S. Yeh, "Consideration of age degradation in the rf performance of CMOS radio chips for high volume manufacturing," in *Proceedings of the IEEE Radio Frequency Integrated Circuits Symposium*, 2005, pp. 549–552.
12. Z. Luo and J. P. Walko, "Physical mechanism of NBTI relaxation by rf and noise performance of rf CMOS devices," in *Proceedings of the 43rd IEEE International Annual Reliability Physics Symposium*, 2005, pp. 712–713.
13. C. Yu, Y. Liu, A. Sadat, and J. S. Yuan, "Impact of temperature-accelerated voltage stress on PMOS rf performance," *IEEE Transactions on Device and Materials Reliability*, Vol. 4, No. 4, 2004, pp. 664–669.
14. A. Haggag, G. Anderson, S. Parihar, D. Burnett, G. Abeln, J. Higman, and M. Moosa, "Understanding SRAM high-temperature-operating-life NBTI: Statistics and permanent vs. recoverable damage," in *Proceedings of the 45th IEEE International Annual Reliability Physics Symposium*, 2007, pp. 452–456.
15. K. Ramakrishnan, S. Suresh, N. Vijaykrishnan, M. J. Irwin, and V. Degalahal, "Impact of NBTI on FPGAs," in *Proceedings of the 20th International Conference on VLSI Design (VLSID'07)*, 2007, pp. 717–722.
16. K. O. Jeppson and C. M. Svensson, "Negative-bias stress of MOS devices

at high electric fields and degradation of MOS devices," *Journal of Applied Physics*, Vol. 48, No. 5, 1977, pp. 2004–2014.
17. S. Mahapatra and M. A. Alam, "A predictive reliability model for pMOS bias temperature degradation," in *Proceedings of the International Electron Devices Meeting (IEDM)*, 2002, pp. 505–509.
18. M. Alam and S. Mahapatra, "A comprehensive model of PMOS NBTI degradation," *Microelectronics and Reliability*, Vol. 45, 2005, pp. 71–81.
19. V. Huard, M. Denais, and C. Parthasarathy, "NBTI degradation: From physical mechanism to modeling," *Microelectronics and Reliability*, Vol. 46, 2006, pp. 1–23.
20. J. H. Stathis and S. Zafar, "The negative-bias temperature instability in MOS devices: A review," *Microelectronics and Reliability*, Vol. 46, 2005, pp. 270–286.
21. M. A. Alam, H. Kufluoglu, D. Varghese, and S. Mahapatra, "A comprehensive model for PMOS NBTI degradation: Recent progress," *Microelectronics Reliability*, Vol. 47, 2007, pp. 853–862.
22. D. K. Schroder and J. A. Babcock, "Negative bias temperature instability: Road to cross in deep submicron silicon semiconductor manufacturing," *Journal of Applied Physics*, Vol. 94, No. 1, 2003, pp. 1–18.
23. D. K. Schroder, "Negative bias temperature instability: What do we understand?" *Microelectronics Reliability*, Vol. 47, 2007, pp. 841–852.
24. JEP122E, *Failure Mechanisms and Models for Semiconductor Devices*, JEDEC Solid State Technology Association, Arlington, VA, March 2009.
25. C. L. Chen, Y. M. Lin, C. J. Wang, and K. Wu, "A new finding on NBTI lifetime model and an investigation on NBTI degradation characteristic for 1.2-nm ultrathin oxide," in *Proceedings of the 43rd IEEE International Annual Reliability Physics Symposium*, 2005, pp. 704–705.
26. H. Aono, E. Murakami, K. Okuyama, A. Nishida, M. Minami, Y. Ooji, and K. Kubota, "Modeling of NBTI degradation and its impact on electric field dependence of the lifetime," in *Proceedings of the 42nd IEEE International Annual Reliability Physics Symposium*, 2004, pp. 23–27.
27. A. Scarpa, D. Ward, J. Dubois, L. van Marwijk, S. Gausepohl, R. Campos, K. Y. Sim, A. Cacciato, R. Kho, and M. Bolt, "Negative-bias temperature instability cure by process optimization," *IEEE Transactions on Electron Devices*, Vol. 53, No. 6, 2006, pp. 1331–1339.
28. D. Varghese, D. Saha, S. Mahapatra, K. Ahmed, F. Nouri, and M. Alam, "On the dispersive versus Arrhenius temperature activation of NBTI time evolution in plasma nitrided gate oxides: Measurements, theory, and implications," in *Proceedings of the International Electron Devices Meeting (IEDM)*, 2005, pp. 701–704.
29. A. E. Islam, G. Gupta, S. Mahapatra, A. T. Krishnan, K. Ahmed, F. Nouri, A. Oates, and M. A. Alam, "Gate leakage vs. NBTI in plasma nitrided oxides: Characterization, physical principles, and optimization," in *Proceedings of the International Electron Devices Meeting (IEDM)*, 2006, p. 12.4.1.
30. M. A. Alam, J. Bude, and A. Ghetti, "Field acceleration for oxide breakdown: Can an accurate anode hole injection model resolve the E vs. 1/E controversy?" in *Proceedings of the 38th IEEE International Annual Reliability Physics Symposium*, 2000, pp. 21–26.
31. D. J. DiMaria, E. Cartier, and D. Arnold, "Impact ionization, trap creation, degradation and breakdown in silicon dioxide films on silicon," *Journal of Applied Physics*, Vol. 73, 1993, pp. 3367–3384.
32. J. W. Mcpherson and H. Mogul, "Underlying physics of the thermochemical E model in describing low-field time-dependent dielectric breakdown in SiO_2 thin films," *Journal of Applied Physics*, Vol. 84, No. 3, 1998, pp. 1513–1523.
33. C. E. Blat, E. H. Nicollian, and E. H. Poindexter, "Mechansim of negative-bias-temperature instability," *Journal of Applied Physics*, Vol. 69, No. 3, 1991, pp. 1712–1720.
34. S. Ogawa and N. Shiono, "Generalized diffusion-reaction model for the low-field-charge-buildup instability at the Si-SiO_2 interface," *Physical Review B*,

Vol. 51, No. 7, 1995, pp. 4218–4230.
35. S. Chakravarthi, A. T. Krishnan, V. Reddy, C. F. Machala, and S. Krishnan, "A comprehensive framework for predictive modeling of negative bias temperature instability," in *Proceedings of the 42nd IEEE International Annual Reliability Physics Symposium*, 2004, pp. 273–282.
36. V. Reddy, A. T. Krishnan, A. Marshall, J. Rodriguez, S. Natarajan, T. Rost, and S. Krishnan, "Impact of negative bias temperature instability on digital circuit reliability," in *Proceedings of the 40th IEEE International Annual Reliability Physics Symposium*, 2002, pp. 248–254.
37. S. Zhu, A. Nakajima, T. Ohashi, and H. Miyake, "Interface trap and oxide charge generation under negative bias temperature instability of p-channel metal-oxide-semiconductor field-effect transistors with ultrathin plasma-nitrided SiON gate dielectrics," *Journal of Applied Physics*, Vol. 98, 2005, p. 114504.
38. N. Kimizuka, K. Yamaguchi, K. Imai, T. Iizuka, C. T. Liu, R. C. Keller, and T. Horiuchi, "NBTI enhancement by nitrogen incorporation into ultrathin gate oxide for 0.10-μm gate CMOS generation," in *Symposium on VLSI Technology Digest of Technical Papers*, 2000, pp. 92–93.
39. S. S. Tan, T. P. Chen, C. H. Ang, and L. Chan, "Mechanism of nitrogen-enhanced negative bias temperature instability in pMOSFET," *Microelectronics Reliability*, Vol. 45, No. 1, 2005, pp. 19–30.
40. S. Tsujikawa and J. Yugami, "Positive charge generation due to species of hydrogen during NBTI phenomenon in pMOSFETs with ultrathin SiON gate dielectrics," *Microelectronics Reliability*, Vol. 45, 2005, pp. 65.
41. A. T. Krishnan, V. Reddy, and S. Krishnan, "Impact of charging damage on negative bias temperature instability," in *Proceedings of the International Electron Devices Meeting (IEDM)*, 2001, pp. 865–868.
42. G. Chen, K. Y. Chuah, M. F. Li, D. S. H. Chan, C. H. Ang, J. Z. Zheng, Y. Jin, and D. L. Kwong, "Dynamic NBTI of PMOS transistors and its impact on device lifetime," in *Proceedings of the 41st IEEE International Annual Reliability Physics Symposium*, 2003, pp. 196–202.
43. M. Alam, "A critical examination of the mechanics of dynamic NBTI for P-MOSFETs," in *Proceedings of the International Electron Devices Meeting (IEDM)*, 2003, pp. 345–348.
44. T. Yang, C. Shen, M. F. Li, C. H. Ang, C. X. Zhu, Y. -C. Yeo, G. Samudra, and D. -L. Kwong, "Interface trap passivation effect in NBTI measurement for p-MOSFET with SiON gate dielectric," *IEEE Electron Device Letters*, Vol. 26, No. 10, 2005, pp. 758–760.
45. S. Tsujikawa, T. Mine, K. Watanabe, Y. Shimamoto, R. Tsucbiya, K. Ohnishi, T. Onai, J. Yugami, and S. Kimura, "Negative bias temperature instability of pMOSFETs with ultrathin SiON gate dielectrics," in *Proceedings of the 41st IEEE International Annual Reliability Physics Symposium*, 2003, pp. 183–188.
46. D. S. Ang and S. Wang, "Insight into the suppressed recovery of NBTI-stressed ultrathin oxynitride gate pMOSFET," *IEEE Electron Device Letters*, Vol. 27, No. 9, 2006, pp. 755–757.
47. V. Huard, M. Denais, F. Perrier, N. Revil, C. Parthasarathy, A. Bravaix, and E. Vincent, "A thorough investigation of MOSFETs NBTI degradation," *Microelectronics Reliability*, Vol. 45, 2005, pp. 83–98.
48. D. S. Ang, "Observation of suppressed interface state relaxation under positive gate biasing of the ultrathin oxynitride gate p-MOSFET subjected to negative-bias temperature stressing," *IEEE Electron Device Letters*, Vol. 27, No. 5, 2006, pp. 412–415.
49. S. Tsujikawa and J. Yugami, "Evidence for bulk trap generation during NBTI phenomenon in pMOSFETs with ultrathin SiON gate dielectrics," *IEEE Transactions on Electron Devices*, Vol. 53, No. 1, 2006, pp. 51–55.
50. S. Chakravarthi, P. Kohli, P. R. Chidambaram, H. Bu, A. Jain, and C. F. Machala, "Modeling the effect of source/drain sidewall spacer process on boron ultrashallow junctions," in *Proceedings of the International Conference on Simulation of Semiconductor Processes and Devices*, 2003, pp. 159–162.

51. C. H. Liu, M. T. Lee, C. -Y. Lin, J. Chen, Y. T. Loh, F. -T. Liou, K. Schruefer1, A. A. Katsetos, Z. Yang, N. Rovedo, T. B. Hook, C. Wann, and T. -C. Chen, "Mechanism of threshold voltage shift (ΔV_{th}) caused by negative bias temperature instability (NBTI) in deep submicron pMOSFETs," *Japanese Journal of Applied Physics*, Vol. 41, 2002, pp. 2423–2425.
52. Y. Mitani, M. Nagamine, H. Satake, and A. Toriumi, "NBTI mechanism in ultra-thin gate dielectric—Nitrogen-originated mechanism in SiON," in *Proceedings of the International Electron Devices Meeting (IEDM)*, 2002, pp. 509–512.
53. Y. Mitani, "Influence of nitrogen in ultrathin SiON on negative bias temperature instability under ac stress," in *Proceedings of the International Electron Devices Meeting (IEDM)*, 2004, pp. 117–120.
54. S. Mahapatra, P. B. Kumar, and M. A. Alam, "Investigation and modeling of interface and bulk trap generation during negative bias temperature instability of *p*-MOSFETs," *IEEE Transactions on Electron Devices*, Vol. 51, No. 9, 2004, pp. 1371–1379.
55. H. Kufluoglu and M. A. Alam, "A geometrical unification of the theories of NBTI and HCI time-exponents and its implications for ultra-scaled planar and surround-gate MOSFETs," in *Proceedings of the International Electron Devices Meeting (IEDM)*, 2004, pp. 113–116.
56. G. Cellere, M. G. Valentini, and A. Paccagnella, "Effect of channel width, length, and latent damage on NBTI," in *Proceedings of the IEEE International Conference on Integrated Circuit Design and Technology*, 2004, pp. 303–306.
57. H. S. Rhee, and H. Lee, T. Ueno, D. S. Shin, S. H. Lee, Y. Kim, A. Samoilov, P. O. Hansson, M. Kim, H. S. Kim, and N. I. Lee, "Negative bias temperature instability of carrier-transport enhanced *p*MOSFET with performance boosters," in *Proceedings of the International Electron Devices Meeting (IEDM)*, 2005, pp. 692–695.
58. A. E. Islam, H. Kufluoglo, D. Varghese, S. Mahapatra, and M. A. Alam, "Recent issues in negative-bias temperature instability: Initial degradation, field dependence of interface trap generation, hole trapping effects, and relaxation," *IEEE Transactions on Electron Devices*, Vol. 54, No. 9, 2007, pp. 2143–2154.
59. S. J. Wen, L. Hinh, and H. Puchner, "Voltage acceleration NBTI study for a 90-nm CMOS technology," in *IEEE International Integrated Reliability Workshop Final Report*, 2003, pp. 147–148.
60. S. Rangan, N. Mielke, and E. C. C. Yeh, "Universal recovery behavior of negative bias temperature instability,"in *Proceedings of the International Electron Devices Meeting (IEDM)*, 2003, pp. 341–344.
61. M. Ershov, S. Saxena, H. Karbasi, S. Winters, S. Minehane, J. Babcock, R. Lindley, P. Clifton, M. Redford, and A. Shibkov, "Dynamic recovery of negative bias temperature instability in *p*-type metal-oxide-semiconductor field-effect transistors," *Applied Physics Letters*, Vol. 83, No. 8, 2003, pp. 1647–1649.
62. A. T. Krishnan, C. Chancellor, S. Chakravarthi, P. E. Nicollian, V. Reddy, A. Varghese, R. B. Khamankar, and S. Krishnan, "Material dependence of hydrogen diffusion: Implications for NBTI degradation," in *Proceedings of the International Electron Devices Meeting (IEDM)*, 2005, pp. 688–691.
63. T. Yang, M. F. Li, C. Shen, C. H. Ang, C. Zhu, Y. -C. Yeo, G. Samudra, S. C. Rustagi, M. B. Yu, and D. L. Kwong, "Fast and slow dynamic NBTI components in *p*-MOSFET with SiON dielectric and their impact on device lifetime and circuit application,"in *Symposium on VLSI Technology Digest of Technical Papers*, 2005, pp. 92–93.
64. W. Heinrigs, H. Reisinger, W. Gustin, and C. Schlünder, "Consideration of recovery effects during NBTI measurements for accurate lifetime predictions of state-of-the-art pMOSFETs," in *Proceedings of the 45th IEEE International Annual Reliability Physics Symposium*, 2007, pp. 288–292.
65. M. Denais, C. Parthasarathy, G. Ribes, Y. Rey-Tauriac, N. Revil, A. Bravaix, V. Huard, and F. Perrier, "On-the-fly characterization of NBTI in ultrathin gate oxide *p*-MOSFET's,"in *Proceedings of the International Electron Devices Meeting (IEDM)*, 2004, pp. 109–112.

66. C. Shen, M. -F. Li, X. P. Wang, Y. -C. Yeo, and D. -L. Kwong, "A fast measurement technique of MOSFET Id-Vg characteristics," *IEEE Electron Device Letters*, Vol. 27, No. 1, 2006, pp. 55–57.
67. H. Reisinger, O. Blank, W. Heinrigs, A. Muhlhoff, W. Gustin, and C. Schlunder, "Analysis of NBTI degradation and recovery behavior based on ultrafast V_T measurements," in *Proceedings of the 44th IEEE International Annual Reliability Physics Symposium*, 2006, pp. 448–453.
68. Multi-channel parallel timing-on-the-fly NBTI characterization using Agilent B1500A. Agilent application note B1500-6 (online). Available: http://www.home.agilent.com/agilent/redirector.j.
69. On-the-fly VTH measurement for bias temperature instability characterization. Keithley application note 2814. (Online). Available: http://www.keithley.com.
70. Z. Ji, J. F. Zhang, M. H. Chang, B. Kaczer, and G. Groeseneken, "An analysis of the NBTI-induced threshold voltage shift evaluated by different techniques," *IEEE Transactions on Electron Devices*, Vol. 56, No. 5, 2009, pp. 1086–1093.
71. H. Reisinger, O. Blank, W. Heinrigs, W. Gustin, and C. Schlünder, "A comparison of very fast to very slow components in degradation and recovery due to NBTI and bulk hole trapping to existing physical models," *IEEE Transactions on Device and Materials Reliability*, Vol. 7, No. 1, 2007, pp. 119–129.
72. H. Reisinger, U. Brunner, W. Heinrigs, W. Gustin, and C. Schlünder, "A comparison of fast methods for measuring NBTI degradation," *IEEE Transactions on Device and Materials Reliability*, Vol. 7, No. 4, 2007, pp. 531–539.
73. D. Varghese, S. Mahapatra, and M. A. Alam, "Hole energy dependent interface trap generation in MOSFET Si/SiO_2 interface," *IEEE Electron Device Letters*, Vol. 26, No. 8, 2005, pp. 572–574.
74. S. Zhu, A. Nakajima, T. Ohashi, and H. Miyake, "Influence of bulk bias on negative bias temperature instability of p-channel metal-oxide-semiconductor field-effect transistors with ultrathin SiON gate dielectrics," *Journal of Applied Physics*, Vol. 99, 2006, p. 064510.
75. S. M. Sze, *Physics of Semiconductor Devices*, 2nd ed., Wiley, New York, 1981, Chap. 7.
76. M. Denais, V. Huard, C. Parthasarathy, G. Ribes, F. Perrier, N. Red, and A. Bravaix, "Interface traps and oxide traps creation under NBTI and PBTI in advanced CMOS technology with a 2-nm gate oxide," in *IEEE International Integrated Reliability Workshop Final Report*, 2003, pp. 1–6.
77. JP001.01, *"Foundry Process Qualification Quidelines (Wafer Fabrication Manufacturing sites)*, JEDEC Solid State Technology Association and Fabless Semiconductor Association, May 2004.
78. T. Yamamoto, K. Uwasawa, and T. Mogami, "Bias temperature instability in scaled $p+$ polysilicon gate p-MOSFETs," *IEEE Transactions on Electron Devices*, Vol. 46, No. 5, 1999, pp. 921–926.
79. C. Schlünder, R. Brederlow, B. Ankele, A. Lill, K. Goser, and R. Thewes, "On the degradation of P-MOSFETS in analog and rf circuits under inhomogeneous negative bias temperature stress," in *Proceedings of the 41st IEEE International Annual Reliability Physics Symposium*, 2003, pp. 5–10.
80. C. -Y. Lu, H. -C. Lin, Y. -F. Chang, and T. -Y. Huang, "Dc and ac NBTI stresses in PMOSFETs with PE-SiN capping," in *Proceedings of the 44th IEEE International Annual Reliability Physics Symposium*, 2006, pp. 727–728.
81. S. S. Chung, D. K. Lo, J. J. Yang, and T. C. Lin, "Localization of NBTI-induced oxide damage in direct tunneling regime gate oxide pMOSFET using a novel low gate leakage gated diode (L^2-GD) method," in *Proceedings of the International Electron Devices Meeting (IEDM)*, 2002, pp. 513–516.
82. G. Math, C. Benard, J. L. Ogier, and D. Goguenheim, "Geometry effects on the NBTI degradation of PMOS transistors,"in *Proceedings of the IEEE International Integrated Reliability Workshop Final Report*, 2008, pp. 60–63.
83. R. Mooraka, K. N. ManjulaRani, D. Ho, N. Mathur, and H. Puchner, "A simulation methodology for the operational life time study of deep submicron technology integrated circuits using channel length dependent NBTI model," in *Proceedings of the International Workshop on Physics of Semiconductor Devices (IWPSD)*, 2007, pp. 146–149.

第 7 章　负偏置温度不稳定性

84. V. Kol'dyaev, "Layout design dependence of NBTI for I/O P-MOSFET," in *Proceedings of the 42nd IEEE International Annual Reliability Physics Symposium*, 2004, pp. 663–664.
85. T. J. J. Ho, D. S. Ang, L. J. Tang, T. W. H. Phua, and C. M. Ng, "Role of nitrogen on the gate length dependence of NBTI," *IEEE Electron Device Letters*, Vol. 30, No. 7, 2009, pp. 772–774.
86. Y. H. Lee, K. Wu, T. Linton, N. Miekle, S. Hu, and B. Wallace, "Channel width dependent hot-carrier degradation of thin-gate pMOSFETs," in *Proceedings of the 38th IEEE International Annual Reliability Physics Symposium*, 2000, pp. 77–82.
87. H. Küflüoglu and M. A. Alam, "Theory of interface-trap-induced NBTI degradation for reduced cross section MOSFETs," *IEEE Transactions on Electron Devices*, Vol. 53, No. 5, 2006, pp. 1120–1130.
88. T. Yamashita, K. Ota, K. Shiga, T. Hayashi, H. Umeda, H. Oda, T. Eimori, M. Inuishi, Y. Ohji, K. Eriguchi , Nakanishi, H. Nakaoka, T. Yamada, M. Nakamura, I. Miyams, A. Kajiya, M. Kubota, and M. Ogura, "Impact of boron penetration from S/D extension on gate-oxide reliability for 65-nm node CMOS and beyond," in *Symposium on VLSI Technology Digest of Technical Papers*, 2004, pp. 136–137.
89. L. Duong, E. Li, V. Gopinath, S. Prasad, J. Lin, D. Pachura, and V. Hombach, "Effect of nitrogen incorporation on PMOS negative bias temperature instability in ultrathin oxy-nitrides," in *IEEE International Integrated Reliability Workshop Final Report*, 2003, pp. 128–130.
90. S. S. Tan, T. P. Chen, J. M. Soon, K. P. Loh, C. H. Ang, W. Y. Teo, and L. Chan, "Linear relationship between H^+ trapping reaction energy and defect generation: Insight into nitrogen-enhanced negative bias temperature instability," *Applied Physics Letters*, Vol. 83, No. 3, 2003, pp. 530–532.
91. C. C. Liao, Z. H. Gan, Y. J. Wu , K. Zheng, R. Guo, J. H. Ju, J. Ning, A. He, S. Ye, E. Liu, and W. Wong, "Factors for negative bias temperature instability improvement in deep submicron CMOS technology," in *Proceedings of the 9th International Conference on Solid-State and Integrated-Circuit Technology (ICSICT)*, 2008, pp. 612–615.
92. S. S. Tan, T. P. Chen, C. H. Ang, Y. L. Tan, and L. Chan, "Influence of nitrogen proximity from the Si/SiO_2 interface on negative bias temperature instability," *Japanese Journal of Applied Physics*, Vol. 41, No. 10A, 2002, pp. L1031–L1033.
93. T. Sasaki, K. Kuwazawa, K. Tanaka, J. Kato, and D. -L. Kwong, "Engineering of nitrogen profile in an ultrathin gate insulator to improve transistor performance and NBTI," *IEEE Electron Device Letters*, Vol. 24, No. 3, 2003, pp. 150–152.
94. E. Morifuii, M. Kanda, N. Yanagiya, S. Matsuda, S. Inaba, K. Okano, K. Takahashi, M. Nishigori, H. Tsuno, T. Yamamoto, K. Hiyama, M. Takayanagi, H. Oyamatsu, S. Yamada, T. Noguchi, and M. Kakumu, "High-performance 30-nm bulk CMOS for 65-nm technology node (CMOS5),"in *Proceedings of the International Electron Devices Meeting (IEDM)* 2002, pp. 655–658.
95. D. Ishikawa, S. Sakai, K. Katsuyama, and A. Hiraiwa, "Nitride-sandwiched-oxide gate insulator for low-power CMOS,"in *Proceedings of the International Electron Devices Meeting (IEDM)* 2002, pp. 869–872.
96. N. Yanagiya, S. Matsuda, S. Inaba, M. Takayanagi, I. Mizushima, K. Ohuchi, K. Okano, K. Takahasi, E. Morifuji, M. Kanda, Y. Matsubara, M. Habu, M. Nishigoori, K. Honda, H. Tsuno, K. Yasumoto, T. Yamamoto, K. Hiyama, K. Kokubun, T. Suzuki, J. Yoshikawa, T. Sakurai, T. Ishizuka, Y. Shoda, M. Moriuchi, M. Kishida, H. Matsumori, H. Harakawa, H. Oyamatsu, N. Nagashima, S. Yamada, T. Noguchi, H. Okamoto, and M. Kakumu, 65-nm CMOS technology (CMOS5) with high density embedded memories for broadband microprocessor applications,"in *Proceedings of the International Electron Devices Meeting (IEDM)*, 2002, pp. 57–60.
97. D. Varghese, G. Gupta, L. M. Lakkimsetti, D. Saha, K. Ahmed, F. Nouri, and S. Mahapatra, "Physical mechanism and gate insulator material dependence of generation and recovery of negative-bias temperature instability in *p*-MOSFETs," *IEEE Transactions on Electron Devices*, Vol. 54, No. 7, 2007, pp. 1672–1680.

98. S. S. Tan, C. H. Ang, C. M. Lek, T. P. Chen, B. J. Cho, A. See, and L. Chan, "Characterization of ultrathin plasma nitrided gate dielectrics in pMOSFET for 0.18-μm technology and beyond," in *Proceedings of the 9th International Symposium on the Physical and Failure Analysis of Integrated Circuits (IPFA)*, 2002, pp. 254–258.
99. S. Inaba, T. Shimizu, S. Mori, K. Sekine, K. Saki, H. Suto, H. Fukui, M. Nagamine, M. Fujiwara, T. Yamamoto, M. Takayanagi, I. Mizushima, K. Okano, S. Matsuda, H. Oyamatsu, Y. Tsunashima, S. Yamada, Y. Toyoshima and H. Ishiuchi, "Device performance of sub-50-nm CMOS with ultrathin plasma nitrided gate dielectrics," in *Proceedings of the International Electron Devices Meeting (IEDM)*, 2002, pp. 651–654.
100. P. A. Kraus, K. Ahmed, T. C. Chua, M. Ershov, H. Karbasi, C. S. Olsen, F. Nouri, J. Holland, R. Zhao, G. Miner, and A. Lepert, "Low-energy nitrogen plasmas for 65-nm node oxynitride gate dielectrics: a correlation of plasma characteristics and device parameters," in *Symposium on VLSI Technology Digest of Technical Papers*, 2003, pp. 143–144.
101. M. A. Liberman and A. J. Lichtenberg, *Principles of Plasma Discharges and Materials Processing* John Wiley and Sons, Hoboken, NJ, 2005, pp. 306–307.
102. D. P. Lymberopoulos, V. I. Kolobov, and D. J. Economou, "Fluid simulation of a pulsed-power inductively coupled argon plasma," *Journal of Vacuum Science and Technology A*, Vol. 16, No. 2, 1998, pp. 564–571.
103. K. Sasada, M. Arimoto, H. Nagasawa, A. Nishida, H. Aoe, T. Dan, S. Fujiwara, Y. Matsushita, and K. Yodoshi, "The influence of SiN films on negative bias temperature instability and characteristics in MOSFETs," in *Proceedings of the IEEE International Conference on Microelectronic Test Structures (ICMTS)*, Vol. 11, 1998, pp. 207–210.
104. J. Ushio, T. Maruizumi, and K. K. Abdelghafar, "Interface structures generated by negative-bias temperature instability in Si/SiO$_2$ and Si/SiO$_x$N$_y$ interfaces", *Applied Physics Letters*, Vol. 81, No. 10, 2002, pp. 1818–1820.
105. M. Terai, K. Watanabe, and S. Fujieda, "Effect of nitrogen profile and fluorine incorporation on negative-bias temperature instability of ultrathin plasma-nitrided SiON MOSFETs," *IEEE Transactions on Electron Devices*, Vol. 54, No. 7, 2007, pp. 1658–1665.
106. Z. Wang, C. G. Parker, D. W. Hodge, R. T. Croswell, M. Yang, V. Misra, and J. R. Hauser, "Effect of polysilicon gate type on the flatband voltage shift for ultrathin oxide-nitride gate stacks," *IEEE Electron Device Letters*, Vol. 21, No. 4, 2000, pp. 170–172.
107. T. Kawae, Y. Minemura, S. Fukuda, T. Hirano, Y. Suzuki, M. Saito, S. Kadomura, and S. Samukawa, "Drastically improved NBTI lifetime by periodic plasma nitridation for 90-nm mobile applications at low-voltage operation," in *Proceedings of the International Workshop on Gate Insulator*, 2003, pp. 146–149.
108. S. Tsujikawa, T. Mine, Y. Shimamoto, O. Tonomura, R. Tsuchiya, K. Ohnishi, H. Hamamura, K. Torii, T. Onai, and J. Yugami, "An ultrathin silicon nitride gate dielectrics with oxygen enriched Interface (OI-SiN) for CMOS with EOT of 0.9 nm and beyond," *Symposium on VLSI Technology Digest of Technical Papers*, 2002, pp. 202–203.
109. Y. J. Lee, Y. C. Tang, M. H. Wu, T. S. Chao, P. T. Ho, D. Lai, W. L. Yang, and T. Y. Huang, "NBTI effects of PMOSFETs with different nitrogen dose implantation," in *Proceedings of the 42nd IEEE International Annual Reliability Physics Symposium*, 2004, pp. 681–682.
110. T. B. Hook, E. Adler, F. Guarin, J. Lukaitis, N. Rovedo, and K. Schruefer, "The effect of fluorine on parametrics and reliability in a 0.18-μm 3.5/6.8-nm dual-gate-oxide CMOS technology," *IEEE Transactions on Electron Devices*, Vol. 48, No. 7, 2001, pp. 1346–1353.
111. D. -Y. Lee, H. -C. Lin, W. -J. Chiang, W. -T. Lu, G. -W. Huang, T. -Y. Huang, and T. Wang, "Process and doping dependence of negative-bias-temeprature instability for P-channel MOSFETs," in *Proceedings of the 7th International Symposium on Plasma- and Process-Induced Damage*, 2002, pp. 150–153.

第7章 负偏置温度不稳定性

112. A. Zhou, J. Liu, K. Zheng, J. Ju, J. Zhang, H. Gan, H. Ho, and J. Ning, "Fluorine IMP effect on negative bias temperature instability and process induced defects," *Electrochemical Society Transactions*, Vol. 27, No. 1, 2010, pp. 67–72.
113. R. C. Weast and M. J. Astle, *CRC Handbook of Chemistry and Physics*, 62nd ed., Boca Raton, FL, CRC Press, 1981.
114. S. J. Chang, S. Y. Wu, C. L. Chen, T. L. Lee, Y. M. Lin, Y. S. Tsai, H. D. Su, S. B. Chen, Y. S. Chen, M. S. Liang, Y. C. See, and Y. C. Sun, "An integrated gate stack process for sub-90-nm CMOS technology," in *Proceedings of the International Conference on Solid State Devices and Materials*, Tokyo, 2003, pp. 460–461.
115. D. -Y. Lee, H. -C. Lin, C. -L. Chen, T. -Y. Huang, T. Wang, T. -L. Lee, S. -C. Chen, and M. -S. Liang, "Impacts of HF etching on ultra-thin core gate oxide integrity in dual gate oxide CMOS technology," in *Proceedings of the 8th International Symposium on Plasma- and Process-Induced Damage*, 2003, pp. 77–80.
116. E. Morifuji, T. Kumamori, M. Muta, K. Suzuki, M. S. Krishnan, T. Brozek, X. Li, W. Asano, M. Nishigori, N. Yanagiya, S. Yamada, K. Miyamoto, T. Noguchi, and M. Kakumu, "New guideline for hydrogen treatment in advanced system LSI," in *Symposium on VLSI Technology Digest of Technical Papers*, 2002, pp. 218–219.
117. A. Suzuki, K. Tabuchi, H. Kimura, T. Hasegawa, S. Kadomura, K. Kakamu, H. Kudo, M. Kawano, A Tsukune, and M. Yamada, "A strategy using a copper/low-k BEOL process to prevent negative-bias temperature instability (NBTI) in p-MOSFETs with ultrathin gate oxide," in *Symposium on VLSI Technology Digest of Technical Papers*, 2002, pp. 216–217.
118. G. Cellere, M. G. Valentini, L. Larcher, and A. Paccagnella, "Plasma induced microbreakdown in small-area MOSFETs," *IEEE Transaction on Electron Devices*, Vol. 49, No. 10, 2002, pp. 1768–1774.
119. M. Yamamura, T. Matsuki, T. Robata, T. Watanabe, S. Inumiya, K. Torii, T. Saitou, H. Amai, Y. Nara, M. Kitazoe, Y. Yuba, and Y. Akasaka, "Improvement in NBTI by catalytic-CVD silicon nitride for hp-65-nm technology," in *Symposium on VLSI Technology Digest of Technical Papers*, 2005, pp. 88–89.
120. H. Matsumura, "Silicon nitride produced by catalytic chemical vapor deposition method," *Journal of Applied Physics*, Vol. 66, No. 8, 1989, pp. 3612–3617.
121. S. S. Chung, "Reliability issues for high-performance nanoscale CMOS technologies with channel mobility enhancing schemes," in *Proceedings of the International Workshop on Nano CMOS*, 2006, pp. 128–131.
122. H. S. Momose, T. Ohguro, K. Kojima, S. Nakamura, and Y. Toyoshima, "1. 5–nm gate oxide CMOS on (110) surface-oriented Si substrate," *IEEE Transactions on Electron Devices*, Vol. 50, No. 4, 2003, pp. 1001–1008.
123. A. T. Krishnan, V. Reddy, S. Chakravarthi, J. Rodriguez, S. John, and S. Krishnan, "NBTI impact on transistor and circuit: Models, mechanisms and scaling effects," in *Proceedings of the International Electron Devices Meeting (IEDM)*, 2003, pp. 349–352.
124. R. Fernández, B. Kaczer, A. Nackaerts, S. Demuynck, R. Rodríguez, M. Nafría, and G. Groeseneken, "Ac NBTI studied in the 1 Hz–2 GHz range on dedicated on-chip CMOS circuits," in *Proceedings of the International Electron Devices Meeting (IEDM)*, 2006, pp. 1–4.

第 8 章

等离子体诱导损伤

8.1 引　言

等离子体工艺广泛应用于超大规模集成（ULSI）器件的制造，例如等离子体注入、刻蚀和沉积。随着集成电路（IC）集成度的不断提高，对热预算的更好控制这一要求导致集成电路（IC）制造中涉及更多的等离子体步骤，而对刻蚀和沉积的更高方向性的需求导致更高的等离子体流密度的使用。然而，涉及使用等离子体的几乎所有加工步骤的副作用是对器件的不良充电损伤[1]。从宏观角度看，等离子体损伤（PID）包括光子的辐射、离子的物理轰击、污染，以及离子和电子的等离子体充电。等离子体充电是指在等离子体加工过程中，晶圆表面电荷的积聚。随着栅极氧化层厚度的迅速增加（特别是当栅极氧化层厚度在 3nm 左右时），以及干法刻蚀等离子体加工步骤的增加，充电诱导的氧化层损伤已成为关键的可靠性问题之一。器件遭受的充电损伤程度取决于等离子体工艺过程中栅极介质所经受的电应力（电流或电压）[2]，这会导致在氧化层和氧化层-沟道界面产生陷阱，应力诱导泄漏电流（SILC）增加[3]和厄利击穿[4]，从而导致充电损伤对良率损失[5]、栅极-氧化层完整性（GOI）[3]、热载流子注入（HCI）寿命[6]、负偏置温度不稳定（NBTI）寿命[7]等产生不利影响。当充电应力不强时，可能会产生界面陷阱[8]，导致金属-氧化物-半导体（MOS）器件特性发生较大变化（要么是芯片与芯片之间，要么是晶圆与晶圆之间，要么是批次与批次之间的变化）[9,10]。

等离子体损伤与设计有关。当栅极连接到导电层（如多晶硅、接触孔、金属互连和通孔）时，等离子体对栅极充电可能通过导电层的某些收集路径发生，这通常被称为天线。一方面，天线面积决定了暴露于等离子体的栅极介质所收集的电荷量；另一方面，栅极面积决定了通过栅极介质的电流密度。因此，天线比（AR ＝天线面积/栅极面积）这一术语已被广泛用作确定特定工艺中充电损伤敏感性的指标。基本上，天线比越大，电荷积聚量越大，从而对栅极氧化层造成的

第8章 等离子体诱导损伤

等离子体损伤就越大。天线可以通过导电层的表面（区域密集型）、通过导电层的边缘（边缘密集型）和/或通过接触孔/通孔收集电荷。图8.1给出了三种天线的示意图。当来自等离子体的电荷在栅电极上积聚时，它们将导致Fowler-Nordheim（FN）隧穿电流通过栅极介质，从而造成损伤。表8.1列出了三种天线中等离子体损伤的典型工艺和天线结构中的主要参数。设计/天线规则通常设定为限制连接到金属-氧化物-半导体场效应晶体管（MOSFET）栅极介质的天线面积或周长，以限制充电损伤引起的栅极薄膜退化[11]。

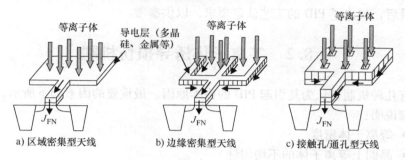

a) 区域密集型天线　　b) 边缘密集型天线　　c) 接触孔/通孔型天线

图8.1　三种类型天线的示意图

表8.1　对三种类型天线，导致等离子体损伤的典型工艺和天线比列表

	区域密集型	边缘密集型	接触孔/通孔型
天线	金属、多晶硅、压焊点（寄生天线）[12]	金属、多晶硅	接触孔、通孔
损伤涉及的典型工艺	注入、化学气相沉积（CVD）、灰化和LDD侧墙刻蚀	金属/多晶硅刻蚀，具有电子屏蔽效应的CVD	接触孔/通孔刻蚀和灰化
天线比	天线面积比	天线侧墙面积	接触孔/通孔面积和数目

等离子体损伤也与工艺相关。Cu大马士革工艺与传统的Al工艺不同，金属线是通过在介质中形成的沟槽中沉积Cu，然后抛光去掉多余的Cu而形成的。由于大马士革工艺没有传统Al工艺所采用的金属刻蚀步骤，因此Cu大马士革晶圆已被证明具有较少的工艺诱导损伤[13]。然而，在介质刻蚀和等离子体预清洗/沉积步骤（如阻挡层/种子层预清洗/沉积和介质沉积/预清洗）中，大马士革工艺仍然将晶圆暴露在等离子体环境中，因此控制等离子体工艺诱导损伤仍然具有重要意义[14,15]。先进技术节点需要五到六层甚至更多层的金属化，导致晶圆多次暴露在等离子体工艺中。此外，随着超低k（ULK）材料集成到45nm及以下后道工艺（BEOL）互连中，等离子刻蚀/灰化[16-18]引起的薄膜退化已成为一个

不可避免的挑战[19]。

本章首先详细介绍了 PID 的原理和天线比的概念。接下来介绍了 PID 评估所使用的表征方法。然后介绍等离子体本身的特性，因为这些知识对理解在等离子体处理过程中造成的损伤是非常关键的。然后详细介绍了实现无 PID 工艺的三个关键途径：①保护器件的使用（如二极管）；②天线布局设计的优化；③工艺优化，包括等离子体本身（均匀性、强度等）和等离子体相关工艺的优化，如化学气相沉积（CVD）、刻蚀等。然后简要介绍了 PID 对 GOI、NBTI 和 HCI 的影响。最后，列出了 PID 的工艺认定要求，以供参考。

8.2 等离子体诱导损伤机制

有几种机制被认为是引起 PID 的根本原因。最重要的因素如下所示，并按顺序详细说明：

- 等离子体密度
- 晶圆上等离子体的不均匀性
- 电子屏蔽效应（ESE）
- 逆电子屏蔽效应（RESE）
- 紫外线（UV）辐射

8.2.1 等离子体密度 ★★★

从充电和随后损伤的角度来看，高密度等离子体在满足栅极氧化层所需电压的情况下，有可能造成更严重的损伤，因为等离子体倾向于充当限流电压源，而高密度意味着更大的电流[1]。Krishnan 等人[20]证明，当腔室高度从 8cm 降低到 5cm 时，观察到靠近晶圆表面的电感耦合电场（与源射频相关）的方位角分量增加了 5 倍。因此，在 5cm 高的腔室中，电感耦合等离子体（ICP）金属刻蚀对 60Å 器件产生了严重的等离子体充电应力。相比之下，当腔室高度为 8 cm 时，由于离子/电子密度以及晶圆表面电场强度的减小，等离子体损伤可以忽略不计。

8.2.2 晶圆上等离子体的不均匀性 ★★★

晶圆上等离子体的不均匀性是导致等离子体损伤的一个众所周知的因素[21,22]。图 8.2 示意性地说明了均匀等离子体和非均匀等离子体中栅极氧化层中等离子体诱导的电流路径。在均匀等离子体中，由于局部的时间平均电流 $J_e = J_i$，氧化层电压 V_{ox} 可能很小。然而，在非均匀等离子体中，存在另一条从晶圆高电势部分到低电势部分的电流路径（图 8.2b 中的电流路径Ⅱ），导致栅极氧化层受到更大的损伤。应力/失效的严重程度取决于电流通量的大小和晶圆温度，稍后将详细说明。

等离子体源和反应器设计是影响等离子体均匀性的主要因素，包括磁场、气体注入方式、化学成分和压力、电极边缘效应[23]、源/偏置功率等。

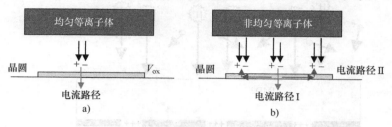

图 8.2 栅极氧化层中等离子体诱导电流路径示意图
a) 在均匀等离子体中，有一条电流路径通过衬底
b) 在非均匀等离子体中，存在另一条从晶圆的高电势部分到低电势部分电流路径（电流路径Ⅱ）

8.2.3 电子屏蔽效应 ★★★

等离子体由电子、离子和中性自由基组成。电子比离子具有更强的各向异性特征。换句话说，等离子体工艺中的电子入射角与离子入射角相比具有更大的扩展。在等离子体工艺中，入射角的差异和光刻胶对电子的屏蔽导致施加在器件上的净正电势应力，这被称为电子屏蔽效应（ESE）[24]。图 8.3 示意性地展示了在阻挡层/种子层沉积之前使用 H_2 等离子体清洁金属表面的反应性等离子体清洁（RPC）工艺。很可能 H^+ 离子（即正电荷）将积累在金属表面，这将进一步对栅极氧化层施加电应力。ESE 已被证明在天线充电中起着关键作用，特别是在深宽比特征、电子温度和离子电流密度不断增加的先进技术节点中[25]。

当电子屏蔽是充电的关键机制时，使用较厚抗蚀剂图形化的晶圆往往会受到较大的等离子损伤。Krishnan 等人[20] 报道，与 1.3μm 厚度的抗蚀剂相比，1.6μm 或 2.0μm 厚度的抗蚀剂在 N 沟道金属－氧化物－半导体（NMOS）和 P 沟道金属－氧化物－半导体（PMOS）器件上的 I_g 都会出现灾难性的增加。这种取决于深宽比的充电方式和充电随过刻蚀的不变性证明了 ESE 是充电机制。

8.2.4 逆电子屏蔽效应 ★★★

在等离子体相关工艺中，密集图形（如间距 = 0.5μm）会出现 ESE。相反，对于稀疏图形（例如，间距 = 2.0μm），一些各向同性电子被图形－线侧墙收集，而各向异性离子则不被收集，从而导致净负电荷，如图 8.4a 所示。这被称为逆电子屏蔽效应（RESE）[25,26]。

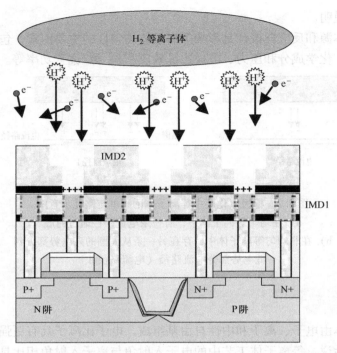

图 8.3 使用 H_2 等离子体在阻挡层/种子层沉积之前清洁金属表面的 RPC 工艺的 ESE 示意图

8.2.5 紫外线辐射 ★★★

加工的等离子体是一个强的真空紫外（VUV）光子源，可以在这些介质中产生光电流（见图 8.4b），当与刚提到的不均匀性或电子屏蔽效应结合时，会损伤底层器件[27]。光电流密度随紫外等离子体功率的增大和介质厚度的减小而增大。在氧化层介质顶部具有比氧化层带隙更低的氮化物，可以有效地吸收和阻挡高能 UV 光子，从而阻止氧化层中的光电导[28]。

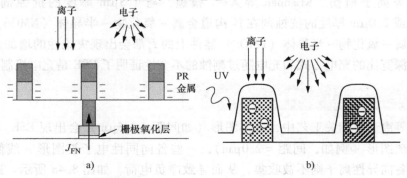

图 8.4 a）逆电子屏蔽效应示意图；b）UV 辐射的影响示意图（经 Elsevier 授权使用[25]）

8.3 等离子体诱导损伤的表征方法

为了监测 PID，已经提出了各种表征方法和步骤，这些方法和步骤对于在线表征以快速评估 PID 对最小测试结构集的负面影响也是必不可少的。然而，到目前为止，还没有建立统一的 PID 评价标准。目前，联合电子器件工程委员会（JEDEC）标准正在准备中，以填补这一空白[12]。

早期，直接比较带天线连接的器件和不带天线的参考器件的参数，如 I_{dsat}、V_t、跨导 G_m、界面态 D_{it} 和栅极氧化层泄漏电流 I_g[29-32]。

为了监测栅极泄漏电流，在反型或积累状态下，测试工作电压下的栅极。较大的初始泄漏电流是 PID 的一个强指标。评估 PID 性能的一种常见做法是根据初始 I_g 超过预设失效 I_g 标准的失效事件的百分比计算 PID 失效率（例如，厚栅极为 10pA，而薄栅极为 10nA）[33]。这种评价栅极泄漏电流的方法适用于严重损伤的监测，已成为当今先进技术节点应用最广泛的参数。有关 PID 表征的一些细节可以在参考文献 [34] 中找到。

PID 也可以产生潜在的损伤，并采用所谓的揭示或诊断应力方法[35]。JEDEC 标准也建议采用这种方法[36]。在这种方法中，在电应力之前和之后都进行参数测量。这种应力的目的是揭示在高温下经过后续处理步骤退火的任何潜在的等离子体损伤[31,37]。

- 揭示潜在损伤的一种方法是在晶体管上施加恒定的栅极电流密度（例如，$0.1A/cm^2$），持续几秒钟（例如，4s）[38]，以模拟 FN 晶圆充电应力情况。也有人称之为恒定电流应力（CCS）[32,35,37]。通过一个简单的计算，4s $0.1A/cm^2$ 电流密度的 CCS 将导致通过栅极氧化层注入 $0.4C/cm^2$ 的电荷。需要注意的是，这样一个暴露的应力并不是为了引起击穿，而注入电荷的数量是正确解释应力数据所必需的[12,39]。在器件参数方面，将具有较大天线比的 MOSFET（N 沟道或 P 沟道或两者兼有）的阈值电压 V_t、G_m、亚阈摆幅（SS）和界面态 D_{it} 在 FN 应力前后的偏移与不带天线的参照器件进行了比较。在大多数情况下，观察到负的 V_t 偏移[40]，表明等离子体处理/沉积在栅极氧化层中产生了正电荷陷阱。V_t 偏移越大，PID 越大。界面态 D_{it} 通常由电荷泵或直流电流-电压（DCIV）来表征，如第 4 章所述。然而，D_{it} 方法由于 t_{ox} < 3nm 而受到泄漏电流的限制[8,41]。

- 揭示潜在损伤的其他类型的测量包括热载流子应力[31]和 NBTI[7]，这两者都是检查潜在 PID 的有效方法。由于 PID 导致的器件 HCI 退化可以遵循与无 PID 的器件退化不同的寿命外推模型[42]。热载流子应力的缺点是栅极介质不能沿沟道区域均匀退化。在这种情况下，MOS 晶体管的漏区侧承受最大的应力，而 PID 通常沿沟道均匀分布在氧化层上。因此，只有部分栅极-介质损伤可以通过热载流子应力来检测。此外,热载流子应力和 NBTI 的缺点是应力时间长,不适合大规模生产中的快速工艺监测。

Martin 等人[35]提出了一种短时间揭示 CCS 的方法,并证明该方法是有效的,与 100s 热载流子应力一样敏感,提供了一种快速、高效的晶圆级测试,可以在短时间内揭示潜在损伤,且效率很高[43]。参考器件(不带天线)和带天线器件(天线Ⅰ和天线Ⅱ)NMOS 晶体管在暴露在 100s 热载流子应力后的累积 V_t 偏移分布如图 8.5 所示。参考器件暴露在应力后没有明显的 V_t 偏移。然而,带有天线Ⅰ或天线Ⅱ的器件都有明显的 V_t 偏移,而天线Ⅱ器件的情况更糟。

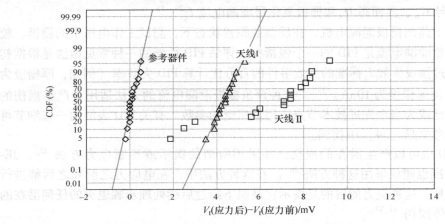

图 8.5 NMOS 晶体管在揭示 100s 热载流子应力后的累积 V_t 偏移分布:
参考器件(不带天线)和带天线器件(天线Ⅰ和天线Ⅱ),显然,天线Ⅱ器件要更糟

Q_{bd} 或 V_{bd} 是另一个用于 PID 表征的参数。然而,它们都是破坏性的测量。于是提出了一种快速指数斜坡电流击穿应力,包括软击穿检测(反型和积累)[44]。Q_{bd} 或 V_{bd} 有时也可能无法像初始 I_g 和 V_t 测量那样检测等离子体损伤。结果表明,栅极氧化层击穿电压未显示出任何类型的 PID,因为所有测试键都在 9~10V 显示出预期的本征特性,这意味着该方法不如 CCS 应力有效,如图 8.5 所示。

提出了适合评估厚氧化物中 PID 的初始电子捕获率(IETR)或斜率(IETS)[45]。在这种方法中,样品在等离子体处理后首先退火(例如,在 850℃下 Ar 气氛中退火 60min),然后在恒定电流注入(例如 10mA/cm^2)时测量电压-时间曲线($V-t$ 曲线)。这个电压变化与电流应力下捕获的净电荷直接相关。$V-t$ 曲线的斜率反映了与真实 PID 相对应的电子捕获率(ETR)。

噪声也被用于 PID 表征,即使栅极氧化层厚度小于 4nm[46],该测试也是无损和敏感的。MOSFET 低频噪声与等离子体充电损伤的极性有很强的相关性。当等离子体充电损伤为栅极注入型时,MOSFET 的低频噪声对损伤不敏感,而当极

第8章 等离子体诱导损伤

性为衬底注入型时，MOSFET 的低频噪声对损伤非常敏感。

8.4 等离子体特性

8.4.1 等离子体表征方法 ★★★

Stanford 等离子体晶圆实时（SPORT）测试[23,47-50]是一种在晶圆上制造金属探头的实时监控器，适用于器件开发。这种探头的基本概念是模拟位于介质绝缘层顶部的天线导体，并通过实时直接电压测量介质上的电压差。由于在测量过程中连线和腔壁之间的阻抗较高，这种方法可能只适用于低偏置条件。

充电监控器-2（CHARM-2）的监控器晶圆[51-53]是电可擦可编程只读存储器（E^2PROM）类型的传感器，在涉及等离子体的工艺中可为用户提供晶圆表面电势（正或负）和电荷通量的晶圆图。原理简单描述如下：当测量给定极性（正或负）的表面电势时，将一个电荷收集电极（CCE）放置在晶圆表面，连接到一个并联相反极性二极管的高输入阻抗电压表（即这里的 E^2PROM 晶体管）；另一方面，为了测量电荷通量，二极管被电阻取代，从而测量电阻上的压降。为了使用 CHARM-2 监控器进行所需的测量，对 E^2PROM 晶体管的阈值电压 V_t 进行预编程，然后将 CHARM-2 晶圆放置在工艺设备中。在加工过程中，在参数测试仪上测量得到的 V_t 值。由于 E^2PROM 晶体管是可重新编程的，因此使用相同的晶圆可以多次重复这个循环。使用 V_t-V_g 校准曲线将后处理 E^2PROM V_t 值转换为表面电势。这种方法适用于监测特定的设备（例如，离子注入器）。

半导体工艺诱导损伤效应探测器和消除器（SPIDER2）[54]是一种用于监测工艺诱导电荷损伤的测试结构芯片。例如，Aum 等人[54]提供了一个芯片尺寸为 $20\mu m \times 20\mu m$ 的 SPIDER2，其中有 800 多个系统排列的测试结构，以模拟先进的器件芯片互连布局设计。在该芯片中，电荷收集天线不仅连接到 MOS 栅极，还连接到晶体管源极、漏极，以及方向、距离、大小、间距、层数和形状互不相同的衬底，以检测这些天线在晶圆上的相互作用。此外，出于参考和定量比较的目的，还内置了用来保护器件免受电荷损伤的参考和保护环器件。

表面光电压（SPV）测量[55-58]是一种非接触式直接测量介质表面等离子体电荷以及介质中捕获的等离子体电荷的技术。一个典型的商业例子是 KLA-Tencor[59]公司提供的 Quantox。通过 Quantox 测量 SPV 的原理如图 8.6 所示，解释如下：

- 测量的第一步是通过电晕放电向衬底上的介质薄膜表面（如 SiO_2 或低 k 薄膜）提供负电荷或正电荷（即图 8.6a 中的 Q_1）。这类似于在栅极上施加外部电压 V_g，如图 2.10 所示。图 8.6a 中的 Q_2 由衬底-介质界面处的界面陷阱组成，例如,由等离子体工艺诱导产生。介质薄膜中也可能有固定电荷,为了简化说明,这里忽略了这些电荷。

- 第二步(见图 8.6b)是使用开尔文探头测量表面电压 V_{surf}。测得的 V_{surf} 等效于图 2.10 中的 V_g。注意,这里的表面电压 V_{surf} 是由所有电荷分量(Q_1 和 Q_2)产生的。
- 在第三步(见图 8.6c)中,启动氙灯产生光子以穿透介质薄膜(SiO_2),从而在 Si 中产生电子-空穴对。例如,如果等离子体工艺在 Si-SiO_2 界面产生负电荷,电子-空穴对中的空穴可能与负电荷重新结合,电荷 Q_2 将变为 Q_{2_post}。因此,由 Q_1 和 Q_{2_post} 电荷产生的表面电压再次由开尔文探头(称为 V_{surf_post})测量。

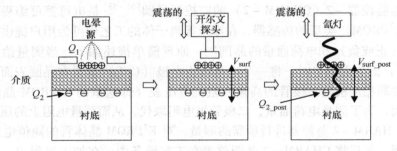

图 8.6 Quantox 的 SPV 测量原理示意图

- 在第四步中,SPV 定义为 V_{surf} 和 V_{surf_post} 之间的差值[式(8.1)]:

$$SPV = |V_{surf} - V_{surf\_post}| \tag{8.1}$$

其中,SPV 是由 Q_2 和 Q_{2_post} 之间的差值所产生的电压。也就是说,SPV 是由界面附近的电荷陷阱数量产生的电压,成为表示充电损伤的指标。式(2.64)[这里重复为式(8.2)]清楚地表明,Si-SiO_2 界面附近的氧化层陷阱会导致更大的平带变化,从而产生更大的 V_t 偏移。

$$\Delta V_{fb} = -\frac{\int_{x=0}^{x=t_{ox}} x \cdot \rho(x) \, dx}{t_{ox} \cdot C_{ox}} \tag{8.2}$$

- 在某些情况下,通过重复上述步骤,将电荷 Q_1 从正扫到负或者从负扫到正是必要的。这样就能得到一个完整的 SPV 响应来测量界面态。

8.4.2 等离子体 $I-V$ 特性和等离子体参数对等离子体 $I-V$ 及损伤的影响 ★★★

一般来说,要确定栅极氧化层在等离子体工艺中所经历的损伤程度,第一步是通过负载线分析来表征等离子体工艺所产生的电应力——由等离子体 $I-V$ 曲线表示。然后将等离子体的 I-V 曲线与氧化层隧穿电流负载线绘制在同一图中。这两种类型的 I-V 曲线的交叉将得出等离子体处理过程中施加到栅极介质上的工作点,如图 8.7 所示。

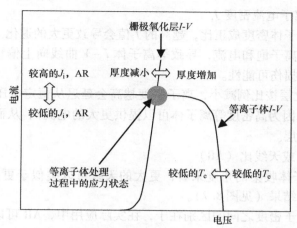

图 8.7 示意图显示了在等离子体加工过程中施加在栅极氧化层上的应力条件。此外,还显示了栅极氧化层厚度、电子密度、天线面积和电子温度对 I-V 特性的影响趋势

图 8.7 中充电过程中等离子体诱导的应力电流可以建模如下[62]:

$$I_{\text{plasma}} = A_{\text{ant}} J_i \{1 - \exp[-(V_{\text{oc}} - V)/k_B T_e]\} \tag{8.3}$$

其中,A_{ant} 为天线面积;J_i 为天线收集到的离子电流密度;V_{oc} 为栅极介质中未发生隧穿的电压(即开路电压);V 为发生隧穿时的电压;T_e 为电子温度。

根据式(8.3),等离子体诱导应力电流的影响因素如下:
- 开路电压 V_{oc}
  - V_{oc} 最小化是减少等离子损伤的主要方法[60]。
  - V_{oc} 会受到等离子体不均匀性的影响,如下所示:

$$V_{\text{oc}} \propto T_e \ln\left(\frac{n_{\max}}{n_{\min}}\right) \tag{8.4}$$

其中,$n_{\max}$ 和 $n_{\min}$ 分别为离子密度的最大值和最小值。因此,应该减少等离子体的不均匀性。
  - V_{oc} 也会受到电子屏蔽的影响,如下所示:

$$V_{\text{oc}} \propto T_e \ln\left(\frac{k_i}{k_e}\right) \tag{8.5}$$

其中,k_i 和 k_e 是离子和电子的屏蔽因子[61]。
- 电子温度 T_e
  - T_e 越低,损伤越小。这很容易理解,因为根据式(8.4)和式(8.5),

较低的 T_e 将会按比例降低施加到栅极介质上的电压。从而指数地降低隧穿电流和等离子体损伤。随着电子温度的降低，等离子体 $I-V$ 曲线会向左移动（见图 8.7）。

- 天线收集的离子电流密度 J_i

    - J_i 与等离子体密度成正比，越高的 J_i 值会导致更大的退化。离子密度越高会增加了电子和离子饱和电流，导致等离子体 $I-V$ 曲线向上偏移（见图 8.7），显示出了更高的损伤可能性。

    - 随着氧化层按比例减小，离子密度越高会延迟从恒定电压应力到恒定电流应力的转变（因为高密度等离子体可以提供更大的电流），从而将损伤峰值转移到更薄的氧化层。

- 天线面积 A_{ant} 或天线比（AR）

    - 从等离子体收集的角度来看，更大的天线可以类似于更高的离子密度，因此适用同样的结果（见图 8.7）。

    - AR 和离子密度之间的区别在于，在实际应用中，AR 可以在非常大的范围变化，例如 5 个量级，而离子密度的范围只有大约 3 个量级。AR 是目前放大等离子体损伤进行检测的首选方法，特别是在工艺开发阶段。

8.5 衬底对等离子体损伤的影响

8.5.1 为什么 PMOS 比 NMOS 更差 ★★★

许多研究报道了 NMOS 器件比 PMOS 器件受到等离子体工艺的损伤更小[38,62]。图 8.8 给出了一个例子。一些文献将这种现象归因于硼渗透到 PMOS 器件的栅极氧化层中[34,63]；另一方面，等离子体 $I-V$ 特性与氧化层隧穿电流负载曲线之间的相互作用定性地解释了这一现象（见图 8.9）。等离子体可以看作是与电压相关的电流源。如前所述，等离子体工艺中的应力条件（即应力电压和应力电流）可以表征为等离子体的 $I-V$ 特性与氧化层隧穿特性之间的交点。在图 8.9 中，给出了 NMOS 器件和 PMOS 器件的 $I-V$ 值，并与等离子体 $I-V$ 曲线叠加。可以看出，在特定电压下，NMOS 器件比 PMOS 器件传导的电流更大，这可以归因于 NMOS 器件在特定正电压下的能带弯曲更大。很明显，在等离子体工艺中，是正电荷施加在栅极氧化层上，例如，归因于 ESE（见图 8.3）。当考虑栅极上的正电荷时，NMOS 器件和 PMOS 器件分别处于反型和积累状态。根据式 (6.7)，

$$|V_{ox}|_{inv} - |V_{ox}|_{acc} = E_g/q - |V_{poly}| > 0 \qquad (8.6)$$

因此，NMOS 器件中施加在栅氧化层上的电压 V_{ox} 要高于 PMOS 器件上的电压。

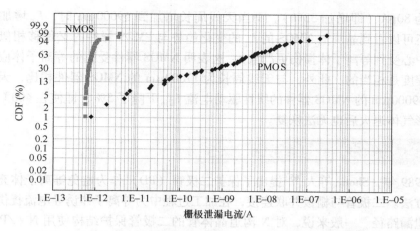

图 8.8 累积概率与栅极电流的关系，显示在相同天线比的情况下，NMOS 器件的退化程度低于 PMOS 器件

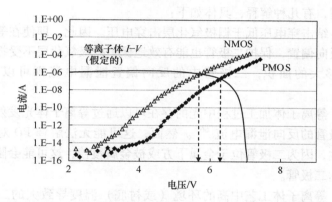

图 8.9 覆盖氧化层的等离子体的 $I-V$ 特性曲线，显示应力电压与 MOS 类型的关系。NMOS 器件的应力电压比 PMOS 器件的应力电压低

图 8.9 所示的叠加 $I-V$ 曲线表明，对于特定的天线面积，PMOS 器件将承受更高的应力电压。正如第 6 章中详细描述的阳极-空穴注入（AHI）模型所述[64]，PMOS 器件中较高的应力电压意味着这类器件比 NMOS 器件失效的概率更高。

Krishnan 等人[20] 报道，经过 ICP 金属刻蚀后，与 PMOS 器件相比（约为 140mV 偏移），带天线的 NMOS 器件表现出更小的 V_t 偏移（约为 70mV 偏移）。然而，这并不意味着 NMOS 器件没有受到来自等离子体产生的任何应力。如第 4 章所述，电荷泵电流 I_{cp} 是平均界面态密度的线性函数。Krishnan 等人[20] 通过电荷泵测量表明，NMOS 器件有明显的退化，而且随着天线尺寸的增加而趋于严重。对于没有天线的对照测试结构，I_{cp} 约为 60pA。当天线周长为 17000μm 时，

I_{cp} 约为 80pA（即增加 33%）。而当天线周长增加到 59000μm 时，I_{cp} 增加了一倍。还可以看到晶圆上 NMOS 的 I_{cp} 的变化趋势与 PMOS 器件的 V_t 偏移相似（即晶圆中心受到等离子体损伤更严重），这表明 NMOS 器件受到的等离子体应力的严重程度是相当的。此外，与天线周长为 17000μm 的 NMOS 器件相比，天线周长为 59000μm 的 NMOS 器件的线性驱动电流 I_{dlin} 下降了 5%，即使在 400℃下进行成形气体退火后也无法恢复。

8.5.2 保护器件的作用 ★★★

1989 年，Shone 等人[65]提出了保护二极管（PD）作为避免等离子体充电的一种方法。二极管与栅极并联连接，在加工过程中为等离子体诱导电流提供了另一个泄漏路径。一般来说，对 N 沟道晶体管的二极管保护结构使用 N+/P 阱二极管（见图 8.10a），对 P 沟道晶体管使用 P+/N 阱二极管（见图 8.10b）。这样的安排确保二极管在正常工作期间不会影响电路的功能。对于反向偏置下 PD 提供的保护机制，有几种解释，具体如下：

模型 I：结击穿电压低于栅极氧化层击穿电压。因此，即使在等离子体加工过程中发生反向偏置，保护二极管也能有效地保护栅极氧化层不受损伤。如果二极管具有足够大的面积，二极管中的反向偏置泄漏电流则可以提供足够的保护[66]。

模型 II：等离子体加工过程中光的存在可以通过等离子体光发射产生的光子电流增强二极管的反向泄漏电流[66]。然而，这可能无法解释 PD 对于金属刻蚀工艺的有效性，因为二极管位于金属下方或被金属覆盖，这可能会阻止任何等离子体照射到达二极管。

模型 III：等离子体工艺中高的环境（或衬底）温度导致大的二极管反向泄漏电流[67]。高温确保了二极管在加工过程中的低阻抗，因此电荷可以很容易地流向衬底。在等离子体刻蚀过程中，晶圆可以加热到约 70℃，而在等离子体沉积工艺中，环境温度为 400℃甚至更高。基本上，二极管温度每升高 10℃，流过二极管的电流就增加一倍。

相比之下，所谓的双面二极管（见图 8.10c），是一个 N 阱基区浮空的 PNP 二极管，可用于 PMOS 和 NMOS 器件[67]。原因是当沉积/刻蚀温度较高时，这种结构的泄漏电流非常大。SILVACO[68]的仿真结果表明，如果温度升高 100℃，N 阱浮空二极管的泄漏电流将增加约三个数量级；另一方面，它的泄漏电流在室温下可以忽略不计。作为比较，考虑到 N+/P 阱（见图 8.10a）和 P+/N 阱（见图 8.10b）MOSFET 的工作电势。所谓的单二极管只能分别用于 NMOS 和 PMOS 器件。实验证明，与 NMOS 器件在相同 P 阱内的 N+/P 阱二极管可以位于距离

MOS 最远 100μm 的地方，而不会降低 MOS 栅极泄漏性能[69]。因此，二极管不需要放置的距离栅极太近，但仍能实现出色的保护能力。

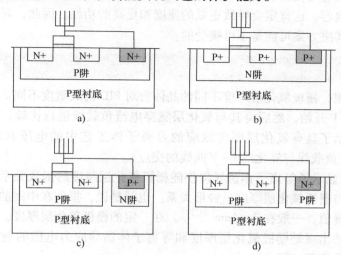

图 8.10　不同保护方案示意图

a）适用于 NMOS 器件的 N+/P 阱二极管　b）适合 PMOS 器件的 P+/N 阱单二极管　c）P+/N 阱/P 衬底，带有浮空 N 阱的双面二极管，适用于 NMOS 和 PMOS 器件　d）带单独 P 阱的 N+/P 阱二极管

更有趣的是，在 400℃ 下对保护二极管的仿真表明[67]，对于正电荷，双面二极管可以提供比 N+/P 阱二极管更高的效率，因为双面二极管的泄漏电流约为 10mA，这比反向偏置 N+/P 阱二极管（即 0.1mA）高出两个数量级。在负电荷情况下，双面二极管的泄漏电流仍为 10mA 左右，而 N+/P 阱二极管由于正向偏置，当电压大于 0.2V 时，泄漏电流更大。而且，N+/P 阱二极管在负电荷状态下，泄漏电流会随着电压的升高而不断增大，在电压为 1V 左右时，泄漏电流可达 1mA 左右。仿真结果表明，双面二极管可以更有效，因为它可以在等离子体处理过程中为正负电荷提供一个泄漏电流路径。实验验证了对 NMOS 和 PMOS 器件，双面二极管保护的天线结构比 N+/P 阱二极管保护的天线结构失效更低，表明双面二极管更有效[67]。

然而，在未进行高温等离子处理的工艺情况下，使用双面二极管进行保护时，应该小心。Zwingman 等人[69]报道，对于金属天线比为 2000 时，双面二极管（见图 8.10c）和带单独阱的 N+/P 阱二极管（见图 8.10d）不能对等离子体损伤提供有效保护（即在许多样品中栅极泄漏电流大于 1μA/μm）。另一方面，共用阱的 N+/P 阱二极管（见图 8.10a）提供了更好的等离子体损伤保护（即，栅极泄漏电流约 0.1 nA/μm）。

除了二极管在防止产品充电方面的鲁棒性的有效性外，保护二极管应用的一个主要缺点是它们可能会降低晶圆生产率和器件性能。根据布图的不同，使用额外的保护二极管可使面积增加 0~10%[70]。此外，与栅极相连的二极管会导致额外的输入电容，这肯定会导致更低的速度和更高的功耗。因此，对于高性能器件，这样的解决方案可能是不可接受的。

8.5.3 栅极氧化层厚度对等离子体损伤的影响 ★★★

研究发现，栅极氧化层厚度不同的晶体管对 PID 的灵敏度不同。分析从计算等离子体 $I-V$ 开始，然后将其与氧化层隧穿电流负载线进行比较，如图 8.7 所示，图中显示了具有氧化层厚度效应的等离子体工艺中的电压和电流工作点（即等离子体负载线与氧化层 $I-V$ 曲线的交点）。

图 8.11 显示了等离子体诱导损伤随栅极氧化层厚度的函数关系。等离子体诱导的损伤与栅极氧化层厚度呈钟形关系。也就是说，损伤在中间的栅极氧化层厚度处达到峰值，一般在 3~4nm[60,71]。在一定的栅极氧化层厚度，等离子体诱导损伤峰值的出现是栅极氧化层厚度和等离子体诱导应力电压的竞争效应引起的。这一现象解释如下。

- 栅极氧化层厚度的影响：PID 随厚度的增加而减小，因为栅极氧化层越厚，施加的电场强度越小。由于 $E_{ox} = V_{ox}/t_{ox}$，因此电场强度与 $1/t_{ox}$ 有关。

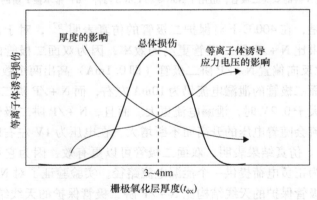

图 8.11 示意图显示，在一定的栅极氧化层厚度下，等离子体诱导损伤存在一个峰值，这是由于栅极氧化层厚度（PID 随着厚度的增大而减小）和等离子体诱导应力电压（PID 随着等离子体诱导应力电压的增大而增大）的竞争效应造成的。等离子体损伤峰值的栅极氧化层厚度一般为 3~4nm

- 等离子体诱导应力电压的影响：PID 随等离子体诱导应力电压的升高而增大。等离子体加工过程中的应力电压随着氧化层厚度的增加而增大。根据如图 8.7 所示的交点可以提取应力电压，这表明氧化层越厚，应力电压就越高。然而，对于更厚的氧化层，由于等离子体 $I-V$ 的下降，应力电压的增长速度比中等厚度的栅极氧化层慢（见图 8.7）。另一方面，对于较薄的氧化层，其工作在直接隧穿状态，应力电压随厚度的减小而下降得更快。事实上，许多研究报告表明，薄氧化层受等离子体的损伤较小，这是由于薄栅极氧化层固有的直接隧穿电流较大[72]。

简而言之，随着氧化层厚度的增加，应力电压增大，而电场强度减小。根据 AHI 模型[64]，较低的电压或较低的电场强度会导致较小的损伤。因此，等离子体损伤与氧化层厚度呈钟形关系。此外，随着天线比、等离子体不均匀性、离子密度、ESE 和电子温度的增加，等离子体 $I-V$ 曲线会向上偏移，导致等离子体损伤峰值向更薄的氧化层偏移，如图 8.12 所示。

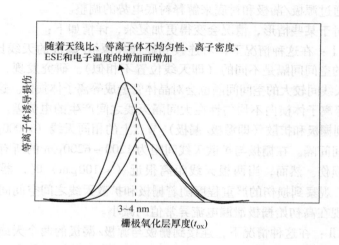

图 8.12 示意图显示，随着天线比、等离子体不均匀性、离子密度、ESE 和电子温度的增加，等离子体 $I-V$ 曲线向上偏移，导致等离子体损伤峰值向更薄的氧化层偏移

8.5.4 对绝缘体上硅器件的影响 ★★★

绝缘体上硅（SOI）器件在等离子体工艺充电损伤方面比体 MOSFET 器件具有更高的鲁棒性[73-75]。在 SOI 器件中的埋氧层可以阻止电子从栅极氧化层流向衬底，从而使栅极氧化层受到的损伤大大减小。Reimbold 和 Poiroux[25] 报道称，体 MOSFET 器件的栅极氧化层泄漏电流分布严重滞后，而 SOI 器件的栅极氧化层泄漏电流分布良好。然而，应该谨慎，因为栅极氧化层和源极/漏极之间的电流仍然可以引起损伤，这将在第 8.5.5 节中详细说明。充电电流可以根据设计从一个器件流向另一个器件[25]。

8.5.5 连接到源极/漏极和衬底的天线 ★★★

前面的讨论只集中在连接到栅电极的天线上,并且已经表明,更大的天线和/或等离子体不均匀性将导致更严重的等离子体损伤。然而,对于栅极/源极/漏极/衬底上连接有较大的天线的晶体管,只要天线具有相同的形状、相似的尺寸,并且出现在相似位置,即使晶圆上的等离子体不均匀,也不会发生损伤[54]。这是由于通过栅极氧化层的电流是由栅极天线和栅极下的局部衬底之间的电势差决定的。即使等离子体是不均匀的,相同形状、相似尺寸和出现在相似位置的天线也不会在晶圆上产生电势差。这种效应被称为源极/漏极/衬底天线相减效应,是通过源极/漏极和衬底来解释衬底电势的调整。

然而,对于某些情形,情况会变得更加复杂,详情如下:

- 情形 I:在这种情况下,对连接到栅极和源极/漏极的天线比是相同的,但两个天线的空间间隔是不同的(即天线位置不相似)。研究发现,即使天线比完全相同,天线间较大的空间间隔也会对晶体管造成等离子体损伤。这一观测结果可以解释为等离子体横向不均匀性在大间隔天线之间产生的电势差。Lai 等人[74]报道了连接到栅极和扩散(即源极/漏极)节点上的相同天线($10000\mu m^2$),但具有不同的空间间隔。在栅极与扩散天线间距为 $1200 \sim 6200\mu m$ 的所有情况,均观察到了充电损伤。然而,当两根天线距离很近($<100\mu m$)时,器件不会受到 PID 的影响。观察到损伤的严重程度随着栅极和扩散天线之间空间间隔的减小而减小,这体现在高初始栅极泄漏电流异常值的减小。

- 情形 II:在这种情况下,连接到栅极与源极/漏极的两个天线间空间间隔保持不变,但栅极天线与源极/漏极天线的天线比存在差异。等离子体损伤也可能发生在这种情况下。Lai 等人[74]研究了一系列测试结构,其中两个天线的空间间隔保持在 $1200\mu m$,栅极节点天线面积保持在 $10000\mu m^2$,但源极/漏极-节点天线面积在 $200 \sim 10000\mu m^2$ 变化。有趣的是,当源极/漏极节点天线面积较小时,器件栅极介质的充电损伤减小。也就是说,源极/漏极/节点天线面积约为 $200\mu m^2$ 的器件比 $10000\mu m^2$ 的器件损伤小得多。这一观察结果没有得到很好的解释。

8.5.6 阱结构影响 ★★★

在制造过程中等离子体会改变衬底的局部电势,在进行等离子体损伤分析时应考虑到这一点。正如 Krishnan 等人[71]所证明的那样,对于将 N 阱置于 P 阱中的 PMOS 器件确实存在这种情况。他们研究了衬底电势对 PID 的影响,方法是将 PMOS 器件连接的周长为 $250000\mu m$ 的金属天线放置在三种不同类型的阱结构中,即一个小的、隔离的 N 阱,一个小的、连接 P 衬底的 N 阱,以及一个大的、隔离的 N 阱（见图 8.13）。小的 N 阱情况（见图 8.13a）显示，与 N 阱和 P 衬底相连的情况（见图 8.13b）相比，器件损伤要小得多。这是由于在 N 阱 – P 阱结之间存在较大的电压降，因此与 N 阱/P 衬底的情况相比，制造过程中栅极氧化层的电压降减小了。此外，当出现较小的 N 阱情况（见图 8.13a）和较大的 N 阱情况（见图 8.13c）时，很明显较大的 N 阱器件受到的等离子体损伤更为严重，因为较大的 N 阱中的 PMOS 器件抵消了由于其更大的阱电容和光电导而产生的浮空效应。简而言之，就捕获 PID 而言，不同的结构可能具有完全不同的灵敏度。应采用最坏情况下的（例如，图 8.13c）结构以有效地检测任何潜在的损伤，特别是在工艺开发阶段。

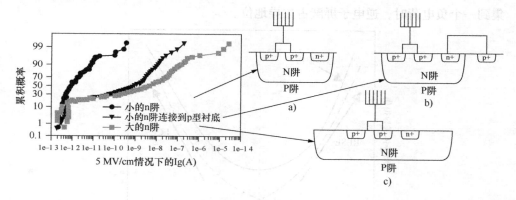

图 8.13　局部衬底电势效应：这里显示的是放置在 N 阱中的 PMOS 器件在金属刻蚀过程中的天线损伤。注意，损伤的程度取决于阱的结构。放置在小的浮空 N 阱中的晶体管比将 N 阱连接到衬底的晶体管退化要小得多。这是由于部分等离子体应力电压出现在阱结上
（经 IEEE 授权使用[71]）

8.6　结构对等离子体损伤的影响

PID 对所使用的测试结构非常敏感。因此，对于每个技术节点，都应该在不同的结构中研究 PID 效应，以模拟实际情况。国家半导体公司提出了一个用于自动结构生成、放置、布线和测试计划开发的模板[69]。对于天线效应，设计中考虑了 18 个参数，包括 MOS 类型（即 NMOS/PMOS）、栅极长度、栅极宽度、天线比、天线层（例如，接触孔、多晶硅、金属或通孔）、天线类型（面积和边缘密集）、指状接触、接触比、指状间隔、指状宽度、金属跳线层、保护二极管面积、保护二极管类型、保护二极管开/关、二极管补偿、二极管放置（阱内和阱外）、带或不带压焊点的保护二极管，以及标称偏压。该模板用于自动生成的优

点是节省时间和成本。它还具有更容易地转移到新技术的潜力。在本节中，总结了各种结构设计对 PID 的影响。

8.6.1 天线指密度的影响 ★★★

一般来说，密集的指状天线收集正电荷，由于 ESE，损伤随着线间距的减小而增加（见图 8.3），而稀疏的（或隔离的）指状天线收集负电荷，由于逆电子屏蔽效应，损伤随着线间距增大而增加（RESE，见图 8.4a）[76,77]。图 8.14 显示，由于 ESE 和 RESE 的叠加效应，线间距在 1~2μm 存在一个翻转点。当间距小于 2μm 并收集到一个正电荷时，电子屏蔽占主导地位；当间距大于 2μm 并收集到一个负电荷时，逆电子屏蔽占主导地位。

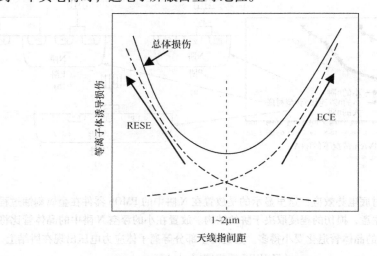

图 8.14　PID 与天线指间距的关系

8.6.2 通过桥接设计避免等离子体诱导损伤 ★★★

等离子体充电问题可以通过构建路由这样一种方式来解决或大为改善，即在特定时间所有与等离子体相关的金属加工都没有连接到栅极[70]。在图 8.15a 中，由于加工过程中互连的长 M_2 部分已经与栅极相连，因此会导致较大的等离子体损伤。与之相比，如图 8.15b 所示，在 M_3 及以上（此处以 M_5 为例）使用桥，在 M_2 加工过程中，导线的长 M_2 部分不再与栅极相连。以这种方式，上面的金属层中的一层始终用来完成从栅极到另一个连接点的连接，例如，另一个晶体管的输出（漏区）。然而，这种额外的通孔堆叠和路由到每个栅极的额外导线可能会导致许多路由障碍，因此对所有连接需要更大的空间。结果是一个更大的芯片，这可能并不可取。

第 8 章 等离子体诱导损伤

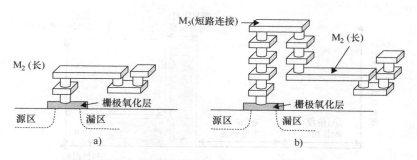

图 8.15 避免栅极氧化层 PID 的"桥接"设计方案

8.6.3 潜在的天线效应 ★★★

另一个重要的布局相关性是由反应离子刻蚀（RIE）引起的潜在天线效应，它发生在铝互连刻蚀工艺中[70]。潜在天线效应的基本含义是，在刻蚀工艺中，实际天线比随时间发生变化。图 8.16 定性地说明了潜在天线效应，给出了栅极在金属刻蚀的四个阶段中看到的天线比的示意图[78]，包括（Ⅰ）Al 沉积阶段，（Ⅱ）主金属刻蚀阶段，（Ⅲ）潜在天线阶段和（Ⅳ）过刻蚀阶段。这四个阶段的详细说明如下：

- 第Ⅰ阶段：对于 Al 互连工艺，首先在整个晶圆上进行金属沉积，然后在光刻后进行主要的等离子刻蚀。此时，不会损伤晶体管，因为金属连接到漏（扩散）区，起到保护二极管的作用，并为等离子体诱导电荷提供泄漏路径。简而言之，此时精确的天线比为零，并且由于覆盖金属层而不会发生损伤。

- 第Ⅱ阶段：继续刻蚀时，间距较大的金属线之间的刻蚀速度比间距较小的金属线之间的刻蚀速度快。此时，虽然由于 ESE 的作用，在结构的较窄间距部分存在正电荷，但是正电荷可以通过来自衬底的电子达到平衡（或抵消），这些电子来自仍然连接的晶体管漏极。同样，精确的天线比为零。

- 第Ⅲ阶段：随着更多的金属被刻蚀，图形密度最小的地方很可能会被隔离，从而形成金属岛。当这样的岛连接到栅极而不是漏极区时，将不能提供电子来平衡正电荷，天线电势将上升。因此，天线电势不断上升，这将导致进一步的电子隧穿通过栅极氧化层，并最终可能会损坏栅极氧化层。此时，很可能存在一个较大的瞬态天线（称为潜在天线效应），可能比传统意义上的天线大得多，这是由于刻蚀过程中其他金属图形不希望出现的连接。

- 第Ⅳ阶段：随着刻蚀的继续，间隔较窄的金属被清除，也会发生充电损伤，但这种可能性要小得多。与过刻蚀阶段相比，潜在天线阶段的应力水平可能增加 10 倍[79]（见图 8.16）。

因此，对于 Al 互连工艺，为了设计抗 PID 的鲁棒性电路，需要考虑潜在的

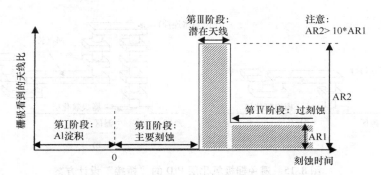

图 8.16 Al 互连工艺中金属沉积和刻蚀工艺中在栅极所看到的天线比示意图

天线效应。换句话说,在设计阶段还应考虑布局结构,而不仅仅是固定的天线比,以避免由于潜在天线效应而造成任何的潜在损伤,因为潜在天线效应在很大程度上取决于与栅极相连的布局/结构的邻近区域。

图 8.17 给出了潜在天线效应影响的一个例子,其中显示了三种类型的天线布局示意图。在图 8.17a 中,所有的指都连接到栅极,而在图 8.17b 和图 8.17c 中,连接的指较少。图 8.17a 为常规型天线,另外两个为潜在型天线。然而,正如 Krishnan 等人[78]所报道的,这三种结构的 Al 刻蚀工艺中 PID 引起的 V_t 偏移分布可能是相同的,这是由于潜在的天线效应——在金属清除最后,在主要发生损伤的连线之间的小空间中。因此,与图 8.17a 相比,图 8.17b 或图 8.17c 的周围天线效应得到了有效增强。因此,在设计刻蚀相关工艺的互连布局时,应认真考虑天线设计规则。

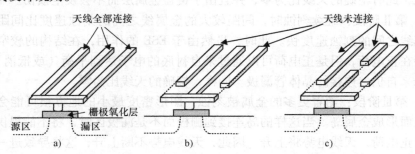

图 8.17 三种天线布局示意图。在 a) 中,所有的指都连接到栅极,而在 b) 和 c) 中,连接的指较少

8.6.4 扩展的天线效应 ★★★

研究发现,在 Cu 大马士革互连工艺中,Cu 扩散阻挡层薄膜和金属间介质(IMD)的沉积工艺会引起严重的 PID[15]。对梳状(边缘密集)和方形(面积密

集）金属天线的详细研究表明，在大马士革互连工艺中，PID 与天线面积的关系不是简单的与布线顶部表面积的关系。对于边缘密集的情况，顶部表面积定义为布线宽度乘以单位长度再乘以指的数目。然而，由于所谓的扩展天线效应，能够收集电荷的有效天线面积应该远远大于顶部表面积。有效天线面积应定义为布线宽度加间距乘以单位长度再乘以指的数目，即包括金属表面和间距面积在内的总面积，如 Matsunaga 等人[15]所证明的那样。对于梳状天线，仅由顶部金属表面积定义的天线面积（而不是包括金属表面和间距面积在内的总面积）会低估 PID。在阻挡层沉积工艺中也观察到类似的扩展天线效应。总之，在工艺开发过程中应充分评估扩展天线效应，并在设计过程中计算天线比时将其考虑在内。

扩展天线效应是由等离子体沉积过程中 IMD 材料的光电导[80]引起的。在 IMD 薄膜沉积工艺中，由表面电荷产生的电场扩展到布线空间部分，这表明在 IMD 沉积工艺中，1.0μm 的布线空间能够起到天线的作用。

8.6.5 作为检测器的电容与晶体管 ★★★

用于 PID 表征的测试结构应对任何有问题的等离子步骤敏感，并且应该能够通过方便的电学测试进行监测。如前所述，带源极/漏极的普通 MOS 晶体管被广泛用来满足这些要求。另一方面，MOS 电容结构的制造比晶体管成本更低，速度更快，而且可以预先测试以确保其校准[81]。Ma 等人[81]比较了几种用于评估 PID 的电容测试，例如，斜坡击穿测量（快速且易于自动化，但缺乏灵敏度），电荷-击穿测量（提供更好的灵敏度，但测量时间较长），初始充电后使用斜率 dV/dt 的 $V-t$ 测量（对电荷损伤敏感，但涉及天线比、测试电流和测试时间之间的折中），泄漏电流测量（测量时间短，以及较高的灵敏度[21,82]，但受测量系统噪声水平的限制）和 $C-V$ 测量（在许多情况下对等离子体损伤敏感，但可能不是首选，因为在需要薄氧化层和更大的测试区域时，天线电容信号可能会很大）。

目前，MOS 晶体管结构是确定 PID 的首选结构[36]。通过使用这些结构，可以比较连接了天线的器件和未连接天线的参考器件之间的器件参数，如 I_{dsat}、V_t、G_m、界面态 D_{it} 和栅极氧化层泄漏电流 I_g，以检测 PID。

8.7 工艺对等离子体诱导损伤的影响

PID 也可以通过工艺优化实现最小化，这将在本节中详细介绍。

8.7.1 退火对栅极氧化层工艺诱导损伤的影响 ★★★

修复（部分）栅极-氧化层损伤的一种方法是在工艺的最后阶段，即用 H_2 或 D_2（混合 N_2）钝化退火之后，工艺中使用成形气体退火（FGA）步骤。事实上，其基本的机制是分子氢可以在 Si – SiO$_2$ 界面上与某些类型的电活性缺陷发生反应[83]，从而使其钝化。因此，薄 SiO$_2$ 层中的氢化学反应是 CMOS 技术可靠性的一个关键方面[84]。这一改进通过退火前后的电荷泵测量得到了证实[8]。如第 4 章所述，电荷泵电流 I_{cp} 与平均界面态密度直接相关。NMOS 天线器件的 I_{cp} 由 H$_2$ 退火前的大约 90pA 降至 H$_2$ 退火后的大约 10pA。D$_2$ 退火显示 I_{cp} 进一步降低至大约 5pA。界面态的改善也反映在晶体管性能上，如跨导 G_m。据推测，界面的改善可能是由于 Si – D 振动模式频率与 Si 晶格的体声子频率的匹配更接近[85]。存在等离子体损伤产生的大量附加状态时，Si – D 键可能由于振动频率的匹配而受到青睐。

King 和 Hu[86] 通过恒定栅极电压或恒定栅极电流下进行 DC FN 应力来模拟等离子体充电效应。然后将晶圆在 400℃ 的形成气体（N$_2$/H$_2$）或 800℃ 或 900℃ 的 N$_2$ 环境中退火 20min。由 FN 应力诱发的三种陷阱类型确定如下：

- 界面陷阱（表征为中间带隙界面态密度 D_{it}），当器件受到相对较低水平的应力时（例如，注入电荷小于击穿电荷 Q_{bd} 的 20%），在退火后消失。
- 氧化层电荷陷阱，也可以通过退火有效去除。
- 中性电子陷阱，400℃ 退火不能有效去除。800℃ 或 900℃ 的退火可以部分去除这种中性电子陷阱或导致栅极氧化层击穿的损伤。因此，预应力后在成型气体中进行 400℃ 退火，没有显示出击穿的改善。

这项工作的另一个发现是[86]，工艺诱导的损伤（应力）对栅极氧化层击穿的影响是累积性的，即使在随后的高温退火中也是如此。如图 8.18 所示，对于连续应力且未退火的氧化层，直线表示注入总电荷（$Q_{inj} + Q_{bd}$）是一个常数。

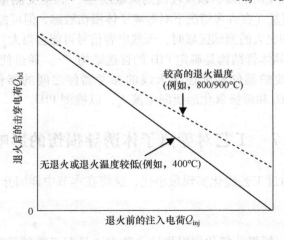

图 8.18　在不同退火温度下，样品的击穿电荷与先前注入电荷的函数关系示意图

在两个应力之间的较低退火的直线（例如400℃）与未退火的直线重叠，表明没有改善。然而，更高的退火温度（800℃或900℃）为击穿改善提供了一些提示，因为其击穿电荷 Q_{bd} 更高，即使退火前注入电荷 Q_{inj} 与未退火时相同。

8.7.2 钝化刻蚀效应 ★★★

在不同磁场条件下，对钝化RIE进行了实验，刻蚀出一个窗口，露出嵌入在钝化层中的Al压焊点[92]。结果如图8.19所示。分裂条件由高强度B场、低强度B场和没有B场的方法组成。在此应用B场是为了获得更高的刻蚀速率和更好的刻蚀均匀性。结果表明，在没有B场的情况下，器件无PID且具有完美的 I_g 分布。

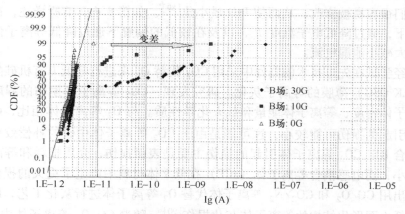

图8.19　钝化刻蚀的磁场对PID的影响。可以看出，没有B场的RIE方法具有最佳的PID性能

8.7.3 SiN帽层 NH_3 等离子体预处理工艺对等离子体诱导损伤的影响 ★★★

SiN薄膜被广泛用作Cu互连的覆盖材料。在SiN帽层沉积前采用原位 NH_3 等离子体预清洗工艺，通过去除Cu CMP后残留的Cu氧化层来提高附着力[87]。关于 NH_3 预处理工艺引起的充电损伤的报道很少[33,88]。使用RF发生器对基于 He^+ 的等离子体进行预清洗也可能导致等离子体损伤[40]。

Ang等人[33]比较了三种SiN帽层沉积工艺下厚栅极PMOS PID的性能。前两个工艺在设备A中进行，NH_3 预处理时间相同，均为15s，但RF等离子体功率不同（150W与210W），而第三个工艺在设备B中进行，NH_3 预处理7.5s，RF等离子体功率为500W。在所有的工艺中，从 M_1 到 M_7 重复使用相同的SiN帽层工艺。作者发现在多晶硅区和接触天线测试结构中没有出现PID。这是合理的，

因为 NH_3 预处理对多晶硅和接触没有任何影响。相比之下，NH_3 的 RF 功率为 150W 的设备 A 在 M_1 天线测试结构上出现了严重的 PID。令人沮丧的是，与直觉相反，其他两种采用更高 NH_3 RF 功率（210W 和 500W）的 SiN 帽层工艺在 M_1 天线测试结构上产生的 PID 要低得多。Ang 等人[33]将这一观测结果归因于 RF 引起的加热。在 NH_3 预处理工艺中，RF 加热可能会引起 Cu 互连的温度骤升。较高的 RF 功率将导致较高的温度峰值，从而会大大增加 Cu 线的电阻，因此在一定的等离子体电压下，栅极氧化层的充电电流较低。

8.7.4 等离子体参数对等离子体诱导损伤的影响 ★★★

等离子体参数，如压力、源功率和偏置功率对 PID 有很大的影响，但幸运的是，它们很容易被修改，从而使 PID 最小化[89]。如第 8.4.2 节所详述，在较大的压力下，通过降低电子温度 T_e，以及在较低的偏置下通过降低等离子体密度可以大大减小泄漏电流。

已经尝试在先进技术的器件中采用 CO_2 代替 O_2 来进行超低 k 有机硅酸盐玻璃（ULK OSG）薄膜的等离子灰化。研究发现，CO_2 等离子体损伤的程度取决于等离子体密度、等离子体能量和低 k 化学性质。与 O_2 等离子体相比，CO_2 等离子体引起的损伤可能较小，这可能是由于 CO_2 等离子体中碳的补偿效应[18]。电容耦合 RIE CO_2 等离子体引起的损伤主要是表面损伤，介质损耗和等离子体损伤较小，而电感耦合等离子体（ICP）在低 k 体材料中产生了更大的损伤。进一步提出用 CO/O_2 和 CO_2/N_2 等离子体代替 O_2 等离子体进行灰化工艺，以减小对多孔低 k 图形化结构的等离子体灰化损伤[90]。随着 CO/O_2 等离子体中 CO 的增加或 CO_2/N_2 等离子体中 N_2 的增加，PID 的程度会降低。PID 的降低归因于氧自由基密度的降低，以及在图形化低 k 结构的侧壁和孔隙表面形成富含 C 和 N 的钝化层。在 OSG 低 k 材料中，更高的碳浓度或更小的孔隙半径可以提高材料的抗等离子体损伤能力，如更薄的碳耗尽层所示[91]。

8.7.5 金属前介质沉积 ★★★

高密度等离子体与亚大气压化学气相沉积

当采用高 RF 功率和偏置功率的高密度等离子体（HDP）工艺沉积金属前介质（PMD）时，电荷很可能在多晶硅栅极上迅速积累，从而损坏栅极氧化层。研究表明，用无等离子体的亚大气压 CVD 工艺取代 HDP 工艺是减小 PID 的一种选择[34]。这种工艺改变所带来的副作用可能是间隙填充不完全，需要努力改进，这种方法具有挑战性但是可以实现的。

紫外线吸收层

将紫外线（UV）光阻挡层（氮化硅）应用于互连层下的 ULSI 器件，以显著降低 PID[28]。另一种实用的解决方案是在 HDP 介质之前沉积一层无等离子体缓冲层（衬里氧化层）[92]。实验证明，衬里氧化层可以吸收来自 HDP 等离子体的紫外光子，从而减少等离子体的紫外辐射在栅极氧化层中产生的界面态。图 8.20a 显示，与厚度为 100Å 或没有衬里氧化层的情况相比，厚度为 200～300Å 的衬里氧化层可以显著降低等离子体损伤。图 8.20b 还表明，随着衬里氧化层厚度的增加，栅极泄漏电流减少了 10%。然而，栅极泄漏并没有呈现出这种趋势，而是随着衬里氧化层厚度而变化。这一现象与 I_g 分布在所有情况下都有较大的尾部有关，即使在 300Å 厚衬里的情况下也是如此，这归因于其他等离子体损伤源。

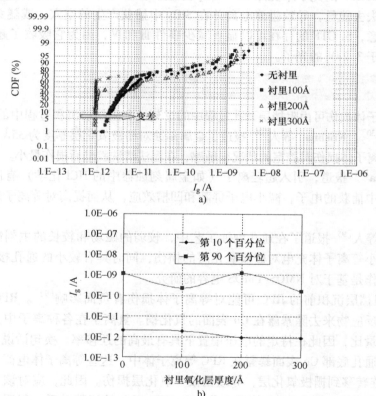

图 8.20 栅极泄漏电流随 PMD 衬里氧化层厚度的增加而减小。a) I_g 累积分布；
b) 第 10 个百分位和第 90 个百分位的 I_g 分布与衬里氧化层厚度的关系

同样，一个传导的顶层薄膜（CTF），在接触刻蚀截止层（CESL）和 HDP PMD 层之间沉积了一层薄薄的未掺杂 Si 层，以显著减小 HDP 造成的等离子体损伤[93]。所谓的 CTF 在 HDP 工艺的初始阶段提供了一个传导路径，从而使等离子体更加均匀,这有助于减小 PID。一旦 PMD 沉积开始,传导路径就会消失。此外,CTF 可以显著阻挡由 PMD 工艺产生的 UV 辐射。PMD 工艺产生的光子能量范围在 4.96~1.65eV(对应的波长范围为 250~750nm)。在 Si CTF/SiN(CESL)/多晶硅/SiO_2/Si 衬底依次排列的层状结构中,可以发生以下四个相互作用事件:在事件 I 中,能量大于 2.1eV 的光子可以在 Si(CTF) – SiN(CESL)界面激发电子,将电子注入到 SiN 层中,其中一些电子与空穴重新复合,另一些电子流入栅极多晶硅。在事件 II 中,能量大于 Si 带隙的光子(即 1.1eV)可以在多晶硅中产生电子 – 空穴对。在事件 III 中,一些产生的电子被激发,通过产生能量大于 3.2eV 的光子来克服 Si – SiO_2 势垒。在事件 IV 中,注入的电子在到达 Si 衬底时失去能量,导致碰撞电离并在 SiO_2 中捕获产生的空穴,或隧穿到多晶硅中。注意,Si CTF 的存在可以显著减少事件 III 和 IV,因为它吸收了超过 40% 的能量大于 3.2eV 的光子。

8.7.6 金属间刻蚀和通孔刻蚀的影响 ★★★

等离子体损伤可由阻挡层开孔过程中的过刻蚀和阻挡层沉积过程中的预清洗/溅射引起[30]。Krishnan 等人[20]报道了金属刻蚀对栅极氧化层厚度为 35Å 的 PMOS 器件的等离子体损伤对腔室的状况很敏感,在湿法清洗腔壁后损伤最小。

Tabara[94]报道,引入超轻离子(如金属刻蚀器中的 HCl 化学)有助于中和在抗蚀剂中捕获的电子,减小电子屏蔽和凹槽效应,从而提高对等离子体损伤的抗扰性。

Kim 等人[95]报道了在通孔刻蚀工艺中,较弱的磁场和较长的主刻蚀时间可以显著减小等离子体充电对栅极氧化层的损伤,同时具有较小的通孔接触电阻。他们的工作是基于对 NMOS/PMOS 电容的研究。

Cu 阻挡层沉积前的 RPC 可能对等离子体损伤有负面影响[92]。RPC 使用电离氢作为反应物来去除暴露在 Cu 表面的氧化铜。氢离子在各种离子中具有最小的电荷质量比,因此在特定的电压偏置下具有最高的迁移率。换句话说,在清洗过程中,通孔底部 Cu 表面暴露在 RPC 等离子体中。这些等离子体电荷很可能通过 Cu 互连转移到栅极氧化层,导致栅极 – 氧化层损伤。因此,应对该工艺进行优化以减小 PID。图 8.21 比较了 I_g 分布与 RPC 时间的函数关系。很明显,通过减少预清洗时间,I_g 分布的尾部变得更小。此外,还可以优化 RPC 功率和压力,以最大限度地减小 PID 的影响。

8.7.7 工艺温度的影响 ★★★

随着晶圆温度的升高,发生 PID 的概率显著增加。因此,CVD 沉积过程中的等离子体(一般情况下,晶圆温度为 250~480℃)会比刻蚀等离子体(一般情况下,晶圆温度≤100℃)引起更大的损伤。IMD 沉积过程中相对较高的温度会由于非常小的隧穿电流而加剧等离子体对栅极氧化层的损伤[96]。在加工过程中,等离子体引起的栅极氧化层损伤可以类比为 Q_{bd} 测量引起的损伤(没有等离子体),这表明较高的 Q_{bd} 测量温度会使损伤严重恶化[97]。其基本机理是温度越高,晶格具有越高的振动水平,栅极氧化层中产生的陷阱增加,导致载流子碰撞截面有效增大。此外,在较高的温度下,分子键会减弱而更容易断裂,从而更容易释放氢,导致界面陷阱的形成增加。这就是 D_2 退火降低 PID 的原因,因为 Si–D 键更强[8]。

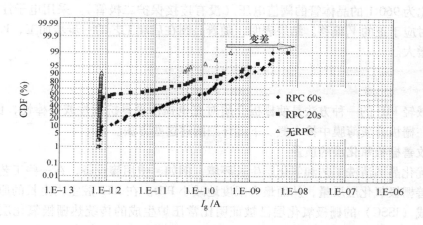

图 8.21 I_g 累积分布显示,栅极泄漏电流随 RPC 工艺时间的减小而减小

8.7.8 通过设备改造降低等离子体电荷损伤 ★★★

为了降低 PID,可以对设备进行改进[98]。这方面的工作之一是根据图 8.2 所示的原理确保等离子体均匀性,例如通过优化线圈位置[99]。

通过增加腔室间隙可以降低电子温度 T_e(同时降低等离子体密度),从而减小 PID[20,100]。

脉冲等离子体在减少充电方面很有希望,因为在周期的关断期间,电子温度 T_e 会急剧降低,导致鞘层减少或反转。然后,电子能够进入狭窄的图形空间以减小电子屏蔽效应,从而防止电荷积累。脉冲等离子体还可以在关断脉冲的第一阶段产生低能正离子,在电负性等离子体(如含 Cl_2 的等离子体)的情况下产生负离子通量。低能量的正离子会由于抗蚀剂的负电荷而发生偏转,并中和上层掩膜捕获的电子。负离子通量有助于中和底部表面的正离子充电[25]。

8.7.9 等离子体诱导损伤的渐进退化特征 ★★★

通常认为/假定 PID 对栅极氧化层的影响是累积性的,即具有渐进的退化特性[101],即使在随后的高温退火中也是如此[86]。这意味着在每个工艺步骤中引起的损伤将导致氧化层的最终失效。为了检验这种累积效应,设计了一个精细的实验,在后端工艺的八个不同步骤中对晶圆进行测试[112]。在每个步骤中都进行 V_t 影响的测试,以评估栅极氧化层的质量。在这个测试中,使恒定的栅极电流($6.7mA/cm^2$) 以 FN 隧穿方式通过栅极氧化层,持续 200s。应力期间定期监测天线比为 960:1 的晶体管的阈值电压(没有连接保护二极管)。采用电子注入应力,对应于正的 V_t 偏移。结果表明,随着晶圆在后端工艺的一步步加工,V_t 偏移逐渐增大。

8.7.10 栅极氧化层的鲁棒性 ★★★

减轻 PID 的一种方法是使栅极介质对充电损伤更具抗扰性或鲁棒性,例如,通过在栅极介质薄膜中掺入氮。下面详细阐述这些方法。

改善栅极氧化层的质量

优化晶圆清洗工艺和氧化层生长环境,例如,使用簇设备,在一些工艺中用于改善栅极氧化层质量,从而最大限度地减小 PID。在 RTP 腔室内生长的原位蒸汽生成(ISSG)的栅极氧化层已被证明比常压炉生成的传统热栅极氧化层更能承受 PID[102]。关于栅极氧化层质量改善的更多细节见第 6 章。

氮化的氧化层

氮化的氧化层已被证明对等离子体诱导的充电损伤更具抗扰性[38,103-105]。下面给出了几个例子:

- Chen 等人[103]报道,与纯氧化层相比,N_2O - 氮化的氧化层可以显著抑制等离子体损伤引起的 SILC,特别是对于 PMOS 器件。氮化的氧化层在承受高温应力时也更具鲁棒性。

- Cheung 等人[105]证实,在极低剂量($2 \times 10^{13}/cm^2$)N^+ 注入的硅上生长的栅极氧化层的抗 PID 性比相同厚度的普通栅极氧化层更好。在栅极氧化层中掺入氮可以抑制空穴捕获和电子捕获。

- Chong 等人[38]研究表明,对 NMOS 器件,氧化层的快速热氮化(RTNO)和去耦等离子体氮化(DPNO)在抗充电应力方面没有显著差异。然而,对于 PMOS 器件,RTNO 比 DPNO 对充电损伤更具抗扰性,这表明 RTNO 具有更大的 Q_{bd} 和更小的跨导偏移。直流电流 - 电压(DCIV,原理见第 4 章)测量结果表明,在 RTNO 中,FN 应力引起的界面陷阱较少。由此可见,RTNO 的 SiO_2 - Si 界面比 DPNO 更能抵御充电损伤。另一方面,从 $C - V$ 平带偏移测量可以看出,

RTNO 和 DPNO 之间的氧化层陷阱没有明显的差异。

氟化的氧化层

Chen 等人[106]观察到，在氧化前将中等剂量 F 注入 Si 衬底（例如，40keV，$1 \times 10^{14} cm^{-2}$）可以显著降低天线器件上的充电损伤，这是由栅极泄漏电流测量所表征的。由于 F 掺入导致等离子体充电诱导的栅极泄漏电流减小了，这是由于更强的 Si – F 键（5.73eV）取代了 Si – H 键（3.18eV），因为普遍认为 SILC 的陷阱产生机制与氢有关。F 的掺入还可以通过形成强 Si – F 键取代弱 Si – H 键，使应变 SiO_2 的结构松弛，从而显著改善 GOI。然而，过量的 F 也会通过在体氧化层中以及在界面处产生陷阱电荷而使 GOI 退化。因此，应优化注入剂量，以最大限度地利用 F 掺入的优势。

8.7.11 金属间介质沉积的影响 ★★★

金属间介质（IMD）沉积是 PID 中一个重要的考虑因素[107,108]。在这一工艺步骤中，至少有两种机制被认为会导致栅 – 氧化层损伤，即暴露金属线[109]的非共形氧化层覆盖和等离子体内部产生的 UV 光子导致的光辐射[110]（见图 8.4b）。尤其是栅极氧化层，即使是非常小的隧道电流也会对其造成损伤，因为在 IMD 沉积过程中采用的相对较高的温度会削弱栅极氧化层的强度[96]（第 8.7.7 节）。

8.7.12 阻挡层/种子层沉积的影响 ★★★

不难理解，阻挡层/种子层沉积工艺可能会导致 PID，因为它是直接沉积在暴露的布线金属上。当使用未优化条件的 PE – CVD 设备沉积的阻挡层薄膜发生 PID 时，与使用保护二极管的参考器件相比，将观察到较大的 V_t 偏移[15]。

8.7.13 晶圆背面绝缘层 ★★★

在 SOI 结构中，掩埋氧化层（BOX）可以阻止电子从栅极流向衬底，如第 8.5.4 节所示。类似地，在晶圆背面的绝缘层（如氧化层或氮化层）也可以作为电子流动的阻挡层，在等离子体相关工艺中使衬底浮在卡盘上。反过来，这可以最小化在 NMOS 和 PMOS 器件中诱导的 PID[111]。其基本机制是，当阻止从背面衬底放电时，电荷最终通过衬底和栅极同时从正面接触点消散，因此，在栅极氧化层上没有产生电势。

8.8 与等离子诱导体损伤相关的其他可靠性问题

据观察，PID 对 HCI/NBTI/ GOI 可靠性有不利影响，这将在本节中详细说明。

8.8.1 热载流子注入 ★★★

第5章详细介绍了 HCI 的可靠性机理。Rakkhit 等人[112]的研究清楚地表明,在相同的 HCI 应力条件下,观察到遭受 PID 的器件中更大的 I_{dsat} 偏移,特别是在 PMOS 器件中。连接保护二极管的器件不会受到等离子体的损伤,因此比没有保护二极管的器件表现出更好的 HCI 性能。然而,带有较大的金属天线(并且没有连接保护二极管)的 NMOS 器件与没有天线的 NMOS 器件之间似乎没有太大差别。之所以如此,可能是因为 PMOS 器件比 NMOS 器件遭受了更多的等离子体损伤,如第 8.5.1 节所述。

Krishnan 等人[71]报道,在适当的烧结条件下,PID 不会对器件 HCI 性能产生负面影响。热载流子诱导的退化不随天线比的变化而变化。然而,对于没有烧结的器件,10% 的 I_{dlin} 退化寿命与电流的函数关系明显不同(见图 8.22a)。这

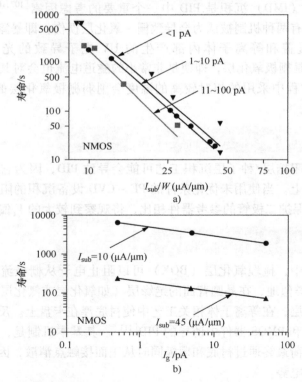

图 8.22 a) 在烧结之前进行 HCI 应力测试显示,基于 10% 的 I_{dlin} 退化,天线损伤的器件寿命存在很大变化和分散。这种变化与天线效应引起的栅极泄漏电流增大有关;
b) I_g 每增加 10 倍,NMOS 器件的寿命就减少一半(经 IEEE 许可使用[71])

些研究人员提出了 HCI 寿命变化与等离子体损伤导致的栅极泄漏增加之间的相关性。图 8.22 显示了低、中、高栅极泄漏电流的器件寿命特性。可以看出，I_g 增加 10 倍与 NMOS 寿命减少一半相关联。PMOS 器件也得到了类似的结果（这里未显示在曲线中）：I_g 增加 10 倍导致寿命减少 10 倍以上。这种等离子体工艺后的栅极泄漏电流和 HCI 寿命之间的关系非常有用，因为等离子体后应力 I_g 很容易测量，可以用作常规监测，因此可以更快、更容易地使用这种关系评估器件寿命的影响。

本文试图推导出 HCI 寿命与工艺相关损伤之间的关系[6]。推导从使用以下经验关系[113]估计/外推器件的 HCI 寿命开始：

$$TTF = A \cdot (I_{sub})^{-m} \tag{8.7}$$

其中，失效时间（TTF）为器件寿命；I_{sub} 为衬底电流；m 和 A 为常数。如第 5 章所示，指数 m（约为 3）是势垒高度（氧化层和半导体导带之间）与碰撞电离所需能量的比值[114]，而 A 取决于工艺技术。因此，增大 A 值是提高器件寿命的有效途径。

因此，Rangan 等人[6]将图 8.22 中 PID 对栅极泄漏电流（I_g）的影响与式（8.7）中常数 A 的变化以及 HCI 寿命相关联，如下所示：

$$A = B \cdot (I_g)^{-p} \tag{8.8}$$

则式（8.7）中的 HCI TTF 进一步表示为

$$TTF = B \cdot (I_g)^{-p} \cdot (I_{sub})^{-m} \tag{8.9}$$

其中，分量 $(I_g)^{-p}$ 与工艺和取决于天线比的等离子体相关；分量 $(I_{sub})^{-m}$ 为本征 HCI 结果。

第 8.1 节中定义的 AR 是决定 PID 程度的关键设计参数。由于 I_g 是 PID 的一个指标，因此可以得到栅极泄漏电流（如 CDF 为 90% 或 95% 时的 I_g 值）与天线比的关系如下：

$$I_g = C \cdot (AR)^a \tag{8.10}$$

其中，C 和 a 是常数。C 是一个工艺常数，很大程度上取决于工艺相关的参数，如腔室结构和工艺条件。由式（8.10）可知，常数 C 对应的是未连接天线的情况（即 $AR=1$）。C 值越大的工艺，器件的总的 I_g 值越大。a 的值取决于充电的类型，例如，电子屏蔽效应或等离子体不均匀性。如果天线收集的净电荷量为零，常数 a 将趋于零，也就是说，收集的离子和电子的数量在任何时候都是相等的。对于电感耦合等离子体（ICP）金属刻蚀步骤，C 和 a 的经验值分别为 10^{-15} Å 和 1.72[6]。

将式（8.10）代入式（8.9），归一化 TTF，得到

$$\frac{TTF}{(I_{sub})^{-m}} = B \cdot C^{-p} \cdot (AR)^{-pa} = B \cdot C^{-p} \cdot (AR)^{-r} \tag{8.11}$$

其中，$r = p*a$。式（8.11）提供了寿命与天线比（通过 AR）和加工参数（通过 C）的函数关系。Rangan 等人[6]在实验中报道，对于 NMOS 和 PMOS 器件，HCI TTF/ $(I_{sub})^{-m}$ 与 AR 呈幂律关系：AR 增加 10 倍导致 NMOS TTF 减少 7 倍，而 AR 增加 10 倍导致 PMOS TTF 减少 10 倍。

8.8.2 负偏置温度不稳定性 ★★★

第 7 章详细介绍了 NBTI 的机理。等离子体损伤会使 PMOS 器件中的 NBTI 恶化，但它可以被 CTF 工艺有效地抑制（见第 8.7.5 节）[93]。Weng 等人[115]报道了 PMOS NBTI 寿命和击穿电压 V_{bd} 是由不同天线比的等离子体损伤导致的栅极泄漏电流的函数。当天线比从 3× 增加到 500× 时，NBTI 寿命下降到约 1/5，但栅极泄漏电流和栅极氧化层击穿电压 V_{bd} 变化不大。随着 AR 进一步增加到 5000×，所有参数（NBTI 寿命、V_{bd} 和 I_g）都会退化，而且（芯片－芯片之间）变化更大。换句话说，对于中等的 AR（对于多晶硅天线情况 <500），I_g 和 V_{bd} 可能对等离子体损伤不敏感，而 NBTI 寿命仍然会恶化——这意味着 NBTI 应力在揭示器件潜在的 PID 方面更有前途。

8.8.3 栅极氧化层完整性 ★★★

第 6 章详细介绍了 GOI 和 SILC 的机理。对栅极氧化层的 PID 将导致 SILC。图 8.23 清楚地显示了常规 GOI 测试结构的一些异常 $I - V$ 曲线（SILC）。6V 以下较大的泄漏电流是由等离子体预应力引起的，这将导致击穿电压降低。其他文献也报道了 PID 诱导的类似 SILC[106,116]。

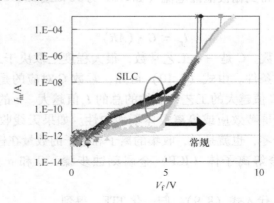

图 8.23　对栅极氧化层的 PID 会导致 SILC

8.9 工艺认定实践

目前业界还没有为工艺认定的通用 JEDEC 标准,正在制定一个标准来填补这一空白[12]。JEDEC JP-001[36] 提供了一些指南,作为使用 MOS 晶体管测试结构进行认定或工程研究的一部分。第 8.3 节总结了用于检测 PID 的两种典型表征方法,包括:

- 与栅极在低电压(例如,工作电压 V_{op})和体/源/漏接地时的初始栅极泄漏电流 I_g,将连接天线的器件和没有天线的参考器件进行比较。
- "揭示"潜在损伤,如时间相关的介质击穿(TDDB)、HCI 和 NBTI,比较以下一个或多个参数在应力前后的分布:阈值电压 V_t、跨导 G_m、漏极饱和电流 I_{dsat} 和低电压下栅极泄漏电流 I_g。表 8.2 详细介绍了 PID 认定的一些指南或实践。

表 8.2 PID 的典型工艺认定实践

失效标准	监测参数的失效标准取决于具体工艺和电路应用的具体要求。
	• 当使用初始栅极泄漏电流作为损伤指标时:参考对数正态分布中的栅极电流,与主分布 20% 偏差的尾部应小于 5%。
	• 当"揭示"潜在损伤时:失效标准为以下一项或多项:
	  • 监测参数的值不在预定义范围内;
	  • 参考器件和天线器件之间监测参数的差异大于预定义的限制;
	  • "揭示"应力后,天线器件中监测参数的偏移大于预定义的极限;
	  • 无论是在"揭示"应力之前还是之后,天线器件中监测参数(例如 3σ)的分布都大于预定义的限制。

测试结构	• 每个栅极氧化层厚度的标称尺寸 NMOS 和 PMOS 器件。
	• 以下每种类型的结构都要进行测试。参考器件和天线器件之间的比较应在相同的几何尺寸和相同的位置进行。
	  • 参考器件:通过保护方案(如保护二极管)避免等离子体损坏,且未连接天线;
	  • 天线器件的天线比在以下典型层的设计规则中定义:多晶硅、接触、金属、通孔等。

样品尺寸	• 对于 I_g 监测器:3 个批次,每批次 3 个晶圆的晶圆映射。 • 用于显示潜在的损伤:建议每个晶圆 20 个位置,3 个批次,每个批次 3 个晶圆。采样应均匀地分布在晶圆中。

(续)

应力/测试条件	• 对于 I_g 监测器：测量在较低的栅极电压（例如，工作电压 V_{op}）以及体/源极/漏极接地情况下的栅极泄漏电流，并比较参考器件和天线器件。 • 对于"揭示"潜在损伤：参考器件和天线器件应采用相同的步骤，如下所示： 1. 测量预应力参数值。待测参数包括以下一项或多项：V_t、G_m、I_{dsat} 和 I_g。 2. 使用以下一种或多种方法，施加应力以展示认为必要的潜在损伤。 （a）PID-TDDB 应力：针对具体工艺确定的最佳应力水平。例如，应力水平为 $(1.4\sim 1.8)\times V_{op}$，持续 10s。 （b）PID-HCI 应力：I/O 器件在最差温度（如室温）和核心器件在最高工作温度，如 125℃ 下的应力。 （c）PID-NBTI 应力：在最差温度下的应力（例如，在最高工作温度下，125℃）。 3. 在"揭示"应力后重新测量参数值。
晶圆/封装级	晶圆级
模型	不适用
参数	晶体管器件参数： • 晶圆内、晶圆-晶圆和批次-批次的预定义参数变化的 CDF； • 参考结构和天线结构之间预定义参数差的 CDF； • 应力前后预定义参数偏移的 CDF

参 考 文 献

1. K. P. Cheung, *Plasma Charging Damage*. London: Springer-Verlag, 2001.
2. D. Dumin, "Characterizing wearout, breakdown and trap generation in thin silicon oxide," *Microelectronics Reliability*, Vol. 37, No. 7, 1997, pp. 1029–1038.
3. K. P. Cheung, N. A. Ciampa, C. T. Liu, C. P. Chang, J. I. Colonell, W. Y. C. Lai, R. Liu, J. F. Miner, H. Vaidya, C. S. Pai, and J. T. Clemens, "Relationship between plasma damage, SILC and gate-oxide reliability," in *Proceedings of the 4th International Symposium on Plasma Process-Induced Damage*, 1999, pp. 137–140.
4. H. C. Lin, C. C. Chen, C. H. Chien, S. K. Hsein, M. F. Wang, T. S. Chao, T. Y. Huang, and C. Y. Chang, "Evaluation of plasma charging in ultrathin gate oxides," *IEEE Electron Device Letters*, Vol. 19, 1998, pp. 68–72.
5. P. W. Mason, D. DeBusk, J. K. McDaniel, A. S. Oates, and K. P. Cheung, "Relationship between yield and reliability impact of plasma damage to gate oxide," in *Proceedings of the 5th International Symposium on Plasma Process-Induced Damage*, 2000, pp. 96–99.
6. S. Rangan, S. Krishnan, A. Amerasckara, S. Aur, and S. Ashok, "A model for channel hot carrier reliability degradation due to plasma damage in MOS Devices," in *Proceedings of the 37th IEEE International Annual Reliability Physics Symposium*, 1999, pp. 370–374.
7. A. T. Krishnan, V. Reddy, and S. Krishnan, "Impact of charging damage on negative bias temperature instability," in *Proceedings of the International Electron Devices Meeting (IEDM)*, 2001, pp. 865–868.

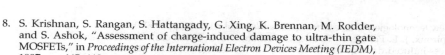

8. S. Krishnan, S. Rangan, S. Hattangady, G. Xing, K. Brennan, M. Rodder, and S. Ashok, "Assessment of charge-induced damage to ultra-thin gate MOSFETs," in *Proceedings of the International Electron Devices Meeting (IEDM)*, 1997, pp. 445–448.

9. H. Shin, C. C. King, T. Horiuchi, and C. Hu, "Thin oxide charging current during plasma etching of aluminum," *IEEE Electron Device Letters*, Vol. 12, No. 8, 1991, pp. 404–406.

10. A. B. Joshi, L. Chung, B. W. Min, and D. L. Kwong, "Gate oxide thickness dependence of RIE-induced damages on N-channel MOSFET reliability," in *Proceedings of the 34th IEEE International Annual Reliability Physics Symposium*, 1996, pp. 300–304.

11. A. Scarpa, D. Ward, J. Dubois, L. van Marwijk, S. Gausepohl, R. Campos, K. Y. Sim, A. Cacciato, R. Kho, and M. Bolt, "Negative-bias temperature instability cure by process optimization," *IEEE Tractions on Electron Devices*, Vol. 53, No. 6, 2006, pp. 1331–1339.

12. A. Martin, C. Siol, and C. Schlunder, "Fast productive WLR characterisation methods of plasma induced damage of thin and thick MOS gate oxides," in *IEEE International Integrated Reliability Workshop Final Report*, 2006, pp. 98–104.

13. D. S. Bang, M. Y. Hao, S. Chen, Q. Xiang, G. Yeap, and M. R. Lin, "Effect of Cu damascene metallization on gate SiO_2 plasma damage," in *Proceedings of the 3rd International Symposium on Plasma Process-Induced Damage*, 1998, pp. 64–67.

14. N. Matsunaga, H. Yoshinari, N. Yamada, and H. Shibata, "Plasma-induced damage reduction by spin-on low-k dielectrics process," in *ULSI Process Integration II, Electrochemical Society Proceedingss*, Vol. 2001–2, pp. 380–385.

15. N. Matsunaga, H. Yamaguchi, and H. Shibata, "Spreading antenna effect of plasma induced charging damage in damascene interconnect process," in *Proceedingss of the IEEE International Interconnect Technology Conference*, 2003, pp. 198–200.

16. N. Nakamura, T. Yoshizawa, T. Watanabe, H. Miyajima, S. Nakao, N. Yamada, K. Fujita, N. Matsunaga, and H. Shibata, "A plasma damage-resistant ultralow-k hybrid dielectric structure for 45-nm node copper dual-damascene interconnects," in *Proceedingss of the IEEE International Interconnect Technology Conference*, 2004, pp. 228–230.

17. L. Broussous, W. Puyrenier, D. Rebiscoul, V. Rouessac, and A. Ayral, "Post-etch cleaning for porous low k integration: impact of HF wet etch on 'pore-sealing' and 'k recovery,'" in *Proceedingss of the IEEE International Interconnect Technology Conference*, 2008, pp. 87–89.

18. H. Shi, J. Bao, H. Huang, B. Chao, S. Smith, Y. Sun, P. S. Ho, A. Li, M. Armacost, and D. Kyser, "Mechanistic study of CO_2 plasma damage to OSG low-k dielectrics," in *Proceedingss of the IEEE International Interconnect Technology Conference*, 2008, pp. 31–33.

19. H. Liu, J. Widodo, S. L. Liew, Z. H. Wang, Y. H. Wang, B. F. Lin, L. Z. Wu, C. S. Seet, W. Lu, C. H. Low, W. P. Liu, M. S. Zhou, and L. C. Hsia, "Challenges of ultralow-k integration in BEOL interconnect for 45-nm and beyond," in *Proceedingss of the IEEE International Interconnect Technology Conference*, 2009, pp. 258–260.

20. S. Krishnan, W. W. Dostalik, K. Brennan, S. Aur, S. Rangan, and S. Ashok, "Inductively coupled plasma (ICP) metal etch damage to 35–60Å gate oxide," in *Proceedings of the International Electron Devices Meeting (IEDM)*, 1996, pp. 731–734.

21. S. Fang and J. McVittie, "Thin oxide damage from gate charging during plasma processing," *IEEE Electron Device Letters*, Vol. 13, No. 5, 1992, pp. 288–290.

22. K. P. Cheung and C. P. Chang, "Plasma-charging damage: A physical model," *Journal of Applied Physics*, Vol. 75, 1994, pp. 4415–4426.

23. S. Ma and J. P. McVittie, "Real time measurement of transients and electrode edge effects for plasma charging induced damage," in *Proceedings of the International Electron Devices Meeting (IEDM)*, 1994, pp. 463–466.

24. K. Hashimoto, "Charging damage caused by electron shading effect," *Japanese Journal of Applied Physics*, Part I, Vol. 33, 1994, pp. 6013–6018.

25. G. Reimbold and T. Poiroux, "Plasma charging damage mechanisms and impact

on new technologies," *Microelectronics Reliability*, Vol. 41, 2001, pp. 959–965.
26. T. Poiroux, J. L. Pelloie, K. Rödde, G. Turban, and G. Reimbold, "Plasma process-induced damage in SOI devices," in *Proceedings of the International Electron Devices Meeting (IEDM)*, 1999, pp. 97–100.
27. M. Joshi, J. P. McVittie, and K. Saraswat, "Direct experimental determination and modeling of VUV induced bulk conduction in dielectrics during plasma processing," in *Proceedings of the 5th International Symposium on Plasma Process-Induced Damage*, 2000, pp. 157–160.
28. S. Shuto, I. Kunishima, and S. Tanaka, "UV-blocking technology to reduce plasma-induced transistor damage in ferroelectric devices with low hydrogen resistance," in *Proceedings of the 37th IEEE International Annual Reliability Physics Symposium*, 1999, pp. 356–361.
29. J. R. Shih, A. Huang, Y. H. Chiou, C. C. Chiu, Y. Peng, and J. T. Yue, "Diagnostics of plasma process induced failure on analog device's mismatch characteristics," in *Proceedings of the 7th International Symposium on Plasma Process-Induced Damage*, 2002, pp. 64–67.
30. E. Li, D. Pachura, L. Duong, S. Prasad, and D. Vijay, "Plasma-induced charge damage and its effect on reliability in 0. 115-pm technology," in *Proceedings of the 8th International Symposium on Plasma Process-Induced Damage*, 2003, pp. 69–72.
31. T. B. Hook, D. Harmon, and C. Lin, "Detection of thin oxide (3. 5 nm) dielectric degradation due to charging damage by rapid-ramp breakdown," in *Proceedings of the 38th IEEE International Annual Reliability Physics Symposium*, 2000, pp. 377–388.
32. C. T. Gabriel and J. L. Educato, "Application of damage measurement techniques to a study of antenna structure charging", in *Proceedings of the 2nd International Symposium on Plasma Process-Induced Damage*, 1997, pp. 91–94.
33. C. H. Ang, W. H. Lu, Andrew K. L. Yap, L. C. Goh, Luona N. L. Goh, Y. K. Lim, C. S. Chua, L. H. Ko, Tracy H. S. Tan, S. L. Tob, and L. C. Hsia, "A study of SiN cap NH_3 plasma pre-treatment process on the PID, EM, GOI performance and BEOL defectivity in Cu dual damascene technology," in *Proceedings of the IEEE International Conference on Integrated Circuit Design and Technology*, 2004, pp. 119–122.
34. W. Y. Teo, Y. T. Hou, M. F. Li, P. Chen, L. H. KO, X. Zeng, Y. Lin, F. H. Gn, and L. H. Chan, "Investigation on dual gate oxide charging damage in 0.13-μm copper damascene technology," in *Proceedings of the 7th International Symposium on Plasma Process-Induced Damage*, 2002, pp. 14–17.
35. A. Martin, C. Bukethal, K. H. Ryden, S. Baier, and M. Schwerd, "Quantitative reliability assessment of plasma induced damage on product wafers with fast WLR measurements," in *IEEE International Integrated Reliability Workshop Final Report*, 2008, pp. 81–85.
36. JP-001, "Plasma process induced damage (P2ID)," in *Foundry Process Qualification Guidelines*. Wafer Fabrication Manufacturing Sites, JEDEC/FSA Joint Publication, September 2002, pp. 21–23.
37. D. Smeets, A. Martin, and A. Scarpa, "A general concept for monitoring plasma induced charging damage," in *Proceedings of the 8th International Symposium on Plasma Process-Induced Damage*, 2003, pp. 36–39.
38. D. Chong, W. J. Yoo, and C. M. Lek, "Plasma charging damage immunities of rapid thermal nitrided oxide and decoupled plasma nitrided oxide," in *Proceedings of the 10th International Symposium on the Physical and Failure Analysis of Integrated Circuits*, 2003, pp. 141–145.
39. A. Martin, "Investigation of initial charge trapping and oxide breakdown under Fowler-Nordheim injection," in *IEEE International Integrated Reliability Workshop Final Report*, 1998, pp. 99–104.
40. R. C. J. Wang, D. S. Su, C. T. Yang, D. H. Chen, Y. Y. Doong, J. R. Shih, S. Y. Lee, C. C. Chiu, Y. K. Peng, and J. T. Yue, "Investigation of electromigration properties and plasma charging damages for plasma treatment process in Cu interconnects," in *Proceedings of the 7th International Symposium on Plasma Process-Induced Damage*, 2002, pp. 166–168.
41. H. Guan, Y. Zhang, B. B. Jie, Y. D. He, M. -F. Li, Z. Dong, J. Xie, J. L. F. Wang,

A. C. Yen, G. T. T. Sheng, and W. Li, "Nondestructive DCIV method to evaluate plasma charging damage in ultrathin gate oxides," *IEEE Electron Device Letters*, Vol. 20, No. 5, 1999, pp. 238–240.

42. A. Martin, "New approach for the assessment of the effect of plasma induced damage on MOS devices and subsequent design manual rules," in *IEEE International Integrated Reliability Workshop Final Report*, 2007, pp. 57–62.

43. A. Martin, and R. P. Vollertsen, "An introduction to fast wafer level reliability monitoring for integrated circuit mass production," *Microelectronics Reliability*, Vol. 44, 2004, pp. 1209–1231.

44. A. Martin, J. von Hagen, and G. B. Alers, "Ramped current stress for fast and reliable wafer level reliability monitoring of thin gate oxide reliability," *Microelectronics Reliability*, Vol. 43, 2003, pp. 1215–1220.

45. K. P. Cheung, "An efficient method for plasma-charging damage measurement," *IEEE Electron Device Letters*, Vol. 15, No. 11, 1994, pp. 460–462.

46. K. P. Cheung, S. Martin, D. Misra, K. Steiner, J. I. Colonell, C. P. Chang, W. Y. C. Lai, C. T. Liu, R. Liu and C. S. Pai, "Impact of plasma-charging damage polarity on MOSFET noise," in *Proceedings of the International Electron Devices Meeting (IEDM)*, 1997, pp. 437–440.

47. G. A. Roche and J. P. McVittie, "Application of plasma charging probe to production HDP CVD tool," in *Proceedings of the 1st International Symposium on Plasma Process-Induced Damage*, 1996, pp. 71–74.

48. S. Ma and J. P. McVittie, "Prediction of plasma charging induced gate oxide tunneling current and antenna dependence by plasma charging probe," in *Proceedings of the 1st International Symposium on Plasma Process-Induced Damage*, 1996, pp. 20–23.

49. R. Patrick and P. Jones, "Techniques for studying charging in plasma processing," in *Proceedings of the 1st International Symposium on Plasma Process-Induced Damage*, 1996, pp. 91–93.

50. S. Ma, J. P. McVittie, and K. C. Saraswat, "Prediction of plasma charging induced gate oxide damage by plasma charging probe," *IEEE Electron Device Letters*, Vol. 18, No. 10, 1997, pp. 468–470.

51. A. Cowley, "Characterisation of a Gasnoics A1000 microwave photoresist ashing system using the CHARM-2 plasma charging monitor," in *Proceedings of the 1st International Symposium on Plasma Process-Induced Damage*, 1996, pp. 98–101.

52. W. Lukaszek and A. H. Birrell, "Quantifying wafer charging during via etch," in *Proceedings of the 1st International Symposium on Plasma Process-Induced Damage*, 1996, pp. 30–33.

53. W. Lukaszek, W. Dixon, M. Vella, C. Messick, S. Reno, and J. Shideler, "Characterization of wafer charging mechanisms and oxide survival prediction methodology," in *Proceedings of the 32nd IEEE International Annual Reliability Physics Symposium*, 1994, pp. 334–338.

54. P. K. Aum, R. Brandshaft, D. Brandshaft, and T. B. Dao, "Controlling plasma charge damage in advanced semiconductor manufacturing—challenge of small feature size device, large chip size, and large wafer size," *IEEE Transactions on Electron Devices*, Vol. 45, No. 3, 1998, pp. 722–730.

55. K. Nauka, J. Theil, J. Lagowski, L. Jastrzebski, and S. Sawtchouk, "A complete approach to the in-line monitoring of materials defects introduced in dielectric and Si by plasma processing," in *Proceedings of the 2nd International Symposium on Plasma Process-Induced Damage*, 1997, pp. 127–130.

56. M. W. Goss and A. Findlay, "Correlation of nitride spacer plasma damage results from conventional gate capacitor electrical tests and a new, non-contact approach," in *Proceedings of the 2nd International Symposium on Plasma Process-Induced Damage*, 1997, pp. 135–138.

57. Y. Karzhavin, K. Lao, W. Wu, and C. Gelatos, "Plasma induced charging evaluation using SCA and PDM tools," in *Proceedings of the 2nd International Symposium on Plasma Process-Induced Damage*, 1997, pp. 143–146.

58. C. Cismaru, J. L. Shohet, K. Nauka, and B. Friedmann, "Relationship

between the charging damage of test structures and the deposited charge on unpatterned wafers exposed to an electron cyclotron resonance plasma," in *Proceedings of the 2nd International Symposium on Plasma Process-Induced Damage*, 1997, pp. 131–134.
59. Website: http://www.kla-tencor.com/Access date: December 2010.
60. B. P. Linder and N. W. Cheung, "Calculating plasma damage as a function of gate oxide thickness," in *Proceedings of the 3rd International Symposium on Plasma Process-Induced Damage*, 1998, pp. 42–45.
61. V. Vahedi, N. Benjamin, and A. Perry, "Topographic dependence of plasma charging induced device damage," in *Proceedings of the 2nd International Symposium on Plasma Process-Induced Damage*, 1997, pp. 41–44.
62. A. T. Krishnan, S. Krishnan, and P. Nicollian, "Impact of gate area on plasma charging damage: The "reverse" antenna effect," in *Proceedings of the International Electron Devices Meeting (IEDM)*, 2002, pp. 525–528.
63. K. P. Chueng, C. T. Liu, C. P. Chang, J. I. Colonell, W. Y. C. Lai, C. Pai, H. Vaidya, R. Liu, J. T. Clemens, and E. Hasegawa, "Charging damage in thin gate-oxides – better or worse," in *Proceedings of the 3rd International Symposium on Plasma Process-Induced Damage*, 1998, p. 34.
64. K. F. Schuegraf and C. Hu, "Hole injection SiO_2 breakdown model for very low voltage lifetime extrapolation," *IEEE Transactions on Electron Devices*, Vol. 41, No. 5, 1994, pp. 761–767.
65. F. Shone, K. Wu, J. Shaw, E. Hokelet, S. Mittal, and A. Haranahalli, "Gate oxide charging and its elimination for metal antenna capacitor and transistor in VLSI CMOS double layer metal technology," in *Symposium on VLSI Technology Digest of Technical Papers*, 1989, pp. 73–74.
66. D. Park and C. Hu, "The prospect of process induced charging damage in future thin gate oxides," *Microelectronics Reliability*, Vol. 39, 1999, pp. 567–577.
67. Z. Wang, A. Scarpa, S. Smits, C. Salm, and F. Kuper, "Temperature effects on antenna protection strategy for plasma process induced charging damage," in *Proceedings of the 7th International Symposium on Plasma Process-Induced Damage*, 2002, pp. 134–137.
68. Website: www. silvaco.com.
69. T. Zwingman, A. Gabrys, and A. J. West, "Automated test structure generation for characterizing plasma induced damage in MOSFET devices," in *Proceedings of the IEEE International Conference on Microelectronic Test Structures (ICMTS)*, 2009, pp. 102–105.
70. P. Simon, J. M. Luchies, and W. Maly, "Antenna ratio definition for VLSI circuits," in *Proceedings of the 4th International Symposium on Plasma Process-Induced Damage*, 1999, pp. 16–20.
71. S. Krishnan, A. Amerasekera, S. Rangan, and S. Aur, "Antenna device reliability for ULSI processing," in *Proceedings of the International Electron Devices Meeting (IEDM)*, 1998, pp. 601–604.
72. K. P. Cheung, "Plasma charging damage to gate dielectric: Past, present and future," in *Proceedings of the 9th International Symposium on the Physical and Failure Analysis of Integrated Circuits*, 2002, pp. 237–241.
73. T. B. Hook et al. , *44th IEEE International Annual Reliability Physics Symposium*, 2006, Tutorial 110.
74. W. Lai, D. Harmon, T. Hook, V. Ontalus, and J. Gambino, "Ultrathin gate dielectric plasma charging damage in SOI technology," in *Proceedings of the 44th IEEE International Annual Reliability Physics Symposium*, 2006, pp. 370–373.
75. R. Bolam, G. Shahidi, F. Assaderaghi, M. Khare, A. Mocuta, T. Hook, E. Wu, E. Leobandung, S. Voldman, and D. Badami, "Reliability issues for silicon-on-insulator," in *Proceedings of the International Electron Devices Meeting (IEDM)*, 2000, pp. 131–134.
76. J. P. Carrere, J. C. Oberlin, and M. Haond, "Topographical dependence of charging and new phenomenon during inductively coupled plasma CVD process," in *Proceedings of the 5th International Symposium on Plasma Process-Induced Damage*, 2000, pp. 164–167.
77. A. Hasegawa, F. Shimpuku, M. Aoyama, K. Hashimoto and M. Nakamura,

第8章 等离子体诱导损伤

"Direction of topography dependent damage current during plasma etching," in *Proceedings of the 3rd International Symposium on Plasma Process-Induced Damage*, 1998, pp. 168–171.

78. S. Krishnan, K. Brennan, and G. Xing, "A transient fuse scheme for plasma etch damage detection," in *Proceedings of the 3rd International Symposium on Plasma Process-Induced Damage*, 1998, pp. 201–204.
79. S. Krishnan, S. Rangan, S. Hattangady, G. Xing, K. Brennan, M. Rodder, and S. Ashok, "Assessment of charge-induced damage to ultra-thin gate MOSFETs," in *Proceedings of the International Electron Devices Meeting (IEDM)*, 1997, pp. 445–448.
80. M. Joshi, J. P. McVittie, and K. Saraswat, "Development of a physical model of UV induced bulk photoconduction in silicon dioxide and application to charging damage," in *Proceedings of the 7th International Symposium on Plasma- and Process-Induced Damage*, 2002, pp. 23–26.
81. S. Ma, W. L. N. Abdel-Ati, and J. P. McVittie, "Sensitivity and limitations of plasma charging damage measurements using MOS capacitors structures," *IEEE Electron Device Letter*, Vol. 18, No. 9, 1997, pp. 420–422.
82. S. Fang and J. P. McVittie, "Model for oxide damage from gate charging during magnetron etching," *Applied Physics Letters*, Vol. 62, No. 13, 1993, pp. 1507–1509.
83. A. Stensman, "Interaction of P defects at the (111) Si/SiO interface with molecular hydrogen: Simultaneous action of passivation and dissociation," *Journal of Applied Physics*, Vol. 88, 2000, pp. 489–497.
84. G. Cellere, A. Paccagnella, and M. G. Valentini, "FGA effects on plasma-induced damage: beyond the appearances," *IEEE Transactions on Electron Devices*, Vol. 51, No. 3, 2004, pp. 332–338.
85. R. A. B. Devine, J.-L. Autran, W. L. Warren, K. L. Vanheusdan, and J.-C. Rostaing, "Interfacial hardness enhancement in deuterium annealed 0.25 μm channel metal oxide semiconductor transistors," *Applied Physics Letters*, Vol. 70, No. 22, 1997, pp. 2999–3001.
86. J. C. King and C. Hu, "Effect of low and high temperature anneal on process induced damage of gate oxide," *IEEE Electron Device Letter*, Vol. 15, No. 11, 1994, pp. 475–476.
87. A. V. Glasow, A. H. Fischer, D. Bunel, G. Friese, A. Hausmann, O. Heitzsch, M. Hommel, I. Kriz, S. Penka, P. Raffin, C. Robin, H. P. Sperlich, F. Ungar, and A. E. Zitelsherger, "The influence of the SiN cap process on the electromigration and stressvoiding performance of dual damascene Cu interconnect," in *Proceedings of the 41th IEEE International Annual Reliability Physics Symposium*, 2003, pp. 146–150.
88. N. Nakamura, K. Higashi, N. Matsunaga, H. Miyajima, S. Sato, and H. Shibata, "Plasma process-induced wire-to-wire leakage current for low-k SiOC/Cu damascene structure," in *Proceedings of the 7th International Symposium on Plasma Process-Induced Damage*, 2002, pp. 162–165.
89. T. Poiroux, F. Pascal, M. Heitzmann, P. Berruyer, G. Turban, and G. Reimbold, "Study of the influence of process parameters on gate oxide degradation during contact etching in MERE arid HDP reactors," in *Proceedings of the 4th International Symposium on Plasma Process-Induced Damage*, 1999, pp. 12–15.
90. H. Shi, H. Huang, J. Im, P. S. Ho, Y. Zhou, J. T. Pender, M. Armacost, and D. Kyser, "Minimization of plasma ashing damage to OSG low-k dielectrics," in *Proceedings of the International Interconnect Technology Conference (IITC)*, 2010, pp. 1–3.
91. H. Shi, H. Huang, J. Bao, J. Im, P. S. Ho, Y. Zhou, J. T. Pender, M. Armacost, and D. Kyser, "Plasma altered layer model for plasma damage characterization of porous OSG films," in *Proceedings of the International Interconnect Technology Conference (IITC)*, 2009, pp. 78–80.
92. C. C. Liao, Z. H. Gan, Y. J. Wu, K. Zheng, R. Guo, L. F. Zhang, and J. Ning, "A comprehensive study of reliability improvement for 65nm Cu/low-k process," in *Proceedings of the 16th International Symposium on the Physical and Failure Analysis of Integrated Circuits*, 2009, pp. 685–689.

93. S. C. Song, S. Filipiak, A. Perera, M. Tumer, F. Huang, S. G. H. Anderson, L. Kang, B. Min, D. Menke, S. Tukunang, and S. Venkatesan, "Avoiding plasma induced damage to gate oxide with conductive top film (CTF) on PECVD contact etch stop layer," in *Symposium on VLSI Technology Digest of Technical Papers*, 2002, pp. 72–73.

94. S. Tabara, "A method for reducing notching and electron shading damage in a continuous wave ECR metal etcher," in *Proceedings of the 4th International Symposium on Plasma Process-Induced Damage*, 1999, pp. 108–111.

95. N. S. Kim, H. G. Yoon, C. K. Lee, J. Zhao, C. Y. Tuck, Y. S. Cheah, W. W. Yew, P. Southworth, S. H. Han, and K. S. Pey, "Effect of magnetic field on plasma damage during via etching in sub-micron CMOS technology," in *Proceedings of the 42nd IEEE International Annual Reliability Physics Symposium*, 2004, pp. 665–666.

96. K. P. Cheung, "On the mechanism of plasma enhanced deposition charging damage," in *Proceedings of the 5th International Symposium on Plasma Process-Induced Damage*, 2000, pp. 161–164.

97. P. R. Apte, T. Kubota, and K. C. Saraswat, "Constant current stress breakdown in ultrathin SiO_2 films," *Journal of the Electrochemical Society*, Vol. 140, No. 3, 1993, pp. 770–773.

98. M. Okigawa, Y. Ishigawa, S. Kuagai, and S. Samuhawa, "Reduction of ultra violet radiation induced damage and its time-resolved measurement using time-modulated plasma," in *Proceedings of the 7th International Symposium on Plasma Process-Induced Damage*, 2002, pp. 122–125.

99. H. Shan, C. H. Bjorkman, R. A. Lindley, K. Collins, M. Rice, G. Z. Yin, M. D. Welch, R. Ramanathan, J. Werking, and D. Galley, "Minimizing charge-up damage during dielectric etchers' hardware and process development stages," in *Proceedings of the 4th International Symposium on Plasma Process-Induced Damage*, 1999, pp. 3–7.

100. S. Siu, R. Patrick, V. Vahedi, S. Alba, G. Valentini, and P. Colombo, "Effect of plasma density and uniformity, electron temperature, process gas, and chamber on electron shading damage," in *Proceedings of the 4th International Symposium on Plasma Process-Induced Damage*, 1999, pp. 25–28.

101. K. Eriguchi, Y. Uraoka, and S. Odanaka, "A new gate oxide lifetime prediction method using cumulative damage law and its applications to plasma-damaged oxides," in *Proceedings of the International Electron Devices Meeting (IEDM)*, 1995, pp. 323–326.

102. G. Cellere, M. G. Valentini, M. Caminati, M. E. Vitali, A. Morol, and A. Paccagnella, "Plasma damage reduction by using ISSG gate oxides," in *Proceedings of the 8th International Symposium on Plasma Process-Induced Damage*, 2003, pp. 65–68.

103. C. C. Chen, H. C. Lin, C. Y. Chang, M. S. Liang, C. H. Chien, S. K. Hsien, T. Y. Huang, and T. S. Chao, "Plasma induced charging damage in ultrathin (3-nm) gate oxides," *IEEE Transaction on Electron Devices*, Vol. 47, 2000, pp. 1355–1360.

104. L. K. Han, M. Bhat, D. Wristers, H. H. Wang, and D. L. Kwong, "Recent developments in ultra thin oxynitride gate dielectrics," *Microelectronic Engineering*, Vol. 28, 1995, pp. 89–96.

105. K. P. Cheung, D. Misra, I. Colonell, C. T. Liu, Y. Ma, C. P. Chang, W. Y. C. Lai, R. Liu, and C. S. Pai, "Plasma damage immunity of thin gate oxide grown on very lightly N+ implanted silicon," *IEEE Electron Device Letters*, Vol. 19, 1998, pp. 231–233.

106. C. -C. Chen, H. -C. Lin, C. -Y Chang, C. -C. Huang, C. -H. Chien, T. -Y Huang, and M. -S. Liang, "Improved plasma charging immunity in ultra-thin gate oxide with fluorine and nitrogen implantation," in *Proceedings of the 5th International Symposium on Plasma Process-Induced Damage*, 2000, pp. 121–124.

107. C. T. Gabriel and R. Y. Kim, "Transient fuse structures: the role of metal etching vs. dielectric deposition," in *Proceedings of the 5th Symposium on Plasma Process-Induced Damage*, 2000, pp. 168–171.

第 8 章 等离子体诱导损伤

108. A. Scarpa, M. Diekema, C. van der Schaar, H. Valk, A. Harke, and F. G. Kuper, "Process dependent antenna ratio rules for HSQ and FSG back-ends of (embedded flash) 0.18 pm CMOS technology," in *Proceedings of the 7th International Symposium on Plasma Process-Induced Damage*, 2002, pp. 138–141.
109. G. S. Hwang and K. P. Giapis, "Modeling of charging damage during interlevel oxide deposition in high-density plasmas," *Journal of Applied Physics*, Vol. 84, 1998, pp. 154–160.
110. M. Joshi, J. P. McVittie, K. Saraswat, C. Cismaru, and J. L. Shohet, "Measurement of VUV induced surface conduction in dielectrics using synchrotron radiation," in *Proceedings of the 5th International Symposium on Plasma Process-Induced Damage*, 2000, pp. 14–17.
111. T. B. Hook, "Backside films and charging during via etch in LOCOS and STI technologies," in *Proceedings of the 3rd International Symposium on Plasma Process-Induced Damage*, 1998, pp. 11–14.
112. R. Rakkhit, F. P. Heiler, P. Fang, and C. Sander, "Process induced oxide damage and its implications to device reliability of submicron transistors," in *Proceedings of the 31st IEEE International Annual Reliability Physics Symposium*, 1993, pp. 293–296.
113. E. Takeda and N. Suzuki, "An empirical model for device degradation due to hot-carrier injection," *IEEE Electron Device Letter*, Vol. 4, 1983, pp. 111–113.
114. C. Hu, S. C. Tam, F. C Hsu, P. K. Ko, T. Y. Chan, and K. W. Terrill, "Hot electron induced MOSFET degradation: Model, monitor, and improvement," *IEEE Transactions on Electron Device*, Vol. 48, No. 4, 1985, pp. 375–385.
115. W. T. Weng, S. Oates, and T.-Y. Huang, "A comprehensive model for plasma damage enhanced transistor reliability degradation," in *Proceedings of the 45th IEEE International Annual Reliability Physics Symposium*, 2007, pp. 364–369.
116. D. Park, M. Kennard, Y. Melaku, N. Benjamin, T. J. King, and C. Hu, "Stress-induced leakage current due to charging damage: gate oxide thickness and gate poly-Si etching condition dependence," in *Proceedings of the 3rd International Symposium on Plasma Process-Induced Damage*, 1998, pp. 56–59.

第 9 章

集成电路的静电放电保护

9.1 静电放电事件背景

静电放电（ESD）是对电子元器件最普遍的威胁之一。它是指有限数量的电荷从一个物体（如人体）转移到另一个物体（如微芯片）的事件。这个过程会导致在很短的时间内有非常大的电流通过物体[1,2]。常见的 ESD 现象如图 9.1 所示，即人受到从金属门把手通过人体传到地面的 ESD 电击。当微芯片或电子系统遭受 ESD 事件时，如果物体内部产生的热量不能迅速散去，ESD 引起的巨大电流会损坏微芯片，导致电子系统故障。图 9.2 显示了因带电人员不当操作而导致的微芯片损坏，即著名的 ESD 事件，称为人体模型。据估计，微芯片的所有损坏中约有 35% 与 ESD 有关，导致全

图 9.1 常见的 ESD 现象

球半导体行业每年损失数亿美元的收入[3]。互补金属 - 氧化物 - 半导体（CMOS）技术的不断发展使得 ESD 引起的失效变得更加突出，可以肯定地预测，有效的和鲁棒性的 ESD 保护解决方案的可用性将成为下一代 CMOS 技术进步和商业化成功的关键和必要组成部分[4-7]。

本章首先介绍 ESD 的基本原理，包括 ESD 的机理、标准和保护原则。接下来讨论 ESD 保护器件的建模和 ESD 测试表征。最后，将对输入/输出（I/O）和电源引脚的 ESD 保护设计进行开发和说明。

以下三个过程可以在物体上产生电荷：摩擦起电过程，由于两个不同物体的接触和摩擦而产生电荷；感应过程：由于电场的存在而产生电荷的感应过程；以及传导过程，即先前不带电的物体在与另一个带电物体接触后带电。产生的电荷量随着空气湿度的降低而增加，电荷的严重程度由电压来描述。例如，人体在干

第 9 章 集成电路的静电放电保护

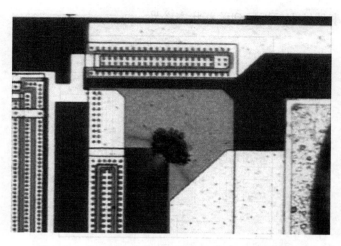

图 9.2　ESD 事件对微芯片造成的损伤（照片中间）

燥环境下可携带超过 10000V 的 ESD，在潮湿环境下可携带几百伏的 ESD[8]。

在我们的日常生活和微芯片制造环境中发生的各种 ESD 事件可以分为以下四个标准或模型：人体模型（HBM），描述带电的人接触微芯片时的事件；机器模型（MM），描述带电金属物体与微芯片接触时的事件；带电器件模型（CDM），描述带电器件与接地物体接触时的事件；以及国际电工委员会（IEC）模型，描述带电电缆/电线与电子元器件接触时的事件。

一些关于 ESD 标准的评论是有效的。人体模型是一个成熟的、易于理解的 ESD 模型，用于模拟从人的手指到电子元器件的电荷转移。然而，最近的行业数据表明，HBM 很少能模拟真实世界的 ESD 失效。最新一代的封装形式，如微球栅阵列（mBGAs）、小外形晶体管（SOT）、缩小的小外形晶体管封装（SC70）和尺寸为毫米范围的芯片级封装（CSP），通常都太小了，人们无法用手指进行操作。即使是相对较大的元器件，大多数大批量的元器件和电路板制造都使用自动化设备，因此人们很少接触元器件。CDM 可以更成功地复制内部和定制集成电路（IC）元器件级失效。CDM 模拟当带电 IC 封装上的金属引脚或焊锡球与地电位的金属物体接触时瞬间放电所引起的损伤。

保护电子系统免受 ESD 事件影响的一种有效方法是在微芯片上集成 ESD 保护结构（即片上 ESD 保护），以增加核心电路在 ESD 冲击时的生存能力，这种结构的原理图如图 9.3 所示，其中所有的输入、输出和电源引脚通过 ESD 保护器件连接到接地总线轨上，标记为 uSCR。这些 ESD 器件必须在系统正常工作期间关断（即，在没有 ESD 事件的情况下），在发生 ESD 事件时必须迅速开启，以便 ESD 事件产生的电流能够通过 ESD 保护器件传导并放电到地，其本身不得受到 ESD 应力的损伤，在 ESD 事件期间必须将引脚箝位到足够低的电压，并且必须在 ESD 事件结束后返回到关断状态[9,10]。

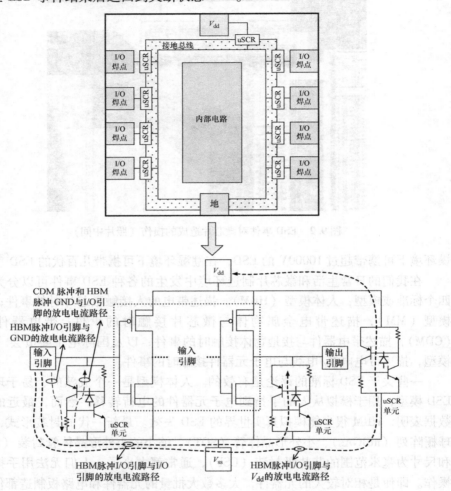

图 9.3　片上 ESD 保护器件示意图（上）及其等效电路（下）

有许多技术无法采用上述片上 ESD 保护，因此有必要采用片外 ESD 保护解决方案。片外 ESD 保护结构可以安装在电缆、连接器、陶瓷载体或电路板上。图 9.4 显示了包含两个片外 ESD 保护器件的全球移动通信系统（GSM）无线模块。

在未来，设计有效的 ESD 保护解决方案将变得越来越困难，成本也将越来越高。如图 9.5 所示，ESD 保护方案的设计成本一般会随着 CMOS 技术的进步而增加（即技术节点从 180nm 减小到 45nm）[11]。此外，使用定制解决方案（使用定制的和优化的方法设计的 ESD 保护解决方案）比使用公共解决方案（使用通

第 9 章 集成电路的静电放电保护

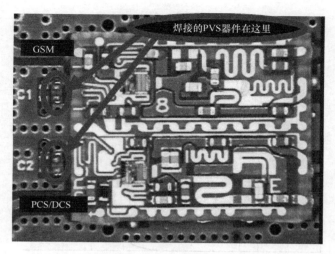

图 9.4 无线 GSM 模块片外 ESD 保护（圈出的部分）

用的和现成的方法设计的 ESD 保护解决方案）具有降低成本的优势。ESD 保护器件的工作原理如图 9.6 中的黑色曲线所示。它被夹在左边的 IC 工作区域和右边的 IC 可靠性约束之间。随着 CMOS 技术的进步，这一设计窗口将变得越来越小，使 ESD 保护设计更具挑战性。

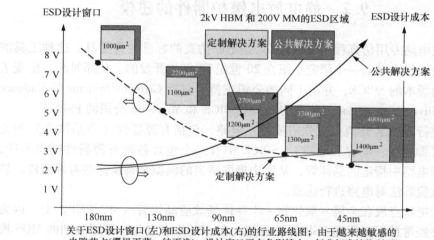

关于 ESD 设计窗口(左)和 ESD 设计成本(右)的行业路线图；由于越来越敏感的电路节点(栅极更薄，结更浅)，设计窗口正在急剧缩小；行业标准性能所需的面积证明，为了保持较低的 ESD 设计成本，需要授权使用创新解决方案。

图 9.5 采用定制解决方案和公共解决方案的 ESD 设计成本与 CMOS 技术的关系图（经 Sofics 许可使用）[11]

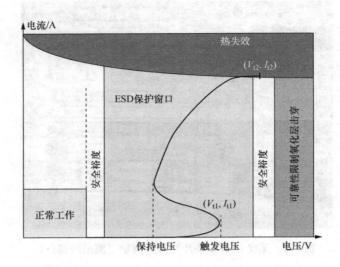

图 9.6 IC 工作区域（左侧"正常工作"区域）、ESD 设计窗口（中央"ESD 保护窗口"区域）、ESD 保护器件 $I-V$ 曲线（黑线）、IC 可靠性约束（右侧"氧化层击穿"区域）示意图

9.2 静电放电保护器件的建模

集成电路专用仿真程序（SPICE）是电路仿真的标准软件工具。这种工具的核心是由加州大学的一个研究小组在 20 世纪 70 年代开发的。从那时起，出现了几个不同版本的 SPICE，并由不同的公司支持，包括 Cadence Systems 的 Cadence SPICE，Silvaco International 公司的 Smart SPICE 和 Microsim 公司的 PSPICE。

要进行 SPICE 仿真，首先需要指定电路，包括有源器件（即晶体管）和无源元件（即电阻、电容和电感）。SPICE 中有一个包含各种有源器件模型的库，然后根据电路中指定的晶体管，从库中提取适当的模型来替换这些有源器件。然后执行数值算法对电路进行仿真。

我们把重点放在金属-氧化物-半导体场效应晶体管（MOSFET）上，因为这种器件经常被用于构建 ESD 保护电路。在 SPICE 中有几个不同级别的 MOS 模型，最低级别的模型是最紧凑但最不准确的。遗憾的是，所有现有的 MOS 模型都是为了在相对较低的电流/电压条件下仿真典型的 MOS 工作而开发的，因此，这些模型不适用于 ESD 应用，并且非常不准确。

近年来，为了深入了解 MOSFET 在 ESD 应力下的行为，进行了大量的研究。Krabbenborg 等人[12]和 Hong 等人[13]证明了二维（2D）电热仿真优于一维

（1D）仿真，因为许多因素，特别是温度和电流密度分布受到二维存在的影响。后来，Voldman 等人[14]描述了三维（3D）仿真在先进 CMOS 技术中的重要性。Pinto-Guedes 和 Chan 等人[15]通过在电路仿真中加入了短沟道 MOS 器件的寄生双极诱导击穿模型进行电路仿真，开辟了新的领域。电热电路仿真器，特别是电路级电热仿真工具（iETSIM）[16]，在分析电路中的 ESD 效应方面也取得了重大进展。Diaz[17]和 Ramaswamy 等人[18]报道了一种电热模型，该模型可用于仿真在回扫区域和直到二次击穿开始前工作的 MOS 器件。他们还介绍了这种模型在电路级仿真器 iETSIM 中的实现。然而，与行业标准 SPICE 兼容的紧凑型模型由于其简单和易于集成而更受欢迎。为此，Amerasekera 等人[19]开发了一种非电热 CMOS 模型，包括用于 SPICE 电路仿真的寄生双极晶体管，但其对衬底电阻的简单近似可能导致相当大的误差。

在本节中，将开发和讨论一个适用于 ESD 事件下 SPICE 仿真的基于物理的紧凑 MOS 模型。首先，描述 n 沟道 MOSFET 及其寄生双极晶体管的器件物理特性。然后推导出描述受 ESD 事件影响的 MOSFET 行为的物理方程。接下来讨论在 Cadence SPICE 中开发的 MOS 模型的实现。最后给出了 SPICE 仿真结果。

9.2.1 包含寄生双极晶体管的 NMOS 器件的物理行为

当深亚微米 MOS 器件的漏区和源区之间的距离缩小到与典型双极结型晶体管（BJT）的基区厚度值相当时，MOS 器件中的寄生横向 BJT 变得非常突出，并且在 ESD 事件下很容易被激活。一旦寄生 BJT 开启，MOSFET 的行为就会发生巨大变化。让我们考虑一个 n 沟道 MOSFET（NMOS）。当漏极电压足够大时，就像在漏极端施加 ESD 的情况一样，沟道中的大多数载流子（即电子）在穿过漏区-衬底反向偏置耗尽区域时能够获得相当大的动能。当这些电子与晶格碰撞时，会打破共价键并产生电子-空穴对（EHP）。然后产生的 EHP 本身可能有足够的能量来打破更多的共价键，从而产生更多的 EHP。这种现象被称为雪崩倍增。如图 9.7 所示，所产生的电子被电场扫入漏区，从而增加漏极电流。另一方面，产生的空穴流入衬底（即准中性体），构成衬底电流。由于半导体衬底具有有限的电阻，这个空穴电流在源区-衬底结产生一个电压降。随着漏极电压的增加，衬底电流也会增加，最终，源区-衬底结处的电压降变得大到足以使该结开启，并导致电子从源区（即寄生 BJT 的发射区）注入衬底（即寄生 BJT 的基区）。这些电子流向漏区（即寄生 BJT 的集电区）并增加漏极电流，这反过来又会在漏区结附近导致更多雪崩产生的空穴，从而产生正反馈作用。当这种情况发生时，漏极电压迅速降低并保持在一个相对恒定的水平，这种现象称为回扫，如图 9.8 所示。

有一篇论文表明[20]，回扫可能与 MOS 晶体管的"体效应"有关，但毫无

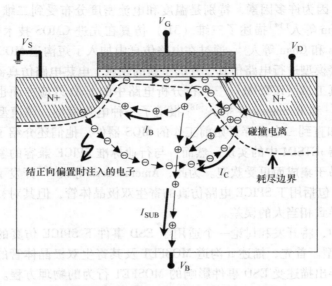

图 9.7 带有寄生双极晶体管的 NMOS 晶体管

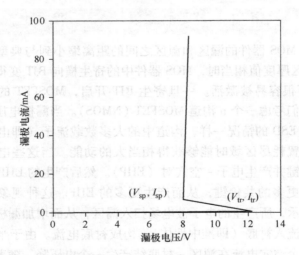

图 9.8 在 $V_g=0$ 时具有回扫行为的 $I-V$ 曲线

疑问,在大电流和高电压水平下,回扫与寄生双极机制有关[10,15,21]。在图 9.8 中,触发电压 V_{tr} 是雪崩倍增首先发生并开启横向寄生双极晶体管的电压。一旦双极器件开启,漏极电压降低,并且观察到负阻现象,因为更多的电子从源区漂移到漏区结,直到达到最小的回扫电压 V_{sp}。在此之后,由于衬底的电导率调制与衬底中增加的电流相关,电阻通常为正且较小。

9.2.2 静电放电紧凑模型的开发

带有寄生 BJT 的 NMOS 器件的等效电路如图 9.9 所示。漏极总电流 I_{DT} 由以下三部分组成：①通过沟道的漏极电流 I_D；②寄生 BJT 的集电极电流 I_C；③由于碰撞电离产生的电子电流 $I_{e,gen}$，与碰撞产生的空穴电流 $I_{h,gen}$ 相同。此外，$I_{h,gen}$ 包括通过衬底的衬底电流 I_{sub} 和寄生 BJT 的基极电流 I_B。

需要指出的是，SPICE 中现有的 NMOS 模型（即传统的 NMOS 模型）不包括 $I_{h,gen}$、R_{sub} 和寄生双极晶体管等元器件。如后面所示，这样的简化将导致 ESD 电路仿真中出现较大误差。在下面的小节中，在开发适合 ESD 仿真的 NMOS 模型时，将对这三个元器件进行建模，并将其纳入传统的 NMOS 模型中。

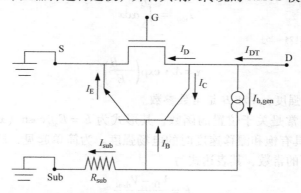

图 9.9 NMOS 器件的等效电路，包括寄生双极结构

雪崩倍增

如前所述，由于碰撞电离，在漏区结附近会产生电子–空穴对。空穴随后被扫入衬底区域，构成碰撞产生的空穴电流 $I_{h,gen}$。对于零栅极电压，$I_{h,gen}$ 与热产生和少数载流子扩散有关[8,22]。当栅极电压大于阈值电压时，$I_{h,gen}$ 成为关于 I_D 的函数。在寄生 BJT 开启之前，这个电流可以表示为

$$I_{h,gen} = (M-1)I_D \tag{9.1}$$

其中，M 是雪崩倍增因子。注意这里 I_{sub} 等于 $I_{h,gen}$，因为没有寄生双极效应。寄生双极晶体管开启后，除了典型的漏极电流 I_D 外，还有一个集电极电流 I_C 从源极流向漏极，并且

$$I_{h,gen} = (M-1)(I_D + I_C) \tag{9.2}$$

$I_{h,gen}$ 也可以由式（9.3）表示

$$I_{h,gen} = I_{sub} + I_B \tag{9.3}$$

其中，I_B 是寄生双极晶体管的基极电流。漏极总电流 I_{DT} 为

$$I_{DT} = I_D + I_C + I_{h,gen} \tag{9.4}$$

将式 (9.2) 代入式 (9.4)，得出

$$I_{DT} = M(I_D + I_C) \tag{9.5}$$

倍增因子 M 可以建模为[10,23]

$$M = \frac{1}{1 - I_{ion}} \tag{9.6}$$

其中，I_{ion} 为碰撞电离积分：

$$I_{ion} = \int_0^{l_d} \alpha_n \exp\left[-\int_0^x (\alpha_n - \alpha_p) dx'\right] dx \tag{9.7}$$

其中，α_n 是电子的碰撞电离系数；α_p 是空穴的碰撞电离系数；l_d 是耗尽区高场区的长度。当 $\alpha_n = \alpha_p = \alpha$ 时，碰撞电离积分可简化为

$$I_{ion} = \int_0^{l_d} \alpha dx \tag{9.8}$$

而 α 的近似值为[24-26]

$$\alpha = A \cdot \exp\left(\frac{-B}{E}\right) \tag{9.9}$$

其中，E 是电场强度；A 和 B 是常数参数。

电场强度通常是关于位置的函数，其形式为 $E = E_{sat} \cosh(x/l_d)$[24,25]，其中，E_{sat} 是电子具有饱和漂移速度时的电场强度。为简单起见，E 可以近似表示为在回扫条件下的常数，其表达式为

$$E = \frac{V_D - V_{dsat}}{l_d} \tag{9.10}$$

将式 (9.8)、式 (9.9) 和式 (9.10) 代入式 (9.6)，得到

$$M = \frac{1}{1 - P_1 \exp[-P_2/(V_D - V_{dsat})]} \tag{9.11}$$

其中，$P_1 = Al_d$ 和 $P_2 = Bl_d$ 是需要通过测量确定的模型参数。为了避免式 (9.11) 中分母的极点（即 $V_D = V_{dsat}$），可以在 SPICE 程序中使用 C 或模拟硬件定义/描述语言（AHDL 语言）的编程技术，具体细节将在后面的第 9.2.3 节中介绍。Lim 等人[26]报道了 M 的另一种替代形式，以解决式 (9.11) 中分母趋近于零时的不连续问题。然而，它们的新函数在大电流区域偏离了物理现实[27]，而且在 I/O 压焊点上使用初始负 CDM 脉冲的电路仿真过程中也出现了其他限制[28]。

文献 [19] 报道了一种简单有效的提取参数 P_1 和 P_2 的方法，这里将使用该方法。该过程包括使用 HP 4156A 参数分析仪在栅电压高于阈值电压时对 NMOS 器件进行直流扫描测量。式 (9.11) 可以改写为

$$\ln\left(1 - \frac{1}{M}\right) = \frac{-P_2}{V_D - V_{dsat}} + \ln(P_1) \tag{9.12}$$

M 可以在回扫之前通过下面的关系进行实验测量：

$$M = \frac{I_{DT}}{I_{DT} - I_{sub}} \tag{9.13}$$

通过绘制 $\ln(1 - 1/M)$ 和 $1/(V_D - V_{dsat})$ 的关系曲线,并认为到式(9.12)是 $y = mx + b$ 的形式,可以从 y 轴截距确定参数 P_1,从曲线的斜率确定参数 P_2,如图9.10所示。

衬底电阻

雪崩倍增发生后,当压降 $I_{sub} R_{sub}$ 达到约0.8V时,源区-衬底结(即寄生双极晶体管的发射区-基区结)开启。因此,衬底电阻是决定寄生BJT开/关状态的一个非常重要的参数。在该研究中,

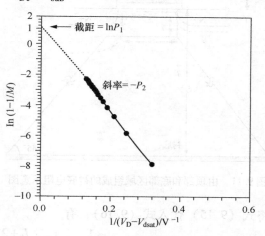

图9.10 倍增因子建模参数 P_1 和 P_2 的提取

将忽略电导率调制效应对 R_{sub} 的影响,并基于衬底的几何形状和电阻率建立 R_{sub} 模型[22,29]。采用两部分来对衬底电阻建模。图9.11显示了在衬底区域中两部分的示意图。假设空穴电流均匀流动,在矩形顶部的衬底电阻 R_{top} 可表示为

$$R_{top} = \rho \cdot [Y'/(WL')]$$

而

$$Y' = X_j + \frac{X_d}{2} \tag{9.14}$$

其中,ρ 是衬底电阻率;X_j 是源漏结深度;X_d 是漏结耗尽区宽度;L' 是矩形的有效长度。

考虑空穴电流在衬底底部以45°角扩散的情况,该区域的电场强度 E 可以表示为

$$E = \frac{\rho \cdot I_{sub}}{A} \tag{9.15}$$

其中,$A = (L + 2y)(W + 2y)$

其中,A 是衬底底部的扩展面积(见图9.12);L 是沟道长度;W 是沟道宽度。对式(9.15)中的 y 从顶部区域 y' 的末端到衬底接触点 T 进行积分(见图9.11),得到

$$R_{bott} = \int_{y'}^{T} E dy / I_{sub} \tag{9.16}$$

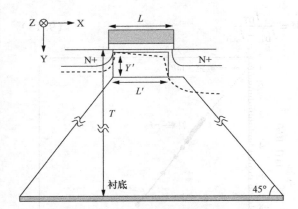
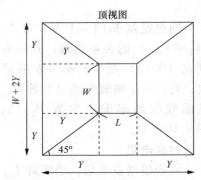

图 9.11 由顶部和底部区域组成的衬底电阻示意图　　图 9.12 带扩展角度的衬底区域的顶视图

将式（9.15）代入式（9.16），有

$$R_{bott} = \frac{1}{2\rho(W-L)}\left[\ln\left(\frac{L+2T}{L+2Y'}\right) - \ln\left(\frac{W+2T}{W+2Y'}\right)\right] \quad (9.17)$$

当 $L = W$ 时，式（9.17）可化简为

$$R_{bott} = \frac{T - Y'}{\rho[(W+2T)(W+2Y')]} \quad (9.18)$$

最后，衬底总电阻为

$$R_{sub} = R_{top} + R_{bott} \quad (9.19)$$

对于 $\rho = 9W - cm$，$L = 1.2\mu m$，$W = 160\mu m$ 的 MOS 器件，衬底电阻 R_{sub} 约为 2000Ω。

寄生双极晶体管的电流

在本节中，分析了与寄生型 BJT 相关的电流。寄生型 BJT 与横向 BJT 相似，但其某些特征与垂直的 BJT 不同[30,31]。为了保持模型紧凑，这里没有遵循类似 Gummel - Poon 模型的方法[32,33]，而是在该研究中使用了简单的经验公式。一阶集电极电流 I_C 可用以下公式表示：

$$I_C = I_{OC}\left[\exp\left(\frac{V_{BE}}{V_T}\right) - \exp\left(\frac{V_{BC}}{V_T}\right)\right] \quad (9.20)$$

其中，I_{OC} 是电子在集电结处扩散的反向饱和电流；V_T 是热电压；V_{BE} 是基极 - 发射极压降；V_{BC} 为基极 - 集电极压降。基极电流 I_B 表示为

$$I_B = I_{OB}\left[\exp\left(\frac{V_{BE}}{V_T}\right) - 1\right] \quad (9.21)$$

其中，I_{OB} 是在发射结处扩散的空穴的反向饱和电流。将式（9.20）除以式（9.21），假设 $V_{BC} < 0$，即基区 - 集电区结反向偏置，则共发射极电流增益 β 为

第 9 章 集成电路的静电放电保护

$$\beta \approx \frac{I_{OC}}{I_{OB}} \tag{9.22}$$

寄生 BJT 的工作与保持电压 V_{sp} 有关,当出现以下情况时[10,27]

$$\beta(M-1) \geq 1 \tag{9.23}$$

反向饱和电流 I_{OC} 和 I_{OB} 分别与集电结和发射结面积（寄生 BJT 的侧壁）成正比。因此,β 随 MOS 器件的几何形状（大小）而变化。根据式（9.20）,可以得到

$$I_{OC} = \frac{I_C}{\exp(V_{BE}/V_T)}, \quad V_{BC} < 0 \tag{9.24}$$

根据式（9.21）,得到

$$I_{OB} = \frac{I_B}{\exp(V_{BE}/V_T)}, \quad \exp(V_{BE}/V_T) \gg 1 \tag{9.25}$$

将式（9.5）引入式（9.24）,以及 $V_{BE} = I_{sub}R_{sub}$,得到

$$I_{OC} = \frac{\left(\dfrac{I_{DT}}{M - I_D}\right)}{\exp\left(\dfrac{I_{sub}R_{sub}}{V_T}\right)} \tag{9.26}$$

此外

$$I_{DT} = M(I_{DT} - I_{h,gen}) \tag{9.27}$$

将式（9.3）代入式（9.27）,则基极电流 I_B 为

$$I_B = \frac{(M-1)I_{DT}}{M} - I_{sub} \tag{9.28}$$

因此,将式（9.28）代入式（9.25）,可以将 I_{OB} 改写为

$$I_{OB} = \frac{\dfrac{(M-1)I_{DT}}{M} - I_{sub}}{\exp\left(\dfrac{I_{sub}R_{sub}}{V_T}\right)} \tag{9.29}$$

式（9.26）和式（9.29）可分别用来提取 I_{OC} 和 I_{OB}。让我们考虑一个例子。在 $V_G = 0$ 时,测量到的 $I - V$ 特性显示一个回扫保持电压 $V_{sp} = 8V$,而保持电流 $I_{DT} = 7mA$。用前面描述的方法提取出 $P_1 = 5$ 和 $P_2 = 26$,并根据式（9.11）得出 $M = 1.24$。这与 $V_{BE} = I_{sub}R_{sub} = 0.8V$ 的寄生 BJT 的开启电压一起,得到 $I_{OC} = 2.17 \times 10^{-16}$A 和 $I_{OB} = 3.68 \times 10^{-17}$A。利用这些值,可根据式（9.22）确定 $\beta = 6$,这与式（9.23）给出的条件一致。

9.2.3 在 SPICE 中的模型实现 ★★★

对图 9.9 所示等效电路进行宏建模,可以将新的 MOS 模型在 Cadence SPICE 中实现。通常,宏建模意味着使用电路仿真器中可用的预定义电路基元（元

件），如线性/非线性可控源、电阻、电容等，创建电路"模块"模型[34,35]。然而，空穴产生电流源（即非独立电流源）和寄生双极晶体管不能预定义。在一些类似 SPICE 的仿真器中提供了两种方法来解决这个问题。一种是 AHDL 建模工具；另一种是 C 代码建模工具。C 代码建模工具用于改变通过 C 代码子例程编写的 SPICE 固有模型，甚至开发一个全新的 C 代码子程序来描述器件模型方程。一般来说，AHDL 建模工具比 C 代码建模工具更方便用户使用[36]。可以使用 AHDL 来编写模型，以定义模块的电学端之间存在的电流 – 电压关系，这种语言在语法上非常类似于 C 编程语言。AHDL 可在 Cadence SPICE 中使用，在此将用于创建碰撞电离产生的空穴电流、寄生 BJT 和衬底电阻模块，如图 9.13 所示。

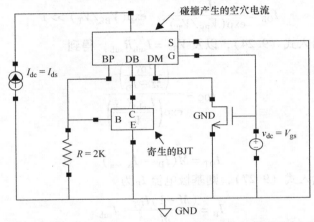

图 9.13 在 Cadence SPICE 中实现的改进 MOS 模型示意图

需要注意的是，由于饱和漏极电压 V_{dsat} 不是标准的 SPICE MOS 模型参数，而是一个工作点参数，因此必须将 V_{dsat} 的 MOS 模型方程写入已创建的空穴产生电流源模块中，包括式（9.11）中的倍增因子 $M = f(V_{dsat})$。还要注意的是，语法 max 可用来写入 max（0.001，$V_D - V_{dsat}$），以避免分母中的极点。0.001 不是固定的，而是取决于仿真增量步长设定点。图 9.14 显示了在 Cadence SPICE 工具中实现改进的 MOS 模型的流程图。

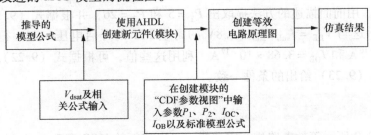

图 9.14 在 SPICE 中实现改进模型的流程图

9.2.4 结果与讨论 ★★★

惠普（HP）4156A 参数分析仪用于测量覆盖回扫现象的 I-V 系列曲线。在漏极端施加一个电流源，并将栅极设为各种指定电压。在这种情况下不能使用电压源，因为使用电压扫描很难观察到电压的突然下降（即回扫）。相反，必须以增量方式扫描电流，以测量漏极电压的回扫行为。采用沟道长度为 1.2μm，沟道宽度为 160μm 的 NMOS 晶体管。图 9.15 显示了使用传统 MOS 模型（曲线），即 Cadence

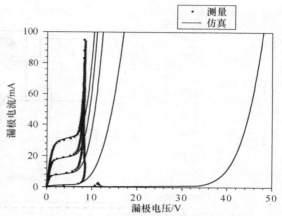

图 9.15 通过测量和基于常规 MOS 模型的 SPICE 仿真得到的 I-V 特性比较

SPICE 中的现有 MOS 模型（不包括碰撞产生的电流源、衬底电阻和寄生双极晶体管）进行 SPICE 仿真和测量（点）得到的 MOS I-V 特性曲线。在回扫区，模型与实测数据存在很大的差异。在使用本研究开发的模型时，SPICE 仿真的准确度得到了很大的改善，如图 9.16 所示。在这个仿真中提取和使用的参数为 $R_{sub}=2000\Omega$、$P_1=5$、$P_2=26$、$I_{OC}=1.23\times10^{-16}$A 和 $I_{OB}=5\times10^{-17}$A。

接下来，考虑一个由 MOSFET、电容和电阻组成的简单 ESD 保护电路（即电源箝位）[37]。图 9.17 说明了在 SPICE 仿真器中实现的电源箝位和（HBM）[38] 的原理图。为了说明 HBM 测试仪测量中经常出现的过冲效应，在 HBM 等效电路

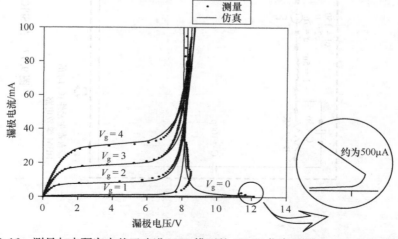

图 9.16 测量与本研究中基于改进 MOS 模型的 SPICE 仿真得到的 I-V 特性的比较

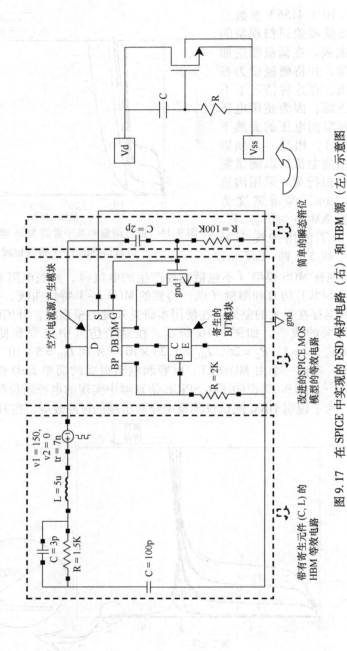

图 9.17 在 SPICE 中实现的 ESD 保护电路（右）和 HBM 源（左）示意图

中加入了寄生电容和电感[39,40]。图 9.18 和图 9.19 分别比较了在 150V 的 ESD 充电电压下，漏极电流和电压的仿真和测量的瞬态响应。注意，这个漏极电流由普通 MOSFET 的漏极电流、寄生 BJT 的集电极电流和碰撞产生的电流组成（见图 9.9）。显然，图 9.18 显示，从改进模型（105mA）得到的峰值漏极电流与测量值（105mA）的一致性比传统模型得到的峰值漏极电流（90mA）要好得多。类似地，图 9.19 显示，测得的箝位漏极电压（8.3V）与改进模型（8.5V）的一致性也优于传统模型（9.5V）。

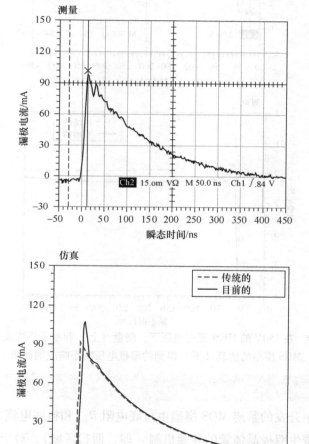

图 9.18 在 150V 的 HBM 充电电压下，测量（上）和基于传统及目前的 MOS 模型的仿真（下）得到的漏极电流瞬态响应的比较

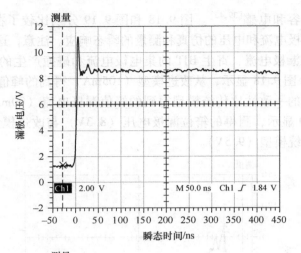

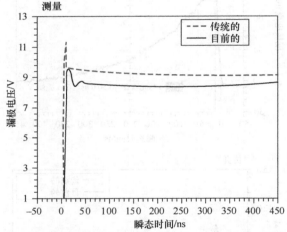

图 9.19 在 150V 的 HBM 充电电压下，测量（上）和基于传统及目前的 MOS 模型的仿真（下）得到的漏极电压瞬态响应的比较

9.2.5 先进的金属-氧化物-半导体模型 ★★★

在上一节中开发的紧凑 MOS 模型由衬底电阻 R_{sub} 和衬底电流 I_{sub} 组成。这两个部分决定了寄生双极晶体管的导通机制（即，回扫区域），对于精确的 ESD 建模至关重要。然而，由于忽略了一些重要的物理效应，之前推导的 R_{sub} 和 I_{sub} 模型过于简化。如图 9.2.4 节所示，这些模型可以很好地描述在相对较低的 ESD 充电电压下（即图 9.19 中使用的充电电压为 150V）的 ESD 保护电路的行为，但当施加较大的 ESD 充电电压时，它们就变得有问题了。在本节中将开发改进的先进 R_{sub} 和 I_{sub} 模型。

先进的衬底电阻模型

MOSFET 的回扫特性在很大程度上取决于衬底电阻 R_{sub}[41]。文献中已经报道了一些对这种电阻建模的研究。Hsu 等人[22]开发了一个 R_{sub} 模型，假设空穴电流在扩展角为 45°的有效衬底区域内均匀流动，并且与注入空穴相关的电导率调制的影响可以忽略不计。另一个 R_{sub} 模型是通过对沟道长度在 $1.15 \sim 9.15\mu m$ 的 NMOS 器件测量的 R_{sub} 与有效沟道长度 L_{eff} 数据的经验拟合而得出的[42]。其形式为

$$R_{sub} = 129(L_{eff})^{-0.33} \tag{9.30}$$

文献 [19] 中也报道了一个简单的 R_{sub} 模型：

$$R_{sub} = \frac{V_{BE}}{I_{sub}} \tag{9.31}$$

其中，$V_{BE} = 0.8V$ 是 MOSFET 中寄生双极晶体管的发射区 – 基区开启电压；I_{sub} 是衬底电流。该模型旨在描述寄生双极晶体管激活后的 MOSFET 行为（后回扫区域）。

在本小节中，将开发一个比文献中现有模型更全面和更具鲁棒性的 R_{sub} 模型。它是基于 MOSFET 中自由载流子的运输和其他相关物理原理而不是基于衬底电流[19]或经验拟合[42]推导出的。从器件仿真中获得的结果将作为模型的佐证。还将 R_{sub} 模型与现有模型进行比较，以说明所开发的模型的改进之处。

衬底的空穴注入机制

为了从物理角度了解衬底中空穴密度分布，首先使用名为 Atlas[43]的 2D 器件仿真器进行仿真。基本上，Atlas 是一个软件包，它可以数值求解五个基本半导体方程：Poisson 方程、电子和空穴连续性方程，以及电子和空穴电流方程。下面介绍的方法一般适用于所有 MOS 器件，所考虑的器件是沟道长度 L 为 $1.2\mu m$，宽度 W 为 $160\mu m$ 的体 NMOS。此外，本研究中使用的 Atlas 器件文件已根据实验数据进行了校准。

图 9.20 显示了偏置在 $V_{gs} = 1V$ 和 $V_{ds} = 6.0V$ 的 MOSFET 中仿真的空穴密度等值线。在图中，x 轴和 y 轴的原点分别位于 Si – SiO_2 界面和源区的最外边缘。结果表明，空穴密度主要局限于栅极下方区域，最大空穴密度出现在漏区附近。在栅极区域外，朝向 MOSFET 边缘的空穴密度迅速减小。这表明与栅极外衬底区域相关的电阻是次要的，并且可以通过使用拟合参数 k ($0 < k < 1$) 来解释。

现在把注意力转向栅极下方的衬底区域。图 9.21 显示了在栅极电压为 1V 和三种不同的漏极电压时，在靠近漏区的栅极下方 y 位置（$y = 2.45\mu m$）处仿真的空穴浓度沿 x 方向的变化。在较低的漏极电压下，在表面附近的空穴浓度非常小（即由于电子反型），而朝向体时接近衬底掺杂密度。当漏极电压较高时，由于显著的碰撞电离，表面附近的区域充满了空穴。表面以下是空间电荷区，其次

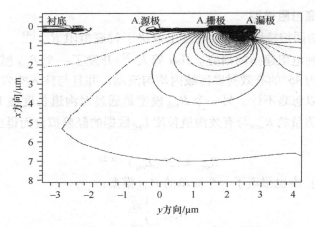

图 9.20 $V_{gs}=1V$，$V_{ds}=6.0V$ 时仿真的空穴密度等值线

是体衬底区域。

根据图 9.20 和图 9.21 给出的结果，现在可以关注栅极下面的区域，并将该区域划分为三个子区域，如图 9.22 所示。器件的水平方向（x 方向）边界位于漏区和源区的最外边缘。子区域 1 覆盖了表面附近由电子反型和空穴产生（由于碰撞电离）组成的区域，子区域 2 表示空间电荷区，子区域 3 表示空穴密度近似均匀的体衬底。一般来说，三个子区域的空穴密度和层厚度是 x 和 y 方向的函数。然而，为了简化分析并使模型足够紧凑，将只考虑 x 方向的相关性，并在 y 平均位置 $y=L_S+0.8L$ 处进行分析，其中，L_S 和 L 分别是源/漏区和沟道的长度（见图 9.22）。基于 Atlas 仿真，选择该 y 位置作为 $Si-SiO_2$ 界面具有平均空穴密度的位置。由于 y 方向的尺寸远小于 x 方向的尺寸，因此这种简化方法所引起的误差应该是最小的，这一点将在稍后的器件仿真和测量中得到验证。

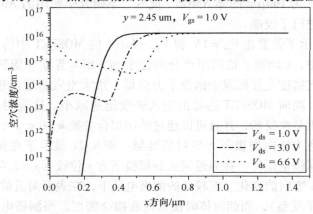

图 9.21 在 $y=2.45\mu m$ 处栅极下方仿真的空穴密度分布

第 9 章 集成电路的静电放电保护

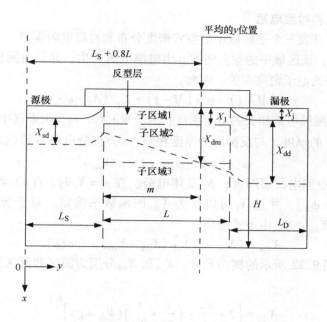

图 9.22 显示三个子区域的 MOS 结构示意图

X_1、X_{dm} 和 H 三个子区域的垂直方向（x 方向）的边界分别是反型层、空间电荷层和衬底的厚度。稍后将对这些边界进行定义。

碰撞电离

在 BSIM3v3 模型中，从亚阈值到强反型区域的饱和漏极电流 I_{ds} 可以用统一的表达式表示[44]

$$I_{ds} = \frac{I_{dso}(V_{dsat})}{1 + R_{ds} \cdot \frac{I_{dso}(V_{dsat})}{V_{dsat}}} \cdot F_A \tag{9.32}$$

其中，V_{dsat} 是饱和漏极电压；R_{ds} 是源/漏区寄生电阻；F_A 是考虑二阶效应的复合表达式；I_{dso} 是不考虑二阶效应的饱和电流[44]。碰撞产生电流 I_{gen} 与 I_{ds} 相关[19]：

$$I_{gen} = I_{ds} \cdot (M - 1) \tag{9.33}$$

$$M = \frac{1}{1 - P_1 \cdot \exp(-P_2/(V_{ds} - V_{dsat}))} \tag{9.34}$$

其中，V_{ds} 是漏极电压；M 是雪崩倍增因子；式（9.33）中的参数 P_1 和 P_2 可以从恒定栅极电压下 $\ln(1 - 1/M)$ 与 $1/(V_{ds} - V_{dsat})$ 的特性曲线中提取。该图中的数据呈线性关系，直线的斜率为 $-P_2$，直线在 y 轴上的截距为 $\ln(P_1)$。对于所研究的器件，发现 $P_1 = 2.0312$，$P_2 = 16.37$。

空穴密度和衬底电阻

现在着手开发三个子区域中的空穴密度分布和衬底电阻模型。

子区域1：该区域中的空穴密度 p 由碰撞电离产生,并且与漏极电流和雪崩倍增因子相关的电子密度有关。因此,

$$p = (M-1) \cdot n = (M-1) \cdot I_{ds}/(A_1 \cdot q \cdot v_d) \tag{9.35}$$

其中,n 是与漏极电流相关的电子密度;$A_1 = W \cdot X_1$;v_d 是夹断区电子饱和速度。X_1 是子区域1的厚度,与反型层的厚度相同。x 方向静电势 ϕ 可以表示为[45]

$$\phi(x) = 2 \cdot \phi_B \cdot (1 - x/X_{dm})^2 \tag{9.36}$$

其中,X_{dm} 是空间电荷层厚度;ϕ_B 是体电势。在 $x = X_1$ 时,$f(x)$ 将越过体电势[即 $\varphi(X_1) = \phi_B$],并且 X_1 可以作为 X_{dm} 的函数来确定。对于所研究的器件,$X_1 = 0.293 \cdot X_{dm}$,X_{dm} 由下式给出:

$$X_{dm} = (X_{sd} + X_j) + (X_{dd} - X_{sd}) \cdot (m/L) \tag{9.37}$$

其中,m 是图9.22所示的横向尺寸;X_{sd} 和 X_{dd} 分别为源区和漏区结的空间电荷层厚度:

$$X_{dd} = \left[2 \cdot \frac{\varepsilon_{Si}}{q} \cdot \left(\frac{1}{p_0} + \frac{1}{N_D} \right)(V_{ds} + \zeta) \right]^{0.5} \tag{9.38}$$

$$X_{sd} = X_{dd} \big|_{V_{ds}=0} \tag{9.39}$$

其中,ζ 是漏区/源区和衬底结的内建电压。

由于该区域同时存在电子（由于反型）和空穴（由于碰撞电离）,因此子区域1的衬底电阻 R_1,包括电导率调制为

$$R_1 = \frac{1}{q \cdot n \cdot \mu_n + q \cdot p \cdot \mu_p} \cdot \frac{X_1}{W \cdot (L - l_d)} \tag{9.40}$$

其中,μ_n 和 μ_p 是电子和空穴迁移率;l_d 是夹断区长度[46]。

子区域2：该子区域的空穴密度可由漂移扩散电流方程和连续性方程导出。求解这些方程的困难在于子区域2中受注入自由载流子和偏置条件影响的电场强度 $E(x)$ 是未知的。为了避免这个困难,提出了以下 $E(x)$ 的表达式:

$$E(x) = f_1(V_{ds}) \cdot f_2(V_{gs}) \cdot E'(x) \tag{9.41}$$

其中,$E'(x)$ 是基于耗尽近似的电场强度;f_1 和 f_2 分别是考虑漏极和栅偏置相关性的经验参数:

$$E'(x) = \frac{q \cdot p_0}{\varepsilon_{Si}}(X_{dm} - x) \tag{9.42}$$

$$f_1(V_{ds}) = 0.7183 \cdot \exp(-0.137 V_{ds}) \tag{9.43}$$

$$f_2(V_{gs}) = 0.8698 + 0.14783 V_{gs} \tag{9.44}$$

式(9.43)和式(9.44)是使用 Microcal Origin 5.0 对 Atlas 的仿真结果进行拟合得到的[47]。将式(9.42)至式(9.44)代入漂移扩散方程和连续性方

程，就可以求解 $p(x)$。图 9.23 比较了由模型和 Atlas 仿真得到的子区域 2 的空穴分布。

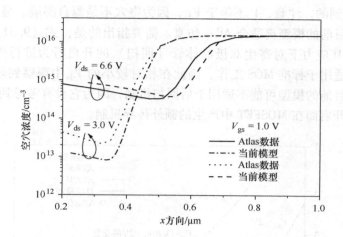

图 9.23 通过 Atlas 仿真获得的空穴分布比较

该区域的电阻 R_2 可以表示为

$$R_2 = k \cdot \int_{X_1}^{X_{dm}} \frac{1}{q \cdot p(x) \cdot \mu_p} \cdot \frac{dx}{A} \tag{9.45}$$

其中，$A = W \cdot L$；而 k 是表示栅极外衬底区域中空穴密度扩展的经验参数，该模型仅考虑衬底横向尺寸的影响：

$$k = \frac{1}{L + 0.5 \cdot L_D + 0.5 \cdot L_S} \tag{9.46}$$

其中，L_S 和 L_D 分别是源区和漏区结的长度，如图 9.16 所示。

子区域 3：该子区域是体区，电阻 R_3 为

$$R_3 = k \cdot \int_{X_{dm}}^{H} \frac{1}{q \cdot p \cdot \mu_p} \cdot \frac{dx}{A} \tag{9.47}$$

而空穴浓度近似等于衬底掺杂浓度（$p \approx N_A$）。

最后，衬底总的电阻 R_{sub} 可由下式给出

$$R_{sub} = R_1 + R_2 + R_3 \tag{9.48}$$

图 9.24 比较了目前 R_{sub} 模型与其他三个现有模型在不同漏极和栅极电压下的计算结果。注意，式（9.30）中的模型和 Hsu 等人[22]提出的扩展角为 45° 的衬底区域的模型与漏极和栅极电压无关。这是由于这类模型忽略了在衬底中注入碰撞产生的空穴引起的电导率调制。式（9.31）中的模型是与偏置相关的，因为它是衬底电流 I_{sub} 的函数，但在很宽的 V_{ds} 范围内得到的 R_{sub} 比目前的模型大得

多。图中还包括从 $R_{sub} = V'/I_{sub}$ 计算的数据（Atlas 仿真），其中 V' 是碰撞产生的空穴流初始点的电位（即在平均 y 位置和 Si – SiO$_2$ 界面处）。V' 和 I_{sub} 都是从 Atlas 仿真中得到的。注意，V' 不等于 V_{ds}，因为空穴不是源自漏端。显然，与现有模型相比，目前的模型更适合 Atlas 仿真。需要指出的是，式（9.31）中的模型仅用于在 ESD 应力下对寄生双极晶体管（回扫）的开启行为进行建模。因此，这种模型不适用于标准 MOS 工作，因此在相对较小的 V_{ds} 中观察到较大的差异。另一方面，目前的模型可能不适用于后回扫机制，因为它没有考虑到由于寄生双极晶体管的开启而在 MOSFET 中产生的额外传导机制。

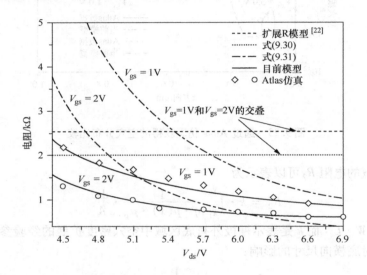

图 9.24　在不同漏极和栅极电压下目前的以及现有的衬底电阻模型计算的结果比较。还包括从 $R_{sub} = V'/I_{sub}$ 计算的数据（标记为"Atlas 仿真"）

先进的衬底电流模型

随着 MOSFET 尺寸的减小，漏极附近高能载流子的碰撞电离所引起的衬底泄漏电流变得越来越突出[48]。这种电流在决定器件的 ESD 鲁棒性和热载流子寿命方面起着重要作用。速度饱和区长度和漏区结附近的电场是衬底电流建模的两个重要参数。文献中已经报道了几个基于这两个参数的衬底电流解析模型。例如，Wong 和 Poon[49] 以及 Kolhatkar 和 Dutta[50] 研究了与衬底电流相关的问题。Arora 和 Sharma[51] 还基于 MINIMOS 器件仿真结果开发了一个衬底电流的经验模型。然而，正如稍后将演示的那样，这些现有模型的准确度有限，对于深亚微米 MOS 器件来说可能存在问题。

在本小节中，将开发一种改进的具有鲁棒性的衬底电流模型。将对目前的和几种现有的衬底电流模型进行比较，以说明该研究的改进之处。为支持模型的开发，器件仿真结果和测量数据都将包括在内，以支持模型的开发。

如前所述，碰撞产生的空穴电流 $I_{h,gen}$ 与衬底电流 I_{sub} 密切相关。对于 n 沟道 MOSFET，I_{sub} 可以用下面的一般表达式表示：

$$I_{sub} = I_D \cdot \int_{L-l_d}^{L} \alpha_n dx = I_D \cdot A_i \cdot \int_{L-l_d}^{L} e^{-B_i/E(x)} dx \tag{9.49}$$

其中，I_D 是漏极电流；L 是有效沟道长度；l_d 是漏区结附近高场区（即速度饱和区）的长度；α_n 是碰撞电离率；A_i 和 B_i 是电离常数；$E(x)$ 是高场区电场。从图 9.25 可以看出，在 $L-l_d$ 的位置之前，电场强度低于临界电场 E_s（4×10^4 V/cm），并且与沟道中的位置成线性函数关系。然而，超过这一点后，电场强度迅速增大，并在 x_m 处达到峰值 E_m。碰撞电离率 α_n 可表示为

$$\alpha_n = A_i \cdot \exp[-B_i/E(x)] \tag{9.50}$$

显然，在 I_{sub} 建模中，l_d 和 $E(x)$ 是两个关键参数。

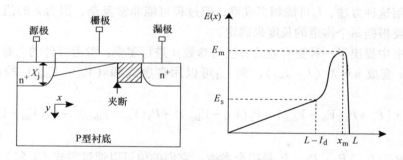

图 9.25 MOS 器件原理图及沟道内的电场分布

首先关注 l_d。由于电场强度在 $x=0$ 和 $x=L-l_d$ 之间从 0 到 E_s 呈线性分布，因此有

$$\left.\frac{dE(x)}{dx}\right|_{x=L-l_d} = \frac{E_s}{L-l_d} \tag{9.51}$$

利用这个边界条件和参考文献 [52] 给出的方法；可以得到高电场区（即 $x=L-l_d$ 和 $x=L$ 之间）的静电势 $V(x)$：

$$V(x) = \frac{\lambda^2 \cdot E_s}{L-l_d}\left(\cosh\frac{y-L+l_d}{\lambda}-1\right) + \lambda \cdot E_s \cdot \sinh\frac{y-L+l_d}{\lambda} + V_{dsat} \tag{9.52}$$

其中，V_{dsat} 是漏极饱和电压，而

$$\lambda = \sqrt{(\varepsilon_{Si}/\varepsilon_{ox}) \cdot t_{ox} \cdot x_j} \tag{9.53}$$

其中，t_{ox}是氧化层厚度；x_j是漏源结深度；ε是介电常数。令 $u = (V_{ds} - V_{dsat})/(\lambda \cdot E_s)$，$a = \lambda/(L - l_d)$，利用 $E(x=L) = 0$ 的边界条件，由式（9.52）求解 u，得到

$$u = a \cdot \left(\cosh \frac{l_d}{\lambda} - 1 \right) + \sinh \frac{l_d}{\lambda} \tag{9.54}$$

由式（9.54），可推导出 l_d 为

$$l_d = \lambda \cdot \ln \left(\frac{a + u + \sqrt{u^2 + 2 \cdot a \cdot u + 1}}{a + 1} \right) \tag{9.55}$$

式（9.55）是一个超越方程，可以用数值方法求解。然而，要分析求解式（9.55），使其可以很容易地应用到 SPICE 等软件工具中，则需要在计算 l_d 之前了解参数 a。

为此，Wong 和 Poon 建议 $l_d \approx 2 \cdot \lambda$，因此 $a = \lambda/(L - l_d) \approx \lambda/(L - 2 \cdot \lambda)$。这对于长沟道器件非常有效，但如果 L 减小到 0.5μm 以下，则会产生较大的误差。Kolhatkar 和 Dutta 使用了 $l_d \approx k \cdot \lambda$ 和 $a \approx -\lambda/(L - k \cdot \lambda)$，其中 k 是一个变量。使用这种方法，l_d 可能相当准确，但过程可能非常复杂，因为 k 的值是变化的，需要根据每个沟道的长度来确定。

本书中提出了一种更有效的方法对参数 a 进行建模。参考器件的 l_d 称为 l_{ref}。因此，a 变成 $a \approx \lambda/(L - l_{ref})$，而 l_{ref} 可以用多项式和 $(V_{ds} - V_{dsat})$ 的函数来表示：

$$l_{ref} = \lambda \cdot [P_0 + P_1(V_{ds} - V_{dsat}) + P_2(V_{ds} - V_{dsat})^2 + P_3(V_{ds} - V_{dsat})^3 + P_4(V_{ds} - V_{dsat})^4] \tag{9.56}$$

其中，P_0、P_1、P_2、P_3、P_4是拟合参数，它们的值可以通过将式（9.56）与器件仿真得到的参考 MOS 器件的 l_d 进行拟合来确定。事实上，由于 l_{ref} 与偏置有关，因此拟合更容易，参数也更具鲁棒性。对于所研究的沟道长度在 1.0~0.2μm 的器件，发现沟道长度为 0.75μm 的参考器件是合适的。这种方法适用于各种 MOS 器件，而且一旦确定了 l_{ref}，在使用不同的器件时就不需要进一步的拟合。将式（9.56）代入式（9.55），可以分析计算出 l_d。

I_{sub}建模的另一个关键参数是电场强度。对式（9.52）微分得到高场区的电场强度：

$$E(x) = \sqrt{\left(\frac{V(x) - V_{dsat}}{\lambda} + \frac{\lambda \cdot E_s}{L - l_d} \right) + E_s^2 - \frac{\lambda^2 \cdot E_s^2}{(L - l_d)^2}} \tag{9.57}$$

将其代入式（9.49），把积分变量从 dx 变为 dE，从 E_s 积分到 E_m，得到

$$I_{sub} = I_D \cdot A_i \cdot \lambda \cdot \int_{E_s}^{E_m} \frac{e^{-B_i/E(y)}}{\sqrt{E(y)^2 - E_s^2 + \lambda^2 \cdot E_s^2/(L - l_d)^2}} dE \tag{9.58}$$

第9章 集成电路的静电放电保护

其中，E_m 是 $x = x_m$ 处的最大电场强度。通常使用的 E_m 最简单的表达式为[53]

$$E_m = \frac{V_{ds} - V_{dsat}}{l_d} \tag{9.59}$$

Arora 和 Sharma 后来对此进行了修改[51]：

$$E_m = \frac{V_{ds} - \eta_0 \cdot V_{dsat}}{l_d} \tag{9.60}$$

其中，η_0 是一个经验参数，通过将式（9.60）与 MINIMOS 器件仿真器仿真的电场进行拟合而得到。为了进一步提高准确度，Kolhatkar 和 Dutta 提出了以下 E_m 表达式[50]：

$$E_m = \frac{V_{ds} - \eta_1 \cdot V_{dsat}}{\beta \cdot l_d} \tag{9.61}$$

这里 η_1 和 β 也是拟合参数。我们将在模型中使用式（9.61），但所采用的拟合方法与 Kolhatkar 和 Dutta 的拟合方法不同。在他们的模型中，η_1 和 β 与衬底电流拟合，而电离常数 A_i 和 B_i 值保持不变。在我们的方法中，首先将 η_1 和 β 与 Atlas 器件仿真器[43]对参考器件仿真得到的 E_m 进行拟合。然后 B_i 保持在 1.92×10^6 V/cm[43]，通过将本模型得到的参考器件的衬底电流与测量或器件仿真得到的衬底电流进行拟合来确定 A_i。如后面所示，由于 A_i 对 E_m 敏感[45]，这种方法得到了更准确的结果。此外，我们的方法通过参考器件确定拟合参数，所有其他器件都使用相同的参数，而现有模型需要重复拟合过程，并且考虑不同器件时需要不同的拟合参数。

式（9.61）中的漏极饱和电压 V_{dsat} 可以通过使用 BSIM3v3.2.2 模型确定为[44]

$$V_{dsat} = \frac{E_s \cdot L \cdot (V_{gs} - V_{th} + 2 \cdot V_t)}{E_s \cdot \alpha \cdot L + V_{gs} - V_{th} + 2 \cdot V_t} \tag{9.62}$$

其中，V_{gs} 是栅极电压；V_{th} 是阈值电压；V_t 是热电压；α 是拟合参数。

使用不同于式（9.49）的方法，Sing 和 Sudlow[54]提出了 I_{sub} 的另一种经验公式：

$$I_{sub} = a \cdot I_D \cdot (V_{ds} - V_{dsat})^b \tag{9.63}$$

其中，a 和 b 是拟合参数。

如前所述，我们的建模方法需要使用 $0.75\mu m$ NMOS 作为参考器件。为此，考虑表 9.1 中所列的器件。

从该参考器件中，拟合参数 P_0、P_1、P_2、P_3、P_4 的值分别为 0.11581、1.37034、-0.33244、0.04217、-0.00202。图 9.26 比较了本模型、Wong – Poon[49]和 Kolhatkar – Dutta[50]模型得到的高场区长度。图中还包括 Atlas 器件仿真结果。显然，Wong – Poon 模型非常适合长沟道 MOS 器件，但对于沟道长度小

于 0.5μm 的器件则存在问题。另一方面，Kolhatkar – Dutta 模型的准确度随着漏极电压的增加而降低。仿真结果与本模型之间存在良好的一致性。

表 9.1 考虑的 NMOS 器件参数

X_j	0.3μm
L	0.75μm
p_{sub}	$5.2 \times 10^{16}/cm^3$
T_{ox}	18nm

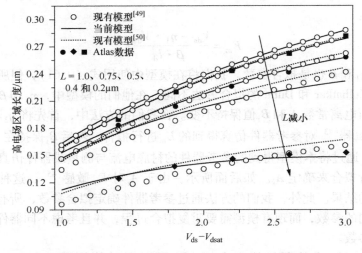

图 9.26 本模型、Wong – Poon 模型[49]、Kolhatkar – Dutta 模型[50]和 Atlas 器件仿真得到的具有几种不同沟道长度的 MOS 器件高电场区的长度特性

图 9.27 显示了本方法，两个现有模型 [式（9.60）和式（9.61）]，以及 Atlas 器件仿真得到的最大电场强度。各模型分别采用如下参数：式（9.61）中 $\eta_0 = 0.717$，本模型中 $\eta_1 = 1.803$、$\beta = 0.39831$。注意，η_0 与器件有关，对于参考文献 [51] 中考虑的 0.75μm 器件，建议的值为 0.717。因此，图 9.27 只显示了由式（9.61）得出的 0.75μm 结果。结果表明，现有的模型大大低估了最大电场强度，特别是在漏极电压较高的情况下。

图 9.28 比较了本模型、现有模型和测量得到的 0.75μm MOSFET 衬底电流。所有模型都预测了相似的衬底电流峰值，但现有模型要么低估了衬底电流，要么高估了电流达到最大值后的衬底电流。本模型更高的准确度清楚地表明了本研究的改进。

基于改进 R_{sub} 和 I_{sub} 模型的 Cadence 仿真

前面开发的改进 R_{sub} 和 I_{sub} 模型可以按照第 9.2.3 节中描述的相同方式在 Ca-

第9章 集成电路的静电放电保护

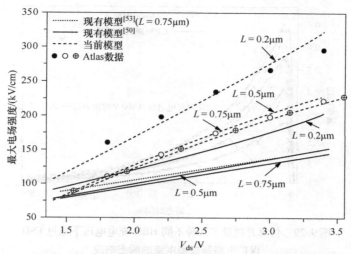

图9.27 本模型、Chung 等人模型[53]、Kolhatkar – Dutta 模型[50] 和 Atlas 器件仿真得到的最大电场强度。对于 Arora 和 Sharma 模型，只显示了 $0.75\mu m$ 器件的结果

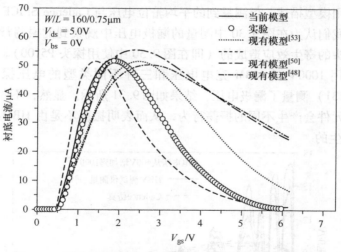

图9.28 通过本模型、四个现有模型[48–50,53]和测量得到的 $0.75\mu m$ N 沟道 MOSFET 的衬底电流

dence SPICE 中实现。图9.29 在 400~1000V 的四个相对较大的 HBM 充电电压下，比较了由 HBM 测试仪测量（实线）和 Cadence SPICE 仿真（虚线）的通过 ESD 保护电路漏极端的电流 I_{DT}（见图9.11）。注意，峰值电流随着 HBM 充电电压的增加而增加。这个电流可以用 HBM 充电电压除以 1500Ω 的人体皮肤电阻和 MOSFET 的导通电阻之和来近似计算。模型与测量数据之间具有良好的一致性。

图9.30 显示了相同 HBM 充电电压下保护电路漏极的实测电压和仿真电压。

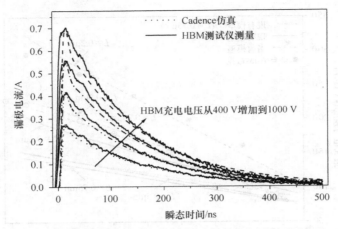

图 9.29　仿真并测量了四种不同 HBM 充电电压下通过 ESD 保护电路漏极端电流的瞬态响应

与漏极电流不同，漏极电压对充电电压不敏感。虽然实验观察到的漏极电压的振荡行为不能用模型描述，但测量到的平均箝位电压与 Cadence SPICE 仿真的结果非常一致。我们认为在图 9.30 中测量的漏极电压中观察到的振荡行为完全是由于示波器探头的寄生效应造成的（即在图 9.30 中使用探头 P5100）。为了证明这一点，我使用 1000V 的 HBM 充电电压和三种不同类型的电压探头（P5100，P6106 和 P6131）测量了漏极电压，结果如图 9.31 所示。显然，不同的探头以及不同的寄生元件会产生不同的振荡行为，从而表明振荡不是由 HBM 或所研究的 MOS 器件产生的。

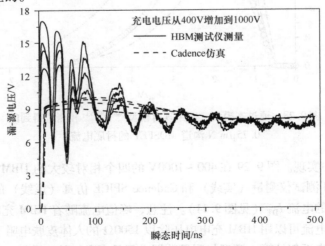

图 9.30　四种不同 HBM 充电电压下，仿真和测量的 ESD 保护电路漏极电压的瞬态响应

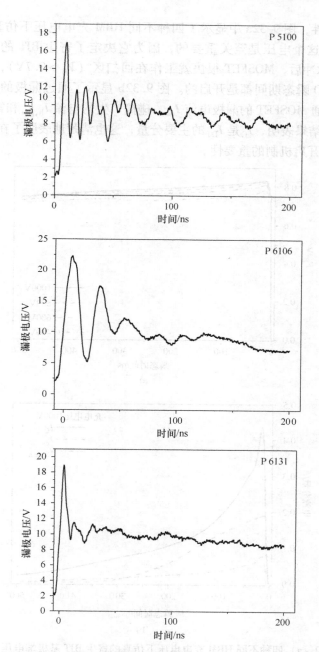

图 9.31 在 HBM 充电电压为 1000V 时，使用三个不同的电压探头测量的 ESD 保护电路漏极电压

要理解观察到的 ESD 保护电路的行为，还需要更深入的研究。为了研究寄

生 BJT 的重要性，图 9.32a 中显示了四种不同 HBM 充电电压下仿真的寄生 BJT 基极电压 V_B。这个电压是至关重要的，因为它决定了寄生 BJT 的开启。显然，在施加 HBM 脉冲后，MOSFET 很快就工作在回扫区（$V_B > 0.7V$），这表明寄生 BJT 在整个 ESD 瞬态期间都是开启的。图 9.32b 显示了通过漏极的电流 I_{DT} 的三个分量，即普通 MOSFET 的漏极电流 I_{ds}，碰撞产生的电流 $I_{h,gen}$ 和寄生 BJT 的集电极电流 I_C。结果表明，I_C 是 I_{DT} 的主要分量，这也清楚地表明了在 ESD 建模中加入寄生 BJT 开启机制的重要性。

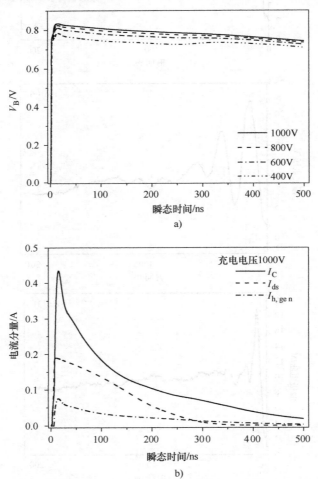

图 9.32 a) 四种不同 HBM 充电电压下仿真的寄生 BJT 基极端电压，以及 b) 1000V HBM 应力下仿真的 MOSFET 中的电流分量

最后，图 9.33 比较了使用恒定 R_{sub} 和漏极电压相关的 M（简单模型 A）以及使用常数 R_{sub} 和恒定 M（简单模型 B）情况下，先进模型（本模型）和简单

模型（前一节开发的模型）仿真得到的漏极电压。

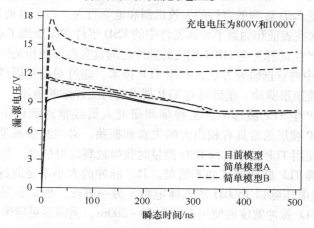

图 9.33 改进模型（本模型的衬底电阻和衬底电流与电压相关）、简单模型 A（对于 M 使用恒定 $R_{sub} = 2000\Omega$，以及恒定 $P_1 = 8.4$ 和 $P_2 = 35.36$）和简单模型 B（使用恒定 $R_{sub} = 2000\Omega$ 和恒定 $M = 1.05$）仿真的漏极电压的比较

9.3 静电放电测量和测试

表征和测试是设计和验证 ESD 保护结构的重要部分。由于 ESD 的瞬变速度很快（纳秒级），ESD 响应的测量并不简单[55]。在使用 HBM 时，通常使用 HBM 测试仪对器件和电路的敏感性进行测试。然而，由于 HBM ESD 波形的指数性质，具有非常短的持续时间和较大的峰值电流（通常为数十纳秒及安培级电流），因此很难用于器件表征[56]。图 9.34 显示了 HBM 测试仪的等效电路，其中 100pF 和 1500Ω 分别代表典型人体的电容和皮肤电阻，DUT 表示"被测器件"，可以是半导体器件或电路。

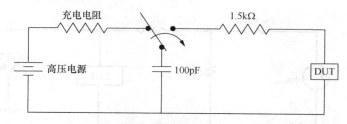

图 9.34 HBM 测试仪的等效电路由一个 100pF 电容和一个连接到被测器件（DUT）的 1500Ω 电阻串联组成

传输线脉冲（TLP）技术是由 Maloney 和 Khurana 首先提出的，作为 ESD 测试

的一种替代方法[57]。基本概念是，通过带电传输线产生的恒定和短电压/电流脉冲，可以再现受 ESD 影响的器件的失效机制和电学行为。由于其通用性和低成本，TLP 技术近年来在表征和测量半导体器件中的 ESD 事件方面受到了欢迎[58-62]。此外，由于 TLP 产生的脉冲与 HBM 相关的脉冲之间具有良好的相关性，因此 TLP 技术是 ESD 研究中的首选研究方法。利用 TLP 技术，通过对前置器件或电路放电来产生较大的电流矩形脉冲。稍后将对 TLP 技术进行更详细的描述。

然而，在产生 TLP 波形时，工程师和研究人员经常遇到以下两个问题。首先，产生的 TLP 波形通常具有相当大的失真和振荡，必须减少或消除这些失真和振荡，才能在使用 TLP 技术进行 ESD 测量时获得较高的可信度。其次，产生 HBM 等效效应的精确 TLP 脉冲宽度尚不清楚。TLP 脉冲的大小不是问题，因为已知它等于 HBM 充电电压除以 1500Ω 的人体电阻。另一方面，所需的脉冲宽度不太清楚。多年来，TLP 脉冲宽度的使用范围为 50~200ns，但需要更精确的脉冲宽度。

9.3.1 基于输电线路脉冲技术的静电放电测量实验装置 ★★★

典型的 TLP 设置包括一根由 DC 电压发生器充电的 50Ω 同轴电缆，随后通过将同轴电缆上的电释放到负载电路来产生 TLP 波形。图 9.35a 显示了 TLP 技术的等效电路，图 9.35b 显示了不含电容和电感元件的简化 TLP 等效电路。TLP 脉冲宽度是传输线电缆长度的函数，并联电容 C_p 和串联电感 L_p 决定脉冲上升时间。本研究将使用 MOS 器件和电路作为 DUT。

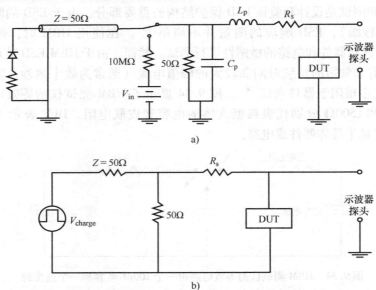

图 9.35　a) 包括并联电容和串联电感的典型 TLP 技术示意图和 b) 不含 $L-C$ 元件的简化 TLP 等效电路

第 9 章 集成电路的静电放电保护

典型的匹配负载电路包括 50Ω 端接电阻 R_S 和 DUT，如图 9.35b 所示。为了使波形反射最小化，最好有一个与 50Ω 同轴电缆匹配的负载。为此，负载电路（即图 9.35b 中 $Z=50\Omega$ 后面的整个电路）的理想阻抗应为 50Ω。由于在 ESD 事件期间 DUT（即开启的 MOS 器件）的阻抗通常非常小，因此需要一个较大的 R_S 来实现这一目标。有人建议 R_S 必须至少为 500Ω，以尽量减少由于反射引起的脉冲失真[9]。然而，正如后面将要说明的那样，这种方法不能有效地产生平滑的 TLP 脉冲。此外，一个较大的 R_S 会显著影响波形形状，并减少提供给 DUT 的电流。

关于 TLP 输入和输出电压，有一个问题需要澄清。输入电压（称为 DC 预充电电压）是对 50Ω 同轴电缆充电的 DC 电压，而输出电压（称为 TLP 电压波形）是对电缆放电产生后在 DUT（即 MOS 器件的漏极）处获得的 TLP 电压波形。由于器件行为的不同，如回扫和典型的 MOS 工作，高输入电压并不总能产生高输出电压波形。如后面所示，如果使用相对较低的 DC 预充电电压，TLP 波形的失真度会更高。此外，当 DC 预充电电压由于 MOS 回扫工作而增加时，TLP 电压波形可能会下降。

为了演示 TLP 波形失真和振荡，使用一个 $R_S=750\Omega$ 的典型匹配负载电路（图中显示750Ω）（见图 9.35b）和一个带接地引线的常规电压探头的 TLP 设置。在 160μm/1.2μm（沟道宽度/沟道长度）NMOS 器件的漏极施加脉冲宽度为 80ns 的 TLP。图 9.36 显示了使用相对较大的 DC 150V 预充电电压产生的 9V 电压和电流波形。注意，在脉冲的上升沿有一个很大的电压尖峰，而随后在电压波形中出现了振荡，这可能是由于非理想匹配负载和与电压探头接地引线相关的

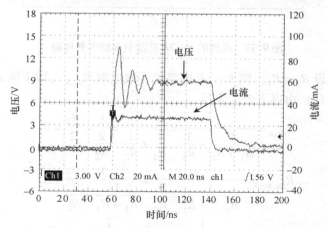

图 9.36 使用大 DC 预充电电压、常规负载电路和带接地线的
常规电压探头产生的电压和电流波形

寄生电感造成的[63]。如果使用较小的 DC 预充电电压来产生 TLP 波形，则失真和振荡会更严重。

9.3.2 负载匹配电路的开发 ★★★

为了减少与电压探头相关的寄生电感，从而将 TLP 波形的振荡降至最低，必须对具有 50Ω 端接电阻和 R_S 的典型匹配负载电路（见图 9.35b）进行修改和改进。为此，关键问题是开发一个匹配的负载电路，包括 DUT，其负载为 50Ω（即与传输线的 50Ω 阻抗匹配），与 DUT 的可变阻抗（即 MOS 器件）无关。如图 9.37 所示改进的匹配负载电路，称为 $R-2R$ 电路，可以实现这一目标。它由 DUT 阻抗 R_3 和可调级数的 R_1 和 R_2 组成，其中 R_1（即 50Ω）表示传输线阻抗，R_2 设定为 $R_2 = 2R_1$。

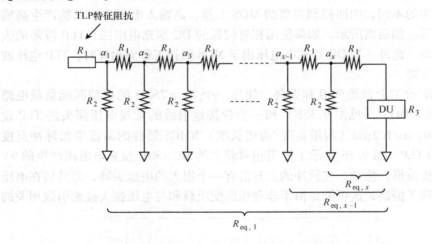

图 9.37 改进的 $R-2R$ 匹配负载的等效电路

首先，假设 $R_3 = R_1$，则 $R-2R$ 电路的等效电阻 $R_{eq,x}$（即下标 x 表示电路中不同节点的数目）由以下公式表示

$$R_{eq,x} = \frac{1}{\frac{1}{R_1+R_2}+\frac{1}{R_2}} = \frac{1}{\frac{1}{R_2}+\frac{1}{R_2}} = \frac{1}{\frac{2}{R_2}} = \frac{R_2}{2} = R_1 \quad (9.64)$$

$$R_{eq,x-1} = \frac{1}{\frac{1}{R_{eq,x}+R_1}+\frac{1}{R_2}} = \frac{1}{\frac{1}{R_1+R_1}+\frac{1}{R_2}} = R_1 \quad (9.65)$$

$$R_{eq,1} = \frac{1}{\frac{1}{R_{eq,2}+R_1}+\frac{1}{R_2}} = \frac{1}{\frac{1}{R_1+R_1}+\frac{1}{R_2}} = R_1 \quad (9.66)$$

因此，可以得到 R_1 在不同节点 a_1，a_2，a_3，…，a_{x-1}，a_x 处的阻抗相同。注

意，$R_{eq,1}$ 是节点 a_1 处的阻抗，因此也是 $R-2R$ 匹配负载电路的阻抗。根据 TLP 理论，将电压反射波的振幅归一化为入射电压波的振幅，称为电压反射系数 Γ，由式（9.67）表示[64]。

$$\Gamma = V_o^- / V_o^+ = (Z_L - Z_0)/(Z_L + Z_0) \tag{9.67}$$

其中，Z_L 是负载阻抗；Z_0 是传输线的特征阻抗。由于 Z_0 等于 R_1，而 Z_L 等于 a_1 点的等效电阻 R_1，式（9.67）变成

$$\Gamma = V_o^- / V_o^+ \tag{9.68}$$

式（9.68）中给出的零反射系数表明没有反射波。

让我们考虑 $R-2R$ 电路不同节点上的电压降。考虑 V_{a1} 的初始放电电压。根据分流规则，

$$V_{a3} = \frac{V_{a2}}{2} = \frac{V_{a1}}{2^2} \tag{9.69}$$

$$V_{ax} = \frac{V_{a(x-1)}}{2} = \frac{V_{a1}}{2^{x-1}} \tag{9.70}$$

因此，除了初始阶段外，每个节点的电压都是前一个节点的一半。

前面的理论是基于 $R_3 = R_1$（即传输线的阻抗与 DUT 的阻抗相同）的假设推导出来的。现在考虑任意 R_3（即 $R_3 \neq R_1$）的一般情况。对于这种情况，$R_{eq,x}$ 的闭式表达式更加复杂，不能提供清晰的见解。因此，作为表达式的替代，表 9.2 总结了不同 $R-2R$ 级和不同 R_3 值的阻抗 $R_{eq,1}$ 的数值，以说明 $R-2R$ 电路的匹配负载。结果清楚地表明，当级数增加时，$R_{eq,1}$ 接近 R_1（= 50Ω），即使 R_3 与 R_1 相差很大。

表9.2 改进的匹配负载电路在不同 $R-2R$ 级和 DUT 电阻下的阻抗

级数	$R_{eq,1}/\Omega$				
	$R_3 = 0$	$R_3 = 100\Omega$	$R_3 = 1000\Omega$	$R_3 = 10000\Omega$	$R_3 = \infty$
1	33.3	60.0	91.3	99.01	100.0
2	45.5	52.4	58.6	59.8	60.0
3	48.8	50.6	52.3	52.3	52.4
4	49.7	50.1	50.5	50.6	50.6
5	49.9	50.04	50.1	50.1	50.1

需要指出的是，在前面的分析中假设了没有寄生电感或电容的理想电阻。这种 $R-2R$ 网络被设计成具有无限频率响应的宽带匹配电路。实际网络的频率响应将受到电阻类型和所采用的构造技术所引入的寄生电感和电容的限制。测试电路的构造是为了匹配一个 20~100ns 的脉冲，其上升和下降时间均为 6ns。上升和下降时间主要由 TLP 设置中的附加元件 C_p 和 L_p 设定。由于匹配负载电路能够

产生所需的 6ns 的上升和下降时间,其带宽应超过 167MHz(即,估计改进的测试电路有效的频率范围是从低频至 167MHz 以上)。这个带宽绰绰有余,因为在常规测试电路中观察到的主要振荡频率约为 60MHz。

基于上述概念,通过 Bayonet NeillConcelman(BNC)连接器将精密碳电阻和片式电阻连接到 TLP 测试系统,可以构建一个改进的匹配负载电路。实验将栅电压设置为 1V,并将 TLP 脉冲应用于五级、三级和一级匹配负载电路。产生的电压和电流波形如图 9.38 所示。将图 9.38 中的波形与图 9.36 中的波形进行比较,可以清楚地看到,使用改进的 TLP 设置可以在较宽的 DC 预充电电压范围内显著降低 TLP 波形的尖峰和振荡。然而,在匹配负载电路中使用更多级的好处就不那么明显了。事实上,仔细观察图 9.38 中的结果可以发现,从三级电路获得的波形实际上比从一级和五级电路获得的波形更平滑。三级电路产生比一级电路更好的波形的原因是由于改进了匹配负载(即,三级电路匹配负载更接近 50Ω)。但令人费解的是,当级数从三级增加到五级时,波形为何会变差。一种可能的解释是,虽然级数的增加改善了传输线匹配,但寄生元件的总数量却随着

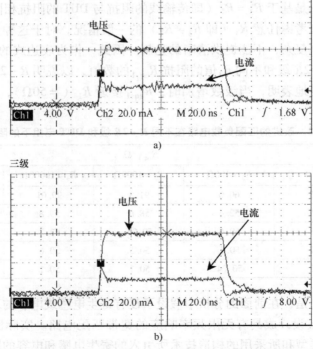

图 9.38 使用 a) 五级 b) 三级和 c) 一级匹配负载电路和 1V 栅极电压产生的电压和电流波形

第 9 章 集成电路的静电放电保护

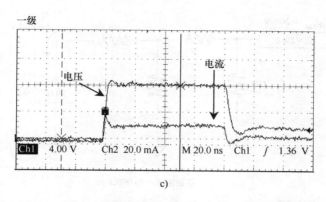

图 9.38 使用 a) 五级 b) 三级和 c) 一级匹配负载电路
和 1V 栅极电压产生的电压和电流波形（续）

级数的增加而增加。因此，增加片式电阻级数所带来的额外寄生元件可能会抵消其所带来的改进效果。因此，使用改进型电压探头和三级改进型匹配负载电路的 TLP 设置应能产生最佳的 TLP 波形。

在 ESD 应力下表征半导体器件时，TLP 输出电流的大小是非常重要的。如果输出电流不够大，可能永远不会观察到回扫或其他即将发生的击穿机制。图 9.39 显示了分别采用 $R_S = 583.37\Omega$ 的典型匹配负载方法和两级改进匹配负载电路的等效 TLP 电路，每个电路包含一个 5Ω DUT。注意，典型的和改进的匹配负载电路均具有相同的等效阻抗 46.086Ω。当 DC 预充电电压设置为 2000V 时，得到的典型匹配负载电路的输出电流 I_{typ} 为 1.63A。相应地，在相同预充电电压下，改进的匹配负载电路的输出电流 I_{imp} 为 7.24A。也就是说，在相同的 DC 预充电电压下，I_{imp} 比 I_{typ} 大几倍。因此，当需要更高的 TLP 输出电流水平时，改进的匹配负载电路再次比典型的匹配负载电路具有显著的优势。

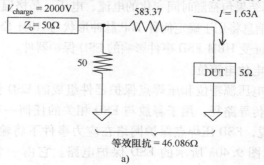

图 9.39 具有 a) 典型匹配负载和 b) 改进匹配负载的等效 TLP 电路。
在等效阻抗相同的情况下，改进的匹配负载电路具有产生更大输出电流的优势

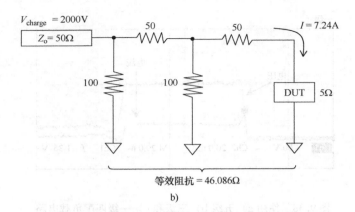

b)

图 9.39　具有 a) 典型匹配负载和 b) 改进匹配负载的等效 TLP 电路。
在等效阻抗相同的情况下，改进的匹配负载电路具有产生更大输出电流的优势（续）

9.3.3　等效于人体模型的传输线脉冲宽度的确定　★★★

　　ESD 会在半导体器件中产生大电流和高强度电场。在 ESD 事件中释放的能量在器件中产生"自热"并导致温度迅速升高[65]。MOS 器件的三种基本失效是①结烧毁；②氧化层穿通；③金属化烧毁。由于 ESD 引起的 MOSFET 失效是由峰值晶格温度还是 MOSFET 中耗散的总能量决定的，这是本节的主题。

　　TLP 测试仪可以产生不同脉冲宽度和幅度的脉冲。对于 ESD 测试而言，重要的是要知道什么样的 TLP 脉冲形状会导致与 HBM 等 ESD 事件相同的器件失效。首先，将考虑一种常用的由 MOSFET、电容和电阻组成的 ESD 保护电路（即电源箝位电路）。该电路中导致 MOSFET 失效的 ESD 充电电压将使用 HBM 测试仪进行测量。然后将使用名为 Atlas 的 2D 器件仿真器仿真 MOSFET 在此充电电压下的 ESD 瞬态特性[43]。仿真结果包括随时间变化的电流、电压、晶格温度和 MOSFET 中消耗的总功率。这些信息将用于确定何种 TLP 脉冲形状与 HBM ESD 等效，因此，应用于 TLP 技术来表征受 HBM ESD 事件影响的 ESD 保护器件。

正在研究的静电放电箝位

　　众所周知，由电压源箝位和压焊点保护器件组成的 ESD 保护结构可以形成一个具有鲁棒性的传导路径，用于释放与 ESD 相关的任何一对引脚之间的大电流[66,67]。一般来说，ESD 压焊点保护网络在应力事件下将输入/输出引脚分流到接地总线。考虑图 9.40a 所示的 ESD 保护电路。它由一个 2pF 电容，一个 100kΩ 电阻和两个相同 MOSFET 的并联组成（即，有效沟道宽度是单个 MOSFET 的两倍）。这样的箝位电路连接在两个电源轨 V_{dd} 和 V_{ss} 之间（见图 9.40a），并与电路（图 9.40a 中未显示）并联，以防止受到 ESD 应力的影响。

MOSFET 的横截面布局如图 9.40b 所示。这是一个 n 沟道 MOS 器件，沟道长度为 $1.2\mu m$，沟道掺杂浓度为 $1.5 \times 10^{15} cm^{-3}$，漏区/源区掺杂峰值浓度为 $1 \times 10^{20} cm^{-3}$，栅极氧化层厚度为 $25nm$，沟道宽度不同。此外，MOS 沟道宽度，而不是沟道长度，可以相对显著地改变 MOS 器件的尺寸。因此，使用固定沟道长度（即 $1.2\mu m$）但沟道宽度不同的几个 MOS 器件来研究 ESD 效应。

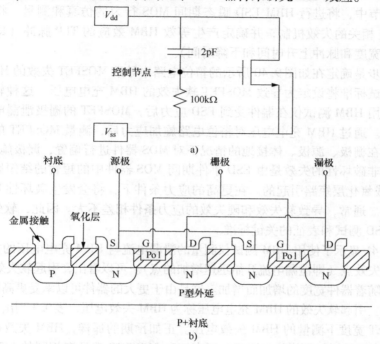

图 9.40 a) 考虑的 ESD 保护电路（即箝位电路），该电路由 MOSFET、电容和电阻组成，以及 b) 箝位电路中使用的 MOSFET 的横截面（两个相同的 MOSFET 并联）

当一个上升时间比较大的 HBM ESD 脉冲引入到箝位电路的压焊点（即图 9.40a 中的 V_{dd}）时，电容最初会短路，从而使 MOS 器件迅速开启。因此，与 HBM ESD 相关的较大漏极电流将在初始瞬态期间通过 MOS 器件。同时，与施加到漏极的 ESD 脉冲相关的较高电压会在反向偏置的漏区结附近引起雪崩倍增。这导致雪崩产生的空穴流向衬底，并在衬底电阻上产生压降。当这个电压降接近 0.7V 时，MOSFET 中的寄生 n/p/n BJT 开启。因此，在 ESD 事件的初始阶段，MOSFET 就像一个短路，其漏极总电流非常大，包括寄生 BJT 的集电极电流，正常 MOS 的漏极电流和雪崩倍增产生的电流。在接下来的顺序中，电容将通过电阻充电，充电速率取决于箝位电路的 RC 时间常数。随着电容两端电压的增加，NMOS 的栅极至源极电压 V_{GS} 会降低，而电容在充满电后形成开路。当 V_{GS} 衰减到阈值电压以下时，MOS 器件关断，而寄生 BJT 仍处于导通状态。这导致漏极电流的快速下降，并在 ESD 事件的后续阶段保持相对恒定的漏极电压（即，电路两端的电压被箝位在一个固定的值）。最终，当 ESD 脉冲衰减到雪崩临界电压以下时，寄生 BJT 关断。对于上升时间相对较小的 ESD 脉冲，在箝位电路中连接到栅极的电阻上的压降可能不足以在初始阶段使 NMOS 开启，因而在 ESD 事件期间只有寄生 BJT 工作。

失效机制的确定

在本节中，将进行 HBM ESD 瞬态期间 MOS 行为的仿真和测量，将研究与 HBM ESD 相关的失效机制，并确定产生等效 HBM 效应的 TLP 脉冲（即脉冲幅度、脉冲宽度和脉冲上升时间和下降时间）。

第一步是确定在如图 9.40 所示的箝位电路中导致 MOSFET 失效的 HBM 充电电压。测试标准将设定为导致 MOSFET 软失效的 HBM 充电电压。这种软失效被定义为使用 HBM 测试仪在器件受到 ESD 应力后，MOSFET 的栅极泄漏电流迅速增加的点。通过 HBM 充电电压对箝位电路施加应力后，测量 MOSFET 的泄漏电流，然后在栅极、源极、体接地的情况下对 MOS 器件进行偏置，漏极施加 5V 电压。这种非破坏性的失效是由 ESD 事件期间 MOS 器件中的短暂的结短路、合金尖峰和/或氧化层短路引起的。在更高的应力条件下，将会发生破坏性和永久性的硬失效。通常，导致软失效和硬失效的应力条件相差不大。因此，软失效经常被用作 ESD 测试和表征的关键标准。

图 9.41 显示了使用 HBM 测试仪测量的泄漏电流与 HBM 充电电压的关系，箭头表示软失效点（即泄漏电流开始迅速增加的点）。可以看出，引起软失效的 HBM 充电电压随着器件宽度的增加而增加。这是由于更大的器件可以承受更高的能量而不会损坏。引起软失效的 HBM 充电电压称为 HBM 失效电压，表 9.3 列出了三种不同 MOSFET 宽度下测量的 HBM 失效电压。正如预期的那样，HBM 失效电压随着 MOSFET 宽度的增加而增加。注意，所有三种 MOSFET 都具有相同的 1.2μm 沟道长度和相同的器件构成，如氧化层厚度，漏－源结深度和衬底掺杂浓度。

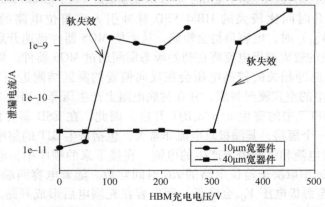

图 9.41 测量的 MOS 器件经过 HBM ESD 后的泄漏电流特性曲线，软失效位置用箭头表示

2D 器件仿真需要了解 MOSFET 的掺杂分布和布局。箝位电路（见图 9.40a）中的电路元件（即电容和电阻）和与 HBM 相关的元件使用混合模式选项被添加到 Atlas 中。将器件置于上述 HBM 失效电压下，可以仿真箝位电路中 MOSFET 随时间变化的漏极电压、漏极电流和晶格温度，图 9.42 所示为沟道宽度为 20、40 和 80μm 的 MOS 器件的结果。需要指出的是，MOS 器件中的晶格温度并不均匀，图 9.42c 所示的晶格温度是取自晶格温度最高的位置（即热点）。图 9.43 显示了 MOSFET 中的温度等值线，表明热点位于靠近漏区结的表面。

表 9.3 三种不同沟道宽度 MOS 器件 HBM 失效电压的测量

器件尺寸/μm	失效电压/V
80	545
40	275
20	150

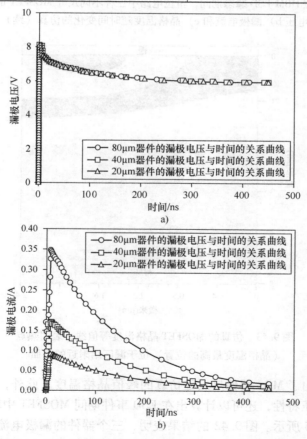

图 9.42 在 HBM ESD 瞬态期间，箝位电路中三种不同尺寸 MOSFET 的 a) 漏极电压 b) 漏极电流和 c) 晶格温度随时间变化的仿真

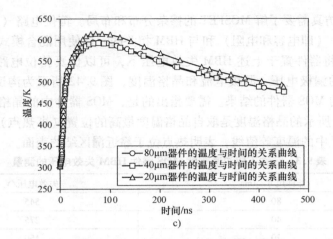

图9.42 在 HBM ESD 瞬态期间，箝位电路中三种不同尺寸 MOSFET 的 a) 漏极电压 b) 漏极电流和 c) 晶格温度随时间变化的仿真（续）

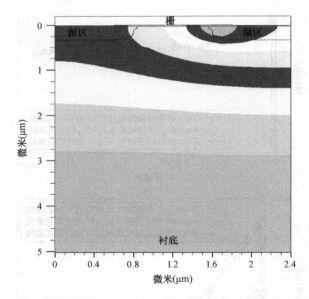

图9.43 仿真的 MOSFET 晶格温度等值线，表明热点
（晶格温度最高的位置）位于漏区结附近的表面

表9.4 列出了 MOS 器件热点处仿真的峰值晶格温度。此外，根据随时间变化的电流和电压特性，还可以计算出在 ESD 事件期间 MOSFET 中耗散的总能量，其数值如表9.5 所示。图9.42 的结果表明，三个器件的漏极电流变化较大，但漏极电压对 MOS 器件尺寸相对不敏感。这是因为漏极电流与 TLP 电流脉冲的大小成正比，而 TLP 电流脉冲的大小随器件尺寸而变化，而漏极电压则被箝位电

路"箝位"到一个固定值。

表 9.4 仿真的三种不同沟道宽度 MOS 器件的峰值晶格温度

器件尺寸/μm	峰值温度/K
80	595
40	600
20	616

表 9.5 仿真的三种不同沟道宽度 MOS 器件的能量损耗

器件尺寸/μm	能量损耗/J
80	2.63×10^{-7}
40	1.37×10^{-7}
20	7.29×10^{-8}

为了验证仿真结果，宽度 80μm 器件的漏极电压和电流随时间的变化特性如图 9.44 所示。仿真和实测漏极电压和电流的变化趋势非常一致，唯一显著而微小

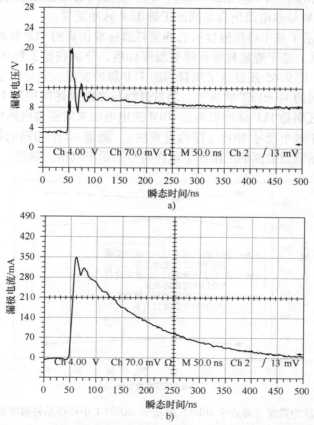

图 9.44 在 HBM ESD 瞬态期间，箝位电路中宽度 80μm MOSFET 测量的 a) 漏极电压和 b) 漏极电流随时间的变化曲线

的差异是在实测漏极电压特性中发现的过冲。注意到漏极电压和电流都在很短的时间内达到峰值。之后，漏极电流迅速衰减到零，而漏极电压保持一个相对恒定的值。

接下来，基于 MOSFET 中峰值温度和总能量耗散的标准，研究并确定了等效于 HBM 的 TLP 脉冲形状。稍后将表明，耗散的总能量是控制器件失效并决定 TLP 和 HBM 测试技术的等效性的主要因素。TLP 脉冲的电流水平（即脉冲大小）应与 HBM 瞬态期间的峰值漏极电流相同，如图 9.42b 所示，约等于 HBM 失效电压除以人体皮肤电阻（即 1500Ω）。使用 LC 电路将 TLP 的上升和下降时间设置为 6ns，以匹配 HBM 脉冲的上升时间。因此，TLP 脉冲形状的唯一未知和有待确定的参数是它的宽度。

为了确定 TLP 脉冲宽度，还需要仿真采用 TLP 技术的箝位电路中 MOSFET 的瞬态特性，并且在 Atlas 中使用混合模式选项指定 MOS 器件布局和 TLP 等效电路元件。根据标准，当 TLP 在 MOSFET 中产生相同的峰值温度或能量耗散时，可以找到与 HBM 等效电路仿真相同的正确 TLP 脉冲宽度。

图 9.45 显示了基于峰值温度和总能量耗散标准仿真的 TLP 脉冲宽度与 MOSFET 宽度的关系。基于能量耗散和峰值温度标准，分别获得了约 95ns 和 25ns 的 TLP 脉冲宽度。图 9.45 还显示了测量到的 TLP 脉冲宽度，它导致了由 HBM 失效电压引起的相同的 MOSFET 软失效。测量过程与之前描述的使用 HBM 测试仪的相同，唯一的区别是 TLP 脉冲而不是 HBM 充电电压来对箝位电路中的 MOS 器件施加应力。对于每个尺寸 MOS（即沟道宽度），测量 10 个相同的器件，图 9.45 中的误差条表示测量数据的上限和下限而符号表示平均值。显然，与基于峰值温

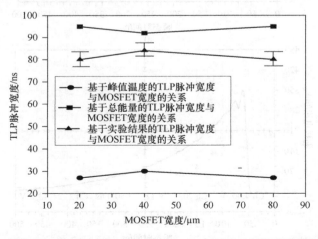

图 9.45　TLP 脉冲宽度（等效于 HBM）是基于 MOSFET 中峰值晶格温度的仿真确定的，基于 MOSFET 中总能量耗散的仿真确定，并从 ESD 应力后 MOSFET 的泄漏特性测量

度标准仿真的 25ns 宽度相比,基于能量耗散标准仿真的 95ns 宽度与测量得到的约 85ns 宽度更为一致。因此,图 9.45 中的结果表明,MOSFET 中耗散的总能量是决定 ESD 失效的主要机制,该能量应被用作 TLP 技术和 HBM 相关的标准。此外,虽然 TLP 脉冲电流水平是 MOSFET 宽度的函数(即,或 HBM 充电电压的函数),但 TLP 脉冲宽度对 MOS 器件的尺寸并不敏感。

图 9.46 给出了一个流程图,总结了确定适合 HBM 测试和鉴定的 TLP 脉冲宽度的过程。

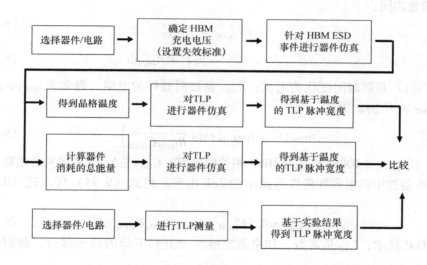

图 9.46　确定等效于 HBM ESD 应力的 TLP 脉冲宽度的流程图

在前面的分析中,已经证明了使用软失效作为测试标准,在 TLP 技术中测量 ESD 响应时应使用约 80ns 的脉冲宽度。此外,还表明该脉冲宽度对 MOS 宽度不敏感。我们进一步建议 TLP 脉冲宽度不应该是其他 MOS 器件构成的函数,如沟道长度和掺杂浓度。这一推理源于观察到 MOS 器件中消耗的总功耗是软失效的主要因素,而这一功耗对于不同的器件构成是不同的。该功耗与 HBM 失效电压有关,进而决定了要使用的 TLP 脉冲电流水平。因此,由不同器件构成引起的功率变化由 TLP 脉冲电流电平的变化来解释,TLP 宽度应与 MOS 器件构成无关。然而,在某些情况下,这一说法是无效的。为了获得相关的物理理解,在下一小节中将给出一个简单的理论分析。

理论分析

正如上一节所述,半导体器件中耗散的总能量是导致 ESD 诱发失效的主要因素,因此我们现在可以继续推导出一个估算等效 TLP 脉冲宽度的简单理论。

还将计算出在 ESD 测量中产生正确 TLP 脉宽宽度所需的电缆长度。

考虑软失效的情况。通过 HBM 测试仪（$I_{HBM,pk}$）和 TLP（I_{TLP}）测试的器件的峰值电流是相同的：

$$I_{HBM,pk} = I_{TLP} = \frac{V_{HBM,pk}}{R_{HBM}} \tag{9.71}$$

其中，$V_{HBM,pk}$ 是导致 MOSFET 失效的 HBM 电压；R_{HBM}（$=1500\Omega$）是与 HBM 相关的电阻。指定的另一个条件是，对于 HBM 和 TLP 技术，导致 MOS 器件失效的总能量相同：

$$E_{f,HBM} = E_{f,TLP} \tag{9.72}$$

$$= \int_0^\infty i^2 R_{DUT} dt \tag{9.73}$$

其中，$i(t)$ 是随时间变化的电流；R_{DUT} 是被测器件的电阻。通常 $R_{HBM} \gg R_{DUT}$ 而 $C_{HBM} \gg C_{DUT}$。因此，

$$i_{HBM}(t) \approx I_{HBM,pk} \exp\left(\frac{-t}{R_{HBM} C_{HBM}}\right) \tag{9.74}$$

其中，C_{HBM}（$=100pF$）是与 HBM 相关的电容；C_{DUT} 是与 DUT 相关的电容，包括 MOS 器件中的电容和箝位电路中的 2pF 电容。将式（9.74）代入式（9.73）得到

$$E_{f,HBM} = 0.5 E_{HBM,pk}^2 R_{DUT} R_{HBM} C_{HBM} \tag{9.75}$$

对于 TLP 技术，I_{TLP} 是常数，如果忽略脉冲上升和下降的极小部分，我们可以得到

$$E_{f,TLP} = I_{TLP}^2 R_{DUT} t_{TLP} \tag{9.76}$$

其中 t_{TLP} 为脉冲宽度。把式（9.76）、式（9.75）和式（9.71）代入式（9.72）得到

$$t_{TLP} = 0.5 R_{HBM} C_{HBM} \tag{9.77}$$

因此，根据这一简单的理论，等效于 HBM 的 TLP 脉冲宽度估计为 75ns。虽然这是一个粗略的估计，但它与前面的仿真和测量结果相当吻合。产生该脉冲所需的 50Ω 同轴电缆的长度 L 为

$$L = \frac{t_{TLP} xV}{2} \tag{9.78}$$

其中，V（$=2 \times 10^8 m/s$）为传播速度。因此，需要约 25ft⊖长的电缆来产生等效于 HBM 的 TLP 脉冲。

要着重指出的是，由这个简单模型预测的恒定 TLP 脉冲宽度（即，与 MOS 器件构成无关）是推导中使用的假设（$R_{HBM} \gg R_{DUT}$ 和 $C_{HBM} \gg C_{DUT}$）的结果。

⊖ 1ft = 0.3048m。

第9章 集成电路的静电放电保护

如果这些假设无效,那么 $i_{HBM}(t)$ 的衰减将由与 $R_{DUT}C_{DUT}$ 相关的时间常数控制,而不是由式(9.74)中给出的 $R_{HBM}C_{HBM}$ 控制。因此,等效 TLP 脉冲宽度将是 R_{DUT} 和 C_{DUT} 的函数,因此受到 MOS 器件构成的影响,如器件尺寸、沟道长度和掺杂浓度。

确定等效于人体模型的传输线脉冲的步骤

在计算机辅助设计环境中,建议采用以下步骤确定与 HBM ESD 等效的 TLP 脉冲:

1. 选择半导体器件和/或箝位电路(即 DUT)进行 ESD 测试。
2. 选择并确定用于 ESD 测试的 HBM 充电电压。
3. 基于该 HBM 充电电压,对 HBM ESD 瞬态行为进行器件仿真。
4. 基于仿真结果,计算半导体器件中所耗散的总能量。
5. 对 TLP 技术进行器件仿真。使用一个 TLP 电流脉冲,其幅度等于 HBM 充电电压除以 1500Ω,典型的上升和下降时间为 6ns,以及几种不同的脉冲宽度。
6. 正确的脉冲宽度是与 HBM ESD 仿真得到的能量耗散相同的脉冲宽度。该脉冲宽度对 MOS 器件构成相对不敏感,除非与 HBM 相关的 RC 时间常数小于与被测器件相关的 RC 时间常数。
7. 这个 TLP 脉冲产生的 ESD 效应与 HBM 的相同。

9.4 片上静电放电保护方案设计

如本章开头所述,有效的 ESD 保护解决方案是现代集成电路必须具备的。然而,由于技术、IC 工作状态和客户需求的限制,ESD 保护解决方案的设计具有挑战性和难度。本节将重点讨论与片上 ESD 保护解决方案设计相关的问题。

一个广泛使用的片上 ESD 保护方案如图 9.47 所示,其中每个 I/O 引脚上连接两个 ESD 保护器件(即二极管),在电源引脚 V_{dd} 和接地引脚 V_{ss} 之间连接几个称为电源箝位的 ESD 保护器件/电路。当一个引脚受到 ESD 应力而另一个引脚接地时,这些器件就会形成一个传导回路,从而保护核心电路免受正极性或负极性 ESD 应力的影响。这种由 ESD 保护器件和金属线组成的传导路径在 ESD 事件中实现以下两个目标:①它防止 ESD 事件产生的电流进入核心电路;②它将引脚上的电压箝位在可接受的水平。因此,这两个目标都可以将 ESD 引起的对核心电路损伤的可能性降至最低。

虽然 ESD 保护的原理相当简单,但在成功设计保护方案之前,必须考虑并满足以下几个要求[1,8-10]:

1. 在正常工作期间(不存在 ESD 事件),ESD 保护器件必须处于关断状态。
2. 当发生 ESD 事件时,ESD 保护器件必须足够快地开启。

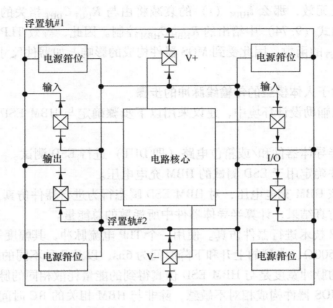

图 9.47 典型的 ESD 保护方案，在 I/O 引脚上使用二极管而在电源和接地引脚之间使用电源箝位

3. 在 ESD 事件期间，连接 ESD 保护器件的引脚上的电压必须保持足够低的值，以避免核心电路失效。

4. ESD 应力不能损坏 ESD 保护器件和核心电路。

5. ESD 保护器件必须在 ESD 事件结束后恢复到关断状态，否则器件将工作在禁止的闩锁状态。

ESD 保护器件分为非回扫器件和回扫器件。图 9.48 分别显示了非回扫和回扫 ESD 保护器件的电流 - 电压特性。让我们首先讨论图 9.48b 中的回扫行为。有三个重要的点：触发点（器件开启点）、保持点（器件工作点）和失效点（器件损伤点）。触发点的电压称为触发电压 V_{t1}，必须位于一个窗口内。窗口的下限是 ESD 保护器件所连接的引脚上的工作电压，上限是引脚在不损坏核心电路的情况下所能承受的最大电压。这两个边界的值很大程度上取决于核心电路的类型（数字还是模拟，低压还是高压等）。回扫降低了电压降，从而降低了保护器件上的功率耗散，提高了器件的鲁棒性。保持点的电压，称为保持电压 V_h，会影响失效点。保持电压越小，失效电流 I_{t2}（失效点电流）越大。从这个角度来看，降低保护器件的 V_h 是有利的。然而，过小的 V_h 会引起闩锁，除非 V_h 大于引脚上的工作电压。因此，理想的保护器件应具有比引脚上的工作电压略大的保持电压。沿图 9.48b 中 I-V 曲线向上移动，曲线斜率代表导通电阻，应尽量减小导

第9章 集成电路的静电放电保护

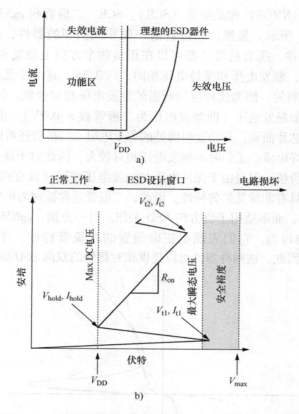

图9.48 a) 非回扫和 b) 回扫 ESD 保护器件的 $I-V$ 曲线

通电阻,以降低电压大于前面讨论的上限电压而导致 ESD 引起核心电路损伤的可能性。最后,较大的失效电流 I_{t2} 是理想的,因为它描述了 ESD 保护器件的鲁棒性或保护能力。如前所述,I_{t2} 是 V_h 的强函数。此外,通过增大器件尺寸可以获得更高的鲁棒性,但代价是增加 Si 消耗和增加与 ESD 保护器件相关的寄生电容。除了触发电压与此类器件的保持电压相同之外,所有刚才讨论的概念也适用于非回扫器件。

保持点(即保持电压和保持电流)与闩锁之间的相关性需要详细说明。可以使用两种方法来消除闩锁。第一种方法是要确保 ESD 保护器件的保持电压大于引脚上的工作电压。第二种方法是使器件的保持电流超过引脚上可用的电流。对于连接在 V_{dd} 和 V_{ss} 之间的电源箝位,第二种方法将不起作用,因为在 V_{dd} 时可用的电流通常非常大。因此,只能采用第一种方法。另一方面,对于连接到 I/O 引脚的 ESD 保护器件,第二种方法更理想,因为 I/O 引脚的可用电流非常小。

有三种半导体器件通常用于实现 ESD 保护解决方案:二极管、栅极接地的 n

沟道 MOSFET（ggNMOS）和晶闸管（SCR）。SCR、二极管和 ggNMOS 的 $I-V$ 曲线对比如图 9.49 所示。显然，二极管是一种非回扫型的器件，而 SCR 和 ggNMOS 是回扫型器件。所有的器件都可以在正负两个方向上触发和传导电流。对于正向的二极管，触发电压和保持电压相同，约 0.7V。这对于低压 IC 的 ESD 保护设计是非常有利的，因为这种应用所需的触发电压相对较低。但有时需要串联几个二极管来增加触发电压（即触发电压为二极管数 × 0.7V）。但这样做的缺点是会消耗较大的芯片面积，并增加引脚处的寄生电阻。二极管还可以在击穿区中触发并在负方向传导电流。工作时的触发电压相对较大，因此对于高压 IC 的 ESD 保护有潜在的应用价值。但是由于保持电压与触发电压相同（没有回扫），这种工作状态下的二极管具有非常低的鲁棒性。因此，二极管通常被称为单向器件，适用于正方向 ESD 工作，而不适用于负方向 ESD 工作。另一方面，ggNMOS 和 SCR 在正方向上具有回扫行为，它们表现出正向偏置的二极管特性，并在负方向上的 -0.7V 处触发。因此，这两种器件可以提供相对稳健的双向 ESD 保护。

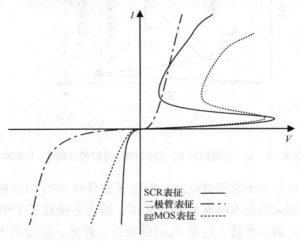

图 9.49 SCR 二极管和 ggNMOS 的 $I-V$ 曲线

电压水平通常用来衡量 ESD 保护能力。对于 HBM，器件能提供的以电压表示的最大 ESD 保护是失效电流乘以 1500Ω 的人体电阻。对于其他 ESD 模型，失效电流与电压水平之间的相关性尚未明确。ESD 保护器件的 $I-V$ 曲线需要从 TLP 测试仪而非传统的波形记录仪中获取。

为了确定器件在 ESD 应用中的适用性，采用 0.18μm CMOS 技术制造了八个不同的器件（见图 9.50）[68]。这些器件中有四个是二极管，一个是 ggNMOS，三个是 SCR。这些器件的面积、寄生电容和最大 HBM 电压如表 9.6 所示。表中还包括品质因数（FOM）= HBM 电压/（面积×电容）。FOM 越高，越适合 ESD 应用。结果表明，ggNMOS 是最不适合的，而 SCR 是最有吸引力的。这个 FOM

不能被认为是唯一的 ESD 设计指标，因为其他因素，如触发电压和保持电压，以及加工的难易度，也应该被考虑在内。

以下小节将介绍基于 SCR 和二极管的 ESD 保护解决方案的设计。

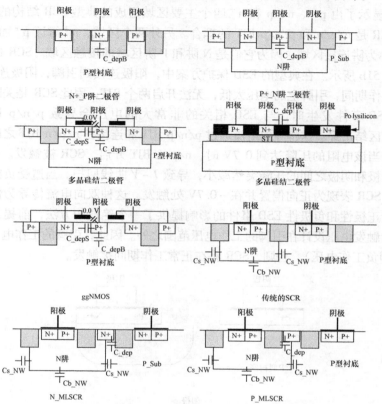

图 9.50　用于 ESD 应用的八个不同器件的原理图

表 9.6　图 9.50 中所考虑的八个器件的 ESD 性能

器件	面积/μm^2	电容 C_{ESD}/pF	单位面积 V_{HBM}/(V/μm^2)	品质因数 V_{HBM}/面积×C_{ESD}
N^+_P 阱二极管	1815.47	0.3794	4.610376	12
P^+_N 阱二极管	1813.424	0.3825	4.532861	12
多晶硅结二极管	1838.545	0.8091	4.617782	6
多晶硅-硅二极管	1780.695	0.22	2.493409	11
ggNMOS	1341.294	0.7895	1.722218	2
传统 SCR	1861.5	0.2226	8.058018	36
N_MLSCR	2505.63	0.3295	5.986518	18
P_MLSCR	2505.63	0.3553	5.986518	17

— 305 —

9.4.1 基于晶闸管的静电放电设计 ★★★

如上一节所述,晶闸管(SCR)是一种非常适合 ESD 保护应用的器件。图 9.51a 显示了由 p^+、n、p 和 n^+ 四个主要区域组成的典型 SCR 结构的示意图。因此,SCR 是 n/p/n 和 p/n/p BJT 的耦合。另外两个区域,n^+ 靠近 p^+ 而 p^+ 靠近 n^+,被称为阱连接区域,因为它们是 N 阱和 P 阱区域的接触区域。SCR 的等效电路如图 9.51b 所示。在典型的 ESD 保护方案中,阳极连接到引脚,阴极连接到地。在正常工作期间,引脚上的电压太低,无法开启两个 BJT,因此 SCR 是关断的。当正极性 ESD 事件发生时,与 ESD 相关的非常大的电压会导致 p/n/p BJT 的基区-集电区结击穿。这将导致电流通过 p/n/p BJT 和连接在 n/p/n BJT 之间的阱连接电阻。当该电阻的压降达到 0.7V 时,n/p/n BJT 开启,SCR 被触发。一旦 BJT 开启,阳极和阴极之间的压降突然减小,导致 $I-V$ 曲线回扫。当遭受负极性 ESD 事件时,SCR 表现为正向偏置并在 -0.7V 处触发。这种双向电流传导为保护核心电路免受正极性和负极性 ESD 事件的影响提供了一个绝佳的方法,前提是正极性和负极性触发电压设计在引脚的工作电压范围之外。因此,引脚的工作电压不能低于零(即负工作电压),否则,SCR 将在正常工作期间被触发。

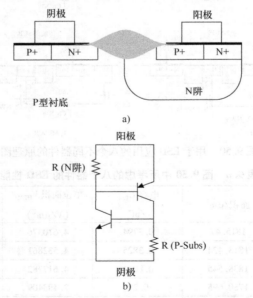

图 9.51 a) SCR 原理图和 b) SCR 等效电路

SCR 的触发电压是由反向阻断结决定的[69]。如图 9.51a 所示,当器件受到正向 ESD(阳极正向偏置,阴极接地)时,从 SCR 的阳极到阴极有三个结:正向偏置 p^+/n 结,反向偏置 n/p 结以及正向偏置 p/n^+ 结。两个正向偏置结具有

0.7V 的相对较小且可忽略的电压降,而反向偏置结(即反向阻断结)只有在外加电压超过其击穿电压时才能开启。因此 SCR 触发电压近似于反向阻断结的击穿电压。由于 p/n 结击穿电压与结两侧的杂质掺杂浓度成正比,因此可以选择特定加工中可用的结结构,以获得理想的触发电压。当 SCR 遭受负 ESD(阳极反向偏置而阴极接地)时,SCR 中会有几个并联的正向偏置的二极管,在这种情况下触发电压为 -0.7V,与所使用结的结构无关。SCR 的保持电压在很大程度上受到 SCR 中两个 BJT 的电流增益的影响,电流增益越小,BJT 压降越大,因而 SCR 的保持电压越大。

输入/输出引脚静电放电保护

由于大多数 IC 的 I/O 引脚可用的电流水平非常低,在 I/O 引脚上设计 ESD 保护器件变得相对容易。这是因为只要保护器件的保持电流高于引脚的工作电流,闩锁基本上就不是问题,这通常是绝大多数保护器件的情况。因此,ESD 设计的主要要求是最大限度地降低保持电压,并确保触发电压位于引脚的工作电压(下限)和引脚可以承受的最大电压(上限)之间的窗口内。较小的占用空间、导通电阻和寄生电容也是重要的考虑因素。

让我们考虑一种情况,其中 I/O 引脚工作电压 V_{pin} 在正电压 $V(+)$ 和负电压 $V(-)$ 的范围内,如图 9.52 中的点虚线所示。同时,核心电路在正负两个方向上所能承受的最大电压如图 9.52 中的短划线所示。因此,I/O ESD 保护器件在正负两个方向的触发电压,如图 9.52 中实线所示,必须位于点虚线和短划线之间。

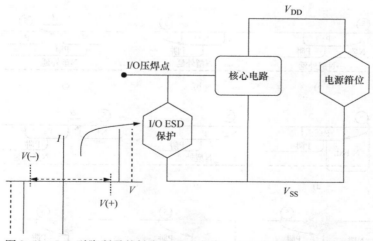

图 9.52 I/O 引脚所需的触发电压(实线)在工作电压(点虚线)和最大可承受电压(短划线)之间

图 9.53 显示了 $V(-) = 0$ 时可用于 I/O ESD 应用的 SCR 结构。如前所述,

正 ESD 方向上的 SCR 触发电压由反向阻断结结构控制。对于典型的 biCMOS 技术,通过不同掺杂浓度的配对组合可以得到九种不同的结结构,如图 9.54 所示。这些结结构对应的触发电压如图 9.55 所示。对于负 ESD, SCR 的触发电压为 $-0.7V$,无论结结构如何,都低于工作电压 $V(-)=0$。当 $V(-)$ 低于零时,需要一个触发电压在负方向上比 $-0.7V$ 更高的 SCR。这可以通过并联两个 SCR 来实现,一个阳极接压焊点而阴极接地,另一个极性相反。这种结构称为双极性 SCR,可以在触发电压满足超过工作电压要求的位置和负方向产生回扫 $I-V$ 曲线[70]。

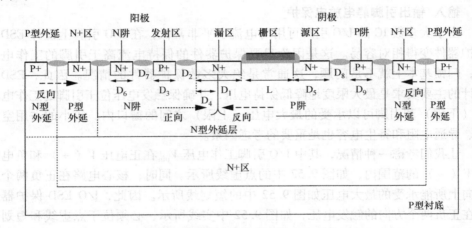

图 9.53 biCMOS 技术中的 SCR 结构

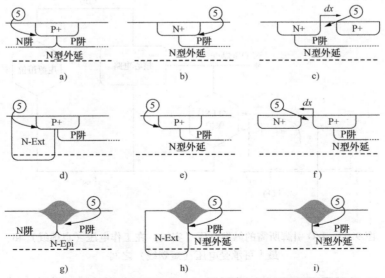

图 9.54 biCMOS 技术中有九种不同的反向阻断结结构

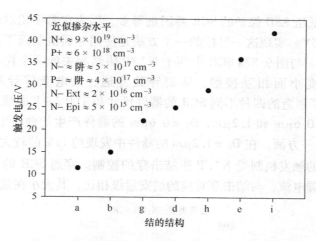

图9.55 图9.54所示九种结构结构的触发电压

保持电压在很大程度上受到 SCR 中 BJT 的电流增益的影响。增加基区宽度（图9.53 中的 D_1）会降低 BJT 电流增益，从而增大保持电压。图9.56 显示了五个具有不同 D_1 值的 SCR 的 TLP $I-V$ 曲线，D_1 值范围为 1.6~8.0μm（即单元 1~5 的 D_1 分别为 1.6、3.2、5.1、7.3 和 8.0μm）。显然，保持电压随 D_1 的增大而增大，而失效电流则随着保持电压的增大而减小。对于所考虑的 I/O 引脚保护，最好选择保持电压最小的 SCR，因为引脚不存在闩锁问题，而最小的保持电压可产生最大的失效电流。

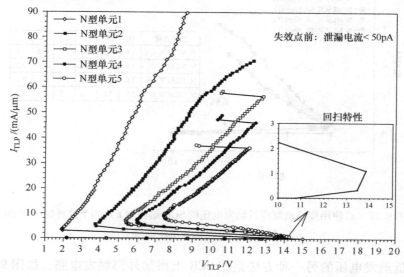

图9.56 具有不同保持电压的五个 SCR 的 TLP $I-V$ 曲线

设计用于低压 ESD 保护的 SCR 要困难得多,因为它需要相对较小的触发电压,比如小于 5V。实现这一目标的一个方法是使用穿通机制而不是结击穿来控制 SCR 的触发。与图 9.57a SCR 中两个 N$^+$/P 阱结相关的两个耗尽区可能会通过使 D$_6$ 长度变小而相互接触,从而导致穿通、大电流传导和 SCR 触发。图 9.57b 给出了制造的四种不同 SCR 的器件尺寸和 TLP $I-V$ 曲线。考虑了两种不同的 D$_6$ 值,0.6μm 和 1.2μm,D$_6$ = 0.6μm 的器件产生的触发电压相对较低,约为 6.5V。另一方面,在 D$_6$ = 1.2μm 的器件中发现约 11V 的较大触发电压,因为此类器件中的触发机制受 N$^+$/P 阱结击穿的控制。穿通 SCR 的一个主要缺点是相当大的泄漏电流,与结击穿对应的纳安量级相比,其大小在微安量级。

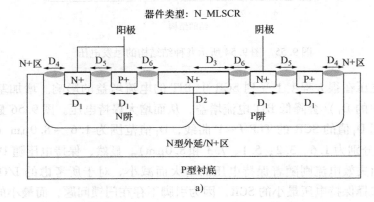

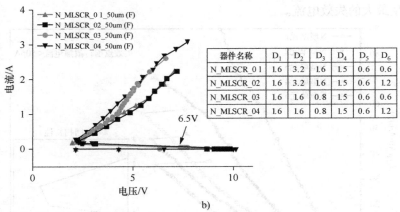

图 9.57 a)使用穿通机制降低触发电压的 SCR 结构和 b) 四个这样的 SCR 的尺寸和 TLP 电流 – 电压曲线

降低触发电压的另一种方法是在 SCR 上添加外部触发电路,如图 9.58 所示。电路 G$_1$ 或 G$_2$ 都可以用来使 SCR 在较低的触发电压下触发[71]。其概念是 G$_1$

可以在 SCR 之前触发，一旦触发，流经 R_{G1} 的电流将开启 NPN BJT 和 SCR。如果使用 G_2，则可以在一个小的电压下触发 G_2，然后开启 PNP BJT 和 SCR。图 9.59 给出了几个二极管辅助触发 SCR 的等效电路。每个结构有四个结二极管连接到 SCR，而触发电压约为 2.8V。触发电压低是因为当顶部引脚的电压超过 2.8V 时，四个二极管导通，n/p/n 或 p/n/p BJT 的发射极 - 基极电压达到 0.7V，SCR 触发。遗憾的是，当 SCR 处于关断状态时，这些外部二极管会产生相对较大的泄漏电流。图 9.60 给出的 RC - MOS 辅助触发 SCR 为这一问题提供了补救措施，但由于引脚处的电压波动，这种设计可能存在误触发问题。

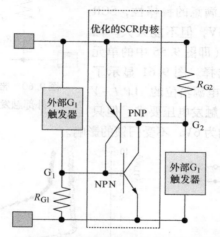

图 9.58 带有外部触发电路以降低触发电压的 SCR 示意图

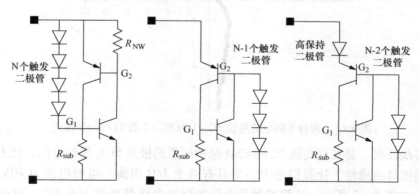

图 9.59 三种不同的带有二极管串的外部触发辅助电路的 SCR

电源引脚静电放电保护

闩锁是连接在 V_{dd} 和 V_{ss} 引脚之间的电源箝位的主要问题，因为在 V_{dd} 的可用电流非常大。这与相对较低的保持电压一起，使得 SCR 在用作电源箝位时容易发生闩锁。

考虑 $V_{dd} = 5V$ 和 $V_{ss} = 0$ 的情况，V_{dd} 引脚可以承受的最大电压为 16V。图 9.53 至图 9.56 中讨论的触发电压和保持电压设计的步骤仍然适用，但结结构和 D_3 的值有所不同。此时，需要选择一个在 ESD 正方向上产生 5~16V 触发电压的结结构。为了防止闩锁，同时保持令人满意的鲁棒性，SCR 的保持电压必须超过 5V，但不能太大。因此 $D_1 = 5.1 \mu m$ 的 SCR（即图 9.56 中的单元 3）将是一个不错的选择。图 9.61 显示了 SC-1 和 SC-2 这两个电源箝位的 TLP $I-V$ 结果。两种器件都满足触发电压要求，但只有 SC-2 的保持电压约为 6V，不受闩锁的影响。

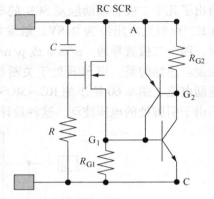

图 9.60 带有 RC 耦合的 MOS 外部触发辅助电路的 SCR

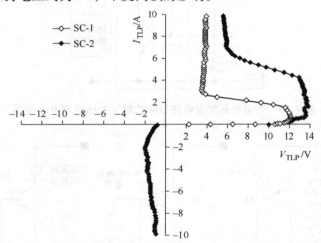

图 9.61 两种不同电源箝位 SC-1 和 SC-2 的 TLP $I-V$ 曲线

实践证明，要实现高压 IC 的 ESD 保护所需的极高 SCR 保持电压，比上述设计实例更具挑战性。让我们考虑一个具有两个 I/O 引脚、电源电压为 40V 的高压 IC，如图 9.62 所示。这里的触发电压和保持电压都必须大于 40V，此外还要求小巧的尺寸和良好的鲁棒性。显然，一个简单但并非最佳的方案是使用反向偏置二极管（即阳极与电源引脚相连，阴极与地相连），并将二极管的触发电压（或击穿电压，与保持电压相同）设计的大于 40V。但二极管的鲁棒性会很差，除非二极管尺寸非常大。

另外，使用 SCR 更为理想，因为它比二极管更具鲁棒性。要实现较高的 SCR 触发电压并不困难，但 SCR 通常具有相对较低的保持电压（即小于 5V），当在高压 ESD 应用中使用时可能会诱发闩锁[72]。图 9.63 显示了一个旨在呈现无回扫 $I-V$ 特性的 SCR 结构。为此，需要一个相对较低的触发电压和一个相对较高的保持电压。前者可以通过在 N 阱和 P 阱之间添加一个 p^+ 区域来实现。因此，SCR 的触发电压就会降低（约为 12V），因为 SCR 的反向阻断结是 p^+/N 阱结，而不是 N 阱/P 阱结。对于后者，可以通过增加 SCR 中 BJT 的基区宽度（即图 9.63 中的 D_3）来提高 SCR 的保持电压，从而降低电流增益并增加 BJT 的压降。图 9.64 显示了宽度为 $50\mu m$ 而 D_3 值不同的 SCR 的 TLP $I-V$ 曲线。$D_3 = 4.0\mu m$ 的单个 SCR 单元在保持电压约为 11V 时几乎没有表现出回扫行为。

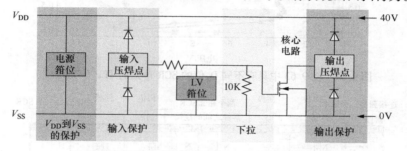

图 9.62　带 ESD 保护结构的高压 IC 示意图

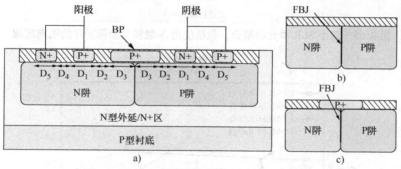

图 9.63　具有小的回扫行为的单个 SCR 单元

因此，可以通过堆叠不同数量的 SCR 单元来实现定制的触发/保持电压。图 9.65 显示了两个堆叠 SCR 的横截面图，其中 N 型和 P 型保护环用于完全隔离两个单元。几种堆叠 SCR 结构的 TLP $I-V$ 曲线如图 9.66 所示。显然，通过堆叠适当数量的 SCR 单元可以获得一个理想的触发/保持电压。堆叠结构也表现出令人满意的鲁棒性。例如，相对较小尺寸的 $4 \times 50\mu m$（堆叠数×单元宽度）的四单元结构的失效电流约为 2.3A。因此，灵活性、易于设计、结构紧凑和鲁棒性等特点使这种方法在高压 ESD 应用中颇具吸引力。

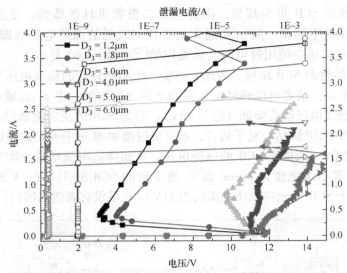

图 9.64　图 9.63 中具有不同 D_3 值的 SCR 单元的 TLP I-V 曲线

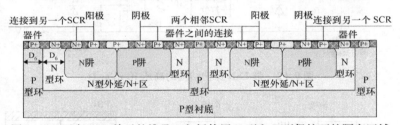

图 9.65　两个 SCR 单元的堆叠，包括使用 N 型和 P 型保护环的隔离区域

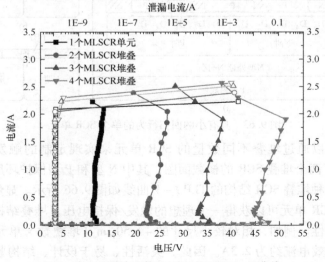

图 9.66　不同堆叠数的 SCR 的 TLP I-V 曲线

有时，通过对 SCR 的结布局进行设计，可以实现较高的保持电压[73]。图 9.67a 显示了传统 SCR 的 N+ 和 P+ 扩散布局的拓扑结构，其中每个 N+ 或 P+ 扩散区域都是以条状拓扑结构形成的（即单个大的发射区）。为了降低发射区注入效率，从而提高保持电压，可以对两个发射区扩散区域（如左边的 P+ 区域和右边的 N+ 区域）进行分段（即用小发射区进行分段），如图 9.67b 所示。两种器件的 TLP $I-V$ 曲线对比如图 9.68 所示，可以清楚地看出，新的分段拓扑结构

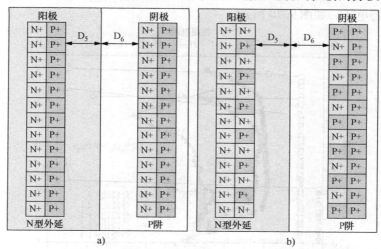

图 9.67 a) 传统条状 N+ 和 P+ 拓扑结构（左）和 b) 新型分段 N+ 和 P+ 拓扑结构（右）的 SCR 顶视图

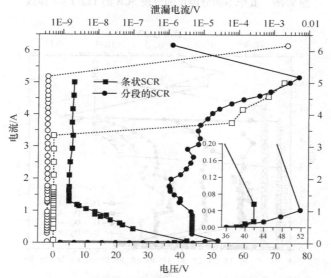

图 9.68 常规与分段的 SCR TLP $I-V$ 曲线比较

比传统的条状拓扑结构能产生更高的保持电压（即40V）。分段比（左边 P^+ 区数与 N^+ 区数之比，与右边对称）对保持电压也有影响，如图9.69所示，但最多只能达到1:1。当段比从3:1降低到1:1时，保持电压会增加，但当分段比下降到1:1以上时，保持电压基本不变。此外，在比例为1:2和1:3的情况下，失效电流明显下降。因此，最佳的分段比为1:1。D_5 和 D_6 的长度（见图9.67）也会影响 SCR 的 ESD 性能，需要一个相对较大的 D_5/D_6 与分段发射区结合，以确保高的保持电压，如图9.70所示。

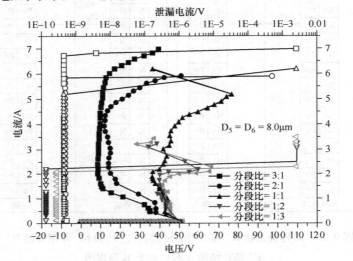

图9.69　五个不同分段比的分段 SCR 的 TLP $I-V$ 曲线

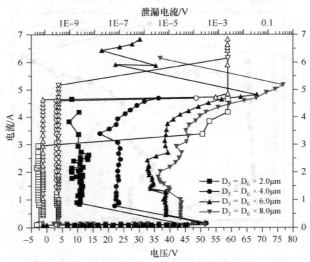

图9.70　分段比为1:1时，四个不同的 D_5/D_6 比的分段 SCR 的 TLP $I-V$ 曲线

9.4.2 基于二极管的静电放电保护设计 ★★★

结型二极管由于其结构相对简单，性能优良，被广泛应用于片上 ESD 保护[74,75]。对于需要 ESD 保护器件的触发电压相对较低的低压 IC 的 ESD 保护尤其如此。基于二极管构建的 ESD 保护方案如图 9.71 所示。在这种保护方法中，每个 I/O 引脚都与两个背靠背的二极管连接，并且在电源轨和负（或地）轨之间连接几个电源箝位。

然而，二极管的 ESD 鲁棒性相对较差，通常衡量 ESD 的导通电阻 R_{on} 和失效电流 I_{t2} 是主要关注的问题。研究表明，二极管阳极和阴极之间的不同隔离技术可以对二极管的 ESD 鲁棒性发挥重要作用。这些技术包括浅沟槽隔离（STI）、硅局部氧化（LOCOS）氧化物（LOCOS 隔离）和多晶硅栅极（多晶硅隔离）。据报道，就 ESD 保护而言，采用 STI 的二极管不如采用其他隔离技术[76,77]。

二极管的优化

在本节中，首先研究和比较在 BiCMOS 技术中制备的 LOCOS 和多晶硅隔离二极管的 ESD 性能。然后将对性能更好的器件进行更详细的研究，以确定具有鲁棒性的 ESD 保护应用的最佳的二极管结构。

图 9.72 显示了 N^+/P_{well} LOCOS 和多晶硅隔离二极管的横截面。二极管的关键 ESD 性能指标，即失效电流 I_{t2} 和导通电阻 R_{on}，取决于多个因素，包括二极管的尺寸、几何形状、结结构、端连接和金属图形[78,79]。对于考虑的具有两个阳极区域和一个阴极区域的二极管结构（见图 9.72），研究发现阳极宽度 W_a 对二极管的 ESD 性能影响甚微[80]。此外，还发现交叉模式是二极管 ESD 鲁棒性的最佳金属布局[79]。因此，下面将不考虑 W_a 的影响，只考虑使用交叉金属图形的二极管。此外，除非另有说明，所有测量都将使用 Barth 4002 传输线脉冲（TLP）测试仪产生的脉冲进行，脉冲宽度为 100ns，上升时间为 10ns，应力条件等同于著名的 HBM。

图 9.73 显示了具有相同尺寸和金属布局的 N^+/P_{well} 和 P^+/N_{well} LOCOS 和多晶硅隔离二极管的 TLP I-V 特性。阳极宽度 W_a 和阴极宽度 W_c 均为 1.6μm。二极管长度 L，或阳极/阴极的长度为 40μm。两种类型的二极管阳极到阴极距离（即隔离宽度）d 均为 2μm。可以看到，对于 N^+/P_{well} 和 P^+/N_{well} 结的结构，多晶硅隔离二极管的失效电流 I_{t2}（即图 9.73 中 I-V 曲线结束时的电流）高于 LOCOS 隔离二极管（即 P^+/N_{well} 为 4.3A，而 LOCOS 隔离二极管为 3.7A；N^+/P_{well} 为 3.9A，而 LOCOS 隔离二极管为 3.4A）。因此，多晶硅隔离二极管具有比 LOCOS 隔离二极管更好的 ESD 电流承载能力。LOCOS 隔离二极管中较小的 I_{t2} 主要是由于在鸟喙区域的电流密度较高。

除了 I_{t2} 之外，二极管上的压降或电压箝位对 ESD 应用也很重要，并且需要

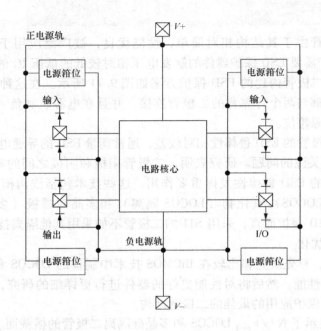

图 9.71 在每个 I/O 引脚上使用两个背靠背二极管,并在正和负电源引脚之间连接电源箝位的 ESD 保护方案示意图

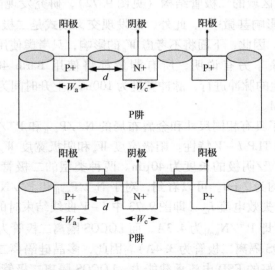

图 9.72 采用 LOCOS(顶部)和多晶硅(底部)隔离的 N^+/P_{well} 二极管的截面图

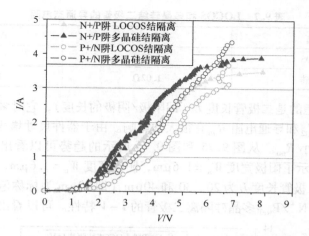

图 9.73 LOCOS 和多晶硅隔离二极管的 $I-V$ 特性

良好的电压箝位能力（即产生较低电压降）来最大限度地减少 ESD 引起的核心电路损坏的可能性。这种能力与二极管的导通电阻 R_{on} 直接相关，因为较低的导通电阻会在 ESD 事件触发二极管后产生较小的压降。对于 LOCOS 隔离二极管，阳极和阴极之间的电流必须从弯曲的 LOCOS 氧化层下面通过。另一方面，对于多晶硅隔离二极管，由于多晶硅栅极是平的，不会穿透硅，因此电流在阳极和阴极之间直接流动。因此，多晶硅隔离二极管的电流路径比 LOCOS 隔离二极管的电流路径短，从而多晶硅隔离二极管的导通电阻更小。这一推理与表 9.7 中从图 9.73 中的 TLP $I-V$ 曲线中提取的 R_{on} 值一致。显然，在 N^+/P_{well} 和 P^+/N_{well} 结结构中，多晶硅隔离二极管比 LOCOS 隔离二极管表现出更好的电压箝位能力。

对于像 CDM 这样的快速 ESD 瞬态事件，二极管的开启速度成为另一个关键考虑因素。图 9.74 显示了 N^+/P_{well} 和 P^+/N_{well} LOCOS 和多晶硅隔离二极管在持续时间为 2ns 而振幅为 15V 的极快 TLP 脉冲作用下的电压-时间波形。器件的开启速度可以从这样一个暂态来表征，即从电压达到峰值的点到电压相对恒定的点所需的时间。显然，对于 N^+/P_{well} 和 P^+/N_{well} 结结构，多晶硅隔离二极管具有比 LOCOS 隔离二极管更快的开启速度。这主要是由于多晶硅隔离二极管的电压过冲不太明显。

前面的分析已经清楚地表明，在 ESD 保护应用中，多晶硅隔离二极管优于 LOCOS 隔离二极管。为了设计出最优的 ESD 二极管，下面将研究影响多晶硅隔离器件 ESD 鲁棒性的因素。优化的重点是 N^+/P_{well} 结构的失效电流和导通电阻，但该方法一般也适用于 P^+/N_{well} 二极管。改变不同的器件参数，并根据 TLP 实验数据研究这些参数对多晶硅隔离二极管 ESD 性能的影响。在改变参数时，首先选择一个典型的标称值，然后使用标称值的约 50% 的增量。

表9.7 LOCOS 和多晶硅结二极管的导通态电阻

隔离	N^+/P_{well}	P^+/N_{well}
LOCOS	1.25Ω	1.4Ω
多晶硅	1.02Ω	1.21Ω

首先要考虑的是二极管长度 L（即阳极/阴极的长度），它对多晶硅隔离二极管的失效电流 I_{t2} 和导通电阻 R_{on} 有很大的影响。由于器件尺寸增大，预计增加 L 会增加 I_{t2} 并减小 R_{on}。从图 9.75 和图 9.76 所示的趋势可以看出，情况确实如此。图 9.75 显示了阳极宽度 $W_a=1.6\mu m$，阴极宽度 $W_c=1.6\mu m$，多晶硅栅极宽度 $d=2\mu m$，二极管长度 L 为 20、30 和 40μm（即20μm 为标称值，增量为标称值50%）的 N^+/P_{well} 多晶硅隔离二极管的 $I-V$ 特性。可以看出，I_{t2} 随二极管

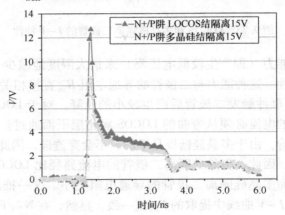

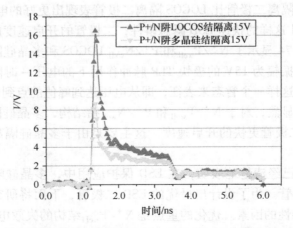

图 9.74 N^+/P_{well}（顶部）和 P^+/N_{well}（底部）LOCOS 和多晶硅隔离二极管在持续时间为2ns 和振幅为15V 的极快 TLP 脉冲作用下的瞬态电压波形

长度的增加呈线性增加（即 I_{t2} 值分别为 1.98、2.93 和 3.92 A）。图 9.76 显示，导通电阻 R_{on} 随着二极管长度 L 的增加而减小。二极管的尺寸增大，以及与 L 增大相关的寄生的缺点将在后面说明。

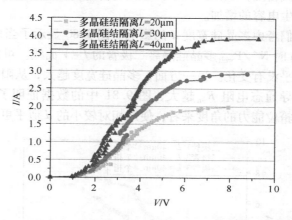

图 9.75　不同长度的 N^+/P_{well} 多晶硅隔离二极管的 $I-V$ 特性

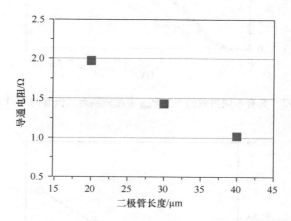

图 9.76　不同长度的 N^+/P_{well} 多晶硅隔离二极管的导通电阻

ESD 鲁棒性也是阳极/阴极的指数量的函数。图 9.77 显示了具有相同的 40μm 二极管长度，但三个不同的指数量的多晶硅隔离二极管的 $I-V$ 特性。二极管 3 和 1 分别具有最高和最低的 I_{t2} 值以及最小和最大的 R_{on} 值，这表明增加指数量是增强多晶硅隔离二极管 ESD 鲁棒性的一种有效方法。尽管如此，当总面积固定而指数量增加时（即，二极管长度随着指数量的增加而减少），发现二极管实际的鲁棒性会降低，因为每个指上允许的最大金属宽度与指的数量成反比。

改变阴极宽度 W_c 也会影响多晶硅隔离二极管的 ESD 性能。图 9.78 显示，

当 W_c 从 $1.6\mu m$ 增加到 $3.8\mu m$ 时，I_{t2} 从 2A 增加到 3A。导通态电阻 R_{on} 随着 W_c 的增大而减小，如图 9.79 所示。改进的 ESD 鲁棒性源于这样一个事实，即增加阴极宽度会降低电流密度，从而降低该区域的温度。当然，增加 W_c 的缺点是器件尺寸的增加和寄生电容的增加。

接下来，我们考虑多晶硅宽度 d 的影响。图 9.80 显示了当多晶硅宽度 d 从 $2\mu m$ 增加到 $7\mu m$ 时 N^+/P_{well} 多晶硅隔离二极管的 $I-V$ 曲线。可以看出，对于不同的 d 值，I_{t2} 几乎没有变化。另一方面，多晶硅宽度越大，从阳极到阴极的电流路径越长，从而导通态电阻 R_{on} 越大，图 9.81 中的数据证明了这一点。因此，从二极管的电压箝位能力的角度来看，使用相对较小的 d 似乎更有优势。

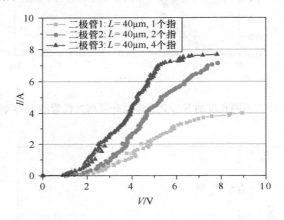

图 9.77 具有不同指数的 N^+/P_{well} 多晶硅隔离二极管的 $I-V$ 特性

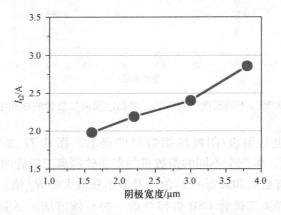

图 9.78 不同阴极宽度的 N^+/P_{well} 多晶硅隔离二极管的 I_{t2}

然而，多晶硅的宽度不能无限减小，并且受制于如下所述的最小值。表 9.8

第9章 集成电路的静电放电保护

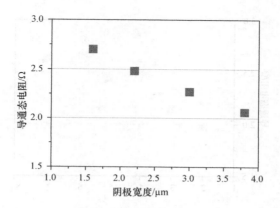

图9.79 不同阴极宽度的 N^+/P_{well} 多晶硅隔离二极管的导通态电阻

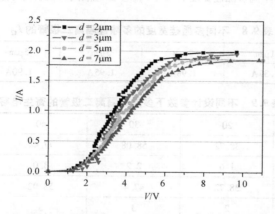

图9.80 不同多晶硅宽度的 N^+/P_{well} 多晶硅隔离二极管的 $I-V$ 特性

显示了 $1\sim7\mu m$ 的不同多晶硅宽度的 I_{t2} 结果。当多晶硅宽度大于 $2\mu m$ 时，I_{t2} 随 d 的减小略有增加，但当多晶硅宽度从 $2\mu m$ 进一步减小到 $1\mu m$ 时，I_{t2} 减少了 30%。I_{t2} 的减少源于金属失效，因为布局设计规则规定了 N^+ 阴极区域上方金属层的最大宽度。如果 d 非常小，就会减小金属宽度，增加金属中的电流密度，从而降低 I_{t2}。结穿通是另一个限制实现较小 d 值的因素。因此，可以得出结论，在设计时不应考虑使用 $d<2\mu m$ 的值。

如图所示，改变上述设计参数，即二极管长度 L、阴极宽度 W_c、多晶硅宽度 d 和指的数目，会对多晶硅隔离二极管 I_{t2} 和 R_{on} 的值产生较大影响。此外，这些变化也会改变器件的尺寸和电容，这是与 ESD 器件的紧凑性和寄生性相关的另外两个重要标准。表9.9 给出了不同设计参数下多晶硅隔离二极管的电容。应该指出的是，电容不仅是器件尺寸的函数，也是结周长的函数。

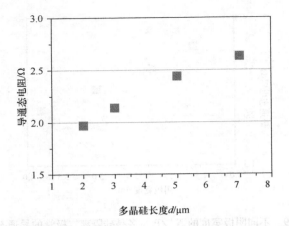

图 9.81 不同多晶硅宽度的 N^+/P_{well} 多晶硅隔离二极管的导通态电阻

表 9.8 不同多晶硅宽度的多晶硅隔离二极管的 I_{t2}

D	1μm	2μm	3μm	5μm	7μm
I_{t2}	1.37A	1.98A	1.95A	1.90A	1.85A

表 9.9 不同设计参数下多晶硅隔离二极管的寄生电容

$L/\mu m$	20	30	40	
电容/fF	38.72	58.08	77.44	
$W_c/\mu m$	1.6	2.2	3.0	3.8
电容/fF	38.72	47.4	58.92	70.22
$d/\mu m$	2	3	5	7
电容/fF	38.72	43	51.54	60.08
叉指数	1	2	4	
电容/fF	38.72	77.8	155.9	

为了以更统一的方式说明改变这些设计参数对 ESD 器件鲁棒性、器件尺寸和多晶硅隔离二极管电容的影响，我们为 I_{t2} 和 R_{on} 定义了以下两个 FOM，以定量确定 ESD 鲁棒性随设计参数增大而增强的程度：

$$\text{FOM\_}I_{t2} = \frac{\Delta I_{t2}}{\Delta \text{device\_size} * \Delta \text{cap}} \tag{9.79}$$

$$\text{FOM\_}R_{on} = \frac{\Delta R_{on}}{\Delta \text{device\_size} * \Delta \text{cap}} \tag{9.80}$$

其中，ΔI_{t2}、ΔR_{on}、Δdevice_size 和 Δcap 分别表示由于特定设计参数的增加导致的 I_{t2}、R_{on}、二极管尺寸和寄生电容的增加。这两个 FOM 比单独的 I_{t2} 和 R_{on} 更能

第 9 章 集成电路的静电放电保护

有效地反映二极管的 ESD 鲁棒性。FOM_I_{t2} 越正，FOM_R_{on} 越负（即 R_{on} 随着设计参数的增加而减少），说明特定设计参数的增加越适合 ESD 应用。相反，FOM_I_{t2} 越负，FOM_R_{on} 越正，降低特定设计参数越有利。

图 9.82 比较了所考虑的四个不同设计参数下所得到的 FOM_I_{t2} 和 FOM_R_{on} 值。结果表明，增加阴极宽度是提高二极管 ESD 鲁棒性的最佳方法，其次是增加二极管长度和增加指的数目；另一方面，从 ESD 二极管优化的角度来看，减小多晶硅宽度是有利的。

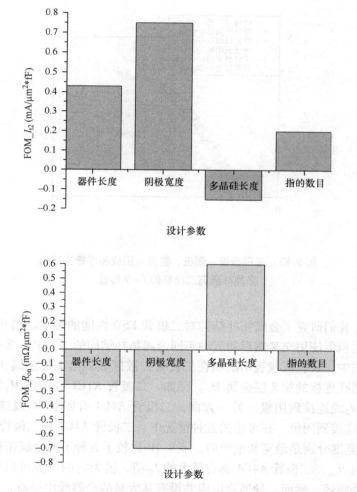

图 9.82 根据四个不同的设计参数得出的 I_{t2}（顶部）和 R_{on}（底部）的性能系数

另外两个设计参数也会影响二极管的 ESD 性能，但改变这些参数并不会改变器件的尺寸，对电容的影响也很小。因此，上述 FOM_I_{t2} 和 FOM_R_{on} 中没有考虑这两个参数。首先是多晶硅栅极可以连接的不同方式。三种可能的方式是栅极到阳极，栅极到阴极和栅极浮空。图 9.83 显示了具有三种不同端连接和 20μm 及 40μm 两种不同器件长度的多晶硅隔离二极管的 $I-V$ 特性。从图中可以看出，对于所考虑的两种二极管长度，I_{t2} 对端连接类型不敏感。然而，因为栅极电势的不确定性问题，允许多晶硅栅极浮空将是一个值得关注的问题。当多晶硅连接到阴极时，如果在多晶硅和 P 阱区域之间产生足够高的电压，就会发生栅极氧化层击穿。因此，最好的连接方式是将多晶硅栅极与 P^+ 阳极相连。

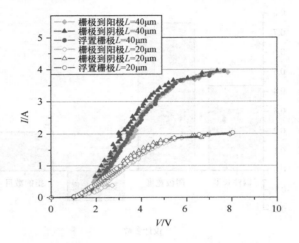

图 9.83 采用栅极－阳极、栅极－阴极和浮栅连接的多晶硅隔离二极管的 $I-V$ 特性

最后，我们研究了金属拓扑结构对二极管 ESD 性能的影响。图 9.84 显示了具有相同面积但使用交叉图形的五种不同金属拓扑结构的 N^+/P_{well} 多晶硅隔离二极管。在图中，灰色区域表示沉积在二极管扩散区域的第 1 层金属 M_1，阴影区域表示与通孔连接的第 2 层金属 M_2。例如，二极管 A1C1 有一条 M_2 线连接到阳极，一条 M_2 线连接到阴极。另一方面，二极管 A4C4 有四条 M_2 线连接到阳极，四条 M_2 线连接到阴极。在考虑的五种情况中，二极管 A1C1 和二极管 A4C4 中每条 M_2 线的宽度分别是最宽和最窄的。表 9.10 比较了五种不同金属拓扑结构的 I_{t2} 和导通电阻 R_{on}。二极管 A4C4 具有最大的 I_{t2} 值，因为它的电流可以使用最多的向内和向外路径。然而，导通态电阻并没有从大量的金属线中受益，并且在五种不同的拓扑结构中，二极管 A2C2 表现出最小的 R_{on} 值。总而言之，拓扑结构 A2C2 和 A3C3 似乎提供了最好的 ESD 性能。

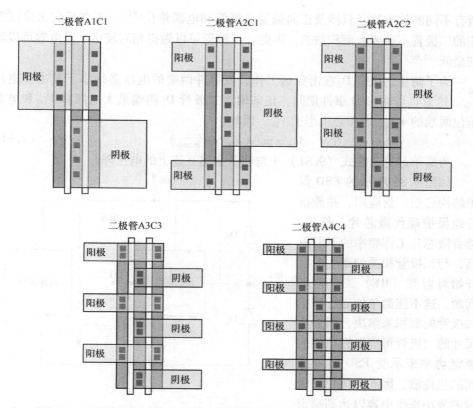

图9.84 具有相同面积的五种不同交叉金属拓扑结构的多晶硅隔离二极管

表9.10 图9.84所示的不同金属拓扑结构的多晶硅隔离二极管的 I_{t2} 和 R_{on} 值

	A1C1	A2C1	A2C2	A3C3	A4C4
I_{t2}	3.05A	3.52A	3.49A	3.55A	3.56A
R_{on}	1.29Ω	1.57Ω	1.16Ω	1.19Ω	1.27Ω

9.4.3 射频优化 ★★★

图 9.85 显示了一个典型的 ESD 保护结构,由每个 I/O 引脚上的两个二极管和一个电源箝位组成。电源箝位的目的是限制两个电源引脚(即 V_{dd} 和 V_{ss})之间可以达到的最大电压差。考虑这样一种情况,图 9.85 中位于核心电路左侧的引脚受到正极性 ESD 脉冲的影响,而 V_{ss} 端连接到地。电源箝位提供一个低阻抗放电路径,即电源箝位的开启电压小于二极管 D_2 的击穿电压。因此放电路径(由图 9.85 中的虚线表示)将从引脚通过正向偏置二极管 D_1 到 V_{dd} 引脚,然后向下通过电源箝位到 V_{ss} 引脚。已经证明,当电源箝位设置在正确的电压水平时,

所有不同的放电路径只涉及正向偏置二极管和电源箝位[81]。不在反向击穿区工作的二极管不需要大面积散热。因此，二极管可以做得相对较小，其电容可以降到最低[82,83]。

为了防止二极管 D_2 在击穿区工作，该器件两端的电压必须小于其击穿电压 V_{br}。这意味着在 ESD 事件期间，正向偏置二极管 D_1 两端最大电压降 V_{D1} 和电源箝位两端的 V_{clamp} 之和必须小于 V_{br}。因此，

$$V_{br} > \max(V_{D1} + V_{clamp}) \tag{9.81}$$

为简单起见，在式（9.81）中忽略了金属互连上的电压降。

如图 9.85 所示的 ESD 保护结构已被广泛应用，并能很好地保护现代微芯片。然而，随着微芯片工作频率的不断提高，与二极管相关的寄生电容开始对射频（RF）工作带来问题。这不能简单地通过减少二极管的面积来解决，因为小尺寸的二极管可能没有足够的额定功率来承受 ESD 事件期间的热耗散。因此，优化二极管的最小寄生电容以达到额定 ESD 峰值电流处理能力，成为 RF 微芯片 ESD 保护结构设计的关键问题。

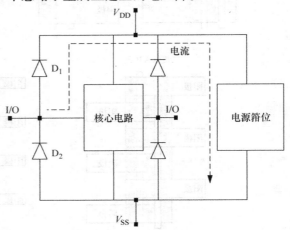

图 9.85　片上 ESD 保护结构包括两个二极管和一个电源箝位。虚线表示 ESD 事件中的放电路径

本节旨在开发一种系统而全面的方法来优化 ESD 保护结构中使用的二极管，以实现最小的寄生电容，从而实现被保护的微芯片的最佳 RF 性能。优化将集中在二极管的尺寸和掺杂方面，考虑到反向击穿、散热和不同水平的 HBM 充电电压的影响。本文还将介绍基于现有 0.13μm CMOS 技术实现和优化 ESD 保护结构的案例研究。根据实验数据校准的 Silvaco 器件和混合模式仿真[42]将作为开发优化方法的基础。

器件/混合模式仿真器校正

在本节中，Atlas 器件和混合模式仿真器将根据测量特性进行校准。原则上，Atlas 器件仿真器求解漂移扩散模型，并与指定的半导体器件的热方程相结合。对于具有外部元件的器件，如电阻和电容，则需要进行混合模式仿真。这里考虑了以下物理机制：Lombardi 表面迁移率、场迁移率、Shockley – ReadHall 复合与浓度相关寿命、Auger 复合、带隙变窄和碰撞电离。

考虑的一个典型的 $P^+/N_{well}/N^+$ 二极管结构如图9.86所示，其中垂直尺寸由 P^+ 区域深度 X_j 和 N 阱深度 X_{well} 定义。横向和三维尺寸分别由阳极和阴极之间的距离 D 和二极管宽度 W 定义。与二极管相关的电容主要包括 p^+/N 阱空间电荷区的结电容 C_j、N 阱/衬底空间电荷区的结电容 C_{sub} 和准中性 N 阱区域的扩散电容 C_d

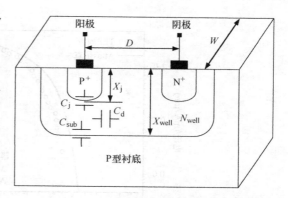

图 9.86 所考虑的二极管结构示意图

（见图9.86）。对于所研究的 ESD 保护结构，C_j 和 C_{sub} 比 C_d 重要得多，因为在正常 RF 工作下，二极管是反向偏置的。

对 Atlas 器件仿真器进行了校准，以确保良好的仿真准确度。对于 $D=1\mu m$，$W=50\mu m$，峰值受主掺杂浓度 $N_A = 10^{20} cm^{-3}$，峰值施主掺杂浓度 $N_D = 10^{17} cm^{-3}$，$X_j = 0.15\mu m$，$X_{well} = 2\mu m$ 的典型二极管，仿真和测量的 DC（电流与电压），瞬态（电压与时间）和 AC（电容与电压）结果如图9.87所示。注意，所考虑的二极管是一个隔离器件，因此不存在与金属互连相关的寄生电容。对 DC、瞬态和 AC 测量分别使用参数分析仪（HP4156B）、TLP 测试仪（Barth 4002）和阻抗分析仪（E4991A）进行。

如图9.88所示的电源箝位由一个 2pF 的电容，一个 $100k\Omega$ 的电阻和一个氧化层厚度 $T_{ox} = 18nm$，宽长比 $W/L = 160/1.2\mu m$，衬底掺杂浓度 $p_{sub} = 5 \times 10^{16} cm^{-3}$ 的 NMOSFET 组成。由于电源箝位在正常工作时与 I/O 压焊点断开（即两个二极管通过 V_{dd} 和 V_{ss} 反向偏置），与电源箝位相关的寄生电容不是主要问题，因此使用相对较大的 MOS 器件来提供足够高的额定功率并承受与 ESD 脉冲相关的热耗散。在 ESD 瞬变期间，电源箝位上的电压相对恒定，箝位电压约为 8.0V。注意，这里的重点是确定目标 ESD 保护级别的最小二极管尺寸。电源箝位也可以优化，以进一步减小二极管的尺寸，但这里不做考虑。除非另有说明，否则将考虑采用 1kV 的 HBM 充电电压来说明二极管的优化。

设计方法

设计方法基于以下三个步骤。首先要寻找一种二极管结构，既能有最小的寄生电容，又能满足反向击穿电压的要求。如前所述，正向偏置二极管 D_1 和电源箝位的压降总和不能大于反向偏置二极管 D_2 的击穿电压（见图9.85）。这对二极管设计提出了一个重要的限制，因此需要加以考虑。为此，重点将放在垂直尺寸（结深 X_j 和 N 阱厚度 X_{well}）和 N 阱中的峰值掺杂浓度 N_D 上，因为这两者对击穿电压影响最大。由于二极管通常与电源箝位中的 MOSFET 同时制造，因此

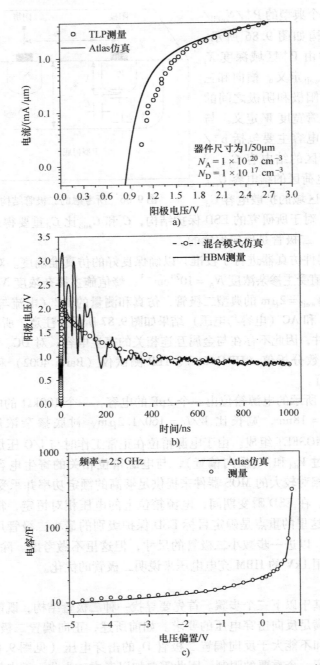

图 9.87 典型 RF 二极管的 a) 电流 - 电压特性, b) 阳极电压 - 时间特性, c) 电容 - 电压特性的测量和仿真

二极管的 X_j 和 X_{well} 应分别与 MOSFET 的漏区/源区和 N 阱的 X_j 和 X_{well} 接近。对于考虑的 $1.2\mu m$ MOSFET，X_j 和 X_{well} 的平均值分别为 $0.3\mu m$ 和 $2.0\mu m$[5,6]。因此，在优化 X_j 和 X_{well} 时，将考虑一个以这些平均值为中心的范围。

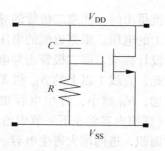

图 9.88 ESD 优化中考虑的 ESD 电源箝位

p^+ 型区域采用 $N_A = 10^{20} cm^{-3}$ 的典型掺杂浓度，p 型衬底采用 $5 \times 10^{16} cm^{-3}$ 的典型掺杂浓度。这两个参数对于二极管击穿电压或寄生电容的要求并不重要。p^+ 和 N 阱区的掺杂分布假设为高斯分布，p 型衬底的厚度为晶圆厚度。

第二步是确定二极管宽度/横向尺寸（即二极管宽度以及阳极和阴极接触点之间的距离），使得寄生电容最小，同时满足热耗散要求（即额定功率）。

最后一步是根据击穿电压和额定功率的要求进行全局优化，以实现寄生电容最小的最佳二极管结构。

要着重指出的是，上述设计方法仅适用于制造工艺具有灵活性的情况，以允许改变/修改二极管中的掺杂浓度和结深的情况。

基于击穿电压的优化

图 9.89 显示了在三个不同 X_{well} 的典型范围内，仿真的二极管击穿电压随 n 阱掺杂浓度 N_D 的变化情况。显然，击穿电压强烈依赖于 N_D，但对 X_{well} 不敏感。由于目前还不知道最佳的二极管结构，暂时估计正向偏置二极管上的压降为 4V。这个电压是根据典型二极管的电流-电压特性，以及通过电源箝位的典型峰值电

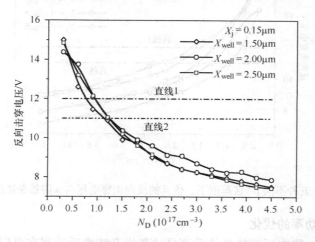

图 9.89 在三种不同 n 阱厚度下，仿真的反向击穿电压与 n 阱掺杂浓度的关系

流得出的。注意二极管的导通电阻是掺杂浓度的函数，它会影响正向偏置二极管上的电压。根据近似的电压降以及 8V 电源箝位的最大箝位电压，可以得出一个设计标准，即二极管击穿电压必须至少为 12V（如图 9.89 中的直线 1 所示）。因此，直线 1 以上的 N_D 和 X_{well} 值均满足击穿电压要求。在直线 1 以上点距离越远，N_D 越小，寄生电容也就越小。然而，较小的 N_D 将导致较低的临界温度（详细内容将在下一节中给出），从而降低额定功率，需要更大的二极管热耗散面积，进而增大寄生电容。在设计寄生电容最小的二极管时，这是一个重要的折中因素。稍后将证明，热耗散的影响超过了掺杂浓度对寄生电容的影响。因此，截距点（即曲线和直线 1 的截距点）是最佳二极管结构的最佳选择。由于 X_{well} 对击穿电压的影响不大，也不是寄生电容的强函数，所以我们选择 2.0μm 的中等厚度 X_{well}。

图 9.90 显示了 $X_{well} = 2\mu m$ 以及五个不同 X_j 值的典型范围内的反向击穿电压。曲线与直线 1 的五个截距点分别为 N_D/X_j（cm^{-3}/mm）= $6 \times 10^{16}/0.10$、$9 \times 10^{16}/0.15$、$1.15 \times 10^{17}/0.30$、$1.45 \times 10^{17}/0.45$、$1.6 \times 10^{17}/0.60$。如前所述，N_D 越小，额定功率越小，因此所需的横向尺寸更大，从而增加了寄生电容。因此，截距点是最好的选择，而不是直线 1 上方的点。由于寄生电容随 N_D 的减小而减小[46]，因此 $N_D/X_j = 6 \times 10^{16}/0.1$ 似乎是五个截距点中最好的。然而，正如下一节所示，如果考虑到额度功率要求，情况并非如此。

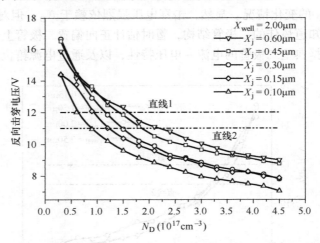

图 9.90 五种不同 p$^+$ 区厚度下，仿真的反向击穿电压与 n 阱掺杂浓度的关系

基于额定功率的优化

在确定了 n 阱中可能的最佳垂直尺寸和掺杂浓度后，现在可以根据二极管热耗散的要求来优化宽度/横向尺寸。这种尺寸用 $D \times W$ 来定义，称为二极管面积

A。这里先用 $N_D/X_j = 9 \times 10^{16}/0.15$ 的截距点来说明额定功率的要求。

有研究人员认为,当二极管温度 T 超过临界温度 T_{crit} 时,二极管很可能会被损坏[84]。这个临界温度 T_{crit} 被定义为半导体器件中本征自由载流子浓度 n_i 等于靠近热点的掺杂浓度的温度。图 9.91 显示了 Atlas 仿真的二极管二维温度的等温线。可以看出,该热点位于阴极附近的 n 阱表面,而热点处的掺杂浓度为 N_D。因此,T_{crit} 可由以下公式计算得出[84]:

$$n_i = N_D = n_{i0} \cdot \left(\frac{T_{crit}}{T_0}\right)^{3/2} \cdot \exp\left(\frac{E_g}{2k_B T_{crit}} - \frac{E_{g0}}{2k_B T_0}\right) \quad (9.82)$$

$$E_g = 1.1255 - \frac{4.73 \times 10^{-4} \cdot T_{crit}^2}{T_{crit} + 636} \quad (9.83)$$

这里 $T_0 = 300K$ 是环境温度;E_g 是禁带宽度;$E_{g0} = E_g(T = T_0)$;$n_{i0} = n_i(T = T_0)$;k_B 是 Boltzmann 常数。对于 $N_D = 9 \times 10^{16} cm^{-3}$ 的情况,T_{crit} 为 795K。

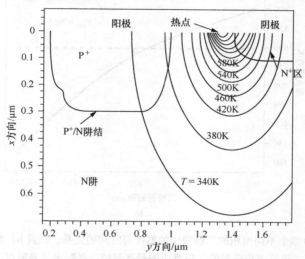

图 9.91 仿真的二极管二维温度的等温线,并标出了热点

图 9.92a 比较了 $N_D = 9 \times 10^{16} cm^{-3}$ 和 $X_j = 0.15 \mu m$ 的四个不同面积的二极管的温度分布。图 9.92b 显示了包含 $T_{crit} = 795K$ 约束条件下相应的峰值温度与二极管面积的关系。截距点显示所需的最小二极管面积为 $120 \mu m^2$。重复同样的过程,发现 $N_D/X_j = 6 \times 10^{16}/0.10$、$1.15 \times 10^{17}/0.30$、$1.45 \times 10^{17}/0.45$ 和 $1.6 \times 10^{17}/0.60$ 的其他四个截距点的最小二极管面积分别为 180、105、85 和 $80 \mu m^2$。

全局优化

前面的分析表明,在设计电容最小的二极管结构时,不仅需要考虑反向击穿,还需要考虑热耗散,并确定了五种可能的最佳二极管结构 [$N_D/X_j/$面积

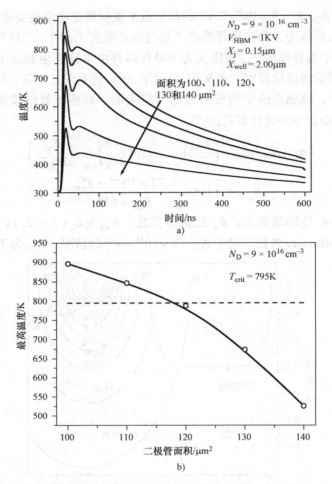

图9.92 a)四个不同面积的二极管中的温度与时间的关系，以及 b) 绘制的作为二极管面积函数的二极管中的最高温度，并标出临界温度

$(cm^{-3}/\mu m/\mu m^2) = 6 \times 10^{16}/0.10/180$、$9 \times 10^{16}/0.15/120$、$1.15 \times 10^{17}/0.30/105$、$1.45 \times 10^{17}/0.45/85$ 和 $1.6 \times 10^{17}/0.60/80$]。图9.93 比较了这五种二极管结构的仿真电容。显然，$X_{well} = 2.0\mu m$，$X_j = 0.15\mu m$，$N_D = 9 \times 10^{16} cm^{-3}$，面积 $= 120\mu m^2$ 的二极管结构是寄生电容最小的最佳结构。

现在可以回过头来微调二极管击穿电压的极限，估计为12V。对优化的二极管和电源箝位进行混合模式仿真，得出它们之间压降为11V。基于这一新的击穿要求，重复上述设计步骤，进行二次优化得到优化的二极管结构：$X_j = 0.15\mu m$，$N_D = 1.2 \times 10^{17} cm^{-3}$，面积 $= 105\mu m^2$。第三次迭代是不必要的，因为它将呈现相同的解决方案。

第9章 集成电路的静电放电保护

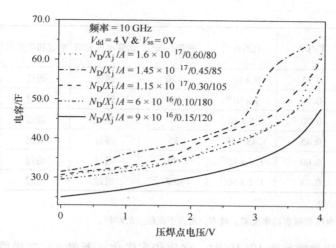

图9.93 在10GHz和电源电压 V_{dd}=4V 和 V_{ss}=0 下，仿真的五种最佳二极管结构的寄生电容与压焊点电压的关系

结果与验证

为了验证设计，对ESD保护结构进行了Atlas混合模式仿真，该结构由每个I/O引脚上的两个优化的二极管和 V_{dd} 及 V_{ss} 之间的电源箝位组成。结果表明，在ESD瞬变期间，正向偏置的二极管和电源箝位上的压降总和低于二极管击穿电压。同时满足额定功率的要求；即二极管内的峰值温度低于ESD应力下的临界温度。

接下来验证所提出的二极管结构是否确实是寄生电容最小的最佳结构。为此，考虑另外7种二极管结构，如表9.11所示。其中两个二极管（器件1和2）是随机选择的，它们可能不满足击穿电压和/或额定功率的要求。其他5个二极管（器件3~7）有意地选择 N_D/X_j 高于截距点，其面积为满足额定功率要求的最小面积。注意，为了满足击穿电压要求，N_D/X_j 不能低于截距点。考虑器件3~7的目的是为了说明之前提出的建议，即截距点是实现寄生电容最小的最佳可能点。表9.11总结的结果表明，随机选择的二极管结构（器件1和器件2）不能满足击穿电压和/或额定功率的要求，而优化的二极管结构在所有器件中产生的寄生电容最小。

表9.11 在1kV HBM的ESD应力下，非优化（器件1~7）和优化二极管的最小寄生电容的比较

二极管	$X_j/\mu m$	N_D/cm^{-3}	面积/μm^2	击穿电压要求	额定功率要求	电容/fF (2V, 10GHz)
器件1[①]	0.10	6×10^{16}	130	通过	不合格	N/A
器件2[①]	0.15	1.5×10^{17}	110	不合格	N/A	N/A

— 335 —

(续)

二极管	$X_j/\mu m$	N_D/cm^{-3}	面积/μm^2	击穿电压要求	额定功率要求	电容/fF (2V, 10GHz)
器件3[②]	0.15	9×10^{16}	120	通过	通过	30.16
器件4[②]	0.30	9×10^{16}	180	通过	通过	57.90
器件5[②]	0.30	1.5×10^{17}	90	通过	通过	36.09
器件6[②]	0.45	1.45×10^{17}	85	通过	通过	39.66
器件7[②]	0.60	1.6×10^{17}	80	通过	通过	35.13
优化的	0.15	1.2×10^{17}	105	通过	通过	28.70

[①] 随机选择结构。
[②] 满足击穿电压和额定功率要求，且 N_D/X_j 高于截距点的结构。

图 9.94 比较频率为 10GHz 时，优化和非优化（器件4）二极管 I/O 引脚的寄生电容与压焊点电压的函数关系。考虑的两个电源分别为 $V_{dd}=4V$ 和 $V_{ss}=0$。注意，每个 I/O 引脚都连接两个二极管。显然，采用优化二极管的引脚比未采用优化二极管的引脚具有更小的寄生电容。此外，当压焊点电压为 $0.5(V_{dd}-V_{ss})$ 时，寄生电容达到最小值。

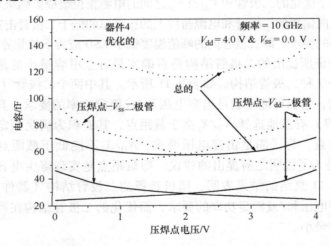

图 9.94　具有优化和非优化（器件4）二极管的 I/O 引脚的寄生电容与压焊点电压的关系

在上述二极管优化中采用了 1kV 的 HBM 充电电压。由于充电电压越大，对击穿电压和热耗散的要求就越高，因此优化的二极管结构是 HBM 充电电压的函数。图 9.95 显示了优化和非优化二极管的 I/O 引脚电容与 HBM 充电电压的关系。显然，随着 ESD 应力水平的增加，寄生电容也随之增加。这是由于热耗散限制而需要更大的二极管。

虽然本研究只关注寄生电容，但考虑到击穿电压和额定功率的要求，与二极管相关的寄生电阻也得到了潜在优化。这个电阻很大程度上取决于 N_D 和二极管中 n^+ 和 p^+ 区域之间的距离[83]。事实上，我们选择了图 9.90 中的截距点而不是截距点上方的点（即，这些点的 N_D 值比截距点的小），这表明优化的二极管的寄生电阻也是最小的。

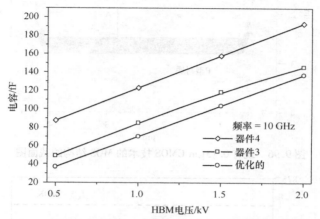

图 9.95　采用优化和非优化（器件 3 和 4）二极管的 I/O 引脚的寄生电容与 HBM 充电电压的关系

基于现有 CMOS 工艺的设计

在大多数情况下，不可能通过代工厂来调整在特定 CMOS 技术中制造的二极管的掺杂浓度和结深。在本节中，将基于现有的 0.13μm CMOS 技术，在不改变掺杂分布的情况下优化 ESD 保护结构。图 9.96 给出了一个 0.13μm MOS 器件的截面图。这个器件可以很容易地作为二极管使用，其衬底和漏极分别作为阳极和阴极。该器件沟道长度为 0.18μm，具有 P 阱，深 N 阱，阈值调节注入和倒掺杂分布。MOSFET 的宽度可以通过我们的设计方法来改变和确定。由于这种特殊技术的掺杂分布是固定的，因此无法优化二极管击穿电压。对于图 9.96 中的器件，二极管击穿电压为 9.3V。此外，我们将遵循 0.13μm CMOS 技术的典型水平尺寸（见图 9.96），因此，唯一需要优化的尺寸是沟道宽度 W。

现在，根据 1kV HBM 充电电压的临界温度要求确定 MOSFET 的最小宽度。击穿电压的要求将在后面讨论。按照前面讨论的步骤，确定 MOSFET 热点（即漏区附近）的掺杂浓度，并找到了 860K 的临界温度。图 9.97 显示了仿真的 MOSFET 热点温度随时间变化的情况，它是沟道宽度的函数。可以看出，所有宽度大于 10μm 的器件都可以通过额定功率要求。击穿行为如图 9.98 所示。由于正向偏置二极管的压降是二极管尺寸的函数，不同的沟道宽度导致正向偏置二极管和电源箝位上的总压降（即 $V_{D1} + V_{clamp}$）不同。结果表明，沟道宽度为 10 和

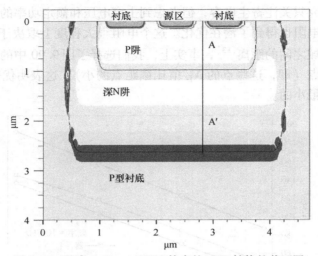

图 9.96 现有 0.13μm CMOS 技术的 MOS 结构的截面图

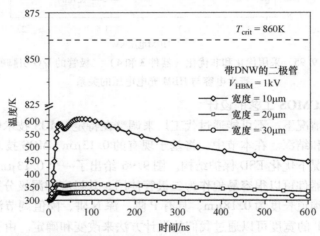

图 9.97 不同沟道宽度下仿真的温度随时间的变化曲线。$T_{crit} = 860K$ 的
虚线表示器件的临界温度

20μm 的器件的总压降高于 9.3V 的二极管击穿电压，因此满足击穿电压要求和额定功率要求的最小宽度为 30μm。

构建的 ESD 保护结构包括两个二极管（每个二极管的宽度为之前确定的 30μm）和一个带 n 沟道 MOSFET 的电源箝位（160μm 的相对较大的宽度，以防止 MOS 损伤），所有这些都是采用前面提到的 0.13μm CMOS 技术制造的。进行应力为 1kV 的 HBM 测试，图 9.99 显示了通过测量和 Atlas 仿真得到的电源箝位漏极端的电流瞬态响应。在应力测试期间，电源箝位中的二极管和 MOSFET 没有损伤。我们还使用沟道宽度为 20μm 的二极管进行了 ESD 测试，发现反向路径的二极管

第 9 章 集成电路的静电放电保护

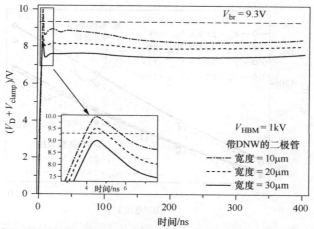

图 9.98 仿真的不同沟道长度下正向偏置二极管和电源箝位的总压降。$V_{br}=9.3\text{V}$ 的虚线表示二极管击穿电压

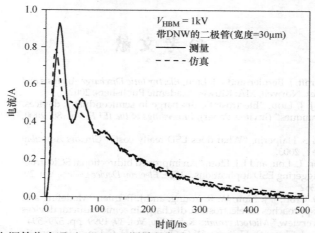

图 9.99 在电源箝位中通过 MOSFET 漏端的仿真电流和测量电流的比较。这里的 ESD 保护结构是使用一个沟道宽度为 $30\mu\text{m}$ 的优化二极管构建的

由于工作在击穿区而损伤。这与前面介绍和使用的设计标准是一致的。

这里考虑的 $0.13\mu\text{m}$ CMOS 技术可以选择不包括深 N 阱（DNW）。对于这种结构，发现击穿电压为 8.9V，临界温度为 840K，所需宽度为 $40\mu\text{m}$。图 9.100 给出了在不同 HBM 充电电压和不同压焊点电压下，使用带 DNW 和不带 DNW 的优化的二极管（正向和反向路径二极管）在 10GHz 频率下，在 I/O 引脚仿真的电容特性。同时还包括带有 DNW 的 MOS 器件的实验数据。显然，DNW 结构的存在导致了更小的寄生电容，因此应用于构建 ESD 保护结构。优化尺寸后的二极管具有 2kV HBM 的 ESD 保护能力，其寄生电容约为 120fF。

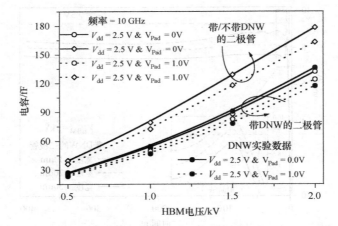

图 9.100 对于不同的 HBM 充电电压和不同的压焊点电压，在 10GHz 的频率下，带有和不带深 N 阱结构的两个优化二极管（正向和反向路径二极管）的 I/O 引脚处电容

参 考 文 献

1. J. Vinson, G. Croft, J. Bernier, and J. J. Liou, *Electrostatic Discharge Analysis and Design Handbook*. Norwell, MA: Kluwer Academic Publishers, 2002.
2. J. Vinson and J. J. Liou, "Electrostatic discharge in semiconductor devices: protection techniques" (Invited Paper), *Proceedings of the IEEE*, Vol. 88, 2000, pp. 1878–1900.
3. M. Brandt and S. Halperin, "What does ESD really cost?" *Circuits Assembly Magazine*, June 1, 2003.
4. Z. Liu, J. Vinson, L. Lou, and J. J. Liou, "An improved bidirectional SCR structure for low-triggering ESD applications," *IEEE Electron Device Letters*, Vol. 29, 2008, pp. 360–362.
5. J. C. Lee, G. D. Croft, J. J. Liou, W. R. Young, and J. Bernier, "Modeling and measurement approaches for electrostatic discharge in semiconductor devices and ICs: An overview," *Microelectronics Reliability*, Vol. 39, 1999, pp. 579–594.
6. W. Liu, J. J. Liou, J. Chung, Y. H. Jeong, W. C. Chen, and H. C. Lin, "Electrostatic discharge (ESD) robustness of Si nanowire field-effect transistors," *IEEE Electron Device Letters*, Vol. 30, 2009, pp. 969–971.
7. Y. Li, J. J. Liou, J. Vinson, and L. Zhang, "Investigation of LOCOS- and polysilicon-bound diodes for robust electrostatic discharge (ESD) applications," *IEEE Transactions on Electron Devices*, Vol. 57, 2010, pp. 814–819.
8. A. Amerasekera and C. Duvvury, *ESD in Silicon Integrated Circuits*. Hoboken, NJ: John Wiley, 2002.
9. S. H. Voldman, *ESD Circuits and Devices*. Hoboken, NJ: John Wiley, 2006.
10. S. H. Voldman, *Latchup*. Hoboken, NJ: John Wiley, 2007.
11. K. Van Mele, "Effective ESD strategies in nano-CMOS IC design," Sarnoff Europe, available: http://www.chipestimate.com/techtalk.php?d=2007-12-04.
12. B. Krabbenborg, R. Beltman, P. Wolbert, and T. Mouthaan, "Physics of Electro-Thermal Effects in ESD Protection Devices," in *EOS/ESD Symposium Proceedings*, 1991, pp. 98–103.
13. S. Hong, J. Kim, K. Yoo, G. Kwon, and T. Won, "Two-dimensional electrothermal simulations and design of electrostatic discharge (ESD) protection circuit," in *EOS/ESD Symposium Proceedings*, 1993, pp. 157–163.

第9章 集成电路的静电放电保护

14. S. H. Voldman, S. S. Furkay, and James R. Slinkman, "Three-dimensional transient electrothermal simulation of electrostatic discharge protection circuits," in *EOS/ESD Symposium Proceedings*, 1994, pp. 246–256.
15. M. Pinto-Guedes and P. C. Chan, "A circuit simulation model for bipolar-induced breakdown in MOSFET," *IEEE Transactions on Computer-Aided Design*, Vol. 7, No. 2, February 1988, pp. 289–294.
16. S. Ramaswamy and S.-M. Kang, *iETSIM User's Manual Version 2.0*, 1996.
17. C. H. Diaz, S.-M. Kang, and C. Duvvury, "Circuit-level electrothermal simulation of electrical overstress failures in advanced MOS I/L protection devices," *IEEE Transactions on Computer-Aided Design of Integrated Circuits and Systems*, Vol. 13, No. 4, 1994, pp. 482–493.
18. S. Ramaswamy, E. Li, E. Rosenbaum and S. M. Kang, "Circuit-level simulation of CDM-ESD and EOS in submicron MOS devices," in *EOS/ESD Symposium Proceedings*, 1996, pp. 316–321.
19. A. Amerasekera, S. Ramaswamy, M.-C. Chang and C. Duvvury, "Modeling MOS snapback and parasitic bipolar action for circuit-level ESD and high current simulations," in *Proceedings of the International Reliability Physics Symposium*, 1996, pp. 318–326.
20. P. Rossel, H. Tranduc, D. Montcoqut, G. Charitat and I. Pages, "Avalanche characteristics of MOS transistors," in *Proceedings of the 21st International Conference on Microelectronics (MIEL'97)*, Vol. 1, 1997, pp. 371–381.
21. T. Toyabe, K. Yamaguchi, S. Asai, and M. S. Mock, "A numerical model of avalanche breakdown in MOSFETs," *IEEE Transactions on Electron Devices*, Vol. ED-25, No. 7, 1978, pp. 825–832.
22. F.-C. Hsu, P.-K. Ko, S. Tam, C. Hu, and R. S. Muller, "An analytical breakdown model for short-channel MOSFETs," *IEEE Transactions on Electron Devices*, Vol. ED-29, No. 11, 1982, pp. 1735–1740.
23. S. E. Laux and F. H. Gaensslen, "A study of channel avalanche breakdown in scaled n-MOSFETs," *IEEE Transactions on Electron Devices*, Vol. ED-34. No. 5, 1987, pp. 1066–1073.
24. Y. A. El-Mansy and A. R. Boothroyd, "A simple two-dimensional model for IGFET operation in the saturation region," *IEEE Transactions on Electron Devices*, Vol. ED-24, No. 3, 1977, pp. 254–262.
25. T. Y. Chan, P. K. Ko, and C. Hu, "Dependence of channel electric field on device scaling," *IEEE Transactions on Electron Devices*, Vol. EDL-6, No. 10, 1985, pp. 551–553.
26. S. L. Lim, X. Y. Zhang, Z. Yu, S. Beebe, and R. W. Dutton, "A computationally stable quasi-empirical compact model for the simulation of MOS breakdown in ESD-protection circuit design," in *Proceedings of the International Conference on Simulation of Semiconductor Processes and Devices*, 1997, pp. 161–164.
27. M. Mergens, W. Wilkening, S. Mettler, H. Wolf, and W. Fichtner, "Modular approach of a high current MOS compact model for circuit-level ESD simulation including transient gate coupling behavior," *IEEE International Reliability Physics Symposium*, 1999, pp. 167–178.
28. S. G. Beebe, "Simulation of complete CMOS I/O circuit response to CDM stress," in *Proceedings of the EOS/ESD Symposium Proceedings*, 1998, pp. 259–270.
29. A. Schutz, S. Selberherr, and H. W. Potzl, "A two-dimensional model of the avalanche effect in MOS transistors," *Solid-State Electronics*, Vol. 25, No. 3, 1982, pp. 177–183.
30. J. Lindmayer and W. Schneider, "Theory of lateral transistors," *Solid-State Electronics*, Vol. 10, 1967, pp. 225–234.
31. S. Verdonckt-Vandebroek and S. S. Wong, "High-gain lateral bipolar action in a MOSFET structure," *IEEE Transactions on Electron Devices*, Vol. 38, No. 11, 1991, pp. 2487–2495.
32. G. Massobrio and P. Antognetti, *Semiconductor Device Modeling with SPICE*, 2nd ed., NY: McGraw-Hill, 1993.
33. M. Reisch, "On bistable behavior and open-base breakdown of bipolar transistors in the avalanche regime: modeling and applications," *IEEE Transactions on Electron Devices*, Vol. 39, No. 6, 1992, pp. 1398–1409.

34. H. Chang, E. Charbon, U. Choudhury, A. Demir, E. Felt, E. Liu, E. Malavasi, A. Sangiovanni-Vincentelli, and L. Vassiliou, *A Top-Down, Constraint-Driven Design Methodology for Analog Integrated Circuits*. Boston: Kluwer Publishers, 1997.
35. A. Maxim and G. Maxim, "A high accuracy power MOSFT SPICE behavioral macromodel including the device self-heating and safe operation area simulation," *IEEE Applied Power Electronics Conference and Exposition (APEC)*, Vol. 1, 1999, pp. 177–183.
36. *SPECTRE Manual*, December 1998.
37. J. C. Lee, G. D. Croft, J. J. Liou, W. R. Young, and J. C. Bernier, "Modeling and measurement approaches for electrostatic discharge in semiconductor devices and ICs: An overview," *Microelectronics Reliability*, Vol. 39, No. 5, May 1999, pp. 579–593.
38. J. C. Bernier, G. D. Croft, and W. R. Young, "A process independent ESD design methodology," in *Proceedings of ISCAS*, May 1999.
39. T. M. Bilodeau, "Theoretical and empirical analyses of the effects of circuit parasitics on the calibration of HBM ESD simulations," in *ESO/ESD Symposium Proceedings*, 1989, pp. 43–49.
40. K. Verhaege, P. J. Roussel, G. Groeseneken, H. E. Maes, H. Gieser, C. Russ, P. Egger, X. Guggenmos, and F. G. Kuper, "Analysis of HBM ESD testers and specifications using a 4th order lumped element model," in *ESO/ESD Symposium Proceedings*, 1993, pp. 129–137.
41. T. Sleotnicki, "New physical model of multiplication induced breakdown in MOSFETs," *Solid-State Electronics*, Vol. 34, 1991, pp. 1297–1307.
42. N. D. Jankovic, "Pre-turn-on source bipolar injection in graded NMOSTs," *IEEE Transactions on Electron Devices*, Vol. 38, No. 11, 1991, pp. 2527–2530.
43. *Atlas Manual*, Silvaco International, 1999.
44. *BSIM3v3 Model Users' Manual*, UC Berkeley, 1999.
45. N. Arora, *MOSFET Models for VLSI Circuit Simulation—Theory and Practice*. NY: Springer-Verlag, 1993.
46. J. J. Liou, *Advanced Semiconductor Device Physics and Modeling*. Boston: Artech House, 1994.
47. *Microcal Origin 5.0 Manual*, 2000.
48. C. Hu, S. C. Tam, F. C. Hsu, P. K. Ko, T. Y. Chan, and K. W. Terrill, "Hot-electron induced MOSFET degradation-model, monitor and improvement," *IEEE Transactions on Electron Devices*, Vol. 32, 1985, pp. 375–385.
49. H. Wong and M. C. Poon, "Approximation of the length of velocity saturation region in MOSFETs," *IEEE Transaction on Electron Devices*, Vol. 44, 1997.
50. J. S. Kolhatkar and A. K. Dutta, "A new substrate current model for submicron MOSFETs," *IEEE Transaction on Electron Devices*, Vol. 47, 2000.
51. N. D. Arora and M. S. Sharma, "MOSFET substrate current model for circuit simulation," *IEEE Transaction on Electron Devices*, Vol. 38, 1991.
52. K. Sonoda, K. Taniguchi, and C. Hamaguchi, "Analytical device model for submicrometer MOSFETs," *IEEE Transaction on Electron Devices*, Vol. 38, 1991.
53. J. Chung, M. C. Jeng, G. May, P. K. Ko, and C. Hu, "Hot-electron currents in deep-submicrometer MOSFETs," in *Proceedings of IEEE, IEDM*, 1988.
54. Y. W. Sing and B. Sudlow, "Modeling and VLSI design constraints of substrate current," in *Proceedings of IEDM*, 1980, p. 732.
55. L. V. Roozendaal, A. Amerasekera, P. Bos, W. Baelde, F. Bontekoe, P. Kersten, E. Korma, P. Rommers, P. Krys, U. Weber, and P. Ashby, "Standard ESD testing of integrated circuits," in *EOS/ESD Symposium Proceedings*, 1990, pp. 119–130.
56. J. Vinson and J. J. Liou, "Electrostatic discharge in semiconductor devices: an overview," *IEEE Proceedings*, Vol. 86, 1998, pp. 399–418.
57. T. Maloney and N. Khurana, "Transmission line pulsing techniques for circuit modeling of ESD phenomena," in *EOS/ESD Symposium Proceedings*, 1985, pp. 49–54.
58. H. Gobner, T. Muller-Lynch, K. Esmark, and M. Stecher, "Wide range control of the sustaining voltage of ESD protection elements realized in a smart power technology," in *EOS/ESD Symposium Proceedings*, 1999, pp. 19–27.

59. H. Wolf, H. Gieser, and W. Wilkening, "Analyzing the switching behavior of ESD-protection transistors by very fast transmission line pulsing," in *EOS/ESD Symposium Proceedings*, 1999, pp. 28–37.
60. J. C. Smith, "An anti-snapback circuit technique for inhibiting parasitic bipolar conduction during EOS/ESD events," in *EOS/ESD Symposium Proceedings*, 1999, pp. 62–69.
61. K. Bock, B. Keppens, V. De Heyn, G. Groeseneken, L. Y. Ching, and A. Naem, "Influence of gate length on ESD-performance for deep submicron CMOS technology," in *EOS/ESD Symposium Proceedings*, 1999, pp. 95–104.
62. C. Y. Chu and E. R. Worley, "Ultra low impedance transmission line tester," in *EOS/ESD Symposium Proceedings*, 1998, pp. 311–319.
63. D. G. Pierce, W. Shiley, B.D. Mulcahy, K. E. Wagner, and M. Wunder, "Electrical overstress testing of a 256K UVEPROM to rectangular and double exponential pulses," in *EOS/ESD Symposium Proceedings*, 1988, pp. 137–146.
64. D. M. Pozar, *Microwave Engineering*. Reading, MA: Addison-Wesley, 1990, pp. 76–77.
65. C. Duvvury and A. Amerasekera, "ESD: A pervasive reliability concern for IC technologies," *IEEE Proceedings*, Vol. 81, May 1993, pp. 690–702.
66. G. D. Croft, "ESD protection using a variable voltage supply clamp," in *EOS/ESD Symposium Proceedings*, 1994, pp. 135–140.
67. C. H. Diaz, S. M. Kang, and C. Duvvury, *Modeling of Electrical Overstress in Integrated Circuits*. Boston: Kluwer Publishers, 1995.
68. X. Du, S. Dong, Y. Han, and J. J. Liou, "Evaluation of RF electrostatic discharge (ESD) protection in 0.18-μm CMOS technology," *Microelectronics Reliability*, Vol. 48, 2008, pp. 1552–1556.
69. J. A. Salcedo, J. J. Liou, and J. C. Bernier, "Design and integration of novel SCR-based devices for ESD protection in CMOS/BiCMOS technologies," *IEEE Transactions on Electron Devices*, Vol. 52, 2005, pp. 2682–2689.
70. J. Salcedo and J. J. Liou, "A novel dual-polarity device with symmetrical/asymmetrical S-type I-V characteristics for ESD protection design," *IEEE Electron Device Letters*, Vol. 27, 2006, pp. 65–67.
71. L. Lou and J. J. Liou, "An unassisted, low-trigger and high holding voltage SCR for on-chip ESD protection applications," *IEEE Electron Device Letters*, Vol. 28, 2007, pp. 1120–1122.
72. Zhiwei Liu, J. J. Liou, Shurong Dong, and Y. Han, "Silicon controlled rectifier stacking structure for high voltage ESD protection applications," *IEEE Electron Device Letters*, Vol. 31, 2010, pp. 845–847.
73. Z. Liu, J. J. Liou, and J. Vinson, "Novel silicon controlled rectifier for high-voltage ESD applications," *IEEE Electron Device Letters*, Vol. 29, 2008, pp. 753–755.
74. R. Gauthier, W. Stadler, K. Esmark, P. Riess, A. Salman, M, Muhammad, and C. Putman, "Evaluation of diode-based and NMOS/Lnpn-based ESD protection strategies in a triple gate oxide thickness 0.13-μm CMOS logic technology," in *EOS/ESD Symposium Proceedings*, 2001, pp. 205–215.
75. C. Richier, P. Salome, G. Mabboux, I. Zara, A. Juge, and P. Mortini, "Investigation on different ESD protection strategies devoted to 3.3 V RF applications (2 GHz) in a 0.18 μm CMOS process," in *EOS/ESD Symposium Proceedings*, 2000, pp. 251–259.
76. S. H. Voldman, S. Geisller, J. Nakos, J. Pekarik, and R. Gauthier, "Semiconductor process and structural optimization of shallow trench isolation-defined and polysilicon-bound source/drain diodes for ESD networks," in *EOS/ESD Symposium Proceedings*, 1998, pp. 151–160.
77. M. D. Ker and C. M. Lee, "Inteference of ESD protection diodes on RF performance in Giga-Hz RF circuits," in *Circuit and System Symposium Proceedings*, 2003, pp. 297–300.
78. K. Chatty, R. Gauthier, C. Putman, M. Muhammad, M. Woo, J. Li, R. Halbach, and C. Seguin, "Study of factors limiting ESD diode performance in 90-nm CMOS technologies and beyond," in *Intational Reliability Physics Symposium Proceedings*, 2005, pp. 98–105.
79. Y. Li, J. J. Liou, and J. Vinson, "Investigation of diode geometry and metal line pattern or robust ESD protection applications," *Microelectronics Reliability*, Vol. 48, No. 10, 2008 pp. 1660–1663.

80. J. R. Manouvrier, J.-R., Manouvrier, P. Fonteneau, C.-A. Legrand, P. Nouet, and F. Azais, "Characterization of the transient behavior of gated/STI diodes and their associated BJT in the CDM time domain," in *EOS/ESD Symposium Proceedings*, 2007, pp. 165–174.
81. N. Maene, J. Vandenbroeck, and L. Bempt, "On chip electrostatic discharge protections for inputs, outputs, and supplied of CMOS circuits," in *EOS/ESD Symposium Proceedings*, 1992, pp. 228–233.
82. Stephen G. Beebe, *"Characterization, modeling and design of ESD protection circuit,"* Ph.D. dissertation, Stanford University, 1998.
83. R. Velghe, P. de Vreede, and P. Woerlee, "Diode network used as ESD protection in RF applications," in *Proceedings of EOS/ESD Symposium*, 2001, pp. 337–345.
84. C. Crowell and S. Sze, "Temperature dependence of avalanche multiplication in semiconductors," *Applied Physics Letters*, Vol. 9, September 1966, pp. 242–244.

第3部分 后道工艺（BEOL）

第 10 章

电 迁 移

10.1 电迁移物理

电迁移（Electromigration，EM）是指由于电流和温度的共同作用而导致互连的逐渐退化。普遍认为电迁移是金属离子在导体中的质量传输，这是电子在施加电场的影响下行进的动量转移的结果[1]。它基本上是体原子和表面原子在驱动力作用下的扩散过程。EM 驱动力 F_{EM} 由式（10.1）表示：

$$F_{EM} = Z^* \cdot e \cdot \rho \cdot j \tag{10.1}$$

其中，Z^* 是互连金属的有效电荷数；e 是电子电荷；ρ 是互连电阻率；j 是施加的电流密度。

除了原子的扩散外，还有一种与电子流方向相反的力，通常称为背应力。这种力与原子沿互连线向阴极端运动所引起的应力梯度有关。因此，电迁移 J_a 过程中的原子通量是驱动力 F_{EM} 和背应力的结合，由式（10.2）表示[2]：

$$J_a = \frac{DC_a}{k_B T}\left(Z^* \cdot e \cdot \rho \cdot j - \Omega \frac{\partial \sigma}{\partial x}\right) \tag{10.2}$$

其中，C_a 是原子浓度；k_B 是玻尔兹曼常数；Ω 是原子体积；$\partial \sigma / \partial x$ 是沿这条直线的应力梯度；$\Omega(\partial \sigma / \partial x)$ 就是所谓的背应力；D 为导电材料的有效扩散系数，由式（10.3）表示为温度的函数：

$$D = D_0 \exp\left(\frac{E_a}{k_B T}\right) \tag{10.3}$$

其中，D_0 是扩散常数；E_a 是活化能；T 是温度。

仅考虑驱动力 F_{EM} 时，外加电场 v_d 下的 EM 漂移速度可表示为

$$v_d = \frac{DF_{EM}}{k_B T} = \frac{D_0}{k_B T} \cdot \exp\left(\frac{E_a}{k_B T}\right) \cdot (Z^* \cdot e \cdot \rho \cdot j) \tag{10.4}$$

另一方面，在考虑背应力影响的情况下，应将 EM 漂移速度修正为

$$v_{\mathrm{d}} = \frac{D_0}{k_{\mathrm{B}} T} \cdot \exp\left(\frac{E_{\mathrm{a}}}{k_{\mathrm{B}} T}\right) \cdot \left(Z^* \cdot e \cdot \rho \cdot j - \frac{\partial \sigma}{\partial x}\Omega\right) \quad (10.5)$$

如前所述，EM 是在外加电场影响下的传输/扩散现象，其中扩散率是互连中所有扩散路径的原子扩散率的加权和。由于 Cu 互连工艺被称为双大马士革工艺，其中沟槽和通孔一起加工（见图 10.1），因此在该互连系统中产生的主要扩散路径包括体（或晶格）扩散、金属－衬里界面扩散、金属－帽层界面扩散和晶界扩散。对于 Cu 互连，Cu－帽层界面扩散（0.9~1.2eV）的活化能低于晶格扩散（2.1eV）和晶界扩散（1.2eV）[3]。

大马士革结构的 Z^* 和 D 的乘积表达式可以用式（10.6）写成该互连系统中所有扩散路径的加权和[4]：

$$Z^* D = Z_{\mathrm{L}}^* n_{\mathrm{L}} D_{\mathrm{L}} + Z_{\mathrm{I}}^* n_{\mathrm{I}} \delta_{\mathrm{I}} (2/w + 1/h) + Z_{\mathrm{S}}^* n_{\mathrm{S}} \delta_{\mathrm{S}}/h + Z_{\mathrm{GB}}^* \sum_{j}^{n} D_{\mathrm{GB}} (\delta_{\mathrm{GB}}/d) \quad (10.6)$$

其中，下标 L、I、S 和 GB 分别表示晶格、金属－衬里界面、金属－帽层界面和晶界；δ_{I}、δ_{S}、δ_{GB} 分别为金属－衬里界面宽度、金属－帽层界面宽度、晶界宽度；d 是晶粒尺寸；w 是线宽；h 是线厚度；n_{L}、$\delta_{\mathrm{I}}(2/w + 1/h)$、$\delta_{\mathrm{S}}/h$ 和 (δ_{GB}/d) 分别是原子在该线体晶格、金属－衬里界面、金属－帽层界面和晶界扩散的分数。

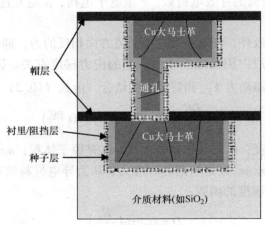

图 10.1 双大马士革互连系统横截面示意图

简而言之，30 多年来，EM 已被确定为微电子集成电路 IC 金属互连的主要失效模式。因此，EM 问题在实验和理论上得到了广泛的研究。本章总结了 EM 现象，包括机理、寿命预测方法、工艺效应和测试结构效应。还包括 AC 条件下与 EM 行为相关的 Joule 热效应，由均方根电流 I_{rms} 定义。最后，列举了工艺认定要求，以供参考。

10.2 电迁移表征

10.2.1 封装级可靠性与晶圆级可靠性 ★★★

有多种方法来表征 EM，如低频噪声测量[5]、电阻比或电阻计测试[6]、内摩擦法[7]、温度斜坡电阻分析（TRACE）[8,9]，以及晶圆级快速测试，如标准晶圆级 EM 加速测试（SWEAT）[10]、金属击穿能量（BEM）方法[11]、晶圆级等温 joule 加热 EM 测试（WIJET）[12]。漂移速度法是 Blech[13] 发明的另一项重要技术，是研究 EM 质量传输的一种非常简捷的方法。

如今，电阻计测试已广泛应用于 EM 的研究/评估。在该测试中，当测试结构在高温和高电流密度下受到应力时，将监测电阻随时间的变化。广泛采用的应力类型有以下两种：

- 晶圆级等温 EM（WLR）测试[14,15]：在这个应力情况下，当实验在室温环境中进行时，测试结构会通过非常高的电流密度（>10MA/cm²）。正是 joule 加热使测试结构的平均温度 [通过电阻率温度系数（TCR）仿真] 提高到约 400℃。该技术可以快速确定 EM 损伤的可能性，并减少一些观测到的失效后电弧损伤的影响[16]。失效时间（TTF）通常是在较小的电阻增加的失效标准下确定的，比如 1%、3% 或 5%。但是，由于 joule 加热本身不能将温度应力与电流应力分离，这种方法不能很好地提取活化能 E_a 和电流指数 n[17]。

- 封装级可靠性（PLR）测试：在这个应力情况下，长期应力的应力电流密度（约几 MA/cm²）较低，但烤箱环境温度较高（超过 300℃）。在这种情况下，来自低应力电流的 joule 加热可以忽略。在测试装置中，芯片连接到陶瓷测试封装上，Al 键合垫使用 Au 线或 Al 线键合连接到封装引线框架上。高分辨率 Qualitau[18] 封装级 EM 测试系统是执行 EM 表征的选择之一。每次实验样本量为 24~30 个。PLR 测试的缺点包括样本量有限、测试时间长、封装成本高和封装时间长。

10.2.2 金属线测试结构 ★★★

标准晶圆级电迁移加速测试结构

第一个晶圆级 EM 测试结构是 Root 和 Turner 提出的 SWEAT 结构[10,19]。这个结构由连续的窄区域和宽区域组成，窄区域和宽区域通过 45°的锥形区连接（见图 10.2）。对于窄区域，宽度 W_n 由用户自定义，长度 L_n 大于临界长度。对于宽区域，宽度 $W_w = 10W_n$，长度 $L_w/W_w \geq 1$。对于这个结构，在高温（由自热产生）和大电流密度（>10MA/cm²）下受到应力。这种结构的缺点是在窄区域会产生的高电流密度发散和高温梯度。此外，也很难精确地控制峰值温度。

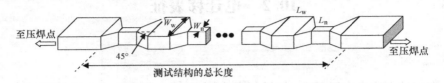

图 10.2　用于 EM 监测的 SWEAT 测试结构

国家标准与技术研究所结构

美国国家标准与技术研究院（NIST）的 EM 测试结构是由 Schafft 等人[20,21]在 1987 年设计的，基于直线、平线。它是一种长条形单层结构，通过过渡线段连接到探针压焊点上。采用四端 kelvin 结构，包括两个应力加载端和两个感应端，以减少测量干扰（见图 10.3）。对于设计准则，测试线宽度由设计者决定，其中一组为最小设计规则，并且至少有一组要更宽。对于目前的 Cu 互连，长度必须大于 200μm。测试线长度的一个例子是 800μm。末段宽度 $W = 2w$，长度 > 100μm。对于电压感应端，宽度 $w_t = w$，而长度 > 100μm，位置 $L_t = 2W$。如果采用锥型，则角度为 45°。NIST 结构也适用于 joule 加热研究。

图 10.3　NIST 的 EM 测试结构示意图

10.2.3　临界长度测试结构　★★★

Blech – Kinsborn 于 1975 年提出了边缘位移测试段[13]。在这个结构中，要表征的导体材料段被制造在较长的高电阻导体上，如覆盖在氮化钛上的 Al 或覆盖在钨上的 Cu。电流从高电阻导体流向低电阻导体段，经历 EM 诱导的阴极漂移（见图 10.4）[22]。根据 Blech 效应，如果长度 – 电流乘积（jL）小于临界值 $(jL)_{crit}$ 时，不会发生边缘位移，由式（10.2）推导出以下公式：

$$(jL)_{crit} = \frac{\Omega \sigma_{crit}}{Z^* e \rho} \tag{10.7}$$

其中，σ_{crit} 是临界背应力。

根据经验，高电阻导体和低电阻导体之间的电阻差应大于 100。测试结构的长度可以从 1μm 至 100μm，取决于导体材料。测试结构的宽度也可以改变，以研究线宽效应。

然而，这个结构的缺点（见图 10.4）是需要特殊的制造工艺。为了解决这个问题，提出了由多个不同长度段组成的通孔链来表征 EM 临界长度[23]。图 10.5 是一个示意图，其中较低层的金属条（M_x）比临界长度（例如，50μm）更宽和更短，这确保了失效将发生在 M_x 层以上，即在通孔或 M_{x+1} 沟槽处，以便于失效分析。上层金属（M_{x+1}）的一系列长度覆盖临界长度。一个例子包含 6 组重复的 14 个互连，其中 M_2 长度范围从 10μm 至 300μm[23]。对测试结构施加应力直至发生失效，然后对最短的失效段进行检查。注意，一旦有一段断开，测试结构就会损坏。预计最长的一段将最早失效，由此可估算出临界长度。Ogawa 等人[24]总共检测了 7 个测试结构，在给定长度下（7×84 = 588 个互连）有 7×6 = 42 个互连。在 $T = 325°C$ 和 $j = 1MA/cm^2$ 的应力作用下，在 588 个互连的采样中发现了 99 个（16.8%）损伤点。结果表明，当金属线长大于 100μm 时，失效率急剧增加，这被表征为 EM 的临界长度。

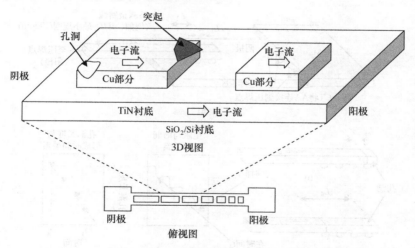

图 10.4　带有两种电阻导体的临界长度测试结构示意图

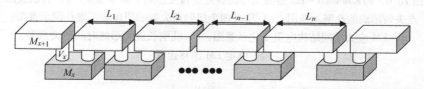

图 10.5　用于 EM 临界长度表征的通孔链结构示意图

10.2.4 漂移速度测试结构 ★★★

为了研究互连（如 Al 或 Cu）的离子漂移速度，可以使用 Kawasaki – Hu 型测试结构[25]。它由一层金属线、接触点和硅化的有源区层组成，如图 10.6a 所示。在阴极末端，沿 M_1 长度方向串联了四个与硅化的 AA 层相连的接触点（如钨）。在应力期间，由于原子迁移，阴极端会形成孔洞，如图 10.6b 和 c 所示。因此，电阻的阶跃变化对应于金属线上的孔洞，如预期的那样延伸到每个接触点，如图 10.6d 所示，其中电阻跳变对应于接触点的开路失效。t_1 和 t_4 分别是第一次接触失效时间和最后一次接触失效时间。在 EM 应力期间，W 插塞接触点随着金属（例如此处的 Al）损耗的进行而逐一失效。如图 10.6e 所示，从测试结构布局中可以得知导致每个接触点失效的位移，即 l_1 与 t_1 和 l_4 与 t_4 的关系。潜伏时间 t_{inc} 定义为没有发生 Al 迁移的时间，因此拟合直线在零位移处的交点表示潜伏时间。线的斜率表示 EM 漂移速度。这个技术也适用于 Cu 互连。通过确定布局的位移，可以估算出 Cu 离子漂移速度和位移的有效潜伏时间[26-28]。

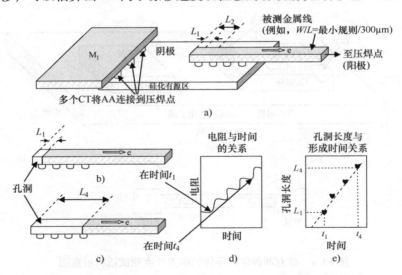

图 10.6　a) Kawasaki – Hu 型测试结构研究金属互连离子漂移速度；b) 首次接触点失效形成的孔洞示意图；c) 所有四个接触点失效的阴极端扩展孔洞示意图；d) EM 应力期间结构电阻变化示意图；e) 孔洞长度与形成时间的关系图，用于确定 EM 漂移速度

10.2.5 热产生测试结构 ★★★

为了解决 WLR 测试中的 EM 问题，在 EM 金属线结构下方使用多晶硅电阻

对 WLR EM 应力结构进行加热[29]。图 10.7 是多晶硅加热的通孔 EM 测试结构示意图。它由一个多晶硅电阻上的蛇形 M_1 组成。多晶硅电阻用于提高通孔链的温度。采用多晶硅电阻加热的 WLR 测试与高温烘箱环境下的封装级测试（PLR 测试）之间有很好的相关性。然而，由于体硅的热耗散，对于更上面的金属层，效率可能较低。

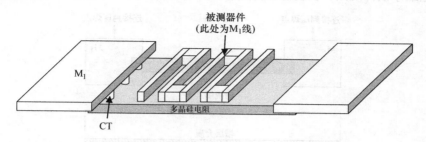

图 10.7 多晶硅加热的通孔结构示意图

另外，还提出了加热线圈结构，用于加热标准单层金属线[30]或 EM 通孔端金属线[31]。图 10.8 提供了一个示意图。线圈起加热器的作用，可以将温度应力与电流应力分开。通过这种晶圆级技术提取的 E_a 和 n 值与从封装级测试中提取的值相似。然而，应该注意的是，应尽量减少这个结构边缘的热梯度，否则，在晶圆级和封装级测试之间[32]会有很大的差异。

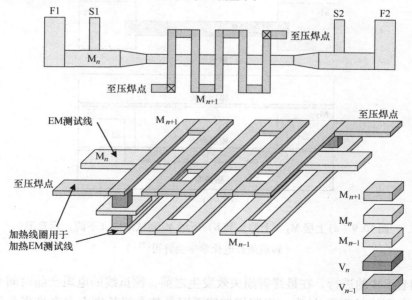

图 10.8 围绕金属线 EM 结构的加热线圈的俯视图和三维（3D）视图

10.2.6 涉及两层通孔的测试结构 ★★★

典型的两层 EM 测试结构示意图如图 10.9 所示[33]。连接到压焊点的线短而宽，这样在通孔之间的窄而长的测试线中就会形成孔洞。通孔之间的线的宽度通常遵循最小设计规则，长度应保持足够长（>200μm），以避免 Blech 效应。

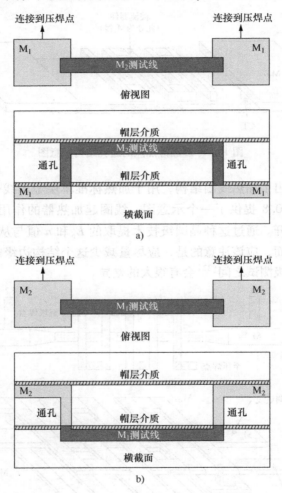

图 10.9　a)上层 M_2（上游）和 b) 下层 M_1 测试结构（下游）示意图
（转载须经电化学学会许可[33]）

随着 EM 的进行，在最终雪崩失效发生之前，测试线的电阻会随时间平稳增加，这与互连长度无关[34]。电阻增加的原因是整个线长度上存在许多孔洞[35]。只要孔洞形状不超过线宽或线厚度的一半，每个孔洞都会使电阻增加 0.01 ~

0.05Ω。对于如此小的孔洞体积，局部 joule 加热引起的电阻增加可以忽略不计。一旦孔洞生长到临界尺寸，局部 joule 加热会很显著，导致电阻突然增加，最终导致互连失效[36]。

图 10.10 提供了 Cu 双大马士革互连的通孔 EM 测试结构示意图。这种结构可采用上游和下游应力模式。在上游模式（也称为通孔耗尽模式；图 10.10a）中，在 EM 应力期间，电子从下方的一个通孔（V_x）流向上方的一条金属线（M_{x+1}）。在下游模式（有时也称为线耗尽模式，见图 10.10b），在 EM 应力期间，电子从上方的一个通孔（V_{x+1}）流向下方的一条金属线（M_{x+1}）。例如，Cu 线长 200μm，宽度范围从最小设计规则至 1μm[37]。标称通孔尺寸符合设计规则要求。对于通孔耗尽型 EM，早期失效通常与通孔的衬里缺陷有关[38]。对于线耗尽 EM，通孔/线接触的结构是失效特征的关键因素。失效特征可以是一个突然的电阻跳变或逐渐增加的电阻，这取决于通孔底部是否接触到下面的衬里。这两种失效机制将在后面的 10.4 节中会详细阐述。

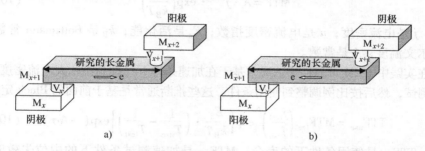

图 10.10　Cu 双大马士革互连 a）通孔耗尽模式和 b）线耗尽模式 EM 测试结构示意图

10.3　电迁移失效时间

10.3.1　Black 方程（双参数对数正态分布）　★★★

一般来说，EM TTF 统计数据采用对数正态分布，尽管有一些报告提出了其他分布[39]。双参数形式的参数包括 σ = 形状参数和 t_{50} = 中位数。对数正态概率分布函数（PDF）定义为[40,41]

$$f(t) = \frac{1}{t\sigma\sqrt{2\pi}} \exp\left[-\frac{(\ln t - \mu)^2}{2\sigma^2}\right] \qquad (10.8)$$

TTF 呈对数正态分布，那么 TTF 的（自然）对数呈正态分布，其均值 $\mu = \ln t_{50}$（t_{50} 是对数正态分布 TTF 的中位数）而标准偏差为 σ。对数正态累积概率（或失效）分布函数（CDF）给出了 t 之前的累计失效概率，如下所示：

$$F(t) = \int_0^t \frac{1}{t\sigma\sqrt{2\pi}} \exp\left[-\frac{(\ln t - \ln t_{50})^2}{2\sigma^2}\right] \cdot dt = \phi\left(\frac{\ln t - \ln t_{50}}{\sigma}\right) \quad (10.9)$$

其中，$\phi(z)$ 为标准正态 CDF。

TTF 数据通常使用概率图进行分析，这是进行拟合优度分析的一种简单直观的方法，还能提供数据平均值和标准偏差的估计值。式（10.9）可以改写为

$$\ln t = \sigma\phi^{-1}\{F(t)\} + \ln t_{50} \quad (10.10)$$

其中，ϕ^{-1}为标准正态分布的反函数。如果令 $y = t$ 而 $x = \phi^{-1}\{F(t)\}$，那么 $\ln y$ 与 x 呈线性关系，斜率为 σ，截距为 $\ln t_{50}$ [当 $F(t) = 0.5$ 时]。如果数据与对数正态模型一致，则得到的曲线图上的各点大致在斜率为 σ 而 y 轴截距为 t_{50} 的直线上。

电子行业使用中位失效时间（MTF）分析来预测器件的寿命。Black 在 1969 年提出了以下经验公式来分析 EM 引起的 Al 互连失效[42]：

$$\text{MTF} = A \cdot j^{-n} \cdot \exp\left(\frac{E_a}{k_B T}\right) \quad (10.11)$$

其中，j 是电流密度；n 是电流密度指数；E_a 是活化能；k_B 是 Boltzmann 常数；T 是开尔文温度；A 是常数。

在实践中，EM 可靠性评估通常基于在加速条件下（即高温和大电流密度）进行的测试，然后按比例调整到使用条件。这些推断通常是基于前面的 Black 定律：

$$\text{TTF}_{\text{use}} = \text{MTF}_{\text{test}}\left(\frac{j_{\text{test}}}{j_{\text{use}}}\right)^n \exp\left[\frac{E_a}{k_B T} \cdot \left(\frac{1}{T_{\text{use}}} - \frac{1}{T_{\text{test}}}\right)\right] \exp(-N\sigma) \quad (10.12)$$

其中，TTF_{use}是使用条件下的寿命；MTF_{test}是加速测试条件下的中位失效时间；j_{test}是测试电流密度；j_{use}是使用电流密度；n 是电流密度指数；T_{test}是测试温度；T_{use}是使用温度；N 是一个常数，它将 MTF 与不同失效百分比下的失效时间联系起来；σ 是失效时间偏差。

活化能

如果帽层和失效机制相同，则活化能 E_a 与介质材料（SiO_2 与低 k 碳基 CVD 氧化层）无关[43]。表 10.1 列出了一些 Cu 互连 EM 的活化能。在后面的章节中讨论帽层、阻挡层、种子层及其他层时，将包含更多的活化能值。

表 10.1　Cu 互连 EM 的活化能列表

测试	活化能	介质	帽层	文献
Cu	0.9eV	聚合物	SiCN	44
Cu	1.9eV	聚合物	CoWP	44
Cu	0.87eV	SiCOH	SiCN	45
Cu/CNT 复合材料	1~1.277eV	Blech 测试结构		46

电流密度指数 n

电流密度指数 n 一般为 $1\sim2$。接近 2 的高 n 值可能是由于高电流密度下的过应力,导致金属线中出现温度梯度,在设计合理的产品中不会出现这种情况[47]。因此,在 EM 测试中选择合适的应力电流密度时应谨慎。如果应力电流密度过低,则测试时间过长。另一方面,如果应力电流密度过高,得到的 n 值将接近 2,从而导致寿命外推的高估。导致高 n 值的另一个原因可能是 Blech 长度效应的出现[48]。通过将 EM 失效分为成核阶段和生长阶段[49]的进一步分析表明,n 值越大(电流密度越大),成核贡献越大($n\to2$)[50],而 n 值越小(电流密度越小),生长贡献越大($n\to1$)[51]。n 的中间值($1<n<2$)表明在 EM 应力期间成核和生长同时发生[52]。

动力学取决于孔洞成核的起始位置[52]。对于双大马士革下游结构,如果孔洞最初直接在通孔下方成核,则成核后很快就会发生失效,因此动力学受成核限制,n 值接近 2。与之相比,如果孔洞最初在远离通孔的金属线上形成,在失效发生之前需要相当大的孔洞生长(以及向通孔的扩散),并且在 n 接近 1 时动力学受到孔洞生长的限制。

对于 SiO_2 和低 k 介质材料,当线长小于 $50\mu m$ 且存在明显背应力时,电流密度指数 n 会增大[43]。当线长大于 $50\mu m$ 时,n 的取值范围在 $1\sim1.5$,与长度关系不大。但当线长小于 $50\mu m$ 时,n 值会突然增大,可达 $3.5\sim4.0$。仿真工作也显示出了类似的趋势[53]。在存在明显背应力的情况下,n 的增加可能与较长的中位失效时间有关。

标准偏差 σ

根据式(10.12),分布越紧密,即标准偏差 σ 的值较小,将给出更高的外推寿命,因为 t_{50}(平均 TTF)和 $t_{0.1}$(低百分位数)之间的差异更小。Hau-Riege 等人[43]的研究表明,对于长度超过 $25\mu m$ 的线,σ 是常数($\sigma\approx0.2\sim0.3$)。在背应力效应开始时,SiO_2 基和低 k 介质材料的 σ 都会增加,且分布范围更宽($\sigma\approx0.6\sim1.5$),这将导致较低的外推寿命。换句话说,对于短金属线,尽管由于背应力效应,t_{50}(平均 TTF)可以被拉长,但与长金属线相比,由于分布更宽,低百分位数(例如 $t_{0.1}$)的寿命不会受益太多。在按比例缩小尺寸的先进技术节点中尤其如此,其中工艺变化(例如,通孔阻挡层完整性的变化、尺寸变化等)更有可能导致失效时间分布更宽。

10.3.2 双峰对数正态分布 ★★★

对于一些通孔/线 EM 结构,失效时间分布严重偏离理想的线性行为,如双参数对数正态分布所描述的那样[式(10.9)]。为了获得令人满意的拟合效果,提出了两种双峰对数正态分布。下文将简要介绍这些模型[54],尽管它们并未被广泛采用。

叠加模型

在这个模型中，总体分布是两个双参数对数正态分布之和，

$$F(t) = P(A) * F_A(t; t_{50,A}, \sigma_A) + [1 - P(A)] * F_B(t; t_{50,B}, \sigma_B) \quad (10.13)$$

其中，F 是总的 CDF；F_A 和 F_B 分别是早期模式和晚期模式的 CDF；$P(A)$ 是早期模式的分数。

由此产生的累积失效分布在概率图中呈 S 形。实验观察到两种不同的 S 型分布（见图 10.11）：

- 平坦–陡峭–平坦形状：一个例子是在钨通孔结构的高加速条件下测量的 TTF 分布。在这种情况下，$t_{50,A}$ 和 $t_{50,B}$ 没有太大的不同。然而，σ_B 比 σ_A 小得多（即分布 B 比分布 A 紧密得多）。此外，宽分布的 PDF 可能完全覆盖紧密分布。

- 陡峭–平坦–陡峭形状：一个例子是在下游受应力的铝通孔上测量的 TTF 分布。在这种情况下，$t_{50,A}$ 和 $t_{50,B}$ 相差很大。然而，σ_B 和 σ_A 几乎相同。换句话说，该分布由两部分组成，其中各个 PDF 的峰值在时间上相互分离。因此，它们对 CDF 的贡献是有先后顺序的。

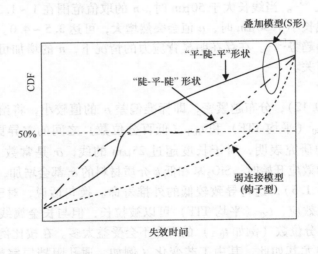

图 10.11 用叠加模型和最薄弱链接模型解释的三种双峰 CDF 分布的示意图

最薄弱链接（或竞争风险）模型

在这种特殊的失效情况下，不同的机制会以串联（链式）的方式导致器件失效[54]。例如，如果两种失效机制都能在单线或通孔–线结构中起作用，就会出现这种情况。如果机制 A 或机制 B 发生失效，结构就会失效。同样，在时间 t

第 10 章 电 迁 移

之前,如果器件既没有因为机制 A 失效,也没有因为机制 B 而失效,则器件不会失效。总的 CDF 可表示如下:

$$F(t) = F_A(t; t_{50,A}, \sigma_A) + F_B(t; t_{50,B}, \sigma_B) - F_A(t; t_{50,A}, \sigma_A) * F_B(t; t_{50,B}, \sigma_B)$$
(10.14)

其中,F 是总的 CDF;F_A 和 F_B 分别是机制 A 和机制 B 的 CDF。

最弱链接方法在概率图中呈钩状,其中后一个分支的斜率比前一个分支更陡(见图 10.11)。一个例子是在上游受应力的通孔-线结构上测得的 TTF 分布,早期失效对应通孔中的孔洞,晚期失效对应阴极末端孔洞(见图 10.13)。

10.3.3 三参数对数正态分布 ★★★

第 10.3.1 节中讨论的两参数对数正态分布已广泛用于工业和学术界来拟合 EM 失效时间。然而,一些研究表明,在没有足够的衬里/通孔冗余的互连上,它会遇到 EM 应力方面的问题,在这种情况下,总是会观察到早期失效,并以通孔下的缝隙状孔洞为主,如图 10.14 所示。因此,提出了一个三参数对数正态分布来拟合失效时间分布的早期和正态部分,从而提供更准确的 EM 寿命预测。这对于早期失效的线耗尽/孔洞尺寸受限的 EM 尤为适用。

三参数的对数正态分布表示如下[55]:

$$f(t; t_{50}, \sigma, X_0) = \frac{1}{(t-X_0)\sigma\sqrt{2\pi}} \exp\left[-\frac{\log\left(\frac{t-X_0}{t_{50}-X_0}\right)}{2\sigma^2}\right]$$
(10.15)

其中,X_0 是最小失效阈值时间——为提出模型的第三个参数。最小阈值失效时间不是一组应力样本中首次失效时观察到的失效时间,而是分布接近的理论极限。理论上,随着样本量的增加,最早的失效时间会接近最小失效阈值时间,但对于有限的样本量,它永远不会完全达到这个阈值。从数据拟合的角度来看,X_0 与 t_{50} 和 σ 相似,它们都是从一组实验数据中拟合出来的。形状参数 σ 和 t_{50} 与 X_0 之间的差异对两种分布的差异都有显著影响,尤其是对于分布的早期部分。作为一种特殊情况,当 $X_0 = 0$ 时,三参数对数正态分布变为传统的双参数分布。

图 10.12a 显示了结构类型 A 至 E 的 EM TTF 数据与双参数对数正态分布的拟合曲线。随着冗余度(通孔和通孔/线衬里接触)的降低,失效分布变宽,拟合质量变差。对于具有良好冗余度的结构,紧 sigma 允许使用单个双参数对数正态分布(类型 A、C 和 E)对数据进行良好的拟合。然而,对于类型 B 和 D,单个双参数对数正态分布不能很好地拟合数据。很明显,双参数对数正态分布不能适应这些更宽分布的早期部分的向下弯曲。它严重高估了 EM 的敏感性。

图 10.12b 显示了实验数据(与图 10.12a 相同)与式(10.15)所描述的三参数对数正态分布的拟合曲线。可以观察到,三参数对数正态分布比两参数对数

正态分布拟合效果要好得多,特别是对于更宽分布(类型 B 和 D)的早期部分。对于 EM 寿命预测,分布的早期部分是最重要的部分,而那些早期失效才是真正的可靠性问题。

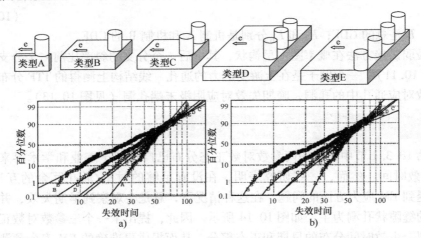

图 10.12　a)实验的 EM TTF 与相应的双参数对数正态分布拟合；b)实验的 EM TTF 与相应的三参数对数正态分布拟合(经 IEEE 许可使用)[55]

10.4　电迁移失效模式

由于金属线层、介质类型、通孔元件和位置等因素的不同,EM 诱导孔洞具有不同的模式和位置。实验观察到的 EM 失效模式总结如下:

- 对于图 10.9a 中所谓的上游测试结构或图 10.10a 中所示的通孔耗尽测试结构,在 EM 早期失效的情况下,通孔内部会出现孔洞(见图 10.13a),怀疑是由弱衬里(阻挡层)区域引起的。这种类型的孔洞通常对应于突然的电阻增加(即,没有或很少的衬里冗余效应)。对于晚期失效情况(见图 10.13b),通孔上方的 Cu 线上会出现孔洞。在这种情况下,由于衬里冗余效果良好,通常可以观察到电阻随时间逐渐增加。因此,对于上游或通孔耗尽型 EM,阻挡层/种子层工艺和通孔轮廓是抑制早期失效模式分布的两个关键因素。

- 对于图 10.9b 中所谓的下游测试结构或图 10.10b 中的线耗尽测试结构,通常在通孔下方的金属中观察到孔洞。图 10.14 显示了应力后四个样品的横截面,失效时间从早期失效(图 1)增加到晚期失效(图 4)。可以看出,早期失效和晚期失效可能具有相同的机制,唯一不同的是导致失效的孔洞大小和形状。最早期失效(图 1)在通孔正下方有一个非常细的缝隙状孔洞。晚期失效(图 4)

有一个更大的孔洞，不是在通孔的正下方，而是在通孔的附近，这是正常的 EM 现象，因为孔洞从阳极迁移，最终附着在通孔底部而导致失效。这些 SEM 照片表明，失效时间是由孔洞大小和形状决定的。因此，对于下游或线耗尽 EM，通孔/线衬里接触和通孔下凿对于提高分布的最小失效时间至关重要，这将在第 10.6 节中详细阐述[55]。

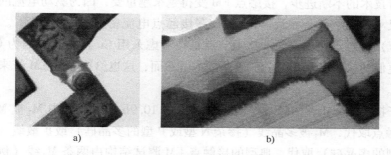

图 10.13　a) EM 早期失效，孔洞在通孔内；b) EM 晚期失效，孔洞在线内

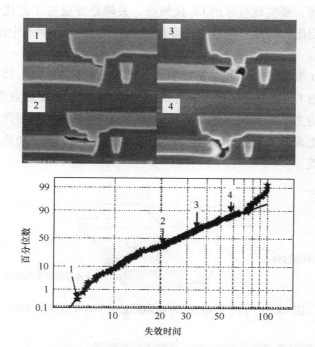

图 10.14　EM 应力后样品的 SEM 横截面，失效时间从图 1 到图 4 不断增加
（经 IEEE 许可使用[55]）

10.5 电迁移机制的理解

10.5.1 接触点的电迁移 ★★★

随着技术的不断进步，接触点 EM 变得越来越重要，因为驱动电流的增加和接触点尺寸的减小都会导致器件的源/漏接触点电流密度显著增加[56]。与传统的钨（W）接触点相比，先进技术节点正在考虑采用 Cu 接触点，因为 Cu 接触点具有更低的接触电阻和更低的设备成本。然而，这也给接触点 EM 带来了新的挑战[57]。

用于接触点 EM 评估的常规测试结构如图 10.9b 所示，其中 M_2 被 M_1 取代，V_1 被接触点取代，M_1 被多晶线（掺杂 N 型或 P 型的多晶硅）或扩散线（掺杂 N 型或 P 型的多晶硅）取代。典型的接触点 EM 测试结构由两条 M_1 线（例如，每条 100μm）和一条多晶硅夹层线或扩散线（例如，100μm）组成，使用两个接触点。研究发现，要实现可靠的 Cu 接触点，关键是要通过工艺优化来减少热应力和提高阻挡层的均匀性，在较高的金属层和传统的 W 接触点中使用 Ta 基阻挡层作为通孔[57]。

四端 kelvin 接触结构也被用于接触点 EM 的表征，如图 10.15 所示。Kauerauf 等人[56]报道 Cu 接触点出现孔洞并扩散到 Si 中，而 W 接触点没有明显损伤。然而，当观察应力下的接触点附近时，在 M_1 接触点上方观察到严重的损伤，并且畸变扩展到上面的层，这归因于接触点界面处的局部 joule 加热，与所使用的接触点材料无关。

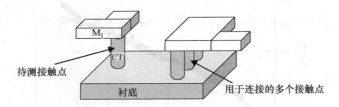

图 10.15 用于接触点 EM 电阻测量的 kelvin 结构示意图

10.5.2 Al 和 W 通孔的电迁移 ★★★

Al 和 W 通孔广泛应用于相对较老的技术节点。本节简要总结 Al 和 W 通孔的 EM。由于发生 Al 耗尽的 EM，通孔-互连界面可能会产生较大的质量偏差。

线末端的储层可能是延长 EM 寿命的一种方法，因为它可以提供 Al 来替代耗尽的原子。

Tao 等人[58]报道了在电流密度为 $35MA/cm^2$、温度为 $250°C$ 的条件下，不同 Al 和 W 通孔测试结构的 EM 结果。图 10.16 简要地显示了四种测试结构。结构 A 和 B 用于 Al 通孔，结构 C 和 D 用于 W 通孔。以下列出了一些结果：

- Al 通孔：
  - 在结构 A 中，Al 通孔底部、顶部和侧壁没有 TiW。测试了九个样品，在互连开路之前没有观察到任何 Al 通孔失效。Al 通孔的寿命不仅比 W 插塞通孔（结构 C）的寿命长，而且比 $10\mu m$ 宽的互连寿命长，尽管通过 Al 通孔的电流密度比通过互连的电流密度高 10 倍以上。这种现象是由于较小的 Al 通孔尺寸，因而通孔中的晶界更小，Al 原子通量散度较小。

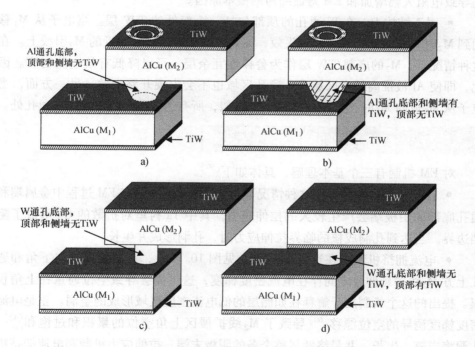

图 10.16　EM 测试结构示意图
a) Al 通孔及其底部、顶部和侧壁没有 TiW　b) Al 通孔底部和侧壁有 TiW，但顶部没有 TiW
c) W 通孔，其底部、顶部和侧壁没有 TiW　d) W 通孔，其底部和侧壁无 W，但顶部有 W

- 在结构 B 中，Al 通孔底部和侧壁有 TiW，但顶部没有 TiW。结构 B 比结构 A 更差，在电子流动方向（上游和下游）都观察到通孔失效。这是由于在 Al-TiW 界面的高通量发散位置，因为 TiW 具有比 Al 高得多的 EM 电阻。结构

B 中通孔底部 Al 孔洞形成的增加是由于 Al 被推离金属间界面。
- W 通孔：
  - 在结构 C 中，W 通孔的底部、顶部和侧壁都没有 TiW。其 EM 寿命比结构 A 中的 Al 通孔短得多。根本原因是因为 W 的 EM 电阻比 Al 高得多，因此 Al（互联）- W（通孔）结构在 Al EM 的 Al - W 界面上呈现出极端的通量发散位置。换句话说，Al 往往从通孔迁移出去，而 W 表现出的扩散或输运可以忽略。W 通孔寿命较短的原因如下：对于这种结构，当电子从 M_1 移动到 M_2 时，Al 会被推离 W 通孔的顶部表面（即 W 与 Al - Cu 的界面），并在此形成孔洞。当电子从 M_2 移动到 M_1 时，Al 分别在 W 通孔区域的顶部和底部积累和减少。换句话说，在两种电子流的情况下，W 通孔和 Al - Cu 金属线之间的界面都发现了孔洞，这是导致电阻大幅增加和 EM 寿命缩短的根本原因。
  - 对于结构 D，在 W 通孔的顶部包括一个额外的 TiW 层。当电子从 M_1 移动到 M_2 时，在通孔处未观察到失效，失效位置在通孔区域附近的 M_2 引线上。在这种情况下，M_2 的底部 TiW 层作为鲁棒性冗余层，可以降低有效电流密度。因此，即使 Al 被推离插塞区域后，通孔区域也不会出现开路失效。另一方面，当电子从 M_2 流向 M_1 时，与结构 C 的情况类似，所有的开路失效都发生在通孔处。

10.5.3　Cu 互连的电迁移　★★★

对 EM 机制有三个基本理解，具体如下[59]
- 拉伸 - 应力机制：在这种情况下（见图 10.17a），在 EM 过程中金属端和通孔底部的阴极端会产生较大的拉伸应力，其中 Ta 衬里对扩散的 Cu 形成了阻挡边界。当达到孔洞成核的临界拉伸应力时，孔洞形成并生长。
- 电流拥挤机制：在这种情况下（见图 10.17b），在阴极端，在下角和通孔上方 M_2 线的延伸段之间存在电流密度梯度，这可能会导致空位通量在上角积累。提出的这个机制用于解释在如储层的低电流密度区域形成的空洞。正是电流密度梯度诱导的空位漂移[60] 导致了 M_2 线扩展区上角空位的累积和过饱和[42]。孔洞将成核、生长，并最终耗尽整条的阴极末端。拉伸应力机制和电流拥挤机制都表明，孔洞应在阴极通孔区域成核，并随后凝聚和生长。
- 界面扩散机制：在这种情况下（见图 10.17c），基于原位 EM 观测，孔洞沿 Cu - 帽层界面成核和迁移，最终在阴极末端积累，孔洞在 Cu - 帽层界面均匀成核并向阴极端迁移而导致失效[61]。有些研究人员认为，如果达到足够大的法向应力，孔洞成核是由于铜与帽层的分层所致[47]。事实上，由于与较低的表面

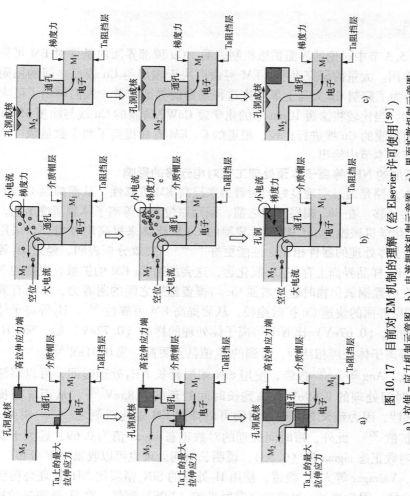

图 10.17 目前对 EM 机制的理解（经 Elsevier 许可使用）[59]

a) 拉伸-应力机制示意图 b) 电流拥挤机制示意图 c) 界面扩散机制示意图

迁移活化能相关的高扩散系数，Cu-帽层界面为离子提供了一个便捷的迁移路径，特别是在Cu-双大马士革互连中。

10.6 工艺对电迁移的影响

10.6.1 Cu/低 k 互连，Cu/低 k 界面控制 ★★★

在10.5.3节中讨论的界面扩散机制表明，Cu顶部界面的条件对EM可靠性起着关键作用。大量的研究表明，EM寿命取决于帽层与Cu表面之间的黏附行为[62-64]。为了抑制Cu大马士革互连这种致命的界面扩散，人们付出了巨大的努力。例如，当比较将涂覆10nm厚的化学镀CoWP薄膜的Cu线与涂覆35nm厚SiC$_x$H$_y$表面薄膜的Cu线进行比较，报道的Cu EM寿命提高了两个数量级[65,66]。更多的细节在本节中给出。

SiN帽层的NH$_3$等离子体预处理工艺对电迁移的影响

其基本思路是通过实现良好的附着力来提高EM可靠性，从而抑制Cu沿Cu帽层界面的迁移。在SiC$_x$帽层沉积之前，采用原位NH$_3$等离子体预清洗工艺，通过去除Cu化学机械抛光（CMP）后残留的Cu氧化物来提高附着力，与采用氢（H$_2$）等离子体处理的器件相比，性能更好[67,68]。失效分析表明，经过H$_2$等离子处理的SiC$_x$样品界面上存在Cu氧化物，这会加速Cu EM的扩散。更强的NH$_3$处理可以在去除铜氧化物时通过增强Cu与覆盖帽层之间的附着力，从而有效缓解沿Cu帽层界面的快速Cu扩散途径，从而提高EM可靠性[63]。H$_2$等离子体处理的样品的 E_a（0.67eV）比NH$_3$等离子体处理的样品（0.72eV）低。SiC$_x$H$_y$帽层与NH$_3$等离子体处理相结合，得到的E_a值甚至更高，为0.91eV[67]。

类似地，Ang等人[69]报告，使用SiN帽层延长NH$_3$处理时间，可以将活化能E_a从短时间处理的0.59eV提高到长时间处理的0.85eV[69]，从而显著提高EM的可靠性，因为延长NH$_3$处理时间可以抑制EM退化机制之一——沿Cu帽层界面的扩散[70]。此外，短时间处理的对数正态sigma值为0.69，远大于长处理时间的对数正态sigma值（0.36），说明长时间处理也可以收紧TTF分布。

然而，Vairagar等人[33]报道，使用H$_2$处理的SiN$_x$帽层比NH$_3$处理会提供更好的EM性能，因为通过x射线光电发射光谱（XPS）测量，在H$_2$处理过的样品中，Cu-SiN$_x$帽层界面上有更多数量的Cu-Si键。H$_2$等离子体处理可在Cu表面形成氢化物，而不会改变微观结构[71]。氢对EM性能的改善还归因于氢的界面偏析和无热退火减少了缺陷[72]。

帽层预清洗过程中进行的高能轰击促进了Cu表面与SiN帽层之间良好的附着力，从而获得了优异的EM性能。然而，需要提醒的是，高能轰击可能会因为晶体缺陷而严重损伤 Cu 体，进而使应力迁移性能恶化[73]，而且还可能对器件造成潜在的等离子体诱导损伤[69]。

Cu 表面硅化铜的形成

采用等离子体增强化学气相沉积（PECVD）自对准阻挡层（PSAB）工艺[74]或 SiH_4 等离子体处理[33]在 Cu 表面形成 Cu_xSi 层，可大大提高界面附着力。这个工艺具有选择性，因为 SiH_4 只与 Cu 表面反应形成 Cu_xSi，而不与低 k 材料发生反应。EM 测试前的截面透射电子显微镜（TEM）（见图 10.18）清楚地显示，在 H_2 和硅烷处理的样品的 Cu 帽层介质界面上都形成了硅化铜。因此，Cu 与顶部介质层之间的附着力大大提高，EM 提高了两倍以上，与标准 PECVD 工艺相比，随时间变化的介质击穿寿命增加了 10~1000 倍。

然而，硅化物的形成过程会导致 Si 通过晶界扩散到 Cu 线中，从而导致 Cu 线电阻增加[75]。Hayashi 等人[76]提出了 Ti 阻挡层（取代传统的 Ta 阻挡层）与硅化物帽层工艺结合，在 Cu 线表面形成 Ti-硅化物，从而抑制在硅化物帽层中的硅扩散到 Cu 线，增强附着力。

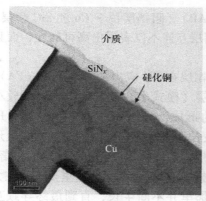

a) H_2 处理过的样品　　　　　　　b) SiH_4 处理过的样品

图 10.18　对 a) H_2 处理过的样品和 b) SiH_4 处理过的样品，在 Cu 帽层介质界面形成硅化铜的横截面 TEM 图像。（转载须经电化学学会许可[33]）

提出 Ti 阻挡层有以下两个原因：首先，Ti 阻挡层中的 Ti 可以扩散到 Cu 线中，并位于 Cu-帽层界面[77]；其次，Ti-硅化物的形成能（TiSi 129.8kJ/mol 和 Ti_5Si_3 579.8kJ/mol）高于 Cu-硅化物（Cu_3Si 13.6kJ/mol）[78]，表明 Ti-硅化物比 Cu-硅化物更稳定。结果表明，使用 Ti 阻挡层（但没有硅化物帽层）器件的平均失效时间（MTTF）比使用 Ta 阻挡层（同样没有硅化物帽层）的样品高一个数量级。更令人印象深刻的是，同时使用 Ti 阻挡层和硅化物帽层，实现了 100×MTTF。相应的 EM 活化能 E_a 为 1.45eV[76]。其潜在机制是，在不使用硅化物帽层的 Ti 阻挡层样品中，Ti 原子聚集在 Cu 线表面，在 EM 测试中仅在 Ti 出现的部分减少了 Cu 原子的传输，从而使 MTTF 提高了一个数量级。另一方面，在有硅化物帽层的 Ti 阻挡层样品中，在 EM 测试期间几乎所有的 Ti 都位于 Cu 线表面的晶界，从而使 MTTF 提高了两个数量级。

覆盖层效应（CoWP、Ta/TaN、SiN$_x$、SiC$_x$N$_y$H$_z$）

Cu 大马士革线的顶部表面覆盖有一层薄薄的介质扩散阻挡层（通常称为帽层），例如，SiN$_x$、SiC$_x$、SiC$_x$N$_y$H$_z$ 等，而底部表面和两个侧壁则用金属衬里密封（通常也称为阻挡层），例如，Ta、TiN、TiSiN 基衬里（阻挡层对 EM 的影响将在第 10.6.3 节中介绍）。已经证明，与 Cu 线表面覆盖 SiN$_x$ 或 SiC$_x$N$_y$H$_z$ 相比[79]，在 Cu 线表面覆盖一层薄的 CoWP 或 Ta/TaN 帽层能够显著减少界面扩散，从而可以提高 EM 寿命。采用化学气相沉积（CVD）技术形成的钴（Co）帽层证明可以改善温度相关的介质击穿（TDDB）和 EM 性能[80]。与仅使用 SiCN 帽层的样品相比，使用 CoWP 帽层的样品寿命增加了 40×，且寿命变化很小（$\sigma=0.34$）[81]。研究发现，用 CoWP、Ta/TaN 和 SiN$_x$ 或 SiC$_x$N$_y$H$_z$ 覆盖的 Cu 线的 EM 活化能分别为 2.0、1.4、0.85 和 1.1eV[64]。对于介电常数 $k\leq2.4$ 的超低 k 材料，CoWP 帽层有望改善 EM 性能[82]。

与等离子体 CVD 自对准阻挡层（PSAB）（阻挡层位于 Cu 和 SiC 帽层之间）和 CuAl 合金种子技术相比[83]，CoWP 帽层互连不仅表现出高可靠性，而且在抑制任何增加的电阻方面具有出色的效率。

图 10.19 给出了 SiCN 帽层和 CoWP 帽层在 EM 应力和失效分析（FA）形态期间的电阻偏移的对比示意图。SiCN 帽层（模式 I）的初始电阻增加较小，但 TTF 很短，表示阴极通孔拐角处孔洞的形成，如图 10.19a 所示。CoWP 帽层（模式 II）初始电阻跳变较大，但 TTF 较长，表示在远离通孔的沟槽线上形成了孔洞，如图 10.19b 所示。对于 CoWP 帽层，界面扩散受到金属帽层的显著抑制。微孔洞不会沿着界面移动，而是很容易被困在局部界面上，这里要么存在大的晶粒，要么存在界面缺陷。孔洞将停留在那里并不断生长，直到最终导致互连失效。对于这两种模式，Ta 基阻挡层在孔洞形成后仍保持完整并提供电冗余。

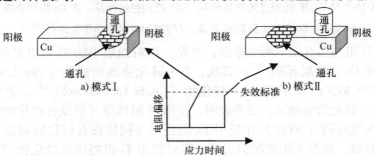

图 10.19 两种失效模式的示意图。在模式 I 中，典型的电阻偏移的初始电阻增加较小，但失效的时间较短（SiCN 帽层的情况）。在模式 II 中，典型的电阻偏移的初始电阻增加较大，但失效时间较长（CoWP 帽层的情况）

10.6.2 Cu-互连微结构的控制 ★★★

互连的微结构会影响 EM 诱导孔洞的成核和演化[84]。铜互连微结构参数，如晶粒大小、取向和应力都应考虑在内[85]。在 65nm 技术节点之前，具有竹状晶粒结构的 Cu 导体中的 EM 与 Al 或 Al 合金中的 EM 不同，因为在典型的 IC 工作条件下，Cu 的质量传输机制几乎完全是界面扩散，而不是第 10.6.1 节中详述的 Al 或 Al 合金中的晶界扩散[86-88]。因此，与 Al 基互连相比，Cu EM 对晶粒尺寸相对不敏感，更多地取决于界面质量。

然而，随着技术进步到 65nm 以及更先进节点，在宽度小于 90nm 的大马士革 Cu 线中，小的晶粒聚集并与大的竹状晶粒混合[89]。由于晶界扩散作用的增加，导致 EM 寿命进一步退化。研究发现 Cu 晶界的 EM 活化能 E_a 为 0.79eV，低于 Cu - 非晶 α - $SiC_xN_yH_z$ 界面的 EM 活化能 E_a(0.95eV)[89]。提高 32nm 节点技术的 EM 可靠性将是一个巨大的挑战。通过在 Cu 电镀后和 Cu CMP 之前[89]调整晶圆退火步骤或改变电镀过程中的电流变化，可以控制 Cu 线的晶粒大小[81,90]。

Zhang 等人[81]报道，当不使用 CoWP 帽层时，"大晶粒"结构（平均晶粒尺寸 215nm）的 EM 寿命是"小晶粒"结构（平均晶粒尺寸 123nm）的两倍。此外，与未使用 CoWP 帽层的情况相比，使用 CoWP 帽层时，"大晶粒"和"小晶粒"结构的 EM 寿命分别提高了约 100× 和 24×。如果假设相同帽层的界面扩散与晶粒结构无关，那么"大晶粒"结构的较长 EM 寿命可以归因于沿晶界的质量输运减少。当界面扩散降低到对质量输运贡献很小的程度时（例如，当这里使用 CoWP 帽层时），晶界扩散将在控制 EM 寿命方面发挥更主要的作用；晶粒尺寸的微小变化可能导致 EM 性能的巨大差异[81]。

根据 TEM 表征发现，Cu 线的晶粒尺寸与 Cu 线的电阻温度系数（TCR）成正比。TCR 值较低的 Cu 线具有较高的细晶粒结构百分比，EM 性能较差[91]。因此，TCR 可以作为一阶估计 Cu 微结构的良好指标。

10.6.3 阻挡层/种子层效应 ★★★

众所周知，阻挡层（也常称为衬里）的完整性是影响 Cu 互连可靠性的关键因素之一[92]。尽管阻挡层的主要功能是提供与周围的绝缘体良好的附着力，并防止 Cu 扩散到介质中形成泄漏路径，但研究发现衬里也可作为冗余层，以便电流仍然可以通过 Cu 孔洞区域。从可靠性的角度来看，衬里和 Cu 之间的界面也是一个关键，因为衬里和 Cu 之间良好的附着力可以有效地减缓 Cu 的扩散[93]，并有助于降低通孔内或通孔下形成孔洞的概率。在本节中，总结了阻挡层/种子层对 EM 性能的影响。

通孔中的阻挡层覆盖

通孔侧壁的 Ta 阻挡层和 Cu 种子层覆盖的缺点会产生可靠性问题[94]。众所周知，EM 早期失效通常与通孔中 Ta 扩散阻挡层覆盖有关[38,95]。人们普遍认为，通孔中阻挡层覆盖的完整性是减少甚至消除 EM 早期失效的关键之一。高温烘烤也可能导致 Ta 阻挡层氧化，从而进一步导致 Cu 更容易迁移，以及可能的 Cu 外扩散[96]。TaN 阻挡层将更好地阻止阻挡层氧化[97]，因此有利于 EM 和应力迁移。

随着通孔侧壁阻挡层厚度的增加，EM 寿命的双峰分布较小，从而使上游结构的 EM 可靠性更好[92]（见图 10.9a）。对薄阻挡层分裂的早期模式（在通孔壁处较薄）进行的失效分析显示，EM 诱导的孔洞在阴极通孔中部形成（见图 10.20a 和 b）。在使用正硅酸正乙酯（TEOS）层间介质（ILD）的大尺寸通孔中也观察到相同的孔洞（见图 10.20c），表明这不是与材料相关的问题。图 10.20e 显示，在 Cu 种子层沉积之前，通孔侧壁朝向 M_2 方向没有（或可能非常薄）阻挡层覆盖。这种不均匀的阻挡层覆盖是由于物理-气相沉积（PVD）阻挡层工艺中较高深宽比通孔的屏蔽效应造成的。到达通孔侧壁的 PVD 阻挡层束朝向 M_2 的角度会受到 M_2 图形的限制，从而导致在同一区域薄而不一致的阻挡层覆盖，如图 10.21 所示。当阻挡层极薄时，在 Cu 阻挡层界面会形成快速扩散路径[95]，从而导致与早期模式 EM 相对应的通孔孔洞的形成。

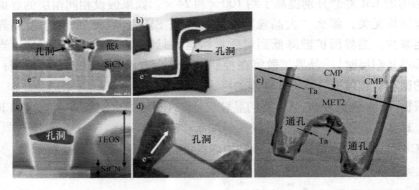

图 10.20 a）薄阻挡层分裂（在通孔壁上很薄）显示在通孔中间形成 EM 诱导的孔洞；b）初始孔洞开始于与 M_2 相连的薄通孔侧壁；c）在使用 TEOS ILD 的大尺度通孔的薄阻挡层区也观察到同样的通孔孔洞；d）在优化的阻挡层分裂中，一个正常的 EM 孔洞（Cu 与 SiCN 帽层和 Ta 阻挡层互连）完全跨越金属沟槽；e）在 PVD 阻挡层沉积后，从双大马士革（DD）链（类似于 EM 测试结构，但 M_2 非常短）上拍摄的 TEM 图像显示，通孔侧墙朝向 MET_2 方向没有阻挡层覆盖（或可能非常薄）（经 IEEE 许可使用[92]）

另一种通孔阻挡层效应是薄的阻挡层的氧化，其温度与通孔底的薄而不均匀

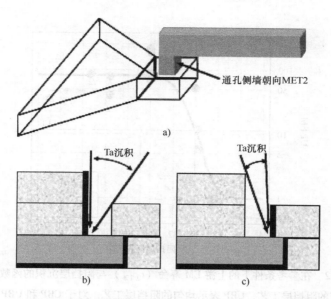

图 10.21　DD Cu 互连示意图显示，通孔上方的金属对 PVD 阻挡层沉积产生屏蔽效应。面向金属线末端的通孔侧壁对 PVD Ta 束的角度较窄，这将导致该区域更薄的阻挡层沉积（经 IEEE 许可使用[92]）

的阻挡层覆盖有关，并且预计通孔电阻会逐渐增加[95,98]。这也导致了影响表观 EM 活化能和对数正态参数（MTTF 和 σ）的极端双峰行为。总之，通孔内的阻挡层覆盖对上游 EM 可靠性有显著影响。

通孔阻挡层的最小厚度似乎比平均厚度更重要。这是合理的，因为具有最小阻挡层厚度的位置是最薄弱的点。图 10.22 显示，在传统的阻挡层工艺（CBP）中，当阻挡层沉积量超过 35 时，上游 EM 性能会得到显著改善[92]。这种突然转变的行为表明，要实现共形通孔阻挡层（或消除通孔阻挡层中的薄弱点），阻挡层沉积量要必须达到临界值。有趣的是，通过所谓的均匀阻挡层工艺（UBP），沟槽和通孔的阻挡层厚度的均匀性得到了改善，满足 10 次即时失效（FIT）的最小阻挡层沉积可以比 CBP 少约 14%。与 CBP 相比，UBP 的沟槽阻挡层更薄，因此电阻也更低。因此，应从可靠性和性能两方面优化阻挡层工艺。

通孔阻挡层预清洗

在阻挡层沉积之前，通过使用电离的氩（Ar^+）等离子体通过物理轰击来清洗通孔底部的 Cu 表面（带有氧化层），以降低通孔电阻并提高附着力。由于物理轰击会导致底层 Cu 金属层凹陷，然后铜离子会重新溅射到通孔底部和侧壁上，因此应优化预清洗工艺（例如通过的气体流量和氩等离子体的偏置功率）以达到可靠性要求[73]。

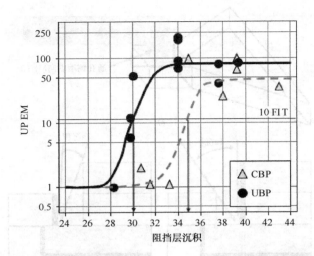

图 10.22 在参考条件下的上游 EM 寿命（$t_{0.1\%}$）与阻挡层沉积的函数关系。CBP 表示传统的阻挡层工艺，UBP 表示均匀的阻挡层工艺。对于 CBP 和 UBP，满足 10 次失效时间（FIT）要求所确定的最小阻挡层沉积（FIT）分别为 35 和 30
（经 IEEE 许可使用[92]）

通孔阻挡层预清洗可产生两种不同类型的通孔几何形状[92]：锥形通孔（有时称为通孔测量[37]）（见图 10.23a）和一个平直的通孔（见图 10.23b 和 c）。锥形通孔是由于对通孔阻挡层的过度刻蚀造成的，同时也会去除下层金属中的 Cu。这种通孔对下层金属的深度穿通可以改善通孔底部的界面。另一方面，通过控制通孔阻挡层刻蚀工艺形成平直的通孔。在这种情况下，可以通过限制通孔侧壁上的 Cu 再溅射来改善阻挡层的完整性。发现通孔形貌会对 EM 行为产生影响，具体如下：

- 上游 EM 结构。当两者的阻挡层厚度相当时，锥形通孔的 EM 性能要比平直的通孔差。对 $M_1 - M_2 - M_1$ 结构的解释如下。在锥形通孔刻蚀中，高能 Ar^+ 溅射工艺用于 DD 结构。因此，如图 10.24 所示，清晰地观察到 V_1 穿通到 M_1 和 M_2 沟槽穿通到金属间介质（IMD）（M_2 下）。M_1 中的 Cu 和 IMD（M_2 以下）中的介质很可能被溅射并重新沉积在侧壁上，这将降低阻挡层的完整性。在 Cu 与阻挡层之间的界面可能形成较快的扩散路径，从而降低上游 EM TTF。

- 下游 EM 结构。扁平通孔的下游 EM 对工艺条件非常敏感。对于优化的工艺，平直通孔 EM 与锥形通孔 EM 相当。然而，对于未优化的工艺，平直通孔的 EM 可能会更差。图 10.23a 显示，对于锥形通孔，EM 诱导的孔洞很难迁移到通孔的正下方，因为带有阻挡层的锥形通孔可以有效地阻挡孔洞在此生长。因此，锥形通孔的 EM TTF 较长。另一方面，对于平直通孔，观察到两个典型的孔洞位置，如图 10.23b 和 c 所示。当通孔底部阻挡层具有良好的完整性时，孔洞将在一定程度上被阻挡在通孔拐角附近，如图 10.23b 所示，从而产生较长的 EM TTF。然而，如果由于未优化的工艺而导致通孔底部阻挡层不佳，则孔洞会沿通孔底部-金属下方界面迁移，从而在通孔下方形成薄孔洞生长，并在很短的时间内导致失效，如图 10.23c 所示。因此，平直通孔对影响通孔底部界面的通孔工艺很敏感。相比之下，锥形通孔对通孔工艺不太敏感，因为在通孔阻挡层刻蚀期间，通孔底部界面已经通过大量的 Ar 溅射而重新形成，从而导致穿通。

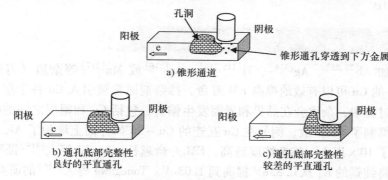

图 10.23 下游结构中的孔洞位置示意图
a）锥形通孔穿透到下方金属 b）通孔底部完整性良好的平直通孔
c）通孔底部完整性较差的平直通孔

超薄阻挡层/种子层

随着互连按比例减小，阻挡层厚度应该减小，以便降低线电阻。22nm 的节点厚度要求在 3nm 以下[99]。目前正在不断开发适用于目前的 PVD Ta 或 Ti 基阻挡层技术。下面列出一些研究工作：

- 已开发的 CVD 和原子层沉积（ALD）作为精确的厚度和均匀性控制的替代沉积方法[100]。
- 化学镀可作为阻挡层和金属帽层沉积的候选方法，因为它具有优越的覆盖和良好的选择性[101]。
- 自形成阻挡层（SFB）技术可形成极薄的阻挡层，作为一种替代方法引起了广泛的关注。例子包括从 CuMn 种子[102]中生长的 $MnSi_xO_y$ 和基于 Ti 的 SFB，其中 Ti 可以与如 SiOC、SiCN 和 SiCO 等介质发生化学反应，从而沿沟槽的侧壁到通孔形成连续的阻挡层[103]。

新型阻挡层/种子层材料

随着器件尺寸缩小到 32nm 节点及以下，在后续的 Cu 电镀工艺中，还需要 Cu 种子层厚度按比例缩小，以实现无缺陷的 Cu 间隙填充，这为保持电阻和 EM

可靠性带来了新的挑战。然而，在 Ta/TaN（目前用作阻挡层）上形成连续的 Cu 薄膜的约束设置了对最小 Cu 种子层厚度的根本限制[104]。因此，人们一直在寻找替代 Ta/TaN 作为阻挡层的解决方案。下面列出了一些潜在的候选材料。

贵金属及其合金，如 Ru[104-108]、RuTa[104,109,110] 和 Co[110-112]，可以直接在其上电镀 Cu，已被提议和研究作为种子增强层，通过作为补充润湿层来改善 Cu 间隙填充，从而提高先进技术节点的 EM 性能。

另一方面，在被忽视了多年之后，最近重新引起了人们对可扩展到 32nm 节点及以下的 Cu 互连应用的关注[77]。与 Ti 基阻挡层相比，Ti 阻挡层有若干缺点和优点[77,113]。

10.6.4　溶质/掺杂对电迁移的影响　★★★

掺杂如 Al[27,28]、Ag[114]、Ti[115,116]、Sn[116] 或 Mn[117] 等杂质（有时称为 Cu 合金）的 Cu 可以有效地提高 EM 寿命。掺杂剂通常被引入 Cu 种子层。在随后的退火过程中，杂质会在晶界和界面发生偏析，包括 Cu 和帽层之间的临界界面。由于抑制了 Cu 扩散，例如在 Cu 互连的 Cu–SiCN 界面上堆积了 Al，使 EM 寿命提高了 10× 以上。掺杂浓度越高，EM 寿命越长。Iguchi 等人[119]证明 CuAl 种子层能将纯铜的 E_a 从 0.85eV 提高到 1.03eV。Tonegawa 等人[116]的研究表明，CuSn 种子层比 CuTi 种子层对分布紧密的 EM 具有更强的耐久能力，也优于纯 Cu。CuSn 的 EM 寿命比纯 Cu 长 9 倍。

这种方法的主要问题是，由于 Al 掺杂原子偏析到界面，Cu 的电阻率增加，导致表面散射增加[27]。有趣的是，Cu 漂移速度随着 Al 杂质浓度的增加而降低，这与线宽无关。

通过使用 kelvin 和 Blech 测试结构，证明了一种用于通孔和线互连应用的 Cu–CNT（碳纳米管）复合材料的 EM 寿命比 Cu 长 5 倍以上，有望应用于先进技术节点[46]。

10.6.5　双大马士革结构剖面的影响　★★★

随着技术向 45nm 及以下节点发展，仅靠阻挡层/种子层工艺本身的调整，如 TaN/Ta 厚度、沉积物的溅射能量、Cu 种子层偏置功率和厚度等，很难改善早期失效的 EM 双峰行为。为了最大限度地减少甚至消除早期失效，发现优化双大马士革（DD）结构剖面是必要的[94]。图 10.24a 定义了两个关键的深宽比 (AR) 为

- 通孔 $AR = VH/D_2$（刻蚀后通孔高度除以通孔底部 CD）；
- 倒角 $AR = VH/D_1$（刻蚀后沟槽深度除以倒角处的通孔开口 CD）。

这分别说明了图 10.24b 和 c 所示的两种不同的早期失效模式。表 10.2 清楚

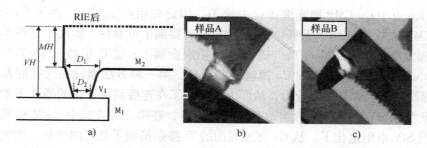

图 10.24　a) DD 结构定义的关键因素：MH 是刻蚀后沟槽深度，VH 是刻蚀后通孔高度，D_1 是倒角区域通孔开口 CD，而 D_2 是通孔底部 CD；b) 通过孔洞模式的 TEM 横截面显微照片；c) 倒角-孔洞模式的 TEM 横截面显微照片（经 IEEE 许可使用[94]）

地显示了通孔/倒角 AR 和通孔/倒角孔洞模式之间的相关性。因此，减少 IMD 厚度和沟槽刻蚀深度或通孔 CD 增加可以降低 AR，从而有效地减少上游 EM 结构的早期失效[94]。然而，需要注意的是，减小金属高度可能会增加 RC 延迟，增加通孔 CD 可能会影响 TDDB 性能。因此，应在 EM 可靠性、RC 电学性能和 TDDB 可靠性之间取得平衡。

表 10.2　EM 失效模式与不同通孔/倒角 AR 工艺的关系（经 IEEE 许可使用[94]）

晶圆	通孔 AR		倒角 AR		早期失效模式	
	值	级别	值	级别	通孔	倒角
W1	5.6	高	2.11	高	是	是
W2	4.84	中	2.16	高	是	是
W3	4.57	低	1.96	中	否	是
W4	4.57	低	1.75	低	否	否

10.6.6　含氧量对 Cu 互连的影响 ★★★

Cu 上表面与 SiCN 帽层之间的无氧界面可以提高黏附强度，从而降低了 EM 和应力迁移（SM）的退化，这是因为界面上的空位扩散受到了抑制[120,121]。电化学沉积的（ECD）Cu 薄膜中的氧原子也会对 EM 和 SM 的可靠性产生不利影响，因为氧原子可以在结晶退火期间扩散到 Ta 阻挡层上，并且 Ta 比 Cu 更容易被氧化[96]。氧原子主要沿着 Cu 晶粒边界扩散，而不是在体 Cu 中扩散[122]。

为了防止 Ta 阻挡层被氧化，结晶退火前在纯 ECD Cu 薄膜上沉积了一层薄薄的 Ti 层[115]。由于 Ti 氧化的标准 Gibbs 自由能负值大于 Ta 和 Cu 氧化的 Gibbs 自由能，因此 ECD Cu 中的氧原子被选择性地吸收到 Ti 层中作为氧吸收剂

(OxA)。由于 Cu CMP 抛光液很难去除 Ti，因此先用湿法刻蚀，再用 Cu 和 Ta/TaN CMP 去除 Ti OxA。无氧化 Ta 阻挡层显著提高了可靠性。提出了三种不同的 Ti 添加方法：①Ti 层插入 Ta/TaN 堆叠阻挡层金属下；②Ti 层插入 Ta/TaN 阻挡层和 Cu 之间；③Ti 从 ECP Cu 薄膜表面掺杂。第一种方法通过在通孔底部添加 Ti，提高了通孔底部的附着力，从而大大抑制了在连接到宽下线的通孔下的应力诱导孔洞（SIV），而 EM 没有改善。相比之下，在第二种方法中，EM 得到了改善，但 SIV 电阻退化了。从 Cu 薄膜底面的 Ti 掺杂抑制了晶粒的生长，增加了拉伸应力，从而提高了 SIV。第三种方法不仅提高了 SIV，而且提高了 EM 电阻。

如图 10.25 所示[120]，因为 Al 氧化的标准 Gibbs 自由能小于 Ta 和 Cu，因此 Al 吸氧剂（AlO_xA）是减小 Ta 氧化的另一种选择，如图 10.25 所示[120]。对几种 Cu 金属化结构进行了评估，如图 10.26 所示[120]，其中结构Ⅲ是所谓的低氧含量（LOC）CuAl 合金，它没有实现阻挡层金属（Ta）氧化，因为在结晶退火过程中来自 ECD Cu 的氧原子被 AlO_xA 捕获。因此，与常规结构Ⅰ相比，采用 LOC CuAl 合金的结构Ⅲ具有 140 × EM TTF。图 10.26 简要总结如下：

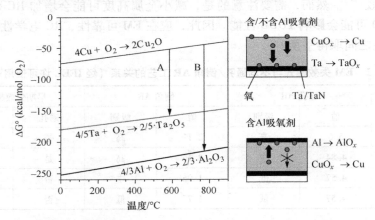

图 10.25　氧化的标准 Gibbs 自由能与温度的关系。根据冶金热力学原理，由于铝（Al）的 ΔGO_x 最小，氧原子倾向于被 Al 捕获，而不是被 Ta 或 Cu 捕获（经 IEEE 许可使用[120]）

• 结构Ⅰ：这是带有 PVD Cu 种子层的常规 ECD Cu，其中 ECD Cu 表面 CuO_x 中的氧扩散到 Ta 阻挡层中进行氧化，如下所示：

$$CuO_x \rightarrow Cu + O \quad \text{在 ECD Cu 表面}$$

$$Ta + O \rightarrow TaO_x \quad \text{在 Ta 阻挡层上}$$

或者，如果在带有 PVD Cu 种子层的 ECD Cu 上沉积一层 AlO_xA 层，则所有氧原子都将被 AlO_xA 捕获，没有氧会扩散到 Ta 阻挡层，从而形成 Cu–Ta 阻挡层的无氧界面。

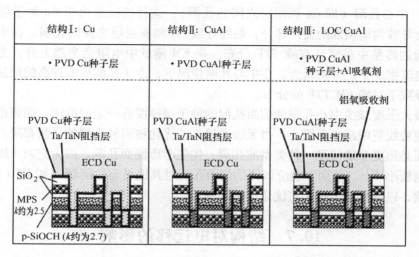

图 10.26 Cu 金属化结构评价。①结构 I：采用 Cu 衬里的常规 Cu DDI；②结构 II：使用 CuAl 衬里的常规 CuAl 合金 DDI；③结构 III：使用 AlO_xA 和 CuAl 衬里的 LOC CuAl DDI（经 IEEE 许可使用[120]）

- 结构 II：当使用 CuAl 合金种子层代替 Cu 种子层时，ECD Cu 表面的氧原子再次向 Ta 阻挡层扩散形成 TaO_x。此外，CuAl 种子层中的稀释 Al 在氧原子到达 Ta 阻挡层之前捕获了一些氧原子，从而产生了比纯 Cu 薄膜中更高的氧浓度。然而，CuAl 种子层中稀释的 Al 不足以阻止 Ta 的氧化。
- 结构 III：通过沉积 AlO_xA，ECD Cu 上的所有氧原子都被捕获，并且没有氧扩散到 Ta 阻挡层，从而形成无氧高质量 CuAl - Ta 界面的 LOC CuAl 薄膜。然而，在 ECD 沉积 Cu 之前，CuAl 种子层表面可能存在一层氧化层。

10.6.7 预先存在的孔洞对电迁移的影响 ★★★

在一系列的制造工艺中，互连中会形成孔洞。根据具体的工艺，孔洞可以在互连的任何位置形成，其大小和形状各不相同。此外，这些孔洞可以根据孔洞及其周围环境的初始条件生长、缩小、移动和改变形状[85]。预先存在的孔洞的形状和位置对 Cu 互连的可靠性有很大影响，特别是当先进技术节点的金属线变得越来越窄时[123]。在 Cu 互连制造中，导致孔洞形成的关键工艺之一是电镀前的 Ta 阻挡层金属和 Cu 种子层沉积[123]。

- 侧面孔洞（即 Cu 和阻挡金属之间的孔洞）：这种情况是 Cu 种子层太薄时，一些不连续的区域暴露出阻挡层金属。暴露的阻挡层金属（Ta）很容易氧化，使 Cu 在电镀过程中无法生长，最终导致 Cu 与阻挡层金属之间孔洞化。在侧面形成孔洞的样品中，未观察到早期失效，失效未呈现出双峰趋势。

- 中心孔洞（即 Cu 和帽层之间的孔洞）：这种情况是由于 Cu 种子层太厚时，会导致沟槽顶部的突出部分，最终导致 Cu 和覆盖层之间的孔洞。在中心形成孔洞的样品中观察到双峰 TTF 分布，在 EM 测试中电阻会突然上升，尤其是在高电流密度下。分析认为，在中心孔洞情况下，由于孔洞周围较高的局部电流密度导致了双峰 EM TTF 的分布。

最大限度减少中心孔洞和侧面孔洞的种子层厚度有一定的范围，而该范围预计将随着线宽的减小而缩小。当无法通过工艺优化将两种类型的孔洞都降到最低时，而必须更多地接受一种类型的孔洞，优先考虑侧面孔洞，因为它对 EM 的负面影响较小[123]。然而，也应该评估侧面孔洞对其他可靠性问题（如 IMD 失效）的影响，以便全面了解工艺优化情况。

10.7 结构对电迁移的影响

互连的几何形状可以影响 EM 性能和寿命[24,124-127]，本节将详细介绍这些内容。例如，线宽、长度变化、通孔数量等对 EM 都有显著的影响。

10.7.1 通孔/线互连结构 ★★★

如前面几节所述，Cu 与帽层之间的界面是 Cu 的快速扩散路径[128]。然而，经常观察到早期 EM 失效通常与通孔有关，要么是通孔耗尽模式的通孔内孔洞化（见图 10.13），要么是线耗尽模式的通孔下方孔洞化（见图 10.14）。

- 对于通孔耗尽 EM，衬里工艺和通孔轮廓是抑制发生早期失效模式的两个关键因素。
- 对于线耗尽 EM，通孔和底层线之间的互连结构对失效特性至关重要[55,129]。通孔与下面的衬里之间良好的完整性可以有效地防止或最大限度地减少开路 EM 失效。冗余通孔可以显著提高 EM 性能，包括中位失效时间（t_{50}）和分布形状（σ），这取决于这些通孔相对于下方线的排列方式。

Li 等人[129]在通孔/线互连结构对 EM 的影响方面做了一项出色的工作，研究了 Cu 互连 EM 结构阴极端的 V_1/M_1 接触结构（横截面示意图如图 10.10b 所示），并将其分为四组，每组都有几种不同的 V_1 排列：

- Ⅰ组：单 V_1/M_1 连接，V_1 与 M_1 衬里接触（A 型和 B 型）
- Ⅱ组：单 V_1/M_1 连接，V_1 远离 M_1 衬里（C 型和 D 型）
- Ⅲ组：多 V_1/M_1 连接，V_1 不接触 M_1 衬里（E、F、G 和 H 型）
- Ⅳ组：多 V_1/M_1 连接，V_1 与 M_1 衬里接触（I、J、K 和 L 型）

在这些结构中，一个典型的特点是使用衬里作为冗余层，当 Cu 线耗尽时通过承载电流有效地延长 EM 寿命，从而最大限度地减少因电阻突然跳变（开路）

导致的 EM 失效。

本节简要总结了这些结构的 EM 特性。注意，在这些实验中[129]，应力是在 300℃而电流密度为 2.5MA/cm² 的 Cu 线上进行的，其中应力电流是根据 M_1 线宽施加的。因此，在使用相同数量的通孔的情况下，对更宽的线施加更大的电流，从而导致每个通孔的应力电流更大。

第 I 组：V_1 与 M_1 衬里接触的单 V_1/M_1 连接

第 I 组包括两种情况，如图 10.27 所示。在 A 型中，单个 V_1 连接到下面的 M_1 线，其中 M_1 线比通孔宽度窄而 V_1 底部始终连接 M_1 侧墙衬里。该特性是电阻跳变，然后随着 EM 应力时间而逐渐增加（见图 10.27 中的插图），因为在通孔底部或通孔下方的金属线上形成孔洞后，通孔-线-衬里连接很好地起到了冗余电流路径的作用。因此，在这种情况下失效时间分布具有较小的 σ（即紧密分布），并表现为单模对数正态分布（图 10.27 中的 A 型）。

在图 10.27 中的 B 型方案中，线的大部分比通孔尺寸宽得多，线末端设计成锥形，使靠近末端的线宽度比其余部分窄。这种设计的目的是让单通孔位于线侧墙下方的两侧，从而形成一个类似于 A 型的冗余电流路径[130]。与 A 型相比，B 型的电阻变化（见图 10.27 中的插图）在 EM 应力期间通常会出现更突然的跳变。有时还会观察到非线性跳变后的电阻增加。因此，在 B 型中可以观察到更宽的失效分布（更大的 σ）。这种差异被认为是由于 B 型中施加在锥形区域（即，窄的颈部区域）较大的应力电流引起的，因为非锥形区域更宽，但应力电流密度与 A 型相同。因此，在锥形部分的孔洞生长更快，并且通孔下孔洞形成后的 joule 加热更高，预计会导致电阻跳变更突然。

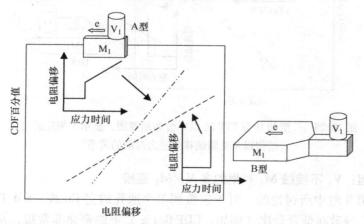

图 10.27 A 型和 B 型的失效时间 CDF 分布示意图。插图显示了相应的测试结构以及电阻偏移随应力时间的变化特性

第Ⅱ组：V_1 远离 M_1 衬里的单 V_1/M_1 连接

与 B 型类似，金属宽度比 C 型和 D 型的通孔尺寸大得多。然而，在 C 型和 D 型中，单通孔远离线末端和侧墙，并且不与衬里接触。电阻随应力时间的变化曲线包括突然跳变和逐渐增加（见图 10.28）。这些通孔/线接触结构的失效时间分布通常是双峰或单模式，但具有非常高的 sigma（即 TTF 分布非常宽）。

图 10.29 给出了两种不同类型的失效模式（突然跳变和逐渐增大）的孔洞位置示意图。电阻突然跳变型（图 10.29 中的模式Ⅰ）失效是由通孔下方形成的孔洞引起的。另一方面，电阻逐渐增大的失效模式与线中远离通孔的孔洞有关（图 10.29 中的模式Ⅱ），其电阻变化特征与通孔接触下方线衬里的情况非常相似（见图 10.27，类型 A）。在这种情况下，虽然金属线中存在孔洞，但线衬里可以很好地充当电冗余层，需要较大的孔洞尺寸才能导致失效，因此相应的寿命较长。

简而言之，电阻突然跳变型在 CDF 百分比较小时对 TTF 无贡献，而电阻渐变型在 CDF 百分比较大时对 TTF 无贡献，尽管最终的 TTF 分布显然可能是单模式的，如图 10.28 所示。

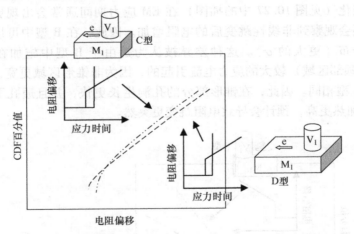

图 10.28　C 型和 D 型 TTF 的 CDF 分布示意图，显示了相应的测试结构以及电阻偏移与应力时间的关系

第Ⅲ组：V_1 不接触 M_1 衬里的多 V_1/M_1 连接

正如第Ⅱ组中所讨论的，对于连接到单个通孔的宽 Cu 线，EM TTF 可能分布非常宽，导致在低百分比（例如，CDF 0.1%）下的寿命非常短，从生产的角度来看这是不可取的。多通孔连接已经成为一种常见的做法，因为它们在可靠性、良率和接触电阻方面具有优势。同样，通孔可能接触或不接触下面的线衬里。此外，对于多通孔布局，即使通孔数量相同，通孔/线接触也有更多可能的

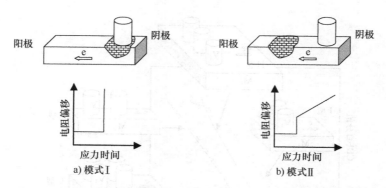

图 10.29 两种失效模式示意图。在模式 I 中，典型的电阻偏移有一个突然的跳变，孔洞位于通孔附近。在模式 II 中，典型的电阻偏移初始增加很小，然后随着孔洞远离通孔而逐渐增加

结构，例如沿线的长度、沿线的宽度或其各种组合。

图 10.30 中的 E、F、G 和 H 型是多 V_1/M_1 连接的四个例子，其中 V_1 未接触 M_1 衬里。这些例子中电阻随时间变化的特性与无通孔-线-衬里接触的单个 V_1/M_1 连接的情况类似（见图 10.28）。由于 V_1 和 M_1 之间缺乏电冗余，大多数失效都是突然的电阻跳变。图 10.30 展示了这四种类型的 TTF 分布示意图。显然，与 F 型和 H 型相比，沿线长度上使用冗余通孔（或额外的一排通孔）（E 型和 G 型），失效分布（失效时间和 sigma）可以显著改善。这可以归因于储层效应，将在下一节进行讨论。与无通孔-线-衬里连接的单通孔（C 型和 D 型）情况相比，预计冗余多通孔可以得到更好的失效分布，即使对于只有一排通孔的 F 型和 H 型。

第 IV 组：V_1 与 M_1 衬里接触的多 V_1/M_1 连接

在第 III 组（E、F、G、H 型）中，宽线通过冗余通孔连接，无通孔-线-衬里接触，尽管冗余通孔接触可以明显改善 EM 性能，但 EM 失效仍然以电阻跳变为主。为了实现通孔和下方连线之间的电冗余，并使多个通孔具有更好的 EM 性能，应优化通孔-线-衬里连接的布局结构。例如，图 10.31 中所示的 I、J、K 和 L 型是有前途的多通孔/线连接设计，这些通孔与下面线衬里接触，并具有相同的 M_1 线宽。所有这些情况都表明，在初始电阻跳变后，线性电阻（通孔/连线电冗余）有所增加（如图 10.29b 所示）。正如预期的那样，带通孔-线-衬里接触的多通孔/线连接可以有效地延长 EM 寿命，防止因电阻突然跳变造成的失效。随着冗余通孔（K 型与 J 型）数量的增加，EM 寿命的增加不仅主分布（CDF 50%）更好，而且分布扩展也较小。对于相同数量的冗余通孔（I 型与 J

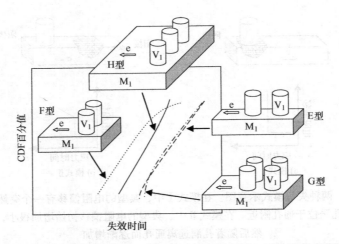

图 10.30 E、F、G 和 H 型失效时间的 CDF 分布示意图,显示了相应的测试结构

型),锥形 Cu 线末端显示出比 B 型相比更短的 TTF 和更差的分布。此外,当检查 K 型和 L 型时,可以明显看出,将通孔安置在多行中可以确保更长的 EM TTF,即使通孔总数相同。

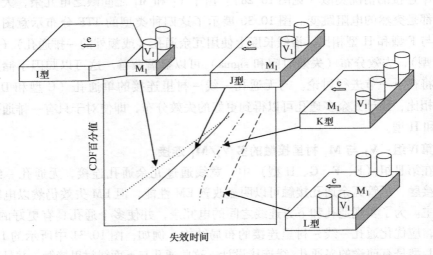

图 10.31 I、J、K 和 L 型的失效时间 CDF 分布示意图,显示了相应的测试结构

10.7.2 储层效应(线延伸效应)★★★

线延伸(有时也称为储层)可以有效改善 EM 性能,并且在设计过程中很容易实现。对其潜在机制有多种解释。

Jeon 和 Park[131]将储层对 EM 的影响与储层区域的空位浓度分布联系起来，并根据有限元方法计算出的应力分布假设该区域没有电流流动。Gan 等人[132,133]发现，在 V_1 上游结构中，随着 M_2 的延伸长度从 0 增加到 60nm，中位失效时间从 50h 增加到 140h，寿命提高了约 200%（见图 10.32）。然而，延伸长度从 60nm 增加到 120nm 并没有显著改善 EM 寿命。通过对金属通孔结构中电流分布的有限元建模，提出了在阴极上方的 M_2 延伸角存在一个低电流密度区，阻碍了孔洞向延伸区的迁移。因此，只有部分延伸量可以作为孔洞积累的有效储层。根据这一分析，60nm 的延伸似乎是临界的延伸长度，超过这一长度，延伸尺寸的增加对 EM 寿命没有影响。此外，还建立了一个与现有实验结果非常吻合的分析模型，表明临界延伸长度是孔洞尺寸和电场强度梯度的函数。该模型可以为防止 EM 电路的设计提供一些指导。

从工艺集成的角度来看，Chen 等人[37]将较长线末端延伸的 EM 阻抗增益归因于通孔中的阻挡层质量。图 10.33 是线延伸与 PVD 阻挡层沉积工艺相互作用的示意图。对于较短的线延伸（L_1），通孔的实际深宽比要比较长的线伸展（L_2）高得多。由于线末端介质的屏蔽效应，延伸 L_1 比延伸 L_2 对进入的阻挡层元素种类有一个更小的入射角（θ_1）。因此，较长的线延伸（L_2）比较短的线延伸（L_1）更容易实现高质量的阻挡层覆盖。

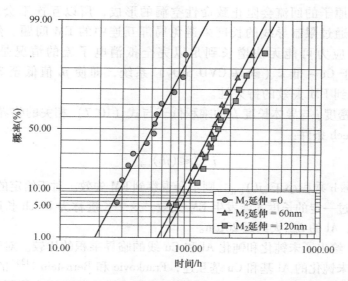

图 10.32 三种不同 M_2 延伸的 280nm 宽 M_2 铜线的中位失效时间累积分布函数图（剑桥大学出版社授权使用[132]）

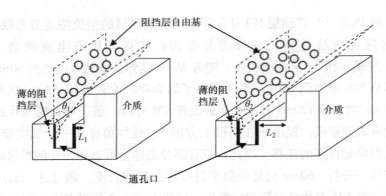

图 10.33 显示线延伸对通孔阻挡层覆盖质量影响的示意图

10.7.3 金属临界长度效应 ★★★

对于 Al 互连，众所周知的是 Blech 长度效应[48]或金属临界长度效应，它描述了发生的一种现象，即如果导体足够短或电流密度足够低时，在线末端产生的响应 EM 驱动力的机械应力梯度（背应力）有效地阻止了 EM 行为。对于 Cu 互连，也观察到类似的 Blech 效应。通孔底部的 TaN/Ta 阻挡层起到了阻挡边界的作用。因此，在 EM 应力期间，金属原子将积累在阳极，导致静压应力。这种应力会产生与 EM 通量方向相反的原子回流。对于足够短的互连，原子的回流会阻止致命性空洞的形成，所以互连不会出现问题。因此，可以通过限制导线的长度来避免局部互连中的 EM 问题。然而，低 k 材料中的背应力可能无法增长到足以完全抵消电子流的情况是非常普遍的[43]。对于 Cu - 低 k（碳基 CVD SiO_2）系统，即使 jL 值低至 375 A/cm，也没有观察到 EM 失效的持久性。

当电流密度 j 与导体长度 L 的乘积低于与式（10.7）相关的临界值 $(jL)_{crit}$ 时，满足 Blech 条件：

$$j \cdot L \leq (jL)_{crit} \qquad (10.16)$$

如果 Blech 乘积小于 $(jL)_{crit}$，则不会观察到 EM 失效。对于给定的电流密度，导体必须超过一定的长度才能发生 EM 失效，这个长度称为 Blech 长度或金属临界长度 L_{crit}。Al 的 L_{crit} 大约是 20μm。

表 10.3 给出了未钝化和钝化 Al 和 Cu 线的临界乘积的比较。对于测试结构类型相同的未钝化的 Al 基和 Cu 基互连，Frankovic 和 Bernstein[135]的研究表明，Cu 的临界乘积比 Al 高 1.8×。这可能是由于在大马士革互连中周围钝化量更大的结果。然而，如果这两种类型的互连都完全钝化，这种优势可能会消失。报告中一个有趣的现象是，AlCu 大马士革互连中的乘积（近 40000A/cm）要高得多，

但却几乎没有拉伸应力[141]。

表10.3 未钝化和钝化的 Al 和 Cu 线临界乘积的比较

		Al 线	Cu 线
未钝化的	$(jL)_{crit}$	350℃ 时为 500 ~ 1260A/cm[48,135]	525A/cm（300℃）[136] 至 900 ~ 1600A/cm（175 ~ 225℃）[135]
	温度依赖性	随着温度的升高而降低，这是由于给定互连系统的热机械性能的变化所致[48]	在 200 ~ 280℃ 的温度范围内，阈值乘积从约 1200A/cm 降至约 400A/cm[135]
钝化的	$(jL)_{crit}$	2500 ~ 4500A/cm[24,48,137]	jL 乘积在 250℃ 为 3000A/cm 而在 200℃ 为 3600A/cm，[34] 在 300℃ 为 2800A/cm[138] 和 3900A/cm[139]，在 350℃ 为 1500A/cm[43]
	温度依赖性	温度依赖性小[137,140]	当温度从 400℃ 降至 295℃ 时，从 3940A/cm 降至 2660A/cm[125,139]

10.7.4 金属厚度/宽度相关性 ★★★

晶圆内的金属厚度有一定的变化范围。例如，根据沉积设备的不同，晶圆边缘的金属可能比中心薄很多（例如，厚度减少 22%）[142]。当考虑 EM 行为时，金属厚度的变化将直接转化为电流密度的变化。根据 Black 的模型，较薄的金属将承受更高的电流密度和 EM 失效时间，并最终导致寿命缩短。预计 EM MTTF 会随着线厚度的减小而线性下降。Cheng 等人[91]的研究表明，当金属厚度从 0.14μm 增加到 0.26μm 时，MTTF 从 90 单位增加到 140 单位。

中位寿命也随线宽的减小而减小，但与线厚度相关性相比，下降的趋势更快。Cheng 等人[91]的研究表明，当金属宽度从 0.07μm 增加到 0.2μm 时，MTTF 从 10 个单位增加到 78 个单位。较窄的金属线（此处为 0.07μm）的 EM 寿命要更短，对应更快的 Cu 漂移速度，其解释如下，研究发现，随着线宽的减小，Cu 线的晶粒尺寸和电阻系数（TCR）值也随之减小。如第 10.6.2 节所述，除了宽线的 Cu 帽层界面扩散外，窄线中较小的晶粒尺寸还提供了更多通过晶界的 EM 路径[91]。

10.8 交流条件下的电迁移

目前，AC 工作条件下的高性能互连设计应用是基于平均（J_{avg}）、方均根（J_{rms}）和峰值（J_{peak}）电流密度的最大值的指定限制[143]。然而，互连设计规则的生成方式是，在生成互连的 EM 寿命准则时并没有同时考虑 EM 和自热问题。事实上，随着器件尺寸不断的按比例缩小，使用 Cu 和低 k 介质时，多层互连的自热问题更加严重[144]。在本节中，从实际的角度总结 AC 应用中这些电流密度的值。

10.8.1 峰值、平均和方均根电流密度的定义 ★★★

峰值电流密度、平均电流密度和方均根电流密度定义如下：

1. 峰值电流密度 J_{peak} 简单来说就是波形中峰值电流 I_{peak} 对应的电流密度

$$J_{peak} = \frac{I_{peak}}{A} \qquad (10.17)$$

其中，A 是互连的横截面积。包括 ESD 脉冲在内的短时峰值大电流可能导致热诱导开路金属失效，这是一个潜在的可靠性问题[145]。

2. 平均电流密度 J_{avg} 定义为

$$J_{avg} = \frac{1}{T}\int_0^T j(t)\,dt \qquad (10.18)$$

其中，T 是电流波形 $j(t)$ 的时间周期。在通常情况下，已知 DC 条件下互连的 EM 寿命由 J_{avg} 决定[146]。

3. rms 电流密度 J_{rms} 定义为

$$J_{rms} = \sqrt{\frac{1}{T}\int_0^T j^2(t)\,dt} \qquad (10.19)$$

互连的 joule 加热由 J_{rms} 决定。由于 EM 性能高度依赖于温度，因此应考虑到 joule 加热现象导致的金属互连温升 [式（10.11）]。

作为一个具体例子，图 10.34 说明了单极脉冲波形的各种电流定义。前三种电流密度可表示如下：

$$J_{avg} = \delta J_{peak} \qquad (10.20)$$

$$J_{rms} = \sqrt{\delta} J_{peak} \qquad (10.21)$$

其中，δ 是占空比，定义为 t_{on}/T，T 是图 10.34 中的脉冲周期。

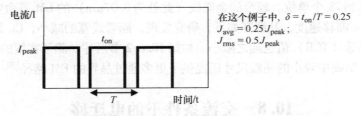

图 10.34 单极脉冲波形说明了所定义的三种电流密度

10.8.2 J_{rms} 的表征 ★★★

除了设计规则中为 DC 条件下的互连 EM 可靠性设定的 J_{max_dc} 限制外，互连

第 10 章 电 迁 移

可靠性的另一个重要的电流限制规则是前面讨论的 AC 线的 J_{rms} 限制,它考虑了电流通过时产生的 joule 加热。与式(10.19)类似,joule 加热也可以由电流 I_{rms} 定义为

$$I_{rms} = \sqrt{\frac{1}{T}\int_0^T i(t)\,dt} \qquad (10.22)$$

$$J_{rms} = I_{rms} \cdot A \qquad (10.23)$$

joule 加热会导致互连温度升高,根据 EM 的 Black 方程 [式(10.11)],这将进一步限制互连的 EM 可靠性。相对较小的温度升高(ΔT)会严重降低 EM 寿命。例如,考虑到铜活化能 E_a 为 0.95eV,温度升高 5℃ 足以使 EM 寿命降低约 30%。因此,随着系统工作温度的升高,允许电流的大小也会降低,以保持目标失效率[147]。Chen 等人[147]报道,与 100℃ 时相比,Cu 在 125℃ 的工作温度下降低了 75% 的载流能力,在 150℃ 时降低了约 90%。因此,互连中的最大允许电流密度随着温度的升高而降低,并应由 joule 加热(J_{rms})和 EM(J_{max_dc})限制来确定。J_{rms} 规则是根据预先选择的温度增幅 ΔT(例如 5℃ 或 10℃)来设定的,以确保互连的可靠性。

从设计的角度来看,能够产生大于 ΔT 温升的 AC 线必须远离 EM 敏感的 DC 线。由于 AC 线温度是连线尺寸的函数,因此所需的间隔(即线间距)也是这些尺寸的函数。因此,对于不同尺寸的 AC 和 DC 线,保持电流密度低于 J_{max_dc} 和 J_{rms} 限制对于为超大规模集成电路(VLSI)技术提供热安全设计至关重要[147]。

以下介绍了如何根据测量结果为特定工艺定义 J_{rms} 规则的方法。根据 Schafft 的分析[20],joule 加热将产生稳态金属 – 金属间温差 ΔT,其电流密度 J_{rms} 为

$$J_{rms} = \sqrt{\frac{G'}{wd_m\rho_0(TCR + 1/\Delta T)}} \qquad (10.24)$$

其中,w 是金属线宽;d_m 是金属线厚度;G' 是单位长度总热导率;ρ_0 是金属电阻率;TCR 是电阻热系数。

根据 Harmon – Gill(H – G)[148]准解析热传导模型,完全嵌入的金属线的总热导率 $G(=G'L$,其中 L 为金属线长)是通过线的顶部、底部和两侧的贡献的叠加而得到的。

另一方面,要通过实验确定金属线结构的热导率 G,可以通过测量不同温度下的线电阻来确定每个结构在所有位置的 TCR,就像等温 EM 测试中使用的方法一样。温度与功率(TVP)的关系是通过增大施加在金属线上的电流获得的。TVP 曲线示意图如图 10.35 所示。注意,x 轴上的功率等于 I^2R;而 y 轴上的温度则由 TCR 决定。通过对这些 TVP 数据点的线性拟合的斜率取倒数,就可以根据以下关系得到金属线的热导率 G:

$$\Delta T/\Delta P = R_\theta = 1/G \quad (10.25)$$

其中，R_θ 是互连线到衬底的热阻。

如前所述，J_{rms} 设计规则是通过限制 joule 加热引起的温升（例如，$\Delta T = 5℃$）来定义的。然后将式（10.25）中的热导率代入式（10.24）中，即可预测允许的电流密度与线宽的关系，如图 10.36 所示。

J_{rms} 是关于线宽、线间距、互连层、互连材料和介质材料的函数，在为 IC 设计设定 J_{rms} 设计规则时，应将所有这些因素考虑在内。

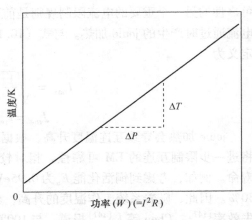

图 10.35 温度 - 功率（TVP）曲线示意图

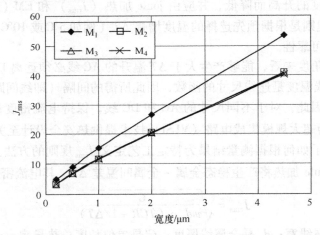

图 10.36 在 100℃ 下，计算的不同金属层的 Cu - 低 k 互连系统的 J_{rms} 极限与线宽的关系

- 互连层的影响。从图 10.36 中可以看出，M_1 允许的 J_{rms} 值高于其他金属层（$M_2 \sim M_4$），因为 M_1 更靠近衬底，因此具有更好的散热性能。此外，根据 Harmon – Gill 模型[148]，热导率 G 与 d_i 成反比，其中 d_i 是金属线下的介质厚度。因此，根据式（10.24），J_{rms} 近似与 $1/\sqrt{d_i}$ 成正比，这表明上层金属互连在受热情况下会比下层金属线温度更高。

- 互连材料的影响。对于相同的截面、电流密度和周围的介质，Cu 互连线的温升比 Al 互连线低，这是因为 Cu 互连线具有更高的热导率、热容，最重要的是，其电阻率更低。式（10.24）表明，J_{rms} 与 $1/\sqrt{\rho_0}$ 成正比，这表明电阻率较低的金属可以承受较高的 J_{rms}。

第 10 章 电迁移

- 介质材料的影响。根据式（10.24），应用低 k 介质会导致允许的电流密度较低，因为低 k 材料的热导率低于传统的 SiO_2。此外，根据 Harmon – Gill 模型[148]，热导率 G 与 k 成正比，其中 k 是介电常数。因此，根据式（10.24），J_{rms} 与 $\sqrt{k}$ 近似成正比。因此 k 值越小，允许的 J_{rms} 值就越小。

10.9 工艺认定实践

为了评估互连的 EM 电阻，联合电子器件工程委员会（JEDEC）建议使用 $t_{0.1}$ 或 J_{max} 作为品质因数[149]。这些品质因数的得出是基于应力 – 失效时间单峰对数正态分布（t_{50} 和 σ）。然而，应该注意到，对于不同的测试结构（例如，不同的通孔/线接触结构，如第 10.7 节所示），混合应力失效模式（电阻突然增加或逐渐增加）是可能的。此外，不同的失效模式会导致不同的初始电阻跳变。这些失效特性可以改变从应力数据推导的 t_{50} 和 σ 值，这取决于所使用的失效标准（电阻增加的百分数：$\Delta R/R_0 \times 100\%$）[129]。$\Delta R/R_0$ 等于 10% 或 20% 可能会给出完全不同的 t_{50} 和 σ，最终将影响 $t_{0.1}$ 在工作温度下的寿命预测。因此，根据应力 – 失效特性和/或具体应用，谨慎地评估使用何种失效标准，以确保得到的品质因数合理地反映技术能力。因此，表 10.4 仅提供了 EM 认定的一些指导或实践。

表 10.4　EM 的典型工艺认定实践

	封装级	晶圆级（等温 EM）
失效标准	根据每个具体应用要求，$\Delta R \geq 10\%$ 或 20%	$\Delta R \geq 3\%$
测试结构	• 适应电流下游和上游的通孔/线结构； • 通孔尺寸遵循设计规则，而金属线具有设计规则中定义的不同金属宽度和长度	• 不同金属宽度和长度的金属线； • 金属宽度范围在设计规则范围内
样品尺寸	每个条件下 ≥ 15 个器件	每个条件下 ≥ 15 个器件
应力条件	$T = 250 \sim 350 ℃$ $J = 1 \sim 5 MA/cm^2$	$T = 250 \sim 400 ℃$ $J = 10 \sim 50 MA/cm^2$
验收标准	在 110℃/J_{op} 下 TTF（0.1%）> 10 年	在 110℃/J_{op} 下 TTF（0.1%）> 10 年
模型	$\tau = AJ^{-n} e^{Ea/kT}$	$\tau = AJ^{-n} e^{Ea/kT}$
分布	对数正态分布	对数正态分布
参数	TTF（在 J_{op} 时）、σ、E_a、n	TTF（在 J_{op} 时）、σ、E_a、n

参 考 文 献

1. P. R. Besser, M. C. Madden, and P. A. Flinn, "In situ scanning electron microscopy observation of the dynamic behavior of electromigration voids in passivated aluminum lines," *Journal of Applied Physics*, Vol. 72, 1992, pp. 3792–3797.
2. C. S. Hau-Riege, "An introduction to Cu electromigration," *Microelectronics Reliability*, Vol. 44, 2004, pp. 195–205.
3. T. D. Sullivan, "Reliability consideration for copper metallization in ULSI circuits," in: O. Kraft, E. Arzt, C. A. Volkert, P. S. Ho, H. Okabayashi, ed. *Stress Induced Phenomena in Metallization*, Fifth International Workshop, Stuttgart, Germany, AIP Conference Proceedings, Vol. 491, 1999, pp. 39–50.
4. C. S. Hau-Riege and C. V. Thompson, "Electromigration in Cu interconnects with very different grain structures," *Applied Physics Letters*, Vol. 78, 2001, pp. 3451–3453.
5. P. E. Bagnoli, A. Diligenti, B. Neri, and S. Ciucci, "Noise measurements in thin-film interconnects: A non-destructive technique to characterize electromigration," *Journal of Applied Physics*, Vol. 63, No. 5, 1988, pp. 1448–1451.
6. W. Baerg, K. Wu, P. Davies, G. Dao, and D. Fraser, "The electrical resistance ratio (RR) as a thin film metal monitor," in *Proceedings of the 28th IEEE Annual International Reliability Physics Symposium*, 1990, pp. 119–123.
7. F. Vollkommer, H. G. Bohn, K. Robrock, and W. Schilling, "Internal friction: A fast technique for electromigration failure analysis," in *Proceedings of the 28th IEEE Annual International Reliability Physics Symposium*, 1990, pp. 27–49.
8. R. W. Pasco and J. A. Schwarz, "Temperature-ramp resistance analysis to characterize electromigration," *Solid-State Electronics*, Vol. 26, 1983, pp. 445–452.
9. L. E. Felton, J. A. Schwarz, and J. R. Lloyd, "A comparison of the median time to failure with temperature-ramp resistance analysis to characterize electromigration to determine electromigration kinetic parameters," *Thin solid Films*, Vol. 155, 1987, pp. 209–215.
10. B. J. Root and T. Turner, "Wafer level electromigration tests for production monitoring," in *Proceedings of the 23rd IEEE Annual International Reliability Physics Symposium*, 1985, pp. 100–107.
11. C. C. Hong and D. L. Cook, "Breakdown energy of metal (BEM): A new technique for monitoring reliability at wafer level," in *Proceedings of the 23rd IEEE Annual International Reliability Physics Symposium*, 1985, pp. 108–114.
12. R. E. Jones and L. D. Smith, "A new wafer level isothermal joule heated electromigration test for rapid testing of integrated circuit interconnects," *Journal of Applied Physics*, Vol. 61, 1987, pp. 4670–4678.
13. I. A. Blech and E. Kinsbron, "Electromigration in thin gold films on molybdenum surfaces," *Thin Solid Films*, Vol. 25, 1975, pp. 327–334.
14. R. E. Johes et al., "A new wafer-level isothermal joule heated electromigration test for rapid testing of integrated circuit interconnect," *Journal of Applied Physics*, Vol. 61, No. 9, 1987, p. 4670.
15. S. Y. Lee, J. B. Lai, S. C. Lee, L. H. Chu, Y. S. Huang, R. Y. Shiue, Y. K. Peng, and J. T. Yue, "Real case study for isothermal EM test as a process control methodology," in *Proceedings of the 39th IEEE Annual International Reliability Physics Symposium*, 2001, pp. 184–188.
16. J. R. Lloyd, J. T. Coffin, M. J. Sullivan, E. T. Severn, G. S. Hopper, and J. L. Jozwiak, "Electromigration failures in thin film silicides and polysilicon/silicide (polycide) structures," in *Proceedings of the 21st IEEE Annual International Reliability Physics Symposium*, 1983, pp. 198–202.
17. M. Sakimoto, T. Itoo, T. Fujii, H. Yamaguchi, and K. Eguchi, "Temperature measurement of Al metallization and the study of Black's model in high current density," in *Proceedings of the 33rd IEEE Annual International Reliability Physics Symposium*, 1995, pp. 333–341.

18. www. qualitau.com, Access date: May 2006.
19. C. R. Crowell, C. C. Shih, and V. C. Tyree, "SWEAT structure design and test procedure criteria based upon TEARS characterization and spatial distribution of failures in iterated structures," in *Proceedings of the 29th IEEE Annual International Reliability Physics Symposium*, 1991, pp. 277–286.
20. H. A. Schafft, "Thermal analysis of electromigration test structures," *IEEE Transactions on Electron Devices*, Vol. 34, No. 3, 1987, pp. 664–672.
21. H. A. Schafft, T. C. Staton, J. Mandel, and J. D. Shott, "Reproducibility of electromigration measurements," *IEEE Transactions on Electron Devices*, Vol. 34, No. 3, 1987, pp. 673–681.
22. R. Frankovic and G. H. Bernstein, "Electromigration drift and threshold in Cu thin-film interconnects," *IEEE Transactions on Electron Devices*, Vol. 43, No. 12, 1996, pp. 2233–2239.
23. P. S. Ho, K. -D. Lee, E. T. Ogawa, X. Lu, H. Matsuhashi, V. A. Blaschke and R. Augur, "Electromigration reliability of Cu interconnects and effects of low k dielectrics," in *Proceedings of the International Electron Devices Meeting (IEDM)*, 2002, pp. 741–744.
24. E. T. Ogawa, K. D. Lee, A. V. Blaschke, and Paul S. Ho, "Electromigration reliability issues in dual-damascene Cu interconnects," *IEEE Transactions on Reliability*, Vol. 51, No. 4, 2002, pp. 403–419.
25. H. Kawasaki and C. -K. Hu, "An electromigration failure model of tungsten plug contacts/vias for realistic lifetime prediction," in *Symposium on VLSI Technology Digest of Technical Papers*, 1996, pp. 192–193.
26. S. Yokogawa and H. Tsuchiya, "Effects of Al doping on the electromigration performance of damascene Cu interconnects," *Journal of Applied Physics*, Vol. 101, No. 1, 2007, p. 013 513.
27. S. Yokogawa, H. Tsuchiya, Y. Kakuhara, and K. Kikuta, "Analysis of Al doping effects on resistivity and electromigration of copper interconnects," *IEEE Transactions on Device and Materials Reliability*, Vol. 8, No. 1, 2008, pp. 216–221.
28. M. Tada, M. Abe, N. Furutake, F. Ito, T. Tonegawa, M. Sekine, and Y. Hayashi, "Improving Reliability of copper dual-damascene interconnects by impurity doping and interface strengthening," *IEEE Transactions on Electron Devices*, Vol. 54, No. 8, 2007, pp. 1867–1877.
29. H. -K. Yap, K. -L. Yap, Y. -C. Tan, and K. -F. Lo, "Wafer level electromigration testing on via/line structure with a poly-heated method in comparison to standard package level tests," in *Proceedings of the 10th International Symposium on the Physical and Failure Analysis of Integrated Circuits (IPFA)*, 2003, pp. 75–79.
30. C. Chappaz, P. Waltz, and L. Castellon; "Electromigration: from package to wafer level thanks to a heating coil structure," in *Proceedings of the IEEE International Conference on Microelectronics Test Structures (ICMTS)*, 2008, pp. 43–45.
31. C. Chappaz and P. Nakkala, "Lifetime extrapolation for electromigration tests at wafer level with a dedicated device," in *Proceedings of the 48th IEEE Annual International Reliability Physics Symposium*, 2010, pp. 887–889.
32. X. Federspiel, V. Girault, and D. Ney, "Effect of joule heating on the determination of electromigration parameters," in *IEEE International Integrated Reliability Workshop Final Report*, 2003, pp. 139–142.
33. A. V. Vairagar, Z. H. Gan, W. Shao, S. G. Mhaisalkar, H. Y. Li, K. N. Tu, Z. Chen, E. Zschech, H. J. Engelmann, and S. Zhang, "Improvement of electromigration lifetime of submicrometer dual-damascene Cu interconnects through surface engineering," *Journal of the Electrochemical Society*, Vol. 153, No. 9, 2006, pp. G840–G845.
34. L. Arnaud, "Electromigration threshold length effect in dual damascene copper-oxide interconnects," in *Proceedings of the 40th IEEE Annual International Reliability Physics Symposium*, 2002, pp. 433–434.
35. L. Arnaud, G. Tartavel, T. Gerger, D. Mariolle, Y. Gobil, and I. Touet, Microstructure and electromigration in copper damascene lines, *Microelectronics Reliability*, Vol. 40, 2000, pp. 77–86.

36. J. C. Doan, J. C. Bravman, P. A. Flinn, and T. N. Marieb, "The relationship between resistance changes and void volume changes in passivated aluminum interconnects," in *Proceedings of the 37th IEEE Annual International Reliability Physics Symposium*, 1999, pp. 206–212.
37. F. Chen, B. Li, T. Lee, C. Christiansen, J. Gill, M. Angyal, M. Shinosky, C. Burke, W. Hasting, R. Austin, T. Sullivan, D. Badami, and J. Aitken, "Technology reliability qualification of a 65nm CMOS Cu/low-k BEOL interconnect," in *Proceedings of the 13rd International Symposium on the Physical and Failure Analysis of Integrated Circuits (IPFA)*, 2006, pp. 97–105.
38. J. Gill, T. Sullivan, S. Yankee, H. Barth, and A. von Glasow, " Investigation of via-dominated multi-modal EM failure distributions in dual damascene Cu interconnects with a discussion of the statistical implications," in *Proceedings of the 40th IEEE Annual International Reliability Physics Symposium*, 2002, pp. 298–304.
39. J. M. Towner, "Are electromigration failures lognormally distributed?" in *Proceedings of the 28th IEEE Annual International Reliability Physics Symposium*, 1990, pp. 100–105.
40. R. Billinton and R. N. Allan, *Reliability Evaluation of Engineering Systems: Concepts and Techniques*, New York: Plenum Press, 1992.
41. Engineering Statistic handbook; available at: http://www.itl.nist.gov/div898/handbook/index.htm, Access date: December 2010.
42. S. Maitrejean, F. Fusalba, M. Patz, V. Jousseaume, and T. Mourier, "Adhesion studies of thin films on ultralow k," in *Proceedings of the International Interconnect Technology Conference (IITC)*, 2002, pp. 206–208.
43. C. S. Hau-Riege, A. P. Marathe, and V. Pham, "The effect of low-k ILD on the electromigration reliability of Cu interconnects with different line lengths," in *Proceedings of the 41st IEEE Annual International Reliability Physics Symposium*, 2003, pp. 173–177.
44. C. K. Hu, L. Gignac, R. Rosenberg, E. Liniger, J. Rubino, C. Sambucetti, A. Stamper, A. Domenicucci, and X. Chen, "Reduced Cu interface diffusion by CoWP surface coating," *Microelectronics Reliability*, Vol. 70, 2003, pp. 406–411.
45. B. Li, C. Christiansen, J. Gill, T. Sullivan, E. Yashchin, and R. Filippi, "Threshold electromigration failure time and its statistics for Cu interconnects," *Journal of Applied Physics*, Vol. 100, 2006, p. 114516.
46. Y. Chai and P. Chan, "High electromigration-resistant copper/carbon nanotube composite for interconnect application," in *Proceedings of the International Electron Devices Meeting (IEDM)*, 2008, pp. 1–4.
47. J. R. Lloyd, "New models for interconnect failure in advanced IC technology," in *Proceedings of the 15th International Symposium on the Physical and Failure Analysis of Integrated Circuits (IPFA)*, 2008, pp. 1–7.
48. I. A. Blech, "Electromigration in thin aluminum films on titanium nitride," *Journal of Applied Physics*, Vol. 47, 1976, pp. 1203–1208.
49. J. R. Lloyd, "Black's law revisited: Nucleation and growth in electromigration failure," *Microelectronics Reliability*, Vol. 47, 2007, pp. 1468–1472.
50. R. Kircheim and U. Kaeber, "Atomistic and computer modeling of metallization failure of integrated circuits by electromigration," *Journal of Applied Physics*, Vol. 70, No. 1, 1991, pp. 172–181.
51. A. Korhonen. P. Boergesen, K. N. Tu, and C.-Y. Li, "Stress evolution due to electromigration in confined metal lines," *Journal of Applied Physics*, Vol. 73, 1993, pp. 3790–3799.
52. J. P. Gambino, T. C. Lee, F. Chen, and T. D. Sullivan, "Reliability challenges for advanced copper interconnects: Electromigration and time-dependent dielectric breakdown (TDDB)," in *Proceedings of the 16th International Symposium on the Physical and Failure Analysis of Integrated Circuits (IPFA)*, 2009, pp. 677–684.
53. V. Andleigh, V. T. Srikar, Y.-J. Park, and C. V. Thompson, "Mechanism maps for electromigration-induced failure of metal and alloy interconnects," *Journal of Applied Physics*, Vol. 86, No. 12, 1999, pp. 6737–6745.
54. A. H. Fischer, A. Abel, M. Lepper, A. E. Zitzelsberger, and A. von Glasow "Experimental data and statistical models for bimodal EM failures," in *Proceedings of the 38th IEEE Annual International Reliability Physics Symposium*,

2000, pp. 359–363.
55. B. Li, C. Christiansen, J. Gill, R. Filippi, T. Sullivan, and E. Yashchin, "Minimum void size and 3-parameter lognormal distribution for EM failures in Cu interconnects," in *Proceedings of the 44th IEEE Annual International Reliability Physics Symposium*, 2006, pp. 115–122.
56. T. Kauerauf, G. Butera, K. Croes, S. Demuynck, C. J. Wilson, P. Roussel, C. Drijbooms, H. Bender, M. Lofrano, B. Vandevelde, Z. Tökei, and G. Groeseneken, "Degradation and failure analysis of copper and tungsten contacts under high fluence stress," in *Proceedings of the 48th IEEE Annual International Reliability Physics Symposium*, 2010, pp. 712–716.
57. K. Wang, C. J. Wilson, A. Cuthbertson, R. Herberholz, H. P. Coulson, A. G. O'Neill, and A. B. Horsfall, "Influence of barriers on the reliability of dual damascene copper contacts," in *Proceedings of the 46th IEEE Annual International Reliability Physics Symposium*, 2008, pp. 677–678.
58. J. Tao, K. K. Young, N. W. Cheung, and C. Hu, "Electromigration reliability of tungsten and aluminum vias and improvements under AC current stress," *IEEE Transactions on Electron Devices*, Vol. 40, No. 8, 1993, pp. 1398–1405.
59. W. Shao, A. V. Vairagar, C. H. Tung, Z. L. Xie, A. Krishnamoorthy, and S. G. Mhaisalkar, "Electromigration in copper damascene interconnects: reservoir effects and failure analysis," *Surface & Coatings Technology*, Vol. 198, 2005, pp. 257–261.
60. C. L. Gan, C. V. Thompson, K. L. Pey, W. K. Choi, H. L. Tay, B. Yu, and M. K. Radhakrishnan, "Effect of current direction on the lifetime of different levels of Cu dual-damascene metallization," *Applied Physics Letters*, Vol. 79, 2001, pp. 4592–4594.
61. A. V. Vairagar, S. G. Mhaisalkar, Ahila Krishnamoorthy, K. N. Tu, A. M. Gusak, M. A. Meyer, and E. Zschech, "In-situ observation of electromigration induced void migration in dual-damascene Cu interconnect structures," *Applied Physics Letters*, Vol. 85, No. 13, 2004, pp. 2502–2504.
62. R. C. J. Wang, D. S. Su, C. T. Yang, D. H. Chen, Y. Y. Doong, J. R. Shih, S. Y. Lee, C. C. Chiu, Y. K. Peng, and I. T. Yue, "Investigation of electromigration properties and plasma charging damages for plasma treatment process in Cu interconnects," in *Proceedings of the 7th International Symposium on Plasma Process-Induced Damage*, 2002, pp. 166–168.
63. A. V. Glasow, A. H. Fischer, D. Bunel, G. Friese, A. Hausmann, O. Heitzsch, M. Hommel, I. Kriz, S. Penka, P. Raffin, C. Robin, H. P. Sperlich, F. Ungar, and A. E. Zitelsherger, "The influence of the SiN cap process on the electromigration and stress voiding performance of dual damascene Cu interconnects," in *Proceedings of the 41st IEEE Annual International Reliability Physics Symposium*, 2003, pp. 146–150.
64. C.-K. Hu, L. Gignac, E. Liniger, B. Herbst, D. Rath, S. T. Chen, S. Kaldor, A. Simon, and W. T. Tseng, "Comparison of Cu electromigration lifetime in Cu interconnects coated various caps," *Applied Physics Letters*, Vol. 83, 2003, pp. 869–871.
65. C.-K. Hu, L. Gignac, R. Rosenberg, E. Liniger, J. Rubino, C. Sambucetti, A. Domenicucci, X. Chen, and A. K. Stamper, „Reduced electromigration of Cu wires by surface coating," *Applied Physics Letters*, Vol. 81, No. 10, 2002, pp. 1782–1784.
66. C.-K. Hu, L. Gignac, R. Rosenberg, B. Herbst, S. Smith, J. Rubino, D. Canaperi, S. T. Chen, S. C. Seo, and D. Restaino, „Atom motion of Cu and Co in Cu damascene lines with a CoWP cap," *Applied Physics Letters*, Vol. 84, No. 24, 2004, pp. 4986–4989.
67. T. Usui, T. Oki, H. Miyajima, K. Tabuchi, K. Watanabe, T. Hasegawa, and H. Shibata, "Identification of electromigration dominant diffusion path for Cu damascene interconnects and effect of plasma treatment and barrier dielectrics on electromigration performance," in *Proceedings of the 42nd IEEE Annual International Reliability Physics Symposium*, 2004, pp. 246–250.
68. T. Kouno, T. Suzuki, S. Otsuka, T. Hosoda, T. Nakamura, Y. Mizushima, M. Shiozu, H. Matsuyama, K. Shono, H. Watatani, Y. Ohkura, M. Sato, S. Fukuyama, and

M. Miyajima, "Stress-induced voiding under vias connected to narrow copper lines," in *Proceedings of the International Electron Devices Meeting (IEDM)*, 2005, pp. 187–190.
69. C. H. Ang, W. H. Lu, Andrew K. L. Yap, L. C. Goh, Luona N. L. Goh, Y. K. Lim, C. S. Chua, L. H. Ko, Tracy H. S. Tan, S. L. Tob, and L. C. Hsia, "A study of SiN cap NH_3 plasma pre-treatment process on the PID, EM, GOI performance and BEOL defectivity in Cu dual damascene technology," in *Proceedings of the IEEE International Conference on Integrated Circuit Design and Technology*, 2004, pp. 119–122.
70. C. K. Hu, L. Gignac, E. Linger, R. Rosenberg, and A. Stamper, "Bimodal Electromigration Mechanisms in Dual-Damascene Cu Line/Via on W," *International Interconnect Technology Conference (IITC)*, 2002, pp. 133–135.
71. Y. L. Chan, P. Chuang, and T. J. Chuang, "Vibrational study of CH_2 and CH_3 radicals on the Cu(111) surface by high resolution electron energy loss spectroscopy," *Journal of Vacuum Science and Technology A*, Vol. 16, No. 3, 1998, pp. 1023–1030.
72. K. P. Rodbell, P. J. Ficalora, and R. Koch, "Effect of hydrogen on electromigration and $1/f$ noise in gold films," *Applied Physics Letters*, Vol. 50, No. 20, 1987, pp. 1415–1417.
73. J. -P. Wang, Y. -K. Su, and J. F. Chen, "Effects of surface cleaning on stressvoiding and electromigration of Cu-damascene interconnection," *IEEE Transactions on Device and Materials Reliability*, Vol. 8, No. 1, 2008, pp. 210–215.
74. K. Chattopadhyay, B. van Schravendijk, T. W. Mountsier, G. B. Alers, M. Hornbeck, H. J. Wu, R. Shaviv, G. Harm, D. Vitkavage, E. Apen, Y. Yu, and R. Havemann, "In-situ formation of a copper silicide cap for TDDB and electromigration improvement," in *Proceedings of the 44th IEEE Annual International Reliability Physics Symposium*, 2006, pp. 128–130.
75. S. Yokogawa, K. Kikuta, H. Tsuchiya, T. Takewaki, M. Suzuki, H. Toyoshima, Y. Kakuhara, N. Kawahara, T. Usami, K. Ohto, K. Fujii, Y. Tsuchiya, K. Arita, K. Motoyama, M. Tohara, T. Taiji, T. Kurokawa, and M. Sekine, "A novel resistivity measurement technique for scaled-down Cu interconnects implemented to reliability-focused automobile applications," in *Proceedings of the International Electron Devices Meeting (IEDM)*, 2006, p. S4. 1.
76. Y. Hayashi, N. Matsunaga, M. Wada, S. Nakao, K. Watanabe, A. Sakata, and H. Shibata, "Low resistive and highly reliable copper interconnects in combination of silicide-cap with Ti-barrier for 32-nm-node and beyond," in *Proceedings of the International Interconnect Technology Conference (IITC)*, 2009, pp. 252–254.
77. W. Wu, H. -J. Wu, G. Dixit, R. Shaviv, M. Gao, T. Mountsier, G. Harm, A. Dulkin, N. Uchigami, S. K. Kailasam, E. Klawuhn, and R. H. Havemann, "Ti-based barrier for Cu interconnect applications," in *Proceedings of the International Interconnect Technology Conference (IITC)*, 2008, pp. 202–204.
78. W. F. Gale and T. C. Totemeier, eds., *Smithell's Metals Reference Book*, 8th ed. New York: Elsevier, 2004, pp. 8-23–8-24.
79. C. K. Hu, D. Canaperi, S. T. Chen, L. M. Gignac, B. Herbst, S. Kaldor, M. Krishnan, E. Liniger, D. L. Rath, D. Restaino, R. Rosenberg, J. Rubino, S. -C. Seo, A. Simon, S. Smith, and W. -T. Tseng, "Effect of overlayers on electromigration reliability improvement for Cu/low K interconnects," in *Proceedings of the 42nd IEEE Annual International Reliability Physics Symposium*, 2004, pp. 222–227.
80. C. -C. Yang, P. Flaitz, P. -C. Wang, F. Chen, and D. Edelstein, "Characterization of selectively deposited cobalt capping layers: selectivity and electromigration resistance," *IEEE Electron Device Letters*, Vol. 31, No. 7, 2010, pp. 728–730.
81. L. Zhang, J. P. Zhou, J. Im, P. S. Ho, O. Aubel, C. Hennesthal, and E. Zschech, "Effects of cap layer and grain structure on electromigration reliability of Cu/low-k interconnects for 45 nm technology node," in *Proceedings of the 48th IEEE Annual International Reliability Physics Symposium*, 2010, pp. 581–585.
82. J. Bao, N. Lustig, E. Engbrecht, J. Gill, R. Filippi, T. C. Lee, K. Chanda, D. Kioussis, A. Lisi, T. Cheng, S. B. Law, A. Simon, P. Flaitz, J. Choi, W. Tseng, E. Zielinski,

S. M. Gates, A. Grill, S. Nguyen, and H. Shobha, "A BEOL multilevel structure with ultra low-k materials ($k \leq 2.4$)," *International Interconnect Technology Conference (IITC)*, 2010, pp. 1–3.

83. S. Yokogawa, K. Kikuta, H. Tsuchiya, T. Takewaki, M. Suzuki, H. Toyoshima, Y. Kakuhara, N. Kawahara, T. Usami, K. Ohto, K. Fujii, Y. Tsuchiya, K. Arita, K. Motoyama, M. Tohara, T. Taiji, T. Kurokawa, and M. Sekine, "Tradeoff characteristics between resistivity and reliability for scaled-down Cu-based interconnects," *IEEE Transactions on Electron Devices*, Vol. 55, No. 1, 2008, pp. 350–357.

84. H. Ceric, R. L. de Orio, J. Cervenka, and S. Selberherr, "Copper microstructure impact on evolution of electromigration induced voids," in *Proceedings of the International Conference on Simulation of Semiconductor Processes and Devices (SISPAD)*, 2009, pp. 1–4.

85. E. Zschech, M. A. Meyer, I. Zienert, E. Langer, H. Geisler, A. Preusse, and P. Huebler, "Electromigration-induced copper interconnect degradation and failure: the role of microstructure," in *Proceedings of the 12th International Symposium on the Physical and Failure Analysis of Integrated Circuits (IPFA)*, 2005, pp. 85–91.

86. R. Lloyd, and J. J. Clement, "Electromigration in Cu conductors," *Thin Solid Films*, Vol. 262, 1995, pp. 135–141.

87. C.-K. Hu, R. Rosenberg, and K. L. Lee, "Electromigration path in Cu thin-film lines," *Applied Physics Letters*, Vol. 74, 1999, pp. 2945–2947.

88. D. Edelstein, C. Uzoh, C. Cabral, P. DeHaven, P. Buchwalter, A. Simon, E. Cooney, S. Malhotra, D. Klaus, H. Rathore, B. Aganvala, and D. Nguyen, "A high performance liner for copper damascene interconnects," *IEEE International Interconnect Technology Conference (IITC)*, 2001, pp. 9–11.

89. C. K. Hu, L. Gignac, B. Baker, E. Liniger, R. Yu, and P. Flaitz, "Impact of Cu microstructure on electromigration reliability," in *Proceedings of the IEEE International Interconnect Technology Conference (IITC)*, 2007, pp. 93–95.

90. L. Zhang, M. Kraatz, O. Aubel, C. Hennesthal, J. Im, E. Zschech, and P. S. Ho, "Cap layer and grain size effects on electromigration reliability in Cu/low-k interconnects," in *Proceedings of the International Interconnect Technology Conference (IITC)*, 2010, pp. 1–3.

91. Y.-L. Cheng, B.-J. Wei, and Y.-L. Wang, "Scaling effect on electromigration in copper interconnects," in *Proceedings of the International Symposium on the Physical and Failure Analysis of Integrated Circuits (IPFA)*, 2009, pp. 698–701.

92. K. D. Lee, Y. J. Park, T. Kim, and W. R. Hunter, "Via processing effects on electromigration in 65nm technology," in *Proceedings of the 44th IEEE Annual International Reliability Physics Symposium*, 2006, pp. 103–106.

93. M. W. Lane, E. G. Liniger, and J. R. Lloyd, "Relationships between interfacial adhesion and electromigration in Cu metallization," *Journal of Applied Physics*, Vol. 93, 2003, pp. 1417–1421.

94. W. Liu, Y. K. Lim, F. Zhang, H. Liu, Y. H. Zhao, A. Y. Du, B. C. Zhang, J. B. Tan, D. K. Sohn, and L. C. Hsia, "Study of upstream electromigration bimodality and its improvement in Cu low-k interconnects," in *Proceedings of the 48th IEEE Annual International Reliability Physics Symposium*, 2010, pp. 906–910.

95. E. G. Liniger, C.-K. Hu, L. M. Gignac, and A. Simon, "Effect of liner thickness on electromigration lifetime," *Journal of Applied Physics*, Vol. 93, 2003, p. 9576.

96. W. C. Baek, J. P. Zhou, J. Im, P. S. Ho, J. G. Lee, S. B. Hwang, K. K. Choi, S. K. Park, O. J. Jung, L. Smith, and K. Pfeifer, "Oxidation of the Ta diffusion barrier and its effect on the reliability of Cu interconnects," in *Proceedings of the 44th IEEE Annual International Reliability Physics Symposium*, 2006, pp. 131–135.

97. O. Aubel, W. Yao, M. A. Meyer, H. J. Engelmann, J. Poppe, F. Feustel, and C. Witt, "New failure mechanism during high temperature storage testing and its application on SIV risk evaluation," in *IEEE International Integrated Reliability Workshop Final Report*, 2009, pp. 5–10.

98. J. Tong, D. Martini, N. Magtoto, and J. Kelber, "Ta Metallization of Si-O-C Substrate and Cu Metallization of Ta/Si-O-C Multilayer," *Journal of Vacuum Science and Technology B*, Vol. 21, 2003, pp. 293–300.

99. K. Ueno, "Material and process challenges for interconnects in nanoelectronics era," in *Proceedings of the International Symposium on VLSI Technology Systems and Applications (VLSI-TSA)*, 2010, pp. 64–65.
100. D. -Y. Moon, T. -S. Kwon, B. -W. Kang, W. -S. Kim, B. M. Kim, J. H. Kim, and J. -W. Park, "Copper seed layer using atomic layer deposition for Cu interconnect," in *Proceedings of the 3rd International Nanoelectronics Conference (INEC)*, 2010, pp. 450–451.
101. T. Ishigami, T. Kurokawa, Y. Kakuhara, B. Withers, J. Jacobs, A. Kolics, I. Ivanov, M. Sekine and K. Ueno , "High reliability Cu interconnection utilizing a low contamination CoWP capping layer," in *Proceedings of the International Interconnect Technology Conference (IITC)*, 2004, pp. 75–77.
102. T. Usui, H. Nasu, S. Takahashi, N. Shimizu, T. Nishikawa, M. Yoshimaru, H. Shibata, M. Wada, and J. Koike, "Highly reliable copper dual-damascene interconnects with self-formed MnSixOy barrier layer," *IEEE Transactions on Electron Devices*, Vol. 53, No. 10, 2006, pp. 2492–2499.
103. K. Ohmori, K. Mori, K. Maekawa, K. Kohama, K. Ito, T. Ohnishi, M. Mizuno, M. Fujisawa, M. Murakami, and H. Miyatake, "A key of self-formed barrier technique for reliability improvement of Cu dual damascene interconnects," in *Proceedings of the International Interconnect Technology Conference (IITC)*, 2010, pp. 1–3.
104. C. -C. Yang, S. Cohen, T. Shaw, P. -C. Wang, T. Nogami, and D. Edelstein, "Characterization of "ultrathin-Cu"/Ru(Ta)/TaN liner stack for copper interconnects," *IEEE Transactions on Electron Devices*, Vol. 31, No. 7, 2010, pp. 722–724.
105. M. Damayanti, T. Sritharan, S. G. Mhaisalkar, and Z. H. Gan, "Effects of dissolved nitrogen in improving barrier properties of ruthenium," *Applied Physics Letters*, Vol. 88, 2006, p. 044101.
106. C. -C. Yang, T. Spooner, S. Ponoth, K. Chanda, A. Simon, C. Lavoie M. Lane, C. -K. Hu, E. Liniger, L. Gignac, T. Shaw, S. Cohen, F. McFeely, and D. Edelstein, "Physical, electrical, and reliability characterization of Ru for Cu interconnects," in *Proceedings of the International Interconnect Technology Conference (IITC)*, 2006, pp. 187–189.
107. L. Zhao, Z. Tokei, G. G. Gischia, H. Volders, and G. Beyer, "A new perspective of barrier material evaluation and process optimization," in *Proceedings of the International Interconnect Technology Conference (IITC)*, 2009, pp. 206–208.
108. N. Nakamura, Y. Takigawa, E. Soda, N. Hosoi, Y. Tarumi, H. Aoyama, Y. Tanaka, D. Kawamura, S. Ogawa, N. Oda, S. Kondo, I. Mori, and S. Saito, "Design impact study of wiring size and barrier metal on device performance toward 22 nm-node featuring EUV lithography," *International Interconnect Technology Conference (IITC)*, 2009, pp. 14–16.
109. K. Mori, K. Ohmori, N. Torazawa, S. Hirao, S. Kaneyama, H. Korogi, K. Maekawa, S. Fukui, K. Tomita, M. Inoue, H. Chibahara, Y. Imai, N. Suzumura, K. Asai and M. Kojima, "Effects of Ru-Ta alloy barrier on Cu filling and reliability for Cu interconnects," in *Proceedings of the International Interconnect Technology Conference (IITC)*, 2008, pp. 99–101.
110. L. Carbonell, H. Volders, N. Heylen, K. Kellens, R. Caluwaerts, K. Devriendt, E. A. Sanchez, J. Wouters, V. Gravey, K. Shah, Q. Luo, A. Sundarrajan, J. Lu, J. Aubuchon, P. Ma, M. Narasimhan, A. Cockburn, Z. Tökei, and G. P. Beyer, "Metallization of sub-30-nm interconnects: comparison of different liner/seed combinations," in *Proceedings of the International Interconnect Technology Conference (IITC)*, 2009, pp. 200–202.
111. P. Ma, Q. Luo, A. Sundarrajan, J. Lu, J. Aubuchon, J. Tseng, N. Kumar, M. Okazaki, Y. Wang, Y. Wang, Y. Chen, M. Naik, I. Emesh, and M. Narasimhan, "Optimized integrated copper gap-fill approaches for 2× flash devices," in *Proceedings of the International Interconnect Technology Conference (IITC)*, 2009, pp. 38–40.
112. T. Nogami, J. Maniscalco, A. adan, P. Flaitz, P. DeHaven, C. Parks, L. Tai, B. St. Lawrence, R. Davis, R. Murphy, T. Shaw, S. Cohen, C-K. Hu, C. Cabral, Jr. , S. Hiang, J. Kelly, M. Zaitz, J. Schmatz, S. Choi, K. Tsumura, C. Penny, H.C. Chen, D. Canaperi, T. Vo, F. Ito, O. Straten, A. Simon, S.- H. Rhee, B-Y.

Kim, T. Bolom, V. Ryan, P. Ma, J. Ren, J. Aubuchon, J. Fine, P. Kozlowski, T. Spooner, and D. Edelstein, " CVD Co and its application to Cu damascene interconnections," in *Proceedings of the International Interconnect Technology Conference (IITC)*, 2010, pp. 1–3.

113. D. Edelstein, C. Uzoh, C. Cabral, P. DeHaven, P. Buchwalter, A. Simon, E. Cooney, S. Malhotra, D. Klaus, H. Rathore, B. Agarwala, and D. Nguyen, "A high performance liner for copper damascene interconnects," in *Proceedings of the International Interconnect Technology Conference (IITC)* 2001, pp. 9–11.

114. A. Isobayashi, Y. Enomoto, H. Yamada, S. Takahashi, and S. Kadomura, "Thermally robust Cu interconnects with Cu-Ag alloy for sub-45-nm node," in *Proceedings of the International Electron Devices Meeting (IEDM)*, 2004, pp. 953–956.

115. M. Ueki, M. Hiroi, N. Ikarashi, T. Onodera, N. Furutake, N. Inoue, and Y. Hayashi, "Effects of Ti addition on via reliability in Cu dual damascene interconnects," in *Proceedings of the IEEE Transactions on Electron Devices*, Vol. 51, No. 11, 2004, pp. 1883–1891.

116. T. Tonegawa, M. Hiroi, K. Motoyama, K. Fujii, and H. Miyamoto, "Suppression of bimodal stress-induced voiding using high-diffusive dopant from Cu-alloy seed layer," in *Proceedings of the International Interconnect Technology Conference (IITC)*, 2003, pp. 216–218.

117. J. Koike, M. Haneda, J. Iijima, and M. Wada, "Cu alloy metallization for self-forming barrier process," in *Proceedings of the International Interconnect Technology Conference (IITC)*, 2006, pp. 161–163.

118. J. P. Gambino, "Improved reliability of copper interconnects using alloying," in *Proceedings of the International Symposium on the Physical and Failure Analysis of Integrated Circuits (IPFA)*, 2010, pp. 1–7.

119. M. Iguchi, S. Yokogawa, H. Aizawa, Y. Kakuhara, H. Tsuchiya, N. Okada, K. Imai, M. Tohara, K. Fujii, and T. Watanabe, "Optimization of metallization processes for 32-nm-node highly reliable ultralow-k ($k = 2.4$)/Cu multilevel interconnects incorporating a bilayer low-k barrier cap ($k = 3.9$)," in *Proceedings of the International Electron Devices Meeting (IEDM)*, 2009, pp. 871–874.

120. Y. Hayashi, M. Abe, M. Tada, M. Narihiro, M. Tagami, M. Ueki, N. Inoue, F. Ito, H. Yamamoto, T. Takeuchi, S. Saito, T. Onodera, and N. Furutake, "Robust low oxygen content Cu alloy for scaled-down ULSI interconnects based on metallurgical thermodynamic principles," *IEEE Transactions on Electron Devices*, Vol. 56, No. 8, 2009, pp. 1579–1587.

121. Y. Hayashi, N. Matsunaga, M. Wada, S. Nakao, K. Watanabe, S. Kato, A. Sakata, A. Kajita, and H. Shibata, "Impact of oxygen on Cu surface for highly reliable low-k/Cu interconnects with CuSiN and Ti-based barrier metal," in *Proceedings of the International Interconnect Technology Conference (IITC)*, 2010.

122. K. -M. Yin, L. Chang, F. -R. Chen, J. -J. Kai, C. -C. Chiang, G. Chuang, P. Ding, B. Chin, H. Zhang, and F. Chen, "Oxidation of Ta diffusion barrier layer for Cu metallization in thermal annealing," *Thin Solid Films*, Vol. 388, No. 1/2, 2001, pp. 27–33.

123. Z. Choi, M. Tsukasa, J. M. Lee, G. H. Choi, S. Choi, and J. -T. Moon, "Effect of pre-existing void in sub-30-nm Cu interconnect reliability," in *Proceedings of the 48th IEEE Annual International Reliability Physics Symposium*, 2010, pp. 903–905.

124. E. T. Ogawa, A. J. Bierwag, K. D. Lee, H. Matsuhashi, P. R. Justison, A. N. Ramamurthi, and P. S. Ho, "Direct observation of a critical length effect in dual-damascene Cu/oxide interconnects," *Applied Physics Letters*, Vol. 78, No. 18, 2001, pp. 2652–2654.

125. P. C. Wang, and R. G. Filippi, "Electromigration threshold in copper interconnects," *Applied Physics Letters*, Vol. 78, No. 23, 2001, pp. 3598–3600.

126. K. D. Lee, E. T. Ogawa, H. Matsuhashi, P. R. Justison, K. -S. Ko, and P. S. Ho, "Electromigration critical length effect in Cu/oxide dual-damascene interconnects," *Applied Physics Letters*, Vol. 79, No. 20, 2001, pp. 3236–3239.

127. F. Wei, C. L. Gan, C. V. Thompson, S. P. Hau-Riege, J. J. Clement, H. L. Tay, B. Yu, M. K. Radhakrishnan, K. L. Pey and W. K. Choi. "Length effects on the reliability of dual-damascene Cu interconnects," *Proceedings of Mater Research Society Symposium*, Vol. 716, 2002, p. B133.
128. C-K, Hu, R. Rosenberg, and K. Y. Lee, "Electromigration path in thin-film lines," *Applied Physics Letters*, Vol. 74, No. 20, 1999, pp. 2945–2947.
129. B. Li, J. Gill, C. J. Christiansen, T. D. Sullivan, and P. S. McLaughlin, "Impact of via-line contact on Cu interconnect electromigration performance," in *Proceedings of the 43rd IEEE Annual International Reliability Physics Symposium*, 2005, pp. 24–30.
130. B. Li, T. D. Sullivan, and T. C. Lee, "Line depletion electromigration characteristics of Cu interconnects," in *Proceedings of the 41st IEEE Annual International Reliability Physics Symposium*, 2003, pp. 140–145.
131. I. Jeon and Y. -B. Park, "Analysis of the reservoir effect on electromigration reliability," *Microelectronics Reliability*, Vol. 44, 2004, pp. 917–928.
132. Z. H. Gan, W. Shao, S. G. Mhaisalkar, Z. Chen, H. Li, K. N. Tu, and A. M. Gusak, "Reservoir effect and the role of low current density regions on electromigration lifetimes in copper interconnects," *Journal of Materials Research*, Vol. 21, No. 9, 2006, pp. 2241–2245.
133. Z. H. Gan, A. M. Gusak, W. Shao, Z. Chen, S. G. Mhaisalkar, T. Zaporozhets, and K. N. Tu, "Analytical modeling of reservoir effect on electromigration in Cu interconnects," *Journal of Materials Research*, Vol. 22, No. 1, 2007, pp. 152–156.
134. C. Christiansen, B. Li, and J. Gill, "Blech effect and lifetime projection for Cu/low-*k* interconnects," *International Interconnect Technology Conference (IITC)*, 2008, p. 114–116.
135. R. Frankovic and G. H. Bernstein, "Pulsed-current duty cycle dependence of electromigration-induced stress generation in aluminum conductors," *IEEE Transactions on Electron Devices*, Vol. 17, 1996, pp. 244–246.
136. K. L. Lee, C. K. Hu, and K. N. Tu, "In situ scanning electron microscope comparison studies on electromigration of Cu and Cu(Sn) alloys for advanced chip interconnects," *Journal of Applied Physics*, Vol. 78, 1995, pp. 4428–4437.
137. H. U. Schrieber, "Electromigration threshold in aluminum films," *Solid-State Electronics*, Vol. 28, 1985, pp. 617–626.
138. S. Thrasher, C. Capasso, L. Zhao, R. Hernandez, P. Mulski, S. Rose, T. Nguyen, and H. Kawasaki, "Blech effect in single-inlaid Cu interconnects," in *Proceedings of the International Interconnect Technology Conference (IITC)*, 2001, pp. 177–179.
139. P. -C. Wang, G. S. Cargill, II, I. C. Noyan, and C. -K. Hu, "Electromigration-induced stress in aluminum conductor lines measured by x-ray microdiffraction," *Applied Physics Letters*, Vol. 72, 1998, pp. 1296–1298.
140. R. G. Filippi, G. A. Biery, and R. A. Wachnik, "The electromigration short-length effect in Ti–AlCu–Ti metallization with tungsten studs," *Journal of Applied Physics*, Vol. 78, 1995, pp. 3756–3768.
141. R. G. Filippi, M. A. Gribelyuk, T. Joseph, T. Kane, and T. D. Sullivan, "Electromigration in AlCu lines: Comparison of dual damascene and metal reactive ion etching," *Thin Solid Films*, Vol. 388, No. 1, 2001, pp. 303–314.
142. A. A. Keshavarz and L. F. Dion, "Effects of metal thickness variations on IC metal lifetime due to electromigration," in *IEEE International Integrated Reliability Workshop Final Report*, 2009, pp. 170–173.
143. N. S. Nagaraj, F. Cano, H. Haznedar, and D. Young, "A practical approach to static signal electromigration analysis," in *Proceedings of the 35th Design Automation Conference*, 1998, pp. 572–577.
144. K. Banerjee and A. Mehrotra, "Global (interconnect) warming," *IEEE Circuits and Devices Magazine*, Vol. 17, No. 5, 2001, pp. 16–32.
145. K. Banerjee, A. Amerasekera, N. Cheung, and C. Hu, "High-current failure model for VLSI interconnects under short-pulse stress conditions," *IEEE Electron Device Letters*, Vol. 18, No. 9, 1997, pp. 405–407.

146. B. K. Liew, N. W. Cheung, and C. Hu, "Projecting interconnect electromigration lifetime for arbitrary current waveforms," *IEEE Transactions on Electron Devices*, Vol. 37, No. 5, 1990, pp. 1343–1351.
147. F. Chen, J. Gill, D. Harmon, T. Sullivan, B. Li, A. Strong, H. Rathore, D. Edelstein, C-C, Yang, A. Cowley, and L. Clevenger, "Measurements of effective thermal conductivity for advanced interconnect structures with various composite low-*k* dielectrics," in *Proceedings of the 42nd IEEE Annual International Reliability Physics Symposium*, 2004, pp. 68–73.
148. D. Harmon, J. Gill, and T. Sullivan, "Thermal conductance of IC interconnects embedded in dielectrics," *IEEE International Reliability Workshop Final Report*, 1998, pp. 54–60.
149. JP-001, "Electromigration," *Foundry Process Qualification Guidelines*. Wafer Fabrication Manufacturing Sites, JEDEC/FSA Joint Publication, September 2002, pp. 7–9.

第 11 章

应力迁移

11.1 引 言

复杂的 Cu/低 k 结构在先进技术节点中的应用产生了应力集中、应力梯度、质量传输、黏附和微结构完整性等复杂的动态变化,并使人们认识到应力迁移(SM)或应力诱导孔洞(SIV)是一种重要的失效机制,引起了研究人员极大的兴趣[1-3]。与 30 年来得到了很好描述的 Al 互连的可靠性限制相比,Cu 互连的可靠性最近得到了广泛的研究。由于 Cu 的晶界活化能较大,从而导致较低的迁移率,因此在相同应力水平下,预计 Cu 比 Al 具有更强的抗 SIV 能力。然而,有时认为 Cu 具有出色的 SIV 鲁棒性似乎过于乐观,因为 Cu 不像 Al 那样具有天然的氧化物保护层。此外,电沉积 Cu 的初始孔洞浓度比 Al 大得多[4]。因此,随着尺寸的减少和新材料的引入,Cu 已经表现出在应力迁移下的脆弱性,就像它所替代的 Al 所表现出来的那样。

SM 的物理原理在第 11.2 节中进行了总结。集成电路(IC)的微型化趋势推动了对 SM 的大量研究,由于对更高电路密度和更小特征尺寸的苛刻要求,SM 问题变得更加严重。此外,当阴极区域因 SM 而积累大量空位时,SM 可能会影响电迁移(EM),从而加速 EM 寿命的退化[5]。Ogawa 等人[1]综述了 SM 机制,如晶粒结构、缺陷、界面、原子输运机制和温度效应。研究还表明,孔洞化的发生需要一个活跃的扩散体积,即互连几何形状、扩散机制体积和应力梯度区域共存的区域。

已经提出了许多测试结构,使用某些表征方法获得 SM 可靠性,详见第 11.3 节。IC 金属化中的 SM 现象的首次报道是在 20 世纪 80 年代中期[6],并且是出现在 423~523K 的温度范围,略低于 EM 测试温度,而 EM 测试温度通常高于 573K。因此,应力诱导的孔洞行为通常是通过高温烘烤测试进行研究的[7]。当出现应力诱导的孔洞时,它们很可能导致互连失效。第 11.4 节总结了不同的 SIV 失效模式。

SM 是一个术语,描述了在金属化过程中因产生巨大拉伸和压缩应力而导致孔洞的形成和生长。在从钝化温度开始的冷却工艺中，由于与周围介质和 Si 衬底的热膨胀系数（CTE）失配，金属线中会产生较大拉伸应力。在冷却过程中，由于热膨胀系数（CTE）与周围介质和 Si 衬底的不匹配导致钝化温度在金属线中产生较大拉伸应力[8]。这些应力会促进金属线内的孔洞形成，从而导致应力松弛，最终会造成金属线开裂，从而导致器件失效。应力水平由材料特性（金属及其周围介质）、互连布局、加工条件和互连系统制造中使用的集成方法控制[1,9,10]。除热应力外，电镀 Cu 互连中由于晶粒的生长会产生相当大的生长应力[11]。此外，由于采用各种低 k 材料作为介质，出现了更复杂的应力相关问题。孔洞、裂缝和热应力等问题也可能导致器件失效或工作寿命的退化。因此，通过测量和建模来了解 Cu 互连中的应力分布和演变是非常重要的。在文献中已进行了有限元分析（二维或三维），试图了解复杂多层结构的应力条件，详见第 11.5 节。

Cu SIV 在很大程度上取决于工艺、表面改性和成分，如第 11.6 节所述。从可靠性的角度来看，任何可以改善界面和晶界质量以减缓铜扩散和/或优化互连结构的技术都有助于缓解 SM。精心选择不同的帽层材料和帽层沉积工艺可以提高对铜的附着力。此外，已经认识到电镀过程中铜薄膜中加入少量第二种金属以及随后通过热处理使其在晶界的偏析，抑制了铜晶界的扩散率。良好的衬里覆盖层老化和无孔洞铜填充是将 SM 在通孔中引起的失效降至最低的方法[12]。金属间介质（IMD）会影响 SM。特别是在 Cu 大马士革互连中引入低 k 介质材料后，SM 问题变得更加复杂。一般来说，标准的无机基 IMD，如二氧化硅，具有相对较低的 CTE 和较高的弹性模量。因此静水压力集中在通孔和线的顶部，导致孔洞成核。而对于具有较高 CTE 和极低杨氏模量的有机低 k 介质材料，通孔处保持了较大的 von Mises 应力，因此通孔的变形是预期的失效模式[13]。

Cu SIV 还与结构密切相关，这也是第 11.7 节的主题。对一组给定材料（金属和绝缘材料），SM 对互连几何形状非常敏感。研究发现，金属线宽、线长、通孔直径、通孔与线的交叠和互连设计方面的几何特征对 SM 行为有显著影响[1,10,11]。例如，为了确保良好的 SIV 电阻，就必须采用无错位通孔轮廓。在设计中应考虑到对 SM 的几何影响，以确保尽可能高的内建可靠性。

最后，第 11.8 节总结了 SM 的工艺可靠性认定。

11.2 应力迁移物理基础

11.2.1 应力迁移机制的基本认识 ★★★

基于对 SM 失效的观察，人们普遍认为制造工艺中热处理引起的拉伸应力是导致孔洞形成的驱动力[14]。这种应力来自于金属与其周围材料之间的 CTE 失配。在应力诱发孔洞的情况下，较大拉伸应力区域使孔洞成核，这是在高温下制造并冷却到低温的互连金属的情况。注意，热机械应力随温度降低而增加，而扩散随温度升高而增加。驱动力和原子扩散率之间的相互作用意味着应力迁移通常在中间温度范围显示出其孔洞化率的峰值（见图11.1），这在实验中已经观察到[1]。在高温下，应力孔洞化受到变为压应力的金属应力水平的限制，而在较低温度下，质量传输的扩

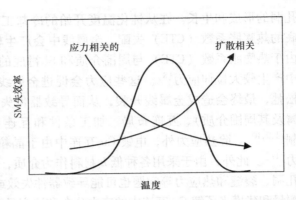

图 11.1　示意图显示，由于拉伸应力（随温度降低）和原子扩散（随温度增加）的相互影响，在某些温度下会出现 SM 失效率峰值。SM 失效率峰值的温度一般在 150~200℃

散率逐渐变慢。因此，可靠性测试应在最大漂移，即最高加速对应的温度附近进行。

Croes 等人[15]报道了最差温度与结构有很大的相关性：kelvin 单通孔的最差温度（见图 11.6）为 150℃，而 M_1 平面结构的最差温度为 175℃，M_2 平面结构的最差温度为 200℃。

除了刚才解释的热机械应力外，微观结构特性也对 SM 的机制产生了影响。孔洞通常在金属和介质钝化之间的界面或晶界处成核。晶界充满空位，晶界消除后晶粒生长释放的自由体积会产生相当大的孔洞。界面或晶界滑移都可能有助于孔洞成核[1,16,17]。孔洞在足够高的相邻应力场的影响下生长，这种应力场可能是位错蠕变或空位凝结造成的。然后，在多晶微结构中，空位沿晶界和/或界面边界扩散，或在线的近似竹型结构中通过晶格扩散。进一步的应力松弛被认为是由空位扩散伴随着应力诱导的孔洞的生长而发生的[18]。

图 11.2 给出了应力孔洞化的微观机制示意图，其中孔洞的形成是空位热扩散的结果。孔洞形成的驱动力是 Cu 的体积收缩，从而导致残余应力的积累。SM 发生在通孔附近，因为复杂的几何结构（结构不连续）和多种材料组成导致那里的应力强度较低。此外，下面的晶界和周围的金属帽层界面作为空位源，以及铜互连中扩散速度最快的路径。即使在高温存储（HTS）测试之前，介质阻挡层沉积后也会在晶界区域产生许多小的孔洞，并且部分孔洞在 HTS 后生长，主要集中在晶界拐角处[19]。这一结果表明，通孔不幸落在晶界区域上方将是通孔下方产生 SIV 的根本原因之一。

通过基于辐射透射 X 射线显微镜（TXM）对连接到宽（>1μm）Cu 板的

Cu 通孔直径约为 100nm 的 SM 测试结构中的孔洞演化进行了原位观察[20]。结果表明，孔洞最初形成于最终发生灾难性失效的位置，即孔洞底部边缘宽 Cu 线的通孔正下方。在 SM 测试期间，Cu 原子从较小拉伸（或高压）应力区域迁移到较大拉伸应力区域，同时，空位沿应力梯度（在几微米的有限范围内）向相反方向迁移到通孔连接宽 Cu 线的位置。

导致通孔开路所需的最小空位数量是相当小的。在电化学沉积（ECD）Cu 互连中，在给定的通孔与通孔下方宽线的连接中，每 500 个 Cu 原子至少有一个空位[21]。注意到，如果达到热平衡，每 1.8×10^{15} 个 Cu 原子就有一个空位[22]。这表明了使用 ECD 来沉积 Cu 的缺陷性质。

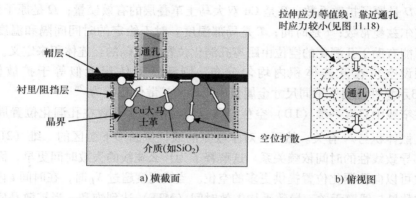

a) 横截面 b) 俯视图

图 11.2 高温烘烤过程中通孔下孔洞化过程的示意图

11.2.2 活跃的扩散体积 ★★★

采用正电子湮灭和高角度环形暗场场扫描透射电镜（HAADF - STEM）对退火温度在 100 ~ 700℃ 的电镀 Cu 薄膜中的空位缺陷进行了直接观察[23]。在沉积状态下，晶粒尺寸较小，大部分空位位于晶界处。退火后，空位缺陷的演变可以根据退火温度分为两个区域。

- 当退火温度低于 300℃ 时，空位聚集成小簇，空位的行为与晶粒生长密切相关。
- 当退火温度超过 300℃ 时，由于空位簇的溶解，空位浓度随着退火温度的升高而降低。空位浓度估计在 $(10^{19} \sim 10^{20})/cm^3$ 之间，这与 SIV 失效中的空位体积估计值相似。作为参考，计算出 300℃ 时 Cu 中空位的热平衡浓度为 $5 \times 10^{11}/cm^3$。因此，ECD Cu 薄膜本身存在过量的空位。一般来说，当 Cu 电镀后的最高工艺温度高于 300℃ 时，空位行为主要决定了 Cu 互连中的残余空位浓度。

导致应力诱发空洞化的空位迁移受特定材料内部活跃的扩散机制控制。从质量传输的角度来看，可以认为由互连体积，扩散体积和应力梯度组成的三个主要体积尺度定义了扩散问题[1]。互连体积的定义比较简单，它是由损伤形成区域内的长、宽、高的乘积来计算的。如果没有这三个体积尺度同时出现在互连的特定位置，活跃的扩散体积不可能存在。例如，假定导致失效的活跃的扩散体积和孔洞体积分别为 $7.2\mu m^3$ 和 $0.01\mu m^3$ [23]。只有在活跃的-扩散-体积区域内的空位才能有助于孔洞化过程[24]。

扩散体积表示，提供的空位合并形成空洞并由特征扩散路径长度确定，如下所示[25]：

$$X_D(t,T) = 2\sqrt{K \cdot t} = 2\sqrt{\frac{D \cdot B \cdot \Omega}{k_B \cdot T}} \tag{11.1}$$

其中，D 是原子扩散系数；B 是 Cu 双大马士革叠层的有效模量；Ω 是原子体积；k_B 是玻尔兹曼常数；t 是时间；T 是局部温度。对于给定的时间间隔和温度，提供的可能有助于孔洞化的空位由距离孔洞化位置 $X \le X_D$ 的互连体积来定义。

假设空位在互连体积内均匀分布，则活跃的体积近似等于扩散体积。图 11.3 示意性说明了不同尺寸金属板中不同的扩散体积行为[26]。

在窄线中只有一维（1D）空位迁移是可行的，这导致在孔洞化位置周围产生的扩散体积与 $\sqrt{t}$ 有关。然而，对于较宽的线，从圆形下游区的二维（2D）空位迁移导致线性的时间依赖关系。这解释了为什么宽线的失效时间更早，因为它们每次可以向孔洞化位置提供更多的空位。当线宽度超过 X_D 时，在时间 t 内捕获的空位数量与线宽无关，导致平均失效时间（MTF）达到饱和。当扩散是应力诱导的孔洞化的主要机制时，电阻漂移（R 偏移）确实被视为是 $\sqrt{t}$ 的线性函数[26]。

Lin 等人[27]报道，在 200℃ 烘烤条件下，与孔洞化相关的电阻变化随应力时间 $\sqrt{t}$ 趋于饱和，其关系如图 11.3 所示。然而，在 150℃ 烘烤条件下，观察到 ΔR 与时间呈线性关系，与金属宽度无关。ΔR 的线性时间相关性与金属线宽度和长度方向上的应力松弛导致的孔洞生长一致[25]，这意味着在所研究的宽度范围内，应力松弛前沿是相同的。Cu/低 k 通孔的应力孔洞化机制似乎与宽度无关[27]。

11.2.3 孔洞成核 ★★★

虽然对 SIV 的孔洞成核过程还不完全清楚，但可以通过拉伸应力与孔洞胚的表面应力和表面能的竞争来解释[28]，从而得出孔洞成核的临界应力阈值。众所周知，静水应力［式（11.2）］是 SIV 孔洞成核的驱动力[3]。根据静水压力分布，可以预测最可能的孔洞成核位置，而静水压力分布可以很容易地从有限元建模中得到[29]。另一方面，von Mises 应力［式（11.3）］通常被用作塑性变形的标准，它以八面体剪应力的形式存在，不影响材料的体积变化。加工变化[30]，微观结构[31]，表面纹理缺陷[32]，氧化或"污染斑块"[33-35]，局部分层[36]，塑性变形[37]，以及由于三点晶界与界面交叉而产生的应力集中也被认为在孔洞核中起作用。

$$\sigma_H = \frac{\sigma_x + \sigma_y + \sigma_z}{3} \tag{11.2}$$

$$\sigma_{\text{von-Mises}} = \frac{1}{\sqrt{2}}[(\sigma_1 - \sigma_2)^2 + (\sigma_2 - \sigma_3)^2 + (\sigma_3 - \sigma_1)^2]^{\frac{1}{2}} \tag{11.3}$$

其中，σ_x、σ_y、σ_z 分别是 x、y、z 方向上的法向应力；σ_1、σ_2 和 σ_3 是三个主应力。

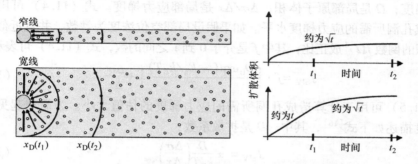

图 11.3　分别计算窄线和宽线扩散面积随时间变化的函数关系
（经剑桥大学出版社授权使用[26]）

11.2.4　应力梯度　★★★

一旦孔洞成核，应力梯度被认为是空位和/或原子扩散的驱动力[16]。应力梯度区域被定义为存在一个迫使空位向特定的孔洞化位置迁移的重要驱动力。这种驱动力是由于沉积工艺后金属化系统中存在的应力梯度的松弛而实现的。其他几个因素包括互连和封装氧化层之间的热失配，晶粒生长或再结晶而导致的微观结构变化以及连接金属线的几何特性，包括通孔尺寸。

图 11.4 给出了 Cu 原子在右侧受到较大拉伸应力时的情况示意图。可以想象 Cu 原子将被驱动向右侧（拉伸应力更高的一侧）。相比之下，空位将向压应力较大（或拉伸应力较低）的区域扩散，并聚集或下沉到应力松弛的孔洞中。孔洞可以通过空位的扩散和积累而生长，直到应力梯度消除为止。当这种情况发生时，互连将出现严重的可靠性问题，如开路失效。

应力梯度的作用如下所示[38]。由于应力引起的孔洞是空位过饱和的结果，在驱动力作用下的时间平均空位通量由下式确定：

$$J_{\text{SIV}} = C(\vec{x}, t) \cdot M \cdot F = C(\vec{x}, t) \cdot \left[\frac{D_0 \exp(-E_a/k_B T)}{k_B T}\right] \cdot \Omega \frac{\Delta \sigma}{\Delta x} \tag{11.4}$$

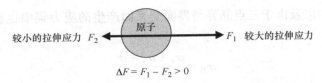

图 11.4 Cu 原子在右侧受到较大拉伸应力的情况示意图

其中，J_{SIV} 是应力梯度引起的空位通量；$C(\vec{x},t)$ 是局部浓度；M 是扩散迁移率；F 是驱动力；D_0 是有效扩散前因子；E_a 是活化能；k_B 是玻尔兹曼常数；T 是绝对温度；Ω 是局部原子体积；$\Delta\sigma/\Delta x$ 是局部应力梯度。式（11.4）可用于估计造成孔洞所需的应力梯度水平。如果假设局部空位浓度为常数，并且近似与原子体积的倒数 $f\Omega^{-1}$ 成正比，其中 f 是介于 0 到 1 之间的数，式（11.4）可表示为

$$J_{\text{SIV}} = f \cdot \left[\frac{D_0 \exp(-E_a/k_B T)}{k_B T}\right] \cdot \frac{\Delta\sigma}{\Delta x} \quad (11.5)$$

式（11.5）可用于计算造成孔洞所需的应力梯度的估值大小。为简单起见，应力梯度描述如下式[16]，其中，D 是扩散系数：

$$J_{\text{SIV}} = \pm \frac{D}{k_B T}\left(\frac{\Delta\sigma}{\Delta x}\right) \quad (11.6)$$

式（11.6）中的负号和正号分别表示空位通量和原子通量。

基于式（11.4），为了有效抑制 Cu 互连中应力诱发空洞失效，应尽量减小对应力诱发孔洞有显著影响的静压应力、空位浓度和应力梯度。

11.2.5 观察到应力迁移的新失效机制 ★★★

前面讨论的在中间温度出现峰值的 SM 机制是基于两个相互竞争的效应，当测试温度低于 225℃时[39]，热膨胀失配引起的扩散和应力。与之相比，当烘烤温度高于 225℃时，观察到一种新的失效机制，其中发生阻挡层氧化，特别是对于先进技术节点中使用的嵌入 SiCOH 低 k 介质中的互连[40]。在该区域，HTS 期间电阻的增加随着温度的升高而继续增加。这种电阻增加仅在通孔链结构中比较突出，而在无通孔的直线结构中可以忽略不计[39]。通过对图 11.1 的扩展，图 11.5 示意性地显示了烘烤温度大于 225℃时的高温效应，退化随温度的变化呈稳步增加的趋势（虚线）。

当比较四乙基正硅酸盐（TEOS）和 SiCOH 叠层在 275℃存储 1000h 后的相对电阻变化（即 $R_{\text{stress}}/R_0 \times 100\%$）时，Aubel 等人发现[40] SiCOH 叠层表现出明显的电阻，而 TEOS 叠层则没有。SiCOH 叠层中电阻最大增加约为 30%。这一机制的活化能大于 1.1eV。此外，大约 20% 的测试样品的电阻增加大于 10%。另一方面，TEOS 叠层的电阻偏移可以忽略不计——只有大约 2%，这可能只是测量的变化。有趣的是，在使用聚焦离子束（FIB）/扫描电子显微镜（SEM）进行广

泛的失效分析后，即使对于 30% R 偏移的 SiCOH 介质叠层样品，也没有发现与 SM 相关的孔洞。这一观察结果可以用测试时间内电阻轨迹的形状来解释。在应力温度约为 200℃ 的常规 SM 中，当孔洞在一定时间内生长到临界尺寸后，相应的电阻会突然增加。然而，在高存储温度下的 SiCOH 介质，只能看到缓慢的蠕变电阻增加，这表明在高存储温度下发生了一种独特的机制，这可以用电子能量损失谱（EELS）分析所证明的该区域 Ta 阻挡层的部分氧化来解释。TaO_x 的电阻比 Ta 大得多，这导致在应力过程中电阻持续增加。考虑到各种沉积和刻蚀步骤，在通孔底部没有残留 TaN，但在通孔侧墙上有。因此，在通孔底部和下面的金属表面之间夹着一个非常薄的 Ta 阻挡层（但没有 TaN）。下金属表面很可能在 Ta 沉积之前受到回刻工艺的机械损伤。在高分辨率 TEM 图像中可以看到 Ta 和下层电镀 Cu 之间的粗糙界面[40]。因此认为是 SiCOH 层作为氧源支持了 Ta 氧化，从而导致阻挡层氧化。由于通孔侧墙受到 TaN 的"保护"，只有通孔底部容易受到氧的影响，这是因为阻挡层和 Cu 之间存在露出的 Ta 界面。粗糙的下界面使 Ta 氧化更容易发生。因此，有必要在更高的温度下进行该测试，以解决使用低 k 介质的先进技术中潜在的工艺弱点。

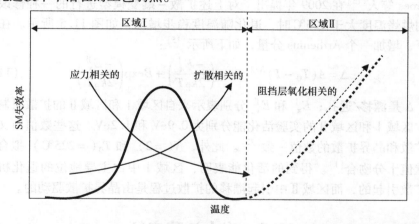

图 11.5　在图 11.1 中增加了高温（>225℃）下的虚线，表示与阻挡层氧化有关的退化随温度的变化而稳步增加

11.2.6　应力诱发孔洞化的数学模型 ★★★

McPherson 和 Dunn[41] 开发的 SM 模型解释了在中间温度出现峰值（图 11.5 中的区域Ⅰ）的 SIV 现象，表示为

$$R = C(T_0 - T)^N \exp\left(\frac{-E_a}{k_B T}\right) \tag{11.7}$$

其中，R 是蠕变速率；T_0 是金属的无应力温度（铜的近似金属沉积温度）；T 是

— 407 —

SM 应力温度；N 是蠕变指数（对于韧性金属为 $2\sim4$）；C 是一个拟合常数。在这个模型中，Arrhenius 分析得到的有效活化能或观察到的活化能与温度有关，并表示为[42,43]

$$E_{a,\text{eff}} = E_a - Nk_B\left(\frac{T^2}{T_0 - T}\right) \quad (11.8)$$

其中，$E_{a,\text{eff}}$ 是与温度有关的活化能。

基于以上理解，失效时间（TTF）可以表示为[8]

$$\text{TTF} = C_0 \cdot (T_0 - T)^{-N} \cdot \exp\left(\frac{E_a}{k_B T}\right) \quad (11.9)$$

其中，C_0 是拟合常数；E_a 是活化能。

根据 $\Delta R/\Delta t$ 数据提取的活化能 E_a 为 0.8eV[27]，意味着沿 Cu 介质阻挡层界面的空位扩散是导致应力松弛和孔洞生长的过程。更具体地说，已报道的 E_a 值范围为 $0.74\sim1.2\text{eV}$[1,44]。还可以看出，在研究的 $0.07\sim0.42\mu\text{m}$ 范围内，E_a 与线宽无关，这表明在整个条宽度范围内，孔洞生长机制没有改变。

Croes 等人[15]在 2009 年提出了对上述扩散-蠕变模型进行的一种修改，当考虑到烘烤温度大于 225℃ 时，退化随温度稳步增加，如图 11.5 所示。在这种情况下，增加一个 Arrhenius 分量，如下所示[15]：

$$\Delta = A(T_0 - T)^{N/2} \cdot \exp\left(\frac{-E_a^{\text{I}}}{2k_B T}\right) + B\exp\left(\frac{-E_a^{\text{II}}}{2k_B T}\right) \quad (11.10)$$

其中，Δ 是漂移/通孔；E_a^{I} 和 E_a^{II} 分别表示来自区域 I 和区域 II 的扩散机制的活化能。区域 I 和区域 II 的实验活化能分别为 0.9eV 和 1.2eV。这些数值与文献中界面扩散和晶界扩散的数值一致[22]。此外，$N(=2)$ 和 $T_0(=225℃)$ 拟合值也与文献值十分吻合[1]。得到的活化能表明，区域 I 中占主导地位的退化机制是界面扩散引起的，而区域 II 中引起漂移的扩散过程是由晶界扩散驱动的。

11.3 应力迁移表征

11.3.1 应力迁移测试结构 ★★★

典型的 SIV 结构包括通孔下方（见图 11.6a）或通孔内（见图 11.6b）的大金属板或类 kelvin 单通孔结构（见图 11.6c）。这些单通孔结构对 SIV 电阻的上升很敏感，并且其优点是更易于进行失效分析评估。它们分别用于研究通孔以下孔洞化（见图 11.6a）、通孔内孔洞化（见图 11.6b）以及两种机制（见图 11.6c）的不同孔洞化机制。作为空位源，金属板应足够大（在设计规则中定义）；例如，设计了一个 $5\mu\text{m}\times5\mu\text{m}$ M_x-平面结构，两个 60nm 的通孔彼此相距

3μm，如图 11.6a 所示，每个通孔连接一条窄的 M_{x+1} 线，该线连接到压焊点。通孔下方或上方的线越宽，可以从孔洞收集到空位的体积就越大。因此，更宽的线形成孔洞的可能性更大，从而导致在有限的测试时间内电阻增加。在大多数研究中，超宽板用于评估 SIV 性能的边缘性，但在常规设计中不允许这样做。

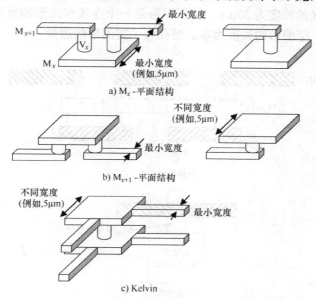

图 11.6　为研究不同孔洞化机制而设计的测试结构
a）在通孔下方；b）在通孔内；c）在通孔下方和通孔内

相比之下，通孔链（VC）结构是另一种 SIV 结构，由许多通过金属线（或长或短）连接的通孔组成，通孔电阻的增加被放大，易于检测，但失效位置的定位相对困难。通孔链 SIV 结构可以是线性通孔链或堆叠通孔链（见图 11.7）。下面将详细介绍一些特殊 SIV 结构的示例。

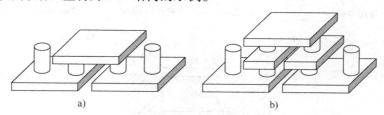

图 11.7　通孔链 SIV 结构
a）线性通孔链　b）堆叠通孔链

图 11.8 给出了双大马士革 Cu 互连的堆叠通孔链 SM 测试结构示意图[44]。图 11.8a 是连接 M_x 到 M_{x+2} 结构的截面图。每个堆叠的通孔链段通过宽度和长度

不同的 M_{x+1} 鼻头状部分（见图 11.8b）连接到大尺寸 M_{x+1} 板。M_{x+1} 鼻头状部分尺寸的一个例子是 100nm 宽、250nm 长。

Matsuyama 等人[46,47]研究了一些 SIV 结构，如图 11.9 所示。宽图形是一种链状图形，其中两个金属层通过单个通孔串联在一起。M_1 线和 M_2 线宽度相同（3μm），每条线的长度为 30μm。挤压图形是一个连接窄图形和宽图形的链。在零挤压图形中，窄图形的长度为零。通孔位于宽图形的边缘。

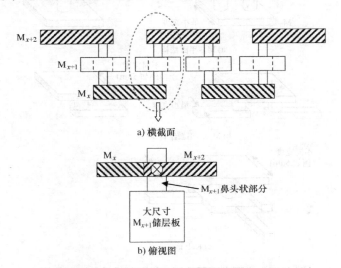

图 11.8 双大马士革 Cu 互连的 SM 测试结构

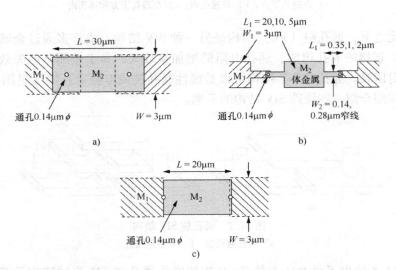

图 11.9 a) 宽图形、b) 挤压图形、c) 零挤压图形的俯视图示意图
（经 IEEE 许可使用[47]）

11.3.2 应力迁移表征方法 ★★★

SM 现象通常在晶圆或封装级通过简单的 HTS 测试进行研究[48]。封装级系统具有较高的时间分辨率的优势,因为原位电阻测量读数可以连续实时进行,而非原位晶圆级测试方法允许同时测试大尺寸样品或更多不同类型的测试结构。测试本身是一种简单的电阻随时间的测量。应力温度范围为 100~325℃。对于非原位晶圆级应力测试,首先测量所评估结构的初始电阻作为预应力 T_0 值。然后在应力持续时间,例如 168、500、1000,有时长达 2000h 后进行读数,以检查孔洞迁移饱和/稳定性。小电阻的典型电阻测量电流为 0.3mA[40]。在烘烤过程中,对测试结构没有施加电流,以消除 EM 引起的孔洞化效应。

电阻变化引起的失效时间的对数正态图和测试结构电阻变化百分比的正态或对数正态分布是研究 SM 可靠性统计的方法[49,50]。

还有其他方法可以用来表征 SM,但它们不太流行,例如,在钝化沉积温度[14]冷却期间,直接测量 Cu 线和通孔中的热应力与线宽的函数关系,或者使用 X 射线衍射测量 Cu 线和通孔中的热应力与烘烤温度的函数关系[51]。

11.4 应力迁移失效模式

应力导致的孔洞是由于互连内部过饱和空位的集中形成的。这些过饱和空位由于应力梯度而扩散,并聚积在应力集中位置。一旦这个孔洞达到一个临界尺寸(取决于孔洞的位置),互连就会因大的电阻增加或开路而失效。

SM 引发的失效模式主要有三种:

- 第一种是通孔底部的拉出模式孔洞,如图 11.10a 所示。当上层线较宽时(如图 11.6b 所示)[3,9,21,26,52,53],这个失效模式是双大马士革结构所特有的,称为上层金属模式 SIV。通过优化通孔形状[3,12,21]可以抑制这种模式,从而改善通孔周围的阻挡层金属覆盖,并增强 Cu 与阻挡层金属之间的附着力。受局部减薄影响的通孔线过渡有两个明显的特征[12]。一个是在金属沟槽的上部(由于进入的质量通量较低);另一个是在中间通孔侧墙的通孔和侧墙之间的过渡区域(由于较强的局部再溅射)。阻挡层金属覆盖不良导致通孔中 Cu 填充不足。Cu 与底层之间的附着力不足,导致 Cu 聚集或"拉出"到较宽的上层线中,从而产生孔洞。

- 第二种是通孔中部的孔洞形成(见图 11.10b)。这是另一种上层金属模式 SIV。这是由于未经优化的通孔工艺[21]和通孔明显渗入 Cu-衬里界面下的金属线的共同结果,因为通孔底部对孔洞成核的关键性明显降低[12]。因此,当应用具有再溅射效应的衬里沉积技术时,通孔中部更容易出现孔洞成核。

- 第三种模式是通孔下方金属线上的孔洞形成(见图 11.10c)[53],称为下层金属模式 SIV[54]。要在通孔下方形成孔洞(见图 11.10b),空位的主要扩散路径是铜帽层界面,并且通孔下方的金属层中需要存在空位储层(见图 11.6a),这是 SiO_2 作为金属间介质(IMD)的主要失效模式。通过使用多个通孔[28]或增加 Cu 晶粒尺寸,以及改善阻挡层金属与 Cu 的附着力,可以很好地控制这种 SIV 模式[21]。

聚焦离子束(FIB)通常用于检测孔洞的位置。有时还使用 TEM 进行高分辨率失效分析以表征这种现象。此外,有限元分析被认为是了解孔洞与应力场关系的详细机制的必要补充,这将在下一节中进行阐述。

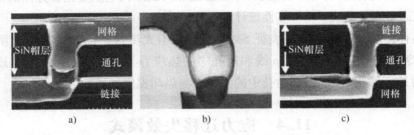

图 11.10 镶嵌 Cu 互连中典型的应力诱导的孔洞 [a) 和 c) 经剑桥大学出版社许可使用[26],而 b) 经 IEEE 许可使用[47]]

11.5 应力迁移的有限元法

自 20 世纪 90 年代以来,有限元建模(FEM)已成功地用于研究 Al 互连三维(3D)多层器件结构的应力分布和迁移[55]。考虑到 Cu 的复杂互连结构,有限元分析仿真在评估应力分布和表征 Cu 金属化的相对 SIV 概率方面发挥了重要作用[56,57]。

此外,对孔洞化机理的理解为未来多层器件结构的设计和工艺改进提供了指导。FEM 的工作原理是,通过将大型复杂结构分解为多个部分或单元,可以简化其分析[29]。然后用一组相对简单的方程来描述每个单元。这些特定单元的方程组然后集合在一起,形成一个描述整个结构行为的极其庞大的相互关联的方程组。借助于单元生死技术,通过 FEM 计算可以仿真成核后孔洞的动态生长过程[58,59]。

对称可靠性试验结构可以采用简化的 2D 轴对称模型。然而,对于更现实的窄到宽链的非对称结构，具有更大的应力梯度而导致更快的孔洞生长，因此需要建立 3D 模型来评估应力梯度[60]。

有限元分析中使用最广泛的商业有限元软件是 ANSYS 或 ABAQUS。在三维空间中，所关注的响应是法向应力分量 σ_x（沿线长）、σ_y（线的横向）和 σ_z（线长的法向），静压应力、von Mises 应力，以及相应的应力梯度。本节将详细介绍 SIV 的有限元建模。

11.5.1 有限元方法模型描述 ★★★

图 11.11a 显示了 FEM 模型的 $M_1 - V_1 - M_2$ 配置的典型通孔-线结构。模型几何结构还包括 M_1 和 M_2 扩展（通孔-金属线交叠），这在实际布局中广泛使用。图 11.11a 中所列尺寸的单位为纳米（nm）。底部和侧墙的阻挡层 Ta（钽）厚度为 25nm，未掺杂的硅酸盐玻璃（USG）刻蚀停止层厚度为 50nm。通孔的高度和宽度分别为 280nm 和 260nm。模型的整个线长固定在 2500nm。

图 11.11b 显示了图 11.11a 中给出的通孔-线结构边界条件下的有限元网格。使用如下边界条件：在平面 $x=0$，l 和 $y=0$ 时，由于重复结构，ω 为镜像对称约束，$x=0$ 和 $x=\omega$ 平面 $u_x=0$；$y=0$ 和 $y=\omega$ 平面 $u_y=0$。这里 u_x 和 u_y 分别对应沿 x 和 y 方向的位移。在 ANSYS 仿真中使用的单元类型是八节点 SOLID45，它通常用于 3D 热应力分析[61]。网格细化可以适用于 Cu 互连，因为在这些位置预计会有较高的应力集中。图 11.12 给出了利用 ANSYS 进行 SM 建模的流程图。

表 11.1 列出了仿真中使用的材料的属性。因为模型尺寸以微米（μm）为单位，这些特性是通过测量薄膜得到的。假设每种材料都是各向同性的线性的弹性固体，而不考虑 Cu 的微观结构相关的非线性行为。这一假设是合理的，因为已知 Cu 线的宽度在亚微米范围内，即使在高达 400℃ 的温度下，它也将继续表现出线性的弹性行为[62]。

从初始无应力温度到 200℃ SIV 测试温度，对互连冷却进行了热力计算[69]。通常使用 400℃ 的无应力温度，因为这是假设结构处于零应力状态时介质材料的沉积温度[70]。选择 200℃ 的最终温度是为了保证 SIV 中的最大的加速度，而这个温度被称为临界温度[69]。这个临界温度是由不同温度下 HTS 后 Cu 互连电阻的变化决定的。

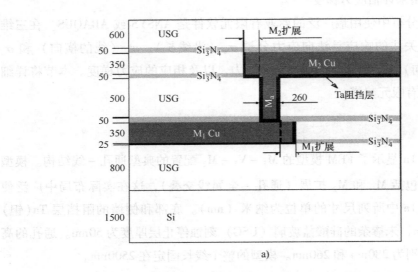

a)

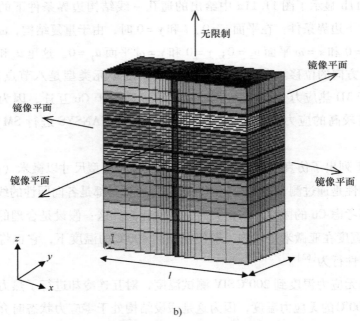

b)

图 11.11 a) 带几何描述的通孔 – 线结构模型；b) 带有限元网格边界条件描述的通孔 – 线结构模型（经施普林格科学与商业媒体授权使用[29]）

表 11.1 有限元分析中所用材料的热机械性能

特性	材料	CTE(10^{-6}/℃)	模量（GPa）	Poisson 比
衬底	Si[63]	2.6	141	0.22
IMD	USG[64]	1.37	60	0.25
	CDO[65]	12.0	16.2	0.25
	TEOS[13]	1	59	0.16
	SiLK[13]	62	3.5	0.35
刻蚀终止	SiN[66]	3.2	220.8	0.27
线	Cu[67]	17.7	104.2	0.352
阻挡层	Ta[68]	6.5	185.7	0.342

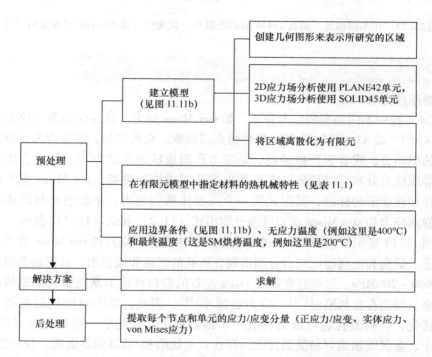

图 11.12 利用 ANSYS 进行 SM 建模的流程图（经施普林格科学与商业媒体授权使用[29]）

图 11.13 是 USG 介质在 150/200/250℃下 1344h 应力后，电阻随不同 M_1 或 M_2 扩展的归一化变化示例。在 200℃ 时观察到具有最广分布的最大电阻变化。这一观察结果也是文献中其他报告的一部分[1,71]。结果也表明 SM 对 M_1 和 M_2 扩展不太敏感。其他一些工作采用室温作为应力仿真的最终温度[13,55]。

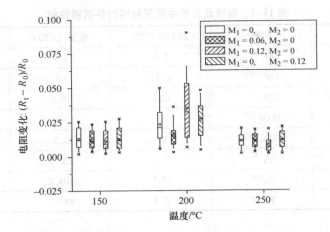

图 11.13 在不同温度下测试 1344h 后的电阻归一化变化（经 Elsevier 授权使用[69]）

11.5.2 表征应力的有限元方法参数及实例 ★★★

静压应力和 von Mises 应力

Cu 互连中不同类型的应力分布，如 von Mises 应力、静压应力和主应力可以通过 ANSYS 或 ABAQUS 等 FEM 软件仿真或提取。众所周知，静压应力是应力孔洞化的驱动力，或者更严格地说，是应力孔洞成核的驱动力[3]。因此，仿真得到的静压应力分布可以预测极有可能出现孔洞成核的位置。von Mises 应力通常被用作塑性变形的标准，其形式为一个八面体剪切应力，不影响材料的体积变化。静压应力和 von Mises 应力可用分别用式（11.2）和式（11.3）表示。

图 11.14 显示了嵌入 TEOS 的通孔–线结构的静压应力和 von Mises 应力分布的例子。最高和次高静压应力分别出现在通孔的底面和线顶面，计算出的应力值约为 600~700MPa。虽然通常需要 1GPa 左右的静拉伸应力来克服孔洞成核的能量势垒，但当存在缺陷时[72]，应力会减小[34]。因此，除非对阻挡层沉积工艺进行优化，否则通孔底可能会构成一个薄弱界面。在化学–机械抛光（CMP）工艺中，金属线顶面容易受到污染而存在大量缺陷和/或高的界面能。换句话说，由于这些区域界面大的缺陷密度以及较高的应力值，要么是通孔底部或线顶部将成为主要的成核位置，这与实验结果完全一致[26]。

应力梯度

虽然静压应力本身可以解释孔洞成核位置，但它可能无法解释 SIV 行为。例如，据报道，仿真的静压应力随着线宽的增加而减小[7]。然而，实验结果表明，金属线越宽，平均失效时间（MTTF）越短，也就是说，它们比窄的线更容易受到 SIV 的影响[7]。这种现象可以用应力梯度的概念来解释。

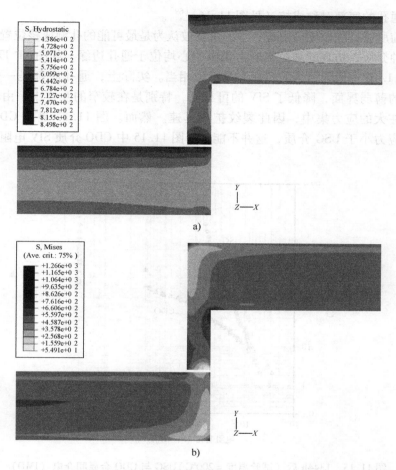

图 11.14 嵌入 TEOS 的通孔-线结构的 a) 静压应力和 b) von Mises 应力的等值线图
(经 Elsevier 授权使用[13])

事实上,一旦孔洞成核,应力梯度被认为是空位和/或原子扩散的驱动力,如式(11.6)所述,导致孔洞生长,如图 11.14 所示。空位向压缩性更强的区域扩散,并在应力松弛的孔洞附近收缩。孔洞会随着空位的扩散和积累而生长,直到应力梯度被消除,而如果发生这种情况,就会引发严重的可靠性问题,例如开路失效。下面给出了结合失效分析与应力梯度 FEM 的实例。

从图 11.15 显示,掺碳氧化物(CDO)的介质比 USG 差很多[69]。大约 40% 的 CDO 样品在 1344h 的测试后出现开路失效,而 USG 样品的最大电阻变化仅为 10%。因此,这些数据清楚地表明,介质材料的选择对 SM 寿命有非常重要的影响。采用聚焦离子束(FIB)失效分析表明,CDO 和 USG 的失效性质非常相似,孔洞在通孔的底部对称成核（见图 11.16）[69]。

如前所述，静拉伸应力最集中的位置被认为是最可能的孔洞成核位置。无论采用何种介质，仿真的静拉伸应力集中中心均位于通孔边缘，如图 11.17 所示，这与图 11.16 中通孔结构的实际失效行为相当。实际上，通孔底部是一个与工艺相关的薄弱界面，降低了 SIV 的可靠性，特别是在较窄的互连中。由于孔洞顶端存在大的应力集中，因此裂纹扩展迅速。然而，图 11.17 显示 CDO 介质的静压应力小于 USG 介质，这并不能解释图 11.15 中 CDO 介质 SIV 电阻较差的原因。

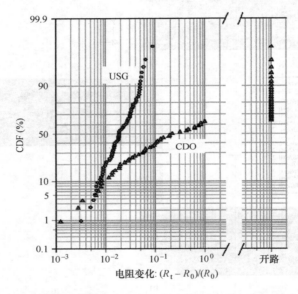

图 11.15　1344h 后（试验温度 = 200℃）USG 与 CDO 金属间介电（IMD）电阻的变化（经 Elsevier 授权使用[69]）

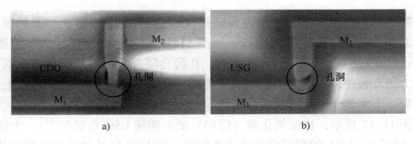

图 11.16　失效后 FIB 图像（经 Elsevier 授权使用[69]）
a) 介质 = CDO　b) 介质 = USG

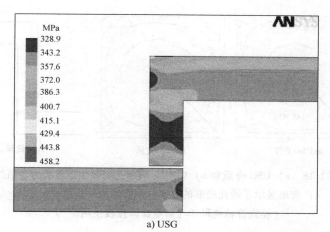

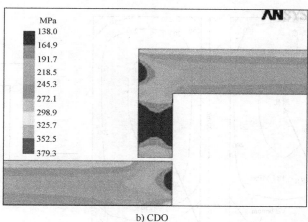

图 11.17　有限元仿真的 a) USG 和 b) CDO 介质通孔底部的静压应力等高线图
（经 Elsevier 授权使用[69]）

为了解释实验结果，利用 FEM 计算了静压应力梯度，如图 11.18 和图 11.19 所示。根据图 11.18，在 CDO 结构通孔底部沿对角线的平均应力梯度约为 1.039MPa/nm，比 USG 结构（约为 0.805MPa/nm）高出 30% 左右。同样，根据图 11.19，CDO 结构通孔侧墙沿 z 轴的平均应力梯度（约为 0.578MPa/nm）比 USG 结构（约为 0.368MPa/nm）高出约 57%。

由于 CDO 结构中应力梯度越高，孔洞生长的驱动力更大，因此计算出的 CDO 结构中更大的应力梯度可能是其失效率更高的关键原因之一。

为了数值仿真空位迁移的物理过程，Huang 等人[73]引入了空位浓度或空位密度的概念，将其与空间静压应力梯度 $\nabla\sigma_H$ 联系起来。空位浓度及其运动可以描

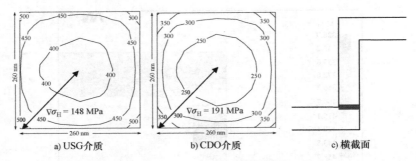

图 11.18 a) USG 介质和 b) CDO 介质通孔底部的静压应力等值线；
c) 突出显示了通孔底部的金属 – 通孔结构的横截面示意图
（经施普林格科学与商业媒体授权使用[29]）

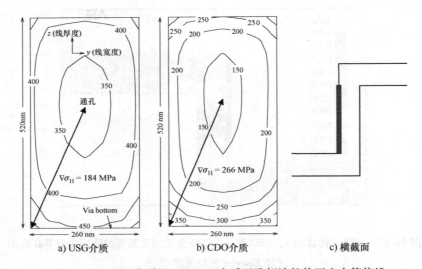

图 11.19 a) USG 介质和 b) CDO 介质通孔侧墙的静压应力等值线；
c) 突出显示了通孔侧墙的金属 – 通孔结构的横截面示意图
（经施普林格科学与商业媒体授权使用[29]）

述如下[74]：

$$\frac{\partial C}{\partial t} = -\nabla\left[-\frac{D}{\Omega k_B T}(\Omega k_B T \nabla C - \Omega \nabla \sigma_H)\right] \quad (11.11)$$

其中，D 是扩散常数；C 是原子浓度；Ω 是原子体积；k_B 是玻尔兹曼常数；T 是绝对温度；σ_H 是静水应力。式（11.11）表明，不同时刻的空位密度（单位体积）的演变等于预先存在的空位浓度加上其受到 σ_H 应力时在不同空间距离上的变化。在该建模方案中，建立了一个反映空位密度的数值指数来仿真每个材料体积/单元内的空位-浓度演化,其中所构建的 FEM 模型的每个有限元都被认为是一个指定的预先存在空位密度的单位体积。利用 FEM 仿真的应力分布,计算出空位沿各空间方向的移动情况,并据此得到各位置在不同时间的指标数或仿真的空位密度。

另一方面,Wang 等人[53]设计了一个面积加权静压应力,即 $\sum_{i=1}^{N}[(\sigma_H)_i \times (area)]$ 来评价应力对 SM 的影响。与图 11.18 类似,他们还报告了位于通孔处的较小的静水应力,与通孔外区域相比,对应于由应力梯度引导的从通孔外区域流向通孔的空位流,如图 11.2 和图 11.4 所示。他们还报告,更大的金属会在金属区域和通孔区域之间产生更大的静水应力差,这被认为对烘烤实验中 SIV 的形成具有重要意义。当 M_1 宽度为 $1.4\mu m$ 时,通孔外金属区域的面积加权静水应力仅比通孔内的面积加权静水应力高两个数量级。然而,当 M_1 宽度增加到 $30\mu m$ 时,这个差异会增大到四个数量级。

11.6 工艺对应力迁移的影响

控制 SM 现象需要优化几个工艺,本节将对此进行详细阐述。

11.6.1 通孔凿蚀效应 ★★★

通孔线界面处的通孔形貌描述了通孔穿透下面的铜金属线的情况(见图 10.24c)。它是由通孔穿透深度决定的。已经证明通孔凿蚀可以降低接触电阻、EM 和 SM[45,75]。获得通孔凿蚀的一种方法是在阻挡层沉积过程中使用等离子溅射刻蚀。随着再溅射强度的增加,会产生更多的通孔凿蚀[12]。在两个不同的真空室中进行沉积和溅射刻蚀的原位溅射刻蚀,与在同一真空室中同时进行沉积和溅射刻蚀的原位工艺相比,可以将刨削深度增加到 $1.3 \times$ [45]。通过有限元建模分析,更深的通孔凿蚀可以减少早期 SM 失效的次数,这归因于更深通孔凿蚀减小的应力梯度(从而降低了 SM 的驱动力)[12]。

11.6.2 金属化层的相关性 ★★★

通孔中的热诱导应力可能会随着金属化层的增加而增加[50]。图 11.20 显示了采用 $0.13\mu m$ 技术的直径为 $0.2\mu m$ 的 100000 个链接的通孔和 $0.6\mu m$ 宽金属的互连在不同应力温度下烘烤 1000h 后,通孔 1(V_1)和通孔 4(V_4)链测试结构电阻的百分比变化。在较低层通孔(V_1 和 V_2)中电阻百分比变化的差异比在较高层通孔(V_3 和 V_4)更不明显。这些发现似乎与直觉相反,即最底层的通孔(即 V_1)应该是最弱的结构,因为 V_1 在制造过程中受到更多的热循环。这样的

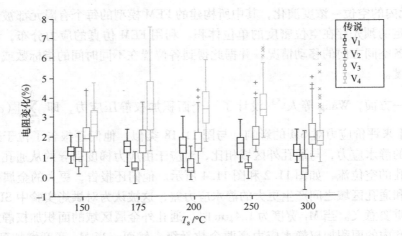

图 11.20 在不同应力温度下电阻变化的百分比。临界温度（即电阻百分比变化范围更大）出现在 150～200℃。此外，随着金属化层数的增加，通孔内的热诱导应力增大（经 IEEE 许可使用[50]）

观察结果可归因于与晶圆曲率半径相关的不同金属化层的应力。图 11.21 显示了在不同金属化层测量的 200mm 图形化晶圆的曲率半径相对于各自的 Cu CMP 工艺后的金属化层的线性响应。根据著名的 Stoney 方程［式（11.12）][76]，可以明显地看出，上面金属化层的应力相应增加：

$$\sigma = \frac{E t_{sub}^2}{6(1-\nu) t_{film} R} \tag{11.12}$$

其中，E 是衬底的杨氏模量；ν 是衬底的 Poisson 比；t_{sub} 是衬底的厚度；R 是净曲率半径；t_{film} 是薄膜的厚度。简而言之，有以下几点建议：

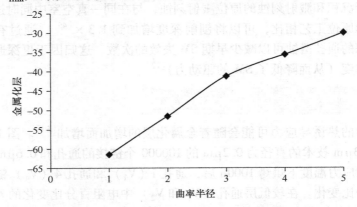

图 11.21 曲率半径对金属化层的线性响应表明上面金属化层承受更大的应力
（经 IEEE 许可使用[50]）

- 为了对 SM 性能进行有意义的比较，研究必须在同一金属化层进行。
- 随着金属化层的增加，Cu 互连中的应力诱导的孔洞化效应将变得更具挑战性。

11.6.3 阻挡层效应 ★★★

要确保包括 SM 和 EM 在内的整体可靠性，需要更厚的阻挡层[12]。未优化的物理气相沉积（PVD）的阻挡层沉积工艺可能导致晶圆中心的沉积速率更高。因此，SM 失效率与所研究的通孔链结构的初始预烘烤电阻之间可能存在很强的相关性。Lim 等人[50]发现，与晶圆边缘相比，在晶圆中心更好、更厚（因此在 SM 测试之前有更高的初始电阻）的通孔底部侧墙覆盖对应的 SM 失效率更低。

图 11.16 给出了未优化的阻挡层工艺引起的典型孔洞化形态。图 11.22 给出了在通孔底部两种孔洞形成模式的示意图。在模式Ⅰ中，应力诱导的孔洞首先在通孔边缘成核并垂直伸展（见图 11.22a 和图 11.16a）。在模式Ⅱ中，孔洞倾向于沿通孔底部水平生长（见图 11.22b 和图 11.16b）。一旦孔洞在通孔底部成核，它是按照模式Ⅰ还是模式Ⅱ生长，取决于通孔底部的局部应力状态，以及 Ta 阻挡层的完整性。在通孔底部积聚的拉伸应力可能很大，足以确保 SM 期间出现孔洞生长，从而导致开路。图 11.19 和图 11.18 分别显示了仿真的模式Ⅰ和模式Ⅱ应力。注意，基于仿真结果，介质材料确实会

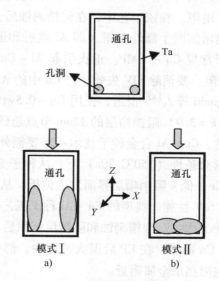

图 11.22 通孔底部两种孔洞形成模式示意图
（经 Elsevier 授权使用[69]）
a) 孔洞垂直伸展 b) 孔洞水平生长，导致更不利的情况

对 SM 有影响。显然，在 $x-y$ 平面上形成的孔洞（模式Ⅱ）比在 $y-z$ 平面上形成的孔洞（模式Ⅰ）会引起更明显的电阻变化。

要减少通孔底部拐角小的孔洞引起的应力诱导孔洞化的一种解决方案是改进扩散阻挡层的 PVD 工艺[50,77,78]。在 PVD 工艺中，首先沉积扩散阻挡层，然后在开启偏置电源的情况下进行再溅射步骤。这个再溅射步骤使得较早沉积的部分扩散阻挡层重新分布在通孔底部侧墙上。因此，可以提高覆盖率[50,79]。此外，

再溅射还使通孔底部的扩散阻挡层变薄,从而导致较低的通孔链电阻。因此,在 ECP 工艺中,在通孔底部实现了连续的扩散阻挡层,从而产生连续的 Cu 种子层和无孔洞间隙填充。

阻挡层沉积前的预清洗工艺对 SM 性能也有很大影响[80]。氩气等离子体预清洗的偏置功率应尽可能高,以减少 Cu 钻蚀到下层金属,再溅射时间应尽可能短,但要足够长以清洗通孔底部。预清洗引起的通孔直径变化对 SIV 的影响也很大。

11.6.4 Cu 合金效应 ★★★

采用 Cu – Al 合金[81-83]是改善 SIV 可靠性的有效途径之一。Matsubara 等人[81]证明,使用 ECD Cu 和 PVD Al 之间固相反应的 Cu – Al 合金互连具有优异的 SIV 电阻。在该工艺中,在沟槽刻蚀后,进行阻挡层 TaN/Ta 和种子 Cu 溅射,然后再增加两个额外步骤(即 Al 溅射和退火工艺)以形成 Cu – Al 合金,之后再进行常规 Cu – CMP。退火引起 Al – Cu 界面发生原子级的混合,从而改善了 SIV 电阻。要消除 SIV 失效,在 Cu 中的 Al 含量必须超过 0.31%。

Iguchi 等人[82]报道,使用 Cu – 0.5wt% Al 种子金属明显可以提高带有双层低 k (k=3.9) 阻挡帽层的 32nm 节点超低 k (k=2.4) Cu 多层互连的 EM 和 SIV 可靠性。Cu – Al 合金种子技术不需要额外的制造工艺步骤。在该技术中,在优化的退火条件(350℃ 30s)下,从种子金属扩散的 Al 在 Cu – 阻挡层 – 金属界面和 Cu – 低 k 阻挡帽层界面发生偏析,从而进一步降低了 Cu 离子漂移,改善了 EM 和 SIV 性能。典型的 Cu – Al 种子工艺包括以下三个步骤:

- 步骤 1:沟槽刻蚀和阻挡层沉积后,沉积 Cu – Al 合金种子,然后是电镀(EP)Cu 薄膜。在 EP 后退火过程中,部分 Al 扩散到 EP Cu 薄膜中,而其他元素留在阻挡层金属附近。
- 步骤 2:通过 CMP 去除多余的 EP Cu 薄膜、种子金属和层间介质上的阻挡层金属。
- 步骤 3:低 – k 帽层沉积。随着工艺的继续,残余 Al 会从邻近的阻挡层金属堆积到 Cu – SiCN 界面。

然而,这种技术的负面影响是,当 Al 浓度为 0.5% 时,布线电阻率会增加约 10%。另一方面,Al 浓度对通孔电阻影响不大。建议通过增大 Cu 晶粒尺寸和优化 Al 热扩散以降低 Cu 薄膜中的 Al 浓度来控制其负面影响。

Tonegawa 等[52]研究了 Cu 合金种子层杂质掺杂(Sn 和 Ti)对 SIV 的影响。在沉积 Ta 基阻挡层金属的基础上,采用离子化 PVD 沉积 Cu 合金种子。种子层中 Sn 和 Ti 的浓度为 1.0wt%。由于 Sn 向 Cu 的扩散率高于 Ti,Cu – Sn 合金比

Cu-Ti 合金更能改善 SIV 电阻。Cu-Sn 在 Cu 晶界和 Cu 阻挡层金属界面堆积，抑制了空位在 Cu 晶界和 Cu 阻挡层金属界面的扩散。另一方面，Cu-Ti 能有效抑制通过 Cu-阻挡层金属界面的空位扩散，因为 Ti 只堆积在 Cu-阻挡层金属界面，但对通过 Cu 晶界的空位扩散的抑制没有充分的影响。

Ueki 等人[84]通过三种不同的 Ti 添加方法研究了 Ti 添加对 SIV 行为的影响（见图 11.23）。研究结果总结如下：

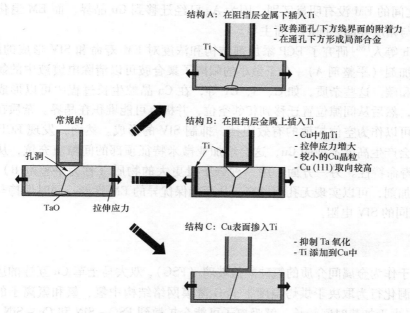

图 11.23　每种 Ti 添加方式对互连性能的影响（经 IEEE 许可使用[84]）

1. Ti 层插入 Ta-TaN 堆叠的阻挡层金属下。连接到较宽的下部连线的通孔下 SIV 被大大抑制。在 M_1 的通孔底部加入 Ti 以改善 Cu(M_1) 与 Ta-TaN 阻挡层（M_2）的附着力，并抑制了界面处的孔洞成核。然而，EM 并没有得到改善，这可能是因为 Ti 没有掺杂到 Cu 线的所有区域。

2. Ti 层插入 Ta-TaN 阻挡层和 Cu 之间。在这种情况下，由于 Ti 加入到 Cu 线中，EM 性能得到了改善。然而，SIV 电阻降低了。Cu 薄膜底部的 Ti 掺杂使 Cu(111) 表面具有较大的拉伸应力。发现具有非相干孪晶的 Cu(111) 表面容易形成 SIV[31]。

3. 电化学镀 Cu 薄膜表面的 Ti 掺杂。这个方案是可取的，因为它可以改善 SIV 和抗 EM 性能。在 ECP-Cu 退火过程中，通孔与下面 Cu 线界面的黏附性得到改善，以及 Ti 从 Cu 的吸氧作用在抑制 SIV 和 EM 方面起着重要作用。这个方案也使得结构的方块电阻增加的最小。通孔电阻与不掺杂 Ti 的常规方案相当。简而言之，结构 C 是在不牺牲器件性能的情况下最有希望改善 SIV 和 EM 性能的方案。

Isobayashi 等人[85]开发了掺杂 Ag 的 Cu(Cu－Ag) 合金种子以大幅度改善 Cu 互连的 SIV 电阻。研究表明，Cu－Ag 合金导电率在合金化过程中下降很小，即使 Ag 含量约为 0.1wt% 时，也具有很高的抗蠕变特性。在本研究中，采用离子化 PVD 沉积 1wt% 掺 Ag 的 Cu 合金种子层作为 Cu 合金。与之相比，Cu－Ag 与纯 Cu 之间的 EM 没有明显区别，因为 Ag 已经迁移到 Cu 晶界，而 EM 退化主要由金属与帽层界面之间的界面主导。

Shih 等人[86]研究了 ECP 添加剂结构和浓度对 EM 寿命和 SIV 形成的影响。ECP 添加剂（平整剂 A）－分子量小的阳离子聚合胺可以清除电镀液中的氯、硫氧化物和碳。这些杂质，如 C、S、Cl 等，在 Cu 晶粒生长过程中可以形成间隙固溶体，然后从间隙位置迁移到相邻空位，并极有可能堆积在晶界。杂质在晶界的聚积可以作为空位扩散的有效阻挡，抑制 SIV 的形成。然而，发现 ECP 添加剂条件会产生高度不纯的 Cu，这会增加亚微米特征顶部的间隙填充坑，从而降低 EM 寿命特性。另一方面，用一种分子量更大的物质（称为平整剂 B）取代 ECP 添加剂，可以实现无孔洞填充，从而确保优异的 EM 性能，同时保持与平整剂 A 相同的 SIV 电阻。

11.6.5　介质依赖性 ★★★

对于作为金属间介质的氟硅酸盐玻璃（FSG），双大马士革 Cu 互连的应力诱导的孔洞化行为取决于烘烤温度下 FSG 薄膜网络结构中氢、氧和氟离子的解吸量[87]。由于加热时间较长，解吸离子可能会扩散到 FSG－SiN 和 Cu－SiN 界面，从而削弱了界面黏附性。同时，FSG 薄膜收缩并增加了相邻 Cu 的拉伸应力。因此，Cu 空位将沿着弱化的界面快速移动，导致通孔周围的孔洞生长。通过优化 CVD 工艺，可以实现高温下更高的 FSG 稳定性（即较少的离子解吸）。

已证明 Cu 与低常数值（低 k）介质的集成更具挑战性，而其可靠性的鲁棒性似乎更依赖于工艺，这归因于较高孔隙率的低 k 介质较差的机械性能[46,50,88]。图 11.15 显示，碳掺杂氧化物（CDO）介质比 USG 差得多。Lim 等人[50]还报道，当介电常数从 3.5~3.7 降低到 2.8~3.0 时，常规方法沉积的具有扩散阻挡层 Cu 互连的 SM 性能退化。正如第 11.5.2 节所讨论的那样，导致本征应力的相应减小的这一观察结果不能用高孔隙率低 k 介质薄膜的双轴模量的降低来解释[69,89]，而是归因于当集成到多孔低 k 材料时，通孔内和通孔上存在更严重的应力梯度，使得通孔内的孔洞化更加明显[15,46,69,88]。

另一方面，Zhai 等人[90]认为孔隙形成存在一个应力阈值，即临界应力 σ_{crit}。

Hau – Riege 等人[91]发现,Cu – TEOS 的 σ_{crit} 比 Cu – 低 k 材料高 4 倍(Cu – SiO$_2$ 为 100MPa,Cu – 低 k 为 25MPa)。临界应力可以被认为是材料/系统的电阻,包括表面能、金属中的塑性功或与孔洞生长相关的其他类型的能量耗散,类似于断裂力学中的能量释放率。因此,与仿真的应力和临界应力相关的 SM 风险指数定义如下[90]:

$$s(x,y,z) = \frac{\sigma(x,y,z)}{\sigma_{crit}} \quad (11.13)$$

孔洞预计首先在最大值所在的位置成核。SM 风险指数同时考虑了给定 Cu – IMD 互连系统的应力状态和临界应力,从应力角度确定 SIV 发生的概率。结果表明,Cu – 低 k 材料的 SM 风险指数比 Cu – TEOS 高约 3 倍,这解释了为什么 Cu – 低 k 系统的 SIV 性能更差。

11.6.6 铜 – 微结构效应 ★★★

铜退火会对 SM 行为产生影响。孔洞化是由于 Cu 在完全约束之前没有适当退火时,晶粒生长而形成的空位过饱导致的[1]。Oshima 等人[21]发现,对于下方有较宽金属的通孔,孔洞是在存在晶界的位置形成的,通过扩大 Cu 晶粒(通过优化 ECP 后的退火条件)来减小晶界可以抑制 SIV,因为晶界是空位的主要扩散路径。

图 11.24 显示了从 Cu 薄膜表面掺杂 Ti 结构后退火条件对 SIV 的影响(图 11.23,结构 C)。后退火在 N$_2$ 中进行,温度和时间不同。可以看出,在 350℃下退火 30min 的样品并没有表现出改善的抗 SIV 性能。然而,与未掺杂 Ti 的参考样品相比,Ti 掺杂情况下较短的应力时间和/或较低的退火温度确实大大改善了 SIV 性能。在后退火 3min 或无后退火的情况下,失效率接近 0%。

退火后,发现 Ti 通过 Cu 晶界扩散,但 Ti 的添加量非常有限(0.003%),这不应该是 SIV 电阻改善的唯一原因。另一方面,在 350℃退火 30min 后,氧扩散到 Ta – Cu 界面,并在那里形成了 TaO,这降低了 SIV 性能,因为 Cu 在 TaO$_x$ 上比在纯 Ta 上更容易扩散[92]。

Cu – Ta 界面上的氧既不是来自退火环境,也不是来自 Cu 薄膜内部,而是来自 Cu 表面的氧化层。在 350℃退火 30min 后,Cu 表面的氧沿晶界扩散。当 Ti 沉积在 Cu 薄膜上而不进行后退火或低温退火或退火持续时间较短时,氧不会扩散到 Ta 上,因此 Ta 不会被氧化。当 Ti 沉积在 Cu 薄膜上而不进行后退火或低温退火或短时间退火时,由于 Ti 对氧的亲和力比 Cu 高,Cu 中的氧在随后的退火过程中掺入 Ti 中[84,93]。

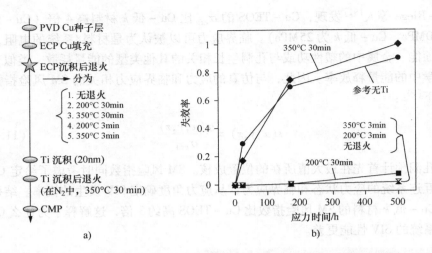

图 11.24 后退火条件对 SIV 的影响 Ti 沉积如图 11.23 所示（结构 C）（经 IEEE 许可使用[84]）
a) 工艺流程 b) 每种退火后条件下 SIV 失效率（150℃烘焙）

11.6.7 淬火效应 ★★★

Kawano 等人[3]发现，由于应力松弛，淬火处理可以抑制 SIV。在这种方法中，淬火样品在制造工艺后冷却到 77K。淬火会导致 Cu 线塑性变形，从而降低拉伸应力。例如，-75℃淬火处理可将 ECD Cu 中的应力从 280MPa 降低到 110MPa。淬火处理可使 SIV 失效降低 10 倍。

11.6.8 镀 Cu 化学 ★★★

通过改变镀铜液中有机添加剂的浓度，可以调节铜的微结构和物理性能[48]。使用不同的电镀化学物质会影响通孔和金属 SM 的性能。

11.6.9 Cu 覆盖层效应 ★★★

在 Cu 大马士革互连中采用钴-钨-磷（CoWP）覆盖层时，可大大提高抗 EM 和 SIV 电阻[94]。然而，传统无电解镀的一个缺点是它会将新的污染物引入生产线，因为电镀工艺中包括用于催化剂活化的钯（Pd）和电镀溶液中的碱金属成分。由于 CMP 后 Cu 表面被氧化，铜和介质表面都受到了污染，因此需要 Pd 活化来实现均匀和选择性的金属覆盖。Ishigami 等人[94]开发了一种不使用 Pd 活化和不使用碱金属电镀液的 CoWP 帽层工艺。由于不使用 Pd 或碱性金属，因此可以最大限度地减少制造生产线中的污染控制。

Lin 等人[95]报道称，当帽层（帽层 - b）具有较低的模量（67 与 125GPa）

第11章 应力迁移

和与 Cu 相似的 CTE（均约为 $16.5 \times 10^{-6}/℃$）时，SIV 退化受到很大抑制，而帽层-a 具有较高的模量（265 与 125GPa）并且与 Cu 存在较大的 CTE 失配（1.5 与 $16.5 \times 10^{-6}/℃$）时，将发生严重的 SIV 退化。通过有限元分析，这些观察结果归因于通孔结构的应力集中和应力梯度分布。

11.6.10 其他效应 ★★★

有一个反应后离子刻蚀（RIE）清洗步骤，以消除由于各种等离子体处理步骤而在 SiCOH 和 Cu 表面造成的损伤。研究表明，清洗化学物质确实会影响 SM 性能[45]。

通孔和沟槽的侧墙轮廓也会影响 SM 性能，因为它是形成良好的阻挡层和 Cu 种子覆盖的关键。退化的阻挡层和 Cu 种子层覆盖会导致沿侧墙出现一些初始的裂缝和孔洞，从而引起一些早期的 SM 失效。值得注意的是，通孔和沟槽侧墙轮廓受多个工艺和多种集成方案控制，这使得优化变得复杂和耗时。

11.7 应力迁移的几何效应（通过设计改善应力迁移）

互连的几何形状对 SM 行为有很大的影响[54,96]，本节将对此进行详细阐述。

11.7.1 金属板几何形状的影响 ★★★

金属板宽度相关性

图 11.6a 和 b 给出了一个 SM 性能与金属板宽度相关性的典型比较。在图 11.6a 中，通孔顶部的金属具有最小的特征尺寸，而通孔下方的金属则具有非常大的宽度。在 B 型中，情况正好相反。图 11.6a 的 SIV 失效模式与通孔下方的金属 x 表面的孔洞有关（见图 11.10c）[1,21]，而图 11.6b 的失效模式往往与通孔内部的孔洞有关（见图 11.10a 和 b）[9,21]。一般认为，这两种不同的失效模式取决于引起孔洞化的可用空位储层的位置或活跃扩散体积。结果表明，SM 电阻偏移对图 11.6a 下方的金属引线宽度非常敏感，而对图 11.6b 上方有较大金属引线的情况则不敏感，即使烘烤时间长达 1000h。

Shao 等人[97]在图 11.6a（见图 11.25a）所示的结构中显示了类似的金属宽度相关性。很明显，电阻中值变化随 M_1—Cu 线宽度的增加而增加，表明 M_1 线越窄，SIV 可靠性越好。然而，当 M_1 线宽从 700nm 增加到 1000nm 时，电阻的变化可能不会有太大区别，这可以用应力梯度来解释，如下所述。

应力梯度是空位运动的驱动力，空位会向应力集中度较低的区域扩散。Cu 帽层界面处的体积平均应力梯度与线宽的关系如图 11.25b 所示。很明显，应力梯度的大小随着线宽的增加而增加，这表明较宽的线更容易出现孔洞生长并最终失效。然而，当线宽大于 700nm 时，驱动力的增加速率呈递减趋势，导致介质失效时间趋于饱和。这表明，1000nm 线宽的电阻变化（定义了失效时间）与 700nm 线宽的电阻变化相当（见图 11.25a）。

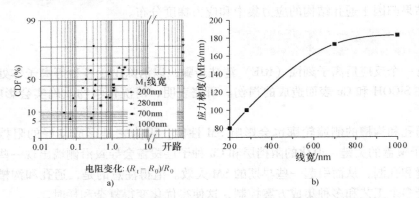

图 11.25　a) 不同线宽下 M_1 – Cu 线电阻的归一化变化；b) 体积平均的应力梯度与线宽的关系（经 Elsevier 许可使用）[97]

据认为，活跃扩散区的存在对孔洞的形成起到了一定的作用[1,7,9,21]。同样，有限元仿真表明，应力梯度的差异以及由此产生的应力驱动力诱导的孔洞化机制是线宽效应的根本原因。

Zhai 等人[90]指出，尽管在 Cu – TEOS 系统中几乎观察不到静压应力随线宽的变化，但在 Cu – 低 k 系统中，静压应力随线宽增加而明显增加。因此，随着线宽的增加，除了增加的活跃扩散体积外，Cu – 低 k 系统中应力的增加也成为缩短 SM MTF 的另一个加速因素。在 Cu – 低 k 和 Cu – TEOS 系统中，von Mises 应力也随着线宽的增加而增加，这表明金属线中塑性屈服的驱动力在增加。

金属板形状相关性

对于图 11.9 所示的三种 SIV 结构，Matsuyama 等人[47]报道了挤压图形（见图 11.9b）比宽图形（见图 11.9a）和零挤压图形（见图 11.9c）要差得多。图 11.26 给出了三种图形观察到的失效频率与温度的关系。最差温度约为 200℃，对应的失效频率最高。对同一体金属随窄线长度变化的一系列挤压图形的进一步研究表明，窄线越长，平均电阻漂移越大，这表明窄线对空位扩散非常重要。如图 11.10b 所示，铜和阻挡层 – 金属界面，尤其是侧面而非底面，被认为是空位扩散的主要途径，从而导致通孔中出现孔洞。

通孔位置相关性

研究发现，在大的金属引线边缘的单个通孔比位于中心的通孔具有更高的抗 SM 性能。活跃扩散区域模型（第 11.2.2 节）很好地解释了这一现象。如

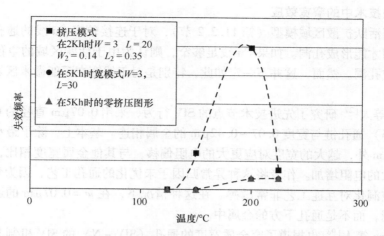

图 11.26　三种图形的失效频率与温度的关系。最差温度约为200℃，对应最高的失效频率（经 IEEE 许可使用[47]）

图 11.27 所示，通孔位于金属中心的情况 a）比通孔位于金属边缘的情况 b）有更大的活跃扩散体积，这表明情况 a）比情况 b）将给应力诱导孔洞提供更多的空位。

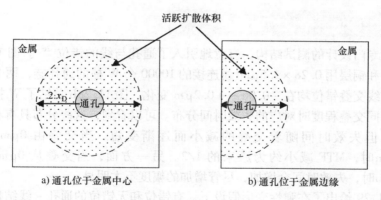

图 11.27　活跃扩散体积示意图：在情况 a）下，通孔位于金属中心；在情况 b）下，通孔位于金属边缘。在情况 a）下给出了比情况 b）下更高的活跃扩散体积

通常还发现，在热应力作用后，双通孔的情况比单通孔的情况具有更好的抗 SM 性能。在双通孔情况下，SM 电阻的增加可能有两个原因。一个是由于双通孔的应力梯度减小导致空位迁移率降低。另一种可能是，第二个通孔有效地充当另一个空位收集器，并分担空位累积的负荷。

先进技术中的窄宽效应

根据活跃扩散区域模型（第11.2.2节），对于连接较窄Cu线的通孔，需要更长时间才能形成孔洞。如果Cu线足够窄，则认为由于活跃区域的空位有限而不会形成孔洞。然而，这并不一定如此，特别是对于线宽在深亚微米区域的先进技术节点。

Lin等人[27]研究了先进技术节点的SIV行为，采用$0.07\mu m$直径的Cu-低k（$k=2.55$）通孔链与宽度$0.07 \sim 0.42\mu m$的金属相连。基本上，除了最小金属宽度$0.07\mu m$外，越大的宽度对应更大的电阻偏移，与其他金属宽度相比，这会产生异常大的电阻增加。作者将这种异常归因于未优化的通孔工艺，因为窄宽度处的应力空洞化对互连工艺非常敏感。在这种情况下，在$w=0.07\mu m$的通孔中观察到空洞，而不是通孔下方的金属中。

Kouno等人[98]也报道了窄金属宽度的通孔（SIV-N）的SIV机制与熟知的连接宽Cu线的通孔（SIV-N）的应力诱导的孔洞化机制不同。如图11.27a所示，如果Cu线足够宽时，则由于沿晶界和Cu帽层界面扩散组成的有源区域中的常规扩散（见图11.2），空位将集中在通孔下方。然而，当线宽与通孔直径一样窄时，那么在热应力过程中，空位沿Ta基阻挡层、Cu和SiC_x基帽层之间的界面扩散将主导退化过程，从而使窄线SIV性能更差。

11.7.2 通孔错位的影响 ★★★

通过专门设计的测试结构，有意地引入了通孔与线的错位[26]。图11.28a显示在铝层和铜层用$0.28 \times 1.5\mu m^2$线连接的10000个W柱的通孔链，两个金属层的通孔与线交叠错位均在$-0.06 \sim +0.2\mu m$变化。图11.28b总结了W插头与铜层之间不同交叠程度时对应的失效时间分布。可以看到，这些分布具有相似的形状因子，但失效时间随着交叠的减小而逐渐变短。当交叠由$0\mu m$减小到$-0.06\mu m$时，MTF减小约为原来的1/2。另一方面，当交叠从$0\mu m$增大到$+0.20\mu m$时，失效时间会增加，尽管增加的幅度不太明显。

图11.29给出了在弹性变形假设下，有错位和无错位的通孔-线结构应力分量的有限元仿真结果。高应力梯度的区域用字母A、B、C等表示。σ_{xx}的高应力梯度位于靠近通孔的金属线上部，而σ_{yy}的高应力梯度位于通孔的正下方。图11.29还显示了相应的应力诱导的孔洞。它们可以归结为具有不同活化能的不同失效模式[44]。

图11.29还显示，在x和y方向上，有错位的情况下应力梯度均大于无错位的情况。因此，正如实验观察到的那样，在较大的负通孔与线有较大负交叠时，预计会有更大的驱动力，从而导致这些结构的SIV失效时间缩短。

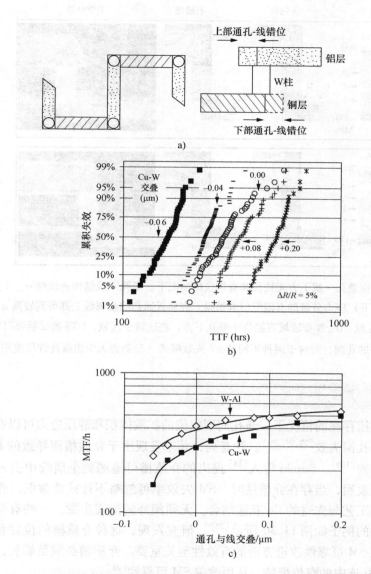

图11.28 a) 在铝层和铜层上通过 $0.28 \times 1.5 \mu m^2$ 线连接的10000个W柱的通孔链的通孔与线交叠的示意图；b) 采用5%相对失效标准，在275℃下得到的短通孔链上的失效分布与 Cu–W 通孔交叠的函数关系。铜线和W柱之间的交叠越小，失效时间就越短；c) 在275℃下，短通孔链上获得的MTF分别是 Cu–W 和 Al–W 交叠的函数。增加铜或铝金属线的交叠会导致更长的失效时间（经剑桥大学出版社授权使用）[26]

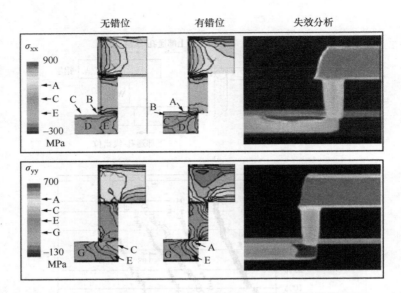

图11.29 在通孔-线下方无错位和有错位的情况下，通孔-线结构的线性 σ_{xx}（上）和 σ_{yy}（下）应力分量的有限元仿真结果。在靠近通孔的金属线上部得到较高 σ_{xx} 应力梯度区域；σ_{yy} 梯度区域直接位于通孔下方。在这两个区域，HTS 测试后都可以发现应力诱导的孔洞，对应于两种不同的 SV 失效模式（经剑桥大学出版社许可使用[26]）

11.7.3 介质槽的影响 ★★★

在介质槽存在的情况下，通孔周围空位的扩散体积和静压应力可以有效抑制应力诱导的孔洞失效[28,99,100]。注意到，并未发现由于介质槽而导致的 EM 可靠性退化或改善[100]。Suzuki 等人[14]提出的介质槽可追溯到金属线中引入介质柱结构的想法表明，当存在介质柱时，SM 失效率可忽略不计或非常低。介质槽采用大马士革工艺与先进的 Cu 互连结合，无须额外的掩膜步骤。一些有趣的介质槽设计结构的例子如图 11.30 所示[28]。研究发现，这种介质槽的位置和形状对于确定其在 SM 可靠性改进方面的有效性至关重要。介质槽必须足够长，以有效地阻止 Cu 互连中的空位聚结，从而改善 SM 可靠性[28]。

与无介质槽的传统结构相比，介质槽可以显著改善 SIV 电阻。然而，一个负面影响是 Cu 互连上的介质槽可能导致结构电阻增加约 1.7%[99]。失效分析结果表明，在没有介质槽的情况下，失效通孔下方形成应力诱导的孔洞，并显著延伸到宽 Cu 金属引线。另一方面，当介质槽加入时，通孔下方没有应力诱导的孔洞形成。

两种可能的机制有助于改善 SM 的可靠性。一种机制是静压应力减小效应。

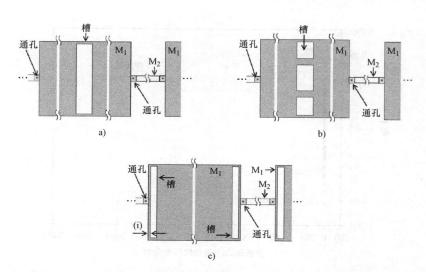

图 11.30 介质开槽结构：a）模块中心的方形分段槽；b）模块中心的矩形槽；
c）有源通孔前面的长矩形槽（经 IEEE 许可使用[28]）

从几次应力仿真工作中观察到，当通孔位于金属边缘附近时，通孔下方的静压应力会减小[101,102]，从而降低了孔洞成核的趋势。另一种机制是空位聚结阻抗效应。介质槽可以显著降低宽 Cu 金属引线中空位的有效扩散体积，从而防止在通孔下方应力诱导孔洞的形成（见图 11.31a 和 b）。例如，假设空位的有效扩散长度为 10μm，在宽为 2μm 的 Cu 互连线中添加马蹄形介质槽可将空位的有效扩散体积减小约 98%[99]。

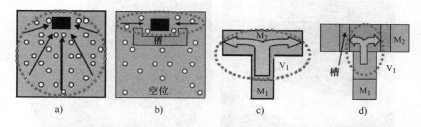

图 11.31 改善 SM 可靠性的可能机制。静压应力减小效应是由于在通孔附近设计了介质槽。此外，a）和 b）中的虚线圈表明，在介质槽的存在下，空位的有效扩散体积显著减小。c）和 d）显示了宽顶部 Cu 互连的附加机制，即在 SM 测试冷却阶段 Cu 体积收缩效应的降低。因此避免了通孔拉出的趋势，如 d）所示（经 IEEE 许可使用[99]）

图 11.32 显示了单个通孔连接到具有马蹄形介质槽的宽顶部 Cu 互连的情况。从图中可以再次看出，介质槽可以改善宽顶部 Cu 互连的 SM 鲁棒性。图 11.33 所示的透射电子显微镜显微图清楚地表明，当宽顶部 Cu 金属引线中无介质槽

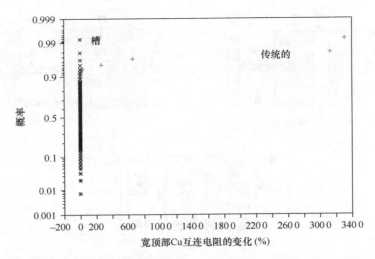

图 11.32 对于具有马蹄形介质槽的宽顶部 Cu 互连，已经看到了 SM 鲁棒性得到了改善。异常值对应于 SM 损伤的结构（经 IEEE 许可使用[99]）

时，在通孔内会形成应力诱导的孔洞，而当加入介质槽时，没有观察到孔洞。考虑到应力诱导的孔洞机制[50]与前一种情况略有不同，除了前面讨论的两种机制外，还提出了第三种机制用于 SM 可靠性的改善。据信，在 SM 测试的冷却阶段，宽顶部 Cu 金属引线中加入介质槽可以减小 Cu 体积收缩，从而降低通孔的拉出趋势（见图 11.31c 和 d）。

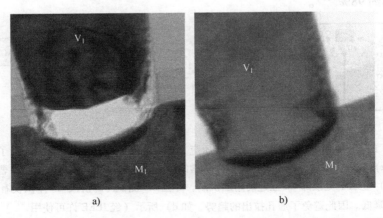

图 11.33　a）当不存在介质槽时，通孔内会形成应力诱导的孔洞；b）加入介质槽时，未发现应力诱导的孔洞（经 IEEE 许可使用[99]）

11.7.4 双(多)通孔效应 ★★★

由于 Cu 的机械性能,在 Cu 互连下的多个冗余通孔可能是减小 SM 冷却期间通孔回拉效应(见图 11.22)的有效解决方案[50]。如在前面章节所讨论过的,添加冗余通孔可以作为原始通孔的应力调节器[73],从而减少空位向通孔的扩散。

Yoshida 等人[54]揭示了在一个多通孔结构中,两个平行排列的通孔通过了 SIV 测试。即使一个通孔因 SIV 开路,另一个通孔由于相反通孔中 SIV 形成的应力松弛而得以存在。Lim 等人的研究[50]还表明,双通孔互连的实现改善了 SM 性能。更大的通孔面积(即两个通孔而不是一个)可以抑制通孔的回拉效应。

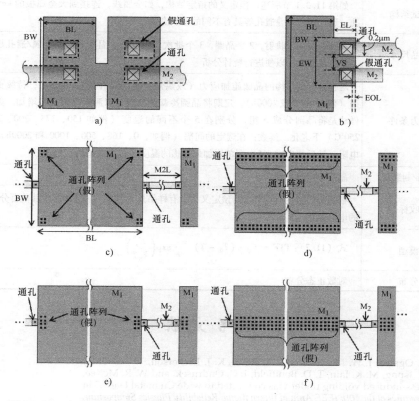

图 11.34 应力诱导孔洞化的双通孔结构:a)位于大金属块中心的通孔和 b)包含在延伸部分的通孔。通孔阵列结构:c)位于外部边缘的小型四通孔阵列;d)跨越整个块长度的大型通孔阵列;e)有源通孔前的小型八通孔阵列;f)有源通孔前的大型通孔阵列[28]

11.8 工艺认定实践

联合电子器件工程委员会(JEDEC) JP-001[103]为 SM 认定提供了很好的指导。然而,业界尚未就标准 SM 测试达成一致。更常见的做法是对含有测试结构的晶圆施加应力至高温(150~300℃),持续更长时间(约1000h),定期将晶圆冷却到室温以测试电阻是否增加,从而找出对 SM 电阻增加最敏感的温度(称为最差 SM 温度)。因此,表 11.2 仅提供了 SM 认定的一些实践指南。

表 11.2 应力迁移的典型工艺认定实践

失效标准	根据每个特定应用的要求预定义10%(或100%或其他百分比值)的电阻偏移
测试结构	如第 11.3.1 节所述,预定义的指定结构,如金属线、连接到大金属板的 kelvin 通孔、通孔链、堆叠通孔等具有不同的金属宽度
样品尺寸	晶圆映射或半映射,2 个晶圆,3 个批次,用于每个温度和每个金属/通孔层。样本量应足够大,以便进行统计分析
应力条件	对包含测试结构的晶圆施加应力(或烘烤)至高温(150~300℃),持续更长时间(例如 1000 或 2000h),定期将晶圆冷却至室温,以测试电阻是否增加。典型的做法是将晶圆分成 5 组,分别在 5 个不同的温度(例如 150、175、200、225 和 250℃)下老化。读数:在选定的间隔(例如,0、168、500、1000 和 2000h)测量电阻。然后找出对 SM 电阻的增加最敏感的温度(称为最差的 SM 温度)
晶圆/封装级	晶圆级或封装级
验收标准	根据每个特定应用要求的预定义,没有样品具有 10%(或 100% 或其他百分比值)的电阻偏移
模型	式(11.7): $TTF = C_0 \cdot (T_0 - T)^{-N} \cdot \exp\left(\dfrac{E_a}{k_B T}\right)$
分布	对数正态分布

参考文献

1. E. T. Ogawa, J. W. McPherson, J. A. Rosal, K. J. Dickerson, T. - C. Chiu, L. Y. Tsung, M. K. Jain, T. D. Bonifield, J. C. Ondrusek, and W. R. McKee, "Stress-induced voiding under vias connected to wide Cu metal leads," in *Proceedings of the 40th IEEE Annual International Reliability Physics Symposium*, 2002. pp. 312–321.
2. B. L. Park, S. R. Hah, C. G. Park, D. K. Jeong, H. S. Son, H. S. Oh, J. H. Chung, J. L. Nam, K. M. Park, and J. D. Byun, "Mechanisms of stress-induced voids in multi-level Cu interconnects," in *Proceedings of the IEEE International Interconnect Technology Conference (IITC)*, 2002, pp. 130–132.

第 11 章 应力迁移

3. M. Kawano, T. Fukase, Y. Yamamoto, T. Ito, S. Yokogawa, H. Tsuda, Y. Kunimune, T. Saitoh, K. Ueno, and M. Sekine, "Stress relaxation in dual-damascene Cu interconnects to suppress stress-induced voiding," in *Proceedings of the International Interconnect Technology Conference (IITC)*, 2003, pp. 210–212.
4. JEP122E, *Failure Mechanisms and Models for Semiconductor Devices*, JEDEC Solid State Technology Association, Arlington, VA, March 2009.
5. A. Heryanto, K. L. Pey, Y. K. Lim, W. Liu, J. Wei, N. Raghavan, J. B. Tan, and D. K. Sohn, "Study of stress migration and electromigration interaction in copper/low-κ interconnects," in *Proceedings of the 48th IEEE Annual International Reliability Physics Symposium*, 2010, pp. 586–590.
6. J. Curry, G. Fitzgibbon, Y. Guan, R. Muollo, G. Nelson, and A. Thomas, "New failure mechanisms in sputtered aluminum-silicon films," in *Proceedings of the 22nd IEEE IEEE Annual International Reliability Physics Symposium*, 1984, pp. 6–8.
7. A. Von Glasow, A. H. Fischer, and G. Steinlesberger, "Using the temperature coefficient of the resistance (TCR) as early reliability indicator for stress-voiding risks in Cu interconnects," in *Proceedings of the 41st IEEE Annual International Reliability Physics Symposium*, 2003, pp. 126–131.
8. Y. B. Park, and I. S. Jeon, "Effects of mechanical stress at no current stressed area on electromigration reliability of multilevel interconnects," *Microelectronics Engineering*, Vol. 71, 2004, pp. 76–89.
9. K. Y. Y. Doong, R. C. J. Wang, S. C. Lin, L. J. Hung, S. Y. Lee, C. C. Chiu, D. Su, K. Wu, K. L. Young and Y. K. Peng, "Stress-induced voiding and its geometry dependency characterization," in *Proceedings of the 41st IEEE Annual International Reliability Physics Symposium*, 2003, pp. 156–160.
10. S.-H. Rhee, Y. Du, and P. S. Ho, "Thermal stress characteristics of Cu/oxide and Cu/low-k submicron interconnect structures," *Journal of Applied Physics*, Vol. 93, No. 7, 2003, pp. 3926–3933.
11. D. Gan, G. Wang, and P. Ho, "Effects of dielectric material and line width on thermal stresses of Cu line structures," in *Proceedings of the International Interconnect Technology Conference (IITC)*, 2002, pp. 271–273.
12. A. H. Fischer, O. Aubel, J. Gill, T. C. Lee, B. Li, C. Christiansen, F. Chen, M. Angyal, T. Bolom, and E. Kaltalioglu, "Reliability challenges in copper metallizations arising with the PVD resputter liner engineering for 65 nm and beyond," in *Proceedings of the 45th IEEE Annual International Reliability Physics Symposium*, 2007, pp. 511–515.
13. J. M. Paik, H. Park, and Y. C. Joo, "Effect of low-k dielectric on stress and stress-induced damage in Cu interconnects," *Microelectronic Engineering*, 2004, No. 71, pp. 348–357.
14. T. Suzuki, S. Ohtsuka, A. Yamanoue, T. Hosoda, T. Khono, Y. Matsuoka, K. Yanai, H. Matsuyama, H. Mori, N. Shimizu, T. Nakamura, S. Sugatani, K. Shono, and H. Yagi, "Stress induced failure analysis by stress measurements in copper dual damascene interconnects," in *Proceedings of the International Interconnect Technology Conference (IITC)*, 2002, pp. 229–230.
15. K. Croes, C. J. Wilson, M. Lofrano, Y. Travaly, D. De Roest, Zs. Tőkei, and G. P. Beyer, "Time and temperature dependence of early stage stress-induced-voiding in Cu/low-k interconnects," in *Proceedings of the 47th IEEE Annual International Reliability Physics Symposium*, 2009, pp. 457–463.
16. H. Okabayashi, "Stress-induced void formation in metallization for integrated circuits," *Material Science and Engineering R*, Vol. 11, 1993, pp. 191–241.
17. H. Matsuyama, H. Mori, and N. Shimizu, "Stress-induced failure analysis by stress measurements in copper dual damascene interconnects," in *Proceedings of the 40th IEEE Annual International Reliability Physics Symposium*, 2002, pp. 229–230.
18. D. Jawarani, H. Kawasaki, I.-S. Yeo, L. Rabenberg, J. P. Stark, and P. S. Ho, "In situ transmission electron microscopy study of plastic deformation and stress-induced voiding in Al-Cu interconnects," *Journal of Applied Physics*, Vol. 82, No. 4, 1997, pp. 1563–1577.

19. S. J. Lee, S. G. Lee, B. S. Suh, H. Shin, N. I. Lee, H. K. Kang, and G. Suh, "New insight into stress induced voiding mechanism in Cu interconnects," in *Proceedings of the IEEE International Interconnect Technology Conference (IITC)*, 2005, pp. 108–110.
20. E. Zschech, R. Hübner, O. Aubel, and P. S. Ho, "EM and SM induced degradation dynamics in copper interconnects studied using electron microscopy and x-ray microscopy," in *Proceedings of the 48th IEEE Annual International Reliability Physics Symposium*, 2010, pp. 574–580.
21. T. Oshima, K. Hinode, H. Yamaguchi, H. Aoki, K. Torii, T. Saito, K. Ishikawa, J. Noguchi, M. Fukui, T. Nakamura, S. Uno, K. Tsugane, J. Murata, K. Kikushima, H. Sekisaka, E. Murakami, K. Okuyama, and T. Iwasaki, "Suppression of stress-induced voiding in copper interconnects," in *Proceedings of the International Electron Devices Meeting (IEDM)*, 2002, pp. 757–760.
22. C. K. Hu, R. Rosenberg, and K. Y. Lee, "Electromigration path in Cu thin-film lines," *Applied Physics Letters*, Vol. 74, 1999, pp. 2945–2947.
23. T. Suzuki, A. Uedono, T. Nakamura, Y. Mizushima, H. Kitada, and Y. Koura, "Direct observation of vacancy defects in electroplated Cu films," in *Proceedings of the IEEE International Interconnect Technology Conference (IITC)*, 2004, pp. 87–89.
24. X. Federspiel, "Stress induced degradation of 90-nm node interconnects," in *Proceedings of the 42nd IEEE Annual International Reliability Physics Symposium*, 2004, pp. 623–624.
25. C. J. Zhai and R. C. Blish, II, "A physically based lifetime model for stress-induced voiding in interconnects," *Journal of Applied Physics*, Vol. 97, 2005, pp. 113503–113508.
26. A. von Glasow, A. H. Fischer, M. Hierlermann, S. Penka, and F. Ungar, "Electromigration failure mechanism studies on copper interconnects," in *Proceedings of the Advanced Metallization Conference in 2002, AMC2002*, MRS, Warrendale, PA, 2003, pp. 161–167.
27. H. Y Lin, S. C. Lee, and A. S. Oates, "Characterization of stress-voiding of Cu/low-k vias attached to narrow lines," in *Proceedings of the 46th IEEE Annual International Reliability Physics Symposium*, Phoenix, 2008, pp. 687–688.
28. G. D. R. Hall, D. D. J. Allman, and H. D. Bhatt, "Impact of via interactions and metal slotting on stress induced voiding," in *Proceedings of the 46th IEEE Annual International Reliability Physics Symposium*, 2008, pp. 392–398.
29. C. M. Tan, Z. H. Gan, W. Li, and Y. J. Hou, "Finite element method for stress induced voiding," in *Applications of Finite Element Methods for Reliability Study of ULSI Interconnections*, London: Springer-Verlag 2011.
30. T. D. Sullivan, "Stress-induced voiding in microelectronic metallization: void growth models and refinements," *Annual Review of Materials Science*, Vol. 26, 1996, pp. 333–364.
31. A. Sekiguchi, J. Koike, S. Kamiya, M. Saka, and K. Maruyama, "Microstructural influences on stress migration in electroplated Cu metallization," *Applied Physics Letters*, Vol. 83, No. 10, 2003, pp. 1962–1964.
32. M. S. J. Koike, M. Wada, and K. Maruyama, "Effects of crystallographic texture on stress-migration resistance in copper thin films," *Applied Physics Letters*, Vol. 81, 2002, p. 1017.
33. R. J. Gleixner, B. M. Clemens, and W. D. Nix, "Void nucleation in passivated interconnect lines: effects of site geometries, interfaces, and interface flaws," *Journal of Materials Research*, Vol. 12, 1997, pp. 2081–2090.
34. B. M. Clemens, W. D. Nix, and R. J. Gleixner, "Void nucleation on a contaminated patch," *Journal of Materials Research*, Vol. 12, 1997, pp. 2038–2042.
35. P. A. Flinn, S. Lee, J. Doan, T. N. Marieb, J. C. Bravman, and M, Madden, "Void phenomena in passivated metal lines: recent observations and interpretation," in *Proceedings of the Fourth International Workshop on Stress Induced Phenomena in Metallization*, 1998, pp. 250–261.

36. Y.-L. Shen, "Stresses, deformation, and void nucleation in locally debonded metal interconnects," *Journal of Applied Physics*, Vol. 84, 1998, pp. 5525–5530.
37. M. A. Korhonen, W. R. LaFontaine, P. Børgesen, and C. -Y. Li, "Stress induced nucleation of voids in narrow aluminum based metallizations on silicon substrates," *Journal of Applied Physics*, Vol. 70, No. 11, 1991, pp. 6774–6781.
38. A. Gladkikh, M. Karpovski, and A. Palevski, "Microstructural and surface effects on electromigration failure mechanism in Cu interconnects," *Microelectronics Reliability*, Vol. 37, 1997, pp. 1557–1560.
39. W. C. Baek, J. P. Zhou, J. Im, P. S. Ho, J. G. Lee, S. B. Hwang, K. K. Choi, S. K. Park, O. J. Jung, L. Smith, and K. Pfeifer, "Oxidation of the Ta diffusion barrier and its effect on the reliability of Cu interconnects," in *Proceedings of the 44th IEEE Annual International Reliability Physics Symposium*, 2006, pp. 131–135.
40. O. Aubel, W. Yao, M. A. Meyer, H. J. Engelmann, J. Poppe, F. Feustel, and C. Witt, "New failure mechanism during high temperature storage testing and its application on SIV risk evaluation," in *IEEE International Integrated Reliability Workshop Final Report*, 2009, pp. 5–10.
41. W. McPherson and C. F. Dunn, "A model for stress-induced metal notching and voiding in very large-scale-integrated Al-Si(1%) metallization," *Journal of Vacuum Science and Technology B*, Vol. 5, 1987, pp. 1321–1325.
42. L. M. Klinger, E. E. Glickman, and V. E. Fradkov, "Extensions of thermal grooving for arbitrary grain-boundary flux," *Journal of Applied Physics*, Vol. 78, 1995, pp. 3833–3838.
43. E. Glickman and M. Nathan, "On the unusual electromigration behavior of copper interconnects," *Journal of Applied Physics*, Vol. 80, 1996, pp. 3782–3791.
44. A. von Glasow and A. H. Fischer, "New approaches for the assessment of stress-induced voiding in Cu Interconnects," in *Proceedings of the International Interconnect Technology Conference (IITC)*, 2002, pp. 274–276.
45. F. Chen, B. Li, T. Lee, C. Christiansen, J. Gill, M. Angyal, M. Shinosky, C. Burke, W. Hasting, R. Austin,T. Sullivan, D. Badami, and J. Aitken, "Technology reliability qualification of a 65nm CMOS Cu/low-k BEOL interconnect," in *Proceedings of the 13rd International Symposium on the Physical and Failure Analysis of Integrated Circuits (IPFA)*, 2006, pp. 97–105.
46. H. Matsuyama, T. Suzuki, H. Ehara, K. Yanai, T. Kouno, S. Otsuka, N. Misawa, T. Nakamura, Y. Mizushima, M. Shiozu, M. Miyajima, and K. Shono, "Investigation of stress-induced voiding inside and under VIA's in copper interconnect with wing pattern," in *Proceedings of the 46th IEEE Annual International Reliability Physics Symposium*, 2008, pp. 683–684.
47. H. Matsuyama, M. Shiozu, T. Kouno, T. Suzuki, H. Ehara, S. Otsuka, T. Hosoda, T. Nakamura, Y. Mizushima, M. Miyajima, and K. Shono, "New degradation phenomena of stress-induced voiding inside VIA in copper interconnects," in *Proceedings of the 45th IEEE Annual International Reliability Physics Symposium*, 2007, pp. 638–639.
48. G. B. Alers, J. Sukamto, P. Woytowitz, X. Lu, S. Kailasam, and J. Reid, "Stress migration and the mechanical properties of copper," in *Proceedings of the 43rd IEEE Annual International Reliability Physics Symposium*, 2005, pp. 36–40.
49. R. Lloyd, and J. J. Clement, "Electromigration in Cu conductors," *Thin Solid Films*, Vol. 262, 1995, pp. 135–141.
50. Y. K. Lim, Y. H. Lim, C. S. Seet, B. C. Zhang, K. L. Chok, K. H. See, T. J. Lee, L. C. Hsia, and K. L. Pey, "Stress-induced voiding in multi-level copper/low-k interconnects," in *Proceedings of the 42nd IEEE Annual International Reliability Physics Symposium*, 2004, pp. 240–245.
51. E. M. Zielinski, R. P. Vinci, and J. C. Bravman, "The influence of strain energy on abnormal grain growth in copper thin films," *Applied Physics Letters*, Vol. 67, 1995, pp. 1078–1080.
52. T. Tonegawa, M. Hiroi, K. Motoyama, K. Fujii, and H. Miyamoto, "Suppression of bimodal stress-induced voiding using high-diffusive dopant from Cu-alloy seed layer," in *Proceedings of the International Interconnect Technology Conference (IITC)*, 2003, pp. 216–218.

53. R. C. J. Wang, L. D. Chen, P. C. Yen, S. R. Lin, C. C. Chiu, K. Wu, and K. S. Chang-Liao, "Interfacial stress characterization for stress-induced voiding in Cu/low-*k* interconnects," in *Proceedings of the 12nd International Symposium on the Physical and Failure Analysis of Integrated Circuits (IPFA)*, 2005, pp. 96–99.
54. K. Yoshida, T. Fujimaki, K. Miyamoto, T. Honma, H. Kaneko, H. Nakazawa, and M. Morita, "Stress-induced voiding phenomena for an actual CMOS LSI interconnects," in *Proceedings of the International Electron Devices Meeting (IEDM)*, 2002, pp. 753–756.
55. L. T. Shi, and K. N. Tu, "Finite-element modeling of stress distribution and migration in interconnecting studs of a three-dimensional multilevel device structure," *Applied Physics Letters*, Vol. 65, No. 12, 1994, pp. 1516–1518.
56. C. H. Yao, T. C. Huang, K. S. Chi, W. K. Wan, H. H. Lin, Chin C. Hsia, and M. S. Liang, "Numerical characterization of the stress induced voiding inside via of various Cu/low *k* interconnects," in *Proceedings of the International Interconnect Technology Conference (IITC)*, 2004, pp. 24–26.
57. X. Federspiel and S. Orain, "90nm node damascene copper stress voiding model and lifetime extrapolation methodology," in *IEEE International Integrated Reliability Workshop Final Report*, 2004, pp. 64–70.
58. Y. Hou and C. M. Tan, "Stress-induced voiding study in integrated circuit interconnects," *Semiconductor Science and Technology*, Vol. 23, 2008, pp. 075023–075031.
59. K. Weide-Zaage, D. Dalleau, Y. Danto, and H. Fremont, "Void formation in a copper-via-structure depending on the stress free temperature and metallization geometry," in *Proceedings of the 5th International Conference on Thermal and Mechanical Simulation and Experiments in Micro-electronics and Micro-Systems*, 2004, pp. 367–372.
60. M. Lofrano, C J. Wilson, K. Croes, and B. Vandevelde, "Thermo-mechanical modeling of stress-induced-voiding in BEOL Cu interconnect structures," in *Proceedings of the 10th International Conference on Thermal, Mechanical and Multiphysics Simulation and Experiments in Micro-Electronics and Micro-Systems*, 2009, pp. 1–6.
61. ANSYS Elements Reference: ANSYS Release 5. 6, ANSYS, Inc. , Canonsburg, PA, 1999.
62. S. -H. Rhee, Y. Du, and P. S. Ho, "Thermal stress characteristics of Cu/oxide and Cu/low-*k* submicron interconnect structures," *Journal of Applied Physics*, Vol. 93, No. 7, 2003, pp. 3926–3933.
63. C. M. Tan, Z. H. Gan, and X. F. Gao, "Temperature and stress distribution in the SOI structure during fabrication," *IEEE Transactions on Semiconductor Manufacturing*, Vol. 16, No. 2, 2003, pp. 314–318.
64. J. H. Zhao, T. Ryan, P. S. Ho, A. J. Mckerrow, and W. -Y. Shih, "Measurement of elastic modulus, Poisson ratio, and coefficient of thermal expansion of on-wafer submicron films," *Journal of Applied Physics*, Vol. 85, No. 9, 1999, pp. 6421–6424.
65. A. Grill, "Plasma enhanced chemical vapor deposited SiCOH dielectrics: from low-k to extreme low-*k* interconnect materials," *Journal of Applied Physics*, Vol. 93, No. 3, 2003, pp. 1785–1790.
66. C. T. Lynch (ed.), *CRC Handbook of Materials Science*, Vol. II, Boca Raton, FL: CRC Press, 1975.
67. J. H. Zhao, Y. Du, M. Morgen, and P. S. Ho, "Simultaneous measurement of Young's modulus, Poisson ratio, and coefficient of thermal expansion of thin films on substrates," *Journal of Applied Physics*, Vol. 87, No. 3, 2000, pp. 1575–1577.
68. E. A. Brandes, and G. B. brook (eds.), *Smithell's Metals Reference Book*, 7th ed. Boston: Butterworth-Heinemann, 1999.
69. Z. H. Gan, W. Shao, S. G. Mhaisalkar, and Z. Chen, and H. Y. Li, "The influence of temperature and dielectric materials on stress induced voiding in Cu dual damascene interconnects," *Thin Solid Films*, Vol. 504, 2006, pp. 161–165.
70. L. T. Shi, and K. N. Tu, "Finite-element modeling of stress distribution and migration in interconnecting studs of a three-dimensional multilevel device structure," *Applied Physics Letters*, Vol. 65, No. 12, 1994, pp. 1516–1518.

71. B. Li, T. D. Sullivan, T. C. Lee, and D. Badami, "Reliability challenges for copper interconnects," *Microelectronics Reliability*, Vol. 44, No. 3, 2004, pp. 365–380.
72. W. D. Nix, and E. Arzt, "On void nucleation and growth in metal interconnect lines under electromigration conditions," *Metallurgical and Materials Transactions A*, Vol. 23, No. 7, 1992, pp. 2007–2013.
73. T. C. Huang, C. H. Yao, W. K. Wan, Chin C. Hsia, and M. S. Liang, "Numerical modeling and characterization of the stress migration behavior upon various 90 nanometer Cu/low-k interconnects," in *Proceedings of the International Interconnect Technology Conference (IITC)*, 2003, pp. 207–209.
74. S. Rzepka, M. A. Korhonen, E. R. Weber, and C. Y. Li, "Three-dimensional finite element simulation of electro and stress migration effects in interconnect lines," in *Proceedings of the Materials Research Society Symposium*, Vol. 473, 1997, pp. 329–335.
75. D. Edelstein, H. Rathore, C. Davis, L. Clevenger, A. Cowley, T. Nogami, B. Agarwala, S. Arai, A. Carbone, K. Chanda, F. Chen, S. Cohen, W. Cote, M. Cullinan, T. Dalton, S. Das, P. Davis, J. Demarest, D. Dunn, C. Dziobkowski, R. Filippi, J. Fitzsimmons, P. Flaitz, S. Gates, J. Gill, A. Grill, D. Hawken, K. Ida, D. Klaus, N. Klymko, M. Lane, S. Lane, J. Lee, W. Landers, W.-K. Li, Y.-H. Lin, E. Liniger, X.-H. Liu, A. Madan, S. Malhotra, J. Martin, S. Molis, C. Muzzy, D. Nguyen, S. Nguyen, M. Ono, C. Parks, D. Questad, D. Restaino, A. Sakamoto, T. Shaw, Y. Shimooka, A. Simon, E. Simonyi, A. Swift, T. Van Kleeck, S. Vogt, Y.-Y. Wang, W. Wille, J. Wright, C.-C. Yang, M. Yoon, and T. Ivers, "Comprehensive reliability evaluation of a 90-nm CMOS technology with Cu/PECVD low-k BEOL," in *Proceedings of the 42nd IEEE Annual International Reliability Physics Symposium*, 2004, pp. 316–319.
76. G. G., Stoney, "The tension of metallic films deposited by electrolysis," *Proceedings of the Royal Society*, London, A8, 1909, pp. 172–175.
77. K. Ishikawa, T. Iwasaki, T. Fujii, N. Nakajima, M. Miyauchi, T. Ohshima, J. Noguchi, H. Aoki, and T. Saito, "Impact of metal deposition process upon reliability of dual-damascene interconnects," in *Proceedings of the International Interconnect Technology Conference*, 2003, pp. 24–26.
78. A. H. Fisher, A. V. Glasow, S. Penka, and F. Ungar, "Process optimization: the key to obtain highly reliable Cu interconnects," *International Interconnect Technology Conference*, 2003, pp. 253–255.
79. G. B. Alers, R. T. Rozbicki, G. J. Harm, S. K. Kailasam, G. W. Ray and M. Danek, "Barrier first integration for improved reliability in copper dual damascene interconnects," in *Proceedings of the International Interconnect Technology Conference*, 2003, pp. 27–29.
80. J.-P. Wang, Y.-K. Su, and J. F. Chen, "Effects of surface cleaning on stressvoiding and electromigration of Cu-damascene interconnection," *IEEE Transaction on Device and Materials Reliability*, Vol. 8, No. 1, 2008, pp. 210–215.
81. Y. Matsubara, M. Komuro, T. Onodera, N. Ikarashi, Y. Hayashi, and M. Sekine, "Thermally robust 90 nm node Cu-Al wiring technology using solid phase reaction between Cu and Al," in *Symposium on VLSI Technology Digest of Technical Papers*, 2003, pp. 127–128.
82. M. Iguchi, S. Yokogawa, H. Aizawa, Y. Kakuhara, H. Tsuchiya, N. Okada, K. Imai, M. Tohara, K. Fujii, and T. Watanabe, "Optimization of metallization processes for 32-nm-node highly reliable ultralow-k ($k = 2.4$)/Cu multilevel interconnects incorporating a bilayer low-k barrier cap ($k = 3.9$)," in *Proceedings of the International Electron Devices Meeting (IEDM)*, 2009, pp. 871–874.
83. S. Yokogawa, K. Kikuta, H. Tsuchiya, T. Takewaki, M. Suzuki, H. Toyoshima, Y. Kakuhara, N. Kawahara, T. Usami, K. Ohto, K. Fujii, Y. Tsuchiya, K. Arita, K. Motoyama, M. Tohara, T. Taiji, T. Kurokawa, and M. Sekine, "Tradeoff characteristics between resistivity and reliability for scaled-down Cu-based interconnects," *IEEE Transactions on Electron Devices*, Vol. 55, No. 1, 2008, pp. 350–357.
84. M. Ueki, M. Hiroi, N. Ikarashi, T. Onodera, N. Furutake, N. Inoue, and Y. Hayashi, "Effects of Ti addition on via reliability in Cu dual damascene interconnects," *IEEE Transactions on Electron Devices*, Vol. 51, No. 11, 2004, pp. 1883–1891.

85. A. Isobayashi, Y. Enomoto, H. Yamada, S. Takahashi, and S. Kadomura, "Thermally robust Cu interconnects with Cu-Ag alloy for sub-45-nm node," in *Proceedings of the International Electron Devices Meeting (IEDM)*, 2004, pp. 953–956.
86. C. H. Shih, S. W. Chou, C. J. Lin, T. KO, H. W. Su, C. M. Wu, M. H. Tsai, Winston S. Shue, C. H. Yu, and M. S . Liang, "Design of ECP additive for 65-nm-node technology Cu BEOL reliability," in *Proceedings of the IEEE International Interconnect Technology Conference*, 2005, pp. 102–104.
87. H. S. Oh, J. H. Chung, J. W. Lee, K. H. Kang, D. G. Park, S. R. Hah, I. S. Cho, and K. M. Park, "The effect of FSG stability at high temperature on stress-induced voiding in Cu dual-damascene interconnects," in *Proceedings of the IEEE International Interconnect Technology Conference*, 2004, pp. 21–23.
88. R. C. J. Wang, C. C. Lee, L. D. Chen , K. Wu, and K. S. , Chang-Liao, "A study of Cu low-k stress-induced voiding at via bottom and its microstructure effect," *Microelectronics Reliability*, Vol. 46, 2006, p. 1673.
89. J. J. Liu, D. W. Gan, C. Hu, M. Kiene, and P. S. Ho, "Porosity effect on the dielectric constant and thermomechanical properties of organosilicate films," *Applied Physics Letters*, Vol. 81, No. 22, 2002, pp. 4180–4182.
90. C. J. Zhai, H. W. Yao, A. P. Marathe, P. R. Besser, and R. C. Blish, II, "Simulation and experiments of stress migration for Cu/low-k BEoL," *IEEE Transaction on Device and Materials Reliability*, Vol. 4, No. 3, 2004, pp. 523–529.
91. C. S. Hau-Riege, A. P. Marathe, and V. Pham, "The effect of low-k ILD on the electromigration reliability of Cu interconnects with different line lengths," in *Proceedings of the 41st IEEE Annual International Reliability Physics Symposium*, 2003, pp. 173–177.
92. L. Chen, N. Magtoto, B. Ekstrom, and J. Kelber, "Effect of surface impurities on the Cu-Ta interface," *Thin Solid Films*, Vol. 376, 2000, pp. 115–123.
93. *CRC Hand Book of Chemistry and Physics, 83rd ed., D. R. Lider*. Boca Raton, FL: CRC Press, 2002.
94. T. Ishigami, T. Kurokawa, Y. Kakuhara, B. Withers, J. Jacobs, A. Kolics, I. Ivanov, M. Sekine, and K. Ueno, "High reliability Cu interconnection utilizing a low contamination CoWP capping layer," in *Proceedings of the IEEE 2004 International Interconnect Technology Conference*, 2004, pp. 75–77.
95. M. Lin, J. W. Liang, and K. C. Su, "Stress characterization for stress-induced voiding in Cu/low-k interconnects with geometry and upper cap layer dependences," in *IEEE International Integrated Reliability Workshop Final Report*, 2008, pp. 32–35.
96. M. Ueki, M. Hiroi, N. Ikarashi, T. Onodera, N. Furatake, M. Yoshiki, and Y. Hayashi, "Suppression of stress induced open failures between via and Cu wide line by inserting Ti layer under Ta/TaN barrier," in *Proceedings of the International Electron Devices Meeting (IEDM)*, 2002, pp. 749–752.
97. W. Shao, Z. H. Gan, S. G. Mhaisalkar, Z. Chen, and H. Y. Li, "The effect of line width on stress-induced voiding in Cu dual damascene interconnects," *Thin Solid Films*, Vol. 504, 2006, pp. 298–301.
98. T. Kouno, T. Suzuki, S. Otsuka, T. Hosoda, T. Nakamura, Y. Mizushima, M. Shiozu, H. Matsuyama, K. Shono, H. Watatani, Y. Ohkura, M. Sato, S. Fukuyama, and M. Miyajima, "Stress-induced voiding under vias connected to "narrow" copper lines," in *Proceedings of the International Electron Devices Meeting (IEDM)*, 2005, pp. 187–190.
99. Y. K. Lim, K. L. Pey, J. B. Tan, T. J. Lee, D. Vigar, L. C. Hsia, Y. H. Lim, and N. R. Kamat, "Novel dielectric slots in Cu interconnects for suppressing stress-induced void failure," in *Proceedings of the International Electron Devices Meeting (IEDM)*, 2005, pp. 179–182.
100. A. Heryanto, Y. K. Lim, K. L. Pey, W. Liu, J. B. Tan, D. K. Sohn, and L. C. Hsia, "The effects of dielectric slots on copper/low-k interconnects reliability," in *Proceedings of the International Interconnect Technology Conference (IITC)*, 2009, pp. 92–94.
101. C. J. Zhai, H. W. Yao, P. R. Besser, A. Marathe, R. C. Blish II, D. Erb, C. Hau-Riege Sidharth, and K. O. Taylor, "Stress modeling of Cu/ low-k BEOL: application to stress migration," *42nd IEEE Annual International Reliability Physics Symposium*, 2004, pp. 234–238.

102. Y. K. Lim, S. C. Seet, T. J. Lee, and D. Vigar, "Stress migration reliability of wide Cu interconnects with gouging vias," in *Proceedings of the 43rd IEEE Annual International Reliability Physics Symposium* 2005, pp. 203–208.
103. JP-001, *Stress Migration (Stress-Induced Voiding): Foundry Process Qualification Guidelines* (Wafer Fabrication Manufacturing Sites, JEDEC/FSA Joint Publication, September 2002, pp. 9–11.

第 12 章

金属间介质击穿

12.1 引 言

随着互连线宽度和器件尺寸的不断缩小,集成度也随之增加。然而,在后道工艺(BEOL)集成中,在不同电压下当两条相邻金属线距离越来越近时,它们之间的电容将会增加。因此,互连延迟(即 RC 延迟)也随着功耗的增加而增加。根据图12.1[1],本征栅极延迟随着晶体管尺寸的减小而不断减小。然而,当特征尺寸减小到 $0.5\mu m$ 以下时,互连 RC 延迟将突然上升,其中互连延迟在总延迟中占主导地位[1]。注意,图 12.1 中的曲线图是基于有关互连阵列几何形状的某些假设。然而,总体趋势可以清楚地看到。

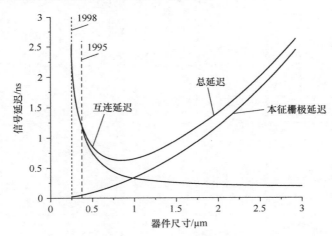

图 12.1 信号延迟与器件尺寸的关系(经 Elsevier 授权使用[1])

假设最小金属间距 p 等于金属宽度 W 的两倍,并且假设金属线上方和下方的介质厚度等于金属线的厚度,RC 延迟与互连长度 L、金属电阻率 ρ、介电常数

k、金属厚度 d_m 和最小金属间距 p 的关系如下[2]：

$$RC = 2\rho k\varepsilon_0 \left(\frac{4L^2}{p^2} + \frac{L^2}{d_m}\right) \tag{12.1}$$

根据式（12.1），有几种方法可以减小 RC 延迟：使用电阻率较低的金属线（例如，用 Cu 代替 Al 以减少 ρ），使用低介电常数（低 k）绝缘材料（即，减小 k），或使用多层金属化（以减少 L）和/或改变金属线的宽度与厚度比。注意，多层金属化的使用旨在减少线路长度 L。如果仅在一层金属化内增加集成度，则总长度将显著增加，导致更大的 RC 延迟，因为 RC 延迟与 L^2 成正比，如式（12.1）所述。采用 Cu/等离子体增强化学气相沉积（PECVD）低 k[3]的 IBM 90nm CMOS 技术的典型八层布线的微处理器 BEOL 包括具有间距和横截面尺寸的三个分级比例因子（1×、2×和6×）的 Cu 布线，其中 1×因子用于 $M_1 \sim M_5$（在低 k 值 SiCOH 中），2×因子用于 M_6（也在低 k 值 SiCOH 中），6×因子用于 M_7 和 M_8［在掺氟四乙基正硅酸盐（FTEOS）中］。这种设计的理念类似于民用三维（3D）交通基础设施，以减少地面交通负荷。

本章首先介绍了低 k 介质绝缘材料的一般特性。然后介绍了表征金属间介质可靠性的测试结构和测试方法，接着总结了对金属间介质击穿机制和寿命外推模型的最新知识和理解，以及如何通过设计和工艺优化控制可靠性，尤其侧重于低 k 材料。从 V – ramp 测试中获得的击穿电压 V_{bd} 与随时间变化的介质击穿（TDDB）密切关联，可提供一个快速的晶圆级可靠性评估。然后讨论了金属 – 通孔结构 TDDB 的特性。还介绍了作为介质可靠性评估辅助工具的有限元建模（FEM）。最后，总结了 BEOL 介质可靠性的认定要求。

下面介绍低 k 介质绝缘材料的一般特性。SiO_2 是当今集成电路（IC）中应用最广泛的绝缘材料。热生长 SiO_2 的介电常数 $k = 3.9$（见表12.1）。这个数字是 SiO_2 的介电常数除以真空的介电常数，即 $k = \varepsilon_{SiO_2}/\varepsilon_0$，其中 $\varepsilon_0 = 8.854 \times 10^{-6}$ $pF/\mu m$[4]。有时它被称为无掺杂硅酸盐玻璃（USG），其可靠性已得到验证。在工艺集成方面，SiO_2 具有许多优良的特性[5,6]。它具有热稳定性和化学稳定性，因此在加工过程中不会退化。它具有机械刚性（即高弹性模量），并且相对不透水（至少在 IC 的工作温度下），这简化了封装并降低了成本。

表 12.1 几种低 k 介质材料

介质材料	沉积方法	低 k 类型	k_{eff}
SiO_2（USG）[7]	加热	初始介质	3.9
TEOS[7]	CVD	初始介质	4.2
SiOF（FSG）[7]	CVD	类型 I	3.5
SiOC（CDO）[7]	CVD	类型 I	2.6 ~ 2.9

(续)

介质材料	沉积方法	低 k 类型	k_{eff}
SiLK[14]	旋涂	类型Ⅱ	2.2
Porous MSQ[15]	旋涂	类型Ⅱ和Ⅲ	2.3
Porous OSQ[16]	PECVD	类型Ⅲ	2.5

等离子体增强化学气相沉积（PECVD）也可以沉积高质量的 SiO_2 薄膜。然而，对于 SiO_2（表12.1中的 TEOS）的 CVD，由于 CVD 薄膜中通常存在较高浓度的 O—H 键，因此 k 值更接近4.2。如前所述，为了满足 RC 延迟减小的要求，必须降低 SiO_2 的介电常数。有许多材料具有较低的介电常数，但很少能恰当地集成到制造工艺中。降低介电常数的开发工作主要集中在三种类型的介质材料上（表12.1给出了几种低 k 绝缘材料），具体如下：

1. 类型Ⅰ：在这种类型的介质中，介电常数的降低是通过降低离子和/或电子对极化率的贡献来实现的[7]。一个例子是氟化二氧化硅，有时被称为掺 F 的二氧化硅玻璃（FSG），其介电常数可以从3.9降至3.5[8,9]。这种减少归因于 Si—F 键的形成以取代 Si—O 键。另一方面，用碳代替氟掺入 SiO_2 可使介电常数降至2.7~3.0。IBM 研究小组将这种介质称为 SiCOH[10]，用于90nm 和65nm 技术节点。通过在 SiCOH 上添加孔隙，得到更低的介电常数（2.2或更低）是可能的，它用于45nm 及以下节点。其他碳掺杂二氧化硅（CDO）的商业产品包括应用材料公司（Applied Materials）的黑钻石（Black Diamond）[11]和 ASM International N. V. 的 Aurora[12]。Aurora 是用于英特尔90nm、65nm 和45nm 生产线的低 k 材料，Black Diamond 控制着大约80%的低 k 材料市场[8]。Novellus Systems 的 Coral 也属于这一类。

2. 类型Ⅱ：降低介电常数的第二种方法是使用聚合物介质材料[1]，通常通过旋涂法沉积，例如传统上用于沉积光刻胶的方法，而不是 CVD。集成方面的困难包括机械强度和热稳定性较差。陶氏化学公司的 SiLK 是这类低 k 材料的一个著名例子[13]。其他旋涂有机低 k 材料包括聚酰亚胺、聚降冰片烯、苯并环丁烯和 PTFE。此外，还有两种自旋沉积的硅基聚合物介质材料，即氢半硅氧烷（HSQ）和甲基半硅氧烷（MSQ）。关于应用于微电子低 k 材料的聚合物介质，有一篇很好的总结性论文[1]。

3. 类型Ⅲ：第三种做法是引入孔隙率，这是降低介电常数的有效方法[7]。孔隙可以定义为硅基质中的任何局部区域（大小可能是几埃），其中包含低极化材料和/或只是一个微孔。一个简单的计算表明，在 SiO_2（$k_2 = 4.2$）中引入50%的孔隙率（$k_1 = 1$，假设为孔隙中的空气）将得到约为2的有效 k 值。介电常数低于2的多孔 SiO_2 已有报道。与实施多孔 SiO_2 相关的集成方面的困难包括

第12章 金属间介质击穿

低机械强度和难以与刻蚀和抛光工艺集成。通过紫外线固化,可以消除掺杂碳的 SiO_2 中的浮动甲基群,并将孔隙引入到掺杂碳的 SiO_2 的低 k 材料中。这类产品包括 Black Diamond Ⅱ[11]、Aurora 2.7 和 Aurora ULK[12]。报道的 k 值可低至 2.5。通过在 SiLK 树脂中引入孔隙,可以将介电常数值降低到 2.2[14]。

然而,低 k 介质绝缘材料的应用引起了一些关键的可靠性问题,例如随时间变化的介质击穿(TDDB),因为低 k 材料的本征击穿强度通常比传统的 SiO_2 介质弱。当技术不断向更小的尺寸和更窄的互连间距发展时,这个问题就变得更加严重[17-21]。TDDB 是介质在施加低于介质材料特征击穿电场的情况下发生击穿而失效的现象。低 k TDDB 通常在加速条件下(通常是在较强的电场和较高的温度下)进行表征,然后在使用条件下将寿命外推回较弱的电场和较低的温度。

介质 TDDB 失效类似于固体的机械击穿[22]。与机械应力过程中转化为热量的机械能(以 $-\gamma e^2$ 表征,其中,e 为应变,γ 为杨氏模量)类似,在电应力过程中存储在介质中的电能(以 $1/2CV^2$ 表征,其中 C 为电容;V 为电压)也将转化为热量。与加工硬化抑制进一步变形类似,介质对注入电荷的捕获通过空间电荷场的演化来阻止电荷的进一步注入。当应变或注入电荷水平超过临界值时,就会发生失效。

12.2 测试结构和方法

有几种类型的测试结构已被广泛用于金属间介电(IMD)可靠性研究,包括梳状-梳状结构(CC)、梳状-蛇形结构(CS)和金属-通孔结构(MV),如本节所述。

12.2.1 测试结构 ★★★

梳状-梳状结构

梳状-梳状结构由两个相互交叉的金属梳状结构组成(见图12.2a)。线宽和线间距可以变化,但通常由设计规则确定。为了模拟当今互联的实际情况,测试结构中的指的总长度一般在1m左右,甚至更长。在可靠性测试(电压斜坡测试或恒压应力测试)中,一个梳状结构是接地的,而另一个梳状结构是正偏置的,并记录相应的泄漏电流。有时分别监测阳极和阴极电流,以检查应力过程中是否存在 Cu 漂移[7]。

梳状-蛇形-梳状结构

梳状-蛇形-梳状结构由一个金属蛇形结构组成,两侧插入两个金属梳状结构,以覆盖蛇形结构的两边(见图12.2b)。线宽和线间距一般由设计规则确定。测试结构中蛇形的总长度可达1m左右,甚至更长。典型结构的有效电容面积约

为 $1 \times 10^{-3} \mathrm{cm}^2$。在测试过程中,蛇形通常是接地的,而梳状金属则是正偏置的。击穿条件通常定义为泄漏电流突然上升至少 2 倍。如果施加相对较高的电压(例如,>50V),电容上存储的大量电荷通常会产生硬击穿,电流达到合规极限。对于低 k 介质,在硬击穿之前很少观察到软击穿。

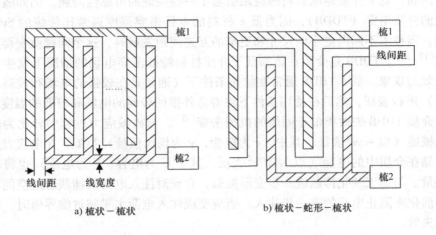

图 12.2 典型的 a) 梳状-梳状结构和 b) 梳状-蛇形-梳状测试结构示意图

金属-通孔结构

金属-通孔结构是一种通过多个通孔连接金属梳的测试结构。图 12.3a 和 b 分别给出了带对准通孔和交错通孔的金属-通孔测试结构的布局示意俯视图。虽然在布局中通孔定义在金属线内,但由于工艺控制,两个相邻通孔之间或一个通孔与相邻金属之间的距离很可能小于层间的距离(见图 12.3c 和 d),即使在布局中认为这种距离是相同的。此外,通孔呈漏斗状,因此顶层的通孔距离小于底层的通孔距离。层间介质(ILD)层堆叠由低 k 层和抛光帽层,以及互连的顶部阻挡层组成。因此,预计最强电场应位于覆盖层旁边的顶层,该层有多个与应力电场平行的界面。可以假设在这些界面上存在微缺陷,为电流传输或电荷捕获提供了陷阱。在这个边缘区域,E 场可以是其他区域的两倍(或更多)。这是由于覆盖层($k=5\sim7$)和低 k 层($k=2.5\sim4$)的介电常数不同,以及侧墙阻挡层与覆盖层过渡处的尖峰形状所致[23]。因此,在工艺开发和量产监控过程中,金属通孔结构的评估是非常必要的。

第12章 金属间介质击穿

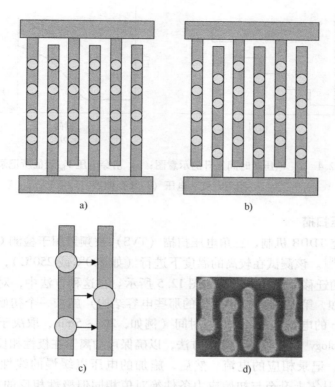

图 12.3　a) 金属通孔测试结构的布局示意俯视图（通孔对齐）；b) 金属通孔测试结构布局示意顶视图（交错通孔）；c) 由于工艺控制，通过尺寸较大的交错通孔的示意俯视图；d) 交错通孔的扫描电镜俯视图

12.2.2 测试方法 ★★★

与第6章详述的栅极氧化层完整性（GOI）测试类似，IMD 可靠性还包括 V-ramp 测试和 TDDB 测试，如本节所述。

阶梯式 V-ramp 测试

V-ramp 测试作为一种可靠性评估技术，对于可靠性工程师来说越来越重要，因为它可以在工艺开发、认定和生产监控过程中节省时间和资源。这个方法还可以用于支持可靠性模型的验证工具[24]。图 12.4 给出了阶梯式 V-ramp 测试的示意图。在击穿测试的阶梯电压-斜坡过程中，电场强度以均匀阶梯增量 ΔE（或 ΔV）进行，每一步的保持时间为 $\Delta \tau$。测试可以在室温或高温下轻松地在晶圆级器件上进行，例如，高达 250℃，只要晶圆夹头和探头可以承受高温。斜坡斜率一般在 1~10V/s，测试时间不超过 2min。

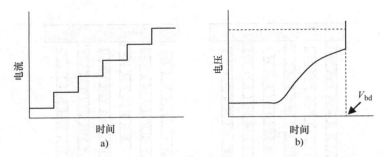

图12.4 a) 电压随时间上升的示意图；b) 击穿电压 V_{bd} 表征所记录的相应电流-电压（$I-V$）曲线

三角电压扫描

为了研究 TDDB 机制，三角电压扫描（TVS）被频繁用于检测 Cu^+ 或 H^+ 等可动离子[25,26]。该测试在较高的温度下进行（如200℃或250℃），以大大增加介质中离子的迁移率。基本过程如图12.5所示。在这种方法中，对所研究的电容结构（例如，第12.2.1节中给出的那些电容结构）施加一个初始电压，以产生约 1MV/cm 的电场，并保持一段时间（例如，20s～5min，取决于介质厚度），Chiron Technology[26]建议使用这种方法，以确保可动离子在极性相反的极板上达到稳定位置。记录相应的电流。然后，施加的电压以缓慢的线性速率（约为 1MV/cm/s）从零上升至与初始应力条件绝对值相同但极性相反的电压。然后，电压保持的时间与初始应力条件相同。在此之后，施加的电压再次以相同的扫描速率从零下降到初始应力。通过 TVS 的观察，能够区分应力诱导的泄漏电流（SILC）来自于与对称 TVS 迟滞相对应的内在原因（例如，在电场作用下 Si—O 键断裂或缺陷的偶极-偶极相互作用），还是来自于与不对称 TVS 迟滞相对应的外在退化（例如，由水分吸附引起的可动离子）。典型的 $I-V$ 曲线显示应力引起的 Cu^+ 扩散具有相应的尖峰/峰值[25]。对应的 Cu^+ 浓度可由峰值下的面积计算如下[26]：

$$可动离子密度(离子/cm) = \frac{I_p}{e^-} \cdot \frac{1}{T_{ox}A_{ox}} \cdot t_i \tag{12.2}$$

其中，I_p 是测量的峰值电流（C/s 或 A）；e^- 是离子上的电荷（C）；T_{ox} 是介质的厚度（cm）；A_{ox} 是电容的面积；t_i 是电流测量的积分时间（s）。

恒定电压/电场应力

恒定电压/电场应力测试是研究 Cu/介质寿命的常用方法，在大多数情况下称为 TDDB 测试。该测试的核心是在升高的温度以及远高于工作条件的应力电压的加速条件下进行泄漏电流测量。由此得出的平均失效时间（MTTF）可借助面

第12章 金属间介质击穿

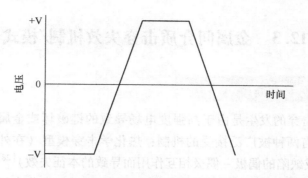

图12.5 三角形电压扫描（TVS）中电压随时间变化的示意图
（经参考文献 [26] 许可使用）

积/长度按比例变化，以及电压加速和温度加速因子推断出工作条件。显然，需要采用不同面积/长度的测试结构，并且必须在不同的温度和不同的电压（E场）下进行测试。

一般来说，线与线泄漏电流是在恒定电压应力期间记录的。图12.6 给出了 BEOL IMD 在 125℃下三种不同恒定电压应力下泄漏电流随时间变化的典型曲线。可以清楚地看到泄漏电流 - 时间曲线的三阶段退化。在初始应力阶段（阶段 I），可以观察到泄漏电流随时间的变化明显减小，这通常归因于电子捕获。然而，随着应力时间的延长，陷阱辅助泄漏电流会使泄漏电流上升（阶段 II），这对应于更长的相对时间周期，直到最终击穿（电流突然跳变，阶段 III）。如图12.6 所示，失效时间（TTF）强烈依赖于外加电场。

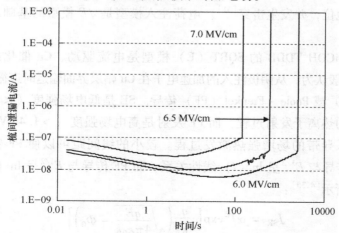

图12.6 在 125℃的 IMD TDDB 测量过程中，典型的线与线泄漏电流随时间的函数变化曲线

12.3 金属间介质击穿失效机制/模式

12.3.1 失效机制 ★★★

低 k 介质击穿的发生是由于高强度电场导致的键破坏或金属扩散到绝缘体中。IMD 击穿有两种被广泛接受的机制:热化学击穿模型(在外加电场下由于 Si—O 键断裂或缺陷的偶极-偶极相互作用而导致的本征失效)[28]和电荷注入模型(由非本征缺陷,如从 Cu 电极上迁移的 Cu 离子引起的非本征失效)[29]。这两种模式将在本节中详细阐述。

热化学击穿模型假设键的偶极矩相互作用,例如,SiO_2 中氧空位处的 Si-Si 键(见第 6 章中的图 6.21)与电场的相互作用削弱了键,最终导致键因热能或空穴捕获而断裂。键断裂(即破坏)的活化能由于电场而降低[7]。击穿时间的自然对数与电场强度成正比,因此热化学模型是电场驱动的 E 模型的基础。由于该模型已在第 6 章中进行了详细介绍,下面将重点介绍电荷注入模型。

电荷注入模型假设物理击穿是铜扩散到介质中。在低 k 介质的 TDDB 中[30],中性 Cu 的扩散要么不起作用,要么作用不显著。电离的 Cu 在其中起一定作用,其次是场辅助扩散动力学。最近的研究表明,击穿行为可能分为两个阶段[31]。如图 12.6 所示,在测量初期,介质系统通过电子充电,从而产生场屏蔽效应并降低有效应力电压。这导致在测量的早期阶段泄漏电流减小。短时间后,铜扩散开始占主导地位,并发生击穿[31]。电荷注入模型是 $\sqrt{E}$ 模型的基础,是电流驱动模型。

适用于 SiCOH TDDB 的 SQRT(E)模型是电流驱动、Cu 催化的 TDDB 行为[32,33]。一般认为,从阴极注入的加速电子在 Cu 帽层界面输运时遵循界面 Schottky 发射(SE)或 Poole-Frenkel(PF)传导。SE 是低电场强度(<1.4MV/cm)下穿过界面的热离子发射过程,而 PF 发射是高电场强度(>1.4MV/cm)[32]下捕获电子进入导带的场增强热激发过程。较小的线间距可以使 PF 特性更加清晰[34]。SE 传导与 $E^{1/2}$ 呈 ln(I) 线性关系,而 PF 传导与 $E^{1/2}$ 呈 ln(I/E) 线性关系,如下所示[4,35]:

$$J_{SE} = \alpha T^2 \exp\left[\frac{q}{k_B T}\left(\sqrt{\frac{qE}{4\pi\varepsilon_0 k}} - \Phi_0\right)\right] \tag{12.3}$$

$$J_{PF} = bE\exp\left[\frac{q}{k_B T}\left(\sqrt{\frac{qE}{4\pi\varepsilon_0 k}} - \Phi_1\right)\right] \tag{12.4}$$

其中，a 和 b 是经验常数；T 是环境温度；$E(=V/S)$ 是电场强度；V 施加在两个间距为 S 的 Cu 电极上的电压；q 是电子电荷；ε_0 是自由空间的介电常数；k 是介电常数；Φ_0 是电子进入导带的势垒高度（见图 12.7），$\sqrt{qE/4\pi\varepsilon_0 k}$ 是由于施加电场 E 而导致的势垒降低（能带弯曲），而 Φ_1 是陷阱势阱的深度（见图 12.7d）。在 V‑ramp 测试中，当施加电压较低时，泄漏电流的主要来源应该是电子 SE 传导［见图 12.7a，图 12.7b 为考虑式 (12.3) 所描述的势垒降低的情况。随着外加电压的增加，传导电子将获得更高的能量。这种高能电子可以撞击阳极上的 Cu 原子，并在到达阳极时加速产生正的 Cu 离子。在施加的电场作用下，那些产生的 Cu 离子会注入到低 k 帽层界面见图 12.7b］。一些不走运的电子会被这些迁移到界面的 Cu 离子捕获。被捕获的电子可能会逃脱深度为 Φ_1 的陷阱势阱（见图 12.7d），相当于 PF 传导。未逃逸的 Cu 离子可能只是被捕获或与 Cu 离子重新结合，在界面上形成中性 Cu 原子。在界面处积累的 Cu 原子形成纳米粒子簇。在界面上的 Cu 离子/原子还会导致更高的局部电场强度和更大的能带弯曲。反过来，像栅极氧化层中的捕获导致有效氧化层变薄一样[36]，迁移的 Cu 原子/离子也会导致有效 Cu 电极间距的减小，称为有效间距变窄。界面上越来越多的 Cu 离子将导致电子陷阱增加，有效间距变窄和有效势垒高度增大（见图 12.7e）。在阴极积累的 Cu 离子最终会导致 FN 隧穿和介质击穿（见图 12.7f）。

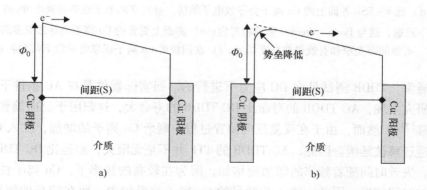

图 12.7　a) Schottky 发射（SE）传导无势垒降低；b) SE 传导降低势垒；c) 由于阴极加速电子的能量释放，在阳极产生 Cu 离子，产生的 Cu 离子随后注入到介质中；d) 低 k ‑ESL 界面上的 Cu 离子会导致电子陷阱。被捕获的电子在势垒高度 Φ_1 的情况下逃逸，这与 Poole‑Frenkel 条件相对应；e) 界面上更多的 Cu 离子会导致更多的电子陷阱、有效间距变窄和有效势垒高度增加；f) 在阴极的 Cu 离子积累将导致 FN 隧穿

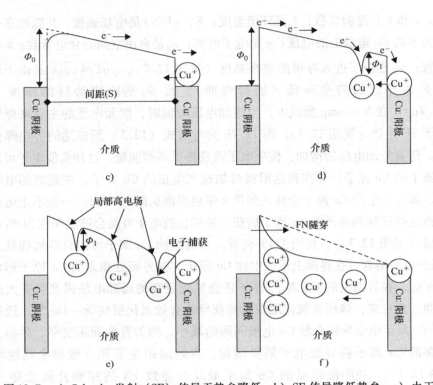

图 12.7　a) Schottky 发射（SE）传导无势垒降低；b) SE 传导降低势垒；c) 由于阴极加速电子的能量释放，在阳极产生 Cu 离子。产生的 Cu 离子随后注入到介质中；d) 低 k-ESL 界面上的 Cu 离子会导致电子陷阱。被捕获的电子在势垒高度 Φ_1 的情况下逃逸，这与 Poole–Frenkel 条件相对应；e) 界面上更多的 Cu 离子会导致更多的电子陷阱、有效间距变窄和有效势垒高度增加；f) 在阴极的 Cu 离子积累将导致 FN 隧穿（续）

通常，TDDB 测试是在 DC 应力下进行的。而实际器件是在 AC 条件下工作的。研究发现，AC TDDB 的寿命比 DC TDDB 的寿命大，这归因于反向偏置时的逆迁移[37]。然而，由于在反复反向偏置过程中剩余 Cu 离子的增加，注入 Cu 离子的逆迁移被延缓。因此，AC TDDB 的 TTF 并不是无限大，而是比 DC TDDB 大几倍。失效时间随着频率的增加而增加，因为在较高的频率下，Cu 离子注入和耗尽的时间较短。因此，注入和耗尽的 Cu 离子数量较少，而在较高的频率下，失效时间增加。然而，由于扩散的作用，它在更高的频率下是饱和的。

12.3.2　失效模式　★★★

相邻 Cu 线之间的介质击穿通常发生在覆盖层和介质之间的界面上[31]。在金属线的拐角处由于复杂的几何效应，电场强度最高，从而引发泄漏电流[23]。

此外，Cu 线一般呈锥形（顶部比底部宽），因此导线顶部的空间最小，导致较强的电场。由于不同材料之间的键失配或 Cu 化学－机械抛光（CMP）工艺中产生的污染物，预计界面的陷阱密度高于体介质。由于较强的电场和高缺陷密度的共同作用，覆盖层与介质之间的界面有望成为泄漏电流的首选路径。

观察到 IMD 击穿有以下三种失效模式[19,21]：

- 模式 A（见图 12.8a）是铜在低 k 介质势垒界面的扩散。这种失效模式对应于铜通过梳状结构最薄弱点的扩散，这是被广泛观察和接受的。改善介质势垒的界面特性是消除 A 模式失效的途径。
- 模式 B（见图 12.8b）在沟槽拐角处观察到小裂缝。这些裂缝可以扩展到上面的钝化层，有时在相邻的线间发生连接，从而导致短路。这些裂缝有时与模式 A 的界面扩散会同时被观察到。
- 模式 C（见图 12.8c）具有更严重的裂缝，裂缝沿上部钝化帽层界面继续延伸，而不是继续进入 IMD。这些裂缝往往出现在正偏置的交替线上。

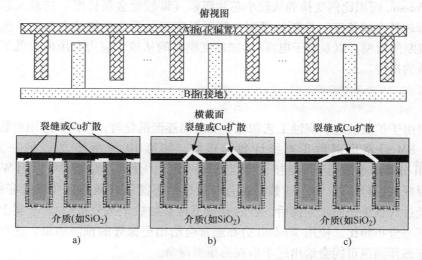

图 12.8 示意图显示 a) 模式 A：铜在低 k 介质势垒界面的扩散；b) 模式 B：沟槽拐角处出现小裂缝；c) 模式 C：沿上部钝化帽层界面持续的严重裂纹

模式 B 和模式 C 的介质击穿失效归因于梳指间静电吸引产生的机械力。较强的电场和应力集中在沟槽的上拐角，导致该处铜的挤压。静电吸引产生的机械力可如下估计为[21]：电压 V 时的电容 C 的能量为 $CV^2/2$。如果假设这个能量均匀地分布在梳指之间的介质中，那么电容每单位长度的吸引力为

$$F = \frac{CV^2}{2ls} \tag{12.5}$$

其中，L 为梳长度；s 为梳间距。$C = k\varepsilon_0 d_m L/s$，$k\varepsilon_0$ 为 IMD 的介电常数；d_m 为 Cu

线的厚度，则式（12.5）可进一步简化为

$$F = \frac{1}{2}k\varepsilon_0 d_m \cdot E^2 \tag{12.6}$$

其中，E 为电场强度。举例计算，当电场强度在 5MV/cm 左右时，梳指间的能量密度约为 $2J/m^2$。这一能量密度接近于通过四点弯曲技术测得的阻挡层与铜或低 k 介质典型的 $4\sim12J/m^2$ 的黏附能[38]。

12.4 寿命模型

可靠性工程师通常需要预测整个芯片的介质失效累积分数达到较低的百分位数（如 0.1% 或 1×10^{-6}）时的寿命[39]。然而，快速的工艺开发周期限制了样品的数量以及每个样品的测试时间，并且测试芯片的尺寸也限制了测试结构的面积。本节介绍了基于 Weibull 分布的从有限样本量向较低百分位数推断的模型，基于 Poisson 面积比例变换的从较小芯片面积（即较短金属长度）向较大芯片面积（即较长金属长度）推断的模型，基于温度相关活化能的从高温向较低工作温度推断的模型，以及基于电压/场加速度模型的从较大应力电压向较低工作电压推断的模型。

12.4.1 Weibull 分布 ★★★

当由于扩散效应、腐蚀工艺和化学反应而逐渐退化时，倾向于应用对数正态分布。EM 通常由对数正态统计数据建模，如第 10 章所述[40]。另一方面，Weibull 分布似乎适用于弱链接传播到失效的情况。介质击穿通常可以用 Weibull 分布很好地进行描述[22]。对数正态分布被证明不能很好地描述介质击穿行为。发现经过对数正态面积变换后，新的分布不再是对数正态分布[41]。事实上，与对数正态分布相比，使用 Weibull 分布通常会给出更保守的预测结果，这意味着对数正态预测很可能会给出过于乐观的预测寿命。

Weibull 分布的表达式如下[注意，这是式（6.18）的另一种表达形式]：

$$\ln[1 - F(t)] = -(t/\eta)^\beta \tag{12.7}$$

其中，t 是所研究的变量；$F(t)$ 是累积分布函数（CDF）；β 是 Weibull 斜率，也称为 Weibull 形状因子；而 η 为 Weibull 分布的比例参数。参数 η 与 t 的单位相同，其值等于 CDF $F(t) = 63.2\%$ 时的值。如果使用 Weibull 统计来分析失效时间分布，一般会使用 $t_{63.2\%}$ 作为特征失效时间。与之相比，在对数正态统计中，特征失效时间为 $t_{50\%}$。一般来说，Weibull 斜率随着线与线间距的减小而变小，这与较薄的栅氧化层的 Weibull 斜率变小类似，如图 6.23（第 6 章）所示。Chen 等人[41]报道，当线与线间距为 $85\sim90nm$ 时，Weibull 斜率约为 5，而当间距为

80nm 时，Weibull 斜率降低至约 4。此外，当间距为 70nm 时，Weibull 斜率急剧降至约 2。研究发现，线边缘粗糙度随线间距的减小而增加，导致间距较窄结构的 Weibull 斜率退化。

12.4.2　$1/E$ 模型、E 模型和 SQRT（E）模型　★★★

模型用于从加速高电压/强电场测试条件向低电压/弱电场工作条件外推 TDDB 的寿命。对于低 k 材料的 TDDB，有几个常用的模型，例如 $1/E$ 模型、E 模型、幂律和 $\sqrt{E}$ [SQRT（E）] 模型[42]。

图 12.9 比较了基于低 k 介质 TDDB TTF 数据的 $1/E$ 模型、E 模型和 $\sqrt{E}$ 模型。高于 24V 电场的 TDDB 数据是通过晶圆级可靠性（WLR）测试得到的，其他数据可以通过封装级可靠性（PLR）测试得到。对于高应力条件和低 TTF 的 WLR 数据，所有模型都能很好地拟合，但使用不同模型外推至工作条件下的寿命可能会相差数十个数量级。但是，当考虑 PLR 数据时，SQRT（E）模型的拟合效果最好。换句话说，对于工作条件下的寿命外推，E 模型将过于保守，而 $1/E$ 模型将给出过于乐观的预测。本节将给出每个模型的详细信息，并从历史的角度比较它们的应用。

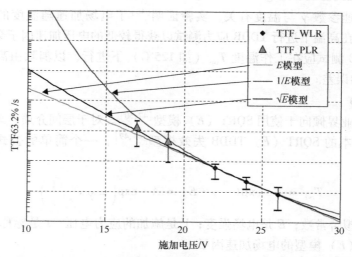

图 12.9　梳状 – 蛇形结构的 WLR 和 PLR 测试中根据应力电压变化的实验失效时间（TTF）曲线。TTF 值分别采用 E 模型、$1/E$ 模型和 SQRT（E）模型进行拟合

如第 6 章所述，发现 $1/E$ 模型在描述较强电场条件下 SiO_2 栅极介质薄膜中的 TDDB 时非常有用，其中主要传导机制是 Fowler – Nordheim 隧穿[43]。$1/E$ 模型的方程为

$$T_{bd} = A \cdot \exp(G/E) \tag{12.8}$$

其中，T_{bd} 是击穿时间；A 是拟合常数；E 是电场强度；G 是 $1/E$ 模型中的电场加速因子。

然而，多孔硅基低 k 薄膜的击穿强度通常相对较低，在 TDDB 测试中，主要的传导机制通常是 Schottky 势垒发射或 Poole-Frenkel 跳变。1998 年发表的一项为期三年的 TDDB 研究表明[44]，E 模型对长期/弱电场 TDDB 数据拟合得更好，特别是在设计电场强度 <5MV/cm 时。

E 模型

Berman[45] 首先提出了预测厚度大于 4.0nm 的硅基介质的 T_{bd} 的常用可靠性模型（E 模型），然后由 McPherson[46] 基于物理（热化学）基础进行了解释。该模型假设 $\ln(T_{bd})$ 与介质中的电场强度成正比。

根据热化学理论，失效时间方程可以写成[7]

$$T_{bd} = A \cdot \exp(-\gamma \cdot E) \tag{12.9}$$

其中，A 是一个以时间为单位的材料相关常数；γ（对于 E 模型）是电场加速因子。据报道，γ 与材料无关[7]，也与线与线间距无关[62]。据报道，硅基介质 γ 为 4.13 ± 0.85 cm/MV[62]。

电场加速参数 γ 与温度有关，实验证明[46]了电场加速随温度的降低而增大。因此，在高温下进行 TDDB 应力测试以获得较低的电压加速因子会误导寿命外推。TDDB 测试应在工作温度 T_{op}（如 125℃）下进行，以消除由高温外推到 T_{op} 所引起的误差。

$\sqrt{E}$ 模型

目前，业界倾向于使用 SQRT（E）模型[47,50]。对于层间介质，现在至少有三个不同版本的 SQRT（E）TDDB 失效模型[48,49]，一个简单的公式可以表示如下：

$$T_{bd} = A \cdot \exp(-\gamma \cdot E) = A \cdot \exp\left(-\gamma \cdot \sqrt{\frac{V}{s}}\right) \tag{12.10}$$

其中，A 是拟合常数；E 是电场强度；V 是施加的应力电压；s 是标称的线间距；γ 是 SQRT（E）模型的电场加速因子。

$\sqrt{E}$ 模型假设介质中的损伤与注入材料的载流子总数成正比，并且击穿发生在临界电荷水平（即电荷到击穿）。注入介质的电荷量与泄漏电流成正比。假设泄漏电流恒定，则击穿电荷 Q_{bd} 与击穿时间 T_{bd} 的关系如下：

$$Q_{bd} = J \cdot T_{bd} \text{（单位：C/cm}^2\text{）} \tag{12.11}$$

其中，J 为应力过程中注入介质的电流密度。

假设泄漏电流是由于 Schottky 发射（SE）引起的，结合式（12.11）和

第12章 金属间介质击穿

式 (12.3) 得到 T_{bd}。

$$T_{bd} = \frac{Q_{bd}}{J_{SE}} \propto \exp\left[-\frac{q}{k_B T}\left(\sqrt{\frac{qE}{4\pi\varepsilon_0 k}} - \Phi_0\right)\right] \quad (12.12)$$

从式 (12.12) 可以看出，击穿时间的自然对数与电场强度的平方根成正比。注意，式 (12.12) 也适用于 PF 传导，因为 SE 和 PF 发射的指数项都是相同的。

在 SQRT (E) 模型中，电场加速因子对间距变化和面积/长度变化几乎不敏感。相比之下，电压加速因子随线间距的减小而增大[41]。

根据式 (12.12)，在求导时，得到随温度变化的 γ：

$$\gamma = -\left(\frac{\partial \ln(T_{bd})}{\partial \sqrt{E}}\right)_T = \frac{q\sqrt{q/(4\pi\varepsilon_0 k)}}{k_B T} \quad (12.13)$$

12.4.3 活化能 ★★★

对于相同的测试结构和电压加速，可以根据 Arrhenius 关系评估 V – ramp 测试中随温度变化的击穿电压 V_{bd}：

$$V_{bd} = A\exp\left(\frac{E_a}{k_B T}\right) \quad (12.14)$$

温度对 V_{bd} 的影响可能很小（见图 12.10a），对应的活化能为 0.007eV。据报道，对于 V_{bd}，较高的 E_a 约为 0.1eV[34]。这清楚地表明，V – ramp 应力的动力学并非是以扩散为主导的。

对于随时间变化的介质击穿（TDDB），对应的 Arrhenius 关系为

$$T_{bd} = A\exp\left(\frac{E_a}{k_B T}\right) \quad (12.15)$$

其中，E_a 是 Si—O 键断裂的活化能；k_B 是玻尔兹曼常数；T 是以开尔文为单位的温度。

基于梳状 – 蛇形测试结构[7]的三种硅基薄膜（SiOF、SiOC 和多孔 MSQ）的 TDDB 活化能均在 0.5eV 左右，与薄膜类型无关。这一观察结果表明，在 IMD TDDB 应力过程中，二氧化硅基质中的孔隙率对扩散动力学影响很小或没有影响。另一方面，Chen 等人[41]报道 $k=2.7$ 的 SiCOH 介质薄膜的 E_a 为 0.3eV，而 Yiang 等人[50]报道的 E_a 值为 0.77eV。报道的 E_a 值的差异可以归因于不同研究者在提取活化能时所施加的电场不同，解释如下。

事实上，E_a 是所施加电场强度的函数[51]。在对相同的实验数据进行拟合后，Yiang 等人[52]报告了以下经验关系：

对于 E 模型：$E_a = 3.20 - 0.97E$。

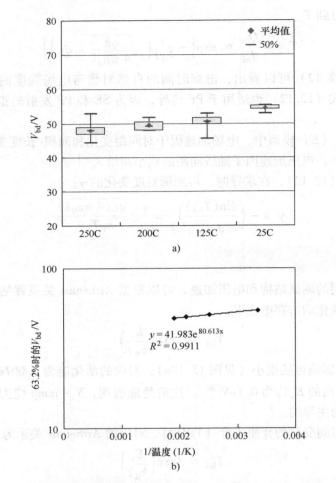

图 12.10 a) 随温度变化的击穿电压 V_{bd}；b) 活化能提取对应的 V_{bd} 图

对于 SQRT（E）模型：$E_a = 5.71 - 3.14\text{SQRT}(E)$。

很明显，对于 E 模型和 SQRT（E）模型，E_a 都随着施加电场强度的减小而增加，这表明如果我们用它来外推寿命到更低的工作电场，那么在高应力电场下得到的 E_a 会被低估了。因此，为了获得准确的寿命预测，TDDB 测试应在 T_{op} 进行，并仅基于应力电压进行加速。对于 E 模型，E_a 与电场 E 的线性关系由式（12.16）解释如下：

$$E_a = E_{a0} - p_{\text{eff}} \cdot E \tag{12.16}$$

其中，E_{a0} 是 Si—O 键断裂的零电场活化能；p_{eff} 是固体二氧化硅材料中分子的有效偶极矩（约为 13eA）[100]。

对于 SQRT（E）模型，根据式（12.12），求导时可以得到：

第 12 章 金属间介质击穿

$$E_a = \left[\frac{\partial \ln(T_{bd})}{\partial (1/k_B T)}\right]_E = B - \frac{q\sqrt{q}}{\sqrt{4\pi\varepsilon_0 k}} \cdot \sqrt{E} \tag{12.17}$$

其中，显示出 E_a 与 SQRT（E）的线性关系。

12.4.4 面积/长度按比例变化 ★★★

为了将较小的测试结构的失效概率按比例扩展到类似产品的金属通孔、梳状或垂直本征电容（VNCAP）尺寸，通常采用 Poisson 面积按比例变换[53,54]。根据第 6 章中描述的面积按比例变化规则，长度按比例变化可表示为

$$\frac{\eta_1}{\eta_2} = \left(\frac{L_2}{L_1}\right)^{1/\beta} \tag{12.18}$$

$$\eta \approx L^{-1/\beta} \tag{12.19}$$

其中，η_1 和 η_2 分别为介质厚度相同但长度为 L_1 和 L_2 的 IMD 结构的两个 T_{bd}（或 V_{bd}）Weibull 分布的比例因子；β 为 Weibull 形状因子（斜率）。严格地说，一个完全均匀的材料的本征失效应该是与面积无关的，并且所有样品应在完全相同的时间发生。实际上，材料具有不均匀性（即使没有任何缺陷），这导致了失效时间的分布。

值得注意的是，对于 V_{bd}，Weibull 斜率相当大（例如，为 40~70）。因此，即使面积/长度差异很大，V_{bd} 的差异也会非常小。即使面积相差 100 倍，V_{bd} 的变化也非常小[41]。另一方面，对于相同的结构[41]，T_{bd} 的 Weibull 斜率要小得多（例如，为 2~6），这意味着 T_{bd} 对测试结构的面积/长度要敏感得多。

12.4.5 缺陷密度（DD）★★★

缺陷密度（DD）可根据以下公式计算[55]：

$$C \leq 1 - \sum_{i=Y}^{N} \frac{N!}{i!(N-i)!}[\exp(-A \cdot DD)]^i [1 - \exp(-A \cdot DD)]^{N-i} \tag{12.20}$$

其中，C（例如，95% 或 90%）是实际缺陷密度小于或等于 DD 的置信水平；A 是测试结构的面积，γ（即良率）是总样本量 N 中合格样本的数量。

根据随机分布失效的 Poisson 定律 [式（12.21）] 和良率公式 [式（12.22）]，可通过式（12.23）将 Weibull 标度转化为缺陷密度图：

$$P(m) = \frac{(A \cdot DD)}{m!} \cdot \exp(-A \cdot DD) \tag{12.21}$$

$$\gamma = 1 - CDF = P(0) \tag{12.22}$$

$$\text{weibit} = \ln[-\ln(1-CDF)] = \ln\{-\ln[P(0)]\} = \ln(A \cdot DD) \tag{12.23}$$

其中，P 是概率；γ 是良率；CDF 是累积密度函数。对栅极氧化层，A 是阳极和阴极之间的有源区介质面积。对于 BEOL IMD，这个面积通常对应于自顶向下的布局区域。因此，缺陷密度与每 $1/cm^2$ 金属层的缺陷数量有关。通过这种方式，击穿电压和/或失效时间可以转换为缺陷密度。缺陷密度图与 A 无关，根据式（12.23），在较大面积上获得的 TDDB 数据对于曲线上较小的 DD 值[56]。

12.5 影响 IMD 可靠性的因素

12.5.1 材料相关性 ★★★

TDDB 寿命对介质材料及其相关工艺非常敏感，特别是对于低 k 材料。TDDB 寿命通常随着材料介电常数的降低而缩短[7,57]。特别是，多孔材料的 TDDB 寿命比非多孔材料更短。TDDB 寿命较短的可能原因是键较弱、陷阱密度较高，以及金属 – 绝缘体界面的势垒高度较低。尽管与非多孔材料相比，多孔材料的 TDDB 寿命较短，但其本征可靠性仍足以满足集成电路的要求[6]。

SiCOH 是一种低 k 碳掺杂氧化物介质材料，由 Si、C、O 和 H 组成，通过化学气相沉积（CVD）而成。IBM 对其在 65nm 技术节点上的 TDDB 退化进行了深入研究[31]。SiCOH TDDB 对集成的各个方面都非常敏感，包括阻挡层沉积、反应离子刻蚀（RIE）、CMP、光刻、排队时间、漂洗和清洗、IMD 沉积配方等。铜大马士革结构的层间介质可靠性模型在失效机制和位置方面有很大差异。

一些报告将低 k 结构的可靠性退化归因于 IMD 材料的本征特性[58]。研究表明[7]，多孔 MSQ 的击穿强度远低于其他两种介质。击穿时的电流密度也相对较低。图 12.11 显示了低 k 介质在不同温度下的典型泄漏电流 – 电压曲线。尽管击穿强度与图 12.10 所示的温度关系不大，但在相同的电压下，越高的温度会导致更大的泄漏电流。

图 12.12 显示了低 k 介质的典型 TDDB TTF Weibull 分布。Ogawa 等人[7]报道，TTF 取决于低 k 材料。当受到相同的应力电场时，孔隙率较高的低 k 介质（多孔 MSQ 和 SiOC）具有比 SiOF 介质更短的 TTF。无孔 SiOF（$k = 2.5 \sim 2.8$）的 Weibull 形状因子 β 为 2.8，远大于多孔薄膜：SiOC 的 Weibull 形状因子 $\beta = 1.5$ 而多孔 MSQ 的 Weibull 形状因子 $\beta = 1.3$。交联和极性等不同的分子键结构影响了 Cu 离子在聚合物低 k 薄膜中的漂移速率，因为 Cu 漂移通常反映了 Cu 离子与低 k 薄膜局部化学环境之间的相互作用[31]。当低 k 材料的孔隙率在20% ~ 30%时，观察到旋涂多孔低 k 介质击穿时间会发生突然变化[59]。综上所述，孔隙对击穿电场和失效时间有很大的影响。

当基于 E 模型（第 12.4.2 节）绘制传统热 SiO_2、PE – TEOS、SiOF、SiOC

第 12 章 金属间介质击穿

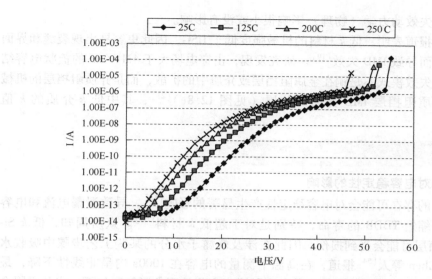

图 12.11 低 k 介质典型的随温度变化的泄漏电流 - 电压曲线

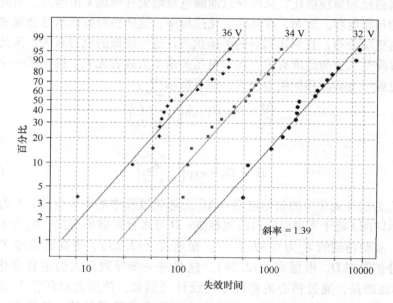

图 12.12 低 k 介质的典型 TDDB TTF Weibull 分布

和多孔 MSQ 的 TDDB 电场相关性时,有趣的是,与 E 电场相关的 T_{bd} 是平行的[7],这意味着无论介质是什么,孔隙率有多大,电场加速因子 γ 都是相似的。所研究的蛇形梳状测试结构的线间距通常为 170nm。所有这些二氧化硅基介质材料的 γ 值均为 $4.5 \pm 0.5 \mathrm{cm/MV}$。这些 TDDB 观测结果表明,二氧化硅基质中的孔隙率对失效动力学（物理）影响很小或没有影响。

一些报道表明，低 k 材料的机械强度低于 USG，因此更容易出现裂缝和界面分层，从而导致 IMD 失效[19]。研究发现，击穿电场大于 4MV/cm 的梳状电容结构的主要失效模式不是铜在金属阻挡层或介质中的扩散，而是介质阻挡层的机械开裂或介质阻挡层 IMD 界面的分层（见图 12.8c）[21]，其中低 k 介质的 k 值为 2.9。

12.5.2 水分的影响 ★★★

水分对电容稳定性的影响

水分的存在可能会对电容稳定性产生显著的影响[54]，导致泄漏电流和电容增加，并缩短 TDDB 的寿命，特别是对于超低 k 材料[60]。众所周知，低 k Si-COH 表面层可能会受到损伤，因此在涉及暴露于水分的某些工艺步骤中吸收水分[61]。Chen 等人[54] 报道，在高温下测量的电容在 1000s 内呈非线性下降，最终在某一数值上趋于稳定。这种电容随温度变化的现象可解释如下：水分吸附会增加泄漏路径和薄膜极化，从而导致泄漏电流增大和薄膜 k 值增大。因此，期望有更高的初始电容。然而，在高温老化过程中，这些被吸收的水分会通过扩散在不同层内重新分布，直到达到新的平衡状态，这与较低的电容有关。因此，发现这种电容降低主要与温度有关，而与电压关系不大或者无关。提出了一个模拟温度老化过程中电容漂移的经验公式，如下所示[54]：

$$\frac{\Delta C}{C_0} = A \cdot \mathrm{Tanh}\left(-\sqrt{\frac{t}{D}}\right) \tag{12.24}$$

而

$$D = D_0 \cdot \exp\left(-\frac{E_a}{k_B T}\right) \tag{12.25}$$

其中，C_0 为温度老化前的初始电容；ΔC 为老化过程中的电容变化；A 为拟合常数，表示时间 t 趋于无穷时的最终饱和值；D 与水分扩散率有关；E_a 为水分扩散活化能。实验得到的 E_a 为 0.83eV[54]。根据式（12.25），更高的温度 T 对应更高的水分扩散率 D，根据式（12.24），这将进一步导致更大的电容变化（$\Delta C/C_0$）。幸运的是，通过精心的器件布局设计（例如，使用密封环作为防潮层）、工艺控制和工艺优化，可以成功地将电容不稳定性降至最低，即优化后常数 A 趋近于 0。

水分对 TDDB 性能的影响

水分吸收也会降低 IMD TDDB 的性能。例如，如果使用 TEOS 而不是 SiN 钝化，水分可能从压焊点金属周围的开口区域渗透到 IMD 中[62]。研究发现，暴露在环境条件下数周（例如，25℃ 和 50% 相对湿度）足以显著影响 TDDB 性能[60]。由灰化（N_2/H_2 等离子体）引起的对 CVD SiOC:H 薄膜上的等离子体处理也会向 SiOC:H 低 k 介质中引入水分。吸附了水分的样品的热活化能（E_a）甚至可能为负[64]。有水分吸附的样品中的 TDDB 电场加速因子（和热活化能）明显小于无水分吸附的样品，这说明两种情况下的 TDDB 失效动力学可能存在显著差异。不同的指间距表现出相似的水分的影响。由于 SiCOH TDDB 归因于应力期间的 Cu 迁移[31]，在高温和较大偏置应力期间，被吸附的水分很可能扩散到 Cu 线中，使 Cu 氧化并加速 Cu 的扩散。当 Cu 表面暴露于潮湿环境时，可以形成含有氧化亚铜（Cu_2O）和氧化铜（CuO）的表面层。众所周知，Cu_2O 和 CuO 中都含有活性 Cu 离子，这些 Cu 离子可以沿着 SiCOH 帽层界面迁移到 SiCOH 中。在阳极处的水分作用下产生大量的 Cu 离子，使许多 Cu 离子注入 SiCOH 中，并在界面处形成 Cu 纳米颗粒和簇。这些中性 Cu 颗粒和 Cu 簇可在浓度梯度的作用下沿界面进一步迁移。因此，实际电场强度和温度对 TDDB 的影响会大大减小，并且吸附水分的样品的电压加速和热活化能都明显小于未吸附水分的样品。

密封环是广泛应用于芯片防潮的解决方案之一[27,60]。高温退火（例如，在 150℃[60]下 12h 或在 190℃[63]下长时间 N_2 烘烤）也可以去除低 k 介质物理吸附的水分，从而改善 TDDB 性能[65]。式（12.26）[66]给出了与物理去水吸附相对应的所谓 α 键断裂。α 型去水吸附活化能 E_a 为 $23 \pm 2kJ/mol$。然而，Li 等人[63]也证明了另一种类型的水分是由更紧密结合的 OH 基团决定的，不能通过热退火去除。这对应于硅基介质的所谓 β 型紧密氢键合的水分，如式（12.27）所示[66]。β 型去水吸附的 E_a 为 $55 \pm 17kJ/mol$。因此，建议从集成流程的开始就减少 IMD 的水分吸收，而不是依靠集成后退火来恢复低 k 特性。

$$\alpha: \equiv Si - OH \cdots H_2O \rightarrow \equiv Si - OH + H_2O \tag{12.26}$$

$$\beta: \equiv Si - OH \cdots H_2O \cdots OH - Si \rightarrow 2 \equiv Si - OH + H_2O \tag{12.27}$$

12.5.3 临界尺寸控制 ★★★

晶圆内临界尺寸（CD）均匀性和介质击穿梳状结构中的线宽粗糙度（LWR）或线边缘粗糙度（LER）在 V_{bd} 和 TDDB 分布中起着关键作用，特别是近年来，由于尺寸缩小而越来越受到关注[41,67-72]。这种几何效应不仅导致局部间距变窄，而且还导致局部高电场集中，都会使介质可靠性性能恶化。

根据 E 模型 [式（12.9）] 和 SQRT（E）模型 [式（12.10）] 估算的 LWR 对低 k TDDB 的影响分别如公式（12.28）[69]及式（12.29）所示[68]：

$$\delta = \frac{t_{63-1}}{t_{63-2}} = \exp\left[-\gamma\left(\frac{V_1}{s_1 - w_{rms}} - \frac{V_2}{s_2 - w_{rms}}\right)\right] \tag{12.28}$$

$$\delta_{\sqrt{}} = \frac{t_{63-1}}{t_{63-2}} = \exp\left[-\gamma_{\sqrt{}}\left(\sqrt{\frac{V_1}{s_1 - w_{rms}}} - \sqrt{\frac{V_2}{s_2 - w_{rms}}}\right)\right] \tag{12.29}$$

其中，δ 和 $\delta_{\sqrt{}}$ 分别为 E 模型和 SQRT（E）模型在相同电场（$E = V_1/s_1 = V_2/s_2$）条件下，两种不同间距（即 s_1 和 s_2）的两个特征 TDDB 寿命（即 t_{63}）之比；γ 和 $\gamma_{\sqrt{}}$ 分别是 E 模型和 SQRT（E）模型的电场加速因子；ω_{rms} 是有效的 LWR RMS（均方根）。从式（12.28）可以看出，LWR 的贡献随应力偏置的减小而减小，随间距的减小而增大。

在 300mm 的晶圆上，线与线之间的间距差可能高达 30%。在较小间距和较大面积的测试结构中，预计会有更大的间距变化，这往往会降低 V_{bd} 和 TDDB 的 Weibull 斜率[68]。LWR 还会由于电容增加/变化、串扰和谐振引起的速度延迟而降低芯片性能。因此，LWR 控制已成为先进技术节点进一步缩小尺寸的关键。

通过自上而下分析的 SEM 图像可以对 LWR 进行表征（见图 12.13）。在图形的 SEM 图像中，从上到下扫描所有线条的水平线，并且每张图像至少执行 100 次扫描。然后，根据线边缘点与平均线宽度的偏差得出 LWR。LWR 的一个有用参数是 RMS，因为 RMS 不仅取决于均值，而且还取决于标准偏差。

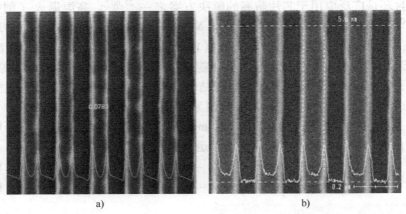

图 12.13 采用新的沟槽刻蚀工艺改进了 LWR。优化沟槽刻蚀工艺前后的 LWR 分别为 a）7.0nm 和 b）5.2nm

间距变化也可以通过实验从测量到的电容分布中确定，因为线与线间电容（通过无损 $C-V$ 测量）通常与线间距有很好的相关性[41]。实际的间距变化可能是倾斜的正态分布（非高斯分布），甚至可能是其他类型的分布，这取决于工艺质量。

导致 LWR 的来源有多种，包括材料和 BEOL 工艺[68,73]。光刻是 LWR 的来源之一，特别是当临界尺寸缩小时。等离子刻蚀工艺通常会使特征侧墙变得粗糙，从而产生各向异性的条纹。未优化的 CMP 工艺会导致铜线边缘腐蚀，这是导致线边缘粗糙的另一个因素。低 k 介质的疏水特性可能会产生较高的表面张力,从而将 CMP 研磨液中所含的 H_2O_2 分子推向 Cu 线边缘,从而增强 Cu 线边缘的腐蚀反应。

沟槽刻蚀工艺中的去残胶步骤被认为可以改善晶圆边缘的 CD 不均匀性[67]。这种方法通过大量的稀释化学通量迫使氧气流向腔室边缘区域,从而实现横向刻蚀。沟槽刻蚀工艺的功率和功率比也可以进行调整,以改善 LWR。偏置功率越低,介质线边缘的条纹就越少。通过这些努力,在线 CD 测量数据显示,在晶圆内,CD 范围从约 15nm 改进到约 7nm,而 LWR 从 7.0nm 改进到 5.2nm,如图 12.13 所示。采用优化后的沟槽刻蚀配方,IMD 的 V_{bd} 得到明显改善。图 12.14 为未优化和优化沟槽刻蚀配方的 V_{bd} 对比图,优化的刻蚀配方在改善 V_{bd} 分布和绝对值的情况下实现了介质击穿的性能。

根据式 (12.3) 和式 (12.4),显然泄漏电流随着电极间距的减小而增大,导致击穿电压 V_{bd} 减小。因此,改善晶圆或 V_{bd} 测试结构内的 CD 均匀性是获得更紧密的 V_{bd} Weibull 分布的关键因素之一,如图 12.14 所示。

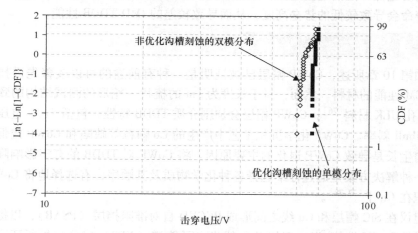

图 12.14 未优化和优化沟槽刻蚀配方之间的比较。
优化沟槽刻蚀后,V_{bd} 分布成具有较大值的单模

12.5.4　Cu-帽层界面质量控制　★★★

Cu 帽层界面质量控制是提高 IMD 可靠性的关键因素之一[57,74]。在 Cu 互连面上沉积 SiN 帽层之前的 NH_3 等离子体处理改善了 TDDB,这是由于 Cu 帽层界面上的 CuO 减少和 CuN 形成[57]。在 SiN 沉积覆盖前添加 SiH_4 处理可使整个 300mm 晶圆击穿电场更加均匀,具有更高的 Weibull 斜率和更长的 TDDB 寿命,这是由于在 Cu-覆盖 SiN 界面处形成了薄 $CuSi_x/CuSi_xN_y$ 层,并且在 Cu-覆盖 SiN 界面边缘形成了良好的形貌[75]。Ti 基阻挡层金属的集成导致击穿电场的均

匀性达到最佳，并且显著提高了 TDDB 的可靠性，这与 Ti-Cu 化合物和 Ti 氧化物的形成有关[75]。

制造环境中的高含量挥发性有机化合物（VOC）会导致 CMP 表面被污染以及介质击穿电压降低，使得界面黏附性变差。从收集到的 VOC 与 V_{bd} 的相关数据来看，VOC 含量越高（>10ppbv），V_{bd} 性能越差[67]。

此外，掺氮碳化物（NDC）设备面板寿命需要控制在可接受的水平[67]。当一块面板使用时间过长，在晶圆加工过程中就会累积沉积含 Cu 物质。该材料会在后续步骤中重新沉积在晶圆表面，这是不可取的。离线监测数据表明，随着面板使用时间的延长，整个晶圆折射率（RI）明显增加，其中晶圆中心 RI 增加更大。介质表面与 NDC 帽层之间存在再沉积的含 Cu 材料，会使界面黏附性变差，导致介质击穿电压降低。

根据式（12.3）和式（12.4），势垒高度 Φ_0 是影响泄漏电流的关键因素。势垒高度越低，泄漏电流越大。如前所述，较高的 VOC 水平或较长的 NDC 设备面板寿命会导致较低的势垒高度，从而导致较差的 IMD TDDB 性能。

12.5.5 新型帽层 ★★★

如第 10 章所述，CoWP 帽层已被证明是一种有前途的可以改善先进技术节点的 EM 性能的材料。然而，对于长度为 1m 的梳状 - 蛇形的测试结构的致密低 k 和多孔 ULK 材料[76]，CoWP 帽层会加剧介质 TDDB 特性，包括 T_{bd}、电压加速和 Weibull 斜率。CoWP 化学沉积工艺中产生的 Co 颗粒等缺陷和 CoWP 向低 k 表面横向生长是导致 CoWP 退化的主要原因。将 CoWP 对 TDDB 的有害影响降至最低的一种解决方案是通过仔细选择各种化学物质及其顺序，有选择地将 CoWP 帽层沉积在 Cu 上[77,78]。

建议在 SiC 帽层和 Cu 线之间形成 PECVD 自对准阻挡层（PSAB），以提高介质可靠性和 EM 性能[79]。正如 X 射线光电子能谱（XPS）成分分析所证明的那样，这种改善归因于界面处 Cu_xSi 的形成，从而大大增强了 SiC 帽层和 Cu 表面之间的附着力。这个工艺是选择性的，因为 SiH_4 只与 Cu 表面反应形成 Cu_xSi，而不与低 k 材料发生反应。优化自对准阻挡层和 SiC 薄膜可以提高 Cu 与顶部介质层之间的附着力，从而使 TDDB 寿命增加 10~1000 倍。

12.5.6 阻挡层效应 ★★★

介质扩散阻挡层的组成对 IMD 的可靠性也有很大影响[57,80]。众所周知，Cu 在 SiO_2、低 k 材料和 Si 中扩散非常快，从而导致严重的层间和层内介质泄漏电流和击穿问题。为了防止 Cu 扩散到介质中并渗透到 Si 中，必须使用扩散阻挡层（有时称为衬里）将 Cu 完全密封。泄漏电流和介质击穿强度都取决于衬里的选择和衬里的集成[81]。衬里工艺的许多物理方面都会影响 TDDB，尤其是 CMP 后的沟槽顶部衬里剖面。不同衬里工艺和衬里厚度的 Ta 基衬里质量不仅影响 Si-COH 的击穿时间，而且还影响 TDDB 的分布[32]。刻蚀后的 H_2 等离子体可将击穿电压提高 34%[82]。此外，较厚的 CVD TiN 阻挡层可以很好地保护多孔 ULK，从而可以提高介质可靠性[82]。

阻挡层完整性问题可以通过修改集成方法来克服，称为刻蚀后致孔剂燃尽（PEBO）[83,84]。这种方法被证明有利于多孔聚合物介质。在图形化之后产生孔隙，并且表明 PEBO 方法可以提供光滑的侧墙，从而在凹槽侧壁形成完全致密的扩散阻挡层并提高 TDDB 性能。

12.5.7 自组装分子纳米层作为扩散阻挡层 ★★★

通常，在沟槽底部和侧墙沉积一层 Ta、TaN、TiN 或它们的组合，并在顶部沉积一层绝缘的非晶 SiC 或 SiN 帽层，以抑制 Cu 沿 Cu - 低 k 界面的传输并进入介质——无论在加工过程中还是在器件工作过程中遇到局部电场加速，从而提高 EM 性能。自组装分子纳米层（MNL）已经在实验室水平上得到证明，如果在 Cu - MNL 和 MNL - SiO_2 界面上的键都很强[85]，那么它将成为传统扩散阻挡层和附着促进剂的极具吸引力的替代品。在 Cu - SiO_2 界面上具有选定分子末端的 MNL 可使泄漏电流降低几个数量级，并在剧烈的电热测试中使失效时间提高 10 倍，这表明 Cu 在 Cu - SiO_2 界面上的输运减少。MNL 还能与 Cu 表层和硅底层形成强化学键，使 Cu - SiO_2 界面的韧性提高 3 倍以上[86-88]。此外，MNL 还能有效地钝化 Cu 表面，防止氧化，并减少表面氧化物[89]。这些属性对于最大限度地减小纳米级 Cu 布线中表面和界面散射引起的电阻率增加很有吸引力。

12.5.8 Cu CMP 效应 ★★★

CMP 排队时间控制：随着 Cu CMP 与 Cu 顶部覆盖层在空气中沉积之间的等待时间（队列时间）的增加，TDDB 寿命突然恶化[31,90]。这一现象可以归结为，如果排队时间足够长，Cu 离子会在 CMP 表面形成 CuO_x，从而导致 Cu 离子沿 CMP 表面迁移。这种排队时间对 TDDB 的影响被认为是 Cu 技术的一个常见问题，而与 IMD、线间距和衬里无关。

CMP 下压力控制：降低 CMP 期间的下压力可以显著减少 Cu 腐蚀和缺陷，从而提高 TDDB 性能[31]。

CMP 后冲洗/清洗优化：CMP 后冲洗/清洗对 TDDB 性能有很大影响[91-93]。Cu 线边缘的腐蚀可能是由于 CMP 后清洗过程中，空气中的氧气通过薄化学层扩散造成的。这种腐蚀增强了线边缘的 Cu 电离，使得电场集中，从而加速了介质击穿。使用较低的晶圆转速（例如，750r/min）可以产生较厚的化学层，从而减少 Cu 腐蚀而改善 TDDB[94]。含有苯并三唑（BTA）的高有机酸浓度的浆料对于防止点蚀和 Cu 溶解是必要的[94]。否则，一些溶解的 Cu 原子残留在相邻 Cu 线之间的介质表面上，从而导致 TDDB 退化[93]。通过对 CMP 工艺的原位 CMP 后冲洗进行优化，TDDB 提高了 10 倍，因为使用优化的冲洗可以延缓 Cu 氧化和水分附着过程[31]。在 CMP 后清洗过程中，重要的是控制氧化还原电位，使其相对于 NHE（正常氢电极）小于 -0.5V，并在清洗过程中使用螯合剂。这是为了在不与布线相互作用的情况下，有效地消除 IMD 上一种小的抗氧化剂 - 铜复合物，从而改善 TDDB 的寿命[73]。

CMP 引起的机械损伤/划痕控制：Cu CMP 工艺引起的 SiO_2 表面机械损伤也可以使 TDDB 退化。采用无机械损伤研磨液或 CMP 后 HF 处理来去除表面的损伤层可以改善 TDDB[57]。CMP 抛光划伤会导致 Cu 表面颗粒嵌入和衬里损坏，严重影响 TDDB 的可靠性[95]。采用酸性化学物质对 CMP 压板 3（P_3）研磨垫进行原位预清洗，可有效降低抛光划痕密度，显著改善 V - ramp/TDDB 可靠性。Liu 等人[95] 报道，当抛光刮痕密度小于 $1.0 cm^{-2}$ 时，TDDB TTFWeibull 斜率 β 和 SQRT（E）模型电压加速因子 γ 值分别为 1.07 和 $8.85 V^{-1/2}$；如果抛光划痕密度增加到 $5.21 cm^{-2}$，β 和 γ 值将分别降低到 0.61 和 $6.67 V^{-1/2}$。此外，当抛光划痕密度高达 $65.7 cm^{-2}$ 时，相应的 β 和 γ 值将大大降低，分别为 0.60 和 $3.04 V^{-1/2}$。然而，不适当的化学预清洗会引起 Cu 腐蚀，导致线边缘退化，从而降低 EM 性能。因此，需要通过控制酸性化学物质的浓度和清洁时间，以及增加清洗后的冲洗时间来有效地去除抛光垫上剩余的化学物质，从而在减少抛光划痕和 P_3 研磨垫预清洁引起的 Cu 腐蚀之间达成折中。

12.6 电压斜坡（V_{bd}）与时间相关的介质击穿（T_{bd}）的关系

V - ramp 测试主要用于工艺开发和生产工艺中的可靠性监测，以进行定性的评估。然而，有一种趋势是提高 V - ramp 测试的 V_{bd} 数据的利用率，通过与 TDDB 寿命的相关性来获得定量信息[75]。这一方面可以节省成本和时间，另一方面可以更容易地评估由于引入新材料和新工艺或由于市场需求/力量而导致的可靠性边际下降[96,97]。

将 V_{bd} 转换为 TDDB 寿命（T_{bd}）所对应的工作[98-100] 大部分是基于 Berman[45] 最初提出的累积损伤求和或积分方法。实际上，在阶梯电压斜坡（V - ramp）测试（见图 12.4）中，施加的电压 V（以及电场强度 $E = V/s$，s 为相邻两条金属线的局部线到线间距）以均匀增量步进 ΔV（或 $\Delta E = \Delta V/s$）。每一步保持时间为 $\Delta \tau$，如图 12.15 所示。当击穿发生时，总步数为 n，因此

$$E_{bd} = n \cdot \Delta E \tag{12.30}$$

其中，E_{bd} 为 V-ramp 测试中的击穿电场。在 V-ramp 测试中，在每一步 i（$i=1,2,3,\cdots,n$）介质承受 TDDB 应力，应力电场为 E_i，时间为 $\Delta\tau$，其中

$$E_i = i \cdot \Delta E \quad (i = 1, 2, 3, \cdots, n) \tag{12.31}$$

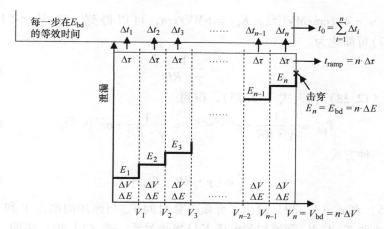

图 12.15 阶梯 V-ramp 测试期间的 $I-V$ 曲线示意图，说明 V-ramp 与 TDDB 寿命之间的关系

根据式（12.9），第 i^{th} 步的时间 $\Delta\tau$ 可转换为击穿电场 E_{bd} 处的 Δt_i，如下：

$$\Delta t_i = \Delta\tau \cdot e^{\gamma \cdot (E_i - E_{bd})} = \Delta\tau \cdot e^{\gamma \cdot (i \cdot \Delta E - E_{bd})} \tag{12.32}$$

也就是说，在击穿电场 E_{bd} 所花费的总有效时间 t_0，可以认为是上式中每个时间步长的和，如下所示：

$$t_0 = \sum_{i=1}^{n} \Delta t_i = \Delta\tau \cdot \sum_{i=1}^{n} e^{\gamma \cdot (i \cdot \Delta E - E_{bd})} = \frac{\Delta\tau}{1 - e^{-\gamma \cdot \Delta E}} = \frac{\Delta\tau}{1 - e^{-\frac{\gamma}{s} \cdot \Delta V}} \tag{12.33}$$

注意，这种关系也适用于栅极氧化层，其中 s 为栅极氧化层厚度。利用式（12.9），被测器件（DUT）在击穿电场 E_{bd} 值以外的任何其他电场 E 下的寿命都可以通过如下关系式从 V-ramp 测试得到：

$$T_{bd}(E) = t_0 \cdot e^{\gamma \cdot (E_{bd} - E)} \tag{12.34}$$

或用电压 V 和击穿电压 V_{bd} 表示为

$$T_{bd}(V) = t_0 \cdot e^{\frac{\gamma}{s} \cdot (E_{bd} - V)} \tag{12.35}$$

然后，考虑恒定斜率 RR 的情况，式（12.31）变为

$$E_i = RR \cdot t = \frac{\Delta E}{\Delta\tau} \cdot t \tag{12.36}$$

例如，当在 $\Delta\tau$ 时间间隔内以每 1V 增量进行 V-ramp 测试时，$RR = 1V/\Delta\tau$。那么击穿电场 E_{bd} [式（12.33）] 所花费的总有效时间 t_0 可以表示为

$$E_i = RR \cdot t_0 = \int_0^{E_{bd}/RR} e^{\gamma \cdot (E_i - E_{bd})} dt = \int_0^{E_{bd}/RR} e^{\gamma \cdot (RR \cdot t - E_{bd})} dt = \frac{1 - e^{-\gamma \cdot E_{bd}}}{\gamma \cdot RR} = \frac{1 - e^{-\frac{\gamma}{s} \cdot V_{bd}}}{\gamma \cdot RR}$$
(12.37)

如果假设 $\gamma = 4.1 \text{cm/MV}^{[62]}$，$E_{bd} = 6\text{MV/cm}$，可以得到 $e^{-\gamma \cdot \Delta E} \ll 1$。那么式（12.37）可简化为

$$t_0 = \frac{1}{\gamma \cdot RR} \tag{12.38}$$

将式（12.38）代入式（12.35），得到

$$T_{bd} = \frac{1}{\gamma \cdot RR} \cdot e^{\gamma \cdot (E_{bd} - E)} = \frac{1}{\gamma \cdot RR} \cdot e^{\frac{\gamma}{s}(V_{bd} - V)} \tag{12.39}$$

或者以另一种方式，

$$V_{bd} = \frac{\gamma}{s} \ln(\gamma \cdot RR \cdot T_{bd} + V) \tag{12.40}$$

式（12.35）和式（12.39）给出了介质击穿时间 T_{bd} 与施加的电压 V 和 V_{bd} 之间的关系，表明 T_{bd} 与 V_{bd} 和施加的电压 V 呈指数关系。式（12.40）表明，如果斜率 RR 越高，V_{bd} 将越大，这已经在实验中得到了证明[100]。式（12.40）和式（12.39）需要知道正确的电压加速，这通常是从 TDDB TTF 分布的本征部分提取出来的。

在 TDDB 测试中，通常在较高的应力电压 V_{str} 下施加恒定电压，然后将寿命外推到操作工作条件 V_{op}。根据式（12.39），可以得到

$$T_{bd\_str} = \frac{1}{\gamma \cdot RR} \cdot e^{\frac{\gamma}{s}(V_{bd} - V_{str})} \tag{12.41}$$

$$T_{bd\_op} = \frac{1}{\gamma \cdot RR} \cdot e^{\frac{\gamma}{s}(V_{bd} - V_{op})} \tag{12.42}$$

将式（12.41）除以式（12.42），得到式（12.43）来表示 E 模型：

$$\frac{T_{bd\_op}}{T_{bd\_str}} = e^{\frac{\gamma}{s}(V_{op} - V_{str})} \tag{12.43}$$

这个讨论基于 E 模型。当使用幂律模型时，DUT 在任何其他电压 V 下的寿命可以从 V-ramp 测试中获得的 V_{bd} 值中提取，使用以下公式[98]：

$$T_{bd}(V) = \frac{V}{RR \cdot (n+1)} \left(\frac{V_{bd}}{V}\right)^{n+1} \tag{12.44}$$

斜坡从 V_{start} 开始：

$$T_{bd}(V) = \frac{V^{-n}}{RR \cdot (n+1)} (V_{bd}^{n+1} - V_{start}^{n+1}) \tag{12.45}$$

需要注意的是，基于上述公式进行计算时，需要知道从以前的长期实验中得到的加速参数（E 模型为 γ，幂律模型为 n）。然而，如果没有获得该参数，则

可以使用两个或多个斜率来估计参数[100]。

12.7 与时间相关的堆叠通孔梳状结构的介质击穿特性

BEOL 堆叠通孔梳状结构（见图 12.3）由于其低成本、高单位面积电容、优良的 Q 因子和线性度而成为射频和混合信号应用中极具吸引力的电容[31]结构。堆叠通孔的梳状结构可以实现高密度，因此与通常需要额外掩模的金属–绝缘体–金属（MIM）电容相比极具竞争力。然而，由于特殊的通孔梳状结构，未优化的工艺通常意味着两个相邻通孔之间或通孔与相邻金属之间的距离可能小于层间的距离（见图 12.3）。因此，长期可靠性成为一个真正的挑战。在可靠性问题中，TDDB 及其缺陷密度相关方面最受关注。低 k 或超低 k 介质的集成，以及这种密集结构可能包含多达 1 亿个堆叠通孔和数十米金属线的事实，进一步加剧了这些问题。

Weibull 统计模型也适用于堆叠通孔的梳状结构 TDDB 认定，以预测可靠性寿命。Poisson 面积按比例变换还可用于将测试结构的失效概率标定到产品尺寸堆叠通孔的梳状结构。表 12.2 提供了金属梳（无通孔）和堆叠通孔梳结构之间的比较。一般观察发现，在复杂通孔/线结构的 TDDB 失效分布与相同布局金属宽度和线间距的纯线模式不同。通常，获得更短的失效时间，更大的电压加速因子（γ 单位为 1/V）和更小的形状因子（β），小于 1.0。

表 12.2　金属–梳状结构（无通孔）和堆叠–通孔梳状结构之间的比较

结构	金属梳（无通孔）（见图 12.2）	堆叠–通孔梳状结构（见图 12.3）
TTF	TTF 优于堆叠–通孔梳状结构	对于相同金属宽度和线距布局，TTF 比金属–梳状结构短
形状因子（β）	>1	<1
电压加速因子（γ）	4.1cm/MV[62]	5.5cm/MV[54]

相比之下，金属梳状结构的形状因子（β）>1.3，而堆叠–通孔梳状结构的形状因子（β）约为 0.7[56]。这是因为顶部直径过大的通孔减小了相邻金属线之间的距离。由于有通孔和无通孔的金属线的失效机制是相同的（即在低 k 帽层界面击穿），因此通孔处较小的物理间距导致更高的电场强度，从而缩短失效时间。在 125℃ 条件下，65nm SiCOH VN 帽层的 E 场加速因子 γ 约为 5.5cm/MV。根据 Arrhenius 关系，在标称应力电场强度为 4.5MV/cm 时，温度加速因子 E_a 约为 0.35eV[54]。

12.8 介质可靠性评估的有限元建模

12.8.1 电场仿真的有限元建模 ★★★

通过有限元方法进行电场仿真,可以为理解介质击穿提供新的思路[101]。如 12.5.3 节所述,通常会观察到 LWR/LER,它会使可靠性恶化。通过 FEM 分析发现,在局部挤压附近的局部增强电场可能是远离挤压处的电场强度的 2.4 倍[70]。下面给出一个简单的计算来说明电场强度增加量的影响。对于间距为 0.1μm 的 3.3V 应用,局部电场强度 E_0 可以达到约 0.33MV/cm,考虑到一些低 k 介质的击穿强度可能相对较低(<2MV/cm),这是一个非常高的电场强度。在广泛接受的 TDDB E 模型[式(12.9)]中,对于低 k 介质,典型的 γ 为 4.1cm/MV。因此,在 2.4 倍电场强度作用下的 TTF 可估算如下:

$$\frac{\mathrm{TTF}_{E,\max}}{\mathrm{TTF}_{E0}} = \exp[-\gamma(E_{\max} - E_0)] \tag{12.46}$$

假设标称电场强度 E_0 为 0.33MV/cm,则 $\mathrm{TTF}_{E,\max}$ 仅为 TTF_{E0} 的 0.15。换句话说,2.4 倍的电场强度将缩短 85% 的失效时间。

在双大马士革结构中,因为通孔和沟槽图形是分开制造的,有时会观察到错位现象。此外,在一个金属线终端被另一个金属线包围的电路布局中,绕角结构是一种常见的情况。对于先进技术节点中的低 k 的 TDDB 认定,最具挑战性的结构通常是与通孔相关的结构,如通孔链或通孔梳状结构,如图 12.3 所示。曲率较大的通孔凸起显示出更高的局部电场强度增强[68]。

12.8.2 提取低 k 介质材料 k 值的有限元模型 ★★★

有效介电常数 K_{eff} 是一个概念,用来表征由不同介电常数的各种介质组成的结构等效成一种介质所对应的介电常数。特定结构的 K_{eff} 取决于不同介质部分的比例和数量。考虑到双大马士革互连的复杂结构,这个值实际上是无法测量的,但可以通过有限元仿真来确定。

图 12.16 所示的梳状线间结构中低 k 值材料的 k 值是使用商用有限元软件(例如,ANSYS[102])提取的。为了从这种复杂结构中提取 k 值,分析采用 FEM 仿真,涉及电容测量和介质间距/截面图像的实际尺寸表征[例如使用聚焦离子束(FIB)]。其过程如图 12.17 所示。在 FEM 中,所研究的低 k 介质材料的初始 k 值被假设为模型的输入值,进而给出线间结构的仿真电容。然后将仿真电容与实测值进行比较。如果两个电容值非常吻合,则最初假设的 k 值将被视为所研究的低 k 值材料的真实 k 值。另一方面,如果仿真的电容与测量电容不匹配,则假

设一个新的 k 值，直到达到良好的匹配结果。一般来说，需要进行多次迭代。

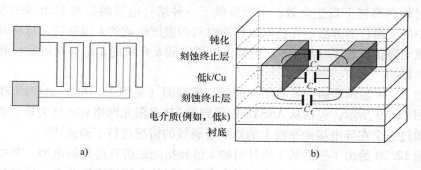

图 12.16 a) 梳状结构（线间电容）的俯视示意图；b) 两个金属指涉及的电容元件的剖面示意图。简化的电容分量 C_p 和 C_f 分别为并联电容和边缘电容（经施普林格科学与商业媒体授权使用）[103]

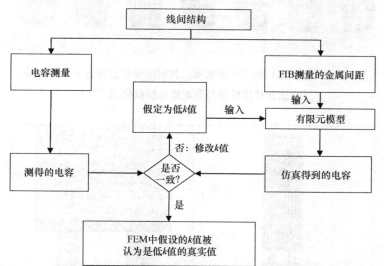

图 12.17 基于物理和电学测量以及 FEM 仿真的线间电容结构 k 值提取方法（经施普林格科学与商业媒体授权使用）[103]

ANSYS 开发了一个特殊的宏指令（CMATRIX）[104] 用来提取多导体系统的自电容项和互电容项。可用于结构 2D 建模的单元类型是八节点静电实体单元 PLANE121[105]。

12.8.3 低 k 介质材料 k 值漂移的有限元模型 ★★★

由于化学变化、吸湿、抽真空等因素影响，一些低 k 介质材料会随时间而退化，而高温会加速 k 的退化速度[106,107]。因此，低 k 介质材料测量的介电常数会随时间和温度的变化而漂移。这种 k 漂移会影响 IC 的速度，导致器件在未来的某个时候在高速下发生失效。本节提供了一种结合电容测量和 FEM 来评估低 k 介质中的 k 漂移的方法。在提取出作为时间和温度函数的 k 漂移后，可将其应用于集成电路仿真程序（SPICE）模型，以评估低 k 介质的 k 漂移对可靠性和器件性能的影响。

图 12.18 显示所研究梳状结构的 FIB 横截面（见图 12.16）。对应的 FEM 模型如图 12.19 所示，包括从 ANSYS 中得到的 2D 有限元网格和电场矢量。该模型已经通过一个在导电接地平面上的矩形金属线的情况进行了验证[103]。

图 12.20 给出了根据低 k 值材料的 k 值和指间距仿真得到的电容，其中指宽度固定为 120nm。很明显，电容与低 k 介质材料的 k 值呈线性关系。这种拟合方法与 Choudhury 和 Sangiovanni – Vincentelli 之前的报告相似[108]。

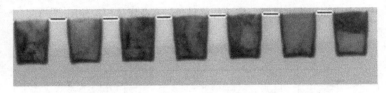

图 12.18 梳状结构的 FIB 横截面，其间距变化范围为 4.7～5.2nm（经施普林格科学与商业媒体授权使用[103]）

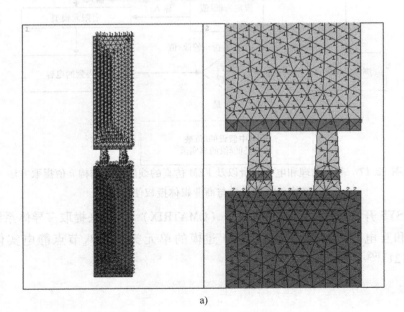

a)

图 12.19 a) 2D 有限元网格和 b) 根据图 12.18 的尺寸的梳状结构的电场矢量，仅包括两个电极（经施普林格科学与商业媒体授权使用[103]）

第 12 章 金属间介质击穿

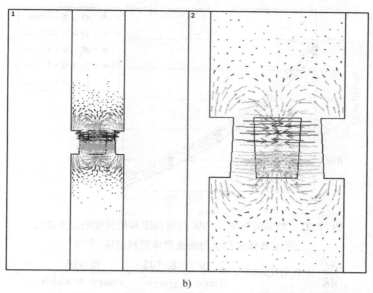

图 12.19 a) 2D 有限元网格和 b) 根据图 12.18 的尺寸的梳状结构的电场矢量，仅包括两个电极（经施普林格科学与商业媒体授权使用[103]）（续）

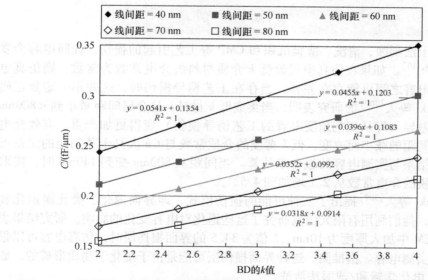

图 12.20 根据低 k 介质材料的 k 值和指间距计算出的电容，其中指宽度为 120nm。符号表示计算出的电容，实线为对应的线性拟合，在 $R^2 = 1$ 时显示出完美的线性拟合
（经施普林格科学与商业媒体授权使用[103]）

此外，在图 12.21 中梯度 dC/dK 曲线是根据指间距和指宽度绘制的，并且它们与式（12.47）给出的函数非常吻合：

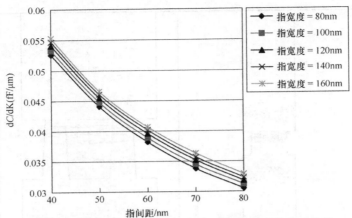

图 12.21 绘制的梯度 dC/dK 与指间距和指宽度的关系曲线

（经施普林格科学与商业媒体授权使用[103]）

$$\frac{dC}{dK} = 0.010447 + \frac{2.19}{\text{space}} - \frac{8.293}{\text{space}^2} - \frac{0.916}{\text{space} + \text{width}} \quad (12.47)$$

其中，指间距和指宽度以纳米（nm）为单位；dC/dK 单位为 $fF/\mu m$。因此，在已知指间距和指宽度的情况下，通过测量退化引起的 DC，就可以直接比较 k 偏移（Δk）。

12.8.4 工艺诱导损伤评价的有限元模型 ★★★

由于干法刻蚀、清洗、薄膜沉积和 CMP 等工艺引起的损伤，线间电容会发生变化[109,110]。如果在仿真中假设低 k 介质材料的介电常数为常数，则仿真电容与实测电容之间可能存在差异，当存在工艺诱导损伤时，这并不一定是正确的。Chikaki 等人[109]的研究表明，当集成低 k 材料，且金属间距减小到 <800nm 时，电容差异（即从工艺角度来看的工艺诱导损伤）变得更加严重。有效介电常数随着间距的减小而改变。低 k 薄膜的介质常数与 Cu 大马士革间距的关系可通过仿真结果与实测电容的拟合来估算。当间距从 800nm 变到 140nm 时，提取的低 k 薄膜的介电常数从 2.1 增加到 4.5。

Chikaki 等人[109]提出了三种可能的损伤模式，即界面退化、类孔洞退化和侧墙退化，他们利用有限元仿真研究了这些退化对电容变化的影响。研究结果表明，在 FEM 中加入厚度为 10nm、k 值为 34.5 的界面损伤层时，仿真电容可以很好地拟合实测电容。据推测，这种界面损伤层可能是由于湿化学物质形成的，如 CMP、Cu 电化学镀和/或湿法清洗。

12.9 工艺认定实践

金属间介质（IMD）TDDB 是一项必需的工艺认定项目，特别是当 IMD 不是 SiO_2 时。击穿电压特性 V-ramp 测试是工程研究的一部分。一个金属层的金属线

第12章 金属间介质击穿

（金属-梳状结构或金属-蛇状-金属结构，间距符合最小设计规则）（见图12.2）之间的介质受到应力。还应测试与通孔连接的金属层之间的IMD可靠性（见图12.3）。应对所有IMD层进行测试，特别是当金属层方案发生变化时[111]。由于短结构（即100μm长）可能无法有效地检测低k表面的金属污染[77]，因此必须使用具有大样品尺寸的长结构（例如10m长）晶圆作为缺陷密度定量评估的筛选。对于IMD可靠性认证，联合电子器件工程委员会（JEDEC）JP-001[111]提供了很好的指导。表12.3提供了IMD可靠性（V-ramp和TDDB）认定的一些指导或实践。

表12.3 IMD可靠性的典型工艺认定实践（V-ramp和TDDB）

失效标准	• V-ramp测试：失效（击穿）定义为泄漏电流超过规定值或与前一个电压阶跃相比泄漏电流增加10×（或其他预定义数值）； • TDDB恒压应力：失效（击穿）定义为在应力电压/温度下泄漏电流超过规定值或与前一个时间步长相比泄漏电流增加10×（或其他预定义数值）
测试结构	1. 出于长度按比例变化的目的，应测试三种不同的金属长度。 2. 建议使用三种类型的测试结构进行测试。指间距定义为设计规则中的最小规则： • 每侧插入两个金属梳以覆盖蛇形两边的蛇形金属； • 两个金属梳相互插入（无蛇形）； • 通过通孔连接的两层蛇形金属或金属梳的金属通孔结构
样品尺寸	• V-ramp测试：晶圆映射×2个晶圆×3批次 • TDDB恒定电压应力：3个应力电压×25个位置×3批次用于电场加速因子，3个金属长度×25个位置×1批次用于IMD层的所有各种组合的面积/长度按比例变化。被测器件应均匀地分布在整个晶圆上
应力条件	在+125℃下进行应力测试。需要在不同的温度才能得到活化能： 1. V-ramp测试：斜坡电压应力至失效 2. TDDB恒定电压应力：恒定电压应力在$2V_{dd,max}$或更大。应力应持续到50%或更多的样品超过失效标准。3个应力电压用于电压加速
	晶圆级或封装级
验收标准	TTF（0.1%）>10年@125℃/100m长度/V_{op}
模型	1. V-ramp测试：无模型； 2. TDDB恒定电压应力：E模型[式（12.9）]或SQRT（E）模型[式（12.10）]
分布	V-ramp V_{bd}和TDDB TTF的Weibull分布
参数	1. V-ramp测试： • 失效电压V_{bd}的Weibull分布； • 记录完整的非本征和本征分支的分布 2. TDDB恒定电压应力： • 失效时间（TTF）的Weibull分布； • 电压/电场加速因子γ，Poisson模型的面积/长度按比例变化因子β和活化能（E_a）

参考文献

1. G. Maier, "Low dielectric constant polymers for microelectronics," *Progress in Polymer Science*, Vol. 26, 2001, pp. 3–65.
2. M. T. Bohr, "Interconnect scaling—the real limiter to high performance ULSI," in *Proceedings of the International Electron Devices Meeting (IEDM)*, 1995, pp. 241–244.
3. D. Edelstein, H. Rathore, C. Davis, L. Clevenger, A. Cowley, T. Nogami, B. Agarwala, S. Arai, A. Carbone, K. Chanda, F. Chen, S. Cohen, W. Cote, M. Cullinan, T. Dalton, S. Das, P. Davis, J. Demarest, D. Dunn, C. Dziobkowski, R. Filippi, J. Fitzsimmons, P. Flaitz, S. Gates, J. Gill, A. Grill, D. Hawken, K. Ida, D. Klaus, N. Klymko, M. Lane, S. Lane, J. Lee, W. Landers, W. -K. Li, Y. H. Lin, E. Liniger, X. -H. Liu, A. Madan, S. Malhotra, J. Martin, S. Molis, C. Muzzy, D. Nguyen, S. Nguyen, M. Ono, C. Parks, D. Questad, D. Restaino, A. Sakamoto, T. Shaw, Y. Shimooka, A. Simon, E. Simonyi, A. Swift, T. Van Kleeck, S. Vogt, Y. -Y. Wang, W. Wille, J. Wright, C. -C. Yang, M. Yoon, and T. Ivers, "Comprehensive reliability evaluation of a 90 nm CMOS technology with Cu/PECVD low-k BEOL," in *Proceedings of the 42th IEEE Annual International Reliability Physics Symposium*, 2004, pp. 316–319.
4. S. M. Sze, *Physics of Semiconductor Device*. New York: John Wiley, 1986.
5. J. Gambino, A. Stamper, T. McDevitt, V. McGahay, S. Luce, T. Pricer, B. Porth, C. Senowitz, R. Kontra, M. Gibson, H. Wildman, A. Piper, C. Benson, T. Standaert, P. Biolsi, E. Cooney, E. Webster, R. Wistrom, A. Winslow, and E. White, "Integration of copper with low-k dielectrics for 0.13-μm technology," in *Proceedings of the 9th International Symposium on the Physical and Failure Analysis of Integrated Circuits*, 2002, pp. 111–117.
6. J. Gambino, F. Chen, and J. He, "Copper interconnect technology for the 32 nm node and beyond," in *Proceedings of the IEEE 2009 Custom Integrated Circuits Conference (CICC)*, 2009, pp. 141–148.
7. E. T. Ogawa, J. Kim, G. S. Haase, H. C. Mogul, and J. W. McPherson, "Leakage, breakdown, and TDDB characteristics of porous low-k silica-based interconnect dielectrics," in *Proceedings of the 41st IEEE Annual International Reliability Physics Symposium*, 2003, pp. 166–172.
8. http://en.wikipedia.org/wiki/Low-k, Access date: December 2010.
9. M. J. Shapiro, S. V. Nguyen, T. Matsuda, and D. Dobuzinsky, "CVD of fluorosilicate glass for ULSI applications," *Thin Solid Films*, Vol. 270, 1995, pp. 503–507.
10. A. Grill, "Plasma-enhanced chemical vapor deposited SiCOH dielectrics: from low-k to extreme low-k interconnect materials," *Journal of Applied Physics*, Vol. 93, No. 3, 2003, pp. 1785–1790.
11. http://www.appliedmaterials.com/products/producer_black_diamond_4.html, Access date: December 2010.
12. http://www.semiconductor.net/article/199167-Low_k_Bursts_Into_the_Mainstream_Incrementally.php, Access date: December 2010.
13. http://www.dow.com/silk, Access date: December 2010.
14. http://www.dow.com/silk/silky/feature.htm, Access date: December 2010.
15. N. Ohashi, K. Misawa, S. Sone, H. J. Shin, K. Inukai, E. Soda, S. Kondo, A. Furuya, H. Okamura, S. Ogawa and N. Kobayashi, "Robust porous MSQ ($k = 2.3$, $E = 12$ GPa) for low-temperature (<350°C) Cu/low-k integration using ArF resist mask process," in *Proceedings of the International Electron Devices Meeting (IEDM)*, 2003, pp. 857–860.
16. Z. C. Wu, T. J. Chou, S. H. Lin, Y. L. Huang, C. H. Lin, L. P. Li, B. T. Chen, Y. C. Lu, C. C. Chiang, M. C. Chen, W. Chang, S. M. Jang, and M. S. Liang, "High performance 90/65-nm BEOL technology with CVD porous low-k dielectrics (k - 2.5) and low-k etching stop (k - 3.0)," in *Proceedings of the International Electron Devices Meeting (IEDM)*, 2003, pp. 849–852.
17. R. Tsu, J. W. McPherson, and W. R. McKee, "Leakage and breakdown reliability issues associated with low-k dielectrics in a dual-damascene Cu process," in *Proceedings of the 38th IEEE Annual International Reliability Physics Symposium*, 2000, pp. 348–353.

第12章 金属间介质击穿

18. J. Noguchi, T. Saito, N. Ohashi, H. Ashihara, H. Maruyama, M. Kubo, H. Yamaguchi, D. Ryuzaki, K. Takeda, and K. Hinode, "Impact of low-k dielectrics and barrier metals on TDDB lifetime of Cu interconnects," in *Proceedings of the 39th IEEE Annual International Reliability Physics Symposium*, 2001, pp. 355–359.
19. W. S. Song, T. J. Kim, D. H. Lee, T. K. Kim, C. S. Lee, J. W. Kim, S. Y. Kim, D. K. Jeong, K. C. Park, Y. J. Wee, B. S. Suh, S. M. Choi, H. -K. Kang, K. P. Suh, and S. U. Kim, "Pseudobreakdown events induced by biased-thermal-stressing of intra-level Cu interconnects—reliability and performance impact," in *Proceedings of the 40th IEEE Annual International Reliability Physics Symposium*, 2002, pp. 305–311.
20. W. Wu, X. Duan, and J. S. Yuan, "A physical model of time dependent dielectric breakdown in Cu metallization," in *proceedings of the 41st IEEE Annual International Reliability Physics Symposium*, 2003, pp. 773–776.
21. G. B. Alers, K. Jow, R. Shaviv, G. Kooi, and G. W. Ray, "Interlevel dielectric failures in copper/ low-k structures," *IEEE Transactions on Device and Materials Reliability*, Vol. 4, No. 2, 2004, pp. 148–152.
22. M. Ohring, *Reliability and Failure of Electronic Materials and Devices*, New York: Academic Press, 1998.
23. K. Y. Yiang, T. S. Mok, W. J. Yoo, and A. Krishnamoorthy, "Reliability improvements using buried capping layer in advanced interconnects," in *Proceedings of the 42nd IEEE Annual International Reliability Physics Symposium*, 2004, pp. 333–337.
24. A. Aal, "Fast prediction of gate oxide reliability," in *IEEE International Integrated Reliability Workshop Final Report*, 2006, pp. 182–185.
25. I. Ciofi, Zs. Tökei, D. Visalli, and M. Van Hove, "Water and copper contamination in SiOC:H damascene: novel characterization methodology based on triangular Voltage sweep measurements," in *Proceedings of the International Interconnects Technology Conference (IITC)*, 2006, pp. 181–183.
26. http://www.chironholdings.com/chirontechnology/references/App%20 Notes/TVS. pdf, Access date: December 2010.
27. H. Miyazaki, D. Kodama, and N. Suzumura, "The observation of stress-induced leakage current of damascene interconnects after bias temperature aging," in *Proceedings of the 46th IEEE Annual International Reliability Physics Symposium*, 2008, pp. 150–157.
28. J. W. Mcpherson and H. Mogul, "Underlying physics of the thermochemical E model in describing low-field time-dependent dielectric breakdown in SiO_2 thin films," *Journal of Applied Physics*, Vol. 84, No. 3, 1998, pp. 1513–1523.
29. G. B. Alers, K. Jow, R. Shaviv, G. Kooi, and G. W. Ray, "Interlevel dielectric failures in copper/low-k structures," *IEEE Transactions on Device and Materials Reliability*, Vol. 4, No. 2, 2004, pp. 148–152.
30. J. R. Lloyd, S. Ponoth, E. Liniger, and S. Cohen, "Role of Cu in TDDB of low-k dielectrics," in *Proceedings of the 45th IEEE Annual International Reliability Physics Symposium*, 2007, pp. 410–411.
31. F. Chen, K. Chanda, J. Gill, M. Angyal, J. Demarest, T. Sullivan, R. Kontra, M. Shinosky, J. Li, L. Economikos, M. Hoinkis, S. Lane, D. McHerron, M. Inohara, S. Boettcher, D. Dunn, M. Fukasawa, B. C. Zhang, K. Ida, T. Ema, G. Lembach, V. Kumar, Y. Lin, H. Maynard, K. Urata, T. Bolom, K. Inoue, J. Smith, Y. Ishikawa, M. Naujok, P. Ong, A. Sakamoto, D. Hunt, and J. Aitken, "Investigation of CVD SiCOH low-k time-dependent dielectric breakdown at 65-nm node technology," in *Proceedings of the 43rd IEEE Annual International Reliability Physics Symposium*, 2005, pp. 501–507.
32. F. Chen, B. Li, T. Lee, C. Christiansen, J. Gill, M. Angyal, M. Shinosky, C. Burke, W. Hasting, R. Austin,T. Sullivan, D. Badami, and J. Aitken, "Technology reliability qualification of a 65-nm CMOS Cu/low-k BEOL interconnect," in *Proceedings of the 13th International Symposium on the Physical and Failure Analysis of Integrated Circuits*, 2006, pp. 97–105.
33. J. P. Gambino, T. C. Lee, F. Chen, and T. D. Sullivan, "Reliability challenges for advanced copper interconnects: electromigration and time-dependent dielectric breakdown (TDDB)," in *Proceedings of the 16th International Symposium on the Physical and Failure Analysis of Integrated Circuits*, 2009, pp. 677–684.

34. O. Aubel, M. Kiene, and W. Yao, "New approach of 90-nm low-k interconnect evaluation using a Voltage ramp dielectric breakdown (VRDB) test," in *Proceedings of the 43rd IEEE Annual International Reliability Physics Symposium*, 2005, pp. 483–489.
35. Z. H. Gan, Y. J. Wu, K. Zheng, R. Guo, and C. C. Liao, "Fast method to identify the root cause for ILD V_{bd} fail," in *Proceedings of the 9th International Conference on Solid-State and Integrated-Circuit Technology Proceedings (ICSICT)*, 2008, pp. 254–257.
36. J. C. Lee, I. C. Chen, and C. M. Hu, "Modeling and characterization of oxide reliability," *IEEE Transactions on Electron Devices*, Vol. 35, No. 12, 1988, pp. 2268–2278.
37. S. -Y. Jung, B. -J. Kim, N. Y. Lee, B. -M. Kim, S. J. Yeom, N. J. Kwak, and Y. -C. Joo, "The characteristics of Cu-drift induced dielectric breakdown under alternating polarity bias temperature stress," in *Proceedings of the 47th IEEE Annual International Reliability Physics Symposium*, 2009, pp. 825–827.
38. M. W. Lane, E. G. Liniger, and J. R. Lloyd, "Relationship between interfacial adhesion and electromigration in Cu metallization," *Journal of Applied Physics*, Vol. 93, No. 3, 2003, pp. 1417–1421.
39. G. S. Haase and J. W. McPherson, "Modeling of interconnect dielectric lifetime under stress conditions and new extrapolation methodologies for time dependent dielectric breakdown," in *Proceedings of the 45th IEEE Annual International Reliability Physics Symposium*, 2007, pp. 390–398.
40. JESD 37, *Standard for Lognormal Analysis of Uncensored Data and of Singly Right-Censored Data Utilizing the Persson and Rootzen Method*, JEDEC Standard, October 1992.
41. F. Chen, P. McLaughlin, J. Gambino, E. Wu, J. Demarest, D. Meatyard, and M. Shinosky, "The effect of metal area and line spacing on TDDB characteristics of 45-nm low-k SiCOH dielectrics," in *Proceedings of the 45th IEEE Annual International Reliability Physics Symposium*, 2007, pp. 382–389.
42. J. Kim, E. T. Ogawa, and J. W. McPherson, "Time dependent dielectric breakdown characteristics of low-k dielectric (SiOC) over a wide range of test areas and electric fields," in *Proceedings of the 45th IEEE Annual International Reliability Physics Symposium*, 2007, pp. 399–404.
43. I. C. Chen, S. Holland, and C. Hu, "A quantitave physical modelfor time-dependent breakdown in SiO_2," in *Proceedings of the 23rd IEEE Annual International Reliability Physics Symposium*, 1985, pp. 24–31.
44. J. McPherson, V. Reddy, K. Banejee, and H. Le, "Comparison of E and I/E TDDB models for SiO_2 under long-term/low-field test conditions," in *Proceedings of the International Electron Devices Meeting (IEDM)*, 1998, pp. 171–174.
45. A. Berman, "Time zero dielectric reliability test by a ramp method," in *Proceedings of the 19th IEEE Annual International Reliability Physics Symposium*, 1981, pp. 204–209.
46. J. W. McPherson and D. A. Baglee, "Acceleration factors for thin gate oxide stressing," in *Proceedings of the 23rd IEEE Annual International Reliability Physics Symposium*, 1985, pp. 1–5.
47. J. R. Lloyd, "New models for interconnect failure in advanced IC technology," in *Proceedings of the 15th International Symposium on the Physical and Failure Analysis of Integrated Circuits*, 2008, pp. 1–7.
48. F. Chen, O. Bravo, K. Chanda, P. McLaughlin, T. Sullivan, J. Gill, J. R. Lloyd, E. Wu, R. Kontra, and J. Aitken, "A comprehensive study of low-k SiCOH TDDB phenomena and its reliability lifetime model development," in *Proceedings of the 44th IEEE Annual International Reliability Physics Symposium*, 2006, pp. 46–53.
49. N. Suzumara, S. Yamamoto, D. Kodama, K. Makabe, J. Komari, E. Murukami, S. Maegawa, and K. Kubota, "A new TDDB degradation model based on Cu ion drift in Cu interconnect dielectrics," in *Proceedings of the 44th IEEE Annual International Reliability Physics Symposium*, 2006, pp. 484–489.
50. K. -Y. Yiang, H. W. Yao, A. Marathe, and O. Aubel, "New perspectives of dielectric breakdown in low-k interconnects," in *Proceedings of the 47th IEEE Annual International Reliability Physics Symposium*, 2009, pp. 476–480.

第12章 金属间介质击穿

51. N. Suzumura, S. Yamamoto, D. Kodama, H. Miyazaki, M. Ogasawara, J. Komori, and E. Murakami, "Electric-field and temperature dependencies of TDDB degradation in Cu/low-k damascene structures," in *Proceedings of the 46th IEEE Annual International Reliability Physics Symposium*, 2008, pp. 138–143.
52. K. -Y. Yiang, H. W. Yao, and A. Marathe, "TDDB kinetics and their relationship with the E- and SQRT(E)-models," in *Proceedings of the International Interconnect Technology Conference (IITC)*, 2008, pp. 168–170.
53. Y. -L. Lia, Zs. Tökei, Ph. Roussel, G. Groeseneken, and K. Maexa, "Layout dependency induced deviation from Poisson area scaling in BEOL dielectric reliability," *Microelectronics Reliability*, Vol. 45, No. 9–11, 2005, pp. 1299–1304.
54. F. Chen, F. Ungar, A. H. Fischer, J. Gill, A. Chinthakindi, T. Goebel, M. Shinosky, D. Coolbaugh, V. Ramachandran, Y. K. Siew, E. Kaltalioglu, S. O. Kim, and K. Park, "Reliability characterization of BEOL vertical natural capacitor using copper and low-k SiCOH dielectric for 65-nm RF and mixed-signal applications," in *Proceedings of the 44th IEEE Annual International Reliability Physics Symposium*, 2006, pp. 490–495.
55. JESD35-A, *Procedure for the Wafer-Level Testing of Thin Dielectric*, Electronics Industries Association, Washington D. C., 2001.
56. A. H. Fischer, Y. K. Lim, Ph. Riess, Th. Pompl, B. C. Zhang, E. C. Chua, W. W. Keller, J. B. Tan, V. Klee, Y. C. Tan, D. Souche, D. K. Sohn, and A. von Glasow, "TDDB robustness of highly dense 65-nm BEOL vertical natural capacitor with competitive area capacitance for RF and mixed-signal applications," in *Proceedings of the 46th IEEE Annual International Reliability Physics Symposium*, 2008, pp. 126–131.
57. J. Noguchi, N. Ohashi, J. Yasuda, T. Jimbo, H. Yamaguchi, N. Owada, K. Takeda, and K. Hinode, "TDDB improvement in Cu metallization under bias stress," in *Proceedings of the 38th IEEE Annual International Reliability Physics Symposium*, 2000, pp. 339–343.
58. R. Gonella, P. Motte, and J. Torres, "Assessment of copper contamination impact on inter-level dielectric reliability performed with time-dependent-dielectric-breakdown tests," *Microelectronics Reliability*, Vol. 40, 2000, pp. 1305–1309.
59. S. -S. Hwang, H. -C. Lee, H. W. Ro, D. Y. Yoon, and Y. -C. Joo, "Porosity content dependence of TDDB lifetime and flat band Voltage shift by Cu diffusion in porous spin-on low-k," in *Proceedings of the 43rd IEEE Annual International Reliability Physics Symposium*, 2005, pp. 474–477.
60. J. R. Lloyd, T. M. Shaw, and E. G. Liniger, "Effect of moisture on the time dependent dielectric breakdown (TDDB) behavior in an ultralow-k (ULK) dielectric," in *IEEE International Integrated Reliability Workshop Final Report*, 2005, pp. 39–43.
61. Y. H. Wang and R. Kumar, "Stability of carbon-doped silicon oxide low-k thin films," *Journal of The Electrochemical Society*, Vol. 151, No. 4, 2004, pp. F73–76.
62. J. Kim, E. T. Ogawa, and J. W. McPherson, "A statistical evaluation of the field acceleration parameter observed during time dependent dielectric breakdown testing of silica-based low-k interconnect dielectrics," in *Proceedings of the 44th IEEE Annual International Reliability Physics Symposium*, 2006, pp. 478–483.
63. Y. Li, I. Ciofi, L. Carbonell, G. Groeseneken, K. Maex, and Z. Tökei, "Moisture-related low-k dielectric reliability before and after thermal annealing," in *Proceedings of the 45th IEEE Annual International Reliability Physics Symposium*, 2007, pp. 405–409.
64. F. Chen and M. Shinosky, "Addressing Cu/low-k dielectric TDDB-reliability challenges for advanced CMOS technologies," *IEEE Transactions on Electron Devices*, Vol. 56, No. 1, 2009, pp. 2–12.
65. J. Michelon and R. J. O. M. Hoofman, "Moisture influence on porous low-k reliability," *IEEE Transactions on Device and Materials Reliability*, Vol. 6, No. 2, 2006, pp. 169–174.

66. J. Proost, M. Baknalov, K. Maex, and L. Delaey, "Compensation effect during water desorption from siloxanebased spin-on dielectric thin films," *Journal of Vacuum Science and Technology B*, Vol. 18, No. 1, 2000, pp. 303–306.
67. Q. Wang, Z. H. Gan, L. Zhao, K. Zheng, E. Bei, and J. Ning, "Low-*k* breakdown improvement in 65-nm dual-damascene Cu process," in *Proceedings of the 9th International Conference on Solid-State and Integrated-Circuit Technology Proceedings (ICSICT)*, 2008, pp. 1324–1327.
68. F. Chen, J. R. Lloyd, K. Chanda, R. Achanta, O. Bravo, A. Strong, P. S. McLaughlin, M. Shinosky, S. Sankaran, E. Gebreselasie, A. K. Stamper, and Z. X. He, "Line edge roughness and spacing effect on low-*k* TDDB characteristics," in *Proceedings of the 46th IEEE Annual International Reliability Physics Symposium*, 2008, pp. 132–137.
69. J. R. Lloyd, X-.H Liu, G. Bonilla, T. M. Shaw, E. Liniger, and A. Lisi, "On the contribution of line-edge roughness to intralevel TDDB lifetime in low-*k* dielectrics," in *Proceedings of the 47th IEEE Annual International Reliability Physics Symposium*, 2009, pp. 602–605.
70. A. Yamaguchi, D. Ryuzaki, K. Takeda, and H. Kawada, "Evaluation of line-edge roughness in Cu/low-*k* interconnect patterns with CD-SEM," in *Proceedings of the IEEE International Interconnect Technology Conference (IITC)*, 2009, pp. 225–227.
71. M. Vilmay, D. Roy, C. Monget, F. Volpi, and J. M. Chaix, "Copper line topology impact on the SiOCH low-*k* reliability in sub-45-nm technology node: from the time-dependent dielectric breakdown to the product lifetime," in *Proceedings of the 47th IEEE Annual International Reliability Physics Symposium*, 2009, pp. 606–612.
72. Zs. Tokei, Ph. Roussel, M. Stucchi, J. Versluijs, I. Ciofi, L. Carbonell, G. P. Beyer, A. Cockburn, M. Agustin, and K. Shah, "Impact of LER on BEOL dielectric reliability: a quantitative model and experimental validation," in *Proceedings of the IEEE International Interconnect Technology Conference (IITC)*, 2009, pp. 228–230.
73. D. Oshida, T. Takewaki, M. Iguchi, T. Taiji, T. Morita, Y. Tsuchiya, H. Tsuchiya, S. Yokogawa, H. Kunishima, H. Aizawa, and N. Okada, "Quantitative analysis of correlation between insulator surface copper contamination and TDDB lifetime based on actual measurement," in *Proceedings of the International Interconnect Technology Conference (IITC)*, 2008, pp. 222–224.
74. M. Tada, Y. Harada, H. Ohtake, S. Saito, T. Onodera, and Y. Hayashi, "Improvement of TDDB reliability in Cu damascene interconnect by using united hard-mask and Cap (UHC) structure," in *Proceedings of the International Interconnect Technology Conference (IITC)*, 2003, pp. 256–258.
75. H. Park, H. B. Lee, H. K. Jung, Z. S. Choi, J. Y. Bae, J. W. Hong, K. I. Choi, B. L. Park, E. J. Lee, J. W. Kim, J. M. Lee, G. H. Choi, and J. T. Moon, "Voltage ramp and time-dependent dielectric breakdown in ultra-narrow Cu/SiO$_2$ interconnects," in *Proceedings of the International Interconnect Technology Conference (IITC)*, 2008, pp. 49–51.
76. J. Gambino, F. Chen, S. Mongeon, D. Meatyard, T. Lee, B. Lee, H. Bamnolker, L. Hall, N. Li, M. Hernandez, P. Little, M. Hamed, and I. Ivanov, "Effect of CoWP capping layers on dielectric breakdown of SiO$_2$," in *Proceedings of the 14th International Symposium on the Physical and Failure Analysis of Integrated Circuits*, 2007, pp. 59–64.
77. F. Chen, M. Shinosky, B. Li, C. Christiansen, T. Lee, J. Aitken, D. Badami, E. Huang, G. Bonilla, T. -M. Ko, T. Kane, Y. Wang, M. Zaitz, L. Nicholson, M. Angyal, C. Truong, X. Chen, G. Yang, S. B. Law, T. J. Tang, S. Petitdidier, G. Ribes, M. Oh, C. Child, H. Sawada, A. Kolics, O. Rigoutat, and N. Gilbert, "Comprehensive investigations of CoWP metal-cap impacts on low-*k* TDDB for 32nm technology application," in *Proceedings of the 48th IEEE Annual International Reliability Physics Symposium*, 2010, pp. 566–573.
78. F. Chen, E. Huang, M. Shinosky, M. Angyal, T. Kane, Y. Wang, and A. Kolics, "A comparative study of ULK conduction mechanisms and TDDB characteristics for Cu interconnects with and without CoWP metal cap at 32-nm technology," in *Proceedings of the International Interconnect Technology Conference (IITC)*, 2010, pp. 1–3.

第12章 金属间介质击穿

79. K. Chattopadhyay, B. van Schravendijk, T. W. Mountsier, G. B. Alers, M. Hornbeck, H. J. Wu, R. Shaviv, G. Harm, D. Vitkavage, E. Apen, Y. Yu, and R. Havemann, "In-situ formation of a copper silicide cap for TDDB and electromigration improvement," in *Proceedings of the 44th IEEE Annual International Reliability Physics Symposium*, 2006, pp. 128–130.
80. R. Gonella, "Key reliability issues for copper integration in damascene architecture," *Microelectronic Engineering*, Vol. 55, 2001, pp. 245–255.
81. Z. Chen, K. Prasad, C. Y. Li, P. W. Lu, S. S. Su, and L. J. Tang, "Highly reliable dielectric/metal bilayer sidewall diffusion barrier in Cu/porous organic ultra low-k interconnects," in *Proceedings of the 42nd IEEE Annual International Reliability Physics Symposium*, 2004, pp. 320–325.
82. C. Guedj, V. Arnal, J. F. Guillaumond, L. Amaud, J. P. Barnes, A. Toffoli, V. Jousseaume, A. Roule, S. Maitrejean, L. L. Chapelon, G. Reimbold, J. Torres, and G. Passemard, "Influence of the diffusion barriers on the dielectric reliability of ULK/Cu advanced interconnects," in *Proceedings of the International Interconnect Technology Conference (IITC)*, 2005, pp. 57–59.
83. Z. Tokei, V. Sutcliffe, S. Demuynck, F. Iacopi, P. Roussel, G. P. Beyer, R. J. O. M. Hoofman, K. Maex, "Impact of the barrier/dielectric interface quality on reliability of Cu porous-low-k interconnects," in *Proceedings of the 42nd IEEE Annual International Reliability Physics Symposium*, 2004, pp. 326–332.
84. R. Caluwaerts, M. Van Hove, G. Beyer, R. J. O. M. Hoofman, H. Struyf, G. J. A. M. Verheyden, J. Waeterloos, Zs. Tokei, F. Iacopi, L. Carbonell, Q. T. Le, A. Das, I. Vos, S. Demuynck, and K. Maex, "Post patterning meso porosity creation: a potential solution for pore sealing," in *Proceedings of the International Interconnect Technology Conference (IITC)*, 2003, pp. 242–244.
85. D. D. Gandhi, P. G. Ganesan, V. Chandrasekar, Z. Gan, S. G. Mhaisalkar, H. Li, and G. Ramanath, "Molecular-nanolayer-induced suppression of in-plane Cu transport at Cu-silica interfaces," *Applied Physics Letters*, Vol. 90, 2007, pp. 163507–163509.
86. A. Krishnamoorthy, K. Chanda, S. P. Murarka, G. Ramanath, and J. G. Ryan, "Self-assembled near-zero-thickness molecular layers as diffusion barriers for Cu metallization," *Applied Physics Letters*, Vol. 78, No. 17, 2001, pp. 2467–2469.
87. G. Ramanath, G. Cui, P. G. Ganesan, X. Guo, A. V. Ellis, M. Stukowski, K. Vijayamohanan, P. Doppelt, and M. Lane, "Polyelectrolyte nanolayers as diffusion barriers for Cu metallization," *Applied Physics Letters*, Vol. 83, 2003, p. 383.
88. N. Mikami, N. Hata, T. Kikkawa, and H. Machida, "Robust self-assembled monolayer as diffusion barrier for copper metallization," *Applied Physics Letters*, Vol. 83, No. 25, 2003, pp. 5181–5183.
89. P. G. Ganesan, A. Kumar, and G. Ramanath, "Surface oxide reduction and bilayer molecular assembly of a thiol-terminated organosilane on Cu," *Applied Physics Letters*, Vol. 87, No. 1, 2005, p. 011905.
90. J. Noguchi, N. Miura, M. Kubo, T. Tamaru, H. Yamaguchi, N. Hamada, K. Makabe, R. Tsuneda, and K. Takeda, "Cu-ion-migration phenomena and its influence on TDDB lifetime in Cu metallization," in *Proceedings of the 41st IEEE Annual International Reliability Physics Symposium*, 2003, pp. 287–292.
91. Y. Yamada, Y. Yagi, N. Konishi, N. Ogiso, K. Katsuyama, S. Asaka, J. Noguchi, and T. Miyazaki, "Analysis of post-chemical-mechanical-polishing cleaning mechanisms for improving time-dependent dielectric breakdown reliability," *Journal of the Electrochemical Society*, Vol. 155, 2008, pp. H301–H306.
92. S. Kondo, K. Fukaya, N. Ohashi, T. Miyazaki, H. Nagano, Y. Wada, T. Ishibashi, M. Kato, K. Yoneda, E. Soda, S. Nakao, K. Ishigami, and N. Kobayashi, "Direct CMP on porous low-k film for damage-less Cu integration," in *Proceedings of the International Interconnect Technology Conference (IITC)*, 2006, pp. 164–166.
93. J. Noguchi, N. Konishi, and Y. Yamada, "Influence of post-CMP cleaning on Cu interconnects and TDDB reliability," *IEEE Transactions on Electron Devices*, Vol. 52, No. 5, 2005, pp. 934–941.
94. N. Konishi, Y. Yamada, J. Noguchi, T. Jimbo, and O. Inoue, "Influence of CMP process on defects in SiOC films and TDDB reliability," in *Proceedings of the International Interconnect Technology Conference (IITC)*, 2005, pp. 123–125.

— 487 —

95. W. Liu, Y. K. Lim, F. Zhang, W. Y. Zhang, C. Q. Chen, B. C. Zhang, J. B. Tan, D. K. Sohn, and L. C. Hsia, "Effect of chemical mechanical polishing scratch on TDDB reliability and its reduction in 45-nm BEOL process," in *Proceedings of the 47th IEEE Annual International Reliability Physics Symposium*, 2009, pp. 613–618.
96. A. Aal, "A comparison between V-ramp TDDB techniques for reliability evaluation," in *IEEE International Integrated Reliability Workshop Final Report*, 2008, pp. 133–136.
97. F. Chen, P. McLaughlin, J. Gambino, and J. Gill, "A comparison of voltage ramp and time dependent dielectric breakdown tests for evaluation of 45-nm low-k SiCOH reliability," in *Proceedings of the International Interconnect Conference* 2007, pp. 120–122.
98. S. C. Fan, J. C. Lin, and A. S. Oates, "Accurate characterization on intrinsic gate oxide reliability using voltage ramp tests," in *Proceedings of the 44th IEEE Annual International Reliability Physics Symposium*, 2006, pp. 625–626.
99. A. Kerber, T. Pompl, M. Rohner, K. Mosig, and M. Kerber, "Impact of failure criteria on the reliability prediction of CMOS devices with ultrathin gate oxides based on Voltage ramp stress," *IEEE Electron Device Letters*, Vol. 27, No. 7, 2006, pp. 609–611.
100. G. S. Haase, E. T. Ogawa, and J. W. McPherson, "Breakdown characteristics of interconnect dielectrics," in *Proceedings of the 43rd IEEE Annual International Reliability Physics Symposium*, 2005, pp. 466–473.
101. H. Miyazaki and D. Kodama, "TDDB lifetime of asymmetric patterns and its comprehension from percolation theory," in *Proceedings of the 47th IEEE Annual International Reliability Physics Symposium*, 2009, pp. 814–818.
102. Webpage. http://www.ansys.com, Access date: May 2006.
103. C. M. Tan, Z. H. Gan, W. Li, and Y. J. Hou, *Applications of Finite Element Methods for Reliability Study of ULSI Interconnections*, London: Springer-Verlag 2011.
104. In *ANSYS Theroy Reference*, 5. 6 ed; Swanson Analysis System, Inc., (now ANSYS Inc.), Canosburg, USA, 1999.
105. In *ANSYS Element Reference*, 5. 6 ed; Swanson Analysis System, Inc., (now ANSYS Inc.), Canosburg, USA, 1999.
106. Webpage. http://www.electroline.com.au/elc/feature_article/item_042003a.asp, Access date: May 2006.
107. C. U. Kim. (May 2006), http://www.sematech.org/meetings/past/20031027/TRC%202003_03_Kim.pdf, Access date: May 2006.
108. U. Choudhury and A. Sangiovanni-Vincentelli, "Automatic generation of analytical models for interconnect capacitances," *IEEE Transactions of Computer-Aided Design of Integrated Circuits and Systems*, Vol. 14, 1995, pp. 470–480.
109. S. Chikaki, M. Shimoyama, R. Yagi, T. Yoshino, Y. Shishida, T. Ono, A. Ishikawa, N. Fujii, T. Nakayama, K. Kohmura, H. Tanaka, J. Kawahara, H. Matsuo, S. Takada, T. Yamanishi, S. Hishiya, N. Hata, K. Kinoshita, and T. Kikkawa, "Extraction of process-induced damage in low-k/Cu damascene structure," in *Proceedings of the IEEE International Symposium on Semiconductor Manufacturing (ISSM)*, 2005, pp. 422–425.
110. K. Maex, M. R. Baklanov, D. Shamiryan, F. Lacopi, S. H. Brongersma, and Z. S. Yanovitskaya, "Low dielectric constant materials for microelectronics," *Journal of Applied Physics*, Vol. 93, 2003, pp. 8793–8841.
111. JP-001, "Inter/intra-metal dielectric integrity," in *Foundry Process Qualification Guidelines* Wafer Fabrication Manufacturing Sites, JEDEC/FSA Joint Publication, September 2002u, pp. 12–13.

Zhenghao Gan, Waisum Wong, Juin J. Liou
Semiconductor Process Reliability in Practice
978-0-071-75427-9

Copyright © 2013 by McGraw-Hill Education.

All Rights reserved. No part of this publication may be reproduced or transmitted in any form or by any means, electronic or mechanical, including without limitation photocopying, recording, taping, or any database, information or retrieval system, without the prior written permission of the publisher.

This authorized Chinese translation edition is published by McGraw-Hill Education (Asia) and China Machine Press. This edition is authorized for sale in the People's Republic of China only, excluding Hong Kong, Macao SAR and Taiwan.

Translation Copyright © 2024 by McGraw-Hill Education (Singapore) Pte. Ltd. And China Machine Press.

版权所有。未经出版人事先书面许可，对本出版物的任何部分不得以任何方式或途径复制传播，包括但不限于复印、录制、录音，或通过任何数据库、信息或可检索的系统。

本授权中文简体翻译版由麦格劳-希尔（亚洲）教育出版公司和机械工业出版社合作出版。此版本经授权仅限在中国大陆地区（不包括香港、澳门特别行政区和台湾）销售。

版权© 2024 由麦格劳-希尔（亚洲）教育出版公司与机械工业出版社所有。

本书封底贴有 McGraw-Hill Education 公司防伪标签，无标签者不得销售。

北京市版权局著作权合同登记号：01-2022-3118

图书在版编目（CIP）数据

半导体工艺可靠性/甘正浩，（美）黄威森，（美）刘俊杰著；杨兵译. --北京：机械工业出版社，2024.8. --（半导体与集成电路关键技术丛书）（微电子与集成电路先进技术丛书）. --ISBN 978-7-111-76494-6

Ⅰ. TN305

中国国家版本馆 CIP 数据核字第 202473HL47 号

机械工业出版社（北京市百万庄大街22号　邮政编码100037）
策划编辑：江婧婧　　　　　　责任编辑：江婧婧
责任校对：梁　园　张亚楠　　封面设计：鞠　杨
责任印制：邓　博
北京盛通数码印刷有限公司印刷
2024年10月第1版第1次印刷
169mm×239mm·31.5印张·605千字
标准书号：ISBN 978-7-111-76494-6
定价：199.00元

电话服务　　　　　　　网络服务
客服电话：010-88361066　　机　工　官　网：www.cmpbook.com
　　　　　010-88379833　　机　工　官　博：weibo.com/cmp1952
　　　　　010-68326294　　金　书　网：www.golden-book.com
封底无防伪标均为盗版　　机工教育服务网：www.cmpedu.com